国家自然基金项目(41474061)资助出版

船用惯性导航

覃方君　陈永冰　查　峰　常路宾　编著

国防工業出版社
·北京·

内 容 简 介

“惯性导航原理”是导航领域的一门重要专业基础课程，本书涉及惯性导航基础知识、惯性元件基本原理、陀螺稳定平台工作机理、惯性导航系统机械编排、误差特性分析以及阻尼方法、初始对准与综合校正等关键技术内容。考虑到船用惯导应用实际，本书中增加了变阻尼技术、两点校、三点校等内容；考虑到近年来惯性导航技术的进展，本书中增加了光学陀螺、捷联式惯导、旋转调制式惯导、惯性系初始对准、利用卡尔曼滤波进行初始对准和综合校正等内容。为了方便阅读在附录部分给出了卡尔曼滤波基本原理、惯性导航快速入门问答等内容。

本书内容上循序渐进，由浅入深，物理概念清晰，可作为工科院校导航工程专业的本科生和研究生的教材，也可供涉及惯性导航方面工作的工程技术人员参考。

图书在版编目(CIP)数据

船用惯性导航／覃方君等编著．—北京：国防工业出版社，2018.8

ISBN 978-7-118-11677-9

Ⅰ．①船…　Ⅱ．①覃…　Ⅲ．①航海导航-惯性导航系统　Ⅳ．①V249.32

中国版本图书馆 CIP 数据核字(2018)第 188802 号

※

国防工業出版社 出版发行

（北京市海淀区紫竹院南路 23 号　邮政编码 100048）

三河市天利华印刷装订有限公司

新华书店经售

*

开本 787×1092　1/16　印张 24½　字数 565 千字

2018 年 8 月第 1 版第 1 次印刷　印数 1—2000 册　定价 98.00 元

国防书店：(010)88540777　　发行邮购：(010)88540776

发行传真：(010)88540755　　发行业务：(010)88540717

前　言

惯性导航系统利用惯性敏感元件在飞机、舰船、火箭等载体内部测量载体相对惯性空间的线运动和角运动参数，在给定的运动初始条件下，根据牛顿运动定律，推算载体的瞬时速度和瞬时位置。惯性导航涉及控制技术、计算机技术、测试技术、精密机械工艺等多门应用技术学科，是现代高精尖技术的产物，在航海、航空及航天领域有着不可替代的作用。尤其是其具有自主导航定位的特点，在国防领域有着极其重要的作用，是各国争相发展的高技术。

《惯性导航原理》(陈永冰、钟斌，国防工业出版社 2007 年出版)在长期使用中得到了广大读者的积极好评，其内容仅做了部分勘误和局部删减，主要内容均纳入了本书的内容范围。考虑到近年来惯性导航技术的新进展，本书中增加了光学陀螺、捷联式惯导、旋转调制式惯导、惯性系初始对准、变阻尼技术、两点校、三点校、利用卡尔曼滤波进行初始对准和综合校正等重要内容，篇幅有较大增加。

本书共分四个部分：第一部分(第一～三章)为基础部分，介绍惯性导航基础知识以及基本的惯性元件——陀螺仪和加速度计；第二部分(第四章)介绍惯性稳定平台原理；第三部分(第五～八章)介绍惯性导航系统基本原理与误差分析，内容包括平台式惯导原理、捷联式惯导原理、惯导系统误差分析等；第四部分(第九～十二章)介绍惯性导航系统关键技术，主要包括阻尼、初始对准、综合校正等。

本书以“平台式指北方位惯导系统”和“捷联式惯导系统”为重点，两条主线既平行又交叉。概论、基本知识、惯导阻尼、综合校正等部分内容，同时服务于“平台式指北方位惯导系统”和“捷联式惯导系统”两条主线；陀螺稳定平台仅服务于“平台式指北方位惯导系统”这一主线；对于惯性导航机械编排、误差分析、初始对准等内容，又花开两枝，分开叙述。本书内容侧重介绍了惯性导航的基本原理、研究惯性导航的基本方法，注重物理概念与各部分内容的内在联系和相互衔接。

限于作者的水平，书中疏漏之处在所难免，恳请读者批评指正。

作　者

2017 年 8 月

目　录

第一章　概论……1
1.1　导航的基本概念……1
1.2　惯性导航系统基本原理……2
1.3　惯性导航系统的分类……4
1.4　惯性导航系统的发展……5
1.5　捷联惯导系统与平台惯导系统的对比……10
思考题……11
第二章　惯性导航基础知识……12
2.1　惯性空间与惯性参照系……12
2.1.1　惯性空间及物体在惯性空间的运动……12
2.1.2　惯性参照系……12
2.1.3　物体在非惯性参照系中的运动……13
2.2　地球参考椭球和重力场……15
2.2.1　地球的形状与参考椭球……15
2.2.2　参考椭球的曲率半径……16
2.2.3　垂线及纬度的定义……18
2.2.4　地球的重力场……19
2.3　计时标准及地球自转角速度……20
2.4　惯性导航中常用的坐标系……21
2.4.1　惯性坐标系……21
2.4.2　确定载体相对地球位置的坐标系……21
2.4.3　与载体位置或惯导系统本身有关的坐标系……22
2.5　三维直角坐标系间的角度关系与方向余弦矩阵……25
2.5.1　方向余弦矩阵的定义与性质……26
2.5.2　根据欧拉角求取方向余弦矩阵……29
2.5.3　方向余弦矩阵的微分……31
2.6　坐标系间变换的其他数学描述……32
2.6.1　旋转矢量法……32
2.6.2　四元数……32
2.6.3　方向余弦矩阵、欧拉角、旋转矢量和四元数间的关系……35
思考题……37

第三章　惯性元件——陀螺仪与加速度计 …… 38
3.1　转子陀螺仪力学基础 …… 38
3.1.1　定点转动刚体的动量矩 …… 38
3.1.2　动量矩定理 …… 40
3.2　转子陀螺仪基本特性 …… 40
3.2.1　陀螺仪的一般原理结构 …… 40
3.2.2　二自由度陀螺仪的运动特性 …… 41
3.2.3　二自由度陀螺仪的运动微分方程与传递函数 …… 44
3.2.4　陀螺仪的进动与章动 …… 46
3.2.5　单自由度陀螺仪的运动特性及传递函数 …… 48
3.3　光学陀螺基础知识 …… 51
3.3.1　Sagnac 效应及 Sagnac 干涉仪 …… 52
3.3.2　激光陀螺仪 …… 56
3.3.3　光纤陀螺仪 …… 70
3.4　加速度计测量比力的原理与常用的加速度计 …… 83
3.4.1　比力的概念 …… 83
3.4.2　加速度计对比力的测量 …… 85
3.4.3　摆式加速度计 …… 86
3.4.4　挠性加速度计 …… 91
思考题 …… 93
第四章　陀螺稳定平台 …… 94
4.1　陀螺稳定系统概述 …… 94
4.1.1　陀螺稳定系统的基本概念 …… 94
4.1.2　陀螺稳定系统的分类 …… 95
4.2　单轴积分陀螺稳定系统及其几何稳定状态 …… 96
4.2.1　组成与稳定原理 …… 96
4.2.2　几何稳定状态分析 …… 97
4.2.3　单轴陀螺稳定系统的校正问题 …… 103
4.3　积分陀螺仪输出轴上干扰力矩对系统的影响及陀螺稳定系统的修正原理 …… 103
4.3.1　积分陀螺仪输出轴上干扰力矩对稳定系统的影响 …… 103
4.3.2　单轴积分陀螺稳定系统的修正原理 …… 106
4.4　三轴陀螺稳定平台 …… 108
4.4.1　三环式三轴平台的结构 …… 108
4.4.2　研究三轴平台的坐标系 …… 110
4.4.3　基座和环架轴的转动运动到平台台体的传递 …… 111
4.4.4　三轴平台的几何稳定状态 …… 115
4.4.5　三轴平台的修正 …… 119
4.5　用二自由度陀螺仪构成的陀螺稳定平台 …… 120

4.5.1 用二自由度陀螺仪构成的单轴陀螺稳定平台 …… 120
4.5.2 用二自由度陀螺仪构成三轴平台的结构特点 …… 124
思考题 …… 126
第五章 平台式惯性导航系统原理 …… 128
5.1 平台式惯导的基本问题 …… 128
5.1.1 概述 …… 128
5.1.2 平台式惯导的组成及基本问题 …… 129
5.2 比力方程 …… 131
5.2.1 预备知识:哥氏定理 …… 132
5.2.2 绝对加速度的分解 …… 132
5.2.3 比力方程 …… 134
5.3 指北方位惯性导航系统基本原理 …… 135
5.3.1 指北方位惯性导航系统的定位原理 …… 135
5.3.2 平台的稳定及跟踪地理坐标系 …… 140
5.3.3 指北方位惯导的控制方程 …… 145
5.3.4 指北方位惯导的高度通道问题 …… 147
5.3.5 指北方位惯导系统的特点 …… 148
5.4 自由方位惯性导航系统及其力学编排方程 …… 149
5.4.1 自由方位惯导的方案特点 …… 149
5.4.2 自由方位惯导系统的力学编排 …… 150
5.5 游动方位惯性导航系统及其力学编排方程 …… 158
5.5.1 游动方位惯导系统的特点 …… 158
5.5.2 游动方位系统的力学编排方程 …… 158
5.5.3 方案评述 …… 160
思考题 …… 160
第六章 捷联式惯性导航系统原理 …… 162
6.1 捷联式惯性导航系统力学编排原理 …… 162
6.1.1 捷联惯导惯性系机械编排 …… 163
6.1.2 捷联惯导导航系机械编排 …… 164
6.1.3 采用四元数的姿态更新方法 …… 166
6.2 旋转调制式捷联惯性导航系统 …… 167
6.2.1 国外早期的研究工作 …… 167
6.2.2 旋转调制式捷联惯导系统 …… 168
6.2.3 旋转调制基本原理 …… 169
思考题 …… 175
第七章 无阻尼指北方位惯导的误差分析 …… 176
7.1 无阻尼指北方位惯导的基本方程与误差方程 …… 176
7.1.1 无阻尼指北方位惯导系统的基本方程 …… 177
7.1.2 无阻尼指北方位惯导的误差方程 …… 182

7.2 无阻尼指北方位惯导系统误差分析 …… 187
7.2.1 指北方位惯导误差的周期性分析 …… 187
7.2.2 误差的传递矩阵 …… 191
7.2.3 各种误差源对无阻尼指北方位惯导系统误差的影响 …… 199
7.3 重力异常对指北方位惯导误差的影响 …… 202
7.3.1 重力异常问题 …… 202
7.3.2 重力异常情况下平台式指北方位惯导误差方程的建立 …… 204
7.3.3 重力异常对平台式指北方位惯导误差的影响 …… 205
7.3.4 重力异常的水平分量影响的消除方案 …… 207
7.4 惯导误差的计算机模拟 …… 208
7.4.1 误差递推计算方程—误差状态方程的离散化 …… 208
7.4.2 误差源的模拟 …… 211
7.4.3 载体运动模拟 …… 211
7.4.4 计算机模拟的程序编排 …… 211
思考题 …… 214
第八章 捷联惯导误差分析 …… 215
8.1 捷联惯导系统误差方程 …… 215
8.1.1 姿态角误差方程 …… 215
8.1.2 速度误差方程 …… 216
8.1.3 定位误差方程 …… 217
8.2 旋转调制式捷联惯导误差方程 …… 217
8.2.1 旋转式 SINS 姿态误差方程 …… 218
8.2.2 旋转式 SINS 速度误差方程 …… 219
8.3 捷联系统误差周期性分析 …… 219
8.4 单轴旋转对捷联惯导误差特性影响分析 …… 221
8.4.1 单轴旋转调制基本原理 …… 222
8.4.2 陀螺刻度系数误差和安装误差 …… 223
8.4.3 陀螺仪常值漂移误差 …… 225
8.4.4 陀螺仪随机漂移误差 …… 225
8.4.5 加速度计误差 …… 225
8.5 仿真验证及结果分析 …… 226
8.5.1 仿真条件 …… 226
8.5.2 无旋转调制方案误差曲线仿真 …… 226
8.5.3 单轴旋转调制方案误差曲线仿真 …… 231
8.5.4 双轴间歇转位旋转调制方案误差曲线仿真 …… 237
思考题 …… 242
第九章 惯性导航系统的阻尼 …… 243
9.1 惯导阻尼问题的提出 …… 243
9.2 水平阻尼 …… 246

9.2.1 水平校正网络的引入和确定方法 …… 246
9.2.2 三通道指北方位惯导的水平阻尼及基本方程 …… 251
9.2.3 水平阻尼指北方位惯导的误差特点 …… 256
9.3 外速度补偿的水平阻尼惯导 …… 259
9.3.1 载体加速度对内水平阻尼惯导的影响 …… 259
9.3.2 有外速度补偿时的情况 …… 260
9.3.3 外速度补偿水平阻尼惯导的基本方程 …… 262
9.4 方位阻尼 …… 263
9.4.1 方位阻尼的方案 …… 263
9.4.2 全阻尼惯导的基本方程、误差方程及特征根 …… 267
9.4.3 方位阻尼网络的选择 …… 270
9.4.4 指北方位惯导的5种工作状态及阻尼问题小结 …… 273
9.5 利用比例控制的变阻尼技术 …… 274
9.5.1 传统阻尼网络的引入 …… 274
9.5.2 阻尼切换导致的超调误差 …… 276
9.5.3 变参数阻尼补偿器的设计方法 …… 277
思考题 …… 283
第十章 指北方位惯性导航系统的初始对准 …… 284
10.1 概述 …… 284
10.2 平台初始粗对准 …… 285
10.2.1 水平粗对准原理 …… 285
10.2.2 方位粗对准 …… 287
10.3 指北方位惯导系统的水平精对准 …… 287
10.3.1 水平精对准方案 …… 287
10.3.2 水平精对准回路的参数选择方法 …… 292
10.3.3 用统一的惯导模型实现水平精对准 …… 293
10.4 方位精对准 …… 294
10.4.1 罗经回路法方位对准的原理 …… 294
10.4.2 罗经回路的参数设计 …… 297
10.4.3 用统一的惯导模型实现罗经回路法方位精对准 …… 299
10.4.4 陀螺漂移的测定与计算法方位对准 …… 300
10.5 运用卡尔曼滤波的初始对准方法 …… 303
10.5.1 用于惯导初始对准的卡尔曼滤波方案 …… 303
10.5.2 利用卡尔曼滤波估计状态的特点 …… 307
思考题 …… 307
第十一章 捷联惯导初始对准技术 …… 309
11.1 传统解析式粗对准 …… 309
11.2 传统罗经对准法 …… 310
11.2.1 水平精对准 …… 310

11.2.2 罗经法方位精对准 …… 312
11.2.3 仿真分析 …… 313
11.3 惯性系初始对准 …… 314
11.3.1 基本原理 …… 314
11.3.2 误差分析 …… 321
11.3.3 仿真验证 …… 327
11.4 卡尔曼滤波在初始对准中的应用研究 …… 335
11.4.1 卡尔曼滤波在初始对准中的应用 …… 335
11.4.2 初始对准中失准角对准精度分析 …… 336
11.4.3 卡尔曼滤波初始对准仿真 …… 337
思考题 …… 338
第十二章 惯性导航系统综合校正 …… 339
12.1 利用非连续观测点进行误差校正 …… 339
12.2 利用卡尔曼滤波的组合导航技术 …… 348
12.2.1 组合导航的模式 …… 348
12.2.2 基于位置和速度的组合导航 …… 350
12.2.3 组合导航仿真结果 …… 356
思考题 …… 361
附录 A 常用函数的拉氏变换 …… 363
附录 B 卡尔曼滤波基础 …… 364
B.1 基础理论 …… 364
B.2 离散型卡尔曼滤波使用要点 …… 365
附录 C 惯性导航快速入门问答 …… 368
C.1 基本篇 …… 368
C.2 提高篇 …… 370
参考文献 …… 380

第一章 概　　论

1.1 导航的基本概念

导航是航空、航海、航天、陆地交通过程中的基本问题。所谓导航是引导载体从一个地点(出发点)到达另一个地点(目的地)的过程。引导的载体包括车辆、舰船、飞机、导弹、宇宙飞行器等。所谓导航系统就是完成引导任务的整套设备。导航系统必须能够提供载体的一些运动参数和到达目的地的航行参数,如载体的位置、速度、姿态角等,其中最重要的参数是载体的位置。确定载体位置等参数可以运用不同的物理原理和技术设备,因而出现了不同的导航方法和不同的导航设备,如无线电导航、卫星导航、天文导航、惯性导航、陆标导航以及运用测速测向设备的简单推算导航等。

导航设备有两种工作状态:一是指示状态,这种状态下导航设备只提供载体的运动参数和引导驶向目的地的航行参数,驾驶人员根据这些信息控制载体航行(如操舵),导航设备不直接参与对载体的控制;二是控制状态,即导航设备将导航信息直接提供给自动驾驶系统(又称航行控制系统),自动控制载体按照预定的航线航行。如有的舰船上装有自动驾驶仪,根据导航系统提供的导航参数,结合预先设定好的计划航线,可自行控制舵机改变舰船航向、控制主机调速装置调节舰船航速,使舰船按照预定航线到达目的地。这种用导航系统控制航行系统的方式称为制导,如弹道导弹、人造卫星运载火箭的飞行控制系统就是制导系统,也就是自动航行系统。不论导航系统工作于何种状态,导航系统的核心任务就是准确、即时、全面地提供载体的运动参数和导航参数。

导航问题的提出可以追溯到相当久远的年代。中国古代四大发明之一的指南针就是一种简单的导航仪器。春秋战国时期,我们的祖先就开始用磁石做成器具来判定方向,当时称为“司南”,它是在一个无沿的方盘上放置一块水勺似的磁石,水勺的柄端指向南方。此后又创制了“指南鱼”,把用磁钢片制成的“鱼”放在水面上,以此指示方向。后来经过反复研究改进,又把磁钢片改成细小的磁钢针,出现了指南针。指南针的出现为人类辨别行动方向提供了方便。现在航空和航海上使用的磁罗盘,就其原理来说,也还是一个指南针。

与陆地导航相比,海上航行对导航手段的要求更为直接,要在无边无际的大海中航行,没有导航定位手段是不可能的。古代的航海导航除指南针外主要依靠天文导航技术,即通过观察日月星辰来确定自己的位置。东晋僧人法显在访问印度乘船回国时曾记述:“大海弥漫无边,不识东西,唯望日、月、星宿而进。”明朝永乐年间伟大的航海家郑和七下西洋,15 世纪欧洲航海家亨利王子征服直布罗陀海峡,哥伦布环球航行发现新大陆,都依靠了天文导航技术。

20 世纪以后,随着科学的发展和时代的进步,航海、航空、航天等运载体对导航定位的要求也越来越高:要服务区域大、定位精度高、全天候、实时性好、能连续定位、自主性强等,磁罗盘和原始的天文导航法也就不能满足需要了,于是相继出现了各种新型的导航定位系统,如无线电导航系统、卫星导航系统、惯性导航系统等。

1.2 惯性导航系统基本原理

惯性导航系统利用惯性敏感元件在飞机、舰船、火箭等载体内部测量载体相对惯性空间的线运动和角运动参数,在给定的运动初始条件下,根据牛顿运动定律,推算载体的瞬时速度和瞬时位置。惯性导航涉及控制技术、计算机技术、测试技术、精密机械工艺等多门应用技术学科,是现代高精尖技术的产物,但其基本的定位原理并不复杂。

假设舰船在海面的较小范围内航行,这样舰船的活动区域可近似看作一个平面,球面导航就可以简化为平面导航。在舰船上安装一个三轴陀螺稳定平台隔离舰船的角运动,平台的 3 根稳定轴分别指向东、北及天顶,即平台水平且方位指北。再沿平台的正东方向和正北方向各安装一个加速度计,从两个加速度计的输出中,可以提取载体沿正东方向和正北方向的加速度 $\boldsymbol{a}_{\mathrm{E}}$ 和 $\boldsymbol{a}_{\mathrm{N}}$。

如图 1-1 所示,从加速度计输出中提取加速度 $\boldsymbol{a}_{\mathrm{E}}$、$\boldsymbol{a}_{\mathrm{N}}$ 经一次积分,并与初始速度相加即形成载体的东向瞬时速度 $\boldsymbol{v}_{\mathrm{E}}$、北向瞬时速度 $\boldsymbol{v}_{\mathrm{N}}$:

$$\begin{cases}\boldsymbol{v}_{\mathrm{E}} = \boldsymbol{v}_{\mathrm{E0}} + \displaystyle\int_0^t \boldsymbol{a}_{\mathrm{E}}\mathrm{d}t \\ \boldsymbol{v}_{\mathrm{N}} = \boldsymbol{v}_{\mathrm{N0}} + \displaystyle\int_0^t \boldsymbol{a}_{\mathrm{N}}\mathrm{d}t\end{cases} \tag{1-2-1}$$

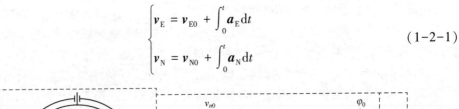

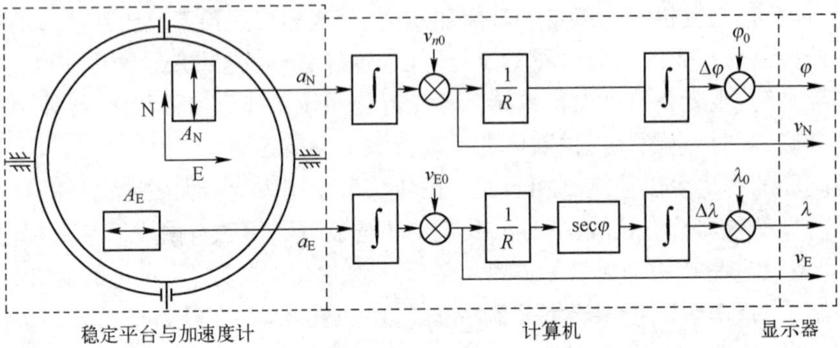

图 1-1 简化的惯性导航原理

根据 $\boldsymbol{v}_{\mathrm{E}}$、$\boldsymbol{v}_{\mathrm{N}}$ 可得出载体位置坐标经纬度(λ、φ)的变化率,再积分则得到经纬度的变化量,加上初始坐标即可得到载体的瞬时位置(R 为地球半径):

$$\begin{cases}\varphi = \varphi_0 + \displaystyle\int_0^t \frac{\boldsymbol{v}_{\mathrm{N}}}{R}\mathrm{d}t \\ \lambda = \lambda_0 + \displaystyle\int_0^t \frac{\boldsymbol{v}_{\mathrm{E}}}{R\cos\varphi}\mathrm{d}t\end{cases} \tag{1-2-2}$$

可见惯性导航的理论基础是牛顿第二运动定律。从本质上说,惯性导航系统就是一种根据加速度推算速度位置的系统。

上面介绍的就是平台式惯性导航系统方案，在惯性导航系统的发展过程中，一直存在着两种方案，即平台式方案与捷联式方案。平台式方案（图 1-2）将陀螺仪安装在由框架构成的稳定平台上，用陀螺仪敏感平台的角运动，通过平台稳定回路使平台保持指向上的稳定。把加速度计也放在稳定平台上，其敏感轴的指向也是明确的，加速度的输出信息由导航计算机处理，可方便地提取载体的加速度，计算载体速度、位置及对平台的控制量。在实现定位的同时，载体的航向、姿态信息可以从稳定平台上的框架轴上直接测量得到。

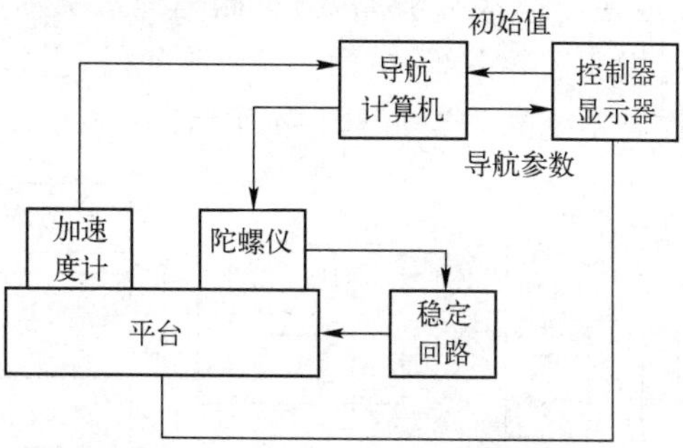

图 1-2　平台式惯性导航系统原理框图

捷联式惯导系统，是将陀螺仪、加速度计构成的惯性测量单元直接与载体固联，测量得到的载体角运动和线运动参数是沿与载体固联的坐标轴上的分量。导航计算机通过计算“姿态矩阵”可以将加速度信息转换到惯性坐标系或当地地理坐标系中，从而实现了“数字平台”，然后再进行速度位置计算，如图 1-3 所示。

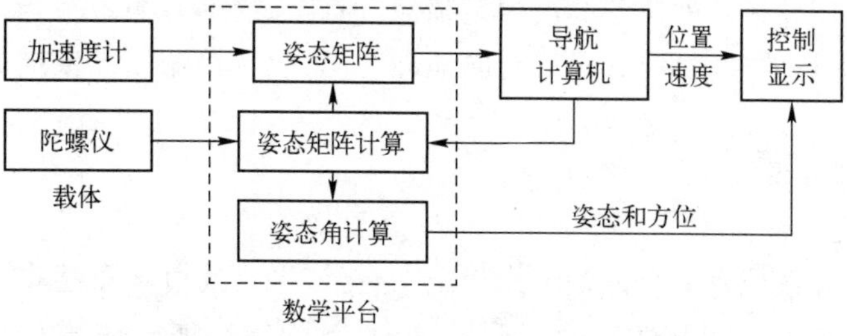

图 1-3　捷联式惯性导航系统原理框图

平台式惯性导航系统中环架将惯性敏感元件与载体的角运动隔离开来，这样陀螺仪的测量范围较小，系统的精度易于保证。但平台的机械结构非常复杂，制造成本高、可靠性差、体积大，这是其主要缺点。捷联式惯性导航系统没有物理上的平台，结构简单，体积容易控制，加工容易，可以通过余度技术提高系统的容错能力。但陀螺仪加速度计相当于直接与载体固联，要求惯性元件的测量范围大，抗振动、抗工作环境恶劣能力强，同时计算复杂。舰船惯性导航系统由于使用时间长，精度要求高，大多采用平台式结构。捷联式惯导一般应用在飞机、导弹、航天器等使用时间相对较短，同时要求惯导体积小的场合。近年来随着系统精度提高，捷联式惯导在航海领域应用日益增多，因此，在本书中增加了相应内容。

1.3 惯性导航系统的分类

惯导按照有无惯性稳定平台分为两大类:一类是有惯性稳定平台,即平台式惯导;另一类是无惯性稳定平台,即捷联式惯导。平台式惯导系统方案也有许多种,根据惯性平台跟踪并稳定在哪个导航参考坐标系内又可分为空间稳定惯导系统(稳定在惯性坐标系)和当地水平惯导系统(稳定在当地水平坐标系)。而当地水平惯导系统根据方位上的控制方法不同又可分为固定指北惯导系统、自由方位惯导系统、游移方位惯导系统和旋转方位惯导系统 4 种形式。惯导系统的分类如图 1-4 所示。

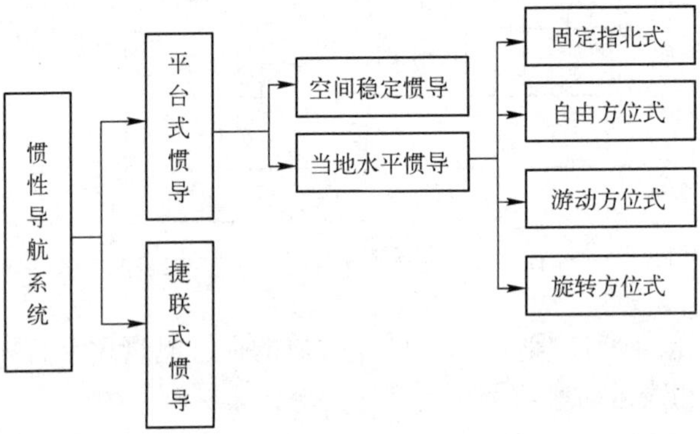

图 1-4　惯导系统的分类

固定指北式惯导是一种典型的惯导系统,其惯性稳定平台稳定在当地水平指北地理坐标系中,既能保持地理水平,又保持指向地理北向,能直接输出纵横摇的水平基准和航向基准。

1. 平台式惯导系统

1) 空间稳定惯性系统

空间稳定惯导系统有一个三轴陀螺稳定平台,该平台通过 3 条稳定回路稳定在惯性空间。假设有一个人站在惯性空间来观察这个惯性平台,那么他相对于惯性空间是静止的。

在稳定平台上装有 3 个相互垂直的加速度计,由于惯性平台稳定在惯性空间,加速度计测得的是惯性坐标系内的加速度,不需修正地球自转与航行体运动的影响,这样所得速度与位置是相对惯性坐标系的。由于舰船的航行定位是相对于地理坐标而言的,因此必须经坐标变换,才能得到相对于地理坐标的速度和经纬度位置。空间稳定惯导系统适用于使用时间比较短的运载体上的导航或制导,如导弹、火箭等。

2) 固定指北惯导系统

固定指北惯导系统同样具有一个三轴陀螺稳定平台,它是由 3 个单自由度陀螺仪或者 2 个二自由度陀螺仪构成。陀螺稳定平台跟踪并稳定在当地水平地理坐标系内,即平台水平指北。如果假设有一个人站在当地水平地理坐标系来观察这个惯性平台,它是相对静止的;但是相对于惯性空间则是非静止的。

平台上安装有 2 个水平加速度计,其敏感轴互相垂直且沿东西、南北方向安装,用以测量东西向、南北向的加速度。由于平台水平指北,加速度计输出信号中不含重力加速度 g 的分量,但包含有地球自转和运载体航行引起的有害加速度,所以必须对有害加速度进行补偿。然后经积分和计算得到运载体的速度和所在地理位置。该系统也称为固定指北半解析式惯导系统。固定指北惯导适用于飞机和舰船的导航。

3) 自由方位惯导系统

自由方位惯导系统是平台稳定在水平面内,而方位不加以控制,稳定在惯性空间。

4) 游移方位惯导系统

游移方位惯导系统是平台稳定在水平面内,而方位轴用地球自转角速度在天顶向分量 ω_{eZ} 来控制,使平台绕方位轴以 ω_{eZ} 在空间转动。如果在静基座条件下,固定指北和游移方位两种形式是一样的。

5) 旋转方位惯导系统

在旋转方位惯导系统中,为了消除水平方向陀螺仪漂移(东陀螺漂移、北陀螺漂移)和加速度计零偏(东加速度计零偏和北加速度计零偏)对系统的影响,人为地控制惯性平台方位轴沿垂直当地水平面转动,使得惯性元件误差(陀螺漂移和加速度计零偏)在一个旋转周期内正负方向相互抵消,从而达到提高系统精度的目的。系统其他部分原理与固定指北式惯导一致。

2. 捷联式惯导系统

在平台式惯导中,系统存在一个物理的惯性平台,陀螺仪和加速度计安装在此平台之上。捷联式惯导则没有惯性平台,直接将陀螺仪和加速度计组件固联于运载体上。陀螺仪和加速度计输出信号由计算机处理后求得各项数据。简单地说,在捷联式惯导中,加速度计输出需要在计算机中投影到当地水平地理坐标系后才能进入导航解算。即在捷联式惯导系统中,平台的概念和作用体现在计算机中,是一种虚拟的数学平台,而非物理平台。

随着高精度惯性元件的发展和计算机技术的进步,捷联式惯导大有取代平台式惯导的发展趋势。西方发达国家已经开始将捷联式惯导应用于需要长航时精度的航海领域,我国在这方面的研究也已取得了长足的进步。

1.4 惯性导航系统的发展

虽然惯性导航所依据的力学原理早在三百年前的牛顿时代就为人们所掌握了,可以说,有了牛顿力学定律就有了惯性导航的理论基础,但是作为一门高科技的尖端技术,惯性导航需要有先进的科学理论和精良的制造工艺作为支撑条件,因此惯性导航系统直到20世纪中叶才出现。惯性技术在过去发展较慢的主要原因是:一直不能制造出满足惯性系统要求的高精度陀螺仪和加速度计,也没有能满足要求的计算装置。实际上,惯性技术涉及力学、控制技术、计算机技术、测试技术、精密机械工艺等,是一门综合性很强的应用技术学科。惯性导航是随着上述学科技术的发展而发展的。尤其是惯性元件陀螺仪与加速度计,它们是惯性导航系统的基本支撑元件,惯性导航的发展历史与惯性元件的发展是息息相关的。

1765年,俄国科学家欧拉出版了著作《刚体绕定点转动的理论》,首次用解析分析的方法揭示了定点转动的刚体的运动本质。1778年,法国科学家拉格朗日在《分析力学》一书中建立了在重力力矩作用下定点转动刚体的运动方程。法国科学家傅科在1852年第一个把高速转子安置在万向支架系统中构成了陀螺仪——傅科陀螺,可以说傅科陀螺是惯性仪表的始祖。1906年,德国科学家安修茨制成了陀螺方位仪,其自转轴能指向固定的方向。1907年,安修茨又在方位仪的基础上增加了摆性,设计了一种单转子摆式罗经,制造了世界上第一个能依靠重力力矩自动找北的摆式陀螺罗经。

1923年,德国教授舒勒在研究消除陀螺罗盘加速度误差时发现,如果陀螺具有84.4min的自由运动周期,它就会保持在重力平衡位置,而不受航行体任意运动的干扰,这就是舒勒摆原理。将这个原理运用到惯导系统时,如果将陀螺稳定平台的自由运动周期调整为84.4min,则平台不受航行体任意运动的影响而始终保持在当地水平面内。限于当时的技术水平条件,舒勒的上述原理当时不可能实现,但它对惯导技术的发展起了重要作用。

1942年,德国在V-2火箭上采用两个双自由度陀螺和一个陀螺积分加速度计构成了惯性制导系统,用陀螺稳定火箭的姿态和航向,用沿火箭纵轴方向安装的加速度计,测量火箭入轨的初始速度,这是惯性技术在导弹制导方面的首次应用。限于当时的水平,陀螺和加速度计的精度较低,惯性系统设计的也不够完善,制导精度较低,在轰炸伦敦的过程中,有1/4的V-2火箭提前掉进英吉利海峡。但这一工作引起了人们的极大重视,推动了惯性导航的进一步研究。第二次世界大战后,美国和苏联等发达国家都争先开展惯性导航和惯性制导技术的研究。

为了减少陀螺仪支撑轴上的摩擦力矩,提高陀螺的精度,美国麻省理工学院仪表实验室(后来独立出来称为德雷珀实验室)在20世纪50年代采用液浮支撑,成功研制了单自由度液浮陀螺仪,使陀螺的漂移达到惯性级的要求。1953年,德雷珀实验室研制成功舰船惯性导航系统样机,1957年研制出“北极星”导弹惯性制导系统样机,1964年研制出“阿波罗”宇宙飞船惯性导航系统样机。北美航空公司1958年研制出N6-A(MK1)型舰船惯性导航系统,装在美国海军“鹦鹉螺”号核潜艇上。“鹦鹉螺”号核潜艇依靠一套N6-A型舰船惯性导航系统和一套MK-19平台罗经,从珍珠港出发,在冰下航行21天,到达英国波特兰港,成功地进行了穿越北极的试验。此后又陆续研制出N7-A(MK2)型舰船惯性导航系统、采用陀螺监控技术的MK2Mod3型舰船惯性导航系统、采用静电陀螺的XN88导航系统等。

20世纪70年代以来,惯性技术的发展步伐呈现出加快的趋势,基于新原理、新技术、新工艺的技术产品层出不穷。如70年代底80年代初应用的激光陀螺及其系统开始获得成功,90年代微机电陀螺、光纤陀螺及其系统开始应用。

随着陀螺技术的不断发展进步,尤其是以动态性能好、过载能力强、可靠性高等为代表的陀螺技术的进步,惯性导航系统逐渐从平台式惯导转向捷联式惯导。据报道,在美国军用惯导系统1984年之前全部为平台式,到1989年已有一半改为捷联式,至1994年捷联式已占有90%以上的份额。

捷联惯导技术在美国和苏联迅速地发展起来,主要用于军事武器系统。1950年起,麻省理工学院德雷珀实验室先后完成了平台惯导系统的飞行器试飞和舰船试航。同时,捷联系统也得到成熟的探索。1969年,在“阿波罗-13”宇宙飞船在飞向月球途中,服务舱发生爆炸使指令舱电源遭破坏。紧急情况下,正是由于德雷珀实验室低功耗备份捷联惯导系统 LM/ASA 的引导,将飞船引导到返回地球的轨道上,安全降落到太平洋上。

由于捷联系统本身固有的优点,以及随着高速大容量的数字计算机技术和高精度陀螺仪技术出现,捷联导航系统在低成本、短期中精度导航中呈现出逐渐取代平台式系统的趋势。在这一时期,捷联系统由试飞阶段进入了应用阶段。

激光、光纤等新型固态陀螺仪已逐渐成熟。这些新型陀螺仪具有测量角速度不受限制、过载能力强、精度与过载无关、可靠性高、启动快等优点,这些正是捷联系统所追求的。目前捷联惯性导航系统正朝着高精度、高可靠性、低成本、小型化、数字化、应用领域更加广泛的方向迅速发展。

为了提高系统在有限器件精度下的性能,20 世纪 80 年代初,美国的 Levinson 等人提出在捷联惯导系统的基础上,对惯性测量单元(IMU)进行周期性旋转以调制系统和器件误差,提升系统精度,从而出现了旋转调制式惯导系统的概念。旋转调制式惯导系统兼具平台式惯导与捷联式惯导两种系统的部分优点。旋转惯导系统相对于平台式系统,其组成简单,可靠性高,成本低;相对于捷联式系统在器件水平相当的情况下系统精度提高明显,是目前美、欧等西方海军舰船和潜艇导航的标准设备。近年来,国内光学陀螺旋转调制式惯导系统的研究受到了广泛重视。相关大学、研究机构等都进行了相关的研究工作,并取得了显著成效。

在惯性仪表的发展下,各类惯性导航系统也发展迅速。图 1-5 是惯性仪表与惯性导航系统的发展历程。

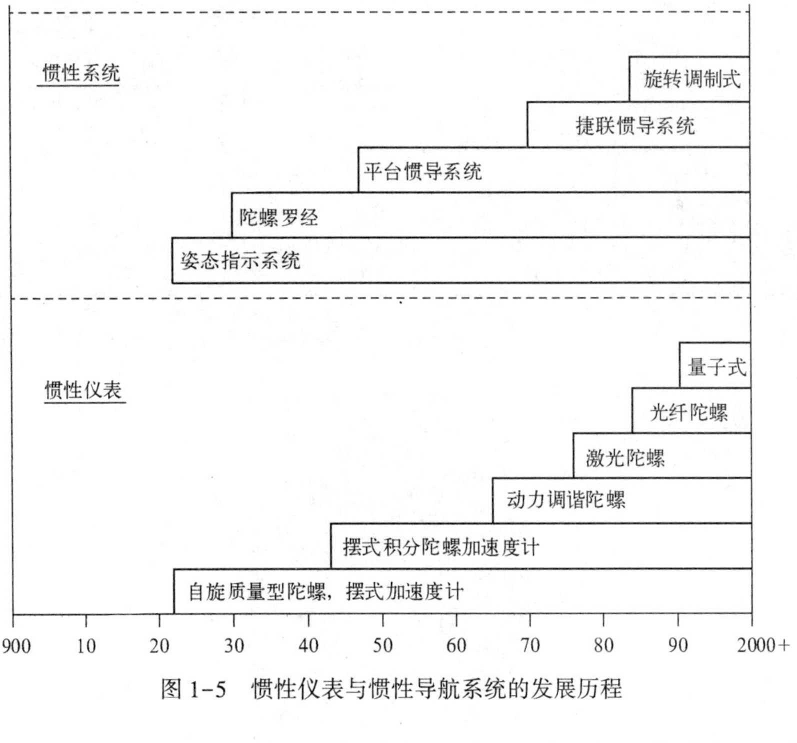

图 1-5　惯性仪表与惯性导航系统的发展历程

惯性导航技术起源于西方国家,目前在国际上美国已成为惯性技术发展的典型代表。由于惯性导航在航海、航空及航天领域有不可替代的作用,各军事大国都将其作为优先发展的高技术。进入 21 世纪以来,陀螺技术从传统的以旋转刚体进动性敏感惯性运动的机电陀螺阶段，发展到应用萨格奈克效应的光学陀螺阶段，如激光陀螺、光纤陀螺。以光学陀螺为中心惯性导航设备已经成为西方海军舰艇的核心导航装备。美国对船用激光陀螺惯导系统的研究起步于20世纪80年代，随着船用激光陀螺惯导系统技术的成熟和逐步完善，MK39、MK49系列激光陀螺惯导系统已被多个国家海军选用于各种舰船平台，AN/WSN-7系列激光陀螺捷联式系统被除美国海军选用，主要性能如表1-1所列，外型如图1-6～图1-9所示。

表1-1 美国典型的船用激光陀螺惯导系统情况一览表

惯导类型	MK39 Mod3A	MK39 Mod3B	MK39 Mod3C	AN/WSN-7B	MK49 AN/WSN-7A
转位机构	无	无	单轴旋转	单轴旋转	双轴旋转
惯性元件	DIG-20 陀螺 QA-2000 加表	DIG-20 陀螺 QA-2000 加表	DIG-20 陀螺 QA-2000 加表	GG1320 陀螺 QA-2000 加表	GG1342 陀螺 加表不详
定位精度	<1nm/8h	<1nm/8h	<1nm/24h	<1nm/24h	0.46nm/72h 0.7nm/7d 1 nm/14d
对准时间	4h	4h	16h	16h	4h
冲击 振动	22g、11ms 或 50g、5ms 半正弦 MIL-STD-810F MIL-STD-167-1	MIL-STD-901D MIL-STD-167-1	MIL-STD-901D MIL-STD-167-1	MIL-STD-901D MIL-STD-167-1	STANAG 4141 BR3021 MIL-STD-167-1
隔振措施	无	有	有	有	有
工作磁场 储存磁场	<5Gauss <30Gauss	<5 Gauss <30Gauss	<5Gauss <30Gauss	<5Gauss <30Gauss	<5Gauss <30Gauss
质量	<70kg	不详	<130kg	197kg	不详
体积	48.8×44.4 ×59.4 cm^3	不详	54.3×47.6 ×79.9 cm^3	48×43 ×122 cm^3	不详
工作温度 储存温度	0～55℃ -40～70℃	0～55℃ -40～70℃	0～55℃ -40～70℃	0～50℃ -40～65℃	0～45℃ -40～60℃

图1-6 MK39 Mod3A 激光陀螺惯性导航系统

图 1-7　MK39 mod3C 激光陀螺惯性导航系统

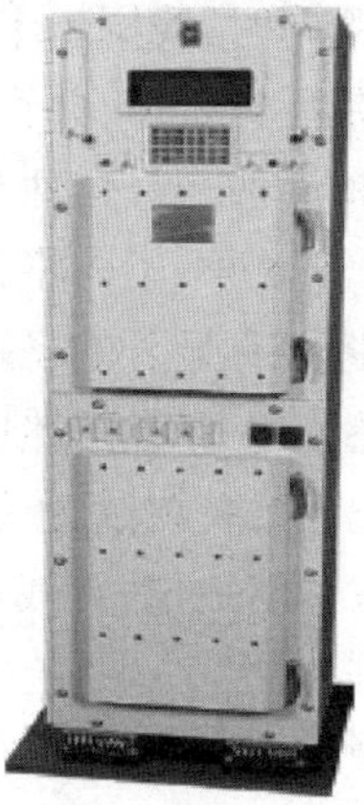

图 1-8　AN/WSN-7A 激光陀螺惯性导航系统

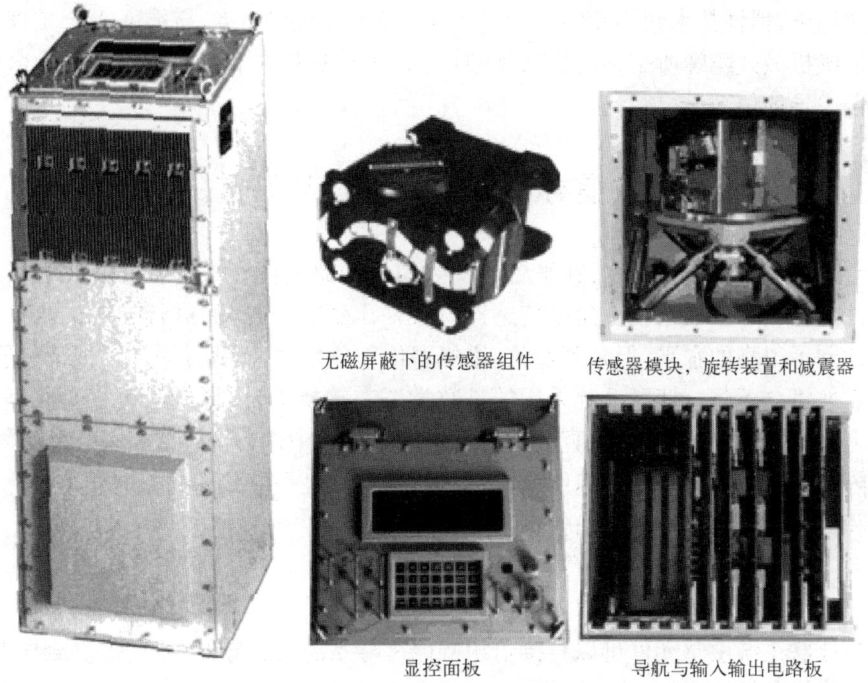

图 1-9　AN/WSN-7B 激光陀螺惯性导航系统

我国从“六五”开始，原国防科工委就把惯性技术纳入预先研究和应用发展中，经过多年建设，已经形成了一定规模的研发与生产能力，建成了比较现代化的中心实验室，已经研制了种类丰富的有自主知识产权的惯性仪表及系统，在人造地球卫星、运载火箭、飞机、舰艇上都采用了我国自主研制的惯性导航系统。

随着“九五”末期国内多家科研单位突破了激光陀螺仪关键制造技术，激光陀螺仪精度稳步提高，高精度激光惯导的研制成为现实。

在高精度惯性导航系统领域突破了静电陀螺的设计制造技术，并进一步开展了静电陀螺导航系统的研制工作。

与此同时,我国也十分重视光纤陀螺惯性导航装备的研制,目前基于光纤陀螺的光纤航姿设备已经定型,并正式列装新型护卫舰、驱逐舰。相应的面向水面舰艇和长航时武器的中等精度的光纤惯性导航系统和光学罗经装备也已经列入惯性装备的统一型谱,可以预计,未来5年,国内将会有成熟的各类舰艇惯性导航系统装备进入使用,船用惯性导航的局面将会有显著的飞跃和变化。

从整体上看我国惯性技术的发展与国际上先进军事大国相比有明显的滞后,目前在战略级、导航级领域,传统的机电仪表及系统(液浮陀螺、动力调谐陀螺、挠性陀螺及其系统)仍占主体地位;在战术级领域,主要是动力调谐陀螺构成的捷联系统(或测量装置),激光陀螺惯性导航系统所占的比例已呈现出增长趋势。在导航级和战术级领域,激光陀螺惯导系统将占主导地位,同时光纤陀螺惯导系统未来会出现实用型产品,在战术级领域推广应用。

目前,应用精密机械、微电子学、半导体集成电路工艺等技术的前沿性新技术——微机电惯性仪表正迅速兴起,如硅微机械陀螺、微机械加速度计等。在需求牵引和技术推动的共同作用下,惯性技术在不断的发展过程中。预计到2020年,高精度光纤陀螺产品将进入由传统机械式陀螺所主宰的战略级领域,而在导航及战术级领域,微机电/微光机电陀螺将占主导地位。

1.5 捷联惯导系统与平台惯导系统的对比

平台系统采用常平架平台,在平台上安装惯性敏感元件。平台可以隔离载体运动对敏感元件的影响并且框架轴上角度传感器直接输出姿态角,然后进行导航推算。平台系统已经达到了很高的水平,但是其造价、维修费用十分昂贵,而且其采用了框架伺服系统,相对可靠性将会下降。捷联系统采用的是数学姿态转换平台,将惯性敏感元件直接安装到载体上,敏感元件的输出信息直接输送到导航计算机中进行实时的姿态矩阵解算,通过姿态矩阵把惯性导航系统中加速度计测量到的信息转换到导航用的导航参考坐标系中进行导航积分运算以及提取姿态角信息

相对于平台系统,捷联系统具有如下特点:

(1) 捷联系统敏感元件便于安装、维修和更换。

(2) 捷联系统敏感元件可以直接给出舰船坐标系的所有导航参数,提供给导航、稳定控制系统和武备控制系统。

(3) 捷联系统敏感元件易于重复布置,从而在惯性敏感元件级别上实现冗余技术,这对提高性能和可靠性十分有利。

(4) 捷联系统去掉了常平架平台,消除了稳定平台稳定过程的各种误差同时减小系统体积。

捷联系统把敏感元件直接固定在载体上导致惯性敏感元件工作环境恶化,降低了系统的精度。因此,必须采取误差补偿措施,或采用新型的光学陀螺。

思　考　题

(1) 导航的基本概念是什么？

(2) 惯性导航的基本原理及主要分类？

(3) 概述惯性导航系统的主要发展历程。

(4) 试比较平台式惯导与捷联式惯导的主要优缺点。

(5) 结合下图,简述惯性导航系统的速度和位置计算的基本原理。

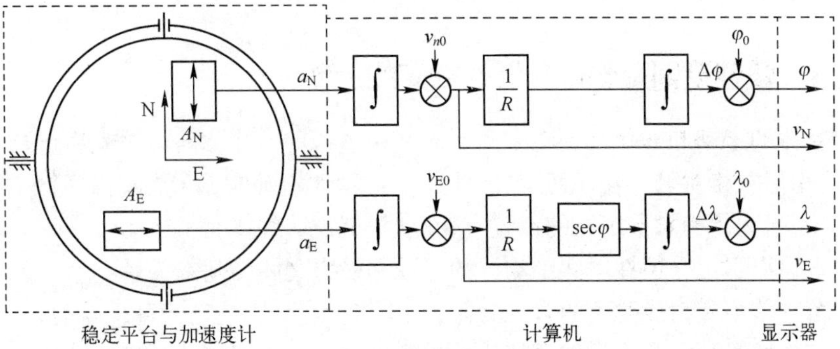

题5图　惯导系统基本原理图

(6) 下图为平台式惯导的原理框图,图中有部分环节为空白,请补齐图中有一些主要的环节并说明其作用。

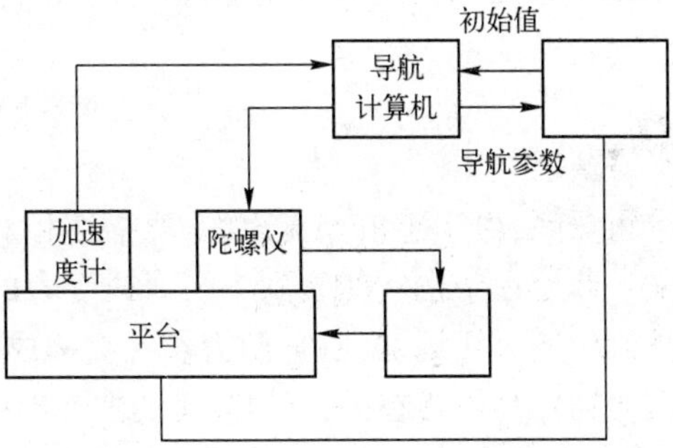

题6图　捷联式惯导系统基本原理图

(7) 结合美国惯性导航系统的发展历程,谈谈我国惯性导航技术的发展趋势。

第二章 惯性导航基础知识

2.1 惯性空间与惯性参照系

2.1.1 惯性空间及物体在惯性空间的运动

任何物体的运动和变化都是在空间和时间中进行的。物体的运动或静止及其在空间中的位置,均指它相对另一物体而言,因此在描述物体运动时,必须选定一个或几个物体作为参照物,当物体相对参照物的位置有变化时,就说明物体有了运动。

牛顿定律揭示了在惯性空间中物体的运动和受力之间的基本关系:

(1) 若物体不受力或受力的合力为零,则物体保持静止或匀速直线运动。

(2) 若物体受到的合力为 $\boldsymbol{F}$,则该物体将以加速度 $\boldsymbol{a}$ 相对惯性空间运动:

$$\boldsymbol{a}=\frac{\boldsymbol{F}}{m} \tag{2-1-1}$$

式中:m 为物体的质量。

牛顿定律描述的运动或静止均是相对于一个特殊的参照系——惯性空间。惯性空间是牛顿定律成立的空间。

2.1.2 惯性参照系

惯性空间可理解为宇宙空间,由于宇宙是无限的,要描述相对惯性空间的运动,需要有具体的参照物才有意义。即要在宇宙空间找到不受力或受力的合力为零的物体,它们在惯性空间保持绝对静止或匀速直线运动,以它们为参照物构成的参照系就是惯性参照系。然而在宇宙中不受力的物体是不存在的,绝对准确的惯性参照系也就找不到。另外,在实际的工程问题中,也没有必要寻找绝对准确的惯性参照系。在惯性导航系统中,用加速度计敏感载体相对惯性空间的加速度信息,用陀螺仪敏感载体的转动运动,加速度计和陀螺仪总会有误差,只要选择的惯性参照系的精度远高于加速度计和陀螺仪的量测精度,满足惯性导航的需求即可。

宇宙中,运动加速度较小的星体是质量巨大的恒星,由于恒星之间的距离非常遥远,因此万有引力对恒星运动的影响也就较小。太阳是我们比较熟悉的恒星,以太阳中心为坐标原点,以指向其他遥远恒星的直线为坐标轴,组成一坐标系,就可以构成一个太阳中心惯性参照系。在牛顿时代,人们把太阳中心参照系就看作为惯性坐标系,根据当时的测量水平,牛顿定律是完全成立的。后来才认识到,太阳系还在绕银河系中心运动,只不过运动的角速度极小。银河系本身也处于不断的运动之中,因为银河系之外,还有许多像银河系这样的星系(统称为河外星系),银河系和河外星系之间也有相互作用力。太阳中心惯性坐标系是一近似的惯性参照系,“近似”是因为忽略了太阳本身的运动加速度。为衡量太阳中心惯性坐标系的精度,给出太阳系绕银河系中心的运动参数如下:

太阳至银河系中心的距离:2.2×10^{17}km;

太阳绕银河系中心的旋转周期:190×10^{6}年;

太阳的运动速度:233km/s;

太阳绕银河系中心运动的旋转角速度:0.001"/年;

太阳绕银河系中心运动的向心加速度:$2.4\times10^{-11}g$(g 为地球上的重力加速度)。

由此可见,太阳绕银河系中心运动的旋转角速度和向心加速度是非常小的,远在目前惯性导航系统中使用的惯性元件—陀螺仪和加速度计所能测量的最小角速度和加速度的范围之外。因此,分析惯性导航系统时,使用太阳中心惯性坐标系具有足够的精度。

地球中心惯性坐标系是另一种常用的近似惯性参照系。将太阳中心惯性坐标系的坐标原点移到地球中心,就是地球中心惯性坐标系。地球中心惯性坐标系与太阳中心惯性坐标系的差异就在于地心的平移运动加速度。在太阳系中,地球受到的主要作用力是太阳的引力,此外还有月亮的作用力、太阳系其他行星的作用力等。地球中心惯性坐标系的原点随地球绕太阳公转,但不参与地球自转,要估算地球中心惯性坐标系用作为惯性坐标系的近似误差,除了要考虑太阳系的运动角速度和加速度外,还要考虑地心绕太阳公转的加速度。地球中心距离太阳中心的平均距离约为 1.5×10^{8}km,地球绕太阳公转的周期为一年,由此可算出地球公转运动的平均向心加速度约为 $6.05\times10^{-4}g$。月亮对地球的万有引力引起的地心平移加速度约为 $3.4\times10^{-6}g$,其方向沿地球与月球的连线方向。太阳系中离地球最近的行星是金星,它对地球的引力引起的地心平移加速度最大值约为 $1.89\times10^{-8}g$。太阳系中质量最大的行星是木星,它对地球的引力引起的地心平移加速度最大值约为 $3.7\times10^{-8}g$。根据上面的数据可知,以地心为原点的坐标系的原点平移加速度大约为 $6\times10^{-4}g$,惯性导航系统中使用的加速度计的最小敏感量可至 $10^{-6}\sim10^{-4}g$,上述地心的平移加速度显然不能忽略。因此,一般情况下不能将地球中心坐标系看作惯性坐标系。但是,当一个物体在地球附近运动时,如果只关心物体相对地球的运动,由于太阳等星体对地球有引力,同时对运动物体也有引力,那么太阳等星体引起的地心平移加速度与对地球附近运动物体的引力加速度基本相同,两者之差很小,远在目前加速度计所能敏感的范围之外。这样,研究运动物体相对地球的运动加速度时,我们可以同时忽略地心的平移加速度与太阳等星体对该物体的作用力。换句话说,可以把地球中心惯性坐标系当成惯性坐标系使用,使用这种“惯性坐标系”时,要认为物体受到的引力只有地球的引力,而没有太阳、月亮等星体的引力。

2.1.3 物体在非惯性参照系中的运动

相对惯性空间有运动加速度的参照系就是非惯性参照系。物体相对惯性空间的运动称为绝对运动,物体相对非惯性空间的运动称为相对运动。物体绝对运动加速度与物体所受力之间的关系符合牛顿第二定律,在非惯性参照系的相对运动与所受力之间的关系该如何描述呢?下面作一简单分析。

如图 2-1 所示。设一物体 M 质量为 m,受力 $\boldsymbol{F}$ 作用,M 在非惯性参照系中的运动加速度为 $\boldsymbol{a}_1$,而该非惯性参照系相对惯性空间的加速度为 $\boldsymbol{a}_0$,显然,M 绝对运动加速度为

$$\boldsymbol{a}=\boldsymbol{a}_0+\boldsymbol{a}_1 \tag{2-1-2}$$

根据牛顿第二定律

$$\boldsymbol{F}=m\boldsymbol{a}=m(\boldsymbol{a}_0+\boldsymbol{a}_1) \tag{2-1-3}$$

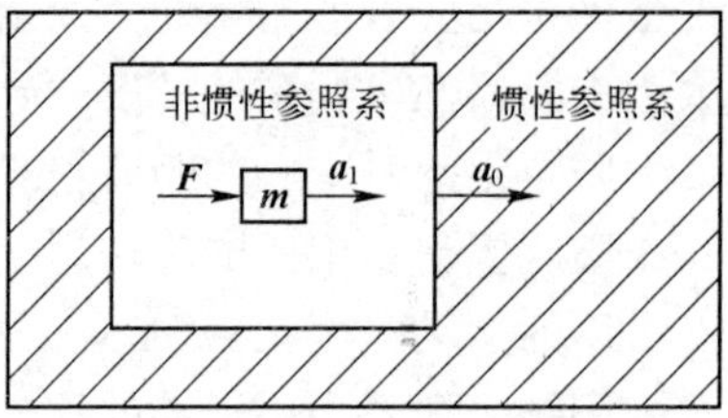

图 2-1　物体在非惯性空间的运动

式(2-1-3)又可写成

$$\boldsymbol{F}-m\boldsymbol{a}_0=m\boldsymbol{a}_1 \tag{2-1-4}$$

假如将$-m\boldsymbol{a}_0$ 看成作用在物体 M 上的一种力,称为为"惯性力",记为 $\boldsymbol{F}_i$:

$$\boldsymbol{F}_i=-m\boldsymbol{a}_0 \tag{2-1-5}$$

那么,式(2-1-4)可写为

$$\boldsymbol{F}+\boldsymbol{F}_i=m\boldsymbol{a}_1 \tag{2-1-6}$$

式(2-1-6)左面是物体 M 的真实受力 $\boldsymbol{F}$ 与假想的惯性力 $\boldsymbol{F}_i$ 之和,右面是物体质量与物体相对非惯性参照系加速度的乘积,此关系式与牛顿定律在形式上是一样的。如果我们"认为"惯性力是物体受力的一部分,那么,根据式(2-1-6),物体的所受的合力与物体的相对运动加速度之间的关系就符合牛顿定律所描述的力与运动的关系形式。有了惯性力的概念,我们就可以在非惯性参照系中运用牛顿定律来研究物体的运动,只不过是在作物体的受力分析时,除了要考虑物体的真实受力外,还要认为物体还受惯性力的作用。由式(2-1-5),惯性力的大小等于物体质量与非惯性参照系相对惯性空间的运动加速度的乘积,惯性力的方向与非惯性参照系相对惯性空间的运动加速度的方向相反。

注意,惯性力不是物体的真实受力,引入惯性力的概念是为了研究相对运动方便。研究同一物体相对不同的非惯性系的运动时,物体"所受"的惯性力也是不同的。

牛顿定律也可写成

$$\boldsymbol{F}+(-m\boldsymbol{a})=0 \tag{2-1-7}$$

这表明,若将物体的绝对运动加速度与其质量的乘积"$-m\boldsymbol{a}$"看作惯性力,则物体的受力是"平衡"的。研究相对运动时的"动静法"就是运用了这种思想,即通过引入惯性力,把动力学问题转化为静力学问题,这就是达伦贝尔原理。

惯性力的概念也可以推广到刚体的转动运动中。刚体中各质点所受的惯性力相对转动轴构成的矩的总和称为惯性力矩。

将牛顿力学定律应用到转动问题中,可得刚体相对惯性空间的转动角加速度$\ddot{\boldsymbol{\alpha}}$与所受力矩的关系为

$$\ddot{\boldsymbol{\alpha}}=\frac{\boldsymbol{M}}{J} \tag{2-1-8}$$

式中:J 为刚体绕转动轴的转动惯量。

当研究刚体相对非惯性参照系的转动时,若认为由非惯性参照系引起的惯性力矩 $\boldsymbol{M}_i$ 也是刚体所受力矩的一部分,那么,刚体相对此非惯性参照系的转动角加速度$\ddot{\boldsymbol{\alpha}}_{ni}$与所受力矩的关系在形式上与式(2-1-8)相同:

$$\ddot{\boldsymbol{\alpha}}_{ni}=\frac{\boldsymbol{M}'}{J}=\frac{\boldsymbol{M}+\boldsymbol{M}_i}{J} \tag{2-1-9}$$

应注意的是,当非惯性参照系相对惯性参照系有转动运动时,刚体各质点的绝对加速度中有相对加速度、牵连加速度与哥氏加速度3种成分,牵连加速度与哥氏加速度相应的惯性力都会形成惯性力矩。利用式(2-1-9)时,$\boldsymbol{M}_i$ 项显然包括这两种惯性力矩。

2.2 地球参考椭球和重力场

地球附近载体的定位是相对于地球的,地球的某些特性,如自转运动、垂线及纬度定义、引力场等,在惯导系统中是必须要考虑的,因此要了解地球的这些特性。

2.2.1 地球的形状与参考椭球

人类赖以生存的地球,实际上是一个质量分布不均匀、形状不规则的几何体。从整体上看,地球近似为一个对称于自转轴的扁平旋转椭球体,其截面的轮廓近似为一扁平椭圆,沿赤道方向为长轴、沿极轴方向为短轴。这种形状的形成与地球的自转有密切的关系。地球上的每一质点,一方面受到地心引力的作用,另一方面又受自转造成的离心力的作用。越靠近赤道,离心作用力越强,正是在此离心力的作用下,地球靠近赤道的部分向外膨胀,这样地球就成了扁平形状了。

从局部看来,地球表面有高山、有盆地,加上内部结构异常复杂,地球表面是一个相当不规则的曲面,无法用数学模型表达。

在海洋上,各处的海平面均与该处重力矢量垂直,若假想地球表面全部被海水包围,则在风平浪静、没有潮汐的情况下,由海水水面组成的曲面就是地球重力场的等势面,称为大地水准面。大地水准面不像真正的地表那样有明显的起伏,虽然也不规则,但是光滑的。通常所说的海拔高度就是相对大地水准面的。大地水准面包围的体积称为大地水准体,简称大地体。大地水准面也是不规则的,大地体也无法用一数学表达式准确描述。

对于精度要求不高的一般工程问题,常用圆球体代替大地体,地球的平均半径为6371.02km±0.05km(1964年国际天文学会通过的数据)。

若再精确一些,可以将大地体近似为一个旋转椭球体,旋转轴就是地球的自转轴,这种旋转椭球体称为参考椭球。参考椭球的短轴与地球表面的交点就是地球的两极,在地球自转角速度矢量正向的极点为北极,另一端为南极。参考椭球的赤道平面是一圆平面,其半径即为参考椭球的长轴半径 R_e,沿地球极轴方向的参考椭球半径为短轴半径 R_p。有了长短轴半径,就可以确定出参考椭球了(图2-2),图2-3示出了地球实际表面、大地水准面、参考椭球三者之间的关系。

参考椭球可用下面的二次方程描述:

$$\frac{x^2+y^2}{R_e^2}+\frac{z^2}{R_p^2}=1 \tag{2-2-1}$$

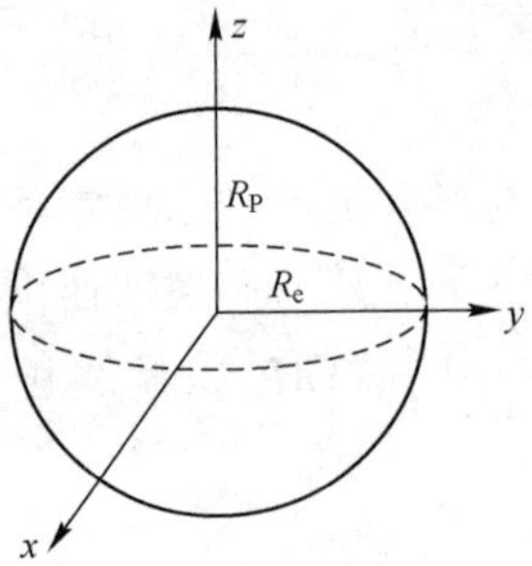

图 2-2　地球参考椭球

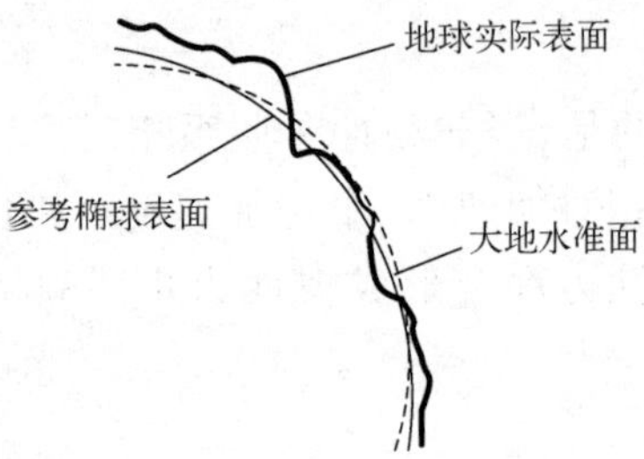

图 2-3　地球实际表面、大地水准面与参考椭球

也可用长短轴半径之一和扁率 ε 来描述参考椭球,扁率 ε 定义为

$$\varepsilon=\frac{R_e-R_p}{R_e} \tag{2-2-2}$$

扁率也称为椭圆度。

大地测量中,还常用偏心率来描述椭球的形状:

第一偏心率:
$$e=\sqrt{R_e^2-R_p^2}/R_e \tag{2-2-3}$$

第二偏心率:
$$e'=\sqrt{R_e^2-R_p^2}/R_p \tag{2-2-4}$$

大地水准面与参考椭球在椭球法线方向上的误差称为大地起伏,若参考椭球选取合适,大地起伏一般不超过 150m,参考椭球的法线与当地大地水准面之间法线方向的夹角一般不超过 3"。惯性导航中就是以参考椭球来代替大地体来描述地球形状的。

选取参考椭球的基本准则是使测定出的大地水准面的局部或全部与参考椭球之间贴合的最好,即差异最小。由于所在地区不同,各国选用的参考椭球也不尽相同,表 2-1 列出了目前世界上常用的参考椭球。

表 2-1　目前世界上常用的参考椭球

名　　称	长轴半径 R_e	扁率 ε	使用的国家和地区
克拉索夫斯基(1940)	6378245	1/298.3	俄罗斯、中国
贝赛尔(1841)	6377397	1/299.16	日本及中国台湾
克拉克(1866)	6378206	1/294.98	北美
克拉克(1880)	6378245	1/293.46	北美
海富特(1910)	6378388	1/297.00	欧洲、北美及中东
1975 年国际会议推荐的参考椭球	6378140	1/298.257	中国
WGS—84(1984)	6378137	1/298.257	全球

我国在 1954 年前采用过美国海富特椭球元素,新中国成立后很长一段时间采用 1954 年北京坐标系,是基于苏联克拉索夫斯基参考椭球的。1980 年开始使用 1975 年国际大地测量与地球物理联合会第 16 届大会推荐的参考椭球。在本书以后的分析当中,我们均以参考椭球来代替地球的形状。

2.2.2　参考椭球的曲率半径

导航中经常要从载体相对地球的位移或速度求取载体经纬度的变化率,因此当把地球近似为参考椭球时必须研究参考椭球表面各方向的曲率半径。显然,椭球体表面上不同点的曲率半径是不同的,同一点沿不同方向的曲率半径也是不同的。

2.2.2.1 子午圈的曲率半径

过极轴的任意平面与参考椭球相截,截平面为一椭圆面,该椭圆面称为子午面,子午面的轮廓线称为子午圈或子午线,子午线都是过两极的南北方向线,如图 2-4 所示。

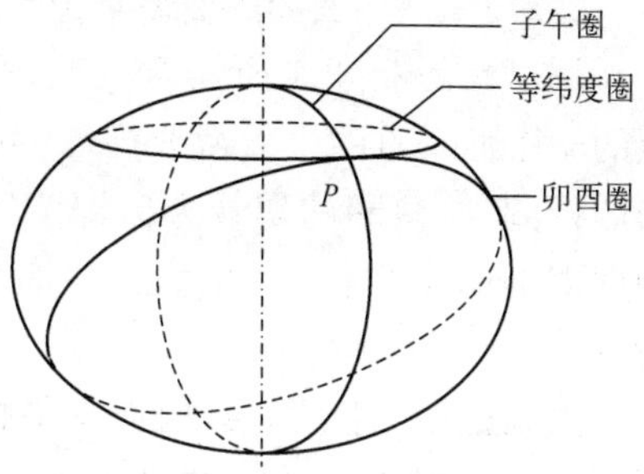

图 2-4 子午圈、等纬度圈及卯酉圈

子午圈的曲率半径 R_M 称为主曲率半径。显然,在两极处子午圈的曲率半径最大,在赤道附近子午圈的曲率半径最小。在纬度 φ 处(φ 为椭球法线与赤道面之间的夹角),子午圈的曲率半径为

$$R_M=\frac{R_e(1-e^2)}{(1-e^2\sin^2\varphi)^{\frac{3}{2}}} \tag{2-2-5}$$

或

$$R_M=\frac{R_e(1-\varepsilon)^2}{[(1-\varepsilon)^2\sin^2\varphi+\cos^2\varphi]^{\frac{3}{2}}}\approx R_e(1-2\varepsilon+3\varepsilon\sin^2\varphi) \tag{2-2-6}$$

式中:R_e 为椭球长半轴;ε 为扁率;e 为第一偏心率。

在赤道上,$\varphi=0$,子午圈曲率半径 R_M 最小,$R_M=R_e(1-2\varepsilon)$,它比地心到赤道的距离约小 42km。在地球南北极,$\varphi=\pm90°$时,曲率半径 R_M 最大,$R_M=R_e(1+e)$,它比地心到南北极的距离约大 42km。

若已知载体的北向速度 $\boldsymbol{v}_n$,则根据子午圈的曲率半径 R_M 可求出载体纬度的变化率:

$$\frac{d\varphi}{dt}=\frac{\boldsymbol{v}_n}{R_M} \tag{2-2-7}$$

同时,可确定载体绕东向轴的转动角速度为

$$\omega_e=-\frac{\boldsymbol{v}_n}{R_M} \tag{2-2-8}$$

2.2.2.2 等纬度圈的半径

若以过椭球上任一点 P 且平行于赤道平面的平面截参考椭球,截面是一个圆平面,其轮廓为圆,称为等纬度圈(或等纬度圆),如图 2-4 所示。

显然,P 点纬度不同时等纬度圆半径 R_L 也不同,可以证明,R_L 与纬度 φ 的关系如下:

$$R_L=\frac{R_e\cos\varphi}{(1-e^2\sin^2\varphi)^{1/2}} \tag{2-2-9}$$

或

$$R_L=\frac{R_e\cos\varphi}{[\cos^2\varphi+(1-\varepsilon)^2\sin^2\varphi]^{1/2}}\approx R_e(1+\varepsilon\sin^2\varphi)\cos\varphi \tag{2-2-10}$$

载体绕等纬度圈运动时,纬度不变,经度变化。若已知载体的东向速度 $\boldsymbol{v}_e$,则可根据等纬度圈曲率半径 R_L 求出载体经度的变化率为

$$\frac{\mathrm{d}\lambda}{\mathrm{d}t}=\frac{\boldsymbol{v}_\mathrm{e}}{R_\mathrm{L}} \tag{2-2-11}$$

2.2.2.3 卯酉圈的曲率半径

用过参考椭球表面任意一点 P 的法线且与过 P 点的子午面垂直的平面截取椭球，截平面的轮廓线称为卯酉圈，卯酉圈的切线方向即为 P 点的东西方向。卯酉圈的曲率半径 R_N 也称为主曲率半径，如图 2-5 所示。

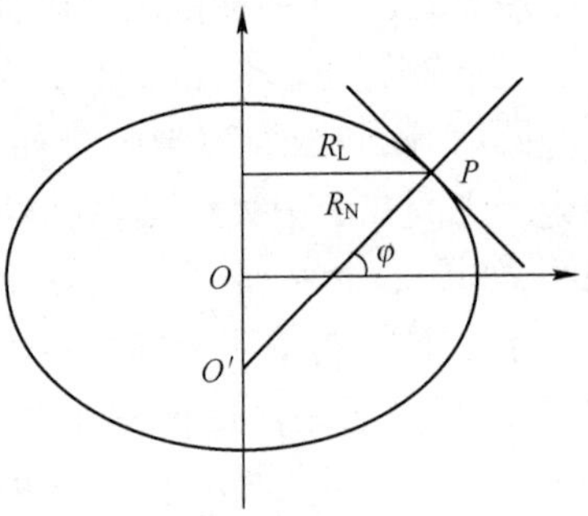

图 2-5　卯酉圈曲率半径 R_N 与等纬度圆半径 R_L 的关系

可以证明，任意点 P 处卯酉圈的曲率半径，正好等于 P 点与过 P 点的椭球法线和椭球极轴的交点 O' 之间的距离 PO'，于是 P 点处卯酉圈的曲率半径 R_N 与等纬度圈的曲率半径 R_L 之间的关系就是直角三角形的斜边与一直角边之间的关系（图 2-5）：

$$R_\mathrm{L}=R_\mathrm{N}\cos\varphi \tag{2-2-12}$$

结合式（2-2-10），可得出卯酉圈的曲率半径与纬度之间的关系：

$$R_\mathrm{N}=\frac{R_\mathrm{e}}{\left[\cos^2\varphi+(1-\varepsilon)^2\sin^2\varphi\right]^{1/2}}\approx R_\mathrm{e}(1+\varepsilon\sin^2\varphi) \tag{2-2-13}$$

在地球赤道上，卯酉圈就是赤道圆，此时卯酉圈的曲率半径最小。在南北极，卯酉圈就是子午圈，此时卯酉圈的曲率半径最大。

结合式（2-2-11）、式（2-2-12），有

$$\frac{\mathrm{d}\lambda}{\mathrm{d}t}=\frac{\boldsymbol{v}_\mathrm{e}}{R_\mathrm{N}\cos\varphi} \tag{2-2-14}$$

同时，根据载体东向速度和卯酉圈曲率半径，可确定载体绕北向轴的运动角速度为

$$\omega_\mathrm{n}=\frac{\boldsymbol{v}_\mathrm{e}}{R_\mathrm{N}} \tag{2-2-15}$$

若将椭球近似为圆球，则子午圈的曲率半径与卯酉圈的曲率半径均为圆球的半径：

$$R_\mathrm{M}=R_\mathrm{N}=R \tag{2-2-16}$$

2.2.3 垂线及纬度的定义

地球表面一点的纬度是过该点的垂线与地球赤道平面的夹角。由于地球形状的不规则和质量的不均匀，地球表面一点的垂线有几种定义，相应地，纬度也有几种定义。

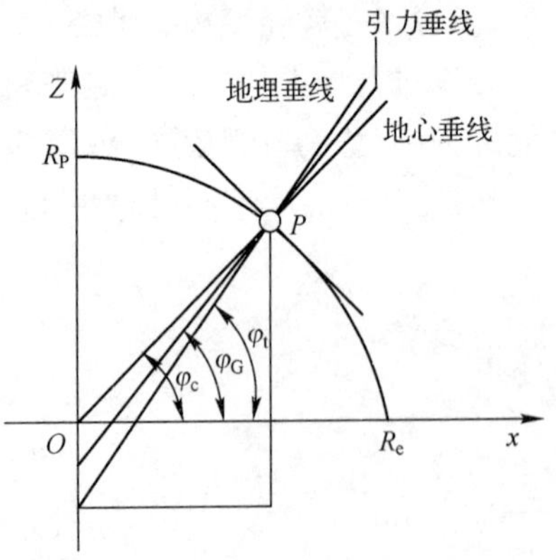

图 2-6　几种垂线及纬度的定义

1. 地心垂线和地心纬度

参考椭球上任意一点 P 与椭球中心 O 的连线 PO 及其延伸线称为 P 点处的地心垂线。地心垂线与椭球赤道平面的夹角称为地心纬度（图 2-6 中的 φ_c）。

2. 引力垂线与引力纬度

地球表面某质点所受地球引力的方向称为引

力垂线，引力垂线与椭球赤道平面的夹角称为引力纬度。由于地球不是规则球体，引力垂线一般不通过地心，因此引力纬度是不同于地心纬度的，但是两者的差别极小（图 2-6 中的 φ_G）。

3. 测地垂线与测地纬度

参考椭球上任意一点的法线就是该点处的测地垂线，测地垂线可以通过大地测量的办法获得。测地垂线与椭球赤道平面的夹角称为测地纬度。在大地测量和精确导航中，采用的都是测地纬度。通常描述地球上位置点的经纬度坐标中的纬度指的就是测地纬度，测地纬度又称为地理纬度、大地纬度（图 2-6 中的 φ_t）。

4. 重力垂线与天文纬度

参考椭球上任一点处的重力方向线称为重力垂线。由于地球的质量不均匀，重力垂线不一定落于子午面内。重力垂线在子午面内的投影与椭球赤道面之间的夹角称为天文纬度，天文纬度可以用天文测量的方法来测定。重力垂线与测地垂线之间的偏差极小，一般不超过 30"，通常可以忽略。因此一般将重力垂线（天文纬度）与测地垂线（测地纬度）也不加区别，都称为地理垂线（地理纬度），地理纬度简称纬度。

地理垂线与地心垂线之夹角 δ_0（即地理纬度与地心纬度之间的夹角）为

$$\delta_0=\varphi_t-\varphi_c \tag{2-2-17}$$

很显然，δ_0 是纬度的函数。可以推导，偏差角 δ_0 的近似计算公式为

$$\delta_0\approx\varepsilon\sin 2\varphi \tag{2-2-18}$$

式中：ε 为参考椭球的扁率。

当 $\varphi=45°$时，δ_0 达到最大值，约为 11.5′。对应于地球表面的距离为 11.5n mile，所以在导航中必须区分地心纬度与地理纬度。惯性导航中采用的是地理纬度。

2.2.4 地球的重力场

地球周围的物体都受到地球的引力作用，同时由于要跟随地球自转，引力的一部分需要用来作为向心力产生向心加速度，引力的其余部分就是重力。记物体受到的引力为 $\boldsymbol{J}$，跟随地球自转所需的向心力为 $\boldsymbol{F}$，重力为 $\boldsymbol{G}$，则有

$$\boldsymbol{G}=\boldsymbol{J}-\boldsymbol{F} \tag{2-2-19}$$

其中向心力矢量 $\boldsymbol{F}$ 为

$$\boldsymbol{F}=m\boldsymbol{\omega}_{ie}\times(\boldsymbol{\omega}_{ie}\times\boldsymbol{r}) \tag{2-2-20}$$

式中：$\boldsymbol{\omega}_{ie}$为地球自转角速度矢量；m 为物体的质量；$\boldsymbol{r}$ 为地心到物体所在点的位置矢量。

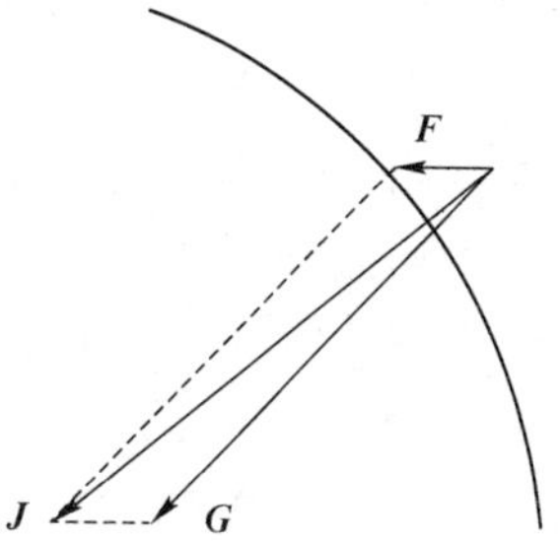

图 2-7 地球的重力场

单位质量的物体所受到的重力就是重力加速度：

$$\boldsymbol{g}=\boldsymbol{G}_e-\boldsymbol{\omega}_{ie}\times(\boldsymbol{\omega}_{ie}\times\boldsymbol{r}) \tag{2-2-21}$$

式中：$\boldsymbol{G}_e$ 为地球引力加速度。

根据椭球参数，理论上可以计算出不同纬度处重力加速度值，近似公式为

$$\boldsymbol{g}=\boldsymbol{g}_0(1+0.0052884\sin\varphi-0.0000059\sin 2\varphi)-0.0000003086h \tag{2-2-22}$$

式中：φ 为地理纬度；$\boldsymbol{g}_0$ 为赤道处海平面上的重力加速度，$\boldsymbol{g}_0=9.78049\text{m/s}^2$；$h$ 为物体的海拔高度。

式(2-2-22)称为达朗贝尔方程。

由于地球形状不规则、质量分布不均匀,因此实测的重力加速度数据与理论计算值往往不一致,大地测量中把这两者在数值上的差别称为重力异常,两者在方向上的不一致称为垂线偏斜。对工作在水平状态的平台式惯导来说,重力加速度的数值变化对定位精度影响较小,所以与重力异常的关系不大。但垂线偏斜不仅直接造成导航误差,还会引起随时间增长的水平误差。地球表面各点的重力异常和垂线偏斜没有规律性,只能将地球表面划分为许多个区域,事先加以测量,然后在系统中加以补偿。对一般精度的惯性导航系统这种影响可以忽略。若惯导系统在某地区的导航误差总是比较大时,就可能与垂线偏斜有关系。

2.3 计时标准及地球自转角速度

描述物体运动时,除了空间的概念以外,还要引入时间的概念。时间和空间是物质存在的基本形式。时间表示物质运动的连续性,空间表示物质运动的广延性。时间的概念我们早就具备了,但是对于如何精确地度量时间却不一定很清楚。在惯性导航系统中,陀螺仪和加速度计所能测量的角速度和加速度已经达到了相当的精度,因此具有明确的时间单位,运动的角速度和加速度才有确切的意义。

度量时间时,一般用物质的周期性运动来作为计时标准,为保证计量具有一定的精确度,要求这种周期性运动必须是均匀的、连续的。在自然界中,地球的自转运动是非常稳定的,具有连续、均匀的特点,所以人们自然地将它作为计时标准。但是在地球上观察地球的自转运动,可以有两种参照系:一是太阳;二是别的恒星,于是就出现了两种计时标准——太阳时计时系统和恒星时计时系统。

把相对恒星测得的地球自转运动周期作为计时单位,就是恒星日。把一个恒星日分成 24 等分,就是恒星时。

利用太阳的视运动来计量时间,就是另一个计时单位——太阳日。地球相对于太阳自转一周的时间称为真太阳日。由于地球围绕太阳公转的轨道为椭圆,使得真太阳日不是很均匀,一年中最长和最短的太阳日相差 51s,这样按照真太阳日来计时就很不准确。于是,天文学家假象了一个太阳,其视运动速度是均匀的,为真太阳视运动速度的全年平均值,这个假想的太阳称为“平太阳”,地球相对平太阳自转一周的时间称为平太阳日。一个平太阳日可等分为 24 个平太阳时,这就是我们日常生活中采用的计时单位——小时。恒星日与平太阳日之间如何换算呢?天文学上的测量表明地球围绕太阳公转一周需要 365.2422 个平太阳日。由于地球除自转外,还围绕太阳公转,在一个平太阳日中,地球相对太阳转动了一圈,然而在相同的时间内,地球相对恒星的转动并不止 360°,而是比 360°多一点(图 2-8)。地球绕太阳公转一周,地球相对恒星转动的转数比相对太阳转动的转数正好多一转。于是有

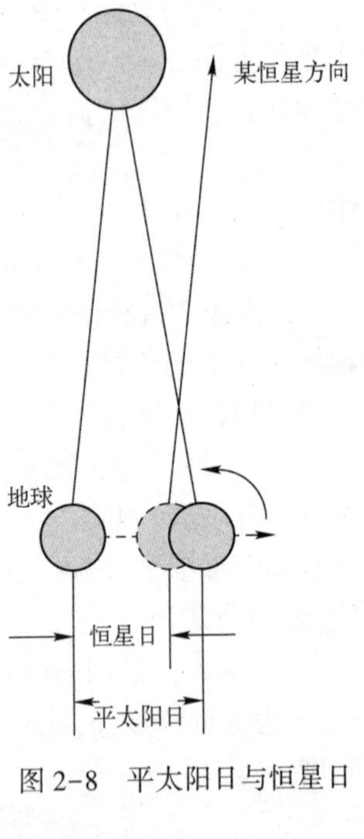

图 2-8 平太阳日与恒星日

$$365.2422\text{ 平太阳日}=366.2422\text{ 恒星日}$$

这样：

1 恒星日 = 0.9972696 太阳日 = 23h56min4.1s

1 平太阳日 = 1.0027379 恒星日

1 平太阳时 = 1.0027379 恒星时

有了平太阳日与恒星日的定义，我们可以确切地给出地球的自转角速度：地球在一个恒星日中相对恒星准确地转动 360°，故其自转角速度为

$$\begin{aligned}\boldsymbol{\omega}_{ie} &= 360°/\text{恒星日} = 15°/\text{恒星时}\\ &= 15.041069°/\text{平太阳时}\\ &= 7.2921158\times10^{-5}\text{rad/s}\end{aligned}$$

显然，上述地球自转角速度就是相对惯性空间的自转角速度，即绝对运动角速度。

2.4 惯性导航中常用的坐标系

研究惯性导航问题时，常常要涉及多种坐标系。本节介绍几种经常要遇到的坐标系及其变换。

2.4.1 惯性坐标系

惯性坐标系是描述惯性空间的一种坐标系，在惯性坐标系中，牛顿定律所描述的力与运动之间的关系是完全成立的。要建立惯性坐标系，必须找到相对惯性空间静止或匀速运动的参照物，也就是说该参照物不受力的作用或所受合力为零。然而根据万有引力原理可知，这样的物体是不存在的。通常我们只能建立近似的惯性坐标系，近似的程度根据问题的需要而定。惯性导航系统中我们常用的惯性坐标系是太阳中心惯性坐标系，若载体仅在地球附近运动，如舰船惯性导航系统，也可用地球中心惯性坐标系，此时要同时忽略太阳的引力和地球中心的平移加速度。这两种惯性坐标系在 2.1 节中已经介绍过了，不再赘述。

2.4.2 确定载体相对地球位置的坐标系

1. 地球直角坐标系 $OX_eY_eZ_e$（简称 e 系）

坐标原点位于椭球中心，Z_e 轴为参考椭球的短轴，X_e、Y_e 轴位于地球赤道平面，X_e 指向格林威治子午线，Y_e 轴与 X_e 轴垂直，构成右手直角坐标系。这样对地球附近任何一点 P，其位置均可用——三维坐标 $P(x,y,z)$ 来确定，如图 2-9 所示。

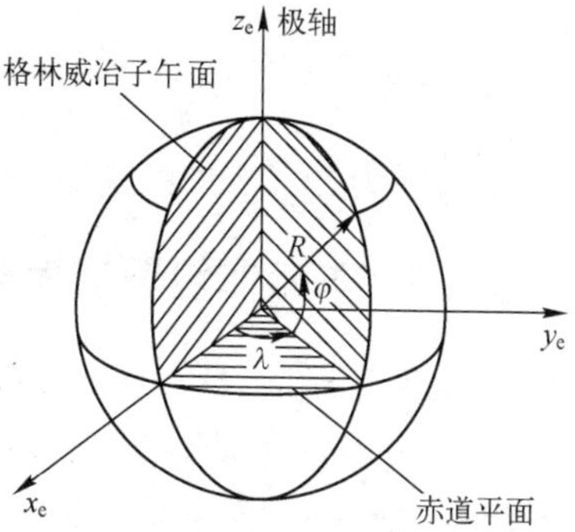

图 2-9　地球直角坐标系与经纬度坐标系

地球中心惯性坐标系和地球直角坐标系的原点均为椭球中心，随地球一起平移，区别在于，后者与地球固连，随地球转动，而前者的坐标轴不随地球转动，指向相对惯性空间不变。地球上任一固定点在地球直角坐标系中的坐标是固定的，但在地球中心

惯性坐标系中是变化的。地球直角坐标系 $OX_eY_eZ_e$ 相对惯性参照系的转动角速度就是地球的自转角速度 ω_{ie}。

2. 经纬度坐标

经纬度坐标是我们比较熟悉的。地球表面任意一点的位置均可用经度和纬度来确定。以参考椭球为基准,格林尼治子午面与过该点的子午面之间的夹角(0°~180°)为经度。点位处于东半球时为东经,点位处于西半球时为西经。纬度是当地垂线与椭球赤道面的夹角(0°~90°)。点位处于赤道面以北时,为北纬;点位处于赤道面以南时,为南纬。前面已经述及,由于垂线有几种定义,纬度也有地理纬度和地心纬度之分。惯性导航中使用的是地理纬度。

上面讨论了在参考椭球上确定点位的方法。需要注意的是,不论是使用地球直角坐标系还是使用经纬度坐标系,都是以某种参考椭球为基准的。我国现用的 1980 北京大地坐标系选用了 1975 年国际第 16 届大地测量与地球物理联合会推荐的参考椭球参数,椭球相对地球的位置则是根据我国大地测量的结果确定的。这种适用于局部地区的大地坐标系也称为局部大地坐标系。由于卫星和遥感技术的发展,目前已经可以利用卫星测量的方法进行全球性的大地测量,从而拟合出适用于全球性的大地坐标系。美国国防部迄今为止已经提供了 WGS-60、WGS-66、WGS-72、WGS-84 四种全球大地坐标系。因此,地球上的同一点在不同大地坐标系下的经纬度或在地球直角坐标系的坐标可能是不同的。

3. 地球直角坐标与经纬度坐标的互换

设地球表面某一点 P 在地球直角坐标系中的坐标为 $P(X,Y,Z)$,经纬度坐标为 $P(\lambda,\varphi)$,地球直角坐标与经纬度坐标的互换公式如下。

经纬度坐标到地球直角坐标的变换:

$$\begin{cases}x=R_N\cos\varphi\cos\lambda\\y=R_N\cos\varphi\sin\lambda\\z=R_N(1-\varepsilon)^2\sin\varphi\end{cases}\tag{2-4-1}$$

地球直角坐标到经纬度坐标的变换:

$$\begin{cases}\lambda=\arctan^{-1}\dfrac{y}{x}\\\varphi=\arctan^{-1}\left[\dfrac{1}{(1-\varepsilon)^2}\dfrac{z}{\sqrt{x^2+y^2}}\right]\end{cases}\tag{2-4-2}$$

式中:ε 为参考椭球的扁率。

2.4.3 与载体位置或惯导系统本身有关的坐标系

1. 地理坐标系 $OX_tY_tZ_t$(简称 t 系)

如图 2-10 所示,地理坐标系的原点就是载体所在点,Z_t 轴沿当地参考椭球的法线指向天顶,X_t 轴与 Y_t 轴均与 Z_t 轴垂直,即在当地水平面内,X_t 轴沿当地纬度线指向正东,Y_t 轴沿当地子午线指向正北。按照这样的定义,地理坐标系的 Z_t 轴与地球赤道平面的夹角就是当地地理纬度,Z_t 轴与 Y_t 轴构成的平面就是当地子午面。Z_t 轴与 X_t 轴构成的平面

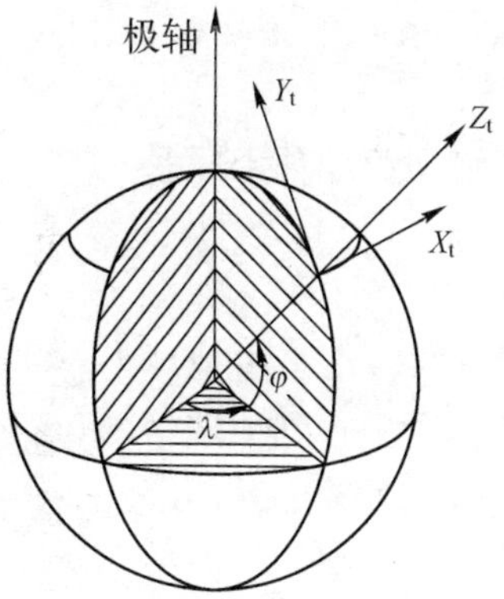

图 2-10　地理坐标系

就是当地卯酉面。X_t 轴与 Y_t 轴构成的平面就是当地水平面。

地理坐标系的 3 根轴可以有不同的选取方法。图 2-10 所示的地理坐标系是按“东、北、天”为顺序构成的右手直角坐标系。除此之外，还有按“北、西、天”或“东、北、地”为顺序构成右手直角坐标系。

当载体在地球表面运动时，载体相对地球的位置不断发生变化，而地球上不同地点的地理坐标系相对地球的角位置是不同的。也就是说，载体的运动将引起地理坐标系相对地球坐标系转动。如果考察地理坐标系相对惯性坐标系的转动角速度，应当考虑两种因素：一是地理坐标系随载体运动时相对地球坐标系的转动角速度；二是地球坐标系相对惯性参照系的转动角速度。

假设载体沿水平面航行（如舰船），所在地点的纬度为 φ，航速为 v，航向为 H。将航速分解为沿地理坐标系北东两个分量：

$$\begin{cases} \boldsymbol{v}_{\mathrm{n}} = \boldsymbol{v}\cos H \\ \boldsymbol{v}_{\mathrm{e}} = \boldsymbol{v}\sin H \end{cases} \tag{2-4-3}$$

航速的北向分量 $\boldsymbol{v}_{\mathrm{n}}$ 引起地理坐标系绕着平行于地理东西方向的地心轴相对地球转动，其转动角速度为

$$\dot{\boldsymbol{\varphi}} = \frac{\boldsymbol{v}_{\mathrm{n}}}{R_{\mathrm{M}}} \tag{2-4-4}$$

航速的东向分量 $\boldsymbol{v}_{\mathrm{e}}$ 引起地理坐标系绕着极轴相对地球转动，其转动角速度为

$$\dot{\boldsymbol{\lambda}} = \frac{\boldsymbol{v}_{\mathrm{e}}}{R_{\mathrm{N}}\cos\varphi} \tag{2-4-5}$$

将角速度 $\dot{\boldsymbol{\varphi}}$ 和 $\dot{\boldsymbol{\lambda}}$ 平移到地理坐标系的原点，并投影到地理坐标系各轴上，可得

$$\begin{cases} \omega_{\mathrm{et}x}^{t} = -\dot{\boldsymbol{\varphi}} = -\dfrac{\boldsymbol{v}_{\mathrm{n}}}{R_{\mathrm{M}}} \\ \omega_{\mathrm{et}y}^{t} = \dot{\boldsymbol{\lambda}}\cos\varphi = \dfrac{\boldsymbol{v}_{\mathrm{e}}}{R_{\mathrm{N}}} \\ \omega_{\mathrm{et}z}^{t} = \dot{\boldsymbol{\lambda}}\sin\varphi = \dfrac{\boldsymbol{v}_{\mathrm{e}}}{R_{\mathrm{N}}}\tan\varphi \end{cases} \tag{2-4-6}$$

式中：ω_{etx}^{t}（ω_{ety}^{t}、ω_{etz}^{t}）为 t 系相对 e 系的角速度在 t 系 X_t 轴（Y_t 轴、Z_t 轴）上的分量。

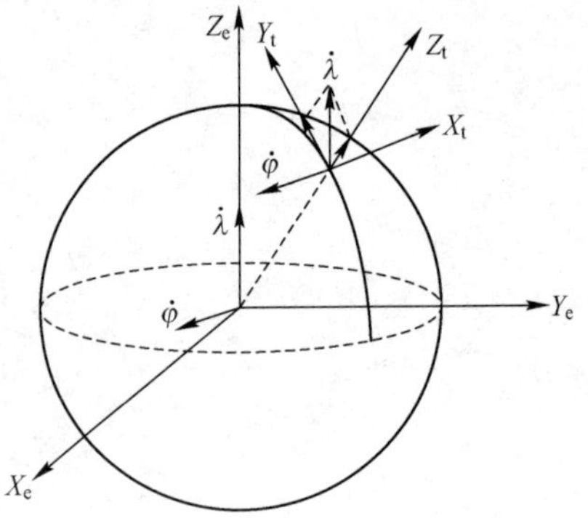

图 2-11　载体运动引起的地理坐标系转动

式（2-4-6）表明，航行速度将引起地理坐标系绕地理东向、北向和垂直方向相对地球坐标系转动。

地球坐标系相对惯性参照系的转动是由地球自转引起的。把地球自转角速度 $\boldsymbol{\omega}_{ie}$ 平移到地理坐标系的原点，并投影到地理坐标系的各轴上，可得

$$
\begin{cases}
\omega_{iex}^{t}=0 \\
\omega_{iey}^{t}=\boldsymbol{\omega}_{ie}\cos\varphi \\
\omega_{iez}^{t}=\omega_{ie}\sin\varphi
\end{cases}
\tag{2-4-7}
$$

式（2-4-7）表明，地球自转将引起地理坐标系绕地理北向和垂线方向相对惯性参照系转动。

综合考虑地球自转和载体的航行影响，地理坐标系相对惯性参考系的转动角速度在地理坐标系各轴上的投影表达式为

$$
\begin{cases}
\omega_{itx}^{t}=\omega_{iex}^{t}+\omega_{etx}^{t}=-\dfrac{\boldsymbol{v}_n}{R_M} \\
\omega_{ity}^{t}=\omega_{iey}^{t}+\omega_{ety}^{t}=\boldsymbol{\omega}_{ie}\cos\varphi+\dfrac{\boldsymbol{v}_e}{R_N} \\
\omega_{itz}^{t}=\omega_{iez}^{t}+\omega_{etz}^{t}=\boldsymbol{\omega}_{ie}\sin\varphi+\dfrac{\boldsymbol{v}_e}{R_N}\tan\varphi
\end{cases}
\tag{2-4-8}
$$

在分析陀螺仪和惯性导航系统时，地理坐标系是要经常使用的坐标系。例如，陀螺罗经用来重现子午面，其运动和误差就是相对地理坐标系而言的。在指北方位平台式惯导中，采用地理坐标系作为导航坐标系，平台所模拟的就是地理坐标系。

2. 载体坐标系 $OX_bY_bZ_b$（简称 b 系）

载体坐标系是与载体固连的直角坐标系。惯性导航系统的载体可以是舰船、飞机、火箭等，这里以舰艇坐标系为例说明载体坐标系的定义。舰艇坐标系的 Y_b 轴在甲板平面内指向舰艏方向，X_b 轴在甲板平面内指向舰艇右舷，Z_b 轴垂直于甲板平面指向天顶（图 2-12）。当然，这不是唯一的取法。若能获知当地正北、正东的准确指向，即获知当地地理坐标系的准确指向，则根据舰船坐标系与地理坐标系的角度关系就可以确定舰船的姿态角，即航向角、横摇角和纵摇角。

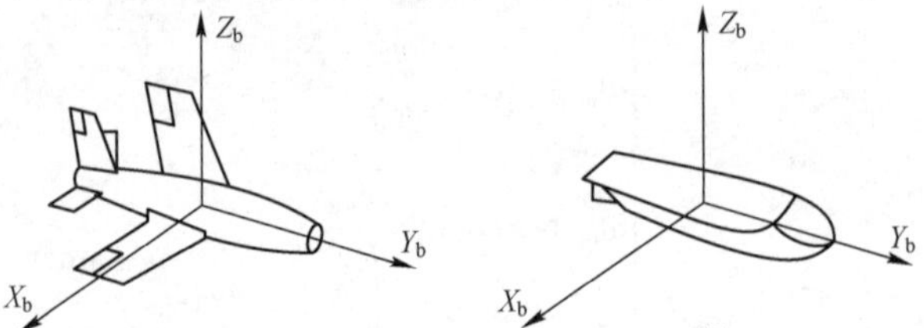

(a)　(b)

图 2-12　载体坐标系

3. 平台坐标系 $OX_pY_pZ_p$(简称 p 系)

在平台式惯性导航系统中,加速度计放置于一个三轴稳定平台上,稳定平台 3 根轴的指向可以用平台坐标系 $OX_pY_pZ_p$ 来描述。平台式惯导中的一种重要类型是指北方位平台式惯导,这种惯导的稳定平台的 3 根轴分别指东、指北和指向天顶,也就是说,平台的 3 根轴要模拟当地地理坐标系的 3 根轴,OX_p 轴称为平台东,OY_p 轴称为平台北。由于误差总是存在的,指北方位惯导平台坐标系与当地地理坐标系之间的夹角就反映了平台的误差角。

4. 导航坐标系(简称 n 系)

导航坐标系是惯性导航系统求解导航参数时所采用的坐标系。例如,指北方位惯导的平台,在理想情况下完全模拟了当地地理坐标系,载体位置是根据平台上加速度计的输出的加速度信息(正东、正北向加速度)在当地地理坐标系中解算得到,因此地理坐标系就是水平指北惯性导航系统的导航坐标系。对捷联式惯性导航系统来说,测得的载体加速度是沿载体坐标系轴向的,必须将加速度信息分解到某个便于求解导航参数的坐标系内,在进行导航计算,这个坐标系就是导航坐标系。

5. 计算坐标系(简称 c 系)

由于惯性导航系统只能根据系统本身计算获得的载体位置来描述导航坐标系,因此该坐标系必然存在着误差,有时为了与理想的导航坐标系相区别,将这种根据惯导本身计算出的、由载体位置确定的导航坐标系称为计算坐标系,在分析惯导误差时要用到这种坐标系。

2.5 三维直角坐标系间的角度关系与方向余弦矩阵

在分析惯性导航系统时,要用到多种空间直角坐标系。我们知道,矢量可用坐标系中的坐标来描述。在不同的坐标系中,同一矢量的坐标是不同的,但这些坐标之间是有联系的,即矢量在一种坐标系中的坐标可以转化为在另一种坐标系中的坐标。转化方法由坐标系之间的位置与角度关系决定。

两空间直角坐标系之间的差异包括两个方面:一是原点不同,即一坐标系的原点相对另一坐标系的原点有位移;二是坐标轴的指向不同,即一坐标系相对另一坐标系有旋转。例如,地球表面某点的地理坐标系 $OX_tY_tZ_t$ 与地球坐标系 $OX_eY_eZ_e$ 之间的关系就是这种情况,原点不同,指向也不同。

在惯性导航中,我们更关心的是两组坐标系之间的角位置关系,这是因为:①惯性导航中使用的许多坐标系,如地理坐标系、载体坐标系、平台坐标系、计算坐标系等,它们的原点是相同的,不存在原点位移问题;②与上述坐标系原点不同的常用坐标系,如地球坐标系,虽然原点不同,但原点的位移也可通过坐标系之间的角位置关系反映出来,如地球坐标系与地理坐标系之间的角度关系可由角度 λ、φ 决定,λ、φ 同时又决定了地理系原点在地球系中的位置,所以弄清了两坐标系的角度关系,就知道了载体位置(λ,φ)。

数学上两空间坐标系之间的角度关系可用一矩阵来表示,即方向余弦矩阵。这里侧重介绍 3 个问题:①方向余弦矩阵的定义、性质;②通过欧拉角求方向余弦矩阵;③方向余弦矩阵的微分。

2.5.1 方向余弦矩阵的定义与性质

设有一个三维直角坐标系 $OX_1Y_1Z_1$，其 3 个轴向上的单位矢量分别为 $\boldsymbol{i}_1$、$\boldsymbol{j}_1$、$\boldsymbol{k}_1$。任一矢量 $\boldsymbol{R}$ 均可以用它在 3 个轴向上的分量来表示(图 2-13)：

$$\boldsymbol{R}=R_{x1}\boldsymbol{i}_1+R_{y1}\boldsymbol{j}_1+R_{z1}\boldsymbol{k}_1 \tag{2-5-1}$$

这里，分量 R_{x1}、R_{y1}、R_{z1} 就是矢量 $\boldsymbol{R}$ 在 3 个轴(X_1、Y_1、Z_1)上的投影：

$$\begin{cases}R_{x1}=\boldsymbol{R}\cos\theta_{x1}^R\\R_{y1}=\boldsymbol{R}\cos\theta_{y1}^R\\R_{z1}=\boldsymbol{R}\cos\theta_{z1}^R\end{cases} \tag{2-5-2}$$

式中：R 为矢量 $\boldsymbol{R}$ 的模；θ_{x1}^R、θ_{y1}^R、θ_{z1}^R 分别为矢量 $\boldsymbol{R}$ 与坐标系 $\boldsymbol{OX_1Y_1Z_1}$ 的 $\boldsymbol{X}_1$ 轴、$\boldsymbol{Y}_1$ 轴、$\boldsymbol{Z}_1$ 轴的夹角。

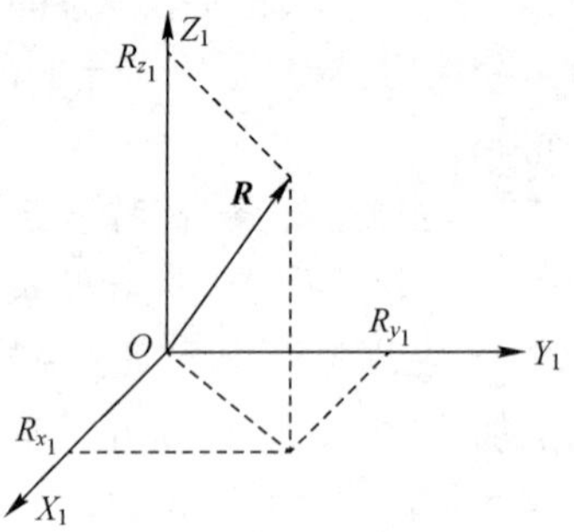

图 2-13 矢量在三维直角坐标系中的表示

显然，当 $\cos\theta_{x1}^R$、$\cos\theta_{y1}^R$、$\cos\theta_{z1}^R$ 确定了，矢量 $\boldsymbol{R}$ 相对坐标系 $OX_1Y_1Z_1$ 的指向也就确定了，因此将 $\cos\theta_{x1}^R$、$\cos\theta_{y1}^R$、$\cos\theta_{z1}^R$ 称为矢量 $\boldsymbol{R}$ 在坐标系 $OX_1Y_1Z_1$ 中的方向余弦。

矢量 $\boldsymbol{R}$ 的模 R 与其分量 R_{x1}、R_{y1}、R_{z1} 之间存在如下的关系：

$$\boldsymbol{R}^2=R_{x1}^2+R_{y1}^2+R_{z1}^2 \tag{2-5-3}$$

将(2-5-2)代式(2-5-3)，可得

$$\cos^2\theta_{x1}^R+\cos^2\theta_{y1}^R+\cos^2\theta_{z1}^R=1 \tag{2-5-4}$$

这说明矢量在直角坐标系中 3 个方向余弦的平方和为 1，故 3 个方向余弦中只含有两个独立量。

假定另有一个三维直角坐标系 $OX_2Y_2Z_2$，其原点与 $OX_1Y_1Z_1$ 坐标系相同。记 X_2 轴、Y_2 轴、Z_2 轴上的单位矢量分别为 $\boldsymbol{i}_2$、$\boldsymbol{j}_2$、$\boldsymbol{k}_2$。上述矢量 $\boldsymbol{R}$ 在 $\boldsymbol{OX_2Y_2Z_2}$ 中也可分解为 3 个分量 R_{x_2}、R_{y_2}、R_{z_2}：

$$\boldsymbol{R}=R_{x2}\boldsymbol{i}_2+R_{y2}\boldsymbol{j}_2+R_{z2}\boldsymbol{k}_2 \tag{2-5-5}$$

显然，矢量 $\boldsymbol{R}$ 在 $OX_1Y_1Z_1$ 和 $OX_2Y_2Z_2$ 中的两组坐标(R_{x1}，R_{y1}，R_{z1})与(R_{x2}，R_{y2}，R_{z2})之间有着内在的联系。这种联系应该由两个坐标系之间的角度关系来确定。

假定 X_2 轴对 $OX_1Y_1Z_1$ 坐标系的 3 个方向余弦为 $\cos\theta_{x1}^{x2}$、$\cos\theta_{y1}^{x2}$、$\cos\theta_{z1}^{x2}$；Z_2 轴对 $OX_1Y_1Z_1$ 坐标系的 3 个方向余弦为 $\cos\theta_{x1}^{y2}$、$\cos\theta_{y1}^{y2}$、$\cos\theta_{z1}^{y2}$，Z_2 轴对 $OX_1Y_1Z_1$ 坐标系的 3 个方向余弦为 $\cos\theta_{x1}^{z2}$、$\cos\theta_{y1}^{z2}$、$\cos\theta_{z1}^{z2}$，那么有

$$\begin{cases}\boldsymbol{i}_2=\boldsymbol{i}_1\cos\theta_{x1}^{x2}+\boldsymbol{j}_1\cos\theta_{y1}^{x2}+\boldsymbol{k}_1\cos\theta_{z1}^{x2}\\\boldsymbol{j}_2=\boldsymbol{i}_1\cos\theta_{x1}^{y2}+\boldsymbol{j}_1\cos\theta_{y1}^{y2}+\boldsymbol{k}_1\cos\theta_{z1}^{y2}\\\boldsymbol{k}_2=\boldsymbol{i}_1\cos\theta_{x1}^{z2}+\boldsymbol{j}_1\cos\theta_{y1}^{z2}+\boldsymbol{k}_1\cos\theta_{z1}^{z2}\end{cases} \tag{2-5-6}$$

同时：

$$\begin{cases}\boldsymbol{i}_1=\boldsymbol{i}_2\cos\theta_{x1}^{x2}+\boldsymbol{j}_2\cos\theta_{x1}^{y2}+\boldsymbol{k}_2\cos\theta_{x1}^{z2}\\\boldsymbol{j}_1=\boldsymbol{i}_2\cos\theta_{y1}^{x2}+\boldsymbol{j}_2\cos\theta_{y1}^{y2}+\boldsymbol{k}_2\cos\theta_{y1}^{z2}\\\boldsymbol{k}_1=\boldsymbol{i}_2\cos\theta_{z1}^{z2}+\boldsymbol{j}_2\cos\theta_{z1}^{y2}+\boldsymbol{k}_2\cos\theta_{z1}^{z2}\end{cases} \tag{2-5-7}$$

将式(2-5-6)、式(2-5-7)写成矩阵形式为

$$\begin{bmatrix} \boldsymbol{i}_2 \\ \boldsymbol{i}_2 \\ \boldsymbol{i}_2 \end{bmatrix} = \boldsymbol{C}_1^2 \begin{bmatrix} \boldsymbol{i}_1 \\ \boldsymbol{j}_1 \\ \boldsymbol{k}_1 \end{bmatrix} \tag{2-5-8}$$

$$\begin{bmatrix} \boldsymbol{i}_1 \\ \boldsymbol{j}_1 \\ \boldsymbol{k}_1 \end{bmatrix} = \boldsymbol{C}_2^1 \begin{bmatrix} \boldsymbol{i}_2 \\ \boldsymbol{j}_2 \\ \boldsymbol{k}_2 \end{bmatrix} \tag{2-5-9}$$

其中

$$\boldsymbol{C}_1^2 = \begin{bmatrix} \cos\theta_{x1}^{x2} \cos\theta_{y1}^{x2} \cos\theta_{z1}^{x2} \\ \cos\theta_{x1}^{y2} \cos\theta_{y1}^{y2} \cos\theta_{z1}^{y2} \\ \cos\theta_{x1}^{z2} \cos\theta_{y1}^{z2} \cos\theta_{z1}^{z2} \end{bmatrix} \tag{2-5-10}$$

$$\boldsymbol{C}_2^1 = \begin{bmatrix} \cos\theta_{x1}^{x2} \cos\theta_{x1}^{y2} \cos\theta_{x1}^{z2} \\ \cos\theta_{y1}^{x2} \cos\theta_{y1}^{y2} \cos\theta_{y1}^{z2} \\ \cos\theta_{z1}^{x2} \cos\theta_{z1}^{y2} \cos\theta_{z1}^{z2} \end{bmatrix} \tag{2-5-11}$$

比较 $\boldsymbol{C}_1^2$、$\boldsymbol{C}_2^1$ 的关系,显然两矩阵互为转置关系:

$$[\boldsymbol{C}_1^2]^{\mathrm{T}} = \boldsymbol{C}_2^1 \tag{2-5-12}$$

将式(2-5-1)写成矩阵形式并代入式(2-5-9),有

$$\boldsymbol{R} = [R_{x1} \quad R_{y1} \quad R_{z1}] \begin{bmatrix} \boldsymbol{i}_1 \\ \boldsymbol{j}_1 \\ \boldsymbol{k}_1 \end{bmatrix} = [R_{x1} \quad R_{y1} \quad R_{z1}] \boldsymbol{C}_2^1 \begin{bmatrix} \boldsymbol{i}_2 \\ \boldsymbol{j}_2 \\ \boldsymbol{k}_2 \end{bmatrix} \tag{2-5-13}$$

又由式(2-5-5),有

$$\boldsymbol{R} = [R_{x2} \quad R_{y2} \quad R_{z2}] \begin{bmatrix} \boldsymbol{i}_2 \\ \boldsymbol{j}_2 \\ \boldsymbol{k}_2 \end{bmatrix} \tag{2-5-14}$$

比较上两式,有

$$[R_{x1} \quad R_{y1} \quad R_{z1}] \boldsymbol{C}_2^1 = [R_{x2} \quad R_{y2} \quad R_{z2}]$$

即

$$\begin{bmatrix} R_{x2} \\ R_{y2} \\ R_{z2} \end{bmatrix} = [\boldsymbol{C}_2^1]^{\mathrm{T}} \begin{bmatrix} R_{x1} \\ R_{y1} \\ R_{z1} \end{bmatrix} = \boldsymbol{C}_1^2 \begin{bmatrix} R_{x1} \\ R_{y1} \\ R_{z1} \end{bmatrix} \tag{2-5-15}$$

式(2-5-15)用矩阵方程表示就是

$$\boldsymbol{R}_2 = \boldsymbol{C}_1^2 \boldsymbol{R}_1 \tag{2-5-16}$$

式中:$\boldsymbol{R}_1$、$\boldsymbol{R}_2$ 分别为表示矢量 $\boldsymbol{R}$ 在 $OX_1Y_1Z_1$、$OX_2Y_2Z_2$ 中坐标的列矢量:

$$\boldsymbol{R}_1 = [R_{x1} R_{y1} R_{z1}]^{\mathrm{T}} \tag{2-5-17}$$

$$\boldsymbol{R}_2 = [R_{x2} R_{y2} R_{z2}]^{\mathrm{T}} \tag{2-5-18}$$

式(2-5-16)表明,矩阵 $\boldsymbol{C}_1^2$ 将同一矢量的两组坐标联系起来了。由于 $\boldsymbol{C}_1^2$ 中的 9 个元

素均为两坐标系坐标轴之间的方向余弦，它反映了两坐标系之间的角位置关系，称 $\boldsymbol{C}_1^2$ 为从坐标系 $OX_1Y_1Z_1$ 到 $OX_2Y_2Z_2$ 的方向余弦矩阵。

同理，将式(2-5-8)代入式(2-5-5)，再与式(2-5-1)比较，可得

$$\begin{bmatrix} R_{x1} \\ R_{y1} \\ R_{z1} \end{bmatrix} = \boldsymbol{C}_2^1 \begin{bmatrix} R_{x2} \\ R_{y2} \\ R_{z2} \end{bmatrix} \tag{2-5-19}$$

式(2-5-19)也可缩写成

$$\boldsymbol{R}_1 = \boldsymbol{C}_2^1 \boldsymbol{R}_2 \tag{2-5-20}$$

称 $\boldsymbol{C}_2^1$ 为从坐标系 $OX_2Y_2Z_2$ 到 $OX_1Y_1Z_1$ 的方向余弦矩阵。

对比式(2-5-16)和式(2-5-20)，可得

$$\boldsymbol{C}_1^2 \boldsymbol{C}_2^1 = \boldsymbol{I} \tag{2-5-21}$$

式中：$\boldsymbol{I}$ 为单位矩阵。

再考虑到关系式(2-5-12)，有

$$[\boldsymbol{C}_1^2]^{-1} = \boldsymbol{C}_2^1 = [\boldsymbol{C}_1^2]^{\mathrm{T}} \tag{2-5-22}$$

这说明方向余弦矩阵的逆就是其转置阵，这是方向余弦矩阵重要性质之一：正交性。

另外，由于方向余弦矩阵的任一行或任一列的 3 个元素均为 2 个坐标系中的某一根坐标轴在另一坐标系中的方向余弦，前已述及，任一矢量的 3 个方向余弦的平方和为 1，因此，方向余弦矩阵的每一行或每一列 3 个元素的平方和也就是 1，这样方向余弦矩阵 $\boldsymbol{C}_2^1$ 或 $\boldsymbol{C}_1^2$ 中的 9 个元素实际上有 6 个约束条件，也就是说一个方向余弦矩阵中只有 3 个元素是完全独立的。

利用方向余弦矩阵，可以方便地实现多个相同原点的坐标系之间的坐标旋转变换，在前述问题中，如果再有第三个坐标系 $OX_3Y_3Z_3$，由 $OX_2Y_2Z_2$ 到 $OX_3Y_3Z_3$ 的方向余弦矩阵为 $\boldsymbol{C}_2^3$，记矢量 $\boldsymbol{R}$ 在 $OX_3Y_3Z_3$ 中的坐标列矢量为 $\boldsymbol{R}_3$，则

$$\boldsymbol{R}_3 = \boldsymbol{C}_2^3 \boldsymbol{R}_2 \tag{2-5-23}$$

则代入式(2-5-16)，有

$$\boldsymbol{R}_3 = \boldsymbol{C}_2^3 \boldsymbol{R}_2 = \boldsymbol{C}_2^3 \boldsymbol{C}_1^2 \boldsymbol{R}_1$$

如果令

$$\boldsymbol{C}_1^3 = \boldsymbol{C}_2^3 \boldsymbol{C}_1^2 \tag{2-5-24}$$

则

$$\boldsymbol{R}_3 = \boldsymbol{C}_1^3 \boldsymbol{R}_1 \tag{2-5-25}$$

这说明，由坐标系 1 到坐标系 3 的方向余弦矩阵可由坐标系 1 到坐标系 2 的方向余弦矩阵左乘坐标系 2 到坐标系 3 的方向余弦矩阵而得。推而广之，有

$$\boldsymbol{R}_n = \boldsymbol{C}_1^n \boldsymbol{R}_1 \tag{2-5-26}$$

其中 $\boldsymbol{C}_1^n$ 可由多个中间变换步骤的方向余弦矩阵得到：

$$\boldsymbol{C}_1^n = \boldsymbol{C}_{n-1}^n \cdots \boldsymbol{C}_2^3 \boldsymbol{C}_1^2 \tag{2-5-27}$$

这说明方向余弦矩阵具有传递性。

对于原点不相同的两组坐标系，它们坐标轴之间的关系仍然可以用式(2-5-10)、式(2-5-11)这样的方向余弦矩阵来描述。这时如果要进行坐标变换，则要先进行坐标平移变换(因原点不同)，而后再按照式(2-5-16)、式(2-5-20)式进行坐标旋转变换。

2.5.2 根据欧拉角求取方向余弦矩阵

两个三维直角坐标系之间的方向余弦矩阵有 9 个元素,由于有 6 个约束条件,只有 3 个元素是独立的,这说明任意两个三维直角坐标系之间的角度关系完全可以由 3 个角度来描述。为能直观地求取中间变换的方向余弦矩阵,假定从坐标系 $OX_0Y_0Z_0$ 经下面 3 次旋转可得到坐标系 $OXYZ$(图 2-14)。

$$OX_0Y_0Z_0 \xrightarrow{\text{绕 } X_0 \text{ 转 } K_x} OX_1Y_1Z_1 \xrightarrow{\text{绕 } Y_1 \text{ 转 } K_y} OX_2Y_2Z_2 \xrightarrow{\text{绕 } Z_2 \text{ 转 } K_z} OXYZ$$

变化 K_x、K_y、K_z 3 个角度,可以形成原点与 $OX_0Y_0Z_0$ 相同的任意三维直角坐标系。反过来说,任意一个三维直角坐标系 $OXYZ$ 均可从 $OX_0Y_0Z_0$ 经过上述 3 次旋转得到,所以这 3 个旋转角度完全反映了两坐标系之间的角度关系,我们称这 3 个旋转角为欧拉角。要注意的是,欧拉角与旋转顺序有关(即先绕哪根轴转、后绕哪根轴转),顺序不同时,欧拉角也不同,顺序固定时,两坐标系之间的欧拉角是唯一的。

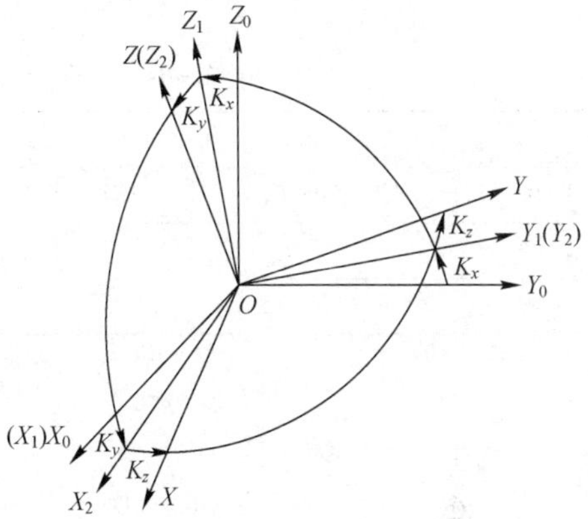

图 2-14 从坐标系 $OX_0Y_0Z_0$ 到 $OXYZ$ 的 3 次旋转

记由坐标系 $OX_0Y_0Z_0$ 至 $OX_1Y_1Z_1$、由 $OX_1Y_1Z_1$ 至 $OX_2Y_2Z_2$、由 $OX_2Y_2Z_2$ 至 $OXYZ$ 的方向余弦矩阵分别为 $\boldsymbol{C}_0^1$、$\boldsymbol{C}_1^2$、$\boldsymbol{C}_2^3$。

由 $OX_0Y_0Z_0$ 至 $OX_1Y_1Z_1$(X_1 与 X_0 同轴)是前者绕 X_0 轴旋转 K_x 角得到的(图 2-14)。根据方向余弦阵的结构形式(参见式(2-5-11)),可以做一方向余弦表(表 2-2),这样比较形象、便于记忆。由于 X_0、X_1 同轴,两坐标系角度关系比较明确,方向余弦值可直接填入。

表 2-2 绕 X_0 轴旋转 K_x 角的方向余弦表

	X_0 轴	Y_0 轴	Z_0 轴
X_1 轴	1	0	0
Y_1 轴	1	$\cos K_x$	$\sin K_x$
Z_1 轴	0	$-\sin K_x$	$\cos K_x$

根据此表可直接写出方向余弦矩阵:

$$\boldsymbol{C}_0^1 = \begin{bmatrix} 1 & 0 & 0 \\ 0 & \cos K_x & \sin K_x \\ 0 & -\sin K_x & \cos K_x \end{bmatrix} \tag{2-5-28}$$

用同样的方法可得到由 $OX_1Y_1Z_1$ 至 $OX_2Y_2Z_2$、由 $OX_2Y_2Z_2$ 至 $OXYZ$ 的方向余弦矩阵 $\boldsymbol{C}_1^2$、$\boldsymbol{C}_2^3$:

由 $OX_1Y_1Z_1$ 至 $OX_2Y_2Z_2$:绕 Y_1 轴转 K_y 角(图 2-16),相应的方向余弦矩表(表 2-3)及方向余弦矩阵为

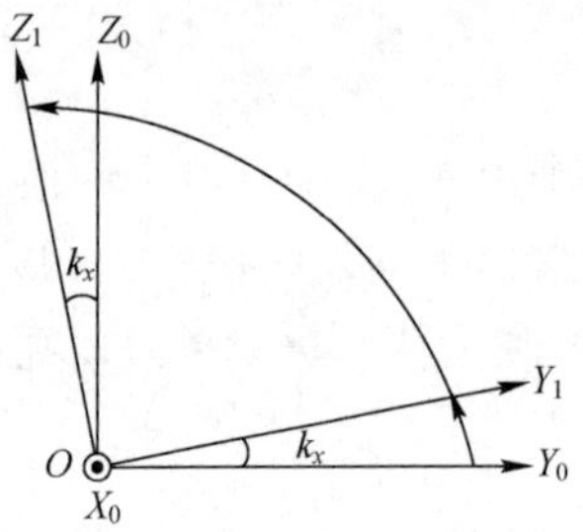

图 2-15　由坐标系 $OX_0Y_0Z_0$ 至 $OX_1Y_1Z_1$

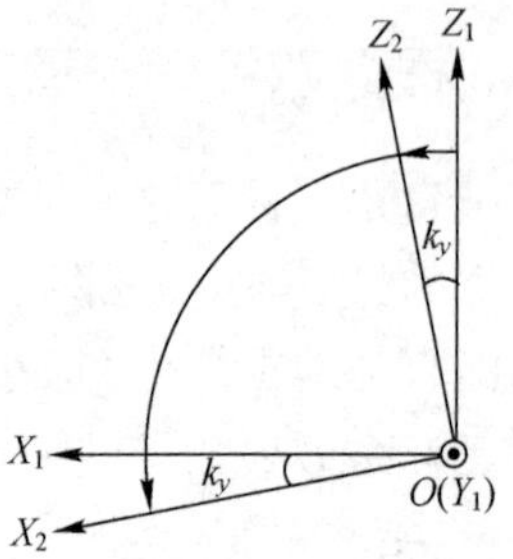

图 2-16　由坐标系 $OX_1Y_1Z_1$ 至 $OX_2Y_2Z_2$

表 2-3　绕 Y_1 轴旋转 K_y 角的方向余弦表

	X_1 轴	Y_1 轴	Z_1 轴
X_2 轴	$\cos K_y$	0	$-\sin K_y$
Y_2 轴	0	1	0
Z_2 轴	$\sin K_y$	0	$\cos K_y$

$$\boldsymbol{C}_1^2=\begin{bmatrix}\cos K_y & 0 & -\sin K_y\\ 0 & 1 & 0\\ \sin K_y & 0 & \cos K_y\end{bmatrix} \tag{2-5-29}$$

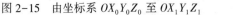

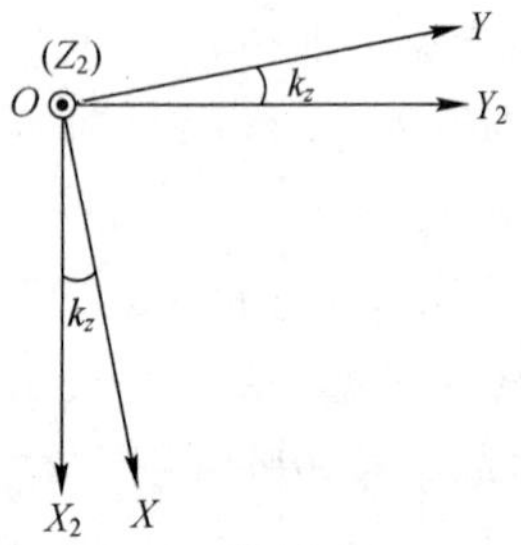

图 2-17　由坐标系 $OX_2Y_2Z_2$ 至 $OXYZ$

由 $OX_2Y_2Z_2$ 至 $OXYZ$：绕 Z_2 轴转 K_z 角，如图 2-17 所示。相应的方向余弦矩表（表 2-4）及方向余弦矩阵为

$$\boldsymbol{C}_2^3=\begin{bmatrix}\cos K_z & \sin K_z & 0\\ -\sin K_z & \cos K_z & 0\\ 0 & 0 & 1\end{bmatrix} \tag{2-5-30}$$

表 2-4　绕 Z_2 轴旋转 K_z 角的方向余弦表

	X_2 轴	Y_2 轴	Z_2 轴
X 轴	$\cos K_z$	$\sin K_z$	0
Y 轴	$-\sin K_z$	$\cos K_z$	0
Z 轴	0	0	0

记由 $OX_0Y_0Z_0$ 至 $OXYZ$ 的方向余弦矩阵为 $\boldsymbol{C}$，则根据方向余弦矩阵的传递性有

$$\boldsymbol{C}=\boldsymbol{C}_2^3\boldsymbol{C}_1^2\boldsymbol{C}_0^1 \tag{2-5-31}$$

代入式(2-5-24)～式(2-5-26)，有

$$\boldsymbol{C}=\begin{bmatrix}\cos K_z\cos K_y & \sin K_z\cos K_x+\cos K_z\sin K_y\sin K_x & \sin K_z\sin K_x-\cos K_z\sin K_y\cos K_x\\ -\sin K_z\cos K_y & \cos K_z\cos K_x+\sin K_z\sin K_y\sin K_x & \cos K_z\sin K_x-\sin K_z\sin K_y\cos K_x\\ \sin K_y & -\cos k_y\sin K_x & \cos K_y\cos K_x\end{bmatrix} \tag{2-5-32}$$

式(2-5-32)即为由欧拉角 K_x、K_y、K_z 计算方向余弦矩阵的公式。

当 3 个欧拉角 K_x、K_y、K_z 均为小角度时，略去二阶小量，$\boldsymbol{C}$ 阵有比较简单的形式（K_x、K_y、K_z 均用弧度表示）：

$$
\boldsymbol{C}=\begin{bmatrix} 1 & K_z & -K_y \\ -K_z & 1 & K_x \\ K_y & -K_x & 1 \end{bmatrix} \tag{2-5-33}
$$

由于矩阵乘法不符合交换律，故方向余弦矩阵 $\boldsymbol{C}$ 与旋转顺序有关系。但当 3 个欧拉角 K_x、K_y、K_z 均为小角度时，由于可以忽略二阶小量，$\boldsymbol{C}$ 就与旋转顺序无关。对此读者可以自行验算。

2.5.3 方向余弦矩阵的微分

方向余弦矩阵描述的是两个坐标系之间的角度关系，当两个坐标系具有相对转动时，它们相应轴之间的方向余弦矩阵也就跟着发生变化。例如，当舰船带着平台沿地球表面航行时，平台坐标系各轴和地球坐标系之间所对应的夹角随着舰船经纬度和方位角的改变而改变。方向余弦矩阵微分方程建立的是方向余弦矩阵的微分与坐标系相对运动角速度之间的关系。

设动坐标系 n($OX_nY_nZ_n$)相对参考坐标系 i($OX_iY_iZ_i$)转动，从 i 系到 n 系的方向余弦矩阵为 $\boldsymbol{C}_i^n$，$\boldsymbol{C}_i^n$ 的微分为 $\dot{\boldsymbol{C}}_i^n$，根据定义：

$$
\dot{\boldsymbol{C}}_i^n=\lim_{\Delta t\to 0}\frac{\boldsymbol{C}_i^n(t+\Delta t)-\boldsymbol{C}_i^n(t)}{\Delta t} \tag{2-5-34}
$$

假定在 t 时刻，n 坐标系相对 i 坐标系的欧拉角为 K_x、K_y、K_z。从 t 时刻到 $t+\Delta t$ 时刻，欧拉角又变化了 ΔK_x、ΔK_y、ΔK_z，由于 Δt 为微量，ΔK_x、ΔK_y、ΔK_z 也均为微量，记从 t 时刻 n 坐标系的瞬时位置到 $t+\Delta t$ 时刻的 n 坐标系瞬时位置的方向余弦矩阵为 $\Delta\boldsymbol{C}$，根据式(2-5-29)，有

$$
\Delta\boldsymbol{C}=\begin{bmatrix} 1 & \Delta K_z & -\Delta K_y \\ -\Delta K_z & 1 & \Delta K_x \\ \Delta K_y & -\Delta K_x & 1 \end{bmatrix}=\boldsymbol{I}+\Delta\boldsymbol{K}_{in} \tag{2-5-35}
$$

式中：$\boldsymbol{I}$ 为单位阵；

$$
\Delta\boldsymbol{K}_{in}=\begin{bmatrix} 0 & \Delta K_z & -\Delta K_y \\ -\Delta K_z & 0 & \Delta K_x \\ \Delta K_y & -\Delta K_x & 0 \end{bmatrix} \tag{2-5-36}
$$

从 t 时刻 i 系到 $t+\Delta t$ 时刻 n 系的方向余弦阵为 $\boldsymbol{C}_i^n(t+\Delta t)$，则根据方向余弦矩阵的传递性，有

$$
\boldsymbol{C}_i^n(t+\Delta t)=\Delta\boldsymbol{C}\cdot\boldsymbol{C}_i^n(t)=(\boldsymbol{I}+\Delta\boldsymbol{K}_{in})\boldsymbol{C}_i^n(t) \tag{2-5-37}
$$

于是

$$
\dot{\boldsymbol{C}}_i^n=\lim_{\Delta t\to 0}\frac{(\boldsymbol{I}+\Delta\boldsymbol{K}_{in})\boldsymbol{C}_i^n(t)-\boldsymbol{C}_i^n(t)}{\Delta t}=\lim_{\Delta t\to 0}\frac{\Delta\boldsymbol{K}_{in}}{\Delta t}\boldsymbol{C}_i^n
$$

记

$$
\boldsymbol{\omega}_{in}=\lim_{\Delta t\to 0}\frac{\Delta\boldsymbol{K}_{in}}{\Delta t}=\lim_{\Delta t\to 0}\frac{1}{\Delta t}\cdot\begin{bmatrix} 0 & \Delta K_z & -\Delta K_y \\ -\Delta K_z & 0 & \Delta K_x \\ \Delta K_y & -\Delta K_x & 0 \end{bmatrix}=\begin{bmatrix} 0 & \boldsymbol{\omega}_{inz} & -\boldsymbol{\omega}_{iny} \\ -\boldsymbol{\omega}_{inz} & 0 & \boldsymbol{\omega}_{inx} \\ \boldsymbol{\omega}_{iny} & -\boldsymbol{\omega}_{inx} & 0 \end{bmatrix} \tag{2-5-38}
$$

其中

$$
\begin{cases}
\boldsymbol{\omega}_{\mathrm{in}x} = \lim\limits_{\Delta t \to 0} \dfrac{\Delta K_x}{\Delta t} = \dot{K}_x \\
\boldsymbol{\omega}_{\mathrm{in}y} = \lim\limits_{\Delta t \to 0} \dfrac{\Delta K_y}{\Delta t} = \dot{K}_y \\
\boldsymbol{\omega}_{\mathrm{in}z} = \lim\limits_{\Delta t \to 0} \dfrac{\Delta K_z}{\Delta t} = \dot{K}_z
\end{cases}
\tag{2-5-39}
$$

显然，$\boldsymbol{\omega}_{\mathrm{in}x}$、$\boldsymbol{\omega}_{\mathrm{in}y}$、$\boldsymbol{\omega}_{\mathrm{in}z}$是 n 系绕其 3 个坐标轴相对 i 系的旋转角速度。于是有

$$
\dot{\boldsymbol{C}}_{\mathrm{i}}^{\mathrm{n}}(t) = \boldsymbol{\omega}_{\mathrm{in}}(t)\boldsymbol{C}_{\mathrm{i}}^{\mathrm{n}}(t) \tag{2-5-40}
$$

这就是方向余弦矩阵微分方程表示式。

2.6 坐标系间变换的其他数学描述

2.6.1 旋转矢量法

相对于欧拉旋转的多次旋转坐标变换，复杂而且和次序有关，用旋转矢量进行一次旋转就可得到两坐标系间的相互关系，不同的坐标系可用“a”“b”“c”等进行描述，以方向余弦矩阵 $\boldsymbol{C}_{\mathrm{a}}^{\mathrm{b}}$ 描述从“a”系转换到“b”系的转换矩阵，旋转矢量转换描述可以参考图 2-18。旋转矢量定义为一个旋转轴，其长度表示其大小，刚开始时，“b”系和“a”系重合，以旋转矢量方向为轴旋转一个大小为 ϕ 的角度，“b”系到一新的位置，$\dot{\boldsymbol{\phi}}$为“a”系向“b”系转换的旋转矢量。

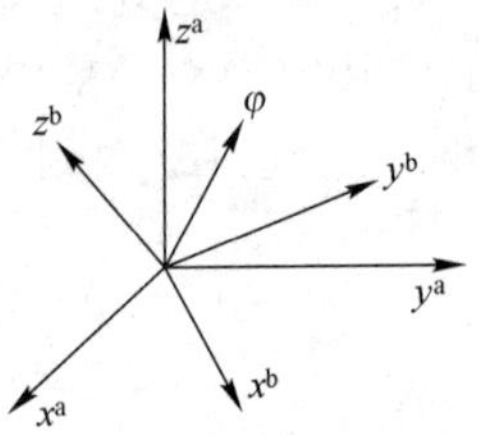

图 2-18　旋转矢量

假设 b 系相对于 a 系以角速度 $\boldsymbol{\omega}_{\mathrm{ab}}^{\mathrm{b}}$旋转，则旋转矢量的微分方程可描述如下：

$$
\begin{aligned}
\dot{\boldsymbol{\phi}} &= \boldsymbol{\omega}_{\mathrm{ab}}^{\mathrm{b}} + \frac{1}{2}\phi \times \boldsymbol{\omega}_{\mathrm{ab}}^{\mathrm{b}} + \frac{1}{\|\phi\|^2}\left[1 - \frac{\phi \sin\phi}{2(1-\cos\phi)}\right]\phi \times (\phi \times \omega_{\mathrm{ab}}^{\mathrm{b}})\left(\frac{\pi}{2} - \theta\right) \\
&\approx \boldsymbol{\omega}_{\mathrm{ab}}^{\mathrm{b}} + \frac{1}{2}\phi \times \boldsymbol{\omega}_{\mathrm{ab}}^{\mathrm{b}} + \frac{1}{12}\phi \times (\phi \times \boldsymbol{\omega}_{\mathrm{ab}}^{\mathrm{b}})
\end{aligned}
\tag{2-6-1}
$$

其中，$\dot{\boldsymbol{\phi}} = \dfrac{\mathrm{d}\phi}{\mathrm{d}t}$，该方程的详细推导可参考 Bortz 在 1971 年的文献，该方程也称为 Bortz 方程。

2.6.2 四元数

四元数(quaternion)是由爱尔兰数学家哈密顿在 1843 年提出的数学概念。相对于复数表示为二维空间，四元数可用于描述四维空间，即描述一个矢量在空间旋转动的大小与方向。四元数形式较为简洁，且能有效避免数学上的奇异性，因此作为描述坐标系变换关系和求解姿态矩阵的方便工具，在捷联惯导技术中得到广泛应用。

2.6.2.1 用四元数表示刚体的转动

由刚体绕定点运动的转动定理得知，刚体由一位置到另一位置的有限转动，可以通过

绕定点的某一轴转过某一角度的一次转动来实现，即动坐标系相对参考坐标系的方位等效于动坐标系绕某个固定轴转动一个角度 θ。固定轴称为欧拉轴，角度 θ 称为欧拉角。如果用 $\boldsymbol{\mu}$ 表示欧拉轴向的单位矢量，则动坐标系的方位可以完全由 $\boldsymbol{\mu}$ 和 θ 两个参数来确定。用 $\boldsymbol{\mu}$ 和 θ 可构造四元数：

$$\boldsymbol{q}=\cos\frac{\theta}{2}+\mu\sin\frac{\theta}{2}=q_0+q_1\mathbf{i}+q_2\mathbf{j}+q_3\mathbf{k} \tag{2-6-2}$$

式中，$\mathbf{i}$、$\mathbf{j}$、$\mathbf{k}$ 为虚轴单位；q_0 为四元数的标量部分；q_1、q_2、q_3 为四元数的矢量部分。$\boldsymbol{q}$ 也可以用下式进行表达：

$$\boldsymbol{q}=[q_0\quad q_1\quad q_2\quad q_3]^{\mathrm{T}} \tag{2-6-3}$$

假定矢量 $\boldsymbol{r}$ 绕通过定点 O 的某一转轴转动了一个角度 θ，其对应的转动四元数为

$$\boldsymbol{q}=\cos\frac{\theta}{2}+\boldsymbol{\mu}\sin\frac{\theta}{2} \tag{2-6-4}$$

则转动后的矢量为 $\boldsymbol{r}'$，以四元数描述的 $\boldsymbol{r}'$ 和 $\boldsymbol{r}$ 的坐标转换关系为

$$\boldsymbol{r}'=\boldsymbol{q}\otimes\boldsymbol{r}\otimes\boldsymbol{q}^* \tag{2-6-5}$$

式中：$\otimes$ 为四元数乘法算子；$\boldsymbol{q}^*$ 为四元数 $\boldsymbol{q}$ 的共轭四元数：

$$\boldsymbol{q}^*=\cos\frac{\theta}{2}-\boldsymbol{\mu}\sin\frac{\theta}{2} \tag{2-6-6}$$

由于 $\boldsymbol{q}$ 为单位四元数，因此

$$|\boldsymbol{q}|=\sqrt{q_0^2+q_1^2+q_2^2+q_3^2}=1 \tag{2-6-7}$$

$$\boldsymbol{q}\otimes\boldsymbol{q}^*=\boldsymbol{q}^*\otimes\boldsymbol{q}=q_0^2+q_1^2+q_2^2+q_3^2=1 \tag{2-6-8}$$

单位四元数 $\boldsymbol{q}$ 的逆与其共轭四元数相等，即

$$\boldsymbol{q}^{-1}=\boldsymbol{q}^* \tag{2-6-9}$$

对于三维空间中的位置矢量同样可以用四元数来表示，四元数的标量部分为 0，矢量部分对应位置矢量的相应部分。

2.6.2.2 四元数的常见运算

设两个四元数 $\boldsymbol{q}$、$\boldsymbol{M}$ 定义如下：

$$\boldsymbol{q}=\lambda+P_1\mathbf{i}+P_2\mathbf{j}+P_3\mathbf{k}\quad \boldsymbol{M}=v+\mu_1\mathbf{i}+\mu_2\mathbf{j}+\mu_3\mathbf{k} \tag{2-6-10}$$

则四元数的加法和减法可表示为

$$\boldsymbol{q}\pm\boldsymbol{M}=(\lambda\pm v)+(P_1\pm\mu_1)\mathbf{i}+(P_2\pm\mu_2)\mathbf{j}+(P_3\pm\mu_3)\mathbf{k} \tag{2-6-11}$$

式中：$\mathbf{i}$、$\mathbf{j}$、$\mathbf{k}$ 为虚数单位，根据虚数单位的乘法规则

$$\begin{gathered}\mathbf{i}\circ\mathbf{i}=\mathbf{j}\circ\mathbf{j}=\mathbf{k}\circ\mathbf{k}=-1\\ \mathbf{i}\circ\mathbf{j}=\mathbf{k}=-\mathbf{j}\circ\mathbf{i}\\ \mathbf{j}\circ\mathbf{k}=\mathbf{i}=-\mathbf{k}\circ\mathbf{j}\\ \mathbf{k}\circ\mathbf{i}=\mathbf{j}=-\mathbf{i}\circ\mathbf{k}\end{gathered} \tag{2-6-12}$$

四元数乘法表示为

$$\boldsymbol{q}\circ\boldsymbol{M}=(\lambda+P_1\mathbf{i}+P_2\mathbf{j}+P_3\mathbf{k})\circ(v+\mu_1\mathbf{i}+\mu_2\mathbf{j}+\mu_3\mathbf{k})$$

$$=\begin{bmatrix}\lambda & -P_1 & -P_2 & -P_3\\ P_1 & \lambda & -P_3 & P_2\\ P_2 & P_3 & \lambda & -P_1\\ P_3 & -P_2 & P_1 & \lambda\end{bmatrix}\begin{bmatrix}v\\ \mu_1\\ \mu_2\\ \mu_3\end{bmatrix} \tag{2-6-13}$$

值得注意的是,四元数一般不满足乘法的交换律,但满足乘法的结合律:

$$\boldsymbol{q}\circ\boldsymbol{M}\neq\boldsymbol{M}\circ\boldsymbol{q}$$
$$(\boldsymbol{q}_1\circ\boldsymbol{q}_2)\circ\boldsymbol{q}_3=\boldsymbol{q}_1\circ(\boldsymbol{q}_2\circ\boldsymbol{q}_3) \tag{2-6-14}$$

共轭四元数的定义,两个四元数的标量部分相同,矢量部分相反:

$$\boldsymbol{q}=\lambda+P_1\boldsymbol{i}+P_2\boldsymbol{j}+P_3\boldsymbol{k}$$
$$\boldsymbol{q}^*=\lambda-P_1\boldsymbol{i}-P_2\boldsymbol{j}-P_3\boldsymbol{k} \tag{2-6-15}$$

四元数的范数表示为

$$\|\boldsymbol{q}\|^2=\boldsymbol{q}\circ\boldsymbol{q}^*=\lambda^2+P_1^2+P_2^2+P_3^2 \tag{2-6-16}$$

四元数的逆表示为

$$\boldsymbol{q}^{-1}=\frac{\boldsymbol{q}^*}{\|\boldsymbol{q}\|^2} \tag{2-6-17}$$

设 $\boldsymbol{q}\circ\boldsymbol{h}=\boldsymbol{M}$,四元数的除法表示为

$$\boldsymbol{q}\circ\boldsymbol{h}=\boldsymbol{M}$$
$$\boldsymbol{h}=\boldsymbol{q}^{-1}\circ\boldsymbol{M} \tag{2-6-18}$$

2.6.2.3 四元数的微分运算

四元数 $\boldsymbol{q}$ 由一个标度因子 S 和一个三维矢量 $\boldsymbol{v}$ 构成,其表达式如下:

$$\boldsymbol{q}=\begin{bmatrix}S\\ \boldsymbol{v}\end{bmatrix} \tag{2-6-19}$$

令 $s=q_0,\boldsymbol{v}=[q_1\quad q_2\quad q_3]^{\mathrm{T}}$,则

$$\boldsymbol{q}=[q_0\quad q_1\quad q_2\quad q_3]^{\mathrm{T}} \tag{2-6-20}$$

四元数进行坐标系 b 系下的矢量 $\boldsymbol{r}^{\mathrm{b}}$ 变换到另一 a 系矢量 $\boldsymbol{r}^{\mathrm{a}}$ 变换可表示为

$$\boldsymbol{r}^{\mathrm{a}'}=\boldsymbol{q}\circ\boldsymbol{r}^{\mathrm{b}'}\circ(\boldsymbol{q})^{-1} \tag{2-6-21}$$

式中:$\boldsymbol{q}$ 为 b 系转换到 a 系所对应的四元数,其具体的表达下一节中阐述;$\boldsymbol{r}^{\mathrm{a}'}$、$\boldsymbol{r}^{\mathrm{b}'}$ 分别为 $\boldsymbol{r}^{\mathrm{a}}$、$\boldsymbol{r}^{\mathrm{b}}$ 的扩展,其表达式如下:

$$\boldsymbol{r}^{\mathrm{a}'}=\begin{bmatrix}0\\ \boldsymbol{r}^{\mathrm{a}}\end{bmatrix},\quad \boldsymbol{r}^{\mathrm{b}'}=\begin{bmatrix}0\\ \boldsymbol{r}^{\mathrm{b}}\end{bmatrix} \tag{2-6-22}$$

四元数的时间传递可用下式表达:

$$\dot{\boldsymbol{q}}=0.5\boldsymbol{q}\circ[0\quad \boldsymbol{\omega}_{\mathrm{ab}}^{\mathrm{b}}]^{\mathrm{T}} \tag{2-6-23}$$

式中:"∘"为四元数乘法,用式(2-6-13)形式四元数矩阵形式表述式(2-6-23)为

$$\begin{aligned}\boldsymbol{q}&=[\dot{q}_1\quad \dot{q}_2\quad \dot{q}_3]^{\mathrm{T}}\\ &=0.5\begin{bmatrix}q_0 & -q_1 & -q_2 & -q_3\\ q_1 & q_0 & -q_3 & q_2\\ q_2 & q_3 & q_0 & -q_1\\ q_3 & -q_2 & q_1 & q_0\end{bmatrix}\begin{bmatrix}0\\ \omega_{\mathrm{ab},x}^{\mathrm{b}}\\ \omega_{\mathrm{ab},y}^{\mathrm{b}}\\ \omega_{\mathrm{ab},z}^{\mathrm{b}}\end{bmatrix}\end{aligned} \tag{2-6-24}$$

式中：$\omega_{ab,x}^{b}$、$\omega_{ab,y}^{b}$、$\omega_{ab,z}^{b}$为 b 系相对于 a 系的旋转角速度在 b 系 3 个坐标上的投影分量。

2.6.3 方向余弦矩阵、欧拉角、旋转矢量和四元数间的关系

两个坐标系 a 系和 b 系间的旋转矢量为 $\boldsymbol{\phi}$，而对应的四元数为 $\boldsymbol{q}_{b}^{a}$，则四元数可以用旋转矢量描述：

$$\boldsymbol{q}_{b}^{a}=\begin{bmatrix}\cos\|0.5\boldsymbol{\phi}\| \\ \dfrac{\sin\|0.5\boldsymbol{\phi}\|}{\|0.5\boldsymbol{\phi}\|}0.5\boldsymbol{\phi}\end{bmatrix} \tag{2-6-25}$$

式中：$\|\cdot\|$ 为欧几里得范数；

$$\cos\|0.5\boldsymbol{\phi}\|=1-\frac{\|0.5\boldsymbol{\phi}\|^{2}}{2!}+\frac{\|0.5\boldsymbol{\phi}\|^{4}}{4!}-\cdots,$$

$$\frac{\sin\|0.5\boldsymbol{\phi}\|}{\|0.5\boldsymbol{\phi}\|}=1-\frac{\|0.5\boldsymbol{\phi}\|^{2}}{3!}+\frac{\|0.5\boldsymbol{\phi}\|^{4}}{5!}-\cdots \tag{2-6-26}$$

如果已知四元数 $\boldsymbol{q}_{b}^{a}=[q_0\quad q_1\quad q_2\quad q_3]^{T}$，那么其对应的旋转矢量 ϕ 可用下式计算：

$$\boldsymbol{\phi}=\frac{1}{\boldsymbol{f}}[q_1\quad q_2\quad q_3]^{T} \tag{2-6-27}$$

其中

$$\boldsymbol{f}\equiv\frac{\sin\|0.5\boldsymbol{\phi}\|}{\boldsymbol{\phi}}=\frac{1}{2}\left(1-\frac{\|0.5\boldsymbol{\phi}\|^{2}}{3!}+\frac{\|0.5\boldsymbol{\phi}\|^{4}}{5!}-\frac{\|0.5\boldsymbol{\phi}\|^{6}}{7!}+\cdots\right)$$

$$\|0.5\boldsymbol{\phi}\|=\arctan\frac{\sin\|0.5\boldsymbol{\phi}\|}{\cos\|0.5\boldsymbol{\phi}\|}=\frac{\sqrt{q_1^2+q_2^2+q_3^2}}{q_0}$$

如果 $q_0=0$，那么，$\boldsymbol{\phi}=\pi[q_1\quad q_2\quad q_3]^{T}$。

对应的方向余弦矩阵的四元数表述公式可以表示为

$$\boldsymbol{C}_{b}^{a}=\begin{bmatrix}q_0^2+q_1^2-q_2^2-q_3^2 & 2(q_1q_2-q_0q_3) & 2(q_1q_3+q_0q_2)\\ 2(q_1q_2+q_0q_3) & q_0^2-q_1^2+q_2^2-q_3^2 & 2(q_2q_3-q_0q_1)\\ 2(q_1q_3-q_0q_2) & 2(q_2q_3+q_0q_1) & q_0^2-q_1^2-q_2^2+q_3^2\end{bmatrix} \tag{2-6-28}$$

若已经得到方向余弦矩阵，如何由 DCM 得到相应四元数？在此直接给出 Shuster 在 1993 年和 Savage 在 2000 年得到最有鲁棒性的推导结果：

$$P_1=1+\mathrm{tr}(\boldsymbol{C}_{b}^{a}),\quad P_2=1+2c_{11}-\mathrm{tr}(\boldsymbol{C}_{b}^{a}),$$

$$P_3=1+2c_{22}-\mathrm{tr}(\boldsymbol{C}_{b}^{a}),\quad P_4=1+2c_{33}-\mathrm{tr}(\boldsymbol{C}_{b}^{a}) \tag{2-6-29}$$

式中：$\mathrm{tr}(\cdot)$ 为矩阵的迹；$c_{ij}(1\leqslant i,j\leqslant 3)$ 为方向余弦矩阵 $\boldsymbol{C}_{b}^{a}$ 的元素。

如果 $P_1=\max(P_1,P_2,P_3,P_4)$，则

$$q_0=0.5\sqrt{P_1},\quad q_1=\frac{c_{32}-c_{23}}{4q_0},\quad q_2=\frac{c_{13}-c_{31}}{4q_0},\quad q_3=\frac{c_{21}-c_{12}}{4q_0} \tag{2-6-30a}$$

如果 $P_2=\max(P_1,P_2,P_3,P_4)$，则四元数计算式为

$$q_1=0.5\sqrt{P_2},\quad q_2=\frac{c_{21}+c_{12}}{4q_1},\quad q_3=\frac{c_{13}+c_{31}}{4q_1},\quad q_0=\frac{c_{32}-c_{23}}{4q_1} \tag{2-6-30b}$$

如果 $P_3=\max(P_1,P_2,P_3,P_4)$，则四元数计算式为

$$q_2=0.5\sqrt{P_3}\,,\quad q_3=\frac{c_{32}+c_{23}}{4q_2},\quad q_0=\frac{c_{13}-c_{31}}{4q_2},\quad q_1=\frac{c_{21}+c_{12}}{4q_2} \tag{2-6-30c}$$

如果 $P_4=\max(P_1,P_2,P_3,P_4)$

$$q_3=0.5\sqrt{P_4}\,,\quad q_0=\frac{c_{21}-c_{12}}{4q_3},\quad q_1=\frac{c_{13}+c_{31}}{4q_3},\quad q_2=\frac{c_{32}+c_{23}}{4q_3} \tag{2-6-30d}$$

如果 $q_0<0$,为保证标度因子不为负,则取 $\boldsymbol{q}:=-\boldsymbol{q}$。

方向余弦矩阵的旋转矢量变换公式可以表示为

$$\boldsymbol{C}_{\mathrm{b}}^{\mathrm{a}}=\boldsymbol{I}+\frac{\sin\|\boldsymbol{\phi}\|}{\|\boldsymbol{\phi}\|}(\boldsymbol{\phi}\times)+\frac{1-\cos\|\boldsymbol{\phi}\|}{\|\boldsymbol{\phi}\|^{2}}(\boldsymbol{\phi}\times)(\boldsymbol{\phi}\times) \tag{2-6-31}$$

如果 $\|\boldsymbol{\phi}\|$ 是很小量,则$\dfrac{\sin\|\boldsymbol{\phi}\|}{\|\boldsymbol{\phi}\|}\approx1$。而且二次项也可忽略,则式(2-6-31)可简化为

$$\boldsymbol{C}_{\mathrm{b}}^{\mathrm{a}}\approx\boldsymbol{I}+(\boldsymbol{\phi}\times) \tag{2-6-32}$$

经典的描述两个不同坐标系之间关系的方法是通过欧拉角旋转,即由欧拉角:纵摇角(ϕ)、横摇角(θ)、航向角(ψ)得到,如果欧拉旋转的次序与前文中的一致,则方向余弦矩阵的欧拉角描述见式(2-6-33)。若已知方向余弦矩阵,则根据式(2-6-33)可得横摇角为

$$\theta=\arctan\frac{\sin\theta}{\cos\theta}=\arctan\frac{-c_{31}}{\sqrt{c_{32}^{2}+c_{33}^{2}}} \tag{2-6-33a}$$

其中 $|\theta|\leqslant\pi/2$,因为 $\cos\theta$ 取的是正值。在当 $|\theta|\neq\pi/2(|c_{31}|<0.999)$ 时,纵摇 ϕ 和航向 ψ 可由下式计算

$$\phi=\arctan\frac{\sin\phi}{\cos\phi}=\arctan\frac{c_{32}}{c_{33}} \tag{2-6-33b}$$

$$\psi=\arctan\frac{\sin\psi}{\cos\psi}=\arctan\frac{c_{21}}{c_{11}} \tag{2-6-33c}$$

当 $|c_{31}|\geqslant0.999$ 时,即表明横摇角为 $\pi/2$,此时只能确定 ϕ 和 ψ 的线性关系:

$$\begin{cases}\psi-\phi=\arctan\dfrac{c_{23}-c_{12}}{c_{13}+c_{22}}, & c_{31}\leqslant0.999\\[2ex] \psi+\phi=\pi+\arctan\dfrac{c_{23}+c_{12}}{c_{13}-c_{22}}, & c_{31}>0.999\end{cases} \tag{2-6-33d}$$

下面直接给出四元数的欧拉角描述公式:

$$\boldsymbol{q}_{\mathrm{b}}^{\mathrm{a}}=\begin{bmatrix}\cos\dfrac{\phi}{2}\cos\dfrac{\theta}{2}\cos\dfrac{\psi}{2}+\sin\dfrac{\phi}{2}\sin\dfrac{\theta}{2}\cos\dfrac{\psi}{2}\\[2ex] \sin\dfrac{\phi}{2}\cos\dfrac{\theta}{2}\cos\dfrac{\psi}{2}-\cos\dfrac{\phi}{2}\sin\dfrac{\theta}{2}\sin\dfrac{\psi}{2}\\[2ex] \cos\dfrac{\phi}{2}\sin\dfrac{\theta}{2}\cos\dfrac{\psi}{2}+\sin\dfrac{\phi}{2}\cos\dfrac{\theta}{2}\sin\dfrac{\psi}{2}\\[2ex] \cos\dfrac{\phi}{2}\cos\dfrac{\theta}{2}\sin\dfrac{\psi}{2}-\sin\dfrac{\phi}{2}\sin\dfrac{\theta}{2}\cos\dfrac{\psi}{2}\end{bmatrix} \tag{2-6-34}$$

思 考 题

(1) 什么是惯性参考系?

(2) 参考椭球体曲率半径定义方法是什么?

(3) 常见纬度定义有哪些?

(4) 惯性导航中常用坐标系包括哪些?

(5) 常见坐标系表示方法及其关系是什么?

(6) 下图为一个质量为 m 的物体在惯性系内的受力情况,参考惯性系与非惯性系的定义,分析惯性力的概念。

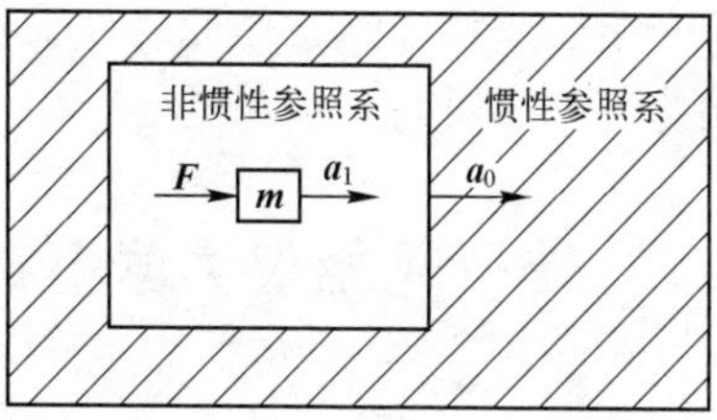

题 6 图　物体受力情况

(7) 设坐标系 $OX_1Y_1Z_1$ 绕着坐标系 $OX_0Y_0Z_0$ 的 X_0 轴旋转 K_x 角得到的坐标关系如下图所示,用几何关系推导两坐标系之间的转换矩阵。

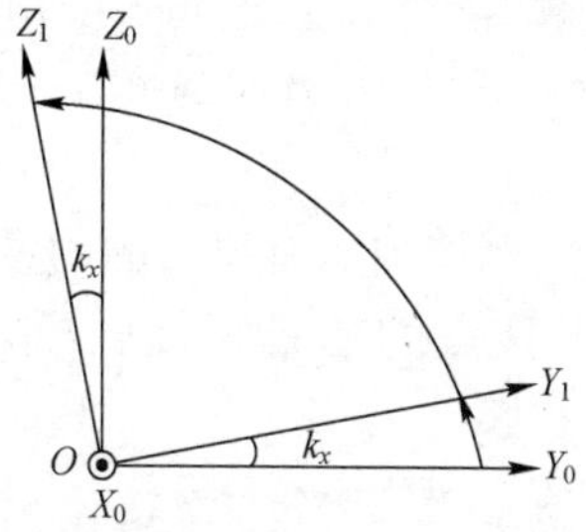

题 7 图　坐标系 $OX_0Y_0Z_0$ 至 $OX_1Y_1Z_1$ 的关系

(8) 在 WGS-84(1984)参考椭球中,地球的长半轴的半径为 6378137m,参考椭球的扁率为 1/298.257,在 WGS-84(1984)参考椭球中的短半轴长度为多少?

第三章 惯性元件——陀螺仪与加速度计

陀螺仪能测得载体的转角或角速度,加速度计能测得的比力或加速度,依据的都是惯性力或惯性力矩,而且测量结果都是相对惯性空间的,所以把陀螺仪和加速度计称为惯性元件。陀螺仪和加速度计是惯性导航系统中使用的核心元件,它们的类型和品质直接影响惯性导航系统的构成和工作特性。本章首先简要回顾陀螺仪的原理,介绍惯性导航系统中常用的几种陀螺仪,然后介绍加速度计的工作原理及惯性导航系统中常用的几种加速度计,最后讨论陀螺仪和加速度计的误差。

3.1 转子陀螺仪力学基础

3.1.1 定点转动刚体的动量矩

设质点 i 的质量为 m_i,速度为 $\boldsymbol{v}_i$,到某空间点 O 的距离为 $\boldsymbol{r}_i$,则该质点的动量 $m_i\boldsymbol{v}_i$ 与距离 $\boldsymbol{r}_i$ 的矢量积为该质点对空间点 O 的动量矩 $\boldsymbol{H}_i$,即

$$\boldsymbol{H}_i=\boldsymbol{r}_i\times m_i\boldsymbol{v}_i \tag{3-1-1}$$

如图 3-1 所示,动量矩是一个矢量,其方向与 $\boldsymbol{r}_i$、$\boldsymbol{v}_i$ 构成的平面垂直,符合右手法则。

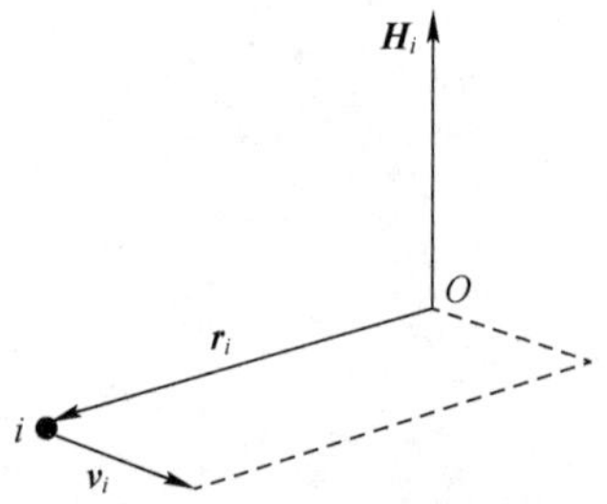

图 3-1 质点的动量矩

对于绕固定点 O 转动的刚体,刚体内所有质点的动量对点 O 的矩的总和,称为刚体对该点的动量矩,以 H 表示,用公式表达为

$$\boldsymbol{H}=\sum\boldsymbol{r}_j\times m_i\boldsymbol{v}_i \tag{3-1-2}$$

设刚体绕 O 点转动的瞬时角速度矢量为 $\boldsymbol{\omega}$,则质点的速度 $\boldsymbol{v}_i$ 可表示成:

$$\boldsymbol{v}_i=\boldsymbol{\omega}\times\boldsymbol{r}_i \tag{3-1-3}$$

于是:

$$\boldsymbol{H}=\sum\boldsymbol{r}_i\times m_i(\boldsymbol{\omega}\times\boldsymbol{r}_i) \tag{3-1-4}$$

式(3-1-4)是一矢量表达式。以 O 点为坐标原点,建立空间直角坐标系 $Oxyz$,可将式(3-1-4)表示为分量形式。

设直角坐标系 $Oxyz$ 的 3 根轴上的单位矢量分别为 $\boldsymbol{i}$、$\boldsymbol{j}$、$\boldsymbol{k}$,矢量 $\boldsymbol{H}$、r_i、$\boldsymbol{\omega}$ 在 $Oxyz$ 坐标系的表示分别为

$$\boldsymbol{\omega}=\omega_x\boldsymbol{i}+\omega_y\boldsymbol{j}+\omega_z\boldsymbol{k} \tag{3-1-5}$$

$$\boldsymbol{r}=x_i\boldsymbol{i}+y_i\boldsymbol{j}+z_i\boldsymbol{k} \tag{3-1-6}$$

$$\boldsymbol{H}=H_x\boldsymbol{i}+H_y\boldsymbol{j}+H_z\boldsymbol{k} \tag{3-1-7}$$

运用矢量叉乘计算法则，可求得

$$
\begin{aligned}
\boldsymbol{H} &= \sum \boldsymbol{r}_i \times m_i(\boldsymbol{\omega} \times r_i) \\
&= \left[\sum m_i(y_i^2 + z_i^2)\omega_x - \sum m_i x_i y_i \omega_y - \sum m_i x_i z_i \omega_z \right]\boldsymbol{i} \\
&\quad + \left[\sum m_i(z_i^2 + x_i^2)\omega_y - \sum m_i x_i y_i \omega_x - \sum m_i y_i z_i \omega_z \right]\boldsymbol{j} \\
&\quad + \left[\sum m_i(x_i^2 + y_i^2)\omega_z - \sum m_i x_i z_i \omega_x - \sum m_i y_i z_i \omega_y \right]\boldsymbol{k}
\end{aligned}
$$

令

$$J_x = \sum m_i(y_i^2 + z_i^2)$$

$$J_y = \sum m_i(x_i^2 + z_i^2)$$

$$J_z = \sum m_i(x_i^2 + y_i^2)$$

$$J_{xy} = \sum m_i x_i y_i$$

$$J_{yz} = \sum m_i y_i z_i$$

$$J_{zx} = \sum m_i x_i z_i$$

式中：J_x、J_y、J_z分别为刚体对 x 轴、y 轴、z 轴的转动惯量；J_{xy}为刚体对 x 轴和 y 轴的惯性积；J_{yz}为刚体对 y 轴和 z 轴的惯性积；J_{zx}为刚体对 z 轴和 x 轴的惯性积。

则有

$$H_x = J_x\omega_x - J_{xy}\omega_y - J_{zx}\omega_z \quad (3\text{-}1\text{-}8a)$$

$$H_y = J_y\omega_y - J_{yz}\omega_z - J_{xy}\omega_x \quad (3\text{-}1\text{-}8b)$$

$$H_z = J_z\omega_z - J_{zx}\omega_x - J_{yz}\omega_y \quad (3\text{-}1\text{-}8c)$$

形状对称的刚体，只要以其中心点为坐标系原点，选取使刚体对称的轴为坐标轴，则刚体的 3 个惯性积必然为 0。这是因为在刚体内任意一点(x_i, y_i, z_i)，必然存在另外 7 个对称点$(x_i, y_i, -z_i)$，$(x_i, -y_i, -z_i)$，$(x_i, -y_i, z_i)$，$(-x_i, y_i, z_i)$，$(-x_i, y_i, -z_i)$，$(-x_i, -y_i, z_i)$，$(-x_i, -y_i, z_i)$，这 8 个点的惯性积之和为 0，因此整个刚体的 3 个惯性积必为 0。

$$J_{xy} = \sum m_i x_i y_i = 0$$

$$J_{yz} = \sum m_i y_i z_i = 0$$

$$J_{zx} = \sum m_i x_i z_i = 0$$

此时：

$$H_x = J_x\omega_x \quad (3\text{-}1\text{-}9a)$$

$$H_y = J_y\omega_y \quad (3\text{-}1\text{-}9b)$$

$$H_z = J_z\omega_z \quad (3\text{-}1\text{-}9c)$$

选取坐标系 $Oxyz$ 使惯性积为零，则该坐标系的各轴就称为刚体的惯性主轴。例如，对于圆柱形刚体，将坐标原点选择在圆柱形刚体中心位置，圆柱体中轴线、过圆点且与中轴线垂直的任意两直线均为惯性主轴。

在转子陀螺的讨论中，常将转子具有的动量矩称为角动量，角动量的量纲为

$$[\text{角动量}]=\frac{[\text{质量}]\cdot[\text{长度}]^2}{[\text{时间}]}$$

对于小型陀螺而言,常用单位是 $g\cdot cm^2/s$。

例 设转子的转动惯量 $J=398g\cdot cm^2$,转子的转速为 $n=24000rad/min$,求转子的角动量。

解 转子的自转角速度为

$$\omega=2\pi\frac{n}{60}=\frac{2\pi\times24000}{60}=2513.27rad/s$$

角动量的大小为

$$H=J\omega=398\times2513.27=10^6g\cdot cm^2/s$$

方向沿转子自转角速度方向。

3.1.2 动量矩定理

式(3-1-2)两侧对时间求导:

$$\begin{aligned}\frac{d\boldsymbol{H}}{dt}&=\frac{d}{dt}\sum\boldsymbol{r}_i\times m_i\boldsymbol{v}_i=\sum\frac{d\boldsymbol{r}_i}{dt}\times m_i\boldsymbol{v}_i+\sum\boldsymbol{r}_i\times m_i\frac{d\boldsymbol{v}_i}{dt}\\&=\sum\boldsymbol{v}_i\times m_i\boldsymbol{v}_i+\sum\boldsymbol{r}_i\times m_i\frac{d\boldsymbol{v}_i}{dt}=\sum\boldsymbol{r}_i\times m_i\boldsymbol{a}_i\\&=\sum\boldsymbol{r}_i\times\boldsymbol{F}_i=\boldsymbol{M}\end{aligned}$$

上面的推导中,利用了 $\boldsymbol{v}_i\times m_i\boldsymbol{v}_i=0$,$F$ 为作用在质点 i 上的力,$m_i\boldsymbol{a}_i=\boldsymbol{F}_i$。$\boldsymbol{M}$ 为作用在刚体上各个质点的外力矩总和,也就是合外力矩。将等式

$$\frac{d\boldsymbol{H}}{dt}=\boldsymbol{M}\tag{3-1-10}$$

称为转动刚体的动量矩定理。

$\frac{d\boldsymbol{H}}{dt}$就是动量矩 $\boldsymbol{H}$ 的矢端速度 $\boldsymbol{v}_H$,因此有

$$\boldsymbol{v}_H=\boldsymbol{M}\tag{3-1-11}$$

动量矩定理也可以描述成:刚体对固定点 O 的动量矩末端的速度,等于作用于刚体的外力对固定点的总力矩,式(3-1-11)也称为莱查定理。

3.2 转子陀螺仪基本特性

3.2.1 陀螺仪的一般原理结构

陀螺仪的一般原理结构如图 3-2 所示,由陀螺转子、内环、外环及基座组成。转子由内环支承,可高速转动,转子的转动轴称为陀螺主轴或自转轴。内环通过内环轴支承在外环上,可相对外环转动。外环通过外环轴支承在基座上,可绕外环轴相对基座转动。陀螺仪的主轴、内环轴、外环轴相交于一点,该点称为陀螺仪的支点。

图 3-2 所示的陀螺仪,其主轴的指向可随内环绕内环轴的转动及外环绕外环轴的转

动而改变,具有两个转动自由度。这种陀螺仪就称为二自由度陀螺仪。注意,这里所说的自由度是指陀螺仪主轴的转动自由度,而不是转子的转动自由度,因转子还可绕自转轴转动,故有 3 个转动自由度。若将二自由度陀螺仪的外环去掉,内环直接固定在基座上,则陀螺主轴只有一个自由度了,这样的陀螺仪称为单自由度陀螺仪,如图 3-3 所示。

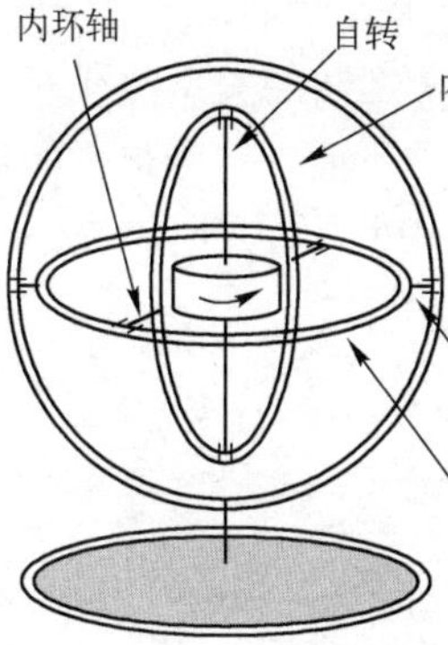

图 3-2　二自由度陀螺结构示意图

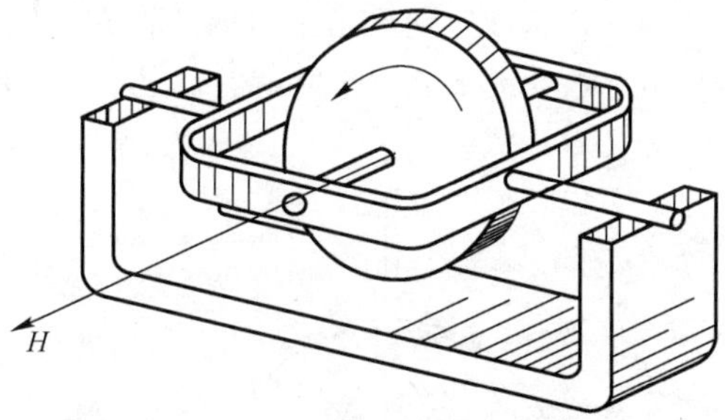

图 3-3　单自由度陀螺仪的结构示意图

工程上常用的陀螺仪转子支承方式是多种多样的,为减小作用在陀螺上的有害力矩,特别是摩擦力矩,人们想出了许多办法,如液浮、气浮、磁悬浮、静电支承、挠性支承等方式,因而陀螺仪有很多种类。一般来说,陀螺仪都有高速转动的转子,主轴有一个或两个转动自由度。随着科学技术的发展进步,如今又出现了一些没有转子的新型陀螺仪,如激光陀螺、振动陀螺、粒子陀螺等,这些陀螺虽然没有转子,但具备陀螺仪的一些特性,能够当成"陀螺"来使用,因而也称为陀螺仪。

3.2.2　二自由度陀螺仪的运动特性

1. 定轴性

图 3-2 中,假如陀螺仪的转子没有转动,缓慢转动基座时,由于框架轴承存在摩擦,转子和内外环就随着基座一起转动,陀螺仪主轴不具备指向性。

当陀螺转子绕主轴高速转动后,陀螺转子具备了较大的动量矩 $\boldsymbol{H}$,根据动量矩定理,当陀螺转子所受的合外力矩 $\boldsymbol{M}=0$ 时,动量矩 $\boldsymbol{H}$ 相对惯性空间保持恒定不变,即转子自转轴指向相对惯性空间恒定不变,主轴的指向就会保持在其初始方向上,不随基座转动而改变。若陀螺受瞬时的冲击力矩,陀螺自转轴将在原位附近绕其平衡位置作幅度微小的高频摆动,不会顺着冲击力矩的方向转动,这就是陀螺仪定轴性的表现。

2. 进动性

当二自由度陀螺仪的转子高速旋转时,若转子受到绕内环轴方向的外力矩 $\boldsymbol{M}$ 作用,陀螺主轴将绕外环轴转动;反之,若转子受到绕外环轴方向的外力矩作用,陀螺主轴将绕内环轴转动。陀螺主轴的转动方向与外力矩的作用方向相垂直,这种奇特的现象称为陀螺仪的进动性。陀螺主轴绕与外力矩作用方向相垂直的方向的转动运动称为陀螺仪的进动运动,简称进动。

根据莱查定理,陀螺转子角动量的矢端速度 $\boldsymbol{v}_{\mathrm{H}}$ 取决于施加给陀螺的外部力矩 $\boldsymbol{M}$:

$$\boldsymbol{v}_{\mathrm{H}}=\boldsymbol{M}$$

用陀螺动量矩 $\boldsymbol{H}$ 在惯性空间的转动角速度 $\boldsymbol{\omega}$ 来表示 $\boldsymbol{H}$ 的矢端速度 $\boldsymbol{v}_{\mathrm{H}}$，则有

$$\boldsymbol{v}_{\mathrm{H}}=\boldsymbol{\omega}\times\boldsymbol{H} \tag{3-2-1}$$

故

$$\boldsymbol{\omega}\times\boldsymbol{H}=\boldsymbol{M} \tag{3-2-2}$$

式中：$\boldsymbol{\omega}$ 为 $\boldsymbol{H}$ 相对惯性空间的进动角速度。

式(3-2-2)表明了进动角速度 $\boldsymbol{\omega}$ 与动量矩 $\boldsymbol{H}$ 及外力矩 $\boldsymbol{M}$ 之间的关系。

图 3-4(a)、(b)分别给出了沿内环轴方向施加力矩和沿外环轴方向施加力矩时陀螺转子的进动情况。进动时，动量矩 $\boldsymbol{H}$ 的方向总是沿捷径方向向外力矩方向靠拢。

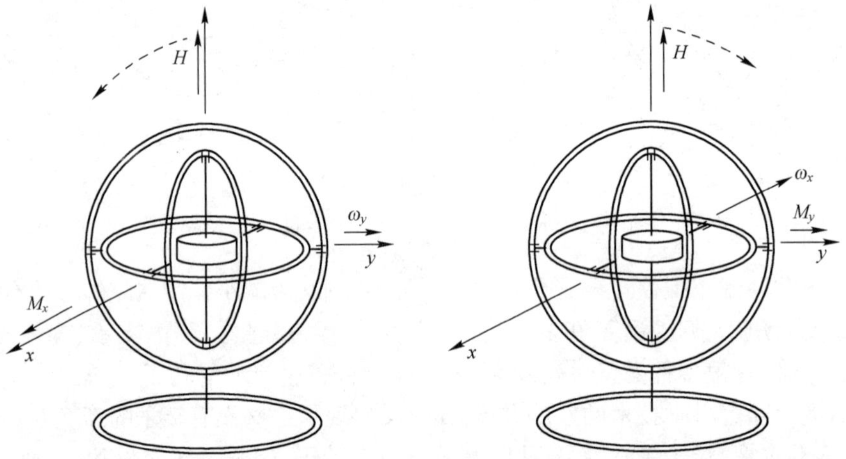

(a) 作用于内环轴上的力矩M_x使陀螺转子连同内外环一起绕外环轴转动

(b) 作用于外环轴上的力矩M_y使陀螺转子连同内环绕内环轴转动

图 3-4　外力矩作用下陀螺仪的进动

3. 陀螺力矩

根据牛顿第三定律，当外界施加力矩使陀螺仪进动时，陀螺仪必然存在反作用力矩，其大小与外力矩相等，方向则相反，并且作用在给施加力矩的那个物体上。陀螺进动时的反作用力矩通常称为“陀螺力矩”。由于外力矩 $\boldsymbol{M}$ 与其造成的陀螺进动角速度 $\boldsymbol{\omega}$、陀螺的角动量 $\boldsymbol{H}$ 符合规律：$\boldsymbol{\omega}\times\boldsymbol{H}=\boldsymbol{M}$，陀螺力矩 $\boldsymbol{M}_{\mathrm{r}}$ 显然为

$$\boldsymbol{M}_{\mathrm{r}}=-\boldsymbol{M}=-\boldsymbol{\omega}\times\boldsymbol{H}=\boldsymbol{H}\times\boldsymbol{\omega} \tag{3-2-3}$$

式(3-2-3)的含义有两个方面：陀螺力矩的方向与矢量 $\boldsymbol{H}$ 和 $\boldsymbol{\omega}$ 所在平面垂直；陀螺力矩的大小为 $\boldsymbol{M}_{\mathrm{r}}=H\omega\sin K$，$K$ 为 $\boldsymbol{H}$ 及 $\boldsymbol{\omega}$ 之间的夹角。

陀螺力矩实际上是一种由惯性力产生的惯性力矩。当陀螺仪转子绕不平行于主轴的其他轴进动时，陀螺转子内的各个质点都有哥氏加速度。有哥氏加速度，就有惯性力，相对支点中心，就有惯性力矩，陀螺转子各个质点惯性力矩的合成就是陀螺力矩。

参看图 3-5，陀螺转子可以认为是由各个质点组成的。陀螺转子高速旋转的同时，假定转子绕内环轴有转动角速度 ω_x，此时陀螺转子的各个质点都有哥氏加速度。图中画出了某一瞬间转子有代表性的 A、B、C、D4 个质点的哥氏加速度方向，以 A 点为例：转子旋转造成质点 A 有一个切向速度，同时随整个转子一起绕内环轴转动，按照哥氏加速度公式 $a_{\mathrm{c}}=2\boldsymbol{\omega}_x\times V_{\mathrm{A}}$ 其方向在图中是离开纸面。B 点的哥氏加速度方向与 A 点相同，而 C、D 两

个的哥氏加速度方向与A、B相反。容易看出，图中 y 轴上方的所用质点的哥氏加速度都是离开纸面，而 y 轴下方的所用质点的哥氏加速度都是进入纸面。

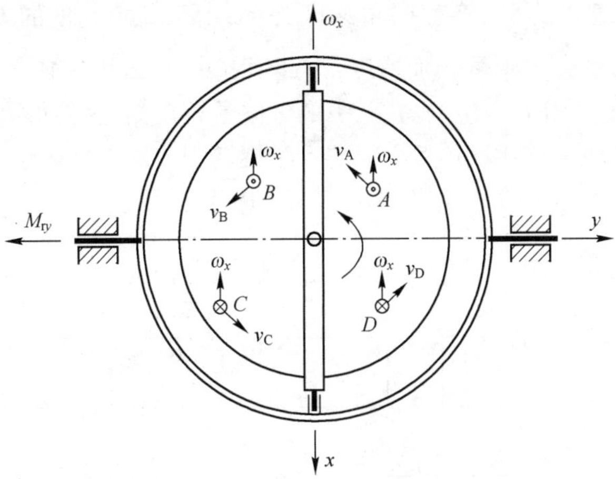

图 3-5　转子各质点哥氏加速度的方向

与哥氏加速度对应的惯性力的方向与哥氏加速度相反。各个质点对 y 轴形成的力矩合成起来就是陀螺力矩 M_{ry}，在 y 轴负向。

4. 二自由度陀螺仪进动的物理过程

如图 3-6(a)所示，建立环架坐标系 $Oxyz$，x 轴为陀螺仪内环轴，y 轴为外环轴，z 轴与 x、y 轴垂直，构成右手正交坐标系。

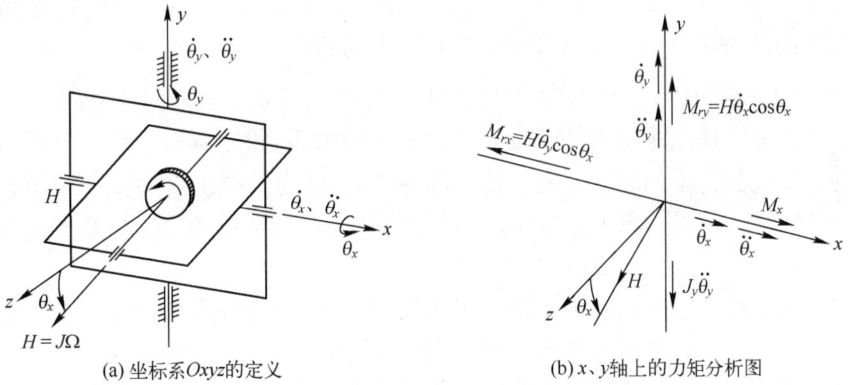

图 3-6　二自由度陀螺仪进动中的力矩分析

首先分析当内环轴有干扰力矩 $\boldsymbol{M}_x$ 作用时，陀螺仪是如何运动的。如图 3-6(b)所示，假定干扰力矩 $\boldsymbol{M}_x$ 作用于内环轴 x 的正向。在 M_x 作用下，陀螺转子连同内环会顺着外力矩 $\boldsymbol{M}_x$ 方向形成角加速度 $\ddot{\boldsymbol{\theta}}_x$，并形成绕内环轴 x 正向的转动角速度 $\dot{\boldsymbol{\theta}}_x$，于是陀螺转子除自转外，还有牵连运动，根据哥氏加速度的产生原理可知，此时陀螺仪转子上的各个质点都具有哥氏加速度，各质点均受到哥氏惯性力的作用，形成绕外环轴 y 的陀螺力矩 $\boldsymbol{M}_{ry}=\boldsymbol{H}\times\dot{\boldsymbol{\theta}}_x=\boldsymbol{H}\,\dot{\boldsymbol{\theta}}_x\cos\theta$，其方向在外环轴 y 的正向。研究物体在非惯性系中的转动运动时，必须认为物体受到两种力矩的作用：一是其他物体对该物体的作用力矩；二是由非惯性系的牵连运动而引起的惯性力矩。陀螺力矩是由于内环转动引起一种惯性力矩，研究陀螺转子相对外环的转动时，应作为主动力矩对待。由于此陀螺力矩的作用，陀螺转子会绕外环轴 y 进动，记此进动角加速度为 $\ddot{\boldsymbol{\theta}}_y$，产生的角速度为 $\dot{\boldsymbol{\theta}}_y$，由于此角速度的方向在 y 轴正向上，不与陀螺主轴平行，也会产生哥氏加速度，由此引起的陀螺力矩 $\boldsymbol{M}_{rx}=\boldsymbol{H}\times\dot{\boldsymbol{\theta}}_y$ 在 x 轴负向。显然，$\boldsymbol{M}_{rx}$ 的方向是与外力 F 产生的力矩 $\boldsymbol{M}_x$ 的方向是相反的，这使得引起陀螺转子及内环绕内环轴的转动的合成力矩减小，又会影响到陀螺转子连同内外环绕外环轴的转动，这一过程是一动态的、互相影响的，可用图 3-7 所示的框图来描述。

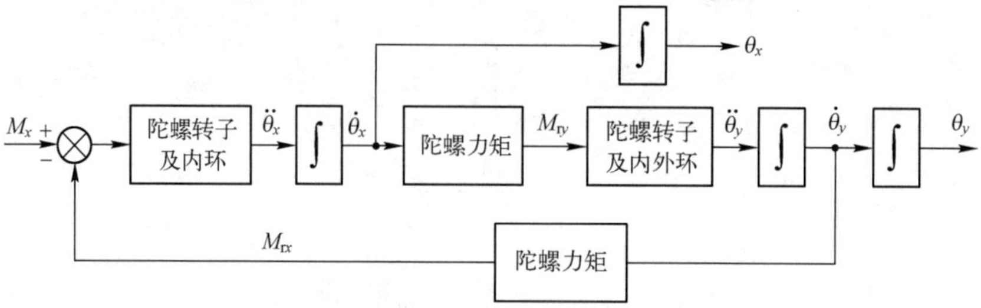

图 3-7　内环轴上有外力矩时二自由度陀螺仪进动的物理过程

3.2.3　二自由度陀螺仪的运动微分方程与传递函数

3.2.3.1　二自由度陀螺仪的运动微分方程

二自由度陀螺仪的运动总可以用两个角度来描述：一是转子连同内外环绕外环轴 y 的角运动，记该角运动的角度、角速度、角加速度分别为 θ_y、$\dot{\boldsymbol{\theta}}_y$、$\ddot{\boldsymbol{\theta}}_y$（以 y 轴正向为正）；二是转子连同内环绕内环轴 x 的角运动，记该角运动的角度、角速度、角加速度分别为 θ_x、$\dot{\boldsymbol{\theta}}_x$、$\ddot{\boldsymbol{\theta}}_x$（以 x 轴正向为正）。显然，θ_x 就是主轴 H 与 $Oxyz$ 系的 z 轴之间的夹角。

可以用动静法建立陀螺内外环轴上的力矩平衡关系，将陀螺转子绕内外环转动的动力学问题转变成静力学问题来研究。使用动静法时，认为作用在转动物体上的外力矩，与转动物体的惯性力矩是平衡的。应注意的是，惯性力矩包括角加速度引起的转动惯性力矩，以及哥式加速度引起的惯性力矩。

设内环和陀螺转子一起绕内环轴的转动惯量为 J_x，内外环连同陀螺转子一起绕外环轴的转动惯量为 J_y，绕内环轴和外环轴作用在陀螺仪上的外力矩分别为 $\boldsymbol{M}_x$、$\boldsymbol{M}_y$。在外力矩作用下，陀螺仪将产生绕内、外环的运动。

先列写 x 轴上的各种力矩（图 3-8）：

（1）外力矩 $\boldsymbol{M}_x$（假定其在 x 轴正向）。

（2）角加速度 $\ddot{\boldsymbol{\theta}}_x$ 引起的惯性力矩：惯性力矩 $J_x\ddot{\boldsymbol{\theta}}_x$，方向与 $\ddot{\boldsymbol{\theta}}_x$ 相反，在 x 轴负向。

（3）角速度 $\dot{\boldsymbol{\theta}}_y$ 引起的陀螺力矩 $\boldsymbol{M}_{rx}=\boldsymbol{H}\times\dot{\boldsymbol{\theta}}_y$，大小为 $\boldsymbol{M}_{rx}=\boldsymbol{H}\dot{\boldsymbol{\theta}}_y\cos\theta_x$，在 x 轴负向。

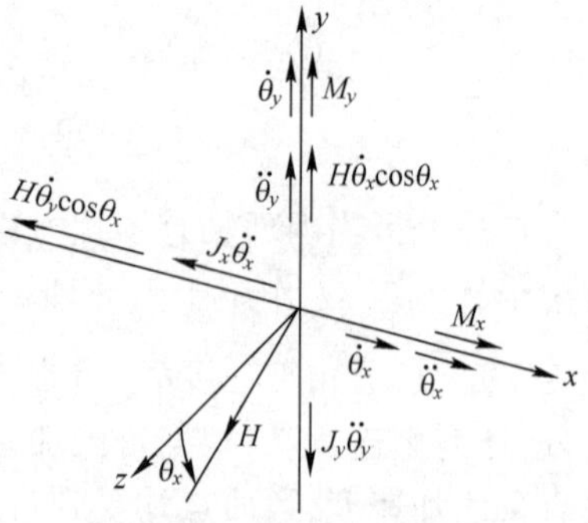

图 3-8　陀螺内外环轴上的力矩平衡关系

y 轴上的各种力矩：

(1) 外力矩 $\boldsymbol{M}_y$(假定其在 y 轴正向)。

(2) 角加速度 $\ddot{\boldsymbol{\theta}}_y$ 引起的惯性力矩：惯性力矩 $J_y\ddot{\boldsymbol{\theta}}_y$，方向与 $\ddot{\boldsymbol{\theta}}_y$ 相反，在 y 轴负向。

(3) $\ddot{\boldsymbol{\theta}}_x$ 引起的陀螺力矩 $\boldsymbol{M}_{ry}=\boldsymbol{H}\times\boldsymbol{\theta}_x$，大小为 $\boldsymbol{M}_{ry}=H\dot{\boldsymbol{\theta}}_x\cos\theta_x$，在 y 轴正向。

外力矩和惯性力矩总是平衡的：

$$\begin{cases}\boldsymbol{M}_x-J_x\ddot{\boldsymbol{\theta}}_x-H\dot{\boldsymbol{\theta}}_y\cos\theta_x=0\\ \boldsymbol{M}_y-J_y\ddot{\boldsymbol{\theta}}_y-H\dot{\boldsymbol{\theta}}_x\cos\theta_x=0\end{cases}\tag{3-2-4}$$

当 $\boldsymbol{\theta}_x$ 为小角度时，$\cos\theta_x\approx1$，于是：

$$\begin{cases}\boldsymbol{M}_x-J_x\ddot{\boldsymbol{\theta}}_x-H\dot{\boldsymbol{\theta}}_y=0\\ \boldsymbol{M}_y-J_y\ddot{\boldsymbol{\theta}}_y+H\dot{\boldsymbol{\theta}}_x=0\end{cases}\tag{3-2-5}$$

或

$$\begin{cases}J_x\ddot{\boldsymbol{\theta}}_x+H\dot{\boldsymbol{\theta}}_y=\boldsymbol{M}_x\\ J_y\ddot{\boldsymbol{\theta}}_y+H\dot{\boldsymbol{\theta}}_x=\boldsymbol{M}_y\end{cases}\tag{3-2-6}$$

式(3-2-6)是陀螺仪在外力矩作用下的进动动力学方程，也称为陀螺仪的技术方程。如略去转动惯性力矩 $J_x\ddot{\boldsymbol{\theta}}_x$、$J_y\ddot{\theta}_y$，有

$$\begin{cases}H\dot{\boldsymbol{\theta}}_y\approx\boldsymbol{M}_x\\ -H\dot{\boldsymbol{\theta}}_x\approx\boldsymbol{M}_y\end{cases}$$

于是：

$$\begin{cases}\dot{\boldsymbol{\theta}}\approx\dfrac{\boldsymbol{M}_x}{H}\\ \dot{\boldsymbol{\theta}}_x\approx-\dfrac{\boldsymbol{M}_y}{H}\end{cases}\tag{3-2-7}$$

该式反映了进动角速度与外力矩的直接关系。

3.2.3.2 静基座时以内外环轴上的外力矩为输入时的传递函数

在初始角速度和初始转角为零时，对式(3-2-6)取拉氏变换，得

$$\begin{cases}J_xs^2\theta_x(s)+\boldsymbol{H}s\theta_y(s)=\boldsymbol{M}_x(s)\\ J_ys^2\theta_y(s)-\boldsymbol{H}s\theta_x(s)=\boldsymbol{M}_y(s)\end{cases}\tag{3-2-8}$$

根据式(3-2-8)，可画出函数方块图，如图 3-9 所示。

只考虑内环轴上的外力矩 $\boldsymbol{M}_x$ 的作用，函数方块图由图 3-9 变为图 3-10，可直接写出以 $\boldsymbol{M}_x$ 为输入、以 $\boldsymbol{\theta}_x$ 和 $\boldsymbol{\theta}_y$ 为输出的传递函数：

$$\begin{cases}\dfrac{\theta_x(s)}{\boldsymbol{M}_x(s)}=\dfrac{J_y}{J_xJ_ys^2+H^2}\\ \dfrac{\theta_y(s)}{\boldsymbol{M}_x(s)}=\dfrac{H}{s(J_xJ_ys^2+H^2)}\end{cases}\tag{3-2-9}$$

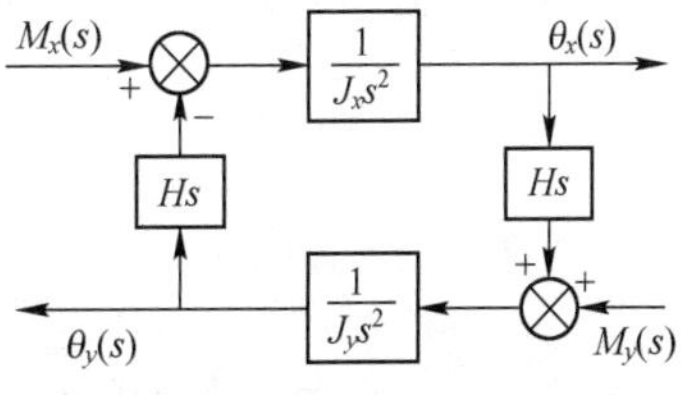

图 3-9 外力矩作用时二自由度陀螺仪运动过程函数框图

同样，只考虑内环轴上的外力矩 $\boldsymbol{M}_y$ 的作用，函数方块图由图 3-9 变为图 3-11，可直接写出以 $\boldsymbol{M}_y$ 为输入、

以 $\boldsymbol{\theta}_x$ 和 $\boldsymbol{\theta}_y$ 为输出的传递函数：

$$\begin{cases}\dfrac{\theta_x(s)}{\boldsymbol{M}_y(s)}=-\dfrac{H}{s(J_xJ_ys^2+H^2)}\\[2ex]\dfrac{\theta_y(s)}{\boldsymbol{M}_y(s)}=\dfrac{J_x}{J_xJ_ys^2+H^2}\end{cases}\tag{3-2-10}$$

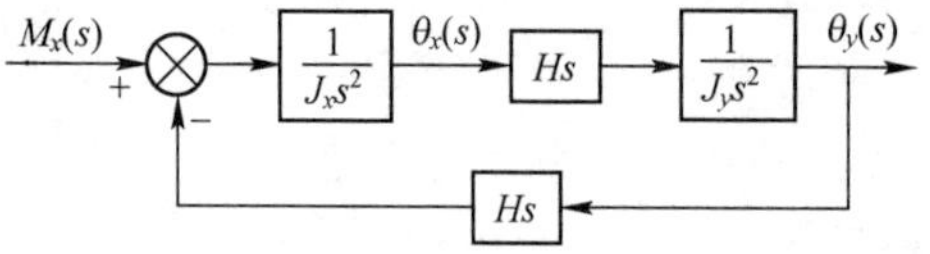

图 3-10　外力矩 $\boldsymbol{M}_x$ 作用下的陀螺进动

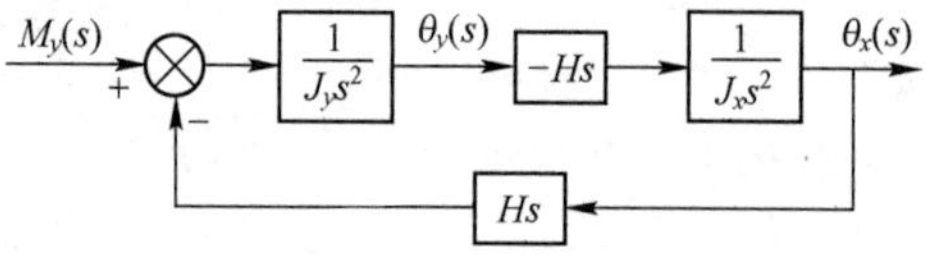

图 3-11　外力矩 $\boldsymbol{M}_y$ 作用下的陀螺进动

从这 4 个传递函数表达式可以看出，由于陀螺仪转子高速旋转，动量矩 H 较大，传递函数 $\dfrac{\theta_x(s)}{\boldsymbol{M}_x(s)}$、$\dfrac{\theta_y(s)}{\boldsymbol{M}_x(s)}$ 均较小，这就是说，由外环轴上的外力矩 $\boldsymbol{M}_y$ 引起的陀螺转子绕外环轴的转动角度、由内环轴上的外力矩 $\boldsymbol{M}_x$ 引起的陀螺转子绕内环轴的转动角度都是很小的。而由外环轴上的外力矩引起的陀螺转子绕内环轴的进动、由内环轴上的外力矩引起的陀螺转子绕外环轴的进动则是陀螺的主要运动。若忽略式(3-2-9)、式(3-2-10)传递函数分母中的 J_xJ_y 项，则陀螺仪在外力矩作用时产生进动的传递函数为

$$\begin{cases}\dfrac{\theta_x(s)}{\boldsymbol{M}_y(s)}=-\dfrac{1}{Hs}\\[2ex]\dfrac{\theta_y(s)}{\boldsymbol{M}_x(s)}=\dfrac{1}{Hs}\end{cases}\tag{3-2-11}$$

经此简化，二自由度陀螺仪的方块图如图 3-12 所示。

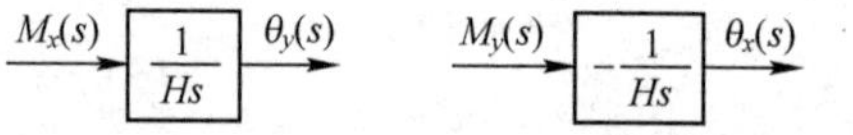

图 3-12　二自由度陀螺仪的简化方块图

式(3-2-11)表明，当以外力矩为输入，以陀螺仪的转角为输出时，二自由度陀螺仪可以看成一个积分环节。要注意的是，在上述推导过程中，假定了转子及内环绕内环轴的转角 θ_x 为小角度，若 θ_x 不为小角度，则传递函数表达式要复杂得多。

3.2.3.3　以基座的转动角度为输入时的传递函数

当二自由度陀螺仪的基座转动时，由于陀螺转子轴有两个转动自由度，可相对惯性空间保持指向不变，这就提供了一方向基准。于是陀螺仪基座绕陀螺仪内环轴(或外环轴)的相对转动角度 ϕ_x(或 ϕ_y)，就是陀螺仪的输出角度 θ_x(或 θ_y)。这样从输入到输出的传递函数就是 1，即

$$\begin{cases}\dfrac{\theta_x(s)}{\phi_x(s)}=1\\[2ex]\dfrac{\theta_y(s)}{\phi_y(s)}=1\end{cases}\tag{3-2-12}$$

3.2.4　陀螺仪的进动与章动

以内环轴上常值外力矩 $\boldsymbol{M}_s$ 的作用为例进一步分析陀螺仪的运动。

假定 $\boldsymbol{M}_x$ 为常值力矩 $\boldsymbol{M}_x(t)=\boldsymbol{M}_x$，此时：

$$\boldsymbol{M}_x(s)=\frac{\boldsymbol{M}_s}{s}$$

令 $\omega_n=\dfrac{H}{\sqrt{J_xJ_y}}$，根据式(3-2-9)第一式：

$$\frac{\theta_x(s)}{\boldsymbol{M}_x(s)}=\frac{1/J_x}{s^2+\omega_n^2} \tag{3-2-13}$$

因此：

$$\theta_x(s)=\frac{1/J_x}{s^2+\omega_n^2}\boldsymbol{M}_x(s)=\frac{\boldsymbol{M}_s/J_x}{s(s^2+\omega_n^2)} \tag{3-2-14}$$

取拉普希拉斯反变换：

$$\theta_x(t)=\frac{\boldsymbol{M}_x}{J_x\omega_n^2}[1-\cos(\omega_n t)]=\frac{\boldsymbol{M}_x}{H\omega_n}\sqrt{\frac{J_y}{J_x}}[1-\cos(\omega_n t)] \tag{3-2-15}$$

根据式(3-2-9)第二式：

$$\frac{\theta_y(s)}{\boldsymbol{M}_x(s)}=\frac{H/J_xJ_y}{s(s^2+\omega_n^2)}=\frac{\omega_n^2}{Hs(s^2+\omega_n^2)}=\frac{1}{Hs}-\frac{s}{H(s^2+\omega_n^2)} \tag{3-2-16}$$

$$\boldsymbol{\theta}_y(s)=\frac{\boldsymbol{M}_x}{Hs^2}-\frac{\boldsymbol{M}_x}{H(s^2+\omega_n^2)}$$

取拉普拉斯反变换：

$$\boldsymbol{\theta}_y(t)=\frac{\boldsymbol{M}_x}{H}t-\frac{\boldsymbol{M}_x}{H\omega_n}\sin(\omega_n t) \tag{3-2-17}$$

从式(3-2-15)、式(3-2-17)看出，外力矩 M_x 作用下的 $\theta_x(t)$ 是围绕一个常值偏角的振荡运动，如图 3-13 所示，而 $\theta_y(t)$ 是一个匀速变化分量与一个振荡运动的叠加，如图 3-14所示。将 $\theta_x(t)$、$\theta_y(t)$ 的振荡分量称为章动，ω_n 称为章动角频率。式(3-2-17)中的匀速变化分量就是陀螺仪的进动运动。陀螺仪的进动运动总是伴随着章动运动一起出现的。由于陀螺仪的动量矩 H 较大，章动角频率 ω_n 较高，幅值较小，章动运动不是很明显。

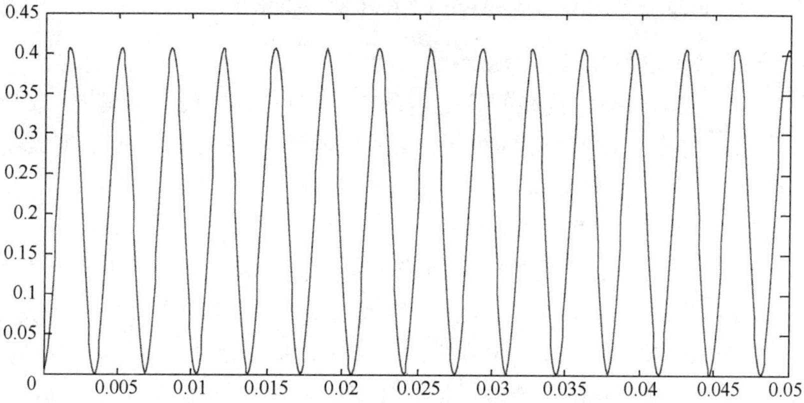

图 3-13　M_x 作用下的 $\theta_x(t)$ 变化曲线

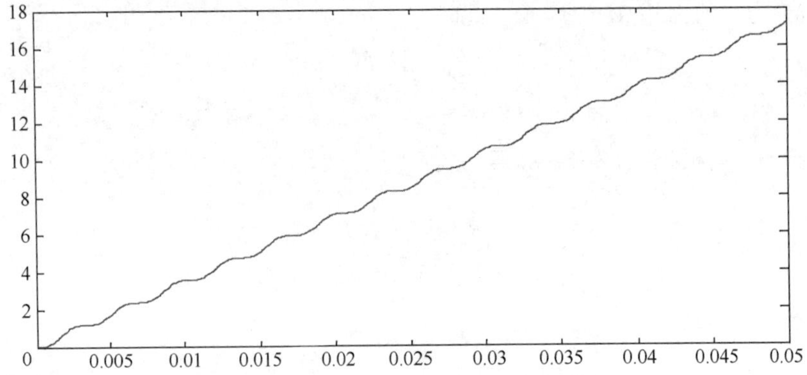

图 3-14 M_x作用下的 $\theta_y(t)$变化曲线

例 假定陀螺仪转子及内环绕内环轴的转动惯量 $J_x=5\times10^{-5}\text{kg}\cdot\text{m}^2$,陀螺仪转子及内外环一起绕外环轴的转动惯量 $J_x=6\times10^{-5}\text{kg}\cdot\text{m}^2$。陀螺转子的动量矩为 $H=0.1\text{kg}\cdot\text{m}^2/\text{s}$,作用于内环轴上的常值力矩为 $\boldsymbol{M}_x=0.01\text{N}\cdot\text{m}$,那么:

$$\omega_n=\frac{0.1\text{kg}\cdot\text{m}^2/\text{s}}{\sqrt{30}\cdot10^{-5}\text{kg}\cdot\text{m}^2}=1825.6(\text{rad/s})$$

对应的频率为 $f=\omega_n/2\pi=290.6(\text{Hz})$

$$\begin{aligned}\theta_x(t)&=\frac{0.01\text{N}\cdot\text{m}}{0.1\text{kg}\cdot\text{m}^2/\text{s}\cdot1852.6/\text{s}}\sqrt{\frac{6}{5}}[1-\cos(1825.6t)]\\&=5.91\times10^{-5}\times[1-\cos(1825.6t)](\text{rad})\\&=0.203\times[1-\cos(1825.6t)](')\end{aligned}$$

$$\begin{aligned}\theta_y(t)&=\frac{0.01\text{N}\cdot\text{m}}{0.1\text{kg}\cdot\text{m}^2/\text{s}}t-\frac{0.01\text{N}\cdot\text{m}}{0.1\text{kg}\cdot\text{m}^2/\text{s}\times1852.6/\text{s}}\sin(1825.6t)\\&=0.1t-5.4\times10^{-5}\sin(1825.6t)(\text{rad})\\&=344t-0.186\sin(1825.6t)(')\end{aligned}$$

上面的计算中运用了单位换算:$1\text{N}=1\text{kg}\times1\text{m/s}^2$。

3.2.5 单自由度陀螺仪的运动特性及传递函数

3.2.5.1 单自由度陀螺仪的运动特性

单自由度陀螺仪与二自由度陀螺仪的运动有共同点,如当转子旋转时,只要陀螺有不平行于转子自转轴的牵连角速度,都会产生陀螺力矩,但是由于单自由度陀螺仪少了一个自由度,其运动规律又有许多不同点。

1. 基座转动时单自由度陀螺仪的进动

如图 3-15 所示,假定单自由度陀螺仪转子的自转角速度为 $\boldsymbol{\Omega}$,动量矩为 $\boldsymbol{H}=J\boldsymbol{\Omega}$,方向沿 z 轴正向,基座绕 y 轴正向转动。由于陀螺仪转子在转动的同时,还随基座一起转动,因而具有哥氏加速度,由此产生的惯性力矩——陀螺力矩 $\boldsymbol{M}_\text{r}$在内环轴方向上(x 轴负向)。根据达伦贝尔原理,分析陀螺转子相对基座这一非惯性参照系的运动时,应将此陀螺力矩这一惯性力矩作为主动力矩对待,认为它“作用”在陀螺自己身上。在此陀螺力矩的作用下,陀螺转子要绕内环轴相对基座转动,转动角速度的方向与陀螺力矩方向相同,这种现象称为单自由度陀螺仪的进动。

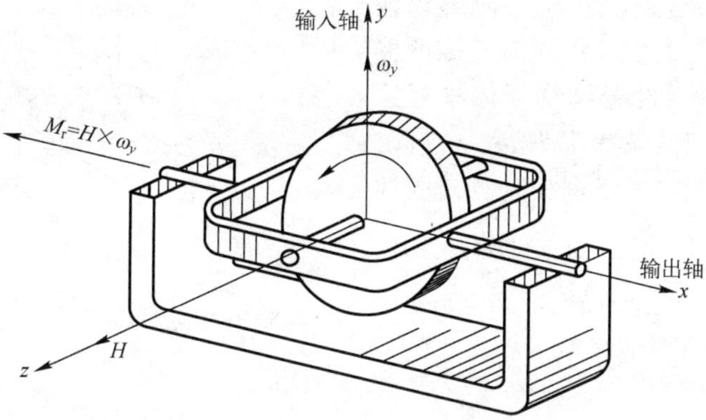

图 3-15 基座转动时单自由度陀螺仪的进动

上述单自由度陀螺仪的进动与二自由度陀螺仪的进动是有区别的,二自由度陀螺仪在常值外力矩的作用下的进动角速度是基本上不变的($\boldsymbol{\omega}=\boldsymbol{M}/\boldsymbol{H}$),而单自由度陀螺仪在基座转动时的进动是加速的,加速的原因是,单自由度陀螺仪有牵连运动时,沿内环轴一直有陀螺力矩存在,并且没有其他力矩与之平衡,故陀螺转子的进动有角加速度。同理,二自由度陀螺仪在外力矩消失后,会立即停止进动,而单自由度陀螺仪在基座停止转动时,自转轴仍然维持等速进动。当然,实际应用的单自由度陀螺仪的结构与图 3-15 往往会有不同点,其进动现象也会有所不同。例如在后面将要研究的液浮积分陀螺仪中,陀螺转子进动时,人为地加入了与进动角速度成正比的阻尼力矩,基座等速转动时,其进动角速度并不是加速的。

利用单自由度陀螺仪在基座转动时的进动特性可制成角速度敏感元件。基座转动轴(图 3-15 中的 y 轴)称为单自由度陀螺仪的输入轴,单自由度陀螺仪的进动轴称为输出轴(图 3-15 中的 x 轴)。

2. 单自由度陀螺仪的受迫运动

二自由度陀螺仪沿内环轴上有干扰力矩时,陀螺会绕外环轴进动,单自由度陀螺仪由于没有外环,内环轴有干扰力矩时,无法绕外环轴进动,也就不能产生沿内环轴方向的陀螺力矩来平衡外力矩,因此在外力矩作用下,陀螺会像普通物体一样沿着外力矩方向产生角加速度。外力矩消失后,陀螺的转动并不停止,而是维持原来的角速度转动。单自由度陀螺仪的这种运动称为受迫运动。

以上分析表明,单自由度陀螺仪没有定轴性,其原因在于:单自由度陀螺仪没有外环,当它受到绕内环轴的瞬时冲击力矩时,不能像二自由度陀螺仪那样绕外环转动,也就不能借助于陀螺力矩使转子绕内外环的转动互相影响而形成章动,也就不能对抗冲量矩的干扰。

3.2.5.2 单自由度陀螺仪的动力学方程及传递函数

对单自由度陀螺仪而言,其输入为基座(即壳体)绕陀螺输入轴相对惯性空间的转动,而输出为陀螺转子绕框架轴相对壳体的转动,这种转动是我们所关注的。

参看图 3-16,定义壳体坐标系 $OX_bY_bZ_b$ 和陀螺坐标系 $OX_gY_gZ_g$,这两个坐标系的原点均与陀螺仪的支承中心重合，其中 Z_b 轴是陀螺自转轴 Z_g 的起始位置，即当陀螺仪输出为零时，Z_b 与 Z_g 重合。Y_b 轴为陀螺的输入轴，X_b 为输出轴。设壳体绕壳体坐标系各轴相对惯性空间的角速度为 $\boldsymbol{\omega}_x$、$\boldsymbol{\omega}_y$、$\boldsymbol{\omega}_z$。由此而引起的陀螺转子绕框架轴相对壳体转动的角加速度、角速度、和角度分别为 $\ddot{\boldsymbol{\beta}}$、$\dot{\boldsymbol{\beta}}$ 和 β，图中所示的就是有转角 β 时壳体坐标系 $OX_bY_bZ_b$ 和陀螺坐标系 $OX_gY_gZ_g$ 的位置关系。

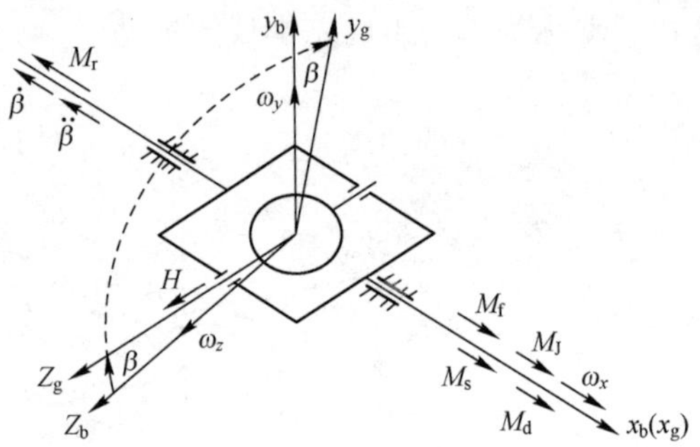

图 3-16　单自由度陀螺仪输出轴上的力矩

为了获得不同特性的单自由度陀螺仪，往往需要在陀螺仪输出轴上人为地加上一些约束，如弹性约束、阻尼约束等。现在我们来列写其输出轴上的力矩平衡方程。

根据动静法原理，作用于陀螺仪输出轴的各种力矩（包括惯性力矩）应该是平衡的，分析出各种外力矩和惯性力矩就可得到陀螺仪的动力学方程。

若陀螺仪受到弹性约束（如装有弹性元件），则当陀螺仪相对壳体转动 β 角时，就有与偏转方向相反的弹性约束力矩：

$$\boldsymbol{M}_s = K\beta \tag{3-2-18}$$

式中：K 为弹性约束系数，它是陀螺框架绕输出轴的约束力矩与输出转角的比值。

如果陀螺仪受到黏性约束（如装有阻尼器），则当陀螺仪相对壳体以角速度 $\dot{\beta}$ 转动时，就有与转动方向相反的阻尼力矩：

$$\boldsymbol{M}_d = K_d\dot{\beta} \tag{3-2-19}$$

式中：K_d 为阻尼系数。

绕输出轴 X_b 作用在陀螺仪上的外力矩，除可能有弹性约束力矩和阻尼力矩外，还存在有干扰力矩 $\boldsymbol{M}_f$。

设陀螺仪绕输出轴的转动惯量为 J_x，当陀螺仪相对壳体有角加速度 $\ddot{\boldsymbol{\beta}}$ 时，就有沿输出轴的相对转动惯性力矩，其方向与角加速度的方向相反：

$$\boldsymbol{M}_J = J_x\ddot{\beta} \tag{3-2-20}$$

若陀螺仪动量矩为 $\boldsymbol{H}$，当陀螺仪壳体绕 Y_b 轴、Z_b 轴相对惯性空间以角速度 $\boldsymbol{\omega}_y$、$\boldsymbol{\omega}_z$ 转动时，就有沿输出轴方向的陀螺力矩。陀螺力矩的方向按动量矩转向角速度的右手法则确定，其表达式为

$$\boldsymbol{M}_r = \boldsymbol{H}\boldsymbol{\omega}_y\cos\beta - \boldsymbol{H}\boldsymbol{\omega}_z\sin\beta \tag{3-2-21}$$

综合上述，可写出陀螺仪绕输出轴的力矩平衡方程：

$$\boldsymbol{M}_s + \boldsymbol{M}_d + \boldsymbol{M}_f + \boldsymbol{M}_j = \boldsymbol{M}_r \tag{3-2-22}$$

代入式(3-2-18)~式(3-2-21)式可得

$$J_x\ddot{\boldsymbol{\beta}} + K_d\dot{\boldsymbol{\beta}} + K\beta = \boldsymbol{H}(\boldsymbol{\omega}_y\cos\beta - \boldsymbol{\omega}_z\sin\beta) - \boldsymbol{M}_f \tag{3-2-23}$$

式(3-2-23)即为考虑弹性约束和黏性约束情况下单自由度陀螺仪的动力学方程。

角速度 $\boldsymbol{\omega}_y$ 是要敏感的物理量，但式(3-2-23)中的输入项 $\boldsymbol{H}\boldsymbol{\omega}_y\cos\beta$ 是与 β 有关的非

线性输入项。造成非线性的原因是，当存在转角 β 时，陀螺的敏感轴 Y_g 相对输入轴 Y_b 也偏转了 β 角，这样陀螺所敏感的不再是输入角速度的全部，而是其余弦分量。

方程中的干扰项有沿交叉轴角速度 $\boldsymbol{\omega}_z$ 引起的干扰项、沿输出轴角加速度 $\dot{\boldsymbol{\omega}}_x$ 引起的干扰项和干扰力矩 $\boldsymbol{M}_f$。在进行基本分析时，可忽略干扰项的影响，并认为转角 β 为小角度，$\cos\beta \approx 1$，这样式(3-2-23)可简化为

$$J_x\ddot{\boldsymbol{\beta}} + K_d\dot{\boldsymbol{\beta}} + K\beta = \boldsymbol{H}\boldsymbol{\omega}_y \tag{3-2-24}$$

在初始角速度 $\dot{\boldsymbol{\beta}}(0)$ 和初始角度 $\beta(0)$ 为零时，对式(3-2-24)进行拉普拉斯变换得

$$J_x s^2\beta(s) + K_d s\beta(s) + K\beta(s) = \boldsymbol{H}\boldsymbol{\omega}_y(s) \tag{3-2-25}$$

由式(3-2-25)可得单自由度陀螺仪的传递函数：

$$G(s) = \frac{\beta(s)}{\boldsymbol{\omega}_y(s)} = \frac{H}{J_x s^2 + K_d s + K} \tag{3-2-26}$$

根据约束情况的不同，可将单自由度陀螺仪分为 3 种类型：

(1) 速率陀螺仪——绕输出轴的转动主要受弹性约束的单自由度陀螺仪。在稳态时是用弹性约束力矩来平衡陀螺力矩，即 $K\beta = \boldsymbol{H}\boldsymbol{\omega}_y$，故

$$\beta = \frac{\boldsymbol{H}}{K}\boldsymbol{\omega}_y \tag{3-2-27}$$

这表明其输出信号 β 与输入角速度 $\boldsymbol{\omega}_y$ 成比例。

(2) 速率积分陀螺仪——绕输出轴的转动主要受黏性约束的单自由度陀螺仪。在稳态时是用阻尼力矩来平衡陀螺力矩，即 $K_d\dot{\boldsymbol{\beta}} = \boldsymbol{H}\boldsymbol{\omega}_y$，故

$$\dot{\boldsymbol{\beta}} = \frac{\boldsymbol{H}}{K_d}\boldsymbol{\omega}_y$$

$$\beta = \frac{\boldsymbol{H}}{K_d}\int \boldsymbol{\omega}_y \mathrm{d}t \tag{3-2-28}$$

这表明其输出信号 β 与输入角速度 $\boldsymbol{\omega}_y$ 的积分成比例。

(3) 重积分陀螺仪——绕输出轴的转动既无弹性约束、也无黏性约束，主要由框架组件的惯性力矩来平衡陀螺力矩的单自由度陀螺仪。这时的动力学方程为 $J_x\ddot{\boldsymbol{\beta}} = \boldsymbol{H}\boldsymbol{\omega}_y$，故

$$\beta = \frac{\boldsymbol{H}}{J_x}\iint \boldsymbol{\omega}_y \mathrm{d}t\mathrm{d}t \tag{3-2-29}$$

这表明其输出信号 β 与输入角速度 $\boldsymbol{\omega}_y$ 的重积分成比例。

3.3 光学陀螺基础知识

1913 年，法国人 G. Sagnac 发现 Sagnac 效应，由此奠定了光学陀螺的理论基础。20 世纪 60 年代激光技术的出现使得光学陀螺的研究突飞猛进。1963 年，随着第一台以 1150nm 波长 He-Ne 激光器为光源的激光陀螺(RLG)的出现，Macek 和 Davis 首次验证了环形激光陀螺的概念，光学陀螺在陀螺技术史上揭开了崭新一页。1975 年，Vali 和 Shorthill 首次提出了光纤陀螺的构想。1976 年，美国 Utah 大学采用分立元件制成世界上第一台光纤陀螺。1980 年，Bergh 等人研制出第一台全光纤陀螺试验样机，成为光纤陀螺

迈向实用化的标志。

光学陀螺进行载体角速度测量是基于光的 Sagnac 效应:即同一光路中正反传播的两束光的传播路程差与光路的角速率成正比。光学陀螺中不存在高速旋转的转子,因此与传统的机械转子陀螺相比,光学陀螺具有以下特点:

(1) 无运动部件,仪器牢固稳定,耐冲击和抗加速度。

(2) 结构简单,价格低,体积小,重量轻。

(3) 相干光束的传播时间短,原理上可瞬间启动。

(4) 检测灵敏度和分辨率高(达 10^{-7}rad/s)。

(5) 可直接输出数字信号。

(6) 动态范围大(约 2000°/s)。

(7) 无磨损问题,使用寿命长。

(8) 绕制的光纤增长了激光束的检测光路,使检测灵敏度和分辨率比激光陀螺仪提高了几个数量级,从而有效地克服了激光陀螺仪的闭锁问题。

(9) 可与环形激光陀螺一起成为捷联惯性系统的传感器。

(10) 易于采用集成光路技术,信号稳定可靠。

正是由于光学陀螺的一系列优点,使得光学陀螺研究受到广泛重视。根据对 Sagnac 效应的检测方式以及传播光路不同,光学陀螺又可以分为激光陀螺和光纤陀螺两类。美国在 20 世纪 80 年代就有一系列激光陀螺导航装备列装,并成为北约各国的标准船用惯导装备。在 20 世纪 90 年代以后,美国又开始了中、高精度光纤陀螺的研究,旨在利用光纤陀螺构建高精度的惯性导航系统,已装备于包括战略核潜艇在内的各种舰艇中。

3.3.1 Sagnac 效应及 Sagnac 干涉仪

在激光陀螺之前,人们早已探索利用光学原理来测量物体相对惯性空间的旋转,这种装置就是 1913 年由萨格奈克提出的一种环形回路干涉仪。激光陀螺仪测量角速度的原理即来源于此。

图 3-17 所示为四边形环路的萨格奈克干涉仪。自光源 O 发出的光,射到半透反射镜(分束板)S 上,被分成强度相等的两束即透射光和反射光。透射光经反射镜 M_1、M_2和 M_3依次反射,在环路中沿逆时针方向传播(图中用箭头 a 表示)。反射光则经反射镜 M_3、M_2和 M_1依次反射,在环路中沿顺时针方向传播(图中用箭头 b 表示)。这两束光在环路中绕行一周后回到半透反射镜 S 汇合,并且一部分光被透射或反射到屏幕或照相底片 Q 上。

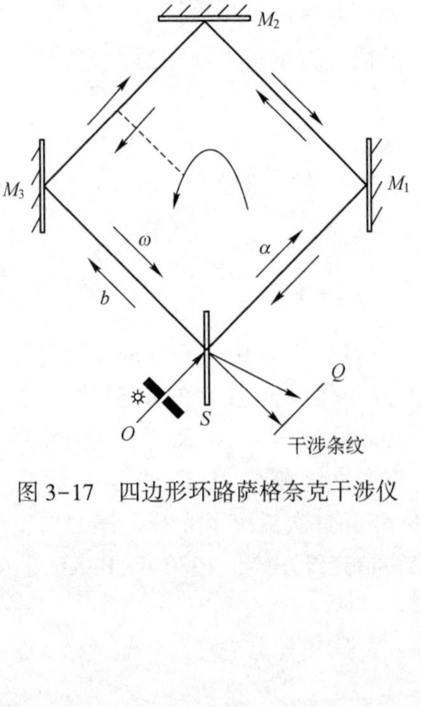

图 3-17　四边形环路萨格奈克干涉仪

为了说明萨格奈克效应的基本原理,假设光是在折射率为 1 的媒质(真空)中传播。当干涉仪相对惯性空间无转动时,相反方向传播的两束光绕行一周的光程相等,都等于干涉仪环路周长,即 $L_a=L_b=L$,即 $t_a=t_b=L/c$(c 为真空中的光速)。在此情况下,由于两束光同时返回半透反射镜,因此彼此间没有相位差。这两束光经过相应的反射和透射同时射向屏幕,在屏幕上形成的干涉条纹是静止不动的。

当干涉仪绕着与环路平面相垂直的轴以角速度 $\boldsymbol{\omega}$(设为逆时针方向)相对惯性空间转动时,则半透反射镜上的分离点以及 3 个镜面的反射点都有一切向的线速度,其值为

$$v=\left(\frac{L}{4}\cos45°\right)\boldsymbol{\omega}=\frac{L}{4\sqrt{2}}\boldsymbol{\omega} \tag{3-3-1}$$

该速度在分离点两侧光路上的投影均为

$$v_n=v\cos45°=\frac{L}{8}\boldsymbol{\omega} \tag{3-3-2}$$

光束 a 自分离点开始逆时针绕行一周又回到分离点时,分离点因干涉仪转动而移动了一段距离,此段距离在返回光路方向上的投影,便成为光束 a 的一段附加光程 ΔL,所以,光束 a 逆时针绕行一周的实际光程 L_a 要大于干涉仪环路周长 L,即有

$$L_a=L+\Delta L=L+v_n t_a=L+\frac{L}{8}\boldsymbol{\omega}t_a \tag{3-3-3}$$

这束光绕行一周的时间 t_a 满足:

$$t_a=\frac{L_a}{c}=\frac{L+L\boldsymbol{\omega}t_a/8}{c} \tag{3-3-4}$$

则

$$t_a=\frac{L}{c-L\boldsymbol{\omega}/8} \tag{3-3-5}$$

$$L_a=\frac{L}{1-L\boldsymbol{\omega}(8c)} \tag{3-3-6}$$

光束 b 自分离点开始顺时针绕行一周又回到分离点时,分离点因干涉仪转动逆着光束移动了一段距离。所以,光束 b 顺时针绕行一周的实际光程 L_b 要小于干涉仪环路周长 L,即有

$$L_b=L-\Delta L=L-v_n t_b=L-\frac{L}{8}\boldsymbol{\omega}t_b \tag{3-3-7}$$

这束光绕行一周的时间 t_b 应满足

$$t_b=\frac{L_b}{c}=\frac{L-L\boldsymbol{\omega}t_b/8}{c} \tag{3-3-8}$$

则

$$t_b=\frac{L}{c+L\boldsymbol{\omega}/8} \tag{3-3-9}$$

$$L_b=\frac{L}{1+L\boldsymbol{\omega}(8c)} \tag{3-3-10}$$

逆时针和顺时针方向传播的光在环路中绕行一周回到分离点时的光程差为

$$\Delta L=L_a-L_b=\frac{1}{1-(L\boldsymbol{\omega})^2/(8c)^2}\frac{L^2}{4c}\boldsymbol{\omega} \tag{3-3-11}$$

考虑 c 到的数值远大于 $L\boldsymbol{\omega}$,近似得到

$$\Delta L=\frac{L^2}{4c}\boldsymbol{\omega} \tag{3-3-12}$$

又由于环路面积 $A=(L/4)^2$,故可写成

$$\Delta L=\frac{4A}{c}\boldsymbol{\omega} \tag{3-3-13}$$

即两束光的光程差 ΔL 与输入角速度 $\boldsymbol{\omega}$ 成正比。并且可以证明,对于三角形或其他任何形状的环路,式(3-3-13)都成立。

然而,由此产生的光程差很小。例如,1925 年迈克耳孙(Michelson)和盖勒(Gale)测量地球自转角速度所用的矩形环路面积 $A=600\times300\text{m}^2$,光源波长 $\lambda=0.7\mu\text{m}$,根据式(3-3-11)可计算得 $\Delta L=0.175\mu\text{m}$,这个光程差只相当于 $\lambda/4$,即干涉条纹只移动了 1/4 条纹间距。如果用这一装置来测量 0.015°/h 的角速度,则光程差只相当于 $\lambda/400$,即干涉条纹只移动了 1/400 条纹间距。显然,这种分辨条纹移动距离的方法,其测量精度无法保证。激光出现以后,并且测量方案上由原来测量光程差或相位差改为测量频率差(简称频差,或称拍频),才使萨格奈克干涉仪步入应用领域。

上述分析是基于光路为正方形菱形光路的假设,下面针对环形光路,验证同一光路中正反传播的两束光的 Sagnac 效应。该干涉仪由光源、分束板、反射镜和光纤环组成,如图 3-18所示。光在 A 点入射,并被分束板分成等强的两束。反射光 a 进入光纤环沿着圆形环路逆时针方向传播。透射光 b 被反射镜反射回来后又被分束板反射,进入光纤环沿着圆形环路顺时针方向传播。这两束光绕行一周后,在分束板汇合。

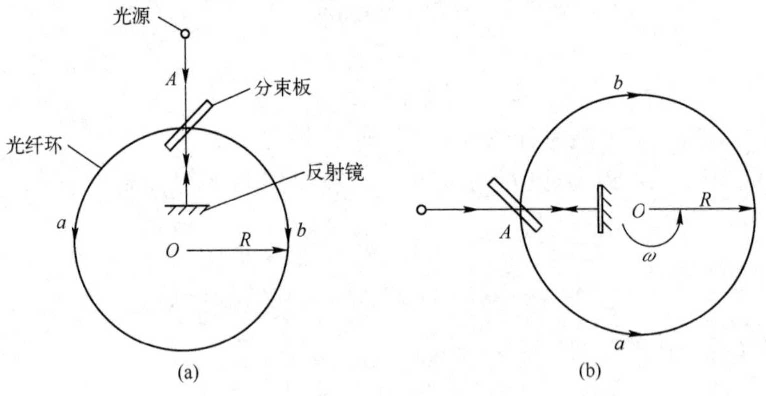

图 3-18　圆形环路萨格奈克干涉仪

先不考虑光纤芯层的折射率的影响,即认为光是在折射率为 1 的媒质中传播。当干涉仪相对惯性空间无旋转时,相反方向传播的两束光绕行一周的光程相等,都等于圆形环路的周长,即

$$L_{\text{a}}=L_{\text{b}}=L=2\pi R \tag{3-3-14}$$

两束光绕行一周的时间也相等,都等于光程 L 除以真空中的光速 c,即

$$t_{\text{a}}=t_{\text{b}}=\frac{L}{c}=\frac{2\pi R}{c} \tag{3-3-15}$$

当干涉仪绕着与光路平面相垂直的轴以角速度 $\boldsymbol{\omega}$(设为逆时针方向)相对惯性空间

旋转时(图 3-18(b)),由于光纤环和分束板均随之转动,相反方向传播的两束光绕行一周的光程就不相等,时间也不相等。

逆时针方向传播的光束 a 绕行一周的时间设为 t_a,当它绕行一周再次到达分束板时多走了 $R\omega t_a$ 一段距离,其实际光程为

$$L_a = 2\pi R + R\boldsymbol{\omega} t_a \tag{3-3-16}$$

而这束光绕行一周的时间为

$$t_a = \frac{L_a}{c} = \frac{2\pi R + R\boldsymbol{\omega} t_a}{c} \tag{3-3-17}$$

由此得

$$t_a = \frac{2\pi R}{c - R\boldsymbol{\omega}} \tag{3-3-18}$$

顺时针方向传播的光束 b 绕行一周的时间设为 t_b,当它绕行一周再次到达分束板时少走了 $R\omega t_b$ 的距离,其实际光程为

$$I_b = 2\pi R - R\omega t_b \tag{3-3-19}$$

而这束光绕行一周的时间为

$$t_b = \frac{L_b}{c} = \frac{2\pi R - R\boldsymbol{\omega} t_b}{c} \tag{3-3-20}$$

由此可得

$$t_b = \frac{2\pi R}{c + R\boldsymbol{\omega}} \tag{3-3-21}$$

相反方向传播的两束光绕行一周到达分束板的时间差为

$$\Delta t = t_a - t_b = \frac{4\pi R^2}{c^2 - (R\boldsymbol{\omega})^2}\boldsymbol{\omega} \tag{3-3-22}$$

这里 $c^2 \gg (R\boldsymbol{\omega})^2$,所以式(3-3-22)可近似为

$$\Delta t = \frac{4\pi R^2}{c^2}\boldsymbol{\omega} \tag{3-3-23}$$

两束光绕行一周到达分束板的光程差则为

$$\Delta L = c\Delta t = \frac{4\pi R^2}{c}\boldsymbol{\omega} \tag{3-3-24}$$

这表明两束光的光程差 ΔL 与输入角速度 ω 成正比。实际式(3-3-24)中 πR^2 代表了圆形环路的面积,如用符号 A 表示,则式(3-3-24)显然与式(3-3-13)完全一致。

光纤芯层材料的主要成分是石英,其折射率为 1.5~1.6。设折射率为 n,当干涉仪无转动时,两束光的传播速度均为 $c/\boldsymbol{n}$。当有角速度 $\boldsymbol{\omega}$(设为逆时针方向)输入时,两束光的传播速度不再相等。根据洛仑兹一爱因斯坦速度变换式,可得逆、顺时针方向传播的光速分别为

$$\begin{cases} c_a = \dfrac{c/n + R\boldsymbol{\omega}}{1 + R\boldsymbol{\omega}/(nc)} \\ c_b = \dfrac{c/n - R\boldsymbol{\omega}}{1 - R\boldsymbol{\omega}/(nc)} \end{cases} \tag{3-3-25}$$

此时,光束 a、b 绕行一周的时间 t_a 和 t_b 应分别满足下列关系:

$$t_a=\frac{2\pi R+R\boldsymbol{\omega}t_a}{c_a}=\frac{2\pi R+R\boldsymbol{\omega}t_a}{\dfrac{c/n+R\boldsymbol{\omega}}{1+R\boldsymbol{\omega}/(nc)}} \tag{3-3-26}$$

$$t_b=\frac{2\pi R-R\boldsymbol{\omega}t_b}{c_b}=\frac{2\pi R-R\boldsymbol{\omega}t_b}{\dfrac{c/n-R\boldsymbol{\omega}}{1-R\boldsymbol{\omega}/(nc)}} \tag{3-3-27}$$

由式(3-3-26)、式(3-3-27)得

$$t_a=\frac{2\pi R(cn+R\boldsymbol{\omega})}{c^2-(R\boldsymbol{\omega})^2} \tag{3-3-28}$$

$$t_b=\frac{2\pi R(cn-R\boldsymbol{\omega})}{c^2-(R\boldsymbol{\omega})^2}$$

不难发现,此情况下相反方向传播的两束光绕行一周的时间差 Δt 及光程差 ΔL,与真空中的情况完全相同,即与光的传播媒质的折射率无关。

光纤陀螺仪可以说直接继承了萨格奈克干涉仪,通过测量两束光之间的相位差即相移来获得被测角速度。两束光之间的相移动 $\Delta\varphi$ 与光程差 ΔL 有以下关系:

$$\Delta\varphi=\frac{2\pi}{\lambda}\Delta L \tag{3-3-29}$$

式中:λ 为光源的波长。将式(3-4-24)代入式(3-3-29),并考虑光纤环的周长 $l=2\pi R$,可得两束光绕行一周再次汇合时的相移为

$$\Delta\varphi=\frac{4\pi Rl}{c\lambda}\boldsymbol{\omega} \tag{3-3-30}$$

以上是单匝光纤环的情况。光纤陀螺仪采用的是多匝光纤环(设为 N 匝),两束光绕行 N 周再次汇合时的相移应为

$$\Delta\varphi=\frac{4\pi RlN}{c\lambda}\boldsymbol{\omega} \tag{3-3-31}$$

由于真空中光速 c 和圆周率 π 均为常数,光源发光的波长 λ 及光纤线圈半径 R、匝数 N 等结构参数均为定值,因此光纤陀螺仪的输出相移 $\Delta\varphi$ 与输入角速度 $\boldsymbol{\omega}$ 成正比,即

$$\Delta\varphi=K\boldsymbol{\omega} \tag{3-3-32}$$

式中:K 为标度因数,且

$$K=\frac{4\pi RlN}{c\lambda} \tag{3-3-33}$$

式(3-3-33)表明,在光纤线圈半径一定的条件下,可以通过增加线圈匝数即增加光纤总长度来提高测量的灵敏度。由于光纤的直径很小,虽然长度很长,整个仪表的体积仍然可以做得很小,例如,光纤长度为500~2500m 的陀螺装置其直径仅 10cm 左右。但光纤长度也不能无限地增加,因为光纤具有一定的损耗,典型值为 ldB/km,而且光纤越长,系统保持其互易性越困难,所以光纤长度一般不超过 2500m。

3.3.2 激光陀螺仪

3.3.2.1 激光陀螺的测量原理

1962 年氦-氖激光器问世,为光学陀螺这一新概念的实现奠定了技术基础。1962 年

起美国开始研制环形激光陀螺，其中霍尼韦尔(Honeywell)公司起步最早，成果最为显著。1975年该公司研制的激光陀螺惯导系统在A7C飞机上试飞成功，精度为2.2n mile/h。1978年在波音727飞机上试飞成功，精度为1n mile/h。1982年在波音747上试飞成功，精度高达0.26n mile/h。自1982年起，霍尼韦尔公司的GG1342激光陀螺投入批量生产，该陀螺的零偏稳定性达到0.01°/h(1σ)，随机游走系数0.005°/$\sqrt{h}$，刻度系数稳定性和线性度分别达到5×10^{-6}和6×10^{-6}，成为研制标准航空惯导的典型陀螺之一。

尽管激光器的种类繁多，工作原理也不尽相同，但是除了自由电子激光器之外，其余激光器基本原理都源于爱因斯坦的受激辐射理论，因此都由激励系统(又称泵浦系统)、激光介质和光学谐振腔3部分组成。

激励系统又称泵浦系统，是指为了使激光介质实现并维持粒子数反转状态而提供能量来源的装置，一般有以下4种激励方式：①光学激励(光泵)，利用外界光源发出的光来辐射激光介质，使其保持粒子数反转状态而产生激光，通常由气体放电光源(氙灯、氪灯)和聚光器组成。②气体放电激励，利用气体激光介质发生的气体放电过程实现粒子数反转，通常由放电电极和放电电源组成。③化学激励，利用激光介质内部发生的化学反应过程实现粒子数反转。④核能激励，利用小型核裂变反应所产生的裂变碎片、高能粒子和放射线来激励激光介质实现粒子数反转。

激光介质是用来实现粒子数反转并产生激光的受激辐射放大作用的物质，可以是固体(晶体、玻璃)、气体(原子气体、离子气体、分子气体)、半导体和液体。

光学谐振腔(简称光腔)通常由两块或以上的反射镜按照特定的方式组合而成，其作用是提供光学反馈能力，使受激辐射产生的光子在腔内多次往返，形成相干的持续振荡，同时也对光腔内光的方向和频率进行约束，保证输出的激光具有较好的方向性和单色性。下面介绍两种基本的光学谐振腔：平面平行腔和环形腔。

1. 平面平行腔

平面平行腔结构原理如图3-19所示，在激光介质的两端按照一定的规律放置两个反射镜就构成了一个简单的平面平行腔。当激励系统刺激激光介质产生光束后，所产生的光束在两个反射镜之间来回反射，每穿过激光介质一次，光束强度就放大一次，这样经过多次反射后，当光束强度超过一定幅度时，就会有一部分光束穿过反射镜，形成输出光束。

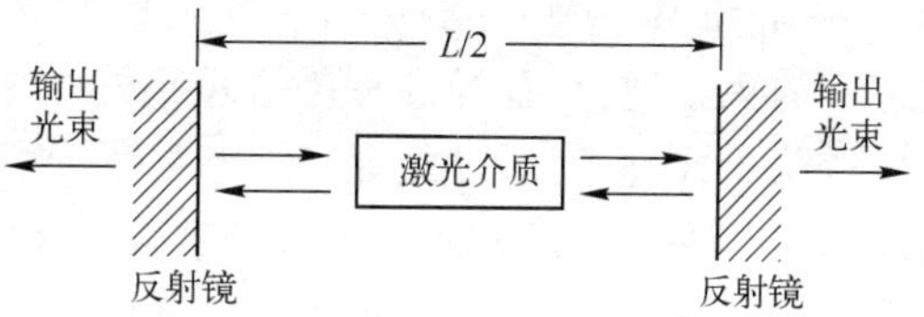

图3-19　平面平行腔结构原理

如图3-19所示，在平面平行腔中最终只有平行于反射镜法线方向的光束才会被反复放大，而垂直于反射镜法线方向的光束则逐渐被消耗，最终就形成了两束方向相反、频率和幅值相同、振动方向一致的光波。

谐振的频率由空腔谐振器所包含的光波波长决定。这样谐振腔就由反射镜之间光路组成。由于光束连续不断地在谐振腔内产生、透射，因此光波由两个方向相反的光束组成，反射镜即为谐振的终点。

2. 环形腔

环形腔结构原理如图3-20所示，环形腔为全固态结构，在其内部有经过精心设计的通道,在通道内部填充了激光介质。给正负电极接通电后,在环形腔内就形成了两个稳定的电场:右正极→下方负极,左正极→下方负极。在这两个稳定电场的作用下,通过气体放电激励,形成两束受激辐射相干光,这两束光通过谐振腔内放置的反射镜形成顺时针、逆时针流动的两条光束。由于光路(环形腔内的通道)中填充了激光介质,因此在传递过程中不断放大,当光束放大到一定强度后,就能够穿透右下方的读数镜,发射出稳定的、单色的(单一频率的)激光。

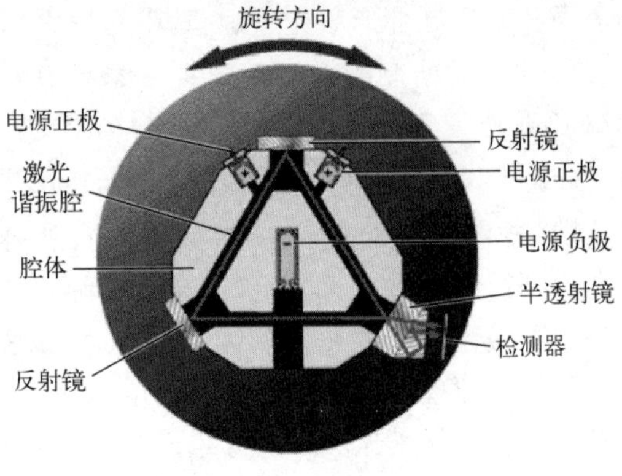

图 3-20　环形腔结构原理

不论谐振腔是哪种结构,都必须满足两个基本条件:①对于选定的光束(即指定频率、波长),其在谐振腔内的光损耗小于光放大增益,以确保光束被不断放大;②闭锁条件,即光路长度 L 必须是所选光波波长 λ 的整数倍(m),满足 $m\lambda=L$。

相对萨格奈克干涉仪,激光陀螺做了如下两点关键改进:

(1) 采用激光作为光源,激光优良的相干性,使正反方向运行的两束光在陀螺腔体内形成谐振,即光束沿腔体环路反复运行时一直能保持相干,而萨格奈克干涉仪只能走一圈。

(2) 改测量光程差(即相位差)为测量两束光的频率差,即拍频,这显著提高了陀螺的测量灵敏度。

图 3-21 为激光陀螺的工作原理简图。图中,激光陀螺采用 3 个反射镜组成环形谐振腔,即闭合光路。激光管沿光轴传播的光子向两侧经过透镜 M_4 和 M_5 射出,再分别由 $M_1 \to M_2 \to M_3$ 和 $M_3 \to M_2 \to M_1$ 从另一端反射回来,于是回路中有传播方向相反的两路光束。对每一光束来说,只有经过一圈返回原处时相位差为 2π 整数倍的光子才能诱发出与之相应的第二代光子,并以此规律逐渐增强,对于相位差不满足 2π 整数倍的光子,则逐渐衰减直至消失。若增强的光子多于衰减的光子,则闭合光路工作在谐振状态。谐振腔形成谐振的条件是

$$\frac{2\pi L}{\lambda}=2\pi q$$

即

$$L=q\lambda \tag{3-3-34}$$

为分析方便,只画出激光陀螺的环形光路,如图 3-22 所示。设环形光路长度为 L,基座角速度为 $\boldsymbol{\omega}$,则点 A 的速度为

$$v=\frac{L\boldsymbol{\omega}}{6\cos 30^\circ}=\frac{L\boldsymbol{\omega}}{3\sqrt{3}} \tag{3-3-35}$$

此速度沿光路方向的投影为

$$v_a=v_b=v\cos 60^\circ=\frac{L\boldsymbol{\omega}}{6\sqrt{3}} \tag{3-3-36}$$

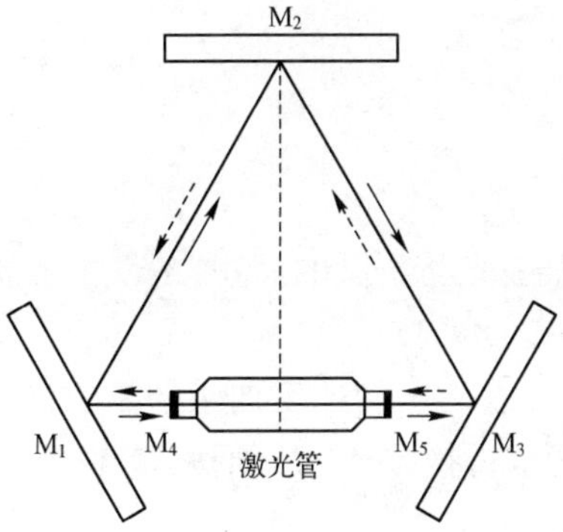

图 3-21　激光陀螺工作原理

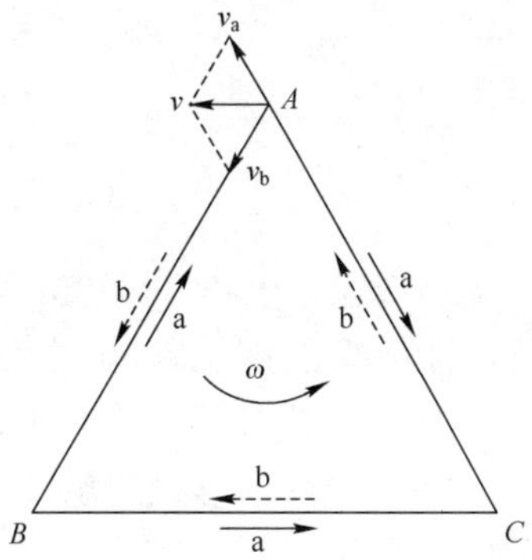

图 3-22　激光陀螺的环形光路

速度 v_a 使光束 a 的光程增加，速度 v_b 使光束 b 的光程减少。设光束 a 增加的光程为 ΔL_a，光束 a 走完一个闭合光路所用时间为 t_a，则

$$\Delta L_a = v_a \cdot t_a = \frac{L\boldsymbol{\omega}}{6\sqrt{3}} \cdot \frac{L+\Delta L_a}{c} \Rightarrow \Delta L_a = \frac{L^2\boldsymbol{\omega}}{6\sqrt{3}c-L\boldsymbol{\omega}} \tag{3-3-37}$$

所以光束 a 的一周光程为

$$L_a = L+\Delta L_a = L+\frac{L^2\boldsymbol{\omega}}{6\sqrt{3}c-L\boldsymbol{\omega}} = \frac{L}{1-\dfrac{L\boldsymbol{\omega}}{6\sqrt{3c}}} \tag{3-3-38}$$

同理光束 b 的一周光程为

$$L_b = L+\Delta L_b = L+\frac{L^2\boldsymbol{\omega}}{6\sqrt{3}c+L\boldsymbol{\omega}} = \frac{L}{1+\dfrac{L\boldsymbol{\omega}}{6\sqrt{3}c}} \tag{3-3-39}$$

根据光束 a 和光束 b 的谐振条件及波长、频率与光速间的关系：$L_a = q\lambda_a$，$L_b = q\lambda_b$，$\lambda f = c$，可得两束光的频率为 $f_a = \dfrac{cq}{L_q}$，$f_b = \dfrac{cq}{L_b}$，频率差（拍频）为

$$\Delta f = f_b - f_a = \frac{L_a - L_b}{L_a \cdot L_b}cq \tag{3-3-40}$$

其中：$L_a \cdot L_b = \dfrac{L^2}{1-\left(\dfrac{L\boldsymbol{\omega}}{6\sqrt{3}c}\right)^2}$，$L_a - L_b = \dfrac{L}{1-\dfrac{L\boldsymbol{\omega}}{6\sqrt{3}c}} - \dfrac{L}{1+\dfrac{L\boldsymbol{\omega}}{6\sqrt{3c}}} = \dfrac{\dfrac{L^2\boldsymbol{\omega}}{3\sqrt{3}c}}{1-\left(\dfrac{L\boldsymbol{\omega}}{6\sqrt{3c}}\right)^2}$。

由于 $\left(\dfrac{L\boldsymbol{\omega}}{6\sqrt{3}c}\right)^2 = 1$，因此 $L_a \cdot L_b = L^2$，$L_a - L_b = \dfrac{L^2\boldsymbol{\omega}}{3\sqrt{3}c}$。

考虑到周长为 L 的等边三角形面积 $A = \dfrac{\sqrt{3}}{36}L^2$，所以 $L_a - L_b = \dfrac{4A}{c}\boldsymbol{\omega}$，因此：

$$\Delta f = \frac{\dfrac{4A}{c}\boldsymbol{\omega}}{L \cdot \dfrac{L}{q}}c = \frac{4A}{L \cdot \lambda}\boldsymbol{\omega} = K\boldsymbol{\omega} \tag{3-3-41a}$$

$$\boldsymbol{\omega}=\frac{L\cdot\lambda}{4A}\Delta f=\frac{\Delta f}{K} \tag{3-3-41b}$$

$$K=\frac{4A}{L\cdot\lambda} \tag{3-3-42}$$

式中：L 为谐振腔光程；λ 为激光源波长；A 为谐振腔光路所围的面积；Δf 为正反方向行进的两束光的频率差，即拍频，单位为 Hz；K 为陀螺刻度系数，单位为 1/rad。

由物理学知，具有频率差的两束光的干涉条纹以一定的速度向某一个方向不断地移动，只要对单位时间内移过的条纹数作计数，就能求得拍频 Δf，从而按式(3-3-41b)计算出基座的角速度 $\boldsymbol{\omega}$。

若用氦-氖激光器作为光源，光波的波长 $\lambda=0.6328$um，陀螺谐振腔光程 $L=40$cm，用来测量地球的自转角速度 $\boldsymbol{\omega}_{地}=15°/\text{h}$，则根据式(3-3-41a)可计算得拍频为 8.87Hz，而目前的光电读出电路可分辨出 0.005Hz 甚至更低的拍频，所以与萨格奈克干涉仪相比，激光陀螺具有很高的灵敏度和精度。

3.3.2.2 激光陀螺分类与特点

激光陀螺原理上根本不同于普通的机电式陀螺。常规机电转子陀螺依据普通的刚体力学原理按照机械储能方式工作，而激光陀螺是以双向行波的环形激光器为核心的量子光学仪表，其依据基于广义相对论的 Sagnac 效应。所谓的 Sagnac 效应是指在任意几何形状的闭合光路中，从某一观察点出发的一对光波沿相反方向运行一周后又回到该观察点时，这对光波的相位将由于该闭合环形光路相对于惯性空间的旋转而不同。其相位差(或光程差)的大小与闭合光路的转动速率成正比。激光谐振腔内的相位差又可以成为放大数百万倍的频率差，这样就可以通过测量光电信号的频率来测量物体的角速度、角度等。

与传统的机电式陀螺仪相比，激光陀螺仪构成简单，其主体为微晶玻璃腔体以及反射镜构成一个光学环形谐振腔，另外还有偏频系统、稳频控制系统、信号读出系统、信号处理系统、高压电源、磁屏蔽单元等部分。

激光陀螺的类型分类有多种，根据有无增益介质，激光陀螺分为无源腔激光陀螺和有源腔激光陀螺。目前，几乎所有激光陀螺都是有源型的。

根据陀螺的处理闭锁效应的方式不同(偏频方式不同)，有源腔激光陀螺分为二频型和四频型两种。其中，二频陀螺根据偏频特点又分为机械抖动偏频、恒转偏频、磁镜交变偏频；四频陀螺根据偏频特点又分为法拉第效应偏频、塞曼效应偏频。

陀螺按腔形又可分为平面型、非平面型。其中，平面型包括大多数单轴二频激光陀螺和腔内含有光学法拉第和水晶四频激光陀螺；空间型包括集成在一块玻璃上的空间三轴激光陀螺，自偏频和塞曼两种四频激光陀螺。

按反射镜种类又可分为介质膜片激光陀螺和棱镜激光陀螺。

目前，所有实用的激光陀螺均使用 0.6328μm 的 He-Ne 气体激光陀螺。近年来，还出现了一些新型半导体、光纤谐振式激光陀螺。

这些陀螺已经脱离了传统的 He-Ne 气体激光陀螺的框架，在某些方面可能具有更大的发展潜力。美、日、法、德和国内一些单位正在努力开展研究，取得了一些较好的实验结果。日本学者试验的环形半导体激光器构成的角度测量元件能够正常工作，并且成功地进行了微机械转动半导体激光器件中两组相向传播振动光波的频差自检测。用于试验的半导体环形激光器包括了长尾激光二极管放大模块。该半导体激光陀螺拍频的信息是在半导体环形激光器终端进行电压测试获得,从而不会损失光学环路中的能量。拍频作为检测旋转速度的一个功能测量,同时,还通过改变旋转半径来研究检测精度对于旋转半径的依赖程度。试验证明:该半导体激光系统标准检测灵敏度特性和Sagnac效应的理论预测吻合很好,这表明半导体环形激光器可以用来作为光学陀螺使用。此外,试验还证明:闭锁效应是半导体激光陀螺(Semiconductor Ring Laser Gyroscope)的主要噪声源之一。

可以预测随着半导体和光学技术的发展,这些结构更简单、功耗更小、使用更方便的新式激光陀螺仪有可能在未来的市场上出现。

针对不同的激光陀螺,其工作原理决定了其各有特点,下面我们对目前较为成熟的几种激光陀螺进行分析。

1. 平面二频机抖

目前,实现的激光陀螺中,应用最为成熟和广泛的是单轴抖动偏频激光陀螺,已经形成系列化产品。该型陀螺具有制造工艺相对简单、成本较低、工程实现较为方便等特点。采用交变偏频,对偏频的稳定性要求大大地降低了,易于实现。交变偏频正、负半周波形和振幅的不对称性不会造成积累性的误差。腔内无元件,对温度不太敏感,有利于实现中、高精度。但每个抖动周期两次过锁区,带来过锁误差。有活动部件,抗冲击振动能力相对较弱,由于工作在抖动状态,在系统使用上相对麻烦些。短时间离散噪声相对大些,某些应用场合不利。另外,精度和小型化往往不能兼顾。

2. 磁镜交变偏频激光陀螺

磁镜交变偏频激光陀螺采用交变磁场对反射片特殊膜层的克尔效应实现偏频。它可以实现交变方波,减小过锁区的时间,从而减小过锁误差。工作于饱和状态的磁镜,对励磁电流的稳定性要求不高,容易实现。没有活动部件,结构简单,耐冲击能力强。

但由于谐振腔内必须维持P偏振光振荡,而磁镜对P光反射率较低,因此实现低损耗腔,对磁镜制备要求很高。为了抑制S偏振光,腔内有元件,增加了腔振腔的损耗,并带来相应的零漂。偏频量不易做大,难以实现高精度。

3. 速率偏频激光陀螺

速率偏频激光陀螺采用速率转台实现偏频。在锁区内停留的时间短,从而使锁区引起的随机游走噪声大为减少,有利于实现高精度。采用交变偏频,对转动的稳定性要求降低。腔内无元件,有利于实现高精度。通过来回转动可以对陀螺零偏进行调制以减小零偏对系统的影响。

由于要用转台来实现交变转动,因此结构比较复杂。有活动部件,耐冲击振动能力较差,不容易标定,系统的导航解算相对比较复杂。

4. 棱镜激光陀螺

在单轴抖动偏频激光陀螺中,还有一类特殊的激光陀螺,与大多数激光陀螺采用多层介质反射膜片不同,该种陀螺采用在布氏角全透射和全反射的棱镜实现激光高反射。这类陀螺静态环境下精度可以做到较高,但由于受棱镜磁偏转特性、特殊的气体稳频、全反射激光耦合输出的影响,动态环境下精度往往不高,难以实现工程化、小型化和高精度。

5. 空间三轴激光陀螺

将 3 个二频激光陀螺集成在一整块微晶玻璃上,该种陀螺继承了单轴二频激光陀螺的大部分技术,可以一定程度上实现小型化和高精度,系统应用带来较大方便。

但制造难度较大,另外也难以达到很高精度。

6. 平面四频差动激光陀螺

全固态零锁区无机械运动结构的四频差动激光陀螺是最为理想的激光陀螺发展方向。由于采用法拉第偏频的四频差动陀螺为全固态,耐冲击振动能力强。由于工作于锁区以外,从原理上消除了锁区带来的影响,有利于实现高精度,短时间离散噪声相对较小,某些应用场合有利。但工作于圆偏振光状态,对磁场变化敏感。谐振腔内存在磁光元件,工艺难度加大,器件损耗也比较大。旋光晶体的光轴失配将导致残余椭圆度,使谐振腔变得不稳定。

7. 四频差动塞曼激光陀螺

对采用磁场塞曼效应实现偏频的空间异面型四频激光陀螺来说,腔内没有元件,全固态,耐冲击振动能力强。但工作于圆偏振光状态,对磁场变化敏感,磁屏蔽要求高。偏频使增益介质产生变化,带来误差,不易达到高精度。产生偏频的磁场装置所产生的温度场的不均匀性对陀螺温度稳定性的影响较大。

8. 空间自偏频四频差动激光陀螺

空间自偏频四频差动激光陀螺是四频差动陀螺中较新提出的自偏频激光陀螺,理论上可以实现理想的四频差动激光陀螺,但是由于这种谐振腔体很难稳定工作,因此实现起来极其困难。

3.3.2.3 激光陀螺的误差

1. 闭锁效应

由式(3-3-41)知激光陀螺的拍频输出与输入角速度呈线性关系,但工程实际中并非如此,事实上当输入角速度小到一定程度时,陀螺的拍频输出为零。这种在小角速度输入下陀螺无输出的现象称为激光陀螺的闭锁效应,如图 3-23所示,闭锁效应使陀螺在测量中出现死区。

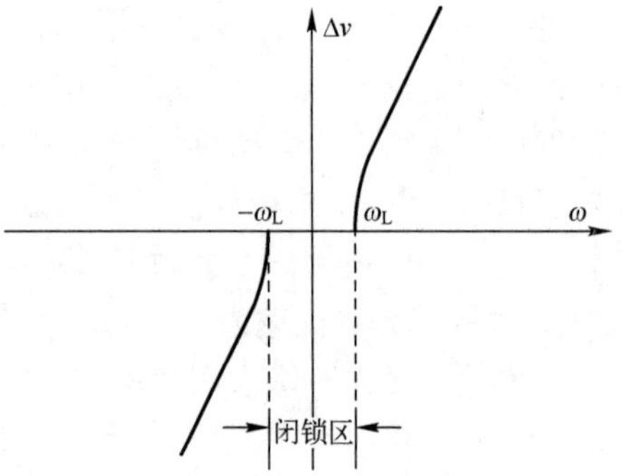

图 3-23　激光陀螺的闭锁效应

产生闭锁效应的主要原因是:光路的各种非均匀因素,如反射镜及透镜各点的非均匀损耗与散射,谐振腔内的尘埃微粒,散射使正反方向传播的两束光互相耦合,发生频率牵引,使两束光趋向同步,频率差消失。解决闭锁效应的方法主要有 3 种。

1) *抖振偏频法*

陀螺安装在抖动轮外鼓上,轮轴固定在基座上,抖动轮辐沿径向贴有压电陶瓷,压电陶瓷的伸缩推挽作用使轮盘相对轮轴做微辐往复角运动,带动陀螺绕输入轴做角抖动,抖动频率约为 400Hz,幅度为数角分。

设陀螺的闭锁阈值为 ω_L，需要测量的角速度 $\omega_i<\omega_L$，所加抖振角速度为 $\omega_A \sin \dfrac{2\pi}{T_d}t$，如图 3-24 所示，沿陀螺敏感轴的角速度为

$$\omega=\omega_t+\omega_A \sin \frac{2\pi}{T_d}t \tag{3-3-43}$$

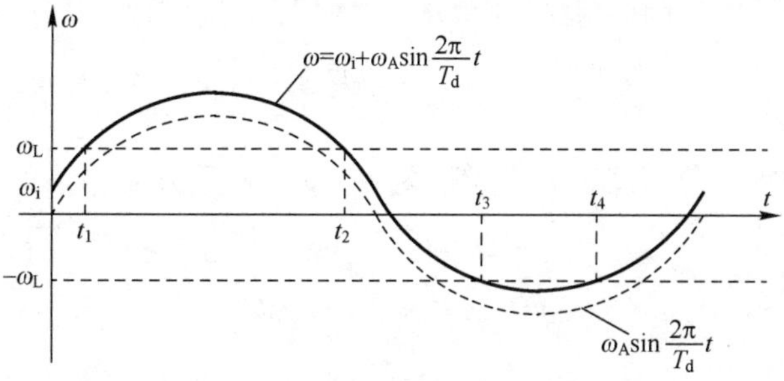

图 3-24　抖动偏频角速度关系

若不存在闭锁区，即 $\omega_L=0$，则陀螺能感测 ω 的全部信息，在一个抖振周期内的角增量输出为

$$\Delta\theta=\int_0^{T_d}\left(\omega_i+\omega_A \sin \frac{2\pi}{T_d}t\right)\mathrm{d}t=\int_0^{T_d}\omega_i \mathrm{d}t \tag{3-3-44}$$

若存在闭锁区，即 $\omega_L \neq 0$，则在一个抖振周期内的角增量输出为

$$\begin{aligned}\Delta\theta'=&\int_0^{t_d}\omega_i \mathrm{d}t-\left[\int_0^{t_1}\left(\omega_i+\omega_A \sin \frac{2\pi}{T_d}t\right)\mathrm{d}t+\int_{t_2}^{t_3}\left(\omega_i+\omega_A \sin \frac{2\pi}{T_d}t\right)\mathrm{d}t\right.\\&\left.+\int_{t_4}^{T_d}\left(\omega_i+\omega_A \sin \frac{2\pi}{T_d}t\right)\mathrm{d}t\right]=\Delta\theta-\delta\theta\end{aligned} \tag{3-3-45}$$

由于 $T_d=1/400\text{s}=2.5\text{ms}$，因此 ω 穿越闭锁区的时间非常短，$\delta\theta$ 很小，用 $\Delta\theta'$ 近似 $\Delta\theta$ 是可以接受的。

抖振偏频法是工程上已成熟的方案，达到惯性级(漂移小于 0.01°/h)的激光陀螺一般都采用此方案。

2) 恒速偏置法

将激光陀螺安装在某一旋转装置上，该装置以恒定角速度绕陀螺敏感轴旋转，使陀螺的实际工作点移向线性区域。该方案看似直观简单，实际上存在两个工程实现难度十分大的问题：一是偏置角速度必须十分精确；二是旋转装置内部与外部间的信息传输及电源供电的复杂度与平台式惯导系统几乎相同，失去了捷联惯导应有的优点。在此基础上推出了往复式速率偏频方案，在此方案中，供电和信息传输可通过软导线来实现。

3) 磁镜偏频法

磁镜偏频法利用了横向磁光克尔效应，如图 3-25所示。

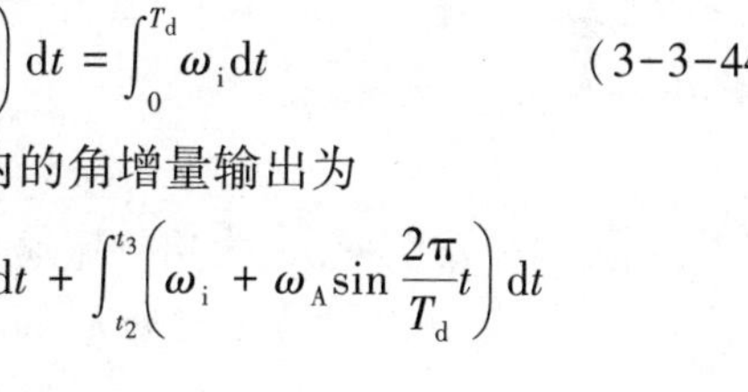

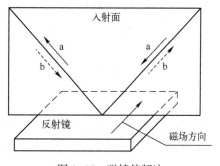

图 3-25　磁镜偏频法

设 a 和 b 两束光同频率同相位。入射方向相反，如果所加磁场方向平行于反射镜，且垂直于入射面，则在该磁场作用下，光束在反射后会产生附加相移，即光程发生改变，光束 a 和光束 b 相移大小相等，但符号相反，这就是横向磁光克尔效应。

如果所加磁场是交变的，则 a、b 两束光之间的相移也是交变的，相位差（光程差）也是交变的。当输入角速度 $\omega_i=0$ 时，光程差在一个周期内的积分为零；若 $\omega_i\neq 0$，则光程差在一个周期内的积分即为由 ω_i 引起的角增量。所以此法实质上与抖振偏频法的思路是一样的，不同的是一个是磁场抖振，另一个是机械抖振。

2. 随机游走误差

设激光陀螺的输入角速度为 ω_i，闭锁阈值为 ω_L，正反方向传播的两束线偏振光的相位差 ψ 由下式确定：

$$\dot{\psi}=2\pi K(\omega_i+\omega_L\sin\psi) \tag{3-3-46}$$

式中：$K=\dfrac{4A}{L\lambda}$，$\dot{\psi}=2\pi\Delta f$。由式（3-3-46）可看出，当 $\omega_i>\omega_L$ 时，$\dot{\psi}$ 始终不为零，即总会有拍频输出。但若 $\omega_i\leqslant\omega_L$，随着 $\dot{\psi}$ 的变化，总会在某一时刻使 $\omega_i+\omega_L\sin\psi=0$ 成立。此时，即 ψ 为恒定值，使 $\dot{\psi}=0$ 恒成立，拍频输出恒为零，陀螺处于闭锁状态。

采用机械抖振法消除闭锁的做法是使陀螺沿输入轴方向做交变的简谐角抖，式（3-3-46）可以改写为

$$\dot{\psi}=2\pi K(\omega_i+\omega_L\sin\psi+\omega_A\cos\omega_d t) \tag{3-3-47}$$

式中：ω_d 为抖振角频率；ω_A 为角抖振速率的峰值；ω_d 和 ω_A 的选取准则是 $\omega_A\gg\omega_L$，$\omega_d\gg\omega_i$。在此条件下，式（3-3-46）可略去 $\omega_L\sin\psi$ 的影响，从而得

$$\psi\approx 2\pi\left(KI_\omega+\frac{\omega_A}{\omega_d}\sin\omega_d t\right) \tag{3-3-48}$$

其中：$I_\omega=\int_0^t\omega_i\mathrm{d}t$。

将式（3-3-48）代入式（3-3-47）可得

$$\begin{aligned}\dot{\psi}&=2\pi K\left[\omega_i+\omega_L\sin\left(2\pi\left(KI_\omega+\frac{\omega_A}{\omega_d}\sin\omega_d t\right)\right)+\omega_A\cos\omega_d t\right]\\&=2\pi K\omega_i+2\pi K\omega_L\cos(2\pi KI_\omega)\sin\left(2\pi\frac{K\omega_A}{\omega_d}\sin\omega_d t\right)\\&\quad+2\pi K\omega_L\sin(2\pi KI_\omega)\cos\left(2\pi\frac{K\omega_A}{\omega_d}\sin\omega_d t\right)+2\pi K\omega_A\cos\omega_d t\end{aligned} \tag{3-3-49}$$

因为

$$\sin\left(2\pi\frac{K\omega_A}{\omega_d}\sin\omega_d t\right)=J_0\left(2\pi\frac{K\omega_A}{\omega_d}\right)+2\sum_{n=1}^{\infty}J_{2n}\left(2\pi\frac{K\omega_A}{\omega_d}\right)\cos(2n\omega_d t)$$

$$\cos\left(2\pi\frac{K\omega_A}{\omega_d}\sin\omega_d t\right)=2\sum_{n=1}^{\infty}J_{2n-1}\left(2\pi\frac{K\omega_A}{\omega_d}\right)\sin[(2n-1)\omega_d t]$$

式中：$J_u\left(2\pi\dfrac{K\omega_A}{\omega_d}\right)$ 为第一类 u 阶贝塞尔函数，且

$$J_u(z)=\sum_{k=0}^{\infty}\frac{(-1)^k}{k!\,(u+k+1)!}\left(\frac{z}{2}\right)^{u+2k} \tag{3-3-50}$$

$u=1,2,3,\cdots,z$ 为复变量，$|\arg z|<\pi$。

所以

$$\begin{aligned}\dot{\psi}=&2\pi K\omega_i+2\pi K\omega_L\cos(2\pi KI_\omega)J_0\left(2\pi\frac{K\omega_A}{\omega_d}\right)\\&+4\pi K\omega_L\cos(2\pi KI_\omega)\sum_{n=1}^{\infty}J_{2n}\left(2\pi\frac{K\omega_A}{\omega_d}\right)\cos(2n\omega_d t)\\&+4\pi K\omega_L\sin(2\pi KI_\omega)\sum_{n=1}^{\infty}J_{2n-1}\left(2\pi\frac{K\omega_A}{\omega_d}\right)\sin[(2n-1)\omega_d t]+2\pi K\omega_A\cos\omega_d t\end{aligned}$$

其中，3 项以抖振频率 ω_d 或以 ω_d 的倍频作简谐振荡，而激光陀螺的输出量是抖振周期整数倍时间内的角增量，积分后这些交变项在输出中会消失掉，所以仅讨论激光陀螺输出时上式可写成：

$$\dot{\psi}=2\pi K\omega_i+2\pi K\omega_L\cos(2\pi KI_\omega)J_0\left(2\pi\frac{K\omega_A}{\omega_d}\right) \tag{3-3-51}$$

由此式可以看出，当 $J_0\left(2\pi\frac{K\omega_A}{\omega_d}\right)=0$，即 $2\pi\frac{K\omega_A}{\omega_d}$ 正好是第一类零阶贝塞尔函数的过零点时，有

$$\dot{\psi}=2\pi K\omega_i\Rightarrow\Delta f=K\omega_i \tag{3-3-52}$$

此时陀螺具有式(3-3-41)所示的理想输出特性，闭锁区完全消失。第一类零阶贝塞尔函数的部分过零点为

$$2\pi\frac{K\omega_A}{\omega_d}=2.4055.520\cdots \tag{3-3-53}$$

但实际的工程实现中，式(3-3-41)是很难满足的，原因是由抖动轮和陀螺组成的机械系统必须处于谐振状态。在设计抖振系统时，在首先满足谐振的条件下，应尽量减小 $J_0\left(2\pi\frac{K\omega_A}{\omega_d}\right)$，从而降低闭锁效应影响。

由式(3-3-51)和式(3-3-52)可得抖振陀螺的拍频输出误差为

$$\delta\dot{\psi}=2\pi K\omega_L\cos(2\pi KI_\omega)J_0\left(2\pi\frac{K\omega_A}{\omega_d}\right)\leqslant 2\pi K\omega_L J_0\left(2\pi\frac{K\omega_A}{\omega_d}\right) \tag{3-3-54}$$

为分析方便，对拍频误差的上界进行讨论，并仍用 $\delta\dot{\psi}$ 表示如下：

$$\delta\dot{\psi}=2\pi K\omega_L J_0\left(2\pi\frac{K\omega_A}{\omega_d}\right) \tag{3-3-55}$$

在一个抖振周期 T_d 内的积分值为

$$\delta\psi=2\pi T_d K\omega_L J_0\left(2\pi\frac{K\omega_A}{\omega_d}\right) \tag{3-3-56}$$

式中：$T_d=2\pi/\omega_d$；$\delta\psi$ 为相位角误差。

根据零阶贝塞尔函数的渐进关系：

$$J_0(x)=\sqrt{\frac{2}{\pi x}}\cos\left(x-\frac{\pi}{4}\right), x\to\infty \tag{3-3-57}$$

式中：$T_d=2\pi/\omega_d$；$\delta\psi$ 为相位角。

根据零阶贝塞尔函数的渐进关系

$$J_0(x)=\sqrt{\frac{2}{\pi x}}\cos\left(x-\frac{\pi}{4}\right), x\to\infty$$

因为 $2\pi K\omega_A/\omega_d$ 是很大的数，所以

$$J_0\left(\frac{2\pi K\omega_A}{\omega_d}\right)=\sqrt{\frac{2}{\pi\frac{2\pi K\omega_A}{\omega_d}}}\cos\left(\frac{2\pi K\omega_A}{\omega_d}-\frac{\pi}{4}\right)=\frac{1}{\pi}\sqrt{\frac{\omega_d}{K\omega_A}}\cos\left(\frac{2\pi K\omega_A}{\omega_d}-\frac{\pi}{4}\right) \tag{3-3-58}$$

$$\delta\psi=2\pi\frac{2\pi K\omega_L}{\omega_d}\cdot\frac{1}{\pi}\sqrt{\frac{\omega_d}{K\omega_A}}\cos\left(\frac{2\pi K\omega_A}{\omega_d}-\frac{\pi}{4}\right)=4\pi\omega_L\sqrt{\frac{K}{\omega_A\omega_d}}\cos\left(\frac{2\pi K\omega_d}{\omega_d}-\frac{\pi}{4}\right) \tag{3-3-59}$$

为简化分析，式中忽略了根式分母中 ω_A 的影响。记 $\theta=2\pi K\omega_A/\omega_d$，并假设随机相位 θ，在 $[-\pi,\pi]$ 内服从均匀分布，则 θ 的概率密度为

$$f(\theta)=\begin{cases}\frac{1}{2\pi}, -\pi\leqslant\theta\leqslant\pi\\ 0, \text{其余 }\theta\text{ 值}\end{cases} \tag{3-3-60}$$

所以 $\delta\psi$ 的均值为

$$E[\delta\psi]=4\pi\omega_L\sqrt{\frac{K}{\omega_A\omega_d}}\cdot\frac{1}{2\pi}\int_{-\pi}^{\pi}\cos\left(\frac{2\pi K\omega_A}{\omega_d}-\frac{\pi}{4}+\theta\right)d\theta=0 \tag{3-3-61}$$

$\delta\psi$ 的方差为

$$\begin{aligned}E[\delta\psi^2]&=\frac{16\pi^2\omega_L^2K}{\omega_A\omega_d}\cdot\frac{1}{2\pi}\int_{-\pi}^{\pi}\left[\frac{1}{2}+\frac{1}{2}\cos\left(\frac{4\pi K\omega_A}{\omega_d}-\frac{\pi}{2}+2\theta\right)\right]d\theta\\&=\frac{8\pi^2\omega_L^2K}{\omega_A\omega_d}\end{aligned} \tag{3-3-62}$$

所以在一个抖振周期 T_d 内的均方根为

$$\sigma_{\delta\psi}=2\sqrt{2}\pi\omega_L\sqrt{\frac{K}{\omega_A\omega_d}} \tag{3-3-63}$$

在一个抖振周期内的正半周和负半周内的均方根和方差分别为

$$\sigma'_{\delta\psi}=\sqrt{2}\pi\omega_L\sqrt{\frac{K}{\omega_A\omega_d}} \tag{3-3-64}$$

$$\sigma'^2_{\delta\psi}=\frac{2\pi^2\omega_L^2K}{\omega_A\omega_d} \tag{3-3-65}$$

设对陀螺的测试时间为 T，则 T 内包含的抖振半周期个数为 $2T/T_d=T\omega_d/\pi$。所以 T 内 $\delta\psi$ 的方差为

$$\sigma^2_{\Delta\psi}=\frac{2\pi^2\omega_L^2K}{\omega_A\omega_d}\cdot\frac{T\omega_d}{\pi}=\frac{2\pi K\omega_L^2T}{\omega_A} \tag{3-3-66}$$

均方根为

$$\sigma_{\Delta\psi}=\omega_{\mathrm{L}}\sqrt{\frac{2\pi KT}{\omega_{\mathrm{A}}}} \tag{3-3-67}$$

由式(3-3-41b)可知,当拍频输出有误差 δf 时,角速度测量误差为

$$\delta\omega=\frac{\delta f}{K}=\frac{2\pi\delta f}{2\pi K} \tag{3-3-68}$$

对式(3-3-68)在[0,T]内积分,得

$$\int_0^T\delta\omega\,\mathrm{d}t=\frac{1}{2\pi K}\int_0^T 2\pi\delta f\mathrm{d}t \tag{3-3-69}$$

即

$$\Delta\phi=\frac{1}{2\pi K}\Delta\psi \tag{3-3-70}$$

式中:$\Delta\phi$ 为陀螺角增量误差;$\Delta\psi$ 为两束光的相位差误差,由此,得

$$\sigma_{\Delta\phi}=\frac{1}{2\pi K}\sigma_{\Delta\psi}=\omega_{\mathrm{L}}\sqrt{\frac{T}{2\pi K\omega_{\mathrm{A}}}} \tag{3-3-71}$$

式(3-3-71)说明在[0,T]内角增量测量误差的方差与 T 成正比,对照卡尔曼滤波理论中对基本有色噪声的介绍,此种误差为随机游走,常用游走系数来描述其统计特性:

$$\sqrt{Q_{\mathrm{W}}}=\frac{\sigma_{\Delta\phi}}{\sqrt{T}}=\frac{\omega_{\mathrm{L}}}{\sqrt{2\pi K\omega_{\mathrm{A}}}} \tag{3-3-72}$$

由于随机游走是白噪声的积分,而角增量是角速度的积分,因此反映在角增量输出中的随机游走误差与陀螺漂移中的白噪声(不相关误差)本质上是同一种误差,区别仅仅为前者是后者的积分,式(3-3-72)是白噪声的方差强度的平方根。

3. 激光陀螺的其余误差

1) 陀螺漂移的零偏重复性误差

与机械式转子陀螺相同,激光陀螺漂移具有确定的偏置量,是可以补偿的误差。但该偏置量并非完全固定,陀螺每次启动测得的偏置量都不相同,补偿的只是平均值,所以重复性误差(有时也称逐次启动漂移)是零均值的随机常数:

$$\dot{\varepsilon}_{\mathrm{b}}=0 \tag{3-3-73}$$

2) 陀螺漂移的零偏稳定性误差

陀螺漂移补偿固定偏置量后,剩下的漂移是随时间不断变化的。所以除了上述用随机常数描述的分量之外,还有随时间变化的分量,该分量反映了零偏的稳定性,常用相关模型如一阶马尔可夫过程描述:

$$\dot{\varepsilon}_{\mathrm{r}}=-\frac{1}{\tau}\varepsilon_{\mathrm{r}}+W \tag{3-3-74}$$

影响零偏的因素有:

(1) 反射镜光轴的稳定性和反射镜表面的粗糙程度。

(2) 谐振腔内杂质气体的含量。

(3) 石英材料的膨胀,收缩和弯曲变形引起光路的变化,为补偿这种变化,需对光路作精密控制。

(4) 维持激光谐振的控制电流存在误差。

3) 热漂移误差及补偿

(1) 热漂移补偿模型。

由于激光陀螺石英块材料的导热率低,温度梯度大,加温后陀螺特性反而会下降,因此激光陀螺一般不加温控,而采用温度建模和软件补偿的办法。

设激光陀螺的初始温度为 T_0(陀螺启动时刻的温度),当前温度为 T,则陀螺漂移的当前零偏补偿值为

$$L=a_0+a_1T+a_2T^2 \tag{3-3-75}$$

其中,温补系数由下式确定:

$$a_0=A_{00}+A_{01}T_0+A_{02}T_0^2 \tag{3-3-76a}$$

$$a_1=A_{10}+A_{11}T_0+A_{12}T_0^2 \tag{3-3-76b}$$

$$a_2=A_{20}+A_{21}T_0+A_{22}T_0^2 \tag{3-3-76c}$$

系数 $A_{00},A_{01},\cdots,A_{22}$是预先标定的常系数,下面介绍这些常系数的标定方法。

(2) 温补系数的确定。

标定必须在高低温箱内进行。在要求的工作温度范围内均匀选取 I 个初始温度点 $T_{oi}(i=1,2,\cdots,I)$,在 T_{oi} 至最高工作温度范围内均匀选取 K 个工作温度点 $T_{ok}(k=1,2,\cdots,K)$,下标 i 和 k 分别表示对应于初始温度 T_{oi} 的第 k 个工作温度点。

设在工作温度点 T_{ik} 上测得的陀螺漂移零偏为 T_{ik},则据式(3-3-75)有

$$L_{ik}=a_0(i)+a_1(i)T_{ik}+a_2(i)T_{ik}^2 \tag{3-3-77}$$

对 K 个工作温度点,即 $k=1,2,\cdots,K$,有

$$\begin{cases}L_{i1}=a_0(i)+a_1(i)T_{i1}+a_2(i)T_{i1}^2\\ L_{i2}=a_0(i)+a_1(i)T_{i2}+a_2(i)T_{i2}^2\\ \qquad\vdots\\ L_{iK}=a_0(i)+a_1(i)T_{iK}+a_2(i)T_{iK}^2\end{cases} \tag{3-3-78}$$

对于 I 个初始温度,即 $i=1,2,\cdots,I$,有 I 组方程。

在 $i=1$ 时,有

$$\begin{bmatrix}L_{11}\\L_{12}\\\vdots\\L_{1K}\end{bmatrix}=\begin{bmatrix}1 & T_{11} & T_{11}^2\\1 & T_{12} & T_{12}^2\\\vdots & \vdots & \vdots\\1 & T_{1K} & T_{1K}^2\end{bmatrix}\begin{bmatrix}a_0(1)\\a_1(1)\\a_2(1)\end{bmatrix} \tag{3-3-79}$$

即 $\boldsymbol{L}_1=\boldsymbol{h}_1\boldsymbol{a}_1$,所以

$$[\hat{a}_0(1)\quad \hat{a}_1(1)\quad \hat{a}_2(1)]^{\mathrm{T}}=(\boldsymbol{h}_1^{\mathrm{T}}\boldsymbol{h}_1)^{-1}\boldsymbol{h}_1^{\mathrm{T}}\boldsymbol{L}_1 \tag{3-3-80}$$

$i=2$ 时,有

$$\begin{bmatrix}L_{21}\\L_{22}\\\vdots\\L_{2K}\end{bmatrix}=\begin{bmatrix}1 & T_{21} & T_{21}^2\\1 & T_{22} & T_{22}^2\\\vdots & \vdots & \vdots\\1 & T_{2K} & T_{2K}^2\end{bmatrix}\begin{bmatrix}a_0(2)\\a_1(2)\\a_2(2)\end{bmatrix} \tag{3-3-81}$$

即 $L_2=h_2a_2$，所以

$$[\hat{a}_0(2)\quad \hat{a}_1(2)\quad \hat{a}_2(2)]^{\mathrm{T}}=(\boldsymbol{h}_2^{\mathrm{T}}\boldsymbol{h}_2)^{-1}\boldsymbol{h}_2^{\mathrm{T}}\boldsymbol{L}_2 \tag{3-3-82}$$

$i=I$ 时，有

$$\begin{bmatrix} L_{I1} \\ L_{I2} \\ \vdots \\ L_{IK} \end{bmatrix}=\begin{bmatrix} 1 & T_{I1} & T_{I1}^2 \\ 1 & T_{I2} & T_{I2}^2 \\ \vdots & \vdots & \vdots \\ 1 & T_{IK} & T_{IK}^2 \end{bmatrix}\begin{bmatrix} a_0(I) \\ a_1(I) \\ a_2(I) \end{bmatrix} \tag{3-3-83}$$

即 $\boldsymbol{L}_I=\boldsymbol{H}_I\boldsymbol{a}_1$，所以

$$[\hat{a}_0(I)\quad \hat{a}_1(I)\quad \hat{a}_2(I)]^{\mathrm{T}}=(\boldsymbol{h}_I^{\mathrm{T}}\boldsymbol{h}_I)^{-1}\boldsymbol{h}_I^{\mathrm{T}}\boldsymbol{L}_I \tag{3-3-84}$$

(3) 温补系数拟合常系数的确定。

根据式(3-3-77)，对应于初始温度 T_{oi}：

$$\begin{cases} a_0(i)=A_{00}+A_{01}T_{0i}+A_{02}A_{0i}^2 \\ a_1(i)=A_{10}+A_{11}T_{0i}+A_{12}A_{0i}^2 \\ a_2(i)=A_{20}+A_{21}T_{0i}+A_{22}A_{0i}^2 \end{cases} \tag{3-3-85}$$

对应于 $i=1,2,\cdots,I$，将关于 $a_0(1),a_0(2),\cdots,a_0(I)$ 的 I 个方程写在一起：

$$\begin{cases} a_0(1)=A_{00}+A_{01}T_{01}+A_{02}T_{01}^2 \\ a_0(2)=A_{00}+A_{01}T_{02}+A_{02}T_{02}^2 \\ \qquad\vdots \\ a_0(I)=A_{00}+A_{01}T_{0I}+A_{02}T_{0I}^2 \end{cases} \tag{3-3-86}$$

用式(3-3-80)、式(3-3-82)、式(3-3-84)求得的 $\hat{a}_0(1),\hat{a}_0(2),\cdots,\hat{a}_0(I)$ 代替 $a_0(1),a_0(2),\cdots,a_0(I)$，并将式(3-3-46)写成矩阵形式：

$$\begin{bmatrix} \hat{a}_0(1) \\ \hat{a}_0(2) \\ \vdots \\ \hat{a}_0(I) \end{bmatrix}=\begin{bmatrix} 1 & T_{01} & T_{01}^2 \\ 1 & T_{02} & T_{02}^2 \\ \vdots & \vdots & \vdots \\ 1 & T_{0I} & T_{0I}^2 \end{bmatrix}\begin{bmatrix} A_{00} \\ A_{01} \\ A_{02} \end{bmatrix} \tag{3-3-87}$$

即 $\hat{\boldsymbol{a}}_0=\boldsymbol{H}\boldsymbol{A}_0$，所以

$$[\hat{A}_{00}\quad \hat{A}_{01}\quad \hat{A}_{02}]^{\mathrm{T}}=\hat{\boldsymbol{A}}_0=(\boldsymbol{H}^{\mathrm{T}}\boldsymbol{H})^{-1}\boldsymbol{H}^{\mathrm{T}}\hat{\boldsymbol{a}}_0 \tag{3-3-88}$$

将关于 $a_1(1),a_2(2),\cdots,a_1(I)$ 的 I 个方程写成一起，用 $\hat{a}_1(1),\hat{a}_1(2),\cdots,\hat{a}_1(I)$ 代替 $a_1(1),a_1(2),\cdots,a_1(I)$，写成矩阵形式：

$$\begin{bmatrix} \hat{a}_1(1) \\ \hat{a}_1(2) \\ \vdots \\ \hat{a}_1(I) \end{bmatrix}=\begin{bmatrix} 1 & T_{01} & T_{01}^2 \\ 1 & T_{02} & T_{02}^2 \\ \vdots & \vdots & \vdots \\ 1 & T_{0I} & T_{0I}^2 \end{bmatrix}\begin{bmatrix} A_{10} \\ A_{11} \\ A_{12} \end{bmatrix} \tag{3-3-89}$$

即 $\hat{\boldsymbol{a}}_1=\boldsymbol{H}\boldsymbol{A}_1$，所以

$$[\hat{A}_{10}\quad \hat{A}_{11}\quad \hat{A}_{12}]^{\mathrm{T}}=\hat{\boldsymbol{A}}_1=(\boldsymbol{H}^{\mathrm{T}}\boldsymbol{H})^{-1}\boldsymbol{H}^{\mathrm{T}}\hat{\boldsymbol{a}}_1 \tag{3-3-90}$$

将关于 $a_2(1), a_2(2), \cdots, a_2(I)$ 的 I 个方程写成一起，用 $\hat{a}_2(1), \hat{a}_2(2), \cdots, \hat{a}_2(I)$ 代替 $a_2(1), a_2(2), \cdots, a_2(I)$，写成矩阵形式：

$$\begin{bmatrix} \hat{a}_2(1) \\ \hat{a}_2(2) \\ \vdots \\ \hat{a}_2(I) \end{bmatrix} = \begin{bmatrix} 1 & T_{01} & T_{01}^2 \\ 1 & T_{02} & T_{02}^2 \\ \vdots & \vdots & \vdots \\ 1 & T_{0I} & T_{0I}^2 \end{bmatrix} \begin{bmatrix} A_{20} \\ A_{21} \\ A_{22} \end{bmatrix} \tag{3-3-91}$$

即 $\hat{\boldsymbol{a}}_2 = \boldsymbol{H}\boldsymbol{A}_2$，所以

$$[\hat{A}_{20} \quad \hat{A}_{21} \quad \hat{A}_{22}]^{\mathrm{T}} = \hat{\boldsymbol{A}}_2 = (\boldsymbol{H}^{\mathrm{T}}\boldsymbol{H})^{-1}\boldsymbol{H}^{\mathrm{T}}\hat{\boldsymbol{a}}_2 \tag{3-3-92}$$

(4) 磁致漂移误差。

磁场能引起线偏振光的畸变，而激光陀螺工作环境中的磁场有地磁场、仪器仪表及磁性物质产生的磁场，因此激光陀螺必须采用磁屏蔽技术。无磁屏蔽陀螺的磁致漂移可达 0.04°/(h/Gs)，适当屏蔽后可降到原来的 1/60。

(5) 刻度系数误差。

激光陀螺的刻度系数即为脉冲当量，即一个脉冲输出对应的角增量。刻度系数误差从数个 ppm(百万分之一)至数十个 ppm 不等，视陀螺质量高低而定。如果要去掉刻度系数中的温度影响，可按热补偿模型作软件补偿：

$$K = K_0 + K_1(T_{\mathrm{p}} - T_{\mathrm{r}}) \tag{3-3-93}$$

式中：T_{r} 和 T_{p} 分别为基准参考温度和当前温度；K_0 为 T_{r} 条件下的刻度系数；K_1 为补偿系数。

(6) 刻度系数的不对称误差。

刻度系数不对称误差定义为

$$\Delta K_{\mathrm{asy}} = \frac{K_+ - K_-}{2}$$

式中：K_+ 为正向脉冲当量；K_- 为负向脉冲当量。

3.3.3 光纤陀螺仪

3.3.3.1 光纤陀螺仪的分类与特点

基本原理上，光纤陀螺与激光陀螺类似，都是通过检测正反两方向传播的光波在存在相对运动条件下产生的光程差来敏感角运动。通过不同的分类方式，可将光纤陀螺分为不同类型。根据光纤陀螺结构以及光学工作原理不同，可以将光纤陀螺分为干涉式光纤陀螺、谐振腔光纤陀螺、布里渊光纤陀螺等。从检测相位的方法分类，也可将其分为开环光纤陀螺和闭环光纤陀螺两类；从其构成方式，还可以将其分为相位差偏置式光纤陀螺、光外差式光纤陀螺及延时调制式光纤陀螺等。

本节分别阐述干涉式光纤陀螺、谐振腔光纤陀螺、布里渊光纤陀螺的工作原理、检测方式与关键技术等内容。

1. 干涉式光纤陀螺(I-FOG)

干涉式光纤陀螺的理论基础就是 Sagnac 效应，因此其结构主体就是一个 Sagnac 干涉仪。典型的干涉式光纤陀螺由宽带光源、光纤耦合器、光探测器、Y 分支多功能集成光学

芯片和光纤线圈组成(图 3-26)。根据 Sagnac 效应,当陀螺旋转时,光纤线圈内沿顺时针和逆时针方向传播的两束光之间产生一个与旋转角速率 Ω 成正比的相位差 ϕ_s。

$$\phi_S=\frac{4\pi RL}{\lambda c}\cdot\Omega \tag{3-3-94}$$

式中:R 为光纤线圈的半径;L 为光纤长度;λ 为光源平均波长;c 为真空中的光速。

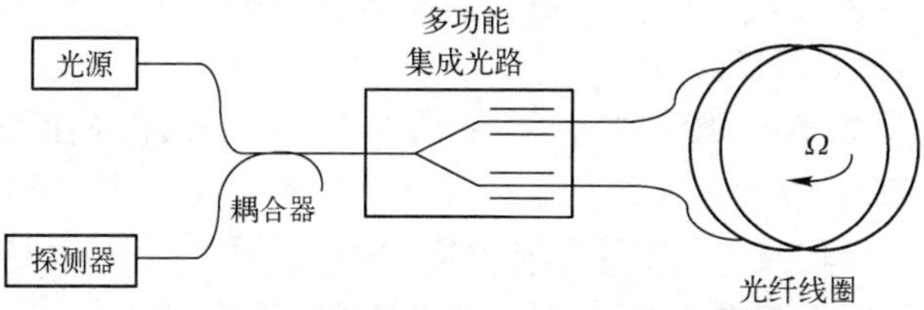

图 3-26　光纤陀螺结构原理

式(3-3-94)可以看出,在环型腔干涉仪中,正、反向传输的两束光的相位差 $\Delta\varphi$ 正比于环型腔旋转角速度矢量和环型腔所包围的面积,因此通过改变环型腔线圈的面积来改变陀螺灵敏度。利用这个特点,不必重新进行系统设计就可以获得不同灵敏度的装置,为设计带来很大的方便。例如:I-FOG 的 L、d 和 λ 分别为 1km、10cm 和 1550nm,其精度指标为 0.15°/h,动态范围 133°/s;而另一只 L、d 和 λ 分别为 200m、3cm 和 850nm 的 I-FOG,其实现的精度指标为 1.4°/h,动态范围 122°/s。

根据上述干涉式光纤陀螺的检测公式,若光纤长度 $L=1000$m,线圈半径 $R=80$mm,光波长 $\lambda=1.3\mu$m,对应 $\Omega=1$°/h 的角速率,Sagnac 相位差 $\phi_s=10^{-5}$rad 或者 $\Delta L=2.6\times10^{-12}$m。对于惯导级和精密级光纤陀螺,其精度分别为 0.01°/h 和 0.001°/h,因此光纤陀螺能够检测 $10^{-8}\sim10^{-7}$rad 的微小相位差,或 $10^{-15}\sim10^{-14}$m 的光程差,该光程差远小于光波长的距离,与电子直径属于同一数量级。由此可知,由于 Sagnac 效应产生的光程差可能会淹没在沿传播方向的累积相位变化中,因此直接进行光纤陀螺的光程差检测几乎是不现实的。为此,Sagnac 干涉仪的互易性为这一问题提供了一个非常好的解决方案。所谓互易性即正反方向传播的两束光应具有相同的传播特性,这样各种因素引起的两束光技的附加相移是相同的。当两束光波发生干涉时,互易性结构具有很好的“共模抑制”作用,可以消除各种寄生效应,从而能够非常灵敏地测量旋转引起的“非互易”相移。

因此对于干涉式光纤陀螺,其传播光路的互易性结构是保证其精度的关键。图 3-27 是一种互易结构的干涉型光学陀螺。它可以保证两束返回的光波经历同样的光程。但是,由于包含有分离的光学元器件,从而影响了光路的互易性,给系统带来了问题。为了解决上述问题,出现了一种可实现干涉仪功能要求的全波导陀螺结构。该方法采用一种以光电材料为基底(如 $LiNbO_3$等)的多功能集成全光纤环路,这种混合结构提供了有效的低功耗、宽带的相位调制器,从而为信号处理技术打下基础。

由于结构组成和光路检测上的相对简单,尤其是 20 世纪 90 年代以后保偏光纤的发展成熟,使得干涉式光纤陀螺技术已经完全成熟。干涉式光纤陀螺成为目前应用最为广泛的光纤陀螺类型。目前,为进一步提高光纤陀螺性能,干涉式光纤陀螺技术可以从以下几个方面展开研究工作。

(1) 光纤光源。在高精度应用领域,采用工作波长 1550nm 的光纤光源——这种光

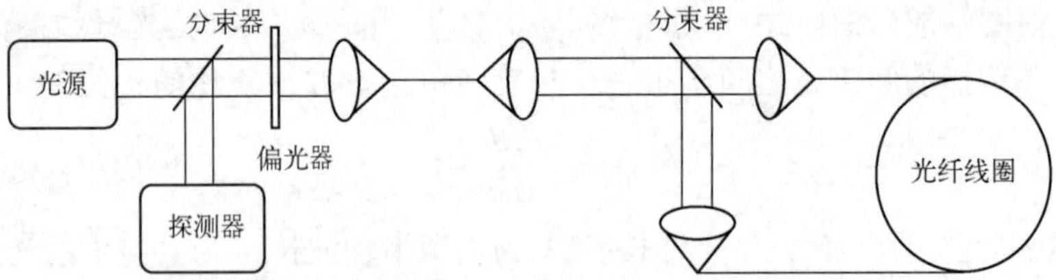

图 3-27　互易结构回路

源用 EDFA 驱动，是光通信领域中一项革命性技术。另外，EDFA 的高功率（约为 10mW），可以提高系统的信噪比和降低偏振非互易性的影响，即提高消偏振性能。

（2）消偏技术。消偏技术是由保偏技术衍生而来，用以克服偏振问题的一种有效方法。目前已被采用以降低陀螺成本，并可达到 0.0035°的较高精度。

（3）数字信号处理技术。高精度检测离不开数字信号处理。在调制及频率技术中引入数字技术，不但可实现信号的稳定，还为高精度的检测提供了方法。

2. 谐振型光纤陀螺（R-FOG）

谐振式光纤陀螺是美国麻省理工学院 S. Ezekiel 教授在研究无源腔激光陀螺的基础上提出来的。与干涉式光纤陀螺的区别在于，谐振式光纤陀螺采用无源光纤环谐振腔代替了多匝光纤环作为光波的传播媒介。因此，与激光陀螺相比，它没有有源环形腔的闭锁效应；与干涉型光纤陀螺（I-FOG）相比，它具有光源稳定度高、所需光纤短（一般 10m 左右）、受环境影响小、成本低的优势。正是由于谐振式光纤陀螺具有高稳定度的光源，大大缩短的腔长和其他独特的优点，因此被认为是新一代的光纤陀螺。

谐振式光纤陀螺的结构组成如图 3-28 所示，从光源发出的相干光被光纤耦合器分成两路，并通过光纤耦合器入射进光纤谐振腔中。当环形腔以角速率旋转时，两束反向传播的谐振光波产生一个谐振频差：

$$\Delta f=\frac{4A}{\lambda L}\cdot\Omega \tag{3-3-95}$$

式中：A 为谐振腔包围的面积；L 为腔长；λ 为光波长。因此当光纤环形腔陀螺平面相对于惯性空间转动时，谐振腔内相对传输的两光束产生频差，测出此频率差即可得到相应的转动速率，且频率差与转动速率之间为线性关系。

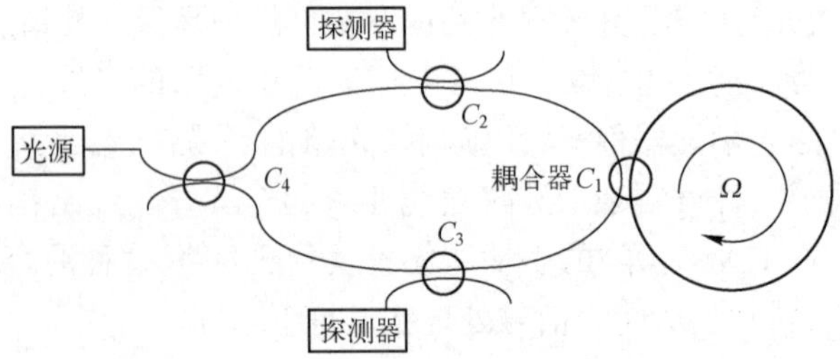

图 3-28　谐振式光纤陀螺的结构组成

与干涉式光纤陀螺不同，谐振式光纤陀螺采用环形腔结构代替了干涉式光纤陀螺的光纤环。谐振式光纤陀螺所采用的环型腔结构可以分为单耦合器环形腔与双耦合器环形腔两类，其结构组成如图 3-29 和图 3-30 所示。

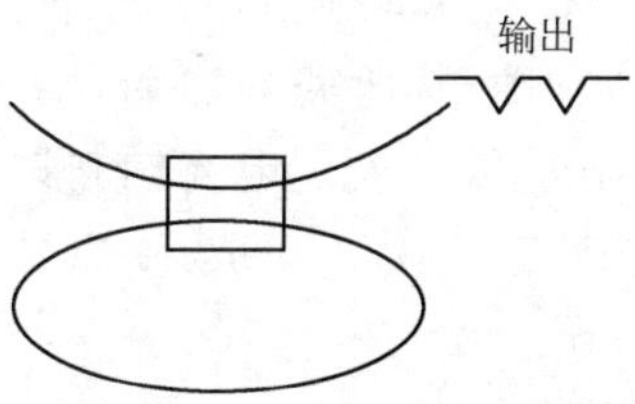

图 3-29　单耦合器环形腔图

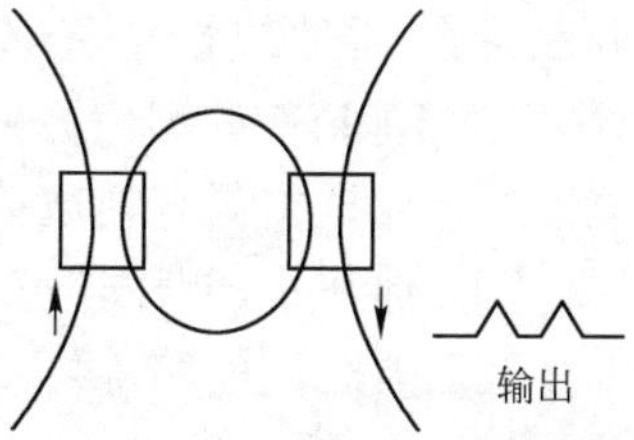

图 3-30　双耦合器环形腔

单耦合器谐振的输出波形是亮背景下的暗峰，两个耦合器的环型腔的输出波形是暗背景下的亮峰。单耦合器环形腔与双耦合器环形腔相比，主要的区别在于：

（1）系统的复杂性及对器件的要求：双耦合器谐振腔，对耦合器和成环的制作要求严格；同时增加的耦合器和拼接点会增大腔的损耗。由于环型腔细度与耦合器损耗直接相关，因而低损耗耦合器的制作技术对两种结构来说都是关键问题。

（2）系统的互易性要求：由于谐振腔对互易性——即相对传输的两光束（cw/ccw）行程的一致性有较高的要求，因此双耦合器系统的难度要大些。

（3）信号检测部分：一方面双耦合器系统的输出与腔内同相，直接反映出谐振腔内情况，但系统损耗相对高些，因而接收到的信号强度较低；另一方面，单耦合器系统的输出是亮背景下的暗峰，双耦合器系统输出波形是暗背景下的亮峰，因此前者的信噪比高于后者。

（4）与集成类型的比较：从结构上，双耦合器方式更接近集成类型的构成。

总之，从本质上讲虽然采用了不同的环型腔结构，但就其检测原理和方法而言，两者有许多相通之处。

系统根据总体精度要求、实现的可能性和差控制确定检测方案。R-FOG 的检测方案与 I-FOG 类似，分为开环检测和闭环检测两种。如果将信号处理部分输出的差频信号送回环路中的光调制器以控制系统的工作点，这样就构成了闭环系统；而直接取出该差频信号而不进行反馈的系统构成开环系统。要达到高精度的测量要求，有效抑制系统的瑞里（RB）声、光源强度起伏以及环境变化的影响，必须采用闭环方式。

光频率调制技术是实现闭环工作所必不可少的环节——将一束光的频率锁定于腔的谐振点；并将两束光的频率差反馈给另一束光的调制器，控制其调制频率，使频率差归零。同时，输出该频率差即为所需的被测信号。

根据实验条件和测量精度选用不同的调制器，有不同的频率或相位调制方法——声光或电光调制。由于检测条件苛刻，两者均有各自优势和不足，尤其难以满足高精度测量。频率调制技术是实现（零差）闭环检测的关键，也是优化检测，实现高精度测量的必要手段。

声光调制以 Bragg 衍射为基础。工作介质一般采用 $PbMoO_4$，TeO_2，利用中心频率 100MHz 左右的驱动源驱动。产生误差的机理主要有中心频率不稳定性、最小可调节频率限制、衍射效率及带宽影响等。相比较而言：声光调制具有光损耗小、结构稳定的优点，同时其驱动电路较为成熟；但是高的衍射效率要求声光调制的驱动频率很高，引起的稳定性和电磁干扰问题非常严重，而且声光装置体积大、需要散热（声速随温度变化）等问题尚待解决。

电光调制的原理是线性电光效应(即锯齿波调相频率转换)。其工作介质多为 $LiNbO_3$,以频率为 100kHz 的锯齿波(单/双频)发生器驱动,其所需的功率大于声光调制器。电光调器的主要误差源有斜坡精度、稳定性误差和回波时间。电光调制具有调制频率低、调制带宽大、体积小、制作较声光调制器容易的特点,且易于集成;缺点是锯齿波调制的斜坡幅度及回波时间的精确控制很困难。

作为新一代调制器的集成型调制器的研制和发展迅速。集成声光调制器材料为 GaAs 基底 $LiNbO_3$,中心频率一般在 400~1300MHz,驱动功率仅为几十毫瓦,衍射效率可达 100%,3dB 带宽约 150MHz。集成的电光调制器已出现多种结构,以在同一波导上集成有调制器、Y 分束器和偏振器的类型居多。具体工作参数:尺寸 5mm×50mm×1mm,插入损耗小于 4dB,半波电压小于 5V,3dB 带宽大于 1GHz。

为达到较高测量精度,应综合考虑调制器中心频率(衍射效率与调制驱动频率成正比,而声吸收大致和频率的平方成正比)、插入损耗、频率稳定度、带宽和动态范围因素。从总体上讲,R-FOG 系统对各部件的要求是极其严格的,尤其是高精度的陀螺系统。除满足上面分析的各项指标要求外,还应考虑温度及环境等诸因素的影响。

3. 布里渊散射式光纤陀螺

布里渊散射是指入射到介质的光波与介质内的弹性声波发生相互作用而产生的光散射现象。由于光学介质内大量质点的统计热运动会产生角频率为 ω_{bs} 的弹性声波,它会引起介质密度及折射率随时间和空间周期性变化,因此,声振动介质可以看成一个运动的光栅。角频率为 ω 的光波通过光学介质时,受到光栅的"衍衬"作用,产生角频率为 $\omega-\omega_{bs}$ 的散射。声波和散射光波沿着特定的方向传播,并且只有入射光强超过一定值时才能发生上述现象。这种具有受激发射特性的布里渊散射,称为受激布里渊散射(SBS)。在光纤中,光强超过一阈值时,也会产生这一现象。布里渊散射是一种非线性光学效应,产生布里渊散射的阈值与光纤材料的特性、光源的谱宽、纤芯的尺寸和光纤长度等有关。受控布里渊散射式陀螺是利用大功率激光器发出的光在光纤中引起布里渊散射而构成的陀螺。布里渊散射式光纤陀螺实际上是一种有源的谐振式光纤陀螺,其原理性结构如图 3-31 所示。

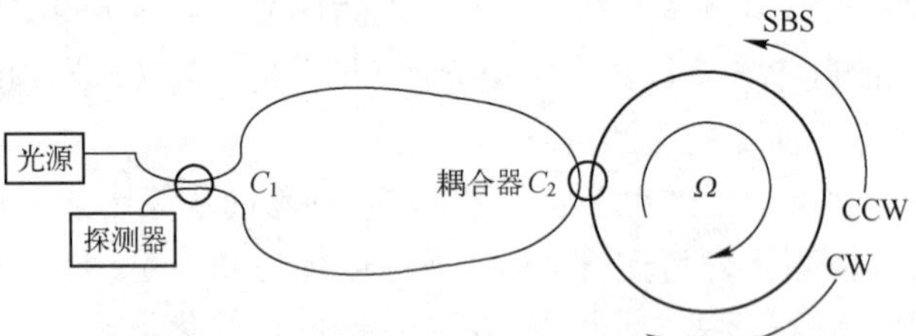

图 3-31 布里渊散射式光纤陀螺原理结构

它利用大功率激光器发出的光在光纤中引起布里渊散射,形成光纤激光器,通过检测两束顺时针和逆时针布里渊散射光之间的频差,获得一个与旋转角速率成正比的输出信号。这种光纤陀螺结构简单,使用的光纤器件较少。但同时,这种光纤陀螺需要高稳定性(包括工作波长稳定和输出功率稳定)、谱宽很窄及大功率的光源作为泵浦,才能在长度相对较短的光纤中产生受激布里渊散射效应。另外,BFOG 实际上是有源谐振,仍存在着闭锁问题,需采用拍频调制偏置调制技术。受激布里渊散射光纤陀螺可以认为是激光陀螺的光纤实现形式,但它与激光陀螺的重要区别在于,没有直流高压激励源,无须严格的其他密封和超高精度的光学加工,可以实现全固体化,由于光纤陀螺的共同优点,在小型化方面极具潜力。

3.3.3.2　干涉式光纤陀螺的结构与检测原理

3.3.3.1 节简述了不同光纤陀螺的基本结构和工作原理。由于在噪声抑制、光路检测上存在一系列困难,谐振式光纤陀螺还处于试验室研究阶段,同时布里渊散射式光纤陀螺存在与激光陀螺相同的闭锁问题,因此这两种类型的光纤陀螺目前还尚未成熟。20 世纪 90 年代以后,随着保偏光纤的研制成功,干涉式光纤陀螺技术以及完全成熟并且实现了产业化。因此,本节重点阐述干涉式光纤陀螺的构成方式、工作原理、检测方式以及关键技术等内容。

在第 2 章的激光陀螺工作原理中详细阐述了反向传播光路的 Sagnac 效应。与环形激光陀螺相同,干涉式光纤陀螺同样基于 Sagnac 干涉原理。光纤陀螺利用光纤绕成环形光路,代替激光陀螺的环形激光谐振腔,通过检测出随转动而产生的反向旋转的两路激光束之间的相位差,计算出旋转角速度。光纤陀螺是将 200~2000m 的光纤绕制成中等直径(一般为 10~60cm)的圆形光纤环,加长了激光束的检测光路,使检测灵敏度和分辨率比激光陀螺提高了几个数量级,有效地克服了激光陀螺因闭锁效应产生的影响。

干涉式光纤陀螺仪的结构示意图如图 3-32所示。从光源发出的光经分束器分成等强的两束,它们各自经一个透镜,分别耦合进多匝单模光纤线圈的两端。两相反方向传播的光束在光纤线圈绕行后,分别从光纤线圈的相反两端出射,再经分束器而汇合,并在光检测器中产生干涉条纹。

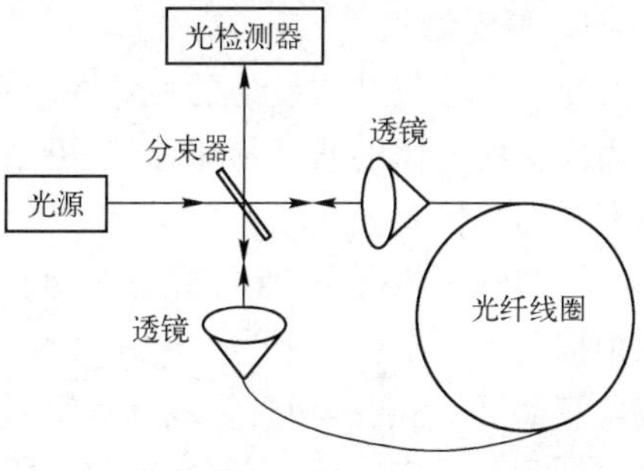

图 3-32　干涉式光纤陀螺仪结构示意图

不论何种结构方案的光纤陀螺仪,其性能在很大程度上取决于光纤的性能。光纤陀螺仪要求光纤的芯层和包层具有大的折射率,以降低绕制后所产生的过大的损耗;光纤表面不能存在疵点和缺陷,以防止绕制和固定时产生静态疲劳和破裂;尤其是光纤应对给定光偏振状态具有稳定传播的特性,以防止干涉条纹变化。目前,通信光纤的损耗已做得很低,超低损耗的光纤也已问世,但还难以满足上述一些要求。研制出高性能的保偏光纤,是提高光纤陀螺仪性能的一个重要问题。

1. 光源

光源对光纤陀螺仪性能也有很大影响。由于萨格奈克效应产生的两光束的时间差一般都小于 10^{-5}s 的量级,因此要求光源发出光的相干长度应尽可能短。通常使用的激光源其相干长度很长,这样光纤线圈中的反射和瑞利散射就成为干扰源。相干长度很短的激光源对这种干扰有明显的抑制作用,从而提高萨格奈克相移的测量精度。激光二极管(半导体激光器)可以满足这种要求,而且它的发光强度大,也能满足进入光纤线圈的发光需要。

2. 偏振器

偏振器应具有大的消光比,以使其对某一线偏振光具有良好的选择性。用光纤研磨后镀金属膜的方法制成的光纤偏振器,消光比已达 47dB。用光纤研磨后加双折射晶体的方法制成的光纤偏振器,消光比可达 90dB。用集成光学波导上沉积金属膜的方法制成的集成光学偏振器,消光比大于 20dB。

3. 相位调制器

相位调制器应满足高频和较宽频带的要求。利用压电晶体的变形来改变光纤长度和折射率的压电晶体相位调制器,其结构简单,但带宽窄,稳定性差,不适用于高频和较宽频带。将波导刻制在一块电光晶体上,通过沉积电极上加电场来改变折射率的集成光学电光调制器,虽然结构比较复杂,但能满足这方面的要求。

4. 耦合器

耦合器应使光达到有效的耦合,其耦合比应具有高的稳定性。目前有光纤耦合器和集成光学耦合器两种形式。光纤耦合器可以用研磨或熔融的方法制成,后者的耦合比具有高的温度稳定性。

如上所述,集成光学方案是光纤陀螺仪的发展趋向。但以往采用 $LiNbO_3$集成光单片波导技术制作光学元件,其偏振器的性能不够理想,影响光纤陀螺仪偏置的稳定性。美国联合技术研究中心(United Technologies Research Center)于 1989 年研制出一种用退火质子交换法(APE)制作的新型集成光学芯片,其偏振器的消光比可达 60dB 以上,从而极大地改善了光纤陀螺仪的性能。

5. 最简结构

光纤陀螺仪结构设计的最重要原则是保持其互易性。所谓互易性是指除输入速率和人为偏置所产生的非互易相移外,沿系统光路相反方向传播的两束光之间不存在其他任何形式的相位差异。

在非理想情况下,保证光纤陀螺互易工作的最简单结构,通常称为光纤陀螺仪的"最简结构"。如图 3-33 所示,它由光源、第一分束器、偏振器、空间滤波器、第二分束器、相位调制器、光检测器和光纤线圈等组成。其中分束器、偏振器、空间滤波器和相位调制器是保证互易工作的核心部分,对它们的要求非常严格。尤其重要的是空间滤波器和偏振器的抑制特性,模抑制比一般应达到 100dB 以上,使抑制性能不再成为互易工作的限制因素。

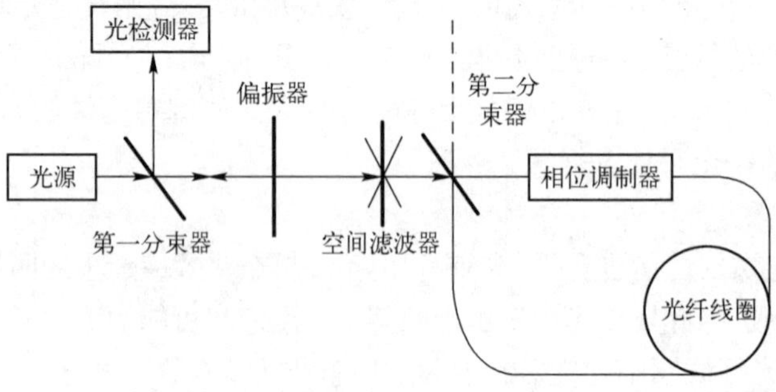

图 3-33 光纤陀螺仪的"最简结构"

6. 构成方案

目前,光纤陀螺仪使用的光学元件有分立式、全光纤式和集成光学式 3 种。与此对应,光纤陀螺仪的构成方案分为 3 种。

1) 分立光学元件式光纤陀螺仪

分立光学元件式光纤陀螺仪如图 3-34 所示。它是用分立光学元件如小型透镜、反射镜和立体分束器等做光纤陀螺仪的各种功能部件。

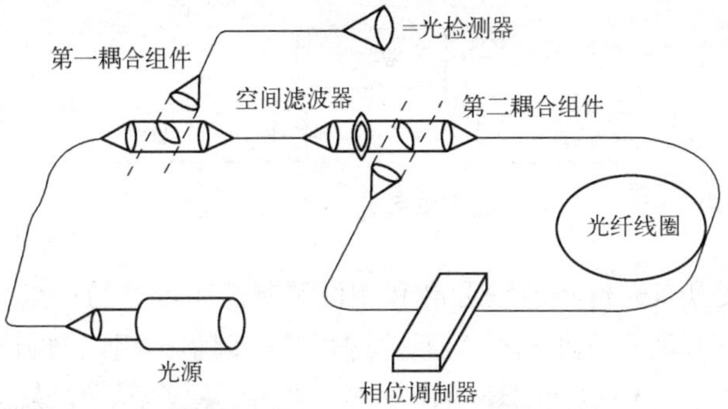

图 3-34 分立光学元件式光纤陀螺仪

这种结构方案的技术要求比较简单,而且目前分立光学元件已达到高质量和低成本。其优点表现在使用了高效率的声光调制器,且具有很高的非周期信号抑制能力,使得制造高质量的闭环工作系统成为可能。此外,在这种结构中使用了一段单模光纤做空间滤波器,它与双折射棱镜一起提供了很强的多模抑制能力。

2) 全光纤式光纤陀螺仪

全光纤式光纤陀螺仪如图 3-35 所示。它的所有光学元件都是由光纤线圈的延伸长度制成,而无须截断光纤。这样,从半导体激光器发出的光可以不间断地沿着光纤通路连续传播,最后到达光检测器,构成一个封闭回路,从而实现了光纤陀螺仪的全部功能。

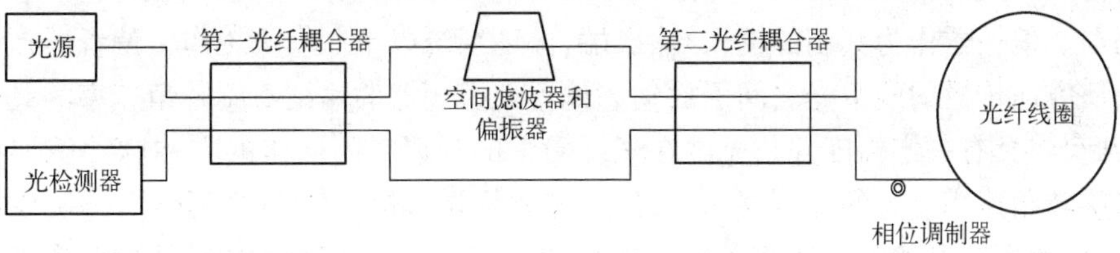

图 3-35 全光纤式光纤陀螺仪

该结构方案使整个光路连成一体,克服了分立光学元件的不足。它的光学对准简易,性能稳定,结构牢固。而且,它的各光学元件如耦合器、偏振器的光损耗小。这种结构的光纤陀螺仪具有低的漂移和随机扰动特性,其随机漂移率已能达到 0.1°/h 甚至更小的量级。有的全光纤结构中除了设置偏振器,还设置解偏器,它具有使偏振扰动趋于平衡与防止信号衰减的双重功能,故可使用价廉的单模光纤。

3) 集成光学式光纤陀螺仪

集成光学式光纤陀螺仪如图 3-36 所示。它的耦合器、偏振器和相位调制器均刻制在电光晶体底板如 $LiNbO_3$ 集成光单片上,形成一个多功能集成光学波导器件。在这种结构中,如果光纤线圈采用保偏光纤制成,则无须空间滤波器。

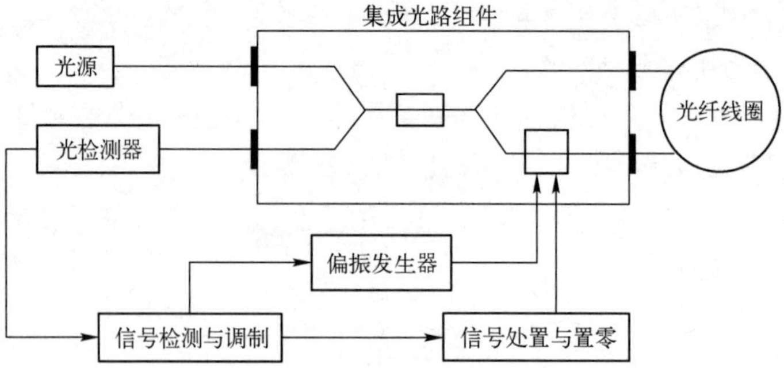

图 3-36 集成光学式光纤陀螺仪

这种结构方案具有元件集成程度高和相位调制器频带宽的优点。元件集成程度高,可以大大缩短装配时间,而无须对光学元件进行多次调整。相位调制器频带宽,则可选择不同的信号处理方式,其中包括闭环工作方式。此外,集成光学波导器件制造工艺与集成电子工艺很相似,也是采用微光刻技术,非常适合于大批量生产。因此,这种结构的光纤陀螺仪被认为是一种很有发展前途的低成本陀螺仪。

7. 光纤陀螺的检测

1) 检测方式

光纤陀螺一般采用两种检测技术,即闭环检测技术和开环检测技术。其中闭环检测技术有动态范围宽、标度因子稳定和输出线性好等优点。所以目前广泛采用闭环检测的方式。下面以闭环检测为例,对集成光学型光纤陀螺的检测进行分析。

图 3-37 为集成光学型光纤陀螺检测原理图。光源发出的光,经过分束器和偏振器分成相同功率的两束光,分别耦合入保偏光纤圈的两段,绕着保偏光纤圈沿顺时针和逆时针方向传播。这两束光又反回来经过分束器 2 到偏振器处发生干涉,又经过分束器 1 射入探测器。偏振器作为共用的输入/输出端,保证系统以单一模式工作。偏置器在光纤圈中沿相反方向传播的两束光之间引放动态偏置使探测器的输出对旋转角速率的灵敏度最大。为此,将具有一定幅度并与光波在光纤圈中的延迟时间同步的方波脉冲施加到偏置器。与旋转角速率有关的探测器输出,经过速率解调、环型滤波和积分,用做压控振荡器的输入,压控振荡器的锯齿波馈送到调制器,使光纤圈中沿相反方向传播的两束光之间产生跟踪频率调制,以此抵消光纤圈中的 Sagnac 频移,实现探测的零输出。用计数器对压控振荡器的脉冲翻转数目进行计数。其中每一个脉冲对应于固定的正或负的角度增量,正号或负号与锯齿波斜坡的极性有关。对于计数器输出,用微处理机完成标度因子修正。

最后,将与旋转角速率有关的信息输出给用户,输出为数字形式,完成检测。这种检测技术适用于高性能民用飞机、战术导弹、火炮控制及声纳等的制导工作。

2) 信号输出与调制

当光纤线圈绕其中心轴无旋转时,从光纤线圈两端出来的两束光的光程差为零。此时两束光不是相消干涉就是相长干涉,这取决于所用分束器的类型。对于 3dB 无损耗的分束器来说,光纤线圈两端出来的光属于相消干涉,而进入光检测器的光却是相长干涉,即产生一个峰值干涉条纹。

当光纤线圈绕其中心轴旋转时,从光纤线圈两端出来的两束光出现光程差,即出现相

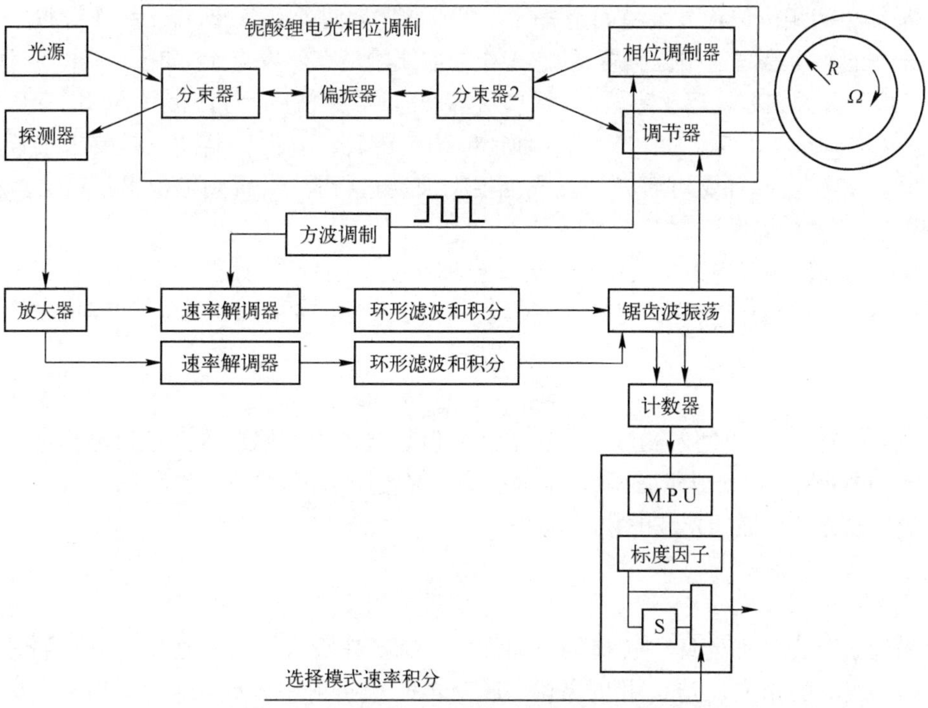

图 3-37　集成光学型光纤陀螺检测原理图

移。此时两束光的干涉情况发生变化,到达光检测器的光强亦发生变化,而光检测器的输出电流正比于输入光强,因此光检测器的输出电流发生变化。光检测器的输出电流 I 可表示为

$$I \propto I_0(1+\cos\Delta\varphi) \tag{3-3-96}$$

式中:I_0为平均光强;$\Delta\varphi$ 为两束光的相移。

光检测器输出电流 I 与两束相移 $\Delta\varphi$ 的关系可以用图 3-38 来表示。由于相长干涉结果,曲线中心 $\Delta\varphi=0$ 与输入角速度 ω 为零时相对应。当输入角速度 ω 为某一值即相移 $\Delta\varphi$ 为某一值时,相应得到输出电流 I 一定值的变化 ΔI。当输入角速度 ω 接近于零即两束光的相移 $\Delta\varphi$ 接近于零时,输出电流的变化量 ΔI 也接近于零,其灵敏度最低。而且,无论 $\Delta\varphi$ 向正方向增大还是向负方向增大,I 的值都是减小,所以输出电流的变化反映不出输入角速度的方向。为了解决这一问题,必须采用相位偏置方法。

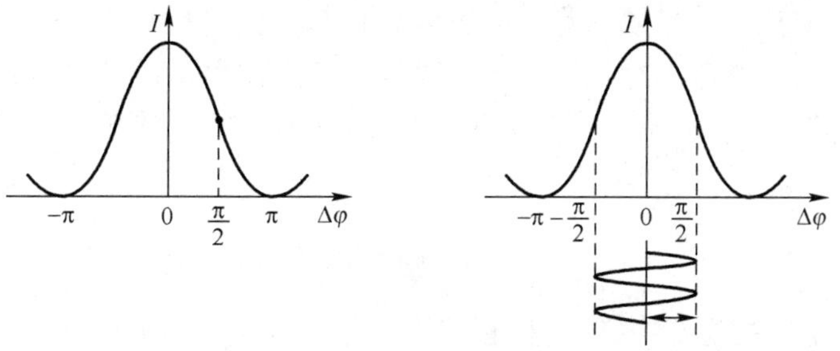

(a) 固定偏置　　(b) 交流偏置

图 3-38　光纤陀螺仪的相位偏置

最简单的相位偏置方案是固定偏置方案或称直流偏置方案，即在光纤陀螺仪中加上一个 $\pi/2$ 的非互易固定相位偏置，使它工作在曲线的最大斜率点上，如图 3-38(a)所示。这种相位偏置方案在接近于零输入时可以提高测量的灵敏度，而且相移 $\Delta\varphi$ 负变化使输出电流 I 增加，$\Delta\varphi$ 正变化使 I 减小，从而能够确定旋转的方向。其缺点是要求偏置的相位必须十分稳定，而且要对激光源发光强度的波动进行补偿，否则输出电流就会产生波动，影响相移的检测精度。

较好的相位偏置方案是交流偏置方案或称交流调制方案，使两束光的偏置相位作交流变化，并且应使交流相位偏置最大幅值 $\varphi_m=\pi/2$，如图 3-38(b)所示。此时，光检测器的输出电流可表示为

$$I \propto 2I_0 J_1(\varphi_m)\sin\Delta\varphi \tag{3-3-97}$$

式中：$J_1(\varphi_m)$ 为高阶贝塞尔函数的一次谐波幅值。这种相位偏置方案使得输出电流 $\boldsymbol{I}$ 从原来 $\Delta\varphi$ 的余弦函数变成正弦函数，从而提高了光纤陀螺仪测量小角速度的灵敏度。

沿单模光纤传播的光波的相位为

$$\varphi=\frac{2\pi}{c}fnL \tag{3-3-98}$$

相位 φ 与光波在光纤中传播的方向无关，因此，在没有旋转角速度时，逆、顺时针方向传播的光波的相位 φ_a 与 φ_b 相同。说明改变光程 L、折射率 n 或光频率 f 均不会产生任何非互易相移。而这里要求的相位偏置(非互易相移)，是指在输入角速度为零时光波相位 $\varphi_a=\varphi_b$。由此可见，为了产生非互易相移，必须设法使逆、顺时针方向传播的光程不等即 $L_a \neq L_b$，或者使折射率不等，即 $n_a \neq n_b$，或者使光频率不等，即 $f_a \neq f_b$。

(1) 光程差法。光程差产生非互易相移的方法可类似于激光陀螺仪，使光纤陀螺仪绕输入轴以恒速旋转，从而产生固定相位偏置；或使光纤陀螺仪绕输入轴作高频抖动，从而产生交流相位偏置。这些方法在早期研制的光纤陀螺仪中应用，但性能不够理想。

(2) 折射率差法。用折射率差产生非互易相移的方法很多，如电光效应、法拉第效应和克尔磁光效应等。常用的方法是在光纤陀螺仪中设置电光(E/O)调制器，如高频铌酸锂电光相位调制器。它是利用电光晶体的折射率随光的偏振方向不同而变化的特性，当逆、顺时针方向传播的两束光偏振方向相互垂直时，电光调制器将引起它们的折射率发生不同的变化，从而产生如下的相位偏置：

$$\Delta\varphi=\frac{2\pi}{c}f(n_a-n_b)L \tag{3-3-99}$$

(3) 光频率差法。用光频率差产生非互易相移的方法也很多。常用的一种方法是在光纤陀螺仪中设置声光(A/O)移频器。一般是在分束器出来的两光束侧对称地放置一个声光移频器，并用独立的振荡器来驱动。当两束光通过声光移频器时，其频率将发生不同的变化，从而产生如下的相位偏置：

$$\Delta\varphi=\frac{2\pi}{c}(f_a-f_b)nL \tag{3-3-100}$$

例如，在 1km 长的光纤中，声光移频器产生的光频差为 50Hz，就能形成 $\pi/2$ 的相位偏置。

(4) 延时相位调制法。目前，受到广泛重视的是延时相位调制法。在靠近分束器处

放置一个相位调制器,它可由压电晶体或把光纤绕在压电圆柱体上制成,并由频率为f_m的正弦波电压驱动。由于逆、顺时针方向传播的两束光通过相位调制器的时间不同,因此:

$$\begin{cases}\varphi_a=\varphi_0\sin(2\pi f_m t)\\ \varphi_b=\varphi_0\sin[2\pi f_m(t-\tau)]\end{cases} \tag{3-3-101}$$

式中:φ_0为相位调制器产生相移的相值;τ为相位调制器的延时,其值等于nL/c。由此产生的交流相位偏置为

$$\begin{aligned}\Delta\varphi&=2\varphi_0\sin(\pi f_m\tau)\cos\left[2\pi f_m\left(t-\frac{\tau}{2}\right)\right]\\&=\varphi_m\cos\left[2\pi f_m\left(t-\frac{\tau}{2}\right)\right]\end{aligned} \tag{3-3-102}$$

式中:$\phi_m=2\phi_0\sin(\pi f_m\tau)$。注意:相位调制器的驱动频率$f_m$的选择应使交流相位偏置的最大幅值$\varphi_m$为$\pi/2$,这样可以得到合适的输出特性。

3.3.3.3 光纤陀螺的误差

衡量光纤陀螺性能的一项重要指标是零偏稳定性,也称为零偏位漂移(零漂)。零偏稳定性定义为一定平均时间(如10s)内陀螺输出角速率的标准偏差(1σ)。光纤陀螺的输出由随机噪声和随时间变化的漂移构成。现以一光纤陀螺的输出数据,说明光纤陀螺输出的特点,图3-39为静态条件下光纤陀螺的一组输出数据。

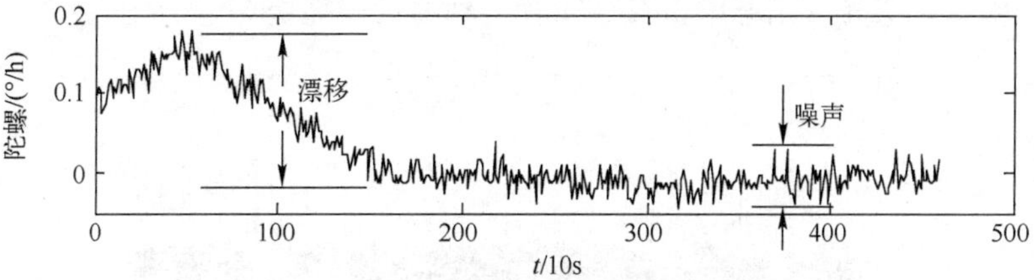

图3-39 光纤陀螺输出数据

从图3-39所示的光纤陀螺输出数据可以看出,其输出数据由随时间变化的漂移和随机噪声组成,其零偏稳定性由光纤陀螺输出中的漂移和噪声共同决定。其中,光纤陀螺的噪声呈现为一种短期的随机变化,而漂移通常是指输出中的低频波动或趋势性变化。在光纤陀螺中,其噪声和漂移产生的机理是不同的,因此对系统的影响也是不同的。

从上述陀螺输出可以看出,陀螺输出表现为漂移和随机噪声两部分。在不考虑漂移因素的情况下,光纤陀螺输出的随机噪声特性可以看成是"随机游走"的统计过程,其中的每一个输出数据都由一个统计学上独立的事件,彼此是不相关的。由统计学理论可知,当测量一个受随机游走支配的变量,随着测量尺度的增加,变量的量测值将逐渐向"真实"测量值(平均值)收敛。因此,在进行光纤陀螺测试时,这种测量的平均值称为光纤陀螺的零偏。光纤陀螺的随机噪声特性由构成光纤陀螺的光学元件特性决定,其随机噪声主要集中在光学和光电检测部分,如散粒噪声、光探测器的热噪声、线圈内光波的背向散射、光源的相对强度噪声等。由于这些噪声都具有白噪声的统计特性,因此在进行光纤陀螺测试时,光纤陀螺的量测平均值表现出随机游走特性。按上述测试方法,如果光纤陀螺中仅有白噪声,光纤陀螺的长期零偏稳定性必将随着平均时间和测试时间的增加而逐渐减小,其零偏值也渐趋恒定为常值。

但是,在实际光纤陀螺输出和测试过程中,由于环境扰动和光纤陀螺的残余“非互易性”引起漂移,光纤陀螺的长期零偏稳定性会限定在某一量级或某一范围内,如果再增加平均时间,其零偏稳定性也不会改善。这种由于环境扰动和光纤陀螺的残余“非互易性”引起的扰动,反映了光纤陀螺输出的长时间变化。这种长时间平均后的零偏测量值在一定范围内的波动称为零偏不稳定性,表征了剔除白噪声/随机游走系数因素后单纯环境扰动和光纤陀螺的残余“非互易性”引起的零偏变化。零偏不稳定性呈现出长时间缓慢变化,即具有低频特性,因此增加平均时间是无法将其抑制的。这种零偏的波动源于单模光纤中的偏振态演变、法拉第磁场效应、温度漂移、陀螺调制解调电路的电子交叉耦合或其他低频环境噪声等。

综上可知,光纤陀螺输出中含有随机噪声和漂移两部分。其中,光纤陀螺中的随机噪声主要表现为白噪声形式,可以用随机游走系数表征;而漂移可以用零偏不稳定性表征。零偏不稳定性是一个综合指标,它涵盖了更多的误差源。

由于光纤陀螺的“互易性”结构特点和数字处理优势,目前,闭环光纤陀螺的残余“非互易性”漂移和环境变化引起的漂移得到了有效抑制,由此引起的漂移被噪声所淹没。因此,随机噪声成为影响光纤陀螺精度和性能的主要因素之一。

下面通过一个测试实例分析光纤陀螺的输出特点。图 3-40 是光纤陀螺的一组典型静态测试数据。需要指出,在进行测试时,首先对陀螺进行了近 5h 预热,使得陀螺内部温度相对稳定,由此减小因为环境温度变化对陀螺趋势项漂移的影响。下面通过考察该数据的自相关函数说明光纤陀螺中主要存在着这种随机白噪声。

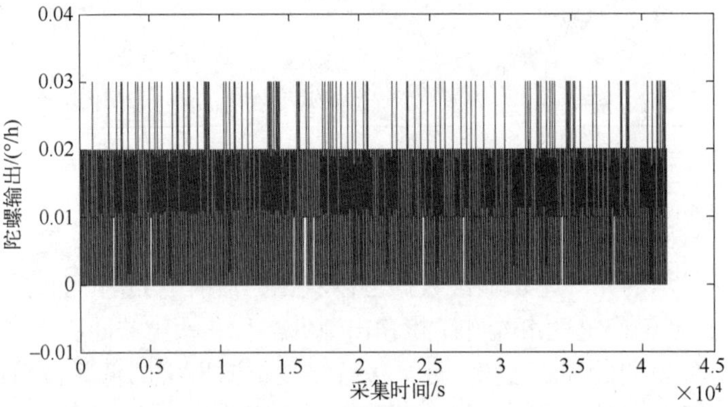

图 3-40　光纤陀螺实测数据

选取该陀螺一次测量的角速率数据点,数据采集间隔时间为 1s,测试时间约 12h。角速率时间序列的归一化自相关函数为

$$R_{\mathrm{N}}(\tau_{\mathrm{R}})=\frac{R(\tau_{\mathrm{R}})}{R(0)}=\frac{\dfrac{1}{n-k}\sum_{i=1}^{n-k}(\Omega_{\mathrm{i}}-\Omega)(\Omega_{i+k}-\Omega)}{\dfrac{1}{n}\sum_{i=1}^{n}(\Omega_{i}-\Omega)^{2}}\quad(i、k\text{ 为整数})\tag{3-3-103}$$

式中:Ω 为 Ω_i 的平均值;$\tau_{\mathrm{R}}=kt,k=1,2,3,\cdots$。取最大相对时移间隔(相关时间)为 500s,计算得到的归一化自相关函数曲线如图 3-41 所示。

由图 3-41 可知,光纤陀螺输出在各个时移点处相对于零时移归一化的自相关函数仅具有约为±0.01 量级的极小波动,这归因于数字估算的不确定性。因此,除原点($\tau_{\mathrm{R}}=0$)外,在不同相关时间出的归一化自相关函数 $R_N(\tau_R)$ 均近似为零。这一事实表明,光纤陀螺的输出确实呈现为白噪声。

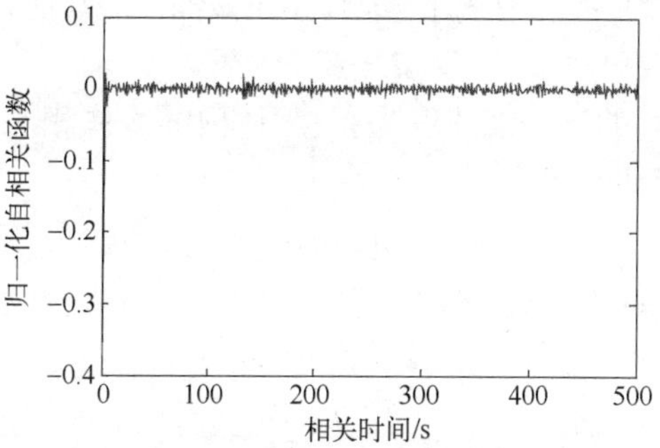

图 3-41　光纤陀螺输出的归一化自相关函数

上述分析表明,在外部环境和温度相对稳定条件下,光纤陀螺的输出主要表现为白噪声特性。然而,在实际光纤陀螺中既存在白噪声,又含有环境缓慢变化、自身的残余"非互易性"等引起的较长周期的漂移。当平均时间较短时,零偏稳定性将随着平均时间的增加而变小,但随着平均时间增加到某一值时,光纤陀螺的长期零偏稳定性限定在某一量级内,此时再增加平均时间,长期零偏稳定性也不会改善,此时的零偏稳定性也称为零偏不稳定性。这说明光纤陀螺中的低频漂移开始对光纤陀螺的零偏稳定性起作用。由于惯性测量系统中的姿态角是通过对角速率积分获得的,因此噪声和漂移都会引起系统的角误差。至于哪一种起主要作用,与系统的精度要求和工作时间有关。例如,对于姿控稳定系统,光纤陀螺主要作为角速率传感器,对陀螺的带宽要求高,响应要快速,因而随机噪声水平是影响其短期分辨率的主要因素;对于空间应用中的卫星定向和天体望远镜的稳定,要求载体的定向或对准要达到很高精度,且这一调节过程时间要短,即短期的速率积分角的不确定性要小。因此,在短期应用中较小的随机游走系数是非常重要的。而对于惯导系统导航周期或工作时间通常较长,导致长期漂移引起的零偏不稳定性成为惯导系统误差的主要因素。由于角速率白噪声引起的姿态积分角的不确定性(角误差)与时间成正比,因此,对于较长工作时间的惯性测量应用,漂移的影响将更加突出,这要求在长期应用中光纤陀螺具有低的漂移。

3.4　加速度计测量比力的原理与常用的加速度计

和陀螺仪一样,加速度计也是惯性导航系统中的核心元件之一。惯性导航系统中利用加速度计获取载体加速度信息,从而推算出载体的速度与位置。本节首先介绍一个与加速度计原理有关的重要概念——比力,说明加速度计测量比力的原理,最后推导比力与运动加速度之间的关系——比力方程。

3.4.1　比力的概念

根据牛顿第二运动定律,任何物体若所受力的合力不为零,则会相对惯性空间做加速运动,要在惯性空间保持静止或匀速运动,物体所受合力必须为零;若物体相对惯性空间有运动加速度，则其所受合力必然不为零，这就是惯性空间中力与运动的关系。

分析运动载体中任一物体的受力时，可以把任何物体的受力 $\boldsymbol{F}$ 分为两部分：一是各种天体（如地球、太阳、月亮等）的引力 $\boldsymbol{F}_g$；二是作用于该物体的其他力，统称为非引力 $\boldsymbol{f}_m$，即

$$\boldsymbol{F}=\boldsymbol{F}_g+\boldsymbol{f}_m \tag{3-4-1}$$

若载体相对惯性空间的运动加速度为 a_i，载体内的物体相对惯性空间的运动加速度当然也为 a_i，根据牛顿定律，应该有

$$\boldsymbol{F}=m\boldsymbol{a}_i \tag{3-4-2}$$

式中：m 为物体的质量。代入式(3-4-1)，有

$$\boldsymbol{F}_g+\boldsymbol{f}_m=m\boldsymbol{a}_i \tag{3-4-3}$$

于是

$$\frac{\boldsymbol{F}_g}{m}+\frac{\boldsymbol{f}_m}{m}=\boldsymbol{a}_i \tag{3-4-4}$$

我们关心的是载体运动加速度 $\boldsymbol{a}_i$，若能测得引力 $\boldsymbol{F}_g$、非引力 $\boldsymbol{f}_m$，当然可以得到加速度 $\boldsymbol{a}_i$，但是，天体的引力实际上是无法直接测量的，而非引力部分则能通过一定的办法测出。由于非引力可以测量，它又与加速度有密切的关系，我们赋予单位质量的物体受力中的非引力部分一个名词——比力。记比力为 $\boldsymbol{f}$，于是有

$$\boldsymbol{f}=\frac{\boldsymbol{f}_m}{m}=\boldsymbol{a}_i-\frac{\boldsymbol{F}_g}{m}=\boldsymbol{a}_i-\boldsymbol{G} \tag{3-4-5}$$

式中：$\boldsymbol{G}$ 为单位质量物体所受到的引力，即引力加速度。式(3-4-5)表明，作用于单位质量物体的比力矢量等于该物体的绝对加速度矢量与引力加速度矢量之差。

式(3-4-5)是比力的定义公式，比较抽象。为应用方便，下面作进一步分析。在地球表面附近，引力主要是地球引力，但太阳的引力加速度约为 $6.05\times10^{-4}g$，是必须要考虑的，而月亮及太阳系各行星的引力加速度均在 $10^{-6}g$ 量级或更低，可以忽略。据此分析，将引力加速度分为两部分：

$$\boldsymbol{G}=\boldsymbol{G}_e+\boldsymbol{G}_s \tag{3-4-6}$$

式中：$\boldsymbol{G}_e$、$\boldsymbol{G}_s$ 分别为地球的引力加速度和太阳的引力加速度。

地球对其附近物体的引力加速度又可进一步分解成两部分：重力加速度和随地球自转的向心加速度：

$$\boldsymbol{G}_e=\boldsymbol{\omega}_{ie}\times(\boldsymbol{\omega}_{ie}\times\boldsymbol{r})+\boldsymbol{g} \tag{3-4-7}$$

式中：$\boldsymbol{r}$ 为载体在地球坐标系中的位置矢量。

这样：

$$\boldsymbol{G}=\boldsymbol{G}_e+\boldsymbol{G}_s=\boldsymbol{\omega}_{ie}\times(\boldsymbol{\omega}_{ie}\times\boldsymbol{r})+\boldsymbol{g}+\boldsymbol{G}_s \tag{3-4-8}$$

将地球附近载体的绝对加速度也分解开：地球表面的物体都要随地球一起绕太阳公转，记公转的造成的绕太阳向心加速度为 $\boldsymbol{a}_s$，将绝对加速度分为两部分：

$$\boldsymbol{a}_i=\boldsymbol{a}_i'+\boldsymbol{a}_s \tag{3-4-9}$$

地球绕太阳公转本质上就是太阳引力造成的，因此有

$$\boldsymbol{a}_s=\boldsymbol{G}_s。$$

加速度 $\boldsymbol{a}_i'$ 的含义是不含随地球一起绕太阳公转向心加速度的加速度，即以地心惯性系为参照系的“绝对加速度”。

地球上的物体，还要随地球一起自转，因此加速度 $\boldsymbol{a}_i'$ 中含有向心加速度：

$$\boldsymbol{a}_{\mathrm{i}}' = \boldsymbol{a} + \boldsymbol{\omega}_{\mathrm{ie}} \times (\boldsymbol{\omega}_{\mathrm{ie}} \times \boldsymbol{r}) \tag{3-4-10}$$

$\boldsymbol{a}$ 的物理含义是：绝对加速度除去牵连运动加速度（绕太阳公转的向心加速度和随地球自转的向心加速度）的剩余部分，$\boldsymbol{a}$ 包含了载体相对地球的运动加速度和由于相对地球运动和地球自转联合形成的哥氏加速度。

综合：

$$\boldsymbol{a}_{\mathrm{i}} = \boldsymbol{a} + \boldsymbol{\omega}_{\mathrm{ie}} \times (\boldsymbol{\omega}_{\mathrm{ie}} \times \boldsymbol{r}) + \boldsymbol{a}_{\mathrm{s}} \tag{3-4-11}$$

式（3-4-8）、式（3-4-11）代入式（3-4-5），并结合 $\boldsymbol{a}_{\mathrm{s}} = \boldsymbol{G}_{\mathrm{s}}$，有

$$\boldsymbol{f} = \boldsymbol{a}_{\mathrm{i}} - \boldsymbol{G} = \boldsymbol{a} - \boldsymbol{g} \tag{3-4-12}$$

根据式（3-4-12），可得出结论：

（1）若载体相对地球静止，则 $\boldsymbol{a}=0$，有 $\boldsymbol{f}=\boldsymbol{a}-\boldsymbol{G}=-\boldsymbol{g}$。

（2）在与重力方向垂直的方向上，比力中不含重力加速度分量。对于地球上的一般运动载体，重力加速度的量值远大于载体加速度，若使比力分量中不含重力加速度分量，则对于测定比力分量的精度是非常有益的。

3.4.2 加速度计对比力的测量

前面指出，物体受力的非引力部分，即比力能通过一定的办法测出，加速度计就是一种能测量比力的装置。下面以一种理想化的电位计式线性加速度计为例说明加速度计是如何测量比力的。

电位计式线性加速度计的结构如图 3-42 所示。壳体中有一检测质量块，检测质量块可以沿导轨在壳体内滑动，假定滑动是无摩擦的，当壳体相对惯性空间有运动加速度 $\boldsymbol{a}_i$ 时，受惯性力与天体引力共同作用，质量块会沿导轨方向产生位移，通过电位计的输出电压可以检测到该位移量，我们看看这一位移量代表着什么。

假如导轨方向与引力方向平行，载体运动加速度的方向也与引力方向平行，质量块 m 沿 X 轴的位移量为 X。由于要随载体一起相对惯性空间运动，质量块的受力为：运动加速度 $\boldsymbol{a}_{\mathrm{i}}$ 引起的惯性力（$-m\boldsymbol{a}_{\mathrm{i}}$）、弹簧对质量块的作用力 N、对质量块的引力 $m\boldsymbol{G}$（$\boldsymbol{G}$ 为引力加速度），质量块位置稳定后三者是平衡的（图 3-43（a））：

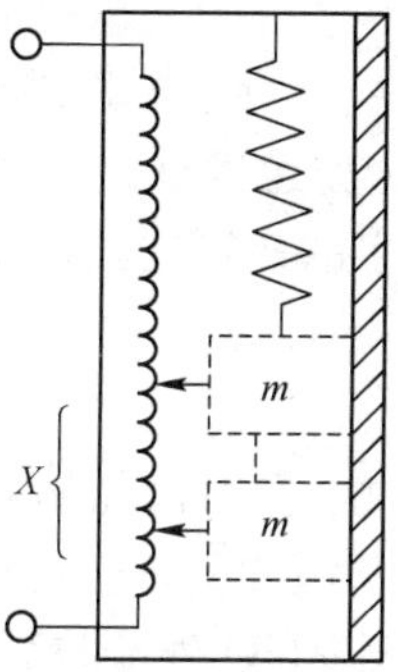

图 3-42　电位计式线性加速度计的结构

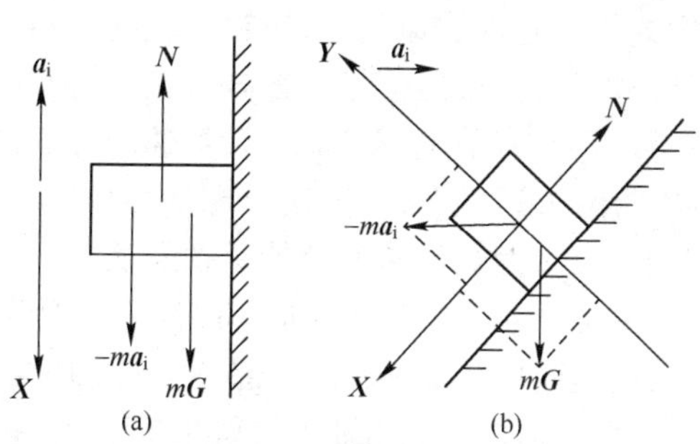

图 3-43　加速度计中质量块的受力分析

$$\boldsymbol{N} + m\boldsymbol{G} - m\boldsymbol{a}_{\mathrm{i}} = 0 \tag{3-4-13}$$

由于 3 种力方向平行，式（3-4-13）可化为标量方程：

$$\boldsymbol{N}=m\boldsymbol{G}+m\boldsymbol{a}_{\mathrm{i}}=m(\boldsymbol{G}+\boldsymbol{a}_{\mathrm{i}}) \tag{3-4-14}$$

式中：N、G、a_{i}分别为$\boldsymbol{N}$、$\boldsymbol{G}$、$\boldsymbol{a}_{\mathrm{i}}$的模。

弹簧作用力 $\boldsymbol{N}$ 的大小与质量块的位移量为 X 成比例，设弹性系数为 k，则

$$\boldsymbol{N}=kX \tag{3-4-15}$$

于是：

$$X=m(\boldsymbol{G}+\boldsymbol{a}_{\mathrm{i}})/k \tag{3-4-16}$$

另外，比力 $\boldsymbol{f}=\boldsymbol{a}_{\mathrm{i}}-\boldsymbol{G}$，按图 3-43(a)中假定的加速度方向，沿导轨方向（图中 X 方向）的分量为

$$f_x=a_x-G_x=-a_{\mathrm{i}}-G \tag{3-4-17}$$

式中：a_x、G_x为沿导轨方向（X 正向）的绝对加速度分量与引力加速度分量。图中 $\boldsymbol{a}_{\mathrm{i}}$方向在 X 负向，故 $a_x=-a_{\mathrm{i}}$。

对比式(3-4-16)、式(3-4-17)，弹簧的拉伸量 X 所代表的正是质量块所受的比力：

$$\boldsymbol{f}=-\frac{k}{m}X \tag{3-4-18}$$

上面的讨论中，假定载体运动加速度 $\boldsymbol{a}$、导轨、引力方向三者平行，若不平行，显然，质量块位移量 X 代表的是沿质量块导轨方向的比力分量f_x。因为垂直于导轨方向上的比力分量不会影响质量块沿导轨方向的运动。图 3-43(b)中，加速度 $\boldsymbol{a}_{\mathrm{i}}$、引力加速度 $\boldsymbol{G}$、导轨 X 的方向均不平行，此时下式仍然成立：

$$\boldsymbol{f}_x=\boldsymbol{a}_x-\boldsymbol{G}_x=-\frac{k}{m}X \tag{3-4-19}$$

式中：f_x为沿导轨方向的比力；a_x、G_x为沿导轨方向的绝对加速度分量与引力加速度分量。

上面分析了电位计式线性加速度计测量比力的原理，这种加速度计有一敏感方向，加速度计的输出（如上述电位计式线性加速度计中的弹簧拉伸量 X）反映的是其敏感方向的比力分量，与其敏感方向垂直的比力分量不影响加速度计的输出。实际上，一般的加速度计测定的都是其敏感方向上的比力。

3.4.3 摆式加速度计

加速度计是测量比力的装置，图 3-42 所示的加速度计原理模型在实际中很难直接应用的，工程上实际使用的加速度计，按工作原理分，有线位移式、摆式、压电晶体式、压阻式及摆式积分陀螺加速度计；按输出轴的支承方式分，有液浮、气浮、挠性、磁悬浮及静电悬浮加速度计；按输出信号的方式分，有模拟式和数字脉冲式加速度计；按敏感加速度输入轴的数目分，有单轴、双轴、三轴加速度计。惯导中使用较多的是摆式加速度计，本节侧重介绍常用的液浮摆式加速度计和挠性加速度计。

3.4.3.1 摆式加速度计的基本原理

图 3-44 示意了一种摆式加速度计的原理模型，它由壳体、敏感元件（摆锤）、转轴（输出轴）、平衡弹簧、指针及刻度盘等部件组成。质量为 m 的摆锤用臂长为 L（摆长）的摆杆悬挂在转轴 y 上。转轴两端用轴承支承在壳体上。弹簧里端与转轴固联，外端与壳体固联。当转轴相对壳体转动时，可产生一个扭转力矩 M_{s}，其大小与转轴转动的角度成正比：$M_{\mathrm{s}}=K\theta$（θ 为转轴转角，K 为弹簧的弹性系数），力矩 M_{s}力图使转轴回到零位。在转轴上固定一指针，在壳体上固定一刻度盘，以指示相对壳体的转角大小作为摆式加速度计的输出。

建立坐标系 $Oxyz$，z 轴沿地垂线向上，y 轴沿转轴方向，x 轴垂直于 y 轴、z 轴。x 为加速度计的输入轴，即沿待测加速度的方向，y 轴为加速度计的输出轴。

假设加速度计水平放置，转轴 Y 在水平面内。载体没有加速度时，摆锤仅受重力 mg 的作用，摆杆沿重力方向，转轴带动指针停在 0 位，弹簧也不产生力矩，这是加速度计的起始基准位置。

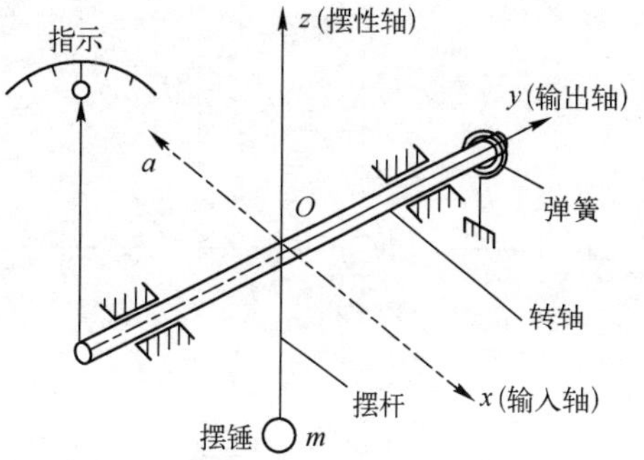

图 3-44　摆式加速度计原理示意图

将摆锤质量 m 与距离转动轴的距离 L 的乘积定义为"摆性"：$P=mL$。当载体有沿 x 轴的加速度 a（不包括随地球公转与自转的牵连运动加速度）时（参看图 3-45，假定 a 沿 x 轴负向），摆锤受到由 a 引起的惯性力的作用，即 $\boldsymbol{F}=-m\boldsymbol{a}$，其方向与 $\boldsymbol{a}$ 相反。由此形成对 y 轴的惯性力矩为

$$\boldsymbol{M}_{\mathrm{a}}=m\boldsymbol{a}L\cos\theta \tag{3-4-20}$$

力矩 M_{a} 使摆锤以及与之固连的转轴转动，转轴转过的角度为 θ。有了转角 θ，弹簧产生弹性力矩 $M_{\mathrm{s}}=K_{\mathrm{s}}\theta$。$M_{\mathrm{s}}$ 与 M_{a} 方向相反，试图使转轴的转角恢复为零（因此又称 M_{s} 为弹性恢复力矩）。同时，由于摆锤偏离垂线，重力会对 Y 轴形成重力矩 $mgL\sin\theta$，此力矩与弹性力矩 M_{s} 方向相同。另外摆锤 x 轴转动时，有与角加速度 $\ddot{\theta}$ 对应的惯性力矩 $J\ddot{\theta}$（J 为摆锤对转轴的转动惯量），有与角速度 $\dot{\theta}$ 对应的阻尼力矩 $K_{\mathrm{d}}\dot{\theta}$（$K_{\mathrm{d}}$ 为阻尼系数），这样，对转轴 Y 的力矩平衡方程式为

$$Pa\cos\theta=J\ddot{\theta}+K_{\mathrm{d}}\dot{\theta}+K_{\mathrm{s}}\theta+mgL\sin\theta \tag{3-4-21}$$

根据式（3-4-21）可得出在稳态情况下摆锤偏离起始零位的转角 θ 与被测加速度 a 的关系。当 θ 很小时，$\cos\theta\approx1$，$\sin\theta\approx\theta$，进入稳态时，$\ddot{\theta}=0$，式（3-4-21）可线性化为

$$Pa=K_{\mathrm{s}}\theta+mgL\theta$$

于是

$$\theta=\frac{P}{K_{\mathrm{s}}+mgL}a=\frac{P}{K_{\mathrm{s}}+Pg}a=K_{\theta}a \tag{3-4-22}$$

式中，K_{θ} 为加速度计的比例因子。加速度计做成后，m、L、K_{s} 为常数，因此只要测出转轴的转角 θ，就可换算出被测加速度 a 的大小。

以上讨论的加速度计输出是在加速度计测量轴（x 轴）完全水平放置情况下得出的结论，这种情况下重力加速度对输出没有影响。如果摆式加速度计的基座不水平，加速度计的输出中将还含有重力加速度成分。如图 3-46 所示，假定基座的倾角为 β，此时，作用在转轴上的力矩平衡方程为

$$Pa\cos(\theta-\beta)=J\ddot{\theta}+K_{\mathrm{d}}\dot{\theta}+K_{\mathrm{s}}\theta+Pg\sin(\theta-\beta) \tag{3-4-23}$$

进入稳态且 θ 和 β 都很小时，式（3-4-23）可线性化为

$$Pa=K_{\mathrm{s}}\theta+Pg(\theta-\beta)$$

于是有

$$\theta=\frac{P}{K_{\mathrm{s}}+Pg}(a+g\beta)=K_{\mathrm{a}}(a+g\beta) \tag{3-4-24}$$

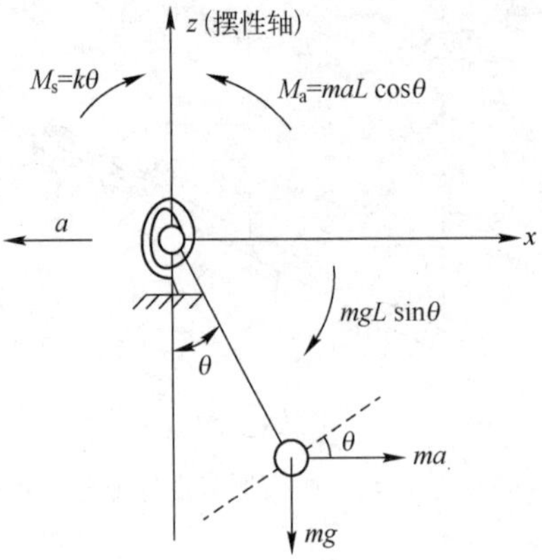

图 3-45　敏感轴水平的转轴上的力矩

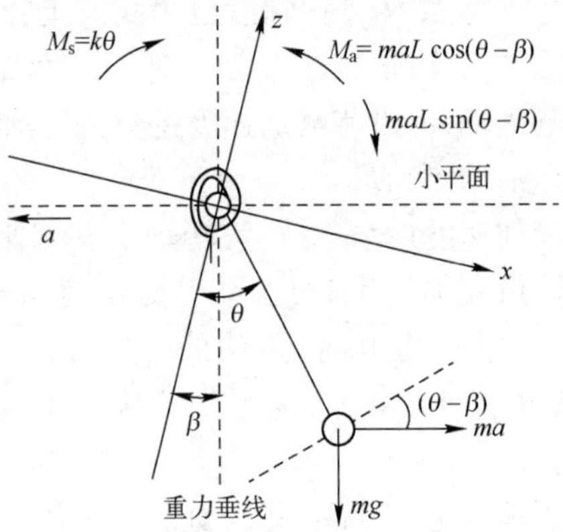

图 3-46　敏感轴不水平的转轴上的力矩

实际上,式(3-4-25)中的“$a+g\beta$”就是在加速度计输入轴向(x轴)上的比力分量,即输出角θ实际代表的是敏感轴上的比力分量。可见,加速度计的输出中,既有有用信号a,又有重力加速度的分量$g\beta$,加速度计本身是不能将两者区别开来的。

因此像图 3-44 这样的摆式加速度计只适合将输入轴放在水平方向,不能测量垂直方向上的比力,否则不能保证θ和β都是小角度。

以上讨论了摆式加速度计测量比力的原理,作为惯导系统的核心元件之一,惯导中使用的摆式加速度计应满足下列要求:

(1) 灵敏限小。灵敏限即加速度计能感受的最小加速度值。最小加速度的测量值,直接影响到惯导系统计算的速度和位置精度。惯导中要求加速度计的灵敏限越小越好,通常在$10^{-5}g$以下。

(2) 摩擦干扰小。转轴上的摩擦干扰力矩直接影响到加速度计的灵敏限。因为只有惯性力矩M_a大于摩擦干扰力矩时,转轴才能偏转产生θ角,加速度计才有输出。通常,惯导用加速度计转轴上的摩擦干扰力矩必须在$9.8\times10^{-9}\text{N}\cdot\text{m}$以内。这个要求是非常苛刻的,是任何精密仪表轴承无法达到的,因此,必须有特殊的支承技术,这也是惯性加速度计的关键技术。

(3) 量程大。加速度计的量程是指测量加速度的最大值和最小值的范围。例如,飞机上使用的惯导要求其中的加速度计的测量范围为$10^{-5}g\sim6g$,最大可达$12g$甚至$20g$。要测量这样大的范围内,又要求转轴的转角小,并保证输入、输出呈线性关系,必须使弹簧的刚度很大,通常采用“电弹簧”代替机械弹簧,以便把转角控制在几角分之内。

3.4.3.2　液浮摆式加速度计

液浮摆式加速度计广泛应用于惯性导航系统。它有两种结构形式:一种是用弹性扭杆产生弹性力矩的液浮摆式加速度计;另一种是用力矩器产生平衡力矩的液浮摆式加速度计。两种均为液体悬浮式。

1. 具有弹性扭杆的液浮摆式加速度计

这种加速度计的结构如图 3-47 所示。它由重锤、浮筒、弹性扭杆、信号器、宝石轴承、密封壳体等组成。其原理与上述摆式加速度计相同,都是用重锤来敏感加速度的。这里主要说明它的结构特点。

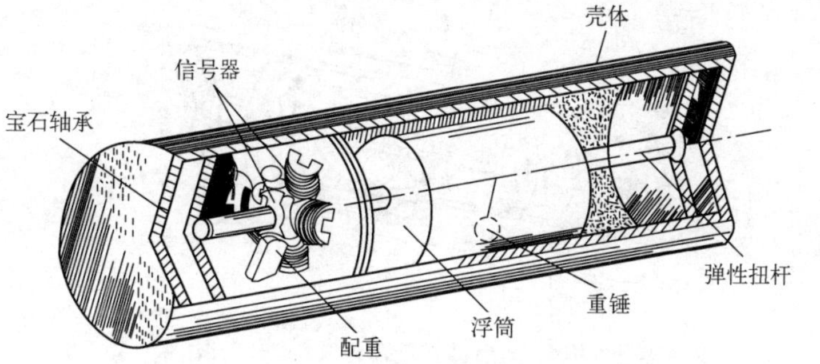

图 3-47　具有弹性扭杆的液浮摆式加速度计

浮筒(又称浮子)组件,由重锤和圆筒组成,重锤封装在圆筒内。浮筒一端支承在宝石轴承中,另一端用弹性扭杆与壳体相连。弹性扭杆代替图 3-44 中的弹簧产生弹性恢复力矩。在浮筒与壳体之间加入比重较大的液体,目的是产生浮力,把整个浮筒组件"浮"起来。这样,轴承基本上不承受压力,可以大大减小转轴上的摩擦干扰力矩,提高加速度计的精度。另外,浮筒周围的液体还对浮筒的转动产生阻尼,起到了阻尼器的作用,因此,它能提高加速度计的稳定性,减小动态误差。

弹性扭杆用弹性系数较大、特性比较稳定的材料做成。当浮筒组件转动时,扭杆被扭转,产生弹性力矩以平衡惯性力矩。

信号器用来感受浮筒组件转动的角度,并变为电信号输出。通常采用微动同步器或动圈感应式传感器,这种传感器的转子和定子之间没有直接的机械接触,只有电磁耦合,因而有利于减小加速度计转轴上的干扰力矩。宝石轴承是用一种硬度很高的非金属材料加工而成的,支承轴在保证强度的前提下加工得很细小,以减小摩擦力作用的半径。在全液浮情况下,宝石轴承基本上不承受压力而只起定位作用。尽管如此,宝石轴承仍产生一定的摩擦力矩,而使加速度计有一定的非灵敏区。

这种加速度计的结构简单,但由于弹性扭杆的刚度不可能做得很大,故摆轴的转角 θ 不可能很小,输出特性的线性度较差。另外,其弹性扭杆的刚度受温度影响较大而产生弹性温度误差,还存在迟滞误差,因此这种加速度计只用在早期惯导系统和要求不太高的装置中。

2. 力反馈式液浮摆式加速度计

力反馈式液浮摆式加速度计的结构示意图如图 3-48 所示,其结构和弹性扭杆式加速度计基本相同,不同的是在输出轴上加装一个力矩器用以取代前述的弹性扭杆。力矩器多为永磁动圈式,当力矩器线圈通入控制电流时,力矩器能产生与控制电流成正比的力矩,施加在加速度计的转轴上,用来平衡加速度计中重锤产生的惯性力矩。力矩器的作用相当于前述的平衡弹簧或弹性扭杆。由于它是依靠施加控制电流产生力矩的,也称为"电弹簧"。力矩器的电弹簧作用可以对加速度计进行精确的控制。其力矩系数类似于前述的弹性系数,但可以做得很大。因此,加速度计摆锤的偏转角可以控制得很小,输出的线性度也很好。此外,为保证液体浮力的稳定,这种加速度计设有温度控制系统,以保证液体温度恒定。由于没有弹性扭杆,也就没有温度误差和弹性延迟误差,这种力反馈式液浮摆式加速度计已得到普遍应用。

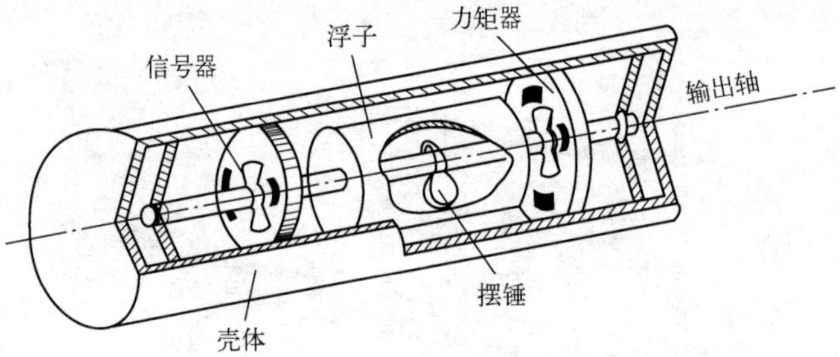

图 3-48　力反馈式液浮摆式加速度计结构

图 3-49 为力反馈式液浮摆式加速度计的原理图。假定加速度计水平放置,当沿输入轴有加速度时,浮子组件中的摆受惯性力矩的作用而产生角位移(即转轴转动 θ 角),信号器输出与之成比例的电压信号,经放大、校正,变换为反馈电流施加于力矩器上,产生正比于反馈电流的力矩。该力矩加转到转轴上,方向应与浮子摆的惯性力矩相反。

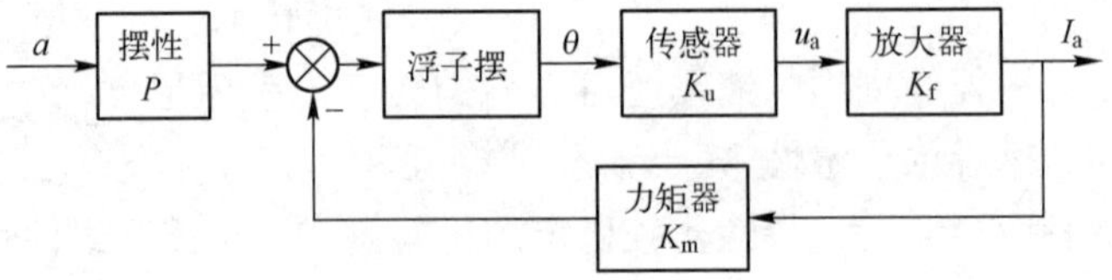

图 3-49　力反馈式液浮摆式加速度计原理

当系统达到稳态时,力矩器力矩(设为 M_a)大小等于摆受到的惯性力矩,即

$$K_m I_a = Pa \tag{3-4-25}$$

式中:K_m 为力矩器力矩系数;I_a 为加给力矩器的控制电流。该控制电流也是放大器的输出电流,其大小为

$$I_a = K_f u_a \tag{3-4-26}$$

其中:K_f 为放大器的放大系数,而 u_a 为信号器的输出电压,又与转轴的转角 θ 成正比,即

$$u_a = K_u \theta \tag{3-4-27}$$

式中:K_u 为信号器的变换系数。

将以上关系代入式(3-4-25),可得

$$Pa = K_m I_a = K_m K_f K_u \theta \tag{3-4-28}$$

于是转角 θ 与被测加速度 a 成正比:

$$\theta = \frac{P}{K_m K_f K_u} a \tag{3-4-29}$$

可见,设计放大器时,只要使放大系数 K_f 比较大,就可以实现 θ 很小的要求。

检测反馈施加给力矩器的电流 I_a 或信号器输出电压 u_a,可以获得加速度的值:

$$I_a = \frac{P}{K_m} a = K_I a \tag{3-4-30}$$

$$u_a = \frac{P}{K_f K_m} a = K_V a \tag{3-4-31}$$

式中:K_I 或 K_V 为加速度计的刻度系数,它表示单位加速度沿输入轴作用时,加速度计的输出电流或电压值。

3.4.3.3 摆式积分陀螺加速度计

摆式积分陀螺加速度计是由一个单自由度陀螺仪、放大器、力矩电机组成的系统,如图 3-50 所示。

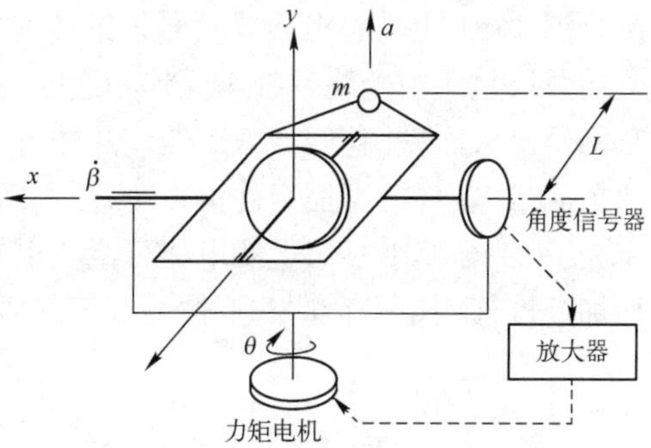

图 3-50 摆式积分陀螺加速度计

将单自由度积分陀螺仪的质量中心沿转子轴从陀螺三轴交点移开一距离,这样就相当于有一质量为 m 的偏心质量块固定在内环上,它至内环轴的距离为 L,构成量值为 $P=mL$ 的摆性。当载体沿单自由度陀螺仪输入轴以加速度 a 运动时,与 a 方向相反的惯性力 ma 对内环轴产生惯性力矩 $M_a=mLa=Pa$。在该力矩作用下,陀螺转子将顺着力矩的方向转动。设转过的角度为 β,使陀螺仪角度传感器有角度信号输出,经放大后控制力矩电机,带动整个陀螺仪绕输出轴转动。记转动角速度为 $\dot{\theta}$,此时,产生的陀螺力矩 $M_r=H\dot{\theta}$ 作用于陀螺内环轴。正确连接信号,可以保证陀螺力矩 M_r 的方向与惯性力矩 M_a 方向相反。当系统达到稳态时有

$$M_r=M_a$$

即

$$H\dot{\theta}=Pa$$

于是:

$$\dot{\theta}=\frac{Pa}{H}$$

$$\theta=\frac{P}{H}\int_0^t a\mathrm{d}t \tag{3-4-32}$$

这说明力矩电机带动陀螺仪转动的角度 θ 与载体加速度积分成正比,故称为陀螺积分加速度计。又因它是利用内环上的偏心质量块所形成的摆性来感受载体加速度的,故又称为摆式陀螺积分加速度计。单自由度陀螺仪输入轴方向就是此加速度计的敏感轴。

如果同时考虑载体加速度引起的惯性力和重力对质量块的作用(即考虑比力),则上述 θ 角应与此加速度计敏感轴方向上比力分量的积分成正比。

3.4.4 挠性加速度计

液浮摆式加速度计的技术发展比较成熟,精度较高,但结构复杂,工艺和温度控制要求严格,因而成本较高,工作准备时间较长。随着惯导技术的发展,另一种结构简单可靠、成本较低的非液浮干式加速度计已广泛使用,这就是挠性加速度计。它的主要特点是采用挠性支承,大大简化了加速度计的结构和工艺,已在惯导系统得到较多的应用。

1. 组成和原理

挠性加速度计实质上也是靠摆锤来敏感加速度的,其力学原理与液浮摆式加速度计相同,都靠反馈系统使摆锤质量维持在零位附近。其结构特点主要用挠性杆来支承摆锤

质量。图 3-51 为具有电容式信号传感器的挠性加速度计原理结构图。

质量块是用一个挠性杆与壳体相连的。在质量块上绕有力矩器线圈。在壳体两端固定有两个永久磁铁,它们与力矩器线圈构成动圈式力矩器。用磁钢表面和摆组件两端构成两个测量电容器,当摆组件偏转时,两边间隙发生变化,两个电容量也相应变化,一个电容变大,另一个变小。用电桥电路可检测出它们的变化量,从而反映所测加速度的大小。挠性加速度计的信号检测和反馈控制回路原理如图 3-52 所示。

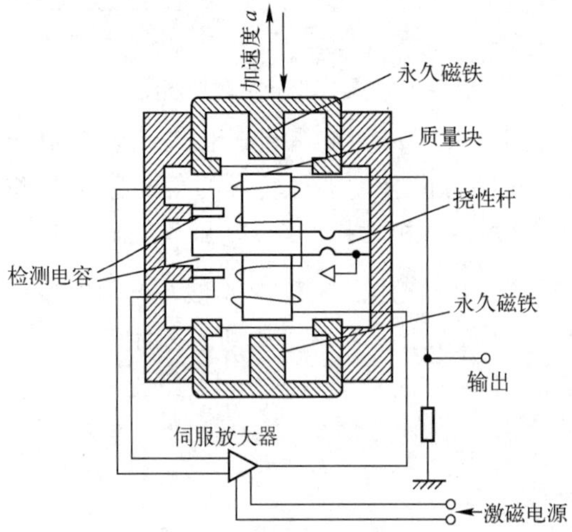

图 3-51　挠性加速度计原理结构图

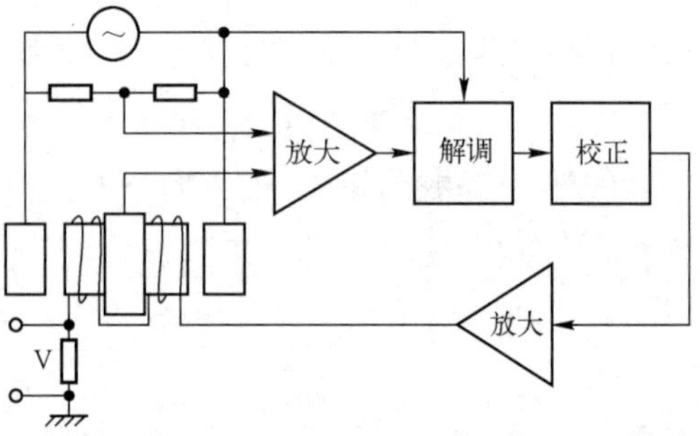

图 3-52　挠性加速度计的信号检测和反馈控制回路原理

当载体沿输入轴向有加速度时,惯性力作用在摆质量块上,同时,输入轴向上的引力分量也作用在质量快上,这两种力的合力对挠性杆细颈处形成摆力矩,使摆质量绕细颈轴转动,摆两端面与磁钢面构成的两个电容器其间隙一边增大,一边减小,从而使左、右两电容量发生变化。电容的变化量由电桥电路检测。当电桥不平衡时,其输出电压反映了摆组件偏角的大小。不平衡信号经放大、解调、校正和直流功率放大,最后送至力矩器线圈,产生电磁力矩来平衡摆力矩。由于回路的放大系数可设计得很大,因而摆质量的偏角实际上很小。为了输出与比力大小成比例的电信号,只要在力矩器线圈电路中串入一个采样电阻,取其上电压就可获得加速度计的输出信号。

2. 挠性加速度计的特点

挠性加速度计较液浮摆式加速度计有以下特点:

(1) 无支承摩擦力矩。由于采用挠性支承代替液浮摆式加速度计中的宝石轴承支承,这样就根除了宝石轴承带来的摩擦力矩,当然,随之又产生了挠性支承带来的弹性力矩。但由于系统设计中使开环放大系数大于弹性系数,挠性杆的转角很小,以至弹性力矩可以忽略不计,从而使弹性力矩所造成的死区很小,保证了加速度计的精度。

(2) 温控要求低。虽然有的挠性加速度计中也充有液体,这是为了增加系统的阻尼作用,以改善其动态特性,并不像液浮摆式加速度计那样主要用来产生浮力以减少轴承摩擦力矩,因而它对温度控制的要求较低。

(3) 结构简单、制造和维修成本低。

思 考 题

(1) 转子陀螺基本特性是什么?

(2) 光学陀螺的基本工作原理是什么?

(3) 加速度计测量比力的基本原理是什么?

(4) 设有一转子陀螺,其转子的转动惯量 $J = 120\text{g} \cdot \text{cm}^2$,转子的转速为 $n = 36000\text{rad/min}$,求该陀螺转子的角动量。

(5) 下图为二自由度陀螺进动的框图,请结合每一个环节的物理意义说明二自由度陀螺进动的物理过程。

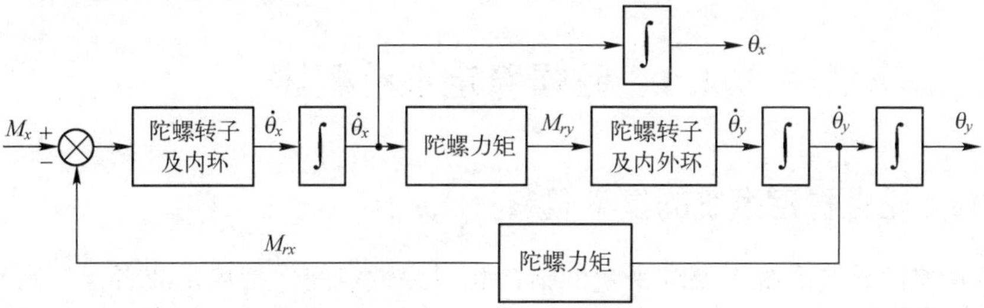

题 5 图 二自由度陀螺进动框图

(6) 下图为单自由度陀螺的结构原理图,设在陀螺的输入轴上存在角速度为的转动,分析单自由度陀螺在输出轴上的力矩方程。

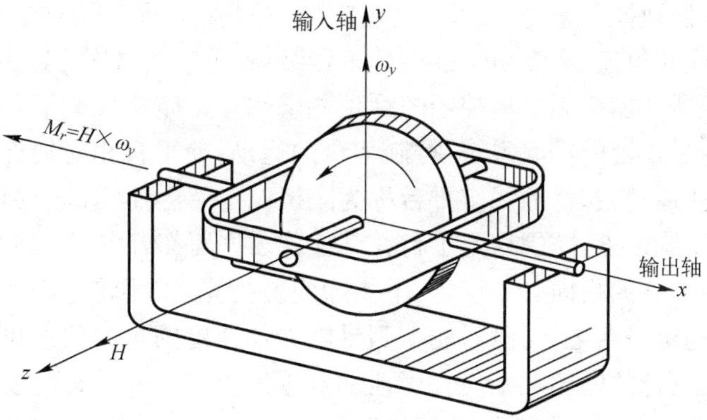

题 6 图 单自由度陀螺结构原理图

(7) 假设 1925 年迈克耳孙(Michelson)和盖勒(Gale)测量地球自转角速度所用的矩形环路面积 $A = 300\times300\text{m}^2$,光源波长 $\lambda = 0.6\mu\text{m}$,根据 sagnac 效应能够观测到的条纹移动间距是多少?

(8) 在轨道上奔驰的高铁受到哪些力的作用?假设在高铁上安装有一加速度计,分析加速度计测量的加速度里面包含有哪些成分?

第四章　陀螺稳定平台

陀螺稳定平台是平台式惯性导航系统中的一个关键部件,加速度计就安置于平台之上,平台的误差会直接导致加速度计的输出误差,从而影响整个惯性导航系统的精度。本章首先简述陀螺稳定平台的基本概念,然后从单轴陀螺稳定系统入手,分析其稳定原理,介绍其品质指标,最后分析惯性导航系统中采用的三轴陀螺稳定平台。

4.1　陀螺稳定系统概述

4.1.1　陀螺稳定系统的基本概念

平台式惯性导航系统中要求平台的指向相对惯性空间保持稳定或者保持水平模拟当地水平面,平台有误差时会造成加速度计的输出误差,为保证系统的精度,稳定平台应具有相当高的精度。稳定平台安置于载体上,载体的运动不可避免地会造成对稳定平台的干扰力矩,要尽量减少干扰力矩的影响,需要用一个高精度的自动控制系统来实现这种平台,首要问题之一是要能够精密测量平台的角运动——角度和角速度。另外,要实现平台水平,还必须能精确地控制平台的运动。陀螺仪正好是能满足这两种要求的理想元件,它能够精密测量角度和角速度,测角精度可达角秒级,测角速度精度可达 $10^{-5} \sim 10^{-3}$°/h。同时,能通过向力矩器施加控制电流控制陀螺仪的输出。以陀螺仪为平台角运动的敏感元件和控制元件,通过精密的伺服系统,控制平台的运动,使平台相对惯性空间保持稳定或者按照需要的规律运动,这样的稳定平台称为陀螺稳定平台,也称为陀螺稳定系统。

除惯性导航系统以外,陀螺稳定平台在其他许多方面都有应用。例如,舰艇上的光学测距仪、炮瞄雷达天线的指向必须稳定,不能随舰艇摇晃,需要将它们放置于一个能与舰艇角运动隔离的稳定平台之上;测量船上测量重力加速度的重力仪中也必须有一个稳定平台,以保证加速度计的敏感轴始终在当地地理垂线上;航空摄影中,要求把照相机装在一个不随飞机俯仰、倾斜的平台上,以便使照相机的光轴始终垂直于地面,天文望远镜为跟踪星体,也需要将望远镜放置于一个相对惯性空间稳定的平台上,在这些问题中,都需要应用陀螺稳定平台。

陀螺稳定系统控制的是被稳定对象的角运动,陀螺稳定系统有两种基本作用:一是稳定作用,即能隔离载体的角运动,稳定系统产生稳定力矩来抵消载体运动对被稳定对象的干扰力矩,阻止被稳定对象相对惯性空间转动。二是修正作用,即能控制被稳定对象按照所需要的角运动规律相对于惯性空间运动。例如,稳定平台要模拟当地水平面时,平台在保持稳定的同时,还必须进行修正,以跟踪当地水平面相对惯性空间的运动。稳定和修正是陀螺稳定系统的两个基本问题。陀螺稳定系统只工作在稳定状态,不对其进行修正,这种工作状态称为几何稳定状态。若陀螺稳定系统在保持稳定的同时,还对系统进行修正,使稳定轴按照所需要的规律转动，这种工作状态称为空间积分状态。

4.1.2 陀螺稳定系统的分类

陀螺稳定系统按照稳定轴的数目分，可分为：

(1) 单轴陀螺稳定系统——能使被稳定对象在空间绕某一根轴保持稳定，阻止被稳定对象绕该轴转动，又称为单轴陀螺稳定器。

(2) 双轴陀螺稳定系统——能使被稳定对象在空间绕两根不平行的轴保持稳定。两根不平行的稳定轴可形成一个稳定的平面，故双轴陀螺稳定系统又称双轴稳定平台或双轴平台。

(3) 三轴陀螺稳定系统——能使被稳定对象在空间绕 3 根互不平行的轴保持稳定。三轴陀螺稳定系统又称三轴稳定平台或三轴平台。

按照对干扰力矩的平衡原理，陀螺稳定系统可分为：

(1) 直接陀螺稳定系统——直接利用陀螺力矩本身来平衡干扰力矩。

(2) 动力陀螺稳定系统——利用陀螺力矩和外加机械力矩来共同平衡干扰力矩。

(3) 间接陀螺稳定系统——只利用外加机械力矩来抵消干扰力矩。

直接陀螺稳定系统实际上是一动量矩很大的陀螺。1904 年，德国工程师雪里克曾设计过一种船舶横摇稳定器，就是最早出现的直接陀螺稳定系统。如图 4-1 所示，将一个动量矩很大的单自由度陀螺装在船体内，陀螺的框架轴与船体的横向轴一致。陀螺主轴与甲板平面垂直。可以把船体看成是单自由度陀螺“外环”，船体的纵轴就是“外环轴”，这样船体连同陀螺一起可当成是一个巨大的两自由度陀螺仪。当沿船体纵轴方向有波浪扰动力矩，企图使船体横摇时，陀螺仪会绕框架轴进动，容易判断，陀螺进动时产生的陀螺力矩也作用在船体上，其方向与波浪扰动力矩方向相反，结果阻止了船体的横摇，这就是船舶横摇稳定器的设计思想。

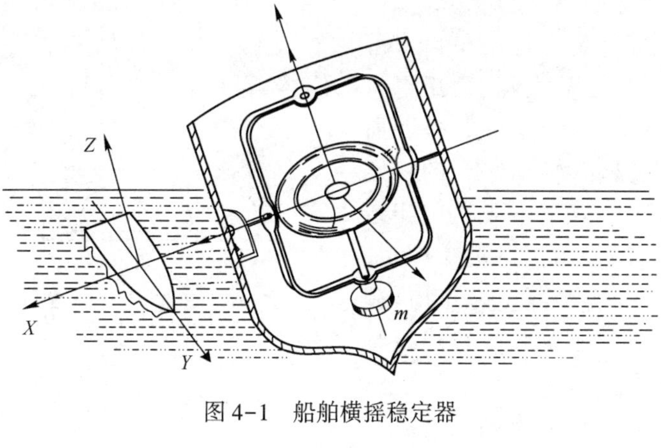

图 4-1　船舶横摇稳定器

这种直接陀螺稳定系统有两个比较大的缺点：

第一，因为干扰力矩全靠陀螺力矩来抵消，要求陀螺仪有比较大的动量矩，即陀螺仪有很大的体积和质量。在排水量为 900t 的德国 Silvana 汽艇上进行试验，上述船舶横摇稳定器的陀螺转子重达 4200kg，动量矩高达 20000kg · m · s。

第二，直接陀螺稳定系统只能克服方向交替变化的干扰力矩，若干扰力矩的方向恒定不变的话，陀螺的进动一直朝一个方向进行，进动到 90°时，陀螺主轴就与干扰力矩作用轴重合了，此时便失去了稳定作用。

直接陀螺稳定系统的上述缺点使它的使用受到限制，只能用于被稳定对象小、精度要求低的场合，现已基本不用。但从直接陀螺稳定系统的稳定过程可以看出，陀螺稳定系统的稳定作用是产生稳定力矩来抵抗干扰力矩。

动力陀螺稳定系统也是较早出现的陀螺稳定系统，它有稳定回路，有干扰力矩时，依靠陀螺力矩和稳定回路中电机产生的卸荷力矩来共同平衡，陀螺力矩在开始阶段起主要作用，稳态时主要依靠电机产生的力矩来平衡。这种系统的稳定回路比较简单，精度不是很高。

现代惯性导航和制导系统对陀螺稳定系统提出了更高的要求，加上电子技术、自动化技术和计算机技术的飞速发展，进而出现了用高精度液浮陀螺仪配以高精度的快速随动系统的间接陀螺稳定系统中。这种系统中使用的陀螺仪体积一般很小，陀螺力矩对干扰力矩的抵消作用微不足道，但稳定系统有很快的反应速度，有干扰力矩时系统中的力矩电机可迅速产生卸荷力矩来平衡干扰力矩。

利用单自由度积分陀螺仪的陀螺稳定系统是常用的间接陀螺稳定系统之一，本章将对这种稳定系统作详细的分析，对于其他类型的陀螺稳定系统的分析方法也类似。

4.2 单轴积分陀螺稳定系统及其几何稳定状态

虽然实际应用的陀螺稳定系统，较多的是双轴和三轴陀螺稳定平台，但可以把双轴和三轴陀螺稳定平台看成是 2 个或 3 个单轴陀螺稳定系统的组合。因此，对单轴陀螺稳定系统的分析是对各类陀螺稳定平台分析的基础。

4.2.1 组成与稳定原理

单轴积分陀螺稳定系统由单自由度液浮积分陀螺仪、信号放大器、力矩电机及被稳定对象（平台）组成，如图 4-2 所示。积分陀螺仪的输入轴与平台的稳定轴重合，积分陀螺仪角度传感器的输出接至放大器，放大器的输出控制力矩电机。平台的稳定轴通过轴承支承于基座（即载体）上，力矩电机的转子轴与平台稳定轴固连，力矩电机的定子固定在基座上。

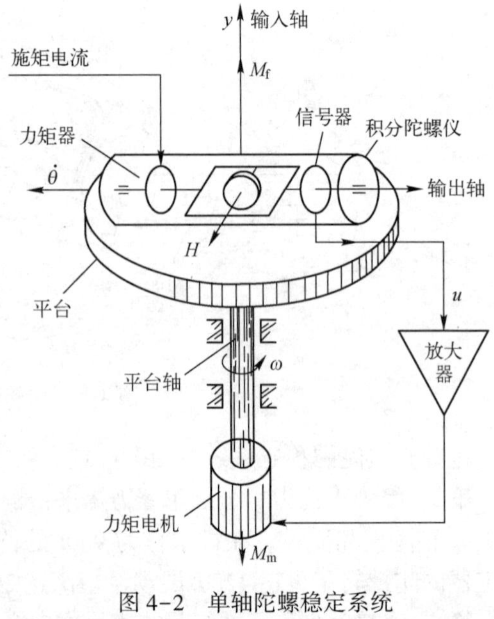

图 4-2 单轴陀螺稳定系统

力矩电机是能够将电流或电流脉冲转换为力矩的一种电机。它是陀螺稳定系统的执行元件。其主要特点是可以在堵转状态下运行，而其他电机，如同步电机、异步电机、直流伺服电机，只要卡住一段很短的时间电机就会烧坏。而力矩电机则可以长期堵转运行，这是其他电机无法比拟的。力矩电机的另一个特点是它可以跟负载直接连接，无须加装减速齿轮，避免了空回。此外，力矩电机还具有反应快、精度高、耦合刚度大、低转速（可达 24h 一转）、线性度好、体积小等优点。

现在先定性地研究这种单轴积分陀螺稳定系统的工作原理。当平台的稳定轴相对惯性空间有转动角速度时，由于轴承的隔离，载体不会直接带动稳定平台转动，但由于轴承存在摩擦，摩擦力矩 $\boldsymbol{M}_{\mathrm{f}}$ 会作用在稳定轴上，造成稳定平台绕稳定轴的转动。由于积分陀螺仪的输入轴与稳定平台的稳定轴重合，稳定轴转动时迫使陀螺主轴跟随转动，由此产生的陀螺力矩会使积分陀螺仪绕输出轴进动，产生进动角速度 $\dot{\boldsymbol{\theta}}$。$\dot{\boldsymbol{\theta}}$ 的方向是使陀螺的动量矩 H 矢端向摩擦力矩 $\boldsymbol{M}_{\mathrm{f}}$ 的矢端方向转动。由于 $\dot{\boldsymbol{\theta}}$ 的存在，会形成陀螺力矩 $H\dot{\boldsymbol{\theta}}$，此陀螺力矩的方向与摩擦力矩 $\boldsymbol{M}_{\mathrm{f}}$ 相反。但是，在积分陀螺稳定系统中，陀螺仪的动量矩一般较小，陀螺力矩也较小，不能依靠它来抵消干扰力矩。

陀螺仪有了绕输出轴的进动角速度 $\dot{\boldsymbol{\theta}}$，就会形成进动角 θ。陀螺仪角度传感器敏感此角度，输出与角度成正比的电压信号，经放大器放大，驱动力矩电机，产生电机力矩 $\boldsymbol{M}_{\mathrm{m}}$，作用于平台的稳定轴，信号线正确连接，可以使力矩电机产生的力矩方向与摩擦力矩方向相反。这样就可以用力矩电机产生的力矩 $\boldsymbol{M}_{\mathrm{m}}$ 抵消摩擦力矩。

干扰力矩 $\boldsymbol{M}_{\mathrm{f}}$ 刚开始作用时，$\boldsymbol{M}_{\mathrm{m}}=0$，而后随着 θ 角的增大而增大。直到 $\boldsymbol{M}_{\mathrm{m}}=\boldsymbol{M}_{\mathrm{f}}$ 时，作用在平台稳定轴上的合力矩就为零。当 $\boldsymbol{M}_{\mathrm{m}}$ 超过 $\boldsymbol{M}_{\mathrm{f}}$ 使平台稳定轴开始回转时，陀螺向相反的方向进动，θ 角减小，$\boldsymbol{M}_{\mathrm{m}}$ 随之减小。显然这是一自动调节过程，最终达到稳态时，稳定平台就停止转动，陀螺停止进动，θ 角保持在使 $\boldsymbol{M}_{\mathrm{m}}=\boldsymbol{M}_{\mathrm{f}}$ 的位置上。

一旦干扰力矩 $\boldsymbol{M}_{\mathrm{f}}$ 消失，由于陀螺仪的进动角 θ 不会马上消失，力矩电机仍然有力矩输出，此时电机的力矩就相当于一新的干扰力矩作用于平台。在此力矩作用下，平台稳定轴就会顺着电机力矩的方向转动，于是，陀螺仪敏感到稳定轴的角速度后，就朝 θ 角逐步减小的方向进动，进动角 θ 逐步减小，直至到 0，最终平台回到初始位置，保持稳定。这一稳定过程如图 4-3 所示。

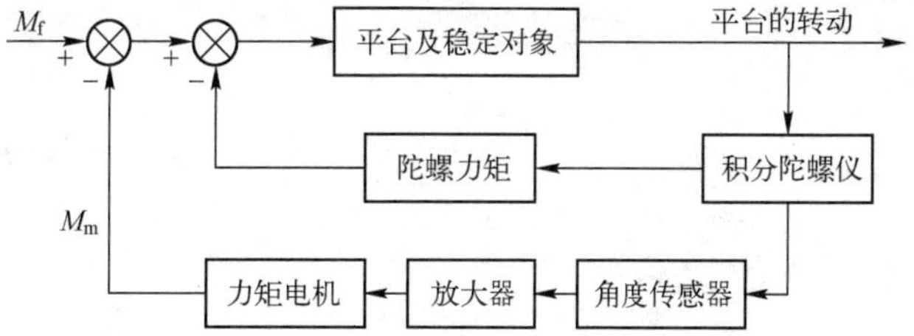

图 4-3　单轴积分陀螺稳定系统的稳定过程

上述回路：平台及稳定对象→积分陀螺仪→放大器→力矩电机→平台及稳定对象，称为稳定回路。通过这样的稳定回路，稳定平台相对惯性空间可以始终保持稳定。稳定平台相对惯性空间保持稳定的状态称为几何稳定状态。

4.2.2　几何稳定状态分析

4.2.2.1　系统的运动方程和函数方块图

为便于对系统进行分析，需建立系统的数学模型。

建立陀螺坐标系 $OX_gY_gZ_g$ 和平台坐标系 $OX_pY_pZ_p$，Z_g 为陀螺主轴，X_g 轴为积分陀螺仪的输出轴，Y_g 轴与 X_g、Z_g 轴垂直，构成右手坐标系。平台坐标系 X_p 轴与 X_g 重合，Y_p 轴为平台的被稳定轴，也就是积分陀螺仪的输入轴。Z_p 轴与 X_p、Y_p 轴垂直，构成右手坐标系。当陀螺仪输出角度为零时，Y_p、Z_p 轴分别与 Y_p、Z_g 轴重合。当陀螺仪有输出角度 θ 时，Y_p、Z_p 轴分别与 Y_g、Z_p 轴有夹角 θ，如图 4-4 所示。

下面分别对平台部件（含陀螺仪）、放大器、力矩电机进行分析。

1. 平台部件的运动微分方程

对平台而言，如果将稳定轴的角运动视为输出，那么，输入就是平台稳定轴上各种作用力矩的和。可运用动静法，在分析作用在平台的稳定轴 Y_p 的力矩后建立其运动方程。

（1）干扰力矩 $\boldsymbol{M}_f$：由平台基座轴承的摩擦引起。假定其方向在 Y_p 轴的正向。

（2）惯性力矩：设平台在各种外力矩作用下绕稳定轴 Y_p 的转动角速度为 $\dot{\boldsymbol{\sigma}}$，角加速度为 $\ddot{\boldsymbol{\sigma}}$，假定角速度 $\dot{\boldsymbol{\sigma}}$、角加速度 $\ddot{\boldsymbol{\sigma}}$ 的正方向定义在 Y_p 正向。若记平台绕稳定轴 Y_p 的转动惯量为 J_y，则惯性力矩为 $J_y\ddot{\boldsymbol{\sigma}}$，其方向与 $\ddot{\boldsymbol{\sigma}}$ 相反，即沿 Y_p 负向。

（3）陀螺力矩：由于平台稳定轴 Y_p 就是单自由度积分陀螺仪的输入轴，当平台有转动角速度 $\dot{\boldsymbol{\sigma}}$ 时，根据单自由度积分陀螺仪的运动特性可知，陀螺仪的主轴会绕陀螺仪输出轴进动。记进动角速度为 $\dot{\boldsymbol{\theta}}$，假定其正方向定义在 X_g 轴（即 X_p 轴）负向上。由进动角速度 $\dot{\boldsymbol{\theta}}$ 引起的陀螺力矩 $H\dot{\boldsymbol{\theta}}$ 在 Y_g 负向，此陀螺力矩在 Y_p 轴负向的分量为 $H\dot{\boldsymbol{\theta}}\cos\theta$。

（4）稳定力矩：由于积分陀螺仪有输出角度 θ，其角度传感器将有信号送至放大器，放大后驱动力矩电机，使电机产生稳定力矩 $\boldsymbol{M}_m$，稳定力矩用来平衡干扰力矩，故其方向应与干扰力矩方向相反，为方便起见，假定 $\boldsymbol{M}_m$ 的正方向在 OY_p 轴负向。

各种力矩的方向如图 4-5 所示。

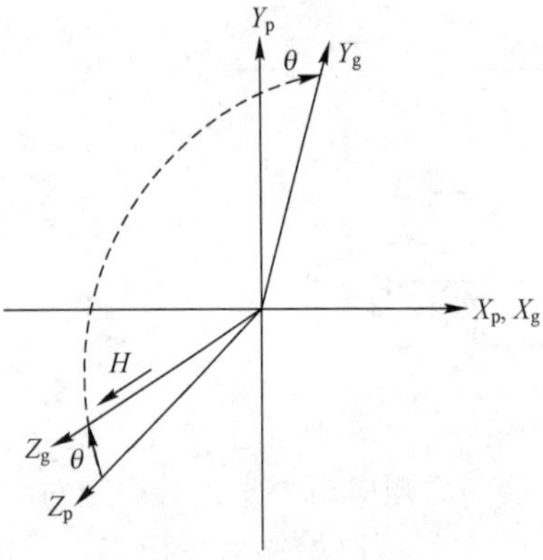

图 4-4　陀螺坐标系与平台坐标系

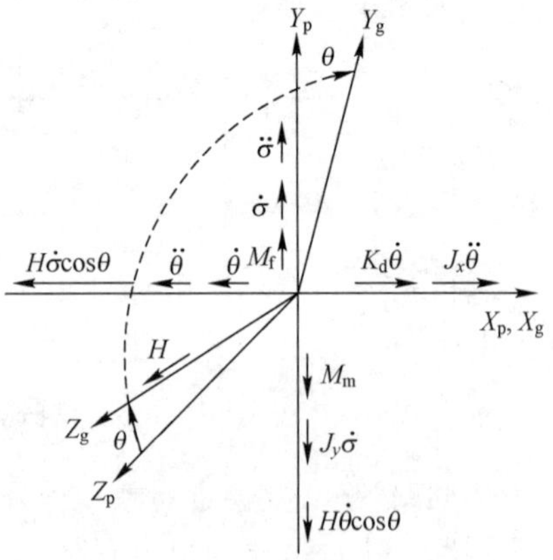

图 4-5　各种力矩的方向

这样，平台绕稳定轴 Y_p 的力矩平衡方程为

$$\boldsymbol{M}_f = J_y\ddot{\boldsymbol{\sigma}} + H\dot{\boldsymbol{\theta}}\cos\theta + \boldsymbol{M}_m \tag{4-2-1}$$

对积分陀螺仪来说，其输入是平台稳定轴的转动角速度 $\dot{\sigma}$，输出是其转子绕其输出轴

的进动角度 θ。运用动静法，同样可分析作用在陀螺仪输出轴向的力矩。

（1）由平台稳定轴角速度 $\dot{\sigma}$ 引起的陀螺力矩为 $\boldsymbol{H}\times\dot{\boldsymbol{\sigma}}=H\dot{\boldsymbol{\sigma}}\cos\theta$，方向沿 OX_g 负向。

（2）由陀螺进动角速度 $\dot{\boldsymbol{\theta}}$（绕 X_g 轴负向）引起的惯性力矩 $J_x\ddot{\boldsymbol{\theta}}$，方向在 X_g 轴正向，J_x 为陀螺仪绕输出轴的转动惯量。

（3）由积分陀螺仪浮子组件与壳体之间的浮液引起的阻尼力矩 $K_d\dot{\boldsymbol{\theta}}$，方向与 $\dot{\boldsymbol{\theta}}$ 相反，即在 X_g 轴正向。

综合陀螺仪输出轴向的力矩，有

$$J_x\ddot{\boldsymbol{\theta}}+K_d\dot{\boldsymbol{\theta}}=H\dot{\boldsymbol{\sigma}}\cos\theta \tag{4-2-2}$$

实际上稳定系统工作时，要求陀螺仪进动角 θ 很小，$\cos\theta\approx1$，式（4-2-1）、式（4-2-2）可以线性化为

$$\begin{cases}\boldsymbol{M}_f=J_y\ddot{\boldsymbol{\sigma}}+H\dot{\boldsymbol{\theta}}+\boldsymbol{M}_m\\ J_x\ddot{\boldsymbol{\theta}}+K_d\dot{\boldsymbol{\theta}}=H\dot{\boldsymbol{\sigma}}\end{cases} \tag{4-2-3}$$

2. 角度传感器与放大器

积分陀螺仪的输出角度，经陀螺仪内角度传感器转变成交流电压信号，再经放大器进行前置放大、整流、功率放大，用以驱动力矩电机，设陀螺仪角度传感器的转换系数为 K_u，放大器的综合放大倍数为 K_f，则提供给电机的电压 U 为

$$U=K_fK_u\theta=K_j\theta \tag{4-2-4}$$

式中：$K_j=K_f\cdot K_u$。

实际上，放大器中还有校正环节，在列写运动方程的拉氏变换式时再一并考虑。

3. 力矩电机运动方程

力矩电机是稳定回路的执行元件，一般为永磁式直流电动机，其电枢等效回路如图 4-6 所示。L_a 为等效电感，一般很小，可忽略。电枢回路的电压平衡方程为

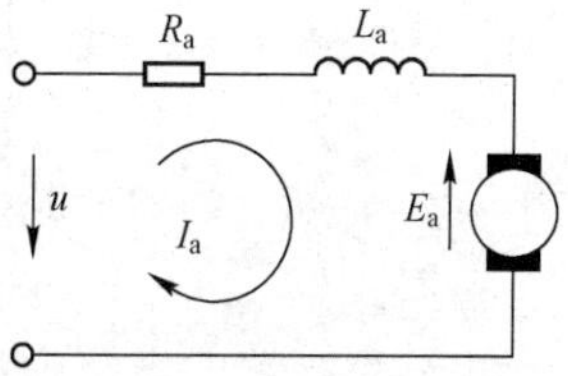

图 4-6 力矩电机电枢等效回路

$$U=I_aR_a+E_a \tag{4-2-5}$$

即

$$I_a=(U-E_a)/R_a \tag{4-2-6}$$

力矩电机产生的力矩与电枢回路电流成正比：

$$M_m=K_aI_a=K_a(U-E_a)/R_a=K_m(U-E_a) \tag{4-2-7}$$

式中：$K_m=K_a/R_a$，为电机的力矩系数（输入电压到输出力矩的变换系数）。

式（4-2-7）中，E_a 为力矩电机反电势，它与力矩电机转动角速度成正比。由于电机轴与平台稳定轴固连，电机轴的转动角速度就是平台稳定轴的转动角速度 $\dot{\boldsymbol{\sigma}}$。反电势的效果应该是阻止电机转子顺着电流产生的力矩方向转动，就是说，电机转子顺着电流产生的力矩方向转动时，式（4-2-5）~式（4-2-7）中的反电势应是正的，但是由于在上面的讨论中定义的平台稳定轴转动角速度 $\dot{\sigma}$ 在 OY_p 轴正向，而力矩电机产生的力矩 $\boldsymbol{M}_m$ 在 OY_p 轴负向，$\dot{\boldsymbol{\sigma}}$ 与 $\boldsymbol{M}_m$ 方向相反，所以反电势 E_a 与 $\dot{\boldsymbol{\sigma}}$ 的关系为

$$E_a=-K_e\dot{\boldsymbol{\sigma}} \tag{4-2-8}$$

综合上述分析，可得整个单轴积分陀螺稳定系统的运动微分方程如下：

$$
\begin{cases}
\boldsymbol{M}_{\mathrm{f}}=J_{y}\ddot{\boldsymbol{\sigma}}+H\dot{\boldsymbol{\theta}}+\boldsymbol{M}_{\mathrm{m}} \\
J_{x}\ddot{\boldsymbol{\theta}}+K_{\mathrm{d}}\dot{\boldsymbol{\theta}}=H\dot{\boldsymbol{\sigma}} \\
\boldsymbol{M}_{\mathrm{m}}=K_{\mathrm{m}}(U-E_{\mathrm{a}}) \\
u=K_{\mathrm{j}}\theta \\
E_{\mathrm{a}}=-K_{\mathrm{e}}\dot{\boldsymbol{\sigma}}
\end{cases} \tag{4-2-9}
$$

在零初始条件下,对式(4-2-9)取拉氏变换,可得

$$
\begin{cases}
\boldsymbol{M}_{\mathrm{f}}(s)=J_{y}s^{2}\boldsymbol{\sigma}(s)+Hs\theta(s)+\boldsymbol{M}_{\mathrm{m}}(s) \\
J_{x}s^{2}\theta(s)+K_{\mathrm{d}}s\theta(s)=Hs\boldsymbol{\sigma}(s) \\
\boldsymbol{M}_{\mathrm{m}}(s)=K_{\mathrm{m}}[u(s)-E_{\mathrm{a}}(s)] \\
u(s)=K_{\mathrm{j}}\theta(s) \\
E_{\mathrm{a}}(s)=-K_{\mathrm{e}}s\boldsymbol{\sigma}(s)
\end{cases} \tag{4-2-10}
$$

考虑到放大器环节中还有校正网络,假定其传递函数为 $W_{\mathrm{j}}(s)$,则上面的力矩电机控制电压方程可以改为

$$
u(s)=K_{\mathrm{j}}W_{\mathrm{j}}(s)\theta(s) \tag{4-2-11}
$$

修改式(4-2-10),并整理,有

$$
\begin{cases}
\boldsymbol{\sigma}(s)=[M_{\mathrm{f}}(s)-Hs\theta(s)-M_{\mathrm{m}}(s)]/J_{y}s^{2} \\
\theta(s)=H\boldsymbol{\sigma}(s)/K_{\mathrm{d}}(T_{\mathrm{g}}s+1) \\
M_{\mathrm{m}}(s)=K_{\mathrm{m}}[u(s)-E_{\mathrm{a}}(s)] \\
u(s)=K_{\mathrm{j}}W_{\mathrm{j}}(s)\theta(s) \\
E_{\mathrm{a}}(s)=-K_{\mathrm{e}}s\boldsymbol{\sigma}(s)
\end{cases} \tag{4-2-12}
$$

式中:$T_{\mathrm{g}}=J_{x}/K_{\mathrm{d}}$,为积分陀螺仪的时间常数。

根据式(4-2-12),可以画出系统的函数方块图,如图 4-7 所示。

积分陀螺稳定系统中,由于系统的反应速度快,平台稳定轴的转动实际上很慢,力矩电机的转速很小,因此电机的反电势可以忽略不计。另外,由于积分陀螺稳定系统中使用的陀螺仪动量矩很小,陀螺仪进动造成的陀螺力矩对干扰力矩的抵消作用很微弱,对系统进行分析时也可以忽略,这样图 4-7 可以简化为图 4-8。从上面的系统函数方块图可以清楚地看出稳定回路抵消干扰力矩的过程。

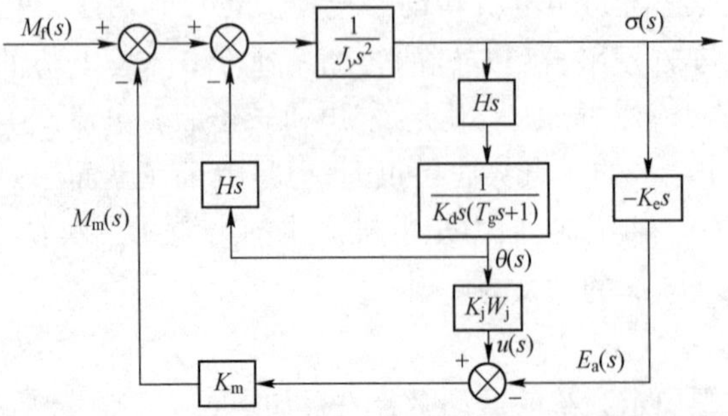

图 4-7 单轴积分陀螺稳定系统函数方块图

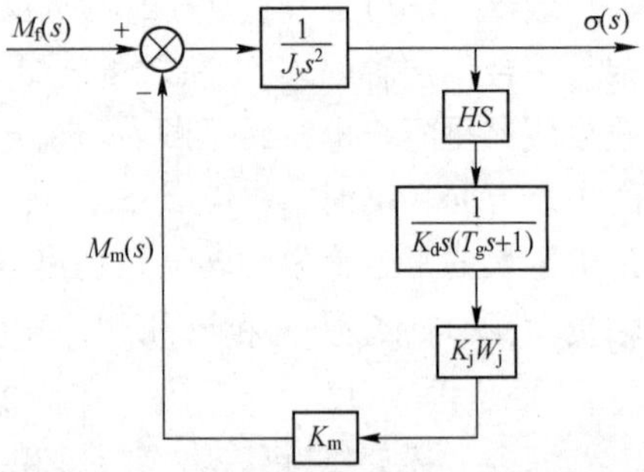

图 4-8 单轴积分陀螺稳定系统简化方块图

4.2.2.2 误差分析

1. 平台稳定轴上常值干扰力矩造成的稳定角误差

根据图 4-8 可以得出单轴积分陀螺稳定系统干扰力矩 $\boldsymbol{M}_{\mathrm{f}}(s)$ 到稳定角误差 $\sigma(s)$ 的传递函数：

$$\frac{\sigma(s)}{M_{\mathrm{f}}(s)}=\frac{K_{\mathrm{d}}(T_{\mathrm{g}}s+1)}{J_yK_{\mathrm{d}}s^2(T_{\mathrm{g}}s+1)+K_{\mathrm{m}}K_{\mathrm{j}}HW_{\mathrm{j}}(s)} \tag{4-2-13}$$

于是：

$$\sigma(s)=\frac{K_{\mathrm{d}}(T_{\mathrm{g}}s+1)}{J_yK_{\mathrm{d}}s^2(T_{\mathrm{g}}s+1)+K_{\mathrm{m}}K_{\mathrm{j}}HW_{\mathrm{j}}(s)}M_{\mathrm{f}}(s) \tag{4-2-14}$$

干扰力矩为常值时：

$$M_{\mathrm{f}}(t)=M_{\mathrm{f}}$$
$$M_{\mathrm{f}}(s)=M_{\mathrm{f}}/s$$

运用拉氏变换中的终值定理，可求出稳态时的稳定角误差：

$$\sigma_{\mathrm{ss}}=\lim_{s\to0}s\sigma(s)=\lim_{s\to0}\frac{K_{\mathrm{d}}M_{\mathrm{f}}}{K_{\mathrm{m}}K_{\mathrm{j}}HW_{\mathrm{j}}(s)} \tag{4-2-15}$$

选择校正网络的参数，可以使 $\lim\limits_{s\to0}W_{\mathrm{j}}(s)=1$，此时有

$$\sigma_{\mathrm{ss}}=\frac{K_{\mathrm{d}}}{K_{\mathrm{m}}K_{\mathrm{j}}H}M_{\mathrm{f}} \tag{4-2-16}$$

从式(4-2-16)可以看出，有常值干扰力矩作用于稳定轴时，系统达到稳态时是存在稳态角误差的，因而是一有差系统。稳定角误差 σ_{ss} 与稳定轴上受到的常值干扰力矩大小成正比，但比例系数仅与系统结构参数有关。将常值干扰力矩 M_{f} 与稳定角误差 σ_{ss} 的比值称为力矩刚度：

$$S_{\mathrm{F}}=\frac{M_{\mathrm{f}}}{\sigma_{\mathrm{ss}}}=\frac{K_{\mathrm{m}}K_{\mathrm{j}}H}{K_{\mathrm{d}}} \tag{4-2-17}$$

力矩刚度越大，则同样的常值干扰力矩作用于稳定轴时，系统达到稳态时的稳态角误差越小，反之则越大。力矩刚度就像一弹性扭秆的刚度一样，刚度越大，则用同样的力矩扭动扭秆时，能扭动的角度越小。

2. 平台稳定轴上常值干扰力矩造成的陀螺仪进动角

积分陀螺稳定系统中，有干扰力矩 $\boldsymbol{M}_{\mathrm{f}}$ 作用于系统的稳定轴时，陀螺仪将会进动，进动角 $\theta\neq0$ 时，角度传感器有输出，经放大后驱动力矩电机，电机产生稳定力矩与 $\boldsymbol{M}_{\mathrm{f}}$ 平衡，于是平台保持稳定。可见稳定过程中，θ 角是必须有的。但另外，陀螺进动角 θ 又不能太大，否则会破坏系统的线性化条件。一般要求 θ 角在几个角秒之内。将常值干扰力矩作用于系统稳定轴且系统达到稳态时，陀螺仪的进动角与引起误差的常值干扰力矩的比值称为稳态刚度。稳态刚度表明在同样大小的干扰力矩作用下，陀螺仪需要产生多大的进动角，才能产生相应的稳定力矩以平衡干扰力矩。设常值干扰力矩为 $\boldsymbol{M}_{\mathrm{f}}$，系统达到稳态时，陀螺仪的进动角为 θ_{ss}，则稳态刚度 S_{i} 为

$$S_{\mathrm{i}}=\frac{M_{\mathrm{f}}}{\theta_{\mathrm{ss}}} \tag{4-2-18}$$

为求得稳态刚度表达式,可以以干扰力矩 $\boldsymbol{M}_\mathrm{f}$ 为输入、以陀螺仪的进动角度 $\boldsymbol{\theta}$ 为输出,将图 4-8 改画为图 4-9。

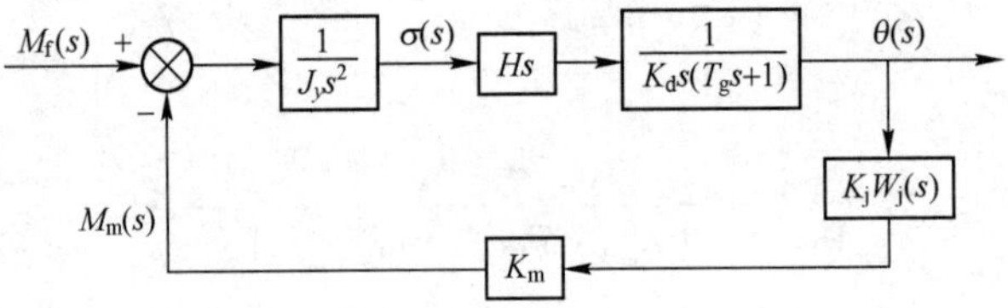

图 4-9　以干扰力矩为输入、以陀螺仪的进动角度为输出的函数方块图

根据图 4-9,可以求出 $\boldsymbol{M}_\mathrm{f}(s)$ 到 $\theta(s)$ 的传递函数:

$$\frac{\theta(s)}{M_\mathrm{f}s}=\frac{H}{J_yK_\mathrm{d}s^2(T_\mathrm{g}s+1)+K_\mathrm{m}K_\mathrm{j}HW_\mathrm{j}(s)} \tag{4-2-19}$$

于是:

$$\theta(s)=\frac{H}{J_yK_\mathrm{d}s^2(T_\mathrm{g}s+1)+K_\mathrm{m}K_\mathrm{j}HW_\mathrm{j}(s)}M_\mathrm{f}(s) \tag{4-2-20}$$

若 $M_\mathrm{f}(t)=M_\mathrm{f}$,则 $M_\mathrm{f}(s)=M_\mathrm{f}/s$,与求稳定角误差 σ_ss 类似,运用拉氏变换中的终值定理,可求出稳态时的陀螺仪进动角 θ_ss(仍假定 $\lim\limits_{s\to0}W_\mathrm{j}(s)=1$):

$$\theta_\mathrm{ss}=\lim_{s\to0}s\theta(s)=\frac{1}{K_\mathrm{m}K_\mathrm{j}}M_\mathrm{f} \tag{4-2-21}$$

故稳态刚度为

$$S_\mathrm{i}=\frac{M_\mathrm{f}}{\theta_\mathrm{ss}}=K_\mathrm{j}K_\mathrm{m} \tag{4-2-22}$$

可见,稳态刚度就是从陀螺仪进动角到形成稳定力矩的放大倍数,要提高系统的稳态刚度就需要增大放大倍数。

力矩刚度和稳态刚度是陀螺稳定系统的重要设计指标。

例　有一实际的积分陀螺稳定系统,其参数如下。

液浮积分陀螺仪:

动量矩 $H=10^5\mathrm{g\cdot cm^2/s}$;

阻尼系数 $K_\mathrm{d}=1.67\mathrm{dyn\cdot cm\cdot s}$;

绕输出轴转动惯量 $J_x=10^2\mathrm{g\cdot cm^2}$;

平台绕稳定轴的转动惯量 $J_y=3\times10^5\mathrm{g\cdot cm^2}$;

力矩电机力矩系数 $K_\mathrm{m}=430\mathrm{dyn\cdot cm/V}$;

角度传感器和放大器的综合放大系数 $K_\mathrm{j}=633\mathrm{V/rad}$。

其稳态刚度为

$$S_\mathrm{i}=K_\mathrm{j}K_\mathrm{m}=633\times430(\mathrm{V/rad})(\mathrm{dyn\cdot cm/V})=2.72\times10^5(\mathrm{dyn\cdot cm/rad})$$

力矩刚度为

$$S_\mathrm{F}=\frac{K_\mathrm{m}K_\mathrm{j}H}{K_\mathrm{d}}=\frac{2.72\times10^5\mathrm{dyn\cdot cm/rad}\times10^5\mathrm{g\cdot cm^2/s}}{1.67\mathrm{dyn\cdot cm\cdot s}}$$
$$=1.63\times10^{10}\mathrm{g\cdot cm^2/(s^2\cdot rad)}$$

$= 1.63 \times 10^{10} \text{dyn} \cdot \text{cm/rad}$

注：$1\text{dyn} = 1\text{g} \cdot \text{cm/s}^2 = 10^{-5}\text{N}$。

4.2.3 单轴陀螺稳定系统的校正问题

在前面的分析中，我们认为放大器部件的传递函数是一比例环节 K_j 加上一校正环节 $W_j(s)$：

$$u(s)/\theta(s) = K_j W_j(s)$$

现在，我们从系统稳定性的角度来分析校正环节的必要性。

根据图 4-9，系统的固有开环传递函数为

$$\Phi_0(s) = \frac{K_0}{s^2(T_g s+1)} W_j(s) \tag{4-2-23}$$

式中

$$K_0 = \frac{K_j K_m H}{J_y K_d} \tag{4-2-24}$$

若没有校正环节 $W_j(s)$，即 $W_j(s) = 1$，则 $\Phi_0(s)$ 中只有两个积分环节和一个惯性环节。在系统的开环频率特性的相频特性中，积分环节的相频特性有 90°的相位滞后，惯性环节相频特性的相位滞后为 0°~90°，因此无校正网络的单轴陀螺稳定系统开环频率特性的相频特性在任何频率上都至少有 180°的相位滞后，系统是不稳定的，必须加以校正。

校正网络 $W_j(s)$ 的选择应保证系统有一定的相位稳定裕度，同时还要保证系统可以有比较大的开环增益，以使系统有足够的稳态刚度和力矩刚度。校正网络的选择可采用一般自动控制系统中的校正方法，读者可参阅有关自控原理的书籍，此处就不展开讨论了。

4.3 积分陀螺仪输出轴上干扰力矩对系统的影响及陀螺稳定系统的修正原理

4.3.1 积分陀螺仪输出轴上干扰力矩对稳定系统的影响

4.2 节中分析单轴积分陀螺稳定系统时，没有考虑积分陀螺仪输出轴上存在干扰力矩时的情况。多种原因都可能导致积分陀螺仪输出轴上的干扰力矩，例如，当浮筒所受的浮力与其重力不相等时，轴承上会有摩擦干扰力矩，陀螺的质量中心偏离框架轴时会引起静不平衡力矩等。现在我们来分析积分陀螺仪输出轴上的干扰力矩对系统的影响。

根据单自由度陀螺仪的运动特性可知，在陀螺仪输出轴上有外力矩作用时，陀螺主轴会顺着外力矩方向运动，从而影响陀螺仪的输出。在积分陀螺稳定系统中，陀螺仪的这个输出角经角度传感器、放大器形成控制电压，驱动力矩电机，力矩电机产生力矩作用于稳定平台上，会使稳定平台误动。同时，稳定平台的转动，又迫使陀螺仪主轴跟随转动（即绕输入轴转动），由此形成的陀螺力矩也在陀螺仪输出轴向上。

可以判别此时力矩电机产生力矩的方向，以及由力矩电机驱动平台稳定轴转动所造成的陀螺力矩方向。为表述方便，仍采用 4.2 节中建立的平台坐标系 $OX_pY_pZ_p$ 和陀螺坐标系 $OX_gY_gZ_g$。

假定陀螺仪输出轴上的干扰力矩 M_x 在 X_g 轴的负向,则在此干扰力矩作用下陀螺仪主轴绕输出轴的转动角速度 $\dot{\theta}$ 也在 X_g 轴的负向。陀螺仪输出角度信号经放大后驱动力矩电机。电机产生的力矩应该在 Y_p 轴的负向(这是因为力矩电机的主要作用之一是平衡稳定轴上的干扰力矩,4.2 节已经分析,当稳定轴 Y_p 正向有干扰力矩时,陀螺仪绕 X_g 负向产生输出角,而产生的稳定力矩必须与干扰力矩方向相反,即在 Y_p 的负向。现在陀螺仪的输出角度在 X_g 的负向,故力矩电机产生的力矩必然在 Y_p 轴的负向)。平台在力矩电机产生的力矩作用下,要绕 Y_p 的负向转动,迫使陀螺仪跟随转动,故形成的陀螺力矩方向在 X_g 轴的正向。此方向与前面假定的陀螺仪输出轴上干扰力矩的方向是相反的,可以起到平衡陀螺仪输出轴上干扰力矩的作用。可见,陀螺仪输出轴上有干扰力矩时,系统的运动也是一闭环系统的运动,可用图 4-11 所示的方块图来描述。

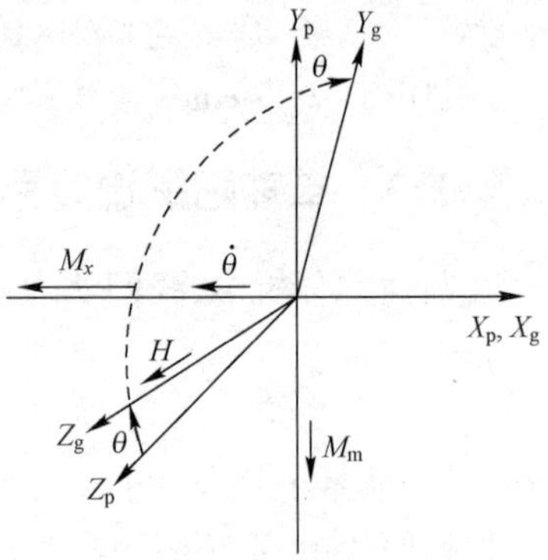

图 4-10　陀螺仪输出轴有干扰力矩 M_x 的情况

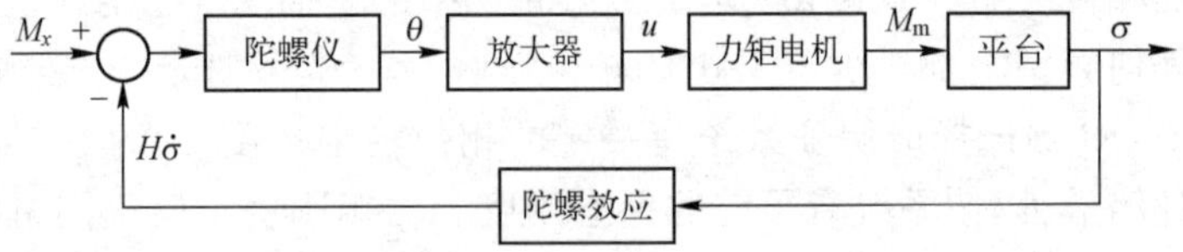

图 4-11　陀螺仪输出轴上有干扰力矩时稳定平台的运动

为具体地分析这一影响,重新建立积分陀螺输出轴上的力矩平衡方程。

作用于积分陀螺仪输出轴 X_g 上的干扰力矩为 M_x,在 X_g 负向。最终造成的平台稳定轴的转动角度为 σ,和 4.2 节统一,定义 σ 绕 Y_p 轴正向为正。这样,作用在陀螺仪输出轴上的力矩还有:陀螺力矩 $H\dot{\sigma}\cos\theta$(X_g 轴负向)、惯性力矩 $J_x\ddot{\theta}$(X_g 轴正向)、阻尼力矩 $K_d\dot{\theta}$(X_g 轴正向),此时陀螺仪输出轴上的力矩平衡方程为

$$J_x\ddot{\theta}+K_d\dot{\theta}=H\dot{\sigma}\cos\theta+M_x \tag{4-3-1}$$

当陀螺仪的进动角 θ 很小时,$\cos\theta\approx1$,这样,式(4-3-1)可以线性化为

$$J_x\ddot{\theta}+K_d\dot{\theta}=H\dot{\sigma}+M_x \tag{4-3-2}$$

以式(4-3-2)替代式(4-2-9)中陀螺仪输出轴上的力矩平衡方程,保持平台运动微分方程、力矩电机方程、放大器方程不变,于是可以得到陀螺仪输出轴上有干扰力矩时整个单轴积分陀螺稳定系统的运动微分方程如下:

$$\begin{cases}M_f=J_y\ddot{\sigma}+H\dot{\theta}+M_m\\J_x\ddot{\theta}+K_d\dot{\theta}=H\dot{\sigma}+M_x\\M_m=K_m(u-E_a)\\u=K_j\theta\\E_a=-K_e\dot{\sigma}\end{cases} \tag{4-3-3}$$

在零初始条件下，对上面的方程组取拉普拉斯变换，并考虑到放大器环节中有校正网络时，放大环节的传递函数为 $u(s)=K_jW_j(s)\theta(s)$，可得

$$\begin{cases}\sigma(s)=[M_f(s)-Hs\theta(s)-M_m(s)]/J_ys^2\\ \theta(s)=[Hs\sigma(s)+M_x(s)]/K_ds(T_gs+1)\\ M_m(s)=K_m[u(s)-E_a(s)]\\ u(s)=K_jW_j(s)\theta(s)\\ E_a(s)=-K_es\sigma(s)\end{cases} \tag{4-3-4}$$

式中：$T_g=\dfrac{J_x}{K_d}$，为积分陀螺仪的时间常数。

式(4-3-4)与4.2节式(4-2-12)相比，除第二个方程中多了 $M_x(s)$ 外，其余都是一样的。

在图4-8中，加入 $M_x(s)$ 即可得出考虑陀螺仪输出轴的干扰力矩时的系统函数方块图，如图4-12所示。

为分析陀螺仪输出轴的干扰力矩对系统稳定误差角 σ_{ss} 的影响，可只考虑 $M_x(s)$，而暂不考虑 $M_f(s)$ 的影响，这样图4-12变为图4-13。

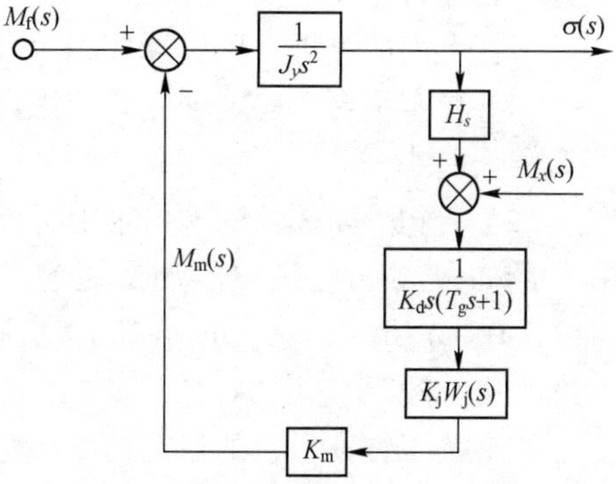

图4-12　考虑陀螺仪输出轴的干扰力矩时的系统函数方块图

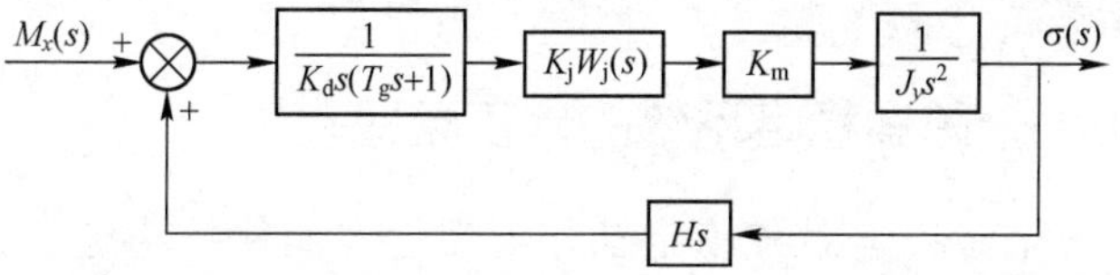

图4-13　陀螺仪输出轴的干扰力矩对系统稳定误差角 σ 的影响

由于从 $M_x(s)$ 到 $\sigma(s)$ 的前向通道放大倍数较大，$M_x(s)$ 到 $\sigma(s)$ 的稳态传递函数主要由反馈通道决定：

$$\frac{\sigma(s)}{M_x(s)}=-\frac{1}{Hs} \tag{4-3-5}$$

故

$$\sigma(s)=-\frac{1}{Hs}M_x(s)$$

假定 M_x 为常值，$M_x(s)=M_x/s$，则

$$\sigma(s)=-\frac{1}{Hs^2}M_x$$

$$s\sigma(s)=-\frac{M_x}{Hs}$$

取拉普拉斯反变换，有

$$\dot{\sigma}(t)=-\frac{M_x}{H} \tag{4-3-6}$$

式(4-3-6)表明，陀螺仪输出轴上有常值干扰力矩 M_x 时，系统进入稳态后，稳定平

台会以角速度 $\dot{\sigma}(t)=-\dfrac{M_x}{H}$ 绕稳定轴相对惯性空间转动。转动方向正好是动量矩 H 向干扰力矩 M_x 靠近的方向。这种现象就像两自由度陀螺仪进动现象一样(把单自由度积分陀螺仪和稳定平台一起看成是一"两自由度陀螺仪",积分陀螺仪的输出轴看成是内环轴、稳定平台的稳定轴看成是外环轴,内环轴上有干扰力矩时,陀螺仪会绕外环轴进动)。

对于单自由度积分陀螺仪,输出轴上的干扰力矩与其动量矩之比就是陀螺漂移角速度。因此用单自由度积分陀螺仪构成陀螺稳定系统时,陀螺漂移会造成同样角速度的平台稳定轴漂移。

根据上面的分析,可以得出以下结论:

(1) 稳定平台的稳定轴上有干扰力矩时,会造成稳定角误差,系统的力矩刚度大,则稳定角误差小。

(2) 若积分陀螺仪的输出轴上有极微小的干扰力矩,也会引起平台稳定轴可观的漂移。例如,若积分陀螺仪的动量矩为 $H=100\text{g}\cdot\text{cm}\cdot\text{s}$,陀螺仪输出轴上的干扰力矩为 $M_x=5.0\times10^{-4}\text{dyn}\cdot\text{cm}(1\text{dyn}=10^{-5}\text{N})$,则陀螺漂移角速度为 $\omega_\text{d}=M_\text{d}/H=5.0\times10^{-6}\text{rad/s}\approx 1°/\text{h}$,平台漂移角速度也为 $1°/\text{h}$。

因此为了提高平台的稳定精度,除了要提高系统本身的性能外,如何减小陀螺仪输出轴上的干扰力矩,对减小陀螺本身的漂移是极为关键的问题。现在,人们通过各种办法已经能够使陀螺漂移降低到 $10^{-5}\sim10^{-4}°/\text{h}$ 甚至更低,这样就有可能制造出高精度惯性导航系统所需要的陀螺稳定平台。

4.3.2 单轴积分陀螺稳定系统的修正原理

前面讨论了积分陀螺稳定系统稳定轴相对惯性空间保持稳定的原理(几何稳定状态),分析了几何稳定状态下的误差。在实际应用中,经常需要的是稳定系统不仅能保持稳定轴稳定,同时,其稳定轴还能按照所需的规律相对惯性空间转动。例如,平台式惯性导航系统中的稳定平台,在稳定的同时还要跟踪地理坐标系,以始终保持水平。地理坐标系有 3 根轴,2.5 节研究了地理坐标系相对惯性空间的转动角速度,跟踪地理坐标系的意思就是平台坐标系的 3 根轴(3 套陀螺稳定系统的稳定轴)要以与地理坐标系同样的角速度相对惯性空间转动。控制陀螺稳定系统稳定轴按照所需要的规律相对惯性空间转动称为稳定系统的修正。

当陀螺仪输出轴上有干扰力矩时,会引起稳定平台绕稳定轴漂移,漂移角速度与输出轴上的干扰力矩成正比,这一后果是不希望出现的。但这一现象又给我们以启发,假如需要控制稳定平台的稳定轴相对惯性空间以某一角速度转动,则可以通过向陀螺仪的输出轴上人为地加上一个"干扰力矩"来实现。积分陀螺仪上的力矩器正是用来实现这样的控制。

液浮积分陀螺仪中的力矩器通常为微动同步器式力矩器或永磁动圈式力矩器,其功用是将输入电信号(电流或电流脉冲)转换成输出力矩,向力矩器通以电流 I_λ,则可以产生一与电流 I_λ 成正比的力矩 M_λ 作用于陀螺仪输出轴上:

$$M_\lambda=K_\lambda I_\lambda \tag{4-3-7}$$

将通向力矩器的电流称为指令电流,指令电流在力矩器中所形成的力矩称为指令力矩。

假定力矩器产生的指令力矩的正方向在 X_g 轴正向，只要在陀螺仪输出轴力矩平衡方程式(4-3-1)中加入指令力矩 M_λ 项，即可得到新的陀螺仪输出轴上的力矩平衡方程：

$$J_x\ddot{\theta}+K_d\dot{\theta}+M_\lambda=H\dot{\sigma}\cos\theta+M_x \tag{4-3-8}$$

当陀螺仪的进动角 θ 是很小的，$\cos\theta\approx1$，这样，式(4-3-8)可以线性化为

$$J_x\ddot{\theta}+K_d\dot{\theta}+M_\lambda=H\dot{\sigma}+M_x \tag{4-3-9}$$

在零初始条件下，对式(4-3-9)取拉普拉斯变换并整理得

$$\theta(s)=[Hs\sigma(s)+M_x(s)-M_\lambda(s)]/K_ds(T_gs+1) \tag{4-3-10}$$

以式(4-3-10)替代式(4-3-4)中陀螺仪输出轴上的力矩平衡方程的拉普拉斯变换式，保持平台运动微分方程、力矩电机方程、放大器方程拉普拉斯变换式不变，于是可以得到陀螺仪输出轴上有指令力矩时系统的方程如下：

$$\begin{cases}\sigma(s)=[M_f(s)-Hs\theta(s)-M_m(s)]/J_ys^2\\ \theta(s)=[Hs\sigma(s)+M_x(s)-M_\lambda(s)]/K_ds(T_gs+1)\\ M_m(s)=K_m[u(s)-E_a(s)]\\ u(s)=K_jW_j(s)\theta(s)\\ E_a(s)=-K_es\sigma(s)\\ M_\lambda(s)=K_\lambda I_\lambda(s)\end{cases} \tag{4-3-11}$$

在图 4-12 中，增加指令力矩 M_λ（或指令电流项 I_λ）的输入，即可得出同时考虑稳定轴干扰力矩、陀螺仪输出轴的干扰力矩和向陀螺仪施加的指令力矩时的系统函数方块图，如图 4-14 所示。

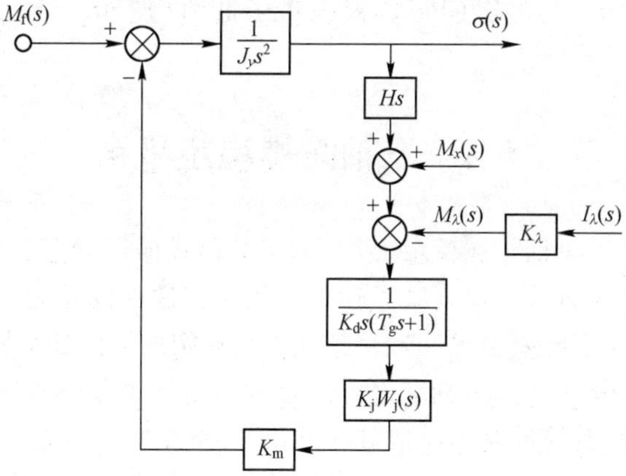

图 4-14　有指令力矩时的系统函数方块图

显然，系统各节点上的输出均为对 3 种输入（M_f、M_x、I_λ）的响应的线性迭加。系统对指令电流 I_λ 的单独响应可以用下面的函数方块图描述（图 4-15）。

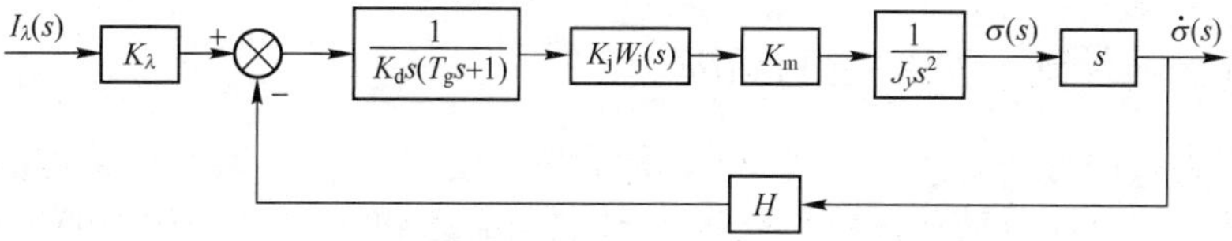

图 4-15　积分陀螺稳定系统对陀螺仪指令电流的响应

和陀螺仪输出轴上的干扰力矩对稳定平台的影响过程一样,当向陀螺仪施矩且当系统达到稳态时,有

$$\dot{\sigma}=\frac{M_\lambda}{H}=\frac{K_\lambda I_\lambda}{H} \tag{4-3-12}$$

若定义指令力矩与陀螺仪动量矩的比值为指令角速度,记为

$$\omega_\lambda=\frac{M_\lambda}{H}=\frac{K_\lambda I_\lambda}{H} \tag{4-3-13}$$

则有

$$\dot{\sigma}(t)=\omega_\lambda(t) \tag{4-3-14}$$

$$\sigma(t)=\frac{K_\lambda}{H}\int I_\lambda(t)\,\mathrm{d}t=\int \omega_\lambda(t)\,\mathrm{d}t \tag{4-3-15}$$

这表明,通向陀螺仪的指令电流造成的稳定平台稳定轴相对惯性空间的转动角度是指令角速度的积分。正因为如此,将向陀螺仪施矩控制稳定平台运动的这一状态称为空间积分状态。要使稳定平台的稳定轴以某一角速度相对惯性空间转动,只要对陀螺仪施加指令力矩,使指令角速度与期望的稳定轴转动角速度相等即可。

如果同时考虑陀螺仪输出轴上干扰力矩引起的常值漂移角速度 ω_d 和指令力矩的指令角速度 ω_λ,则积分陀螺稳定系统进入稳态时,其稳定轴相对惯性空间的转动角速度为

$$\dot{\sigma}(t)=\omega_\lambda+\omega_\mathrm{d} \tag{4-3-16}$$

从式(4-3-16)可以看出,向陀螺仪施加电流还另有一个用途:如果知道陀螺仪的常值漂移角速度 ω_d,可以用指令角速度抵消该陀螺漂移角速度。或者说,如果知道陀螺仪输出轴上的常值干扰力矩,可以向陀螺仪施矩来抵消(使 $M_\lambda=M_x$,两者大小相等,方向相反)。

4.4 三轴陀螺稳定平台

本章前几节研究了单轴陀螺稳定平台,实际平台式惯性导航系统中使用的平台都是三轴平台。有的惯性导航系统要求其三轴平台相对惯性空间稳定,即平台工作于几何稳定状态;有的惯性导航系统要求其三轴平台在保持稳定的同时还要跟踪某个导航坐标系,即平台工作于空间积分状态。三轴平台可以看成是由 3 个单轴陀螺稳定平台组合而成,单轴平台的工作原理、系统的基本组成和传递函数、系统的性能指标等内容都适用于三轴平台。但三轴平台不是 3 个单轴平台简单的叠加,三轴平台由于其结构和工作原理方面的特点,在实现平台的稳定和修正两种工作状态时,有许多特殊问题,如陀螺仪信号的合理分配、基座转动角速度到平台的耦合与隔离、三轴平台的环架锁定等。本节以惯导中常用的三环式三轴平台为例,介绍三轴平台的基本组成原理和工作原理。

4.4.1 三环式三轴平台的结构

三轴平台一般都采用环架式结构。不同载体上使用的平台,环架结构可能也不一样。三环式结构是三环式三轴平台的基本结构,舰船用惯导、平台罗经中使用的三轴平台都是这种结构形式,如图 4-16 所示。

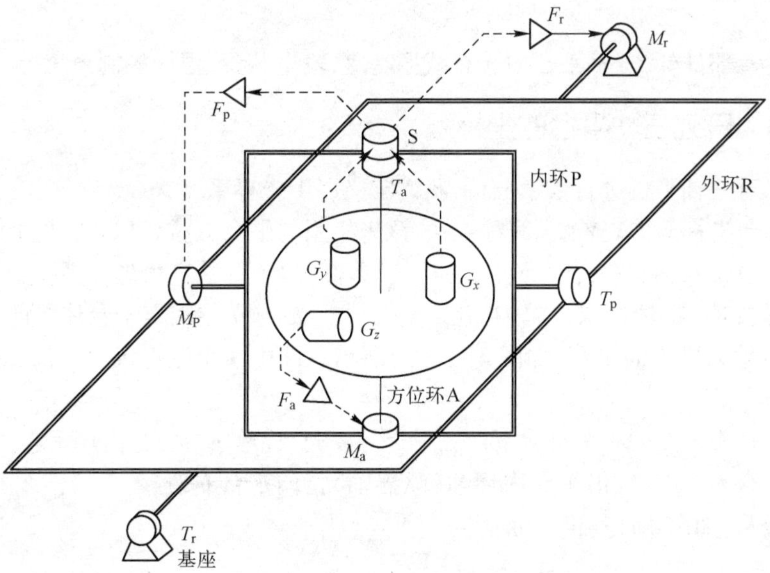

图 4-16　三轴平台的基本环架结构

三环式三轴平台一般包括以下部件:

(1) 三个平衡环:外环 R(又称横摇平衡环、横滚平衡环,R 表示 roll(横摇))、内环 P(又称纵摇平衡环、俯仰平衡环,P 表示 pitch(纵摇))、方位环 A(A 表示 azimuth(方位))。方位环实际上就是被稳定对象——台体,物理上不一定是“环”的形式。环架结构保证了方位环可相对内环转动,内环可相对外环转动,外环支承于平台基座上,可相对基座转动。3 个环架转动轴分别称为方位轴、内环轴(或纵摇轴、俯仰轴)、外环轴(或横摇轴、横滚轴)。平台在载体上安装时,一般使平台外环轴与载体纵轴(如舰船的艏尾线)一致,使平台内环轴与载体的横轴一致。

(2) 3 个力矩电机 M_r、M_P、M_a,外环轴力矩电机 M_r 的定子固定在基座上,转子轴与外环轴固连;内环轴力矩电机 M_P 的定子固定在外环上,转子轴与内环轴固连;方位环力矩电机 M_a 的定子固定在内环上,转子轴与方位轴固连。3 个力矩电机是稳定系统的执行元件,可以驱动环架组件相对其支承体转动。

(3) 3 个单自由度陀螺仪 G_x、G_y、G_z(也可以是 2 个二自由度陀螺仪),陀螺仪固定在平台台体上。安装时要保证陀螺仪 G_z 的输入轴与方位轴平行,陀螺仪 G_x、G_y 的输入轴在一个平面上且与方位轴垂直。

(4) 信号分配器 S,其作用将在后面重点讨论。

(5) 从陀螺仪角度传感器的输出经信号分配器变换、放大器放大、校正等环节到驱动力矩电机的 3 条稳定回路。

(6) 向陀螺仪提供指令电流信号的输入电路。

(7) 若要平台模拟一种非惯性坐标系(如地理坐标系),则需要构成平台的修正回路。

(8) 载体姿态角输出元件,在平台的方位轴、纵摇轴、横摇轴上分别装有角度传感器 T_a、T_p、T_r(如感应同步器、多极旋转变压器等),分别用于输出载体的航向角、纵摇角和横摇角。

除上述元部件外,三轴平台中还有减振基座、输电装置、温度控制系统等。

4.4.2 研究三轴平台的坐标系

为便于对三轴平台进行数学分析,我们定义以下坐标系。

(1) 平台坐标系 $OX_pY_pZ_p$,简称 p 系,该坐标系与平台方位环(即台体)固连,Z_p 轴沿方位轴向上,X_p、Y_p 轴在一个平面上,均与 Z_p 垂直,构成右手直角坐标系。当平台模拟当地地理坐标系时,X_p 轴指东、Y_p 轴指北。X_p、Y_p、Z_p 轴与安装固定于台体上的 3 个陀螺仪 G_x、G_y、G_z 的输入轴方向平行,如图 4-17(a)所示。图中 3 个陀螺仪上的箭头代表陀螺仪的输入轴方向。

(2) 内环坐标系 $OX_{pi}Y_{pi}Z_{pi}$(下标 pi 表示 pitch),简称 pi 系,与内环固连,Z_{pi}轴为平台方位轴(同 Z_p 轴),X_{pi}轴沿平台内环轴(纵摇轴)指向平台右侧,Y_{pi}与 X_{pi}、Z_{pi}垂直构成右手直角坐标系,如图 4-17(b)所示。

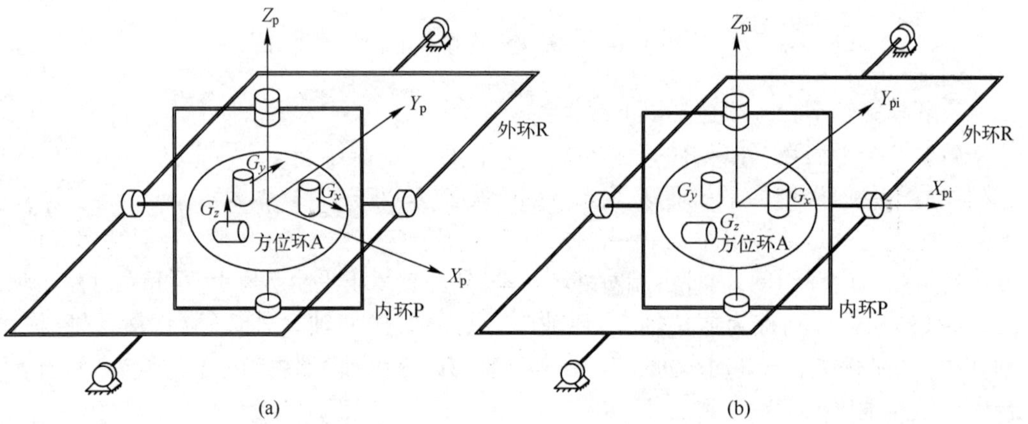

图 4-17 平台坐标系 $OX_pY_pZ_p$ 与内环坐标系 $OX_{pi}Y_{pi}Z_{pi}$

(3) 外环坐标系 $OX_rY_rZ_r$,简称 r 系,与外环固连,X_r 轴沿平台内环轴指向平台右侧(同 X_{pi}轴),Y_r 轴沿平台外环轴(横摇轴)指向平台前方,Z_r 与 X_r、Y_r 垂直构成右手直角坐标系,如图 4-18(a)所示。由于外环平面与内环平面不一定垂直,Z_r 轴与方位轴指向并不始终一致。

(4) 电机坐标系 $OX_mY_mZ_m$(下标 m 表示 motor——电机),简称 m 系,因为沿方位轴 Z_p、内环轴 X_{pi}、外环轴 Y_r 各装有一个力矩电机,故 $OX_{pi}Y_rZ_p$ 组成了力矩电机坐标系,记为 $OX_mY_mZ_m$,如图 4-18(b)所示。要注意的是,电机坐标系不一定是正交坐标系。

(5) 基座(载体)坐标系 $OX_bY_bZ_b$(下标 b 表示 base——基座),简称 b 系,与载体基座固连,Y_b 为载体纵轴(同 Y_r 轴),X_b 轴沿载体横向轴向右,Z_b 与 X_b、Y_b 垂直构成右手坐标系,如图 4-18(a)所示。

这几个坐标系的相互关系如下:

b 系绕 Y_b 轴正向转动角度 θ_r 到 r 系(图 4-19(a));

r 系绕 X_r 轴正向转动角度 θ_p 到 pi 系(图 4-19(b));

pi 系绕 Z_{pi}轴正向转动角度 θ_a 到 p 系(图 4-19(c))。

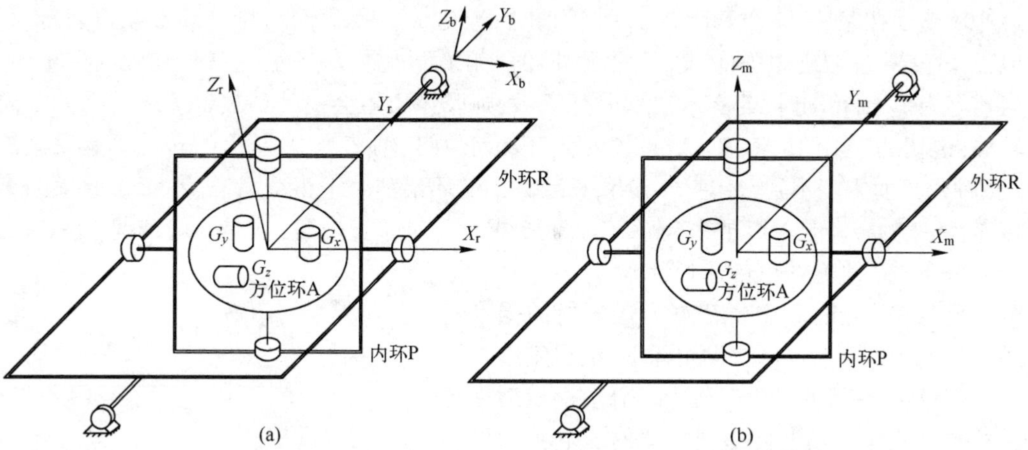

图 4-18　外环坐标系 $OX_rY_rZ_r$ 与电机坐标系 $OX_mY_mZ_m$

或：

p 系绕 Z_p 轴负向转动角度 θ_a 到 pi 系；

pi 系绕 X_{pi} 轴负向转动角度 θ_p 到 r 系；

r 系绕 Y_r 轴负向转动角度 θ_r 到 b 系。

当平台水平且指北时，θ_a、θ_p、θ_r 3 个角度分别为载体的航向角（以正北为准，顺时针方向为正）、纵摇角（载体头部低下为正）和横摇角（载体绕艏向左倾为正）。在平台的 3 根环架轴上均装有角度传感器，用以输出 3 个姿态角。当内环相对外环的转角 θ_p、方位环相对内环的转角 θ_a 均等于零时，外环坐标系、内环坐标系及方位环坐标系的同名轴重合，此时称平台处于中立位置。

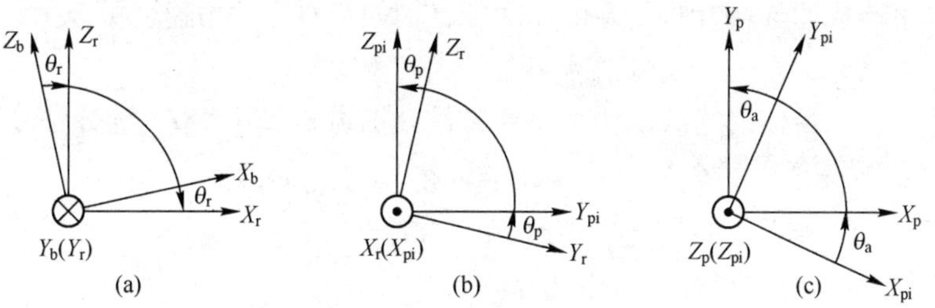

图 4-19　几种坐标系之间的关系

4.4.3　基座和环架轴的转动运动到平台台体的传递

要研究平台台体的稳定，最关心的是台体的绝对角运动，稳定的目的就是使平台台体尽可能没有绝对运动角。为此，首先要研究各种角运动到平台台体的传递。

平台基座有角运动时，会通过两个渠道传递到平台台体：一是通过平台环架轴上轴承的摩擦造成平台环架轴的转动并传递到台体，这种传递称为摩擦约束传递；二是当环架轴不正交时可通过刚性约束传递到台体，这种传递称为刚性约束传递。从平台的稳定角度考虑，平台基座运动或其他干扰传递到台体的角运动是不期望的，统称为“扰动角运动”。

什么是摩擦约束传递和刚性约束传递呢？看一个简单的例子。如图 4-20 所示，平台外环支承在基座上,当基座绕 Y_r 轴转动时,若支承轴承无摩擦,则外环不会跟随转动。但若基座绕 Z_r 轴或 X_r 轴转动,则平台外环会无条件地跟随转动,这就是刚性约束传递。当基座绕 Y_r 轴转动时,若支承轴承上有摩擦,则摩擦力矩会使外环顺着基座转动的方向转动,这就是摩擦约束传递。或许读者会有疑问,在三轴平台中,基座的转动不是完全被3根轴隔离而影响不到台体吗?如果平台的3根环架轴处于正交状态,不考虑摩擦约束传递,基座的转动是可以被完全隔离的,但3根环架轴不正交时(这是一般情况),基座的转动是会通过刚性约束传递到台体的。

平台在稳定过程中要依靠力矩电机的受控运动来抵消传递到台体的扰动角运动,电机安装在平台的方位轴、内环轴和外环轴上,因此,电机对平台的控制是从环架轴上传递到台体的。电机的作用是产生稳定力矩,从这一角度考虑,我们将电机通过环架轴传递到台体的角运动称为"扶正角运动"。

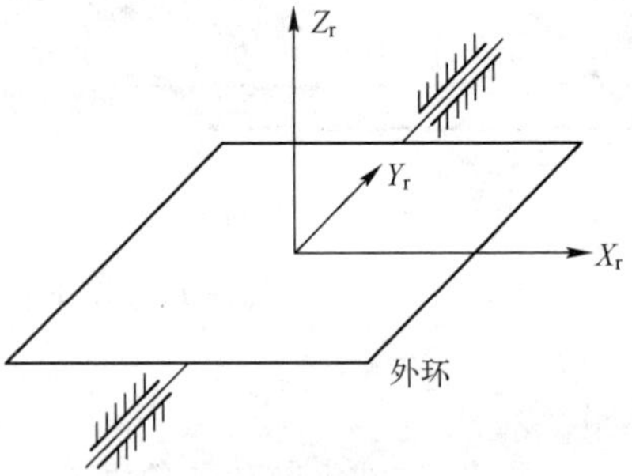

图 4-20　刚性约束传递

下面分别对基座转动及电机轴转动传递到台体的过程进行分析。

1. 基座转动角速度到台体的两种约束传递

基座角速度传递到平台台体的过程是

$$\text{基座}\xrightarrow[\text{刚性约束}]{\text{外环轴摩擦}}\text{外环}\xrightarrow[\text{刚性约束}]{\text{内环轴摩擦}}\text{内环}\xrightarrow[\text{刚性约束}]{\text{方位轴摩擦}}\text{方位环(即台体)}$$

假定基座绝对运动角速度矢量 $\boldsymbol{\omega}_{ib}$ 在 b 系上的分量可表示为列矢量:

$$\omega_{ib}^{b}=[\omega_{ibx}^{b} \quad \omega_{iby}^{b} \quad \omega_{ibz}^{b}]^{T}$$

摩擦约束造成的外环、内环、方位环绕各自轴的绝对运动角速度可表示为列矢量:

$$\dot{\sigma}_{im}^{m}=[\dot{\sigma}_{imx}^{m} \quad \dot{\sigma}_{imy}^{m} \quad \dot{\sigma}_{imz}^{m}]^{T}$$

记外环、内环、台体的绝对运动角速度矢量分别为 $\boldsymbol{\omega}_{ir}$、$\boldsymbol{\omega}_{ipi}$、$\boldsymbol{\omega}_{ip}$,其分量分别为

角速度 $\boldsymbol{\omega}_{ir}$ 在 r 系上的 3 个分量为 $\omega_{ir}^{r}=[\omega_{irx}^{r} \quad \omega_{iry}^{r} \quad \omega_{irz}^{r}]^{T}$;

角速度 $\boldsymbol{\omega}_{ipi}$ 在 pi 系上的 3 个分量为 $\omega_{ipi}^{pi}=[\omega_{ipix}^{pi} \quad \omega_{ipiy}^{pi} \quad \omega_{ipiz}^{pi}]^{T}$;

角速度 $\boldsymbol{\omega}_{ip}$ 在 p 系上的 3 个分量为 $\omega_{ip}^{p}=[\omega_{ipx}^{p} \quad \omega_{ipy}^{p} \quad \omega_{ipz}^{p}]^{T}$。

以 ω_{irx}^{r} 为例说明上面这些角速度分量的符号含义:上标"r"表示分解角速度矢量的坐标系为 $OX_rY_rZ_r$;下标为3部分,第一部分"i"表示惯性参照系,第二部分"r"表示运动物体为平台外环,第三部分"x"表示角速度分量在 r 系的 X_r 轴。综合起来就是:ω_{irx}^{r} 表示平台外环相对惯性参照系的转动角速度在 $OX_rY_rZ_r$ 系 X_r 轴上的分量。

1) 基座角速度到平台外环的传递

基座角速度 $\boldsymbol{\omega}_{ib}$ 的分量 ω_{iby}^{b} 被平台外环轴隔离,不能直接通过刚性约束传递到外环。外环绕外环轴 Y_r 轴的角速度只能由摩擦约束传递,根据前面的假定有

$$\omega_{iry}^{r}=\dot{\sigma}_{imy}^{m}$$

基座角速度 $\boldsymbol{\omega}_{ib}$ 分量 ω_{ibx}^{b}、ω_{ibz}^{b} 则可通过刚性约束传递到外环,由图 4-19(a)所示的 b 系与 r 系的角度关系有

$$\begin{cases}\omega_{\mathrm{ir}x}^{\mathrm{r}}=\omega_{\mathrm{ib}x}^{\mathrm{b}}\cos\theta_{\mathrm{r}}-\omega_{\mathrm{ib}z}^{\mathrm{b}}\sin\theta_{\mathrm{r}}\\ \omega_{\mathrm{ir}z}^{\mathrm{r}}=\omega_{\mathrm{ib}x}^{\mathrm{b}}\sin\theta_{\mathrm{r}}+\omega_{\mathrm{ib}z}^{\mathrm{b}}\cos\theta_{\mathrm{r}}\end{cases}$$

综合起来，写成矩阵形式就是

$$\begin{bmatrix}\omega_{\mathrm{ir}x}^{\mathrm{r}}\\ \omega_{\mathrm{ir}y}^{\mathrm{r}}\\ \omega_{\mathrm{ir}z}^{\mathrm{r}}\end{bmatrix}=\begin{bmatrix}0\\ \dot{\sigma}_{\mathrm{im}y}^{\mathrm{m}}\\ 0\end{bmatrix}+\boldsymbol{T}_{\mathrm{b}}^{\mathrm{r}}\begin{bmatrix}\omega_{\mathrm{ib}x}^{\mathrm{b}}\\ \omega_{\mathrm{ib}y}^{\mathrm{b}}\\ \omega_{\mathrm{ib}z}^{\mathrm{b}}\end{bmatrix}\tag{4-4-1}$$

其中 $\boldsymbol{T}_{\mathrm{b}}^{\mathrm{r}}$ 为从基座到外环的刚性约束传递矩阵

$$\boldsymbol{T}_{\mathrm{b}}^{\mathrm{r}}=\begin{bmatrix}\cos\theta_{\mathrm{r}} & 0 & -\sin\theta_{\mathrm{r}}\\ 0 & 0 & 0\\ \sin\theta_{\mathrm{r}} & 0 & \cos\theta_{\mathrm{r}}\end{bmatrix}\tag{4-4-2}$$

2）外环角速度到平台内环的传递

外环角速度 $\boldsymbol{\omega}_{\mathrm{ir}}$ 的分量 $\omega_{\mathrm{ir}x}^{\mathrm{r}}$ 被平台内环轴隔离，不能通过刚性约束传递到内环。内环绕内环轴 X_{pi} 的角速度只能由摩擦约束传递，根据前面的假定有

$$\omega_{\mathrm{ip}x}^{\mathrm{pi}}=\dot{\sigma}_{\mathrm{im}x}^{\mathrm{m}}$$

而外环角速度 $\boldsymbol{\omega}_{\mathrm{ir}}$ 的分量 $\omega_{\mathrm{ir}y}^{\mathrm{r}}$、$\omega_{\mathrm{ir}z}^{\mathrm{r}}$ 可通过刚性约束传递到内环，由图 4-17(b)所示的 r 系与 pi 系的角度关系有

$$\begin{cases}\omega_{\mathrm{ipi}y}^{\mathrm{pi}}=\omega_{\mathrm{ir}y}^{\mathrm{r}}\cos\theta_{\mathrm{p}}+\omega_{\mathrm{ir}z}^{\mathrm{r}}\sin\theta_{\mathrm{p}}\\ \omega_{\mathrm{ipi}z}^{\mathrm{pi}}=-\omega_{\mathrm{ir}y}^{\mathrm{r}}\sin\theta_{\mathrm{p}}+\omega_{\mathrm{ir}z}^{\mathrm{r}}\cos\theta_{\mathrm{p}}\end{cases}$$

综合起来，写成矩阵形式就是

$$\begin{bmatrix}\omega_{\mathrm{ipi}x}^{\mathrm{pi}}\\ \omega_{\mathrm{ipi}y}^{\mathrm{pi}}\\ \omega_{\mathrm{ipi}z}^{\mathrm{pi}}\end{bmatrix}=\begin{bmatrix}\dot{\sigma}_{\mathrm{im}x}^{\mathrm{m}}\\ 0\\ 0\end{bmatrix}+\boldsymbol{T}_{\mathrm{r}}^{\mathrm{pi}}\begin{bmatrix}\omega_{\mathrm{ir}x}^{\mathrm{r}}\\ \omega_{\mathrm{ir}y}^{\mathrm{r}}\\ \omega_{\mathrm{ir}z}^{\mathrm{r}}\end{bmatrix}\tag{4-4-3}$$

其中 $\boldsymbol{T}_{\mathrm{r}}^{\mathrm{pi}}$ 为从外环到内环的刚性约束传递矩阵

$$\boldsymbol{T}_{\mathrm{r}}^{\mathrm{pi}}=\begin{bmatrix}0 & 0 & 0\\ 0 & \cos\theta_{\mathrm{p}} & \sin\theta_{\mathrm{p}}\\ 0 & -\sin\theta_{\mathrm{p}} & \cos\theta_{\mathrm{p}}\end{bmatrix}\tag{4-4-4}$$

3）内环角速度到平台台体的传递

内环角速度 $\boldsymbol{\omega}_{\mathrm{ipi}}$ 的分量 $\omega_{\mathrm{ipi}z}^{\mathrm{pi}}$ 被平台方位轴隔离，不能通过刚性约束传递到台体。台体绕方位轴 Z_{p} 的角速度只能由摩擦约束传递，根据前面的假定有

$$\omega_{\mathrm{ip}z}^{\mathrm{p}}=\dot{\sigma}_{\mathrm{im}z}^{\mathrm{m}}$$

而内环角速度 $\boldsymbol{\omega}_{\mathrm{ipi}}$ 的分量 $\omega_{\mathrm{ipi}x}^{\mathrm{pi}}$、$\omega_{\mathrm{ipi}y}^{\mathrm{pi}}$ 可通过刚性约束传递到台体，由图 4-17(c)所示的 pi 系与 p 系的角度关系有

$$\begin{cases}\omega_{\mathrm{ip}x}^{\mathrm{p}}=\omega_{\mathrm{ipi}x}^{\mathrm{pi}}\cos\theta_{\mathrm{a}}+\omega_{\mathrm{ipi}y}^{\mathrm{pi}}\sin\theta_{\mathrm{a}}\\ \omega_{\mathrm{ip}y}^{\mathrm{p}}=-\omega_{\mathrm{ipi}x}^{\mathrm{pi}}\sin\theta_{\mathrm{a}}+\omega_{\mathrm{ipi}y}^{\mathrm{pi}}\cos\theta_{\mathrm{a}}\end{cases}$$

综合起来，写成矩阵形式就是

$$\begin{bmatrix}\omega_{ipx}^{p}\\ \omega_{ipy}^{p}\\ \omega_{ipz}^{p}\end{bmatrix}=\begin{bmatrix}0\\ 0\\ \dot{\sigma}_{imx}^{m}\end{bmatrix}+\boldsymbol{T}_{pi}^{p}\begin{bmatrix}\omega_{ipix}^{pi}\\ \omega_{ipiy}^{pi}\\ \omega_{ipiz}^{pi}\end{bmatrix} \tag{4-4-5}$$

其中 $\boldsymbol{T}_{pi}^{p}$ 为从内环到台体的刚性约束传递矩阵

$$\boldsymbol{T}_{pi}^{p}=\begin{bmatrix}\cos\theta_a & \sin\theta_a & 0\\ -\sin\theta_a & \cos\theta_a & 0\\ 0 & 0 & 0\end{bmatrix} \tag{4-4-6}$$

综合上面 3 个传递过程,也就是顺序地将式(4-4-1)、式(4-4-3)、式(4-4-5)逐个迭代,可得出从基座角速度通过刚性约束和摩擦约束传递到台体的角速度为

$$\begin{bmatrix}\omega_{ipx}^{p}\\ \omega_{ipy}^{p}\\ \omega_{ipz}^{p}\end{bmatrix}=\boldsymbol{C}_{m}^{p}\begin{bmatrix}\dot{\boldsymbol{\sigma}}_{imx}^{m}\\ \dot{\boldsymbol{\sigma}}_{imy}^{m}\\ \dot{\boldsymbol{\sigma}}_{imz}^{m}\end{bmatrix}+\boldsymbol{T}_{b}^{p}\begin{bmatrix}\omega_{ibx}^{b}\\ \omega_{iby}^{b}\\ \omega_{ibz}^{b}\end{bmatrix} \tag{4-4-7}$$

即

$$\omega_{ip}^{p}=\boldsymbol{C}_{m}^{p}\dot{\boldsymbol{\sigma}}_{im}^{m}+\boldsymbol{T}_{b}^{p}\omega_{ib}^{b} \tag{4-4-8}$$

式中:$\boldsymbol{T}_{b}^{p}$ 为从基座到台体的刚性约束传递矩阵:

$$\begin{aligned}\boldsymbol{T}_{b}^{p}&=\boldsymbol{T}_{pi}^{p}\boldsymbol{T}_{r}^{pi}\boldsymbol{T}_{b}^{r}\\ &=\begin{bmatrix}\sin\theta_a\sin\theta_p\sin\theta_r & 0 & \sin\theta_a\sin\theta_p\cos\theta_r\\ \cos\theta_a\sin\theta_p\sin\theta_r & 0 & \cos\theta_a\sin\theta_p\cos\theta_r\\ 0 & 0 & 0\end{bmatrix}\end{aligned} \tag{4-4-9}$$

$\boldsymbol{C}_{m}^{p}$ 为由于摩擦造成的环架轴角运动到台体角运动的传递矩阵:

$$\boldsymbol{C}_{m}^{p}=\begin{bmatrix}\cos\theta_a & \sin\theta_a\cos\theta_p & 0\\ -\sin\theta_a & \cos\theta_a\cos\theta_p & 0\\ 0 & 0 & 1\end{bmatrix} \tag{4-4-10}$$

从刚性约束传递矩阵 $\boldsymbol{T}_{b}^{p}$ 的元素可以看出,当纵摇角 $\theta_p=0$ 时,$\boldsymbol{T}_{b}^{p}$ 的元素全部为 0,基座的转动角速度被完全隔离,不会通过刚性约束传递到平台上。当载体纵摇角 $\theta_p\neq0$ 时,$\boldsymbol{T}_{b}^{p}$ 的第 2 列、第 3 行元素全部为 0,说明基座转动角速度中的 ω_{iby}^{b} 分量(即绕外环轴的转动角速度)不会传递到平台上,同时基座转动角速度 3 个分量对平台方位轴均无影响。但纵摇角 $\theta_p=0$ 时,基座的转动角速度中的 ω_{ibx}^{b} 和 ω_{ibz}^{b} 分量可以传递到平台的水平轴向,引起平台绕水平轴转动。

2. 电机轴转动角速度到平台台体的传递

假定力矩电机造成的外环、内环、方位环绕各自轴的转动角速度组成的列矢量为

$$\boldsymbol{\omega}_{im}^{m}=\begin{bmatrix}\omega_{imx}^{m} & \omega_{imy}^{m} & \omega_{imz}^{m}\end{bmatrix}^{T} \tag{4-4-11}$$

前面已分析了由摩擦造成的环架转动向台体的传递矩阵为 $\boldsymbol{C}_{m}^{p}$,显然,由力矩电机造成的环架角速度 $\boldsymbol{\omega}_{im}^{m}$ 向台体的传递有着相同的规律,记 $\boldsymbol{\omega}_{im}^{m}$ 传递到台体形成的台体角速度(即扶正角速度)在 p 系上的分量为 $\boldsymbol{\mu}_{ip}^{p}$,则

$$\boldsymbol{\mu}_{ip}^{p}=\boldsymbol{C}_{m}^{p}\boldsymbol{\omega}_{im}^{m} \tag{4-4-12}$$

根据 $\boldsymbol{C}_{\mathrm{m}}^{\mathrm{p}}$ 的元素结构,式(4-4-12)也可写成

$$\left.\begin{array}{l}\begin{bmatrix}\mu_{\mathrm{ip}x}^{\mathrm{p}}\\ \mu_{\mathrm{ip}y}^{\mathrm{p}}\end{bmatrix}=\boldsymbol{D}_{\mathrm{m}}^{p}\begin{bmatrix}\omega_{\mathrm{im}x}^{\mathrm{m}}\\ \omega_{\mathrm{im}y}^{\mathrm{m}}\end{bmatrix}\\ \mu_{\mathrm{ip}z}^{\mathrm{p}}=\omega_{\mathrm{im}z}^{\mathrm{m}}\end{array}\right\}\tag{4-4-13}$$

式中:$\boldsymbol{D}_{\mathrm{m}}^{\mathrm{p}}$ 为二阶方阵,由 $\boldsymbol{C}_{\mathrm{m}}^{\mathrm{p}}$ 的部分元素组成,即

$$\boldsymbol{D}_{\mathrm{m}}^{\mathrm{p}}=\begin{bmatrix}\cos\theta_{\mathrm{a}} & \sin\theta_{\mathrm{a}}\cos\theta_{\mathrm{p}}\\ -\sin\theta_{\mathrm{a}} & \cos\theta_{\mathrm{a}}\cos\theta_{\mathrm{p}}\end{bmatrix}\tag{4-4-14}$$

根据式(4-4-12),若期望平台按照某种角速度相对惯性空间转动,就可以通过控制力矩电机来实现。分析 $\boldsymbol{C}_{\mathrm{m}}^{\mathrm{p}}$ 的元素,还可以进一步得出这样的结论:台体绕方位轴的转动角运动完全由方位轴力矩电机控制,台体绕其水平轴的转动角运动则由外环轴力矩电机和内环轴力矩电机共同控制。

综合基座转动传递到台体的运动过程中的两种约束传递和在力矩电机控制下产生的扶正角速度,平台台体角速度为

$$\boldsymbol{\omega}_{\mathrm{ip}}^{\mathrm{p}}=\boldsymbol{C}_{\mathrm{m}}^{\mathrm{p}}\dot{\sigma}_{\mathrm{im}}^{\mathrm{m}}+\boldsymbol{T}_{\mathrm{b}}^{\mathrm{p}}\omega_{\mathrm{ib}}^{\mathrm{b}}+\boldsymbol{C}_{\mathrm{m}}^{\mathrm{p}}\boldsymbol{\omega}_{\mathrm{im}}^{\mathrm{m}}\tag{4-4-15}$$

式(4-4-15)右边第一项为由摩擦约束传递到台体的角速度,第二项为基座运动通过刚性约束传递到台体形成的角速度,第三项是电机通过转动环架轴传递到台体的角速度。角度的传递规律形式与式(4-4-15)是相同的。从稳定的角度说,式(4-4-15)前两项是对稳定平台的干扰,是"扰动角速度",形成的是"扰动角运动"。第三项是"扶正角速度",形成的是"扶正角运动",只要扶正角运动与扰动角运动达到动态平衡,$\boldsymbol{\omega}_{\mathrm{ip}}^{\mathrm{p}}=0$,平台就稳定了。

4.4.4 三轴平台的几何稳定状态

平台台体要保持稳定,台体的转动角速度 $\boldsymbol{\omega}_{\mathrm{ip}}$ 应等于零。若由于某种扰动原因使台体的转动角速度 $\boldsymbol{\omega}_{\mathrm{ip}}$ 不等于零,平台台体上固定的 3 个单自由度积分陀螺仪 G_x、G_y、G_z,就可以分别敏感平台 3 个轴向(X_{p}、Y_{p}、Z_{p})上的台体转动角速度 $\boldsymbol{\omega}_{\mathrm{ip}}$ 的分量 $\omega_{\mathrm{ip}x}^{\mathrm{p}}$、$\omega_{\mathrm{ip}y}^{\mathrm{p}}$、$\omega_{\mathrm{ip}z}^{\mathrm{p}}$,运用这 3 个陀螺仪的输出信号,合理地控制 3 个环架轴上的力矩电机,产生稳定力矩,用稳定力矩产生的"扶正角速度"抵消"扰动角速度",平台就可以保持稳定。下面分方位稳定与水平稳定来展开分析。

1. 平台的方位稳定回路

由于方位轴的隔离,基座角速度在方位轴向的分量不会直接传递到平台台体,但方位轴上的摩擦会引起干扰力矩 M_{fa}。M_{fa} 使平台产生绕方位轴的角速度 $\omega_{\mathrm{ip}z}^{\mathrm{p}}$。由于陀螺仪 G_z 的输入轴与方位轴一致,故 G_z 会敏感 $\omega_{\mathrm{ip}z}^{\mathrm{p}}$,其输出经放大、校正后,可直接控制方位轴力矩电机 M_{a},使之产生的力矩 M_{ma} 与干扰力矩 M_{fa} 平衡,从而实现平台方位轴的稳定。这样,由平台方位轴→陀螺仪 G_z→放大校正环节 F_{a}→力矩电机 M_{a}→平台方位轴构成了平台方位轴稳定回路,其作用机理与一般的单轴陀螺稳定系统是一样的,如图 4-21 所示。

2. 平台的水平稳定回路与信号分配器

陀螺仪 G_x、G_y 可以敏感平台台体水平方向的转动角速度,外环力矩电机 M_r、内环力

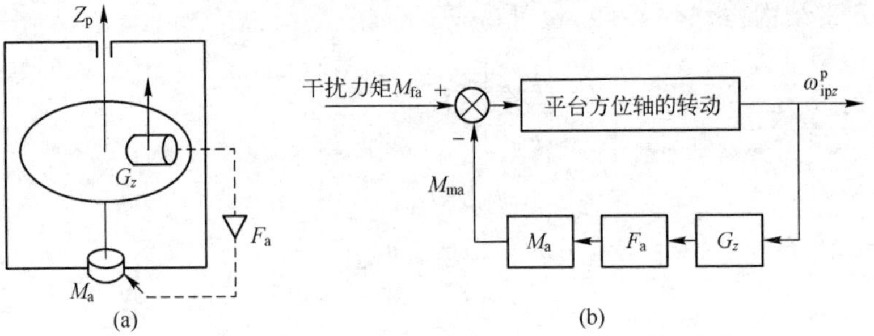

图 4-21　平台方位轴稳定回路的构成与工作原理方块图

矩电机 M_P 可以产生水平方向的扶正角速度,那么是否可以用 G_x 的信号经放大校正后直接驱动力矩电机 M_P,用 G_y 的信号经放大校正后直接驱动力矩电机 M_r,构成两个独立的稳定回路来实现平台的水平稳定呢?下面展开分析。

如图 4-22(a)所示,当三轴平台处于中立位置时(即平台内环相对外环的转角 $\theta_p=0$、方位环相对内环的转角 $\theta_a=0$),G_x 陀螺的输入轴与 M_P 电机轴(即平台内环轴)重合,G_y 陀螺的输入轴与 M_r 电机轴(即平台外环轴)重合(图中陀螺上的小箭头表示陀螺仪的输入轴)。平台处于这种位置时,若有干扰力矩绕平台内环轴作用于台体,使台体产生扰动角速度 ω_{ipx}^{p},此角速度会完全被平台台体上的 G_x 陀螺敏感,此时若用 G_x 的输出信号经放大校正后控制内环轴力矩电机 M_P,使之产生稳定力矩与内环轴上的干扰力矩平衡,是可以使平台绕 X_p 轴保持稳定的。同样,平台处于中立位置时,用 G_y 的输出信号经放大校正后控制外环轴力矩电机 M_r,也可以使平台绕 Y_p 轴保持稳定。

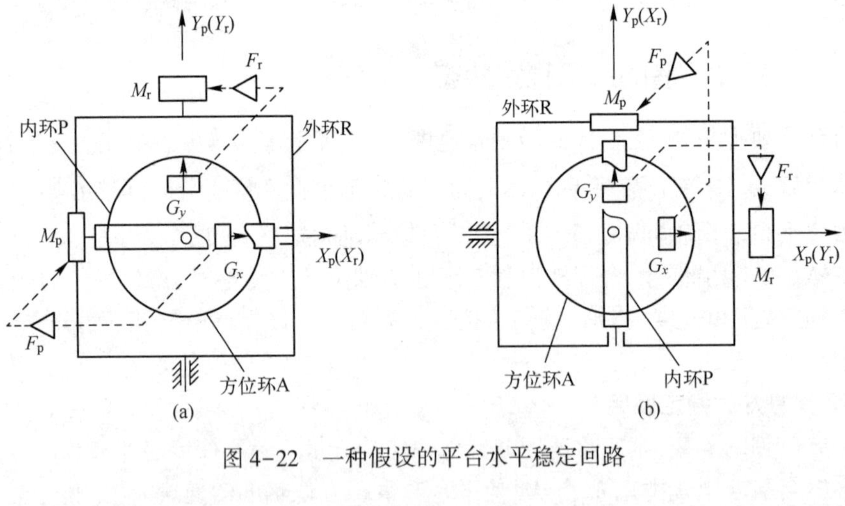

图 4-22　一种假设的平台水平稳定回路

假如保持上述信号连接关系,而载体向右转向 90°,如图 4-22(b)所示,此时平台通过方位稳定回路的作用仍然指向原来的方位,即产生方位角 $\theta_a=90°$。在这种状态下,G_x 陀螺的输入轴 X_p 变得与其电机 M_P 控制的内环轴垂直,G_y 陀螺的输入轴 Y_p 也与电机 M_r 控制的外环轴垂直。若仍然有干扰力矩作用于平台内环轴使平台产生扰动角速度 ω_{ipy}^{p},理应由 M_P 电机产生稳定力矩了抵消干扰力矩,但此时控制 M_P 电机的 G_x 陀螺敏感不到角速度 ω_{ipy}^{p},M_P 产生不了稳定力矩。而控制 M_r 电机的 G_y 陀螺却敏感到 ω_{ipy}^{p},结果产生的电机力矩不仅不能抵消内环轴上的干扰力矩,反而造成台体在外环轴向的误动作。同样,平台有 X_p 轴方向的扰动角速度 ω_{ipx}^{p} 时,平台也无法稳定。由此可见,直接用陀螺 G_x、G_y 的信号控制内、外环轴上电机 M_P、M_r 的控制方案是行不通的。

仔细分析上述控制方案,其不能正常工作的根本原因是:一般情况下陀螺仪 G_x、G_y 的输入轴与电机 M_P、M_r 控制的轴向并不重合。但是基于以下两点:①安装在台体上的陀螺仪 G_x、G_y 的输入轴相互垂直,它们的输出信号合成起来足以反映平台在任意的水平方向上的运动角运动;②安装在内外环轴的两个力矩电机 M_P、M_r 作用轴相互垂直,联合运行可以产生平台任意水平方向的转动力矩,控制产生平台在任意水平方向的角运动。由此,可以确信,利用 G_x、G_y 的输出信号,只要进行合理的分配,控制电机 M_P、M_r 是可以消除对平台的扰动角速度,实现平台的水平稳定的。

上述这种对陀螺信号的分配是用所谓的"信号分配器"来实现的。信号分配器的两路输入分别是陀螺 G_x 和 G_y 的输出,信号分配器的两路输出经放大校正后分别控制电机 M_P、M_r,如图 4-23 所示。

信号分配器应该如何分配信号? 这是水平稳定控制回路中需要重点考虑的问题。

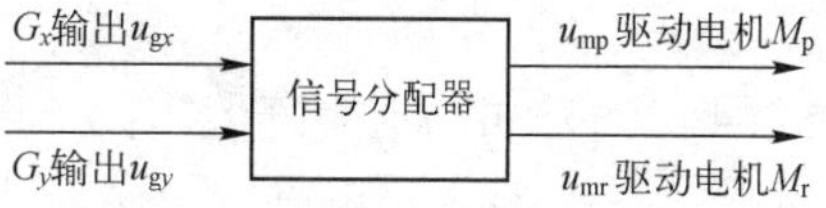

图 4-23　信号分配器的输入与输出

假定信号分配器对陀螺信号的分配关系可以用二阶方阵 $\boldsymbol{A}$ 表示:

$$\begin{bmatrix} u_{mp}(t) \\ u_{mr}(t) \end{bmatrix} = \boldsymbol{A} \begin{bmatrix} u_{gx}(t) \\ u_{gy}(t) \end{bmatrix} \tag{4-4-16}$$

式中:u_{gx}、u_{gy}分别为陀螺 G_x、G_y 的输出信号;u_{mp}、u_{mr}分别为信号分配器输出给电机 M_P、M_r 的控制信号。

信号分配器的输出是对 G_x、G_y 两路信号响应的迭加,因而用信号分配器的输出来控制力矩电机,所产生的扶正角速度也应是两部分的迭加:由 G_x 陀螺信号控制产生的台体扶正角运动和由 G_y 陀螺信号控制产生的台体扶正角运动。而其中的每一部分又是在 M_P 和 M_r 两个电机共同作用下产生的。从实现稳定的角度考虑,信号分配器对信号的分配应该符合这样的要求:由 G_x 陀螺输出的信号(它反映了扰动角运动在 X_p 轴向的分量)控制产生的扶正角运动分量应该在 X_p 轴向上,并与 X_p 轴上的扰动角运动反向;由 G_y 陀螺输出的信号(它反映了平台扰动角运动在 Y_p 轴向的分量)控制产生的扶正角运动分量应该在 Y_p 轴向上,并与扰动角运动反向。

为分析信号分配器的数学模型,下面基于"扶正角速度"的形成过程,画出包括信号分配器的平台水平稳定回路模型方块图,如图 4-24 所示。

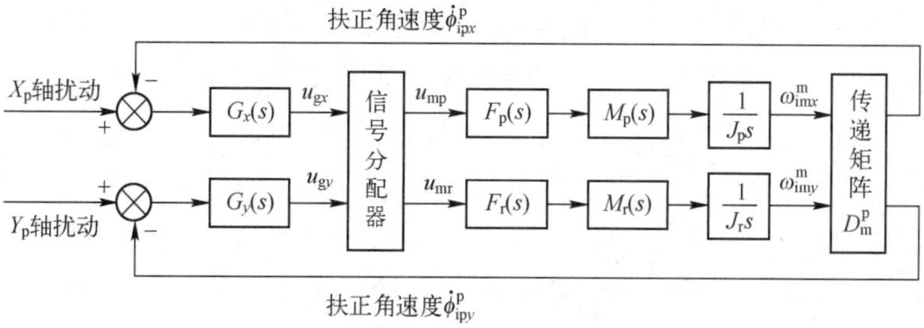

图 4-24　平台水平稳定回路模型方块图

图中，$G_x(s)$、$G_y(s)$分别为陀螺 G_x、G_y 的传递函数；$F_p(s)$、$F_r(s)$分别表示内环轴、外环轴力矩电机伺服回路的放大校正环节的传递函数；$M_p(s)$、$M_r(s)$分别为力矩电机 M_P、M_r 从输入放大校正环节信号到形成稳定力矩过程的传递函数；J_p 为内环连同台体绕内环轴的转动惯量；J_r 为外环连同内环、台体绕外环轴的转动惯量。

由图 4-24，有

$$\begin{cases}\omega_{\mathrm{im}x}^{\mathrm{m}}(s)=u_{\mathrm{mp}}(s)F_{\mathrm{p}}(s)M_{\mathrm{p}}(s)\dfrac{1}{J_{\mathrm{p}}s}\\ \omega_{\mathrm{im}y}^{\mathrm{m}}(s)=u_{\mathrm{mr}}(s)F_{\mathrm{r}}(s)M_{\mathrm{r}}(s)\dfrac{1}{J_{\mathrm{r}}s}\end{cases}\tag{4-4-17}$$

记

$$F_{\mathrm{p}}(s)M_{\mathrm{p}}(s)\frac{1}{J_{\mathrm{p}}s}=W_{\mathrm{p}}(s)$$

$$F_{\mathrm{r}}(s)M_{\mathrm{r}}(s)\frac{1}{J_{\mathrm{r}}s}=W_{\mathrm{r}}(s)$$

则式(4-4-17)可写成矩阵形式：

$$\begin{bmatrix}\omega_{\mathrm{im}x}^{\mathrm{m}}(s)\\ \omega_{\mathrm{im}y}^{\mathrm{m}}(s)\end{bmatrix}=\begin{bmatrix}W_{\mathrm{p}}(s) & 0\\ 0 & W_{\mathrm{r}}(s)\end{bmatrix}\begin{bmatrix}u_{\mathrm{mp}}(s)\\ u_{\mathrm{mr}}(s)\end{bmatrix}\tag{4-4-18}$$

$\omega_{\mathrm{im}x}^{\mathrm{m}}$ 和 $\omega_{\mathrm{im}y}^{\mathrm{m}}$ 传递到台体就是扶正角速度 $\mu_{\mathrm{ip}x}^{\mathrm{p}}$、$\mu_{\mathrm{ip}y}^{\mathrm{p}}$，根据式(4-4-18)及式(4-4-13)、式(4-4-16)，有

$$\begin{bmatrix}\mu_{\mathrm{ip}x}^{\mathrm{p}}(s)\\ \mu_{\mathrm{ip}y}^{\mathrm{p}}(s)\end{bmatrix}=\boldsymbol{D}_{\mathrm{m}}^{\mathrm{p}}\begin{bmatrix}\omega_{\mathrm{im}x}^{\mathrm{m}}(s)\\ \omega_{\mathrm{im}y}^{\mathrm{m}}(s)\end{bmatrix}=\boldsymbol{D}_{\mathrm{m}}^{\mathrm{p}}\begin{bmatrix}W_{\mathrm{p}}(s) & 0\\ 0 & W_{\mathrm{r}}(s)\end{bmatrix}\boldsymbol{A}\begin{bmatrix}u_{\mathrm{g}x}(s)\\ u_{\mathrm{g}y}(s)\end{bmatrix}\tag{4-4-19}$$

式(4-4-19)反映了陀螺信号与受控的扶正角速度之间的关系。

如果在系统设计时使 $W_{\mathrm{p}}(s)=W_{\mathrm{r}}(s)=W(s)$（事实上这容易做到），那么式(4-4-19)变为

$$\begin{bmatrix}\mu_{\mathrm{ip}x}^{\mathrm{p}}(s)\\ \mu_{\mathrm{ip}y}^{\mathrm{p}}(s)\end{bmatrix}=\boldsymbol{D}_{\mathrm{m}}^{\mathrm{p}}\boldsymbol{A}\begin{bmatrix}u_{\mathrm{g}x}(s)W(s)\\ u_{\mathrm{g}y}(s)W(s)\end{bmatrix}\tag{4-4-20}$$

如果信号分配器满足 $\boldsymbol{D}_{\mathrm{m}}^{\mathrm{p}}\boldsymbol{A}=\boldsymbol{I}$，其中 $\boldsymbol{I}$ 为单位矩阵，即 $\boldsymbol{A}=[\boldsymbol{D}_{\mathrm{m}}^{\mathrm{p}}]^{-1}$，那么就有

$$\begin{cases}\mu_{\mathrm{ip}x}^{\mathrm{p}}(s)=u_{\mathrm{g}x}(s)W(s)\\ \mu_{\mathrm{ip}y}^{\mathrm{p}}(s)=u_{\mathrm{g}y}(s)W(s)\end{cases}\tag{4-4-21}$$

此时，两根平台轴上的扶正角速度分量就完全决定于相应轴上的陀螺仪输出信号了，实现了两个水平稳定轴的解耦，这就达到了信号分配器的设计要求。

结合式(4-4-14)，可得到信号分配器的数学模型如下：

$$\boldsymbol{A}=[\boldsymbol{D}_{\mathrm{m}}^{\mathrm{p}}]^{-1}=\begin{bmatrix}\cos\theta_{\mathrm{a}} & -\sin\theta_{\mathrm{a}}\\ \sin\theta_{\mathrm{a}}\sec\theta_{\mathrm{p}} & \cos\theta_{\mathrm{a}}\sec\theta_{\mathrm{p}}\end{bmatrix}\tag{4-4-22}$$

此时：

$$\begin{cases}u_{\mathrm{mp}}(t)=u_{\mathrm{g}x}(t)\cos\theta_{\mathrm{a}}-u_{\mathrm{g}y}(t)\sin\theta_{\mathrm{a}}\\ u_{\mathrm{mr}}(t)=u_{\mathrm{g}y}(t)\sin\theta_{\mathrm{a}}\sec\theta_{\mathrm{p}}+u_{\mathrm{g}y}(t)\cos\theta_{\mathrm{a}}\sec\theta_{\mathrm{p}}\end{cases}\tag{4-4-23}$$

有了信号分配器，就相当于将内环轴上的力矩电机 M_p 和外环轴上的 M_r 移到平台的两根稳定轴上 X_p 和 Y_p 上，形成两个等效的“力矩电机”M_x、M_y 以及两个等效的“放大器”F_x、F_y。G_x 陀螺通过 F_x 控制 M_x，G_y 陀螺通过 F_y 控制 M_y，这样，两个水平稳定回路可以等效成两个独立的单轴陀螺稳定系统，如图 4-25 所示。

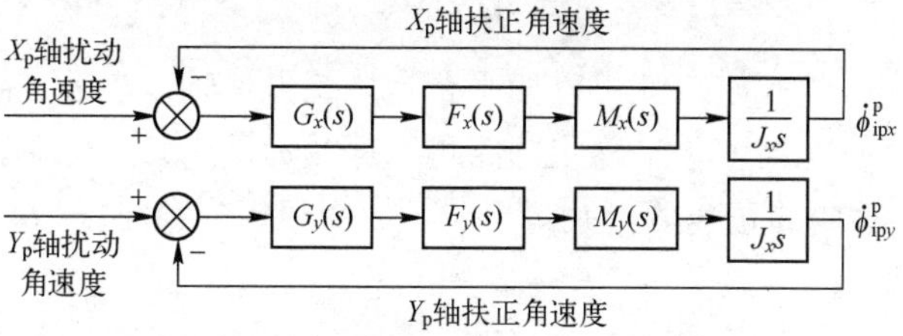

图 4-25　等效的两独立水平稳定回路

式(4-4-23)可进一步写成

$$\begin{cases} u_{mp}(t)=u_{gx}(t)\cos\theta_a-u_{gy}(t)\sin\theta_a \\ u_{mr}(t)=[u_{gy}(t)\sin\theta_a+u_{gy}(t)\cos\theta_a]\sec\theta_p \end{cases} \tag{4-4-24}$$

据此，信号分配器对陀螺信号的分配可用图 4-26 所示的信号流图表示。信号分配器可由两部分组成：方位坐标分解器与正割分解器。

方位坐标分解器对信号的解算只与平台方位环相对内环的转角 θ_a 有关，可用沿方位轴安装的一个正余弦变压器来实现，如图 4-27 所示。

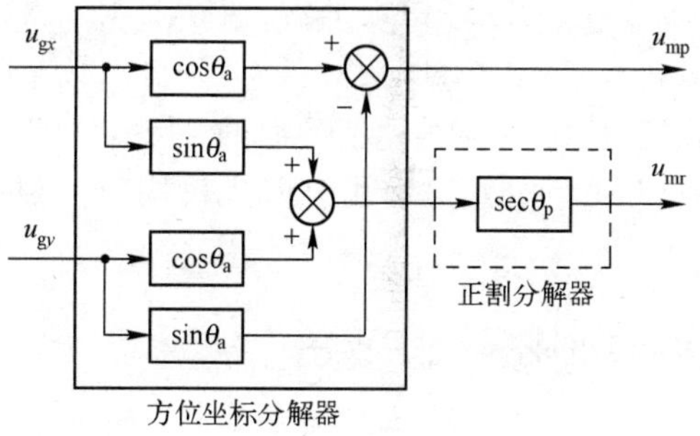

图 4-26　信号分配器的信号流图

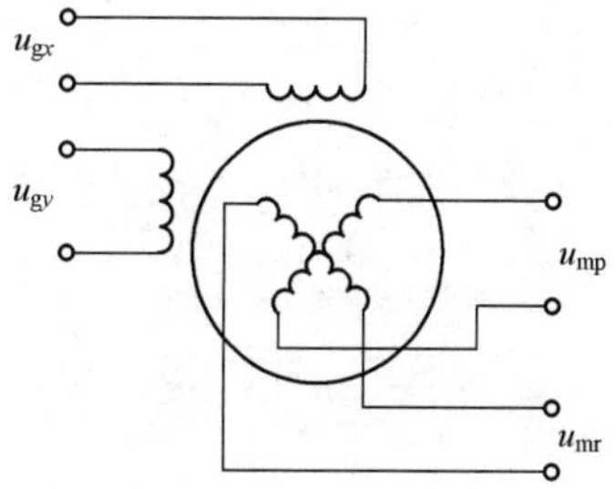

图 4-27　用正余弦变压器实现方位坐标分解

正割分解器可以由计算电路或变增益放大器来实现，实际上它的作用是用来调整内环（纵摇环）伺服回路的增益，因为当纵摇角 $\theta_p \neq 0$ 时，电机产生的内环组件转动角速度只有余弦分量能传递到台体上，故当需要用内环组件的转动来产生扶正角速度时，要将伺服回路增益放大 $\sec\theta_p$ 倍。对一个具体的三轴平台来说，如果载体的纵摇角变化范围不大，且纵摇环伺服回路有足够大的增益，正割分解器也可以略去不用。

4.4.5　三轴平台的修正

当平台需要模拟一个相对惯性空间有转动运动的坐标系时，则必须在保持平台稳定的同时对其进行修正。下面我们以平台模拟当地地理坐标系为例说明其修正方法。要模拟当地地理坐标系，首先必须在精确的初始对准基础上，再使平台坐标系按照地理坐标的转动角速度规律转动。初始对准问题不在此讨论，认为已经对准好了。

如果已计算出地理坐标系的转动角速度的 3 个分量 $\{\omega_{itx}^t,\omega_{ity}^t,\omega_{itz}^t\}$，则可以 ω_{itz}^t 为指令角速度，对方位陀螺仪 G_z 的力矩器通入指令电流，使之产生的力矩 $M_{\lambda z}$ 与 G_z 陀螺的角动量 H_z 之比等于 ω_{itz}^t：

$$\frac{M_{\lambda z}}{H_z}=\omega_{itz}^t \tag{4-4-25}$$

这样，通过向方位陀螺施矩就可以使平台台体绕方位轴以与 ω_{itz}^t 相同的角速度转动。

同样，由于信号分配器使水平稳定回路可以等效为两个独立的单轴陀螺稳定系统，要使平台在 X_p 轴、Y_p 轴向的角速度分别等于 ω_{itx}^t、ω_{ity}^t，只要分别向 G_x、G_y 陀螺仪施加相应的指令力矩 $M_{\lambda x}$、$M_{\lambda y}$ 即可。

$$\begin{cases}\dfrac{M_{\lambda x}}{H_x}=\omega_{itx}^{\mathrm{t}}\\[2ex]\dfrac{M_{\lambda y}}{H_y}=\omega_{ity}^t\end{cases} \tag{4-4-26}$$

当然，实际工作的三轴平台修正时一般不会是开环的，必须构成一个闭环系统，有关此部分内容第 5 章将继续讨论。

4.5 用二自由度陀螺仪构成的陀螺稳定平台

前面几节讨论的都是以单自由度陀螺仪构成的陀螺稳定平台，实际上用二自由度陀螺仪也可以构成陀螺稳定平台。随着一些新型陀螺的出现，特别是一些自由转子陀螺如静电陀螺等的出现，用二自由度陀螺仪构成的稳定系统得到了迅速的发展。本节先介绍用二自由度陀螺仪构成单轴稳定平台的原理，然后介绍二自由度陀螺仪构成三轴平台的结构特点。

4.5.1 用二自由度陀螺仪构成的单轴陀螺稳定平台

图 4-28 为用二自由度陀螺仪构成单轴陀螺稳定平台的组成示意图。平台 P 通过稳定轴支承在平台基座上。台体就是稳定对象，平台上放置一个二自由度陀螺仪 G 作为平台角运动敏感元件，其外环轴与平台稳定轴重合。在平台的稳定轴上，装有力矩电机 M，其定子与平台基座固连，转子与平台稳定轴固连。若平台稳定轴上的干扰力矩使平台绕稳定轴转动，陀螺仪就可以敏感此转动角度，陀螺仪外环轴上的角度传感器输出的信号经放大校正环节 F，控制力矩电机 M，M 产生的力矩作用于平台稳定轴，从而构成稳定回路，当 M 产生的力矩能与平台绕稳定轴上的干扰力矩平衡时，平台就稳定了。另外，也可以人为地在陀螺仪 G 的内环轴上施矩，使陀螺转子绕外环轴转动，利用外环轴上的角度传感器的输出经放大器 F 控制力矩电机 M，进而达到控制平台转动的目的，这就是平台的修正问题。下面对这两种状态作进一步的分析。

为分析方便，建立两种坐标系：陀螺坐标系 $OX_gY_gZ_g$ 与平台坐标系 $OX_pY_pZ_p$，其中 Z_g 为陀螺主轴，X_g、Y_g 分别为陀螺仪内、外环轴，Y_p 为平台的稳定轴，与 Y_g 重合。我们只考虑平台绕 Y_p 轴向的转动，即认为在 X_p、Z_p 轴向上，平台没有转动。这样，$OX_gY_gZ_g$ 与

$OX_pY_pZ_p$ 的相对关系可以用一个角度 σ 表示,从 $OX_gY_gZ_g$ 绕 Y_g 轴转动角度 σ 后就是 $OX_pY_pZ_p$,如图 4-29 所示。

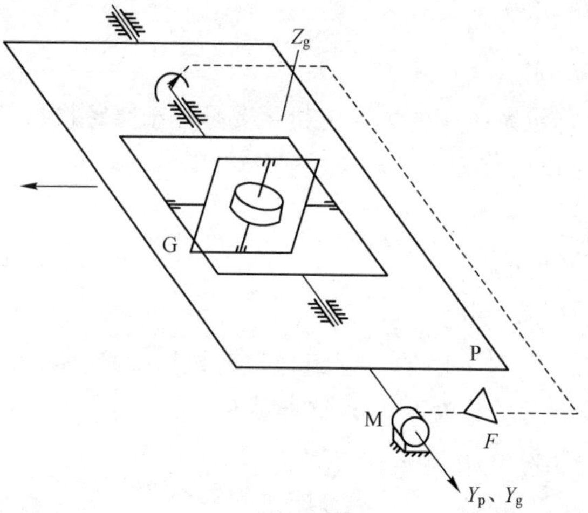

图 4-28　用二自由度陀螺仪构成的单轴陀螺稳定系统

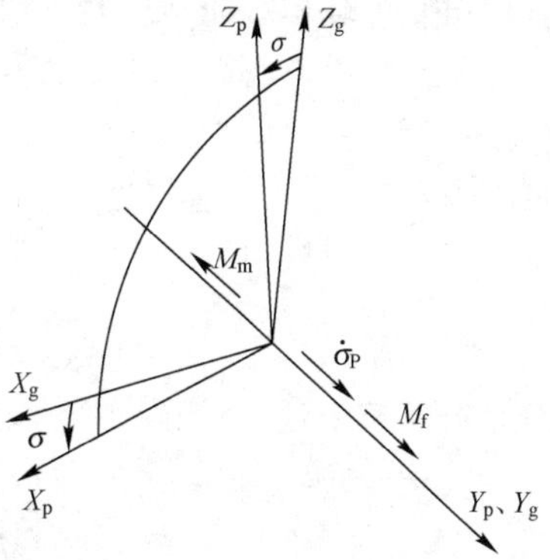

图 4-29　坐标系 $OX_gY_gZ_g$ 与 $OX_pY_pZ_p$

1. 平台几何稳定状态分析

记平台稳定轴 Y_p 相对惯性空间的转动角度为 σ_p。

若不对陀螺转子施矩,二自由度陀螺转子轴的指向就稳定在惯性空间。由于陀螺仪外环轴与平台的稳定轴方向一致,陀螺仪壳体与平台固连,陀螺外环轴上安装的角度传感器所敏感的角度 σ,也就是平台稳定轴 Y_p 相对惯性空间的转动角度 σ_p:$\sigma=\sigma_P$。

假定在起始时刻 $OX_gY_gZ_g$ 与 $OX_pY_pZ_p$ 重合(即 $\sigma(0)=0$),由于干扰力矩 M_f 的作用使平台稳定轴 Y_p 相对惯性空间转动,转动角速度为 $\dot{\sigma}_p$。σ_p 角被陀螺仪外环轴上角度感器敏感,设角度传感器的转换系数为 K_u,陀螺仪角度传感器的输出为

$$u_g=K_u\sigma=K_u\sigma_p$$

记放大环节的放大倍数为 K_f,$K_uK_f=K_j$,那么放大器的输出为

$$u=K_fu_g=K_j\sigma_p \tag{4-5-1}$$

放大器输出的电压加到力矩电机 M 上,电机的方程如下(图 4-2-4)。

力矩平衡方程:
$$u=I_aR_a+E_a$$

电磁转矩:
$$M_m=K_aI_a=K_m(u-E_a) \tag{4-5-2}$$

反电势:
$$E_a=-K_e\dot{\sigma}_p \tag{4-5-3}$$

式中:M_m 为力矩电机产生的力矩;R_a 为力矩电机电枢回路等效电阻;E_a 为力矩电机的反电势;$K_m=K_a/R_a$,为力矩电机的力矩系数(输入电压到输出力矩的变换系数)。

由于陀螺仪起角度基准作用,平台运动对陀螺没有影响,也不存在陀螺力矩,故平台的运动微分方程就是

$$M_f-M_m=J_p\ddot{\sigma}_p \tag{4-5-4}$$

式中:J_p 为平台绕稳定轴的转动惯量。

综合式(4-5-1)~式(4-5-4),可得整个二自由度构成的单轴积分陀螺稳定系统的微分方程组:

$$\begin{cases}u=K_j\sigma_p\\M_m=K_m(u-E_a)\\E_a=-K_e\dot{\sigma}_p\\M_f-M_m=J_p\ddot{\sigma}_p\end{cases}\tag{4-5-5}$$

和积分陀螺稳定系统一样,实际上稳定系统中的力矩电机主要是处于堵转状态,力矩电机的反电势可以忽略。上述方程组可以简化为

$$\begin{cases}u=K_j\sigma_p\\M_m=K_m u\\M_f-M_m=J_p\ddot{\sigma}_p\end{cases}\tag{4-5-6}$$

在零初始条件下($\sigma(0)=0,\dot{\sigma}(0)=0$),对上面的方程组取拉普拉斯变换,同时考虑到放大器环节中还有校正网络,假定其传递函数为 $W_j(s)$,这样就有

$$\begin{cases}u(s)=K_jW_j(s)\sigma_p(s)\\M_m(s)=K_m u(s)\\M_f(s)-M_m(s)=J_ps^2\sigma_p(s)\end{cases}\tag{4-5-7}$$

由此可画出函数方块图,如图 4-30 所示。

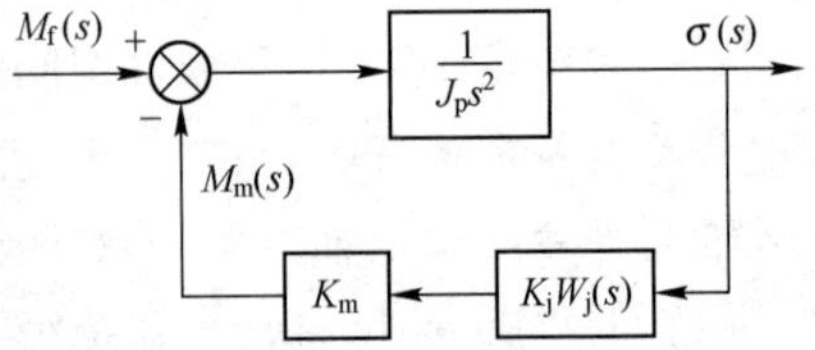

图 4-30　二自由度陀螺稳定系统方块图

图 4-30 清楚地描述了此稳定平台对干扰力矩的抵御过程。比较图 4-30 和 4.2 节中的图 4-7、图 4-8,可以看出,这种陀螺稳定系统中陀螺的作用与积分陀螺稳定系统是有差别的,这里陀螺的作用只是敏感平台稳定轴绝对转动角度。而积分陀螺稳定系统中,积分陀螺仪敏感的是平台稳定轴的绝对转动角速度,同时,陀螺力矩也参与对干扰力矩的平衡。

2. 二自由度陀螺稳定系统的修正

在上述几何稳定状态中,σ 角是陀螺仪壳体在外环轴向上相对陀螺主轴的转动角度,由于陀螺仪壳体与平台固连,σ 角也就是平台稳定轴相对陀螺主轴的转动角度。系统达到稳态时,σ 角接近于 0。所以平台稳定轴的转动完全是以陀螺主轴的指向作为参考基准的。当陀螺主轴的指向相对惯性空间不变时,平台绕稳定轴方向也就相对惯性空间保持稳定。如图 4-31 所示,如果陀螺主轴相对惯性空间运动,平台稳定轴也就跟着相对惯性空间运动。而陀螺主轴指向的改变是可以控制的,对于二自由度陀螺仪,在陀螺仪内环轴上装有力矩器,通以电流后,力矩器会产生力矩作用于内环轴,陀螺主轴就会绕外环轴进动,进动角速度受所施加的力矩控制。这样,只要按照一定的规律通过力矩器向陀螺仪内环轴施矩,控制陀螺转子绕其外环轴转动,就可以控制平台的转动,从而实现平台的修正。

若对陀螺内环轴施矩使 $OX_gY_gZ_g$ 绕 Y_g 轴相对某惯性参照系的转动 σ_g 角度,而 $OX_pY_pZ_p$ 绕 Y_p 轴相对同一惯性参照系的转动角度为 σ_p(角速度为 $\dot{\sigma}_p$、角加速度为 $\ddot{\sigma}_p$),陀螺上的角度传感器所敏感的 $OX_pY_pZ_p$ 系相对 $OX_gY_gZ_g$ 的转动角度 σ 就是两者之差:

$$\sigma=\sigma_p-\sigma_g\tag{4-5-8}$$

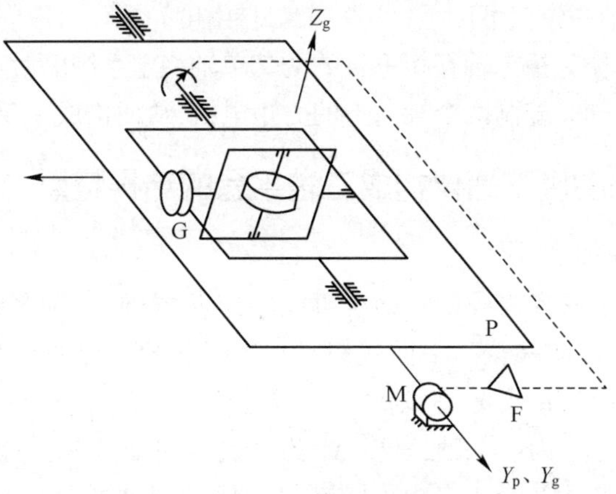

图 4-31　二自由度陀螺稳定系统的修正原理

修改式(4-5-6)的第 1 个公式,并联立式(4-5-8),即可得到修正状态下的系统方程:

$$\begin{cases}\sigma=\sigma_{p}-\sigma_{g}\\ u=K_{j}\sigma\\ M_{m}=K_{m}u\\ M_{f}-M_{m}=J_{p}-\ddot{\sigma}_{p}\end{cases}\tag{4-5-9}$$

假定 $\dot{\sigma}_p(0)=0$,对式(4-5-9)取拉普拉斯变换,同时考虑放大器环节中的校正网络 $W_j(s)$,有

$$\begin{cases}\sigma(s)=\sigma_{p}(s)-\sigma_{g}(s)\\ u(s)=K_{j}W_{j}(s)\sigma(s)\\ M_{m}(s)=K_{m}u(s)\\ M_{f}(s)-M_{m}(s)=J_{p}[s^{2}\sigma_{p}(s)-s\sigma_{p}(0)]\end{cases}\tag{4-5-10}$$

由此可画出函数方块图,如图 4-32 所示。

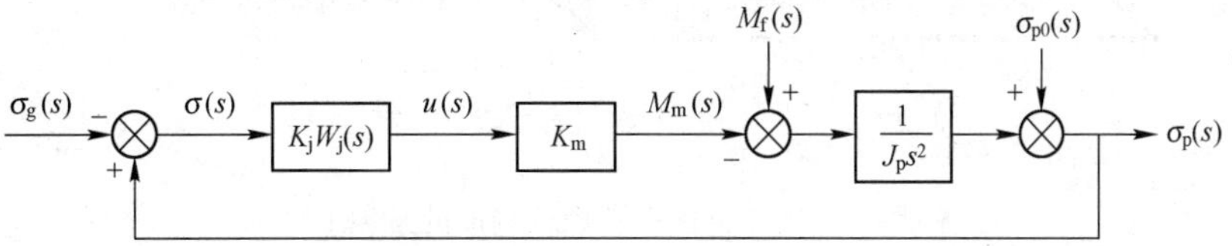

图 4-32　修正状态下的系统方块图

从图 4-32 可以明显地看出,在修正状态下,二自由度陀螺稳定系统是一个典型的单位反馈角度随动系统,即 σ_p 跟随 σ_g 的变化而变化,若无干扰力矩的影响,系统进入稳态时,有 $\sigma_p=\sigma_g$。而积分陀螺稳定系统在修正状态下是一角速度随动系统,积分陀螺仪敏感的是角速度。

和积分陀螺稳定系统一样,若不考虑二自由度陀螺稳定系统中的放大环节中的校正部分 $W_j(s)$,系统也是不稳定的,必须进行校正。

用二自由度陀螺仪构成的单轴稳定平台,只利用了陀螺仪的一路输出。上面的讨论中使用的是陀螺仪外环轴向上的输出,其实,也可以利用内环轴向的输出,此时只要保证陀螺仪内环轴与平台稳定轴一致就可以了。用一个二自由度陀螺仪可以同时敏感两个方向上的载体运动角度,故可以作为稳定轴互相垂直的两套单轴稳定系统的敏感比较元件,即用一个二自由度陀螺仪,可以同时控制两个轴向上的力矩电机,从而构成一双轴稳定平台。

4.5.2 用二自由度陀螺仪构成三轴平台的结构特点

4.5.2.1 基本结构

用一个二自由度陀螺仪构成稳定系统可以稳定两根轴,三轴平台需要稳定 3 根稳定轴,故要用两个二自由度陀螺仪。下面我们以水平指北的三轴平台为例,说明在三轴平台中是如何使用用两个二自由度陀螺仪的。为描述方便,以 X_p、Y_p、Z_p 表示平台 3 根稳定轴,Z_p 轴为垂直轴,X_p、Y_p 为水平轴,其中 X_p 为平台东向轴,Y_p 为平台北向轴。

如图 4-33 所示,和用 3 个单自由度陀螺仪构成的三轴平台相似,用二自由度陀螺仪构成的三轴平台的基本结构也要 3 个环架。外环轴上安装有力矩电机 M_r、角度传感器 T_r,内环轴上安装有力矩电机 M_P、角度传感器 T_p,方位轴上安装有坐标变换器 S、力矩电机 M_a、角度传感器 T_a。平台台体上放置两个二自由度陀螺仪 G_1、G_2,陀螺仪 G_1、G_2 的外环轴均平行于平台台体方位稳定轴,内环轴均平行于平台台面。

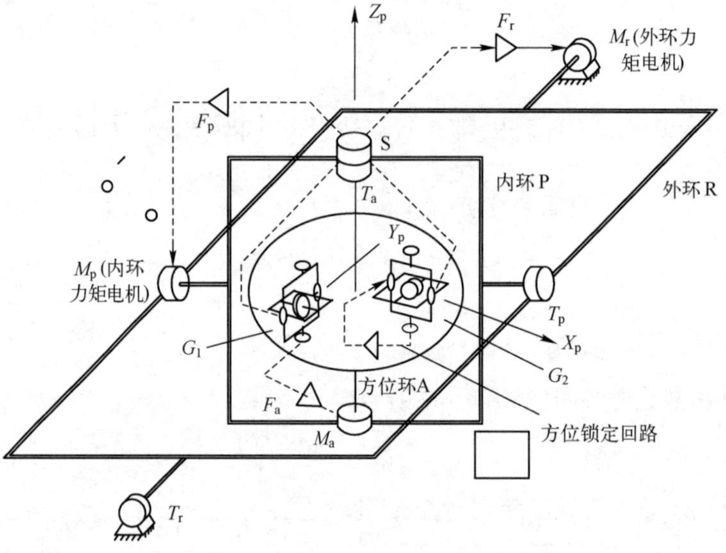

图 4-33 用二自由度陀螺仪构成的三轴平台

4.5.2.2 方位轴稳定回路与修正回路

结构安装上保证了陀螺仪 G_1、G_2 的外环轴始终平行于平台台体方位稳定轴,因此平台台体绕方位稳定轴的转动角度,可以被 G_1、G_2 的外环轴上的角度传感器敏感,用 G_1 的外环轴上的角度传感器输出信号经放大校正后控制平台方位轴(Z_p 轴)力矩电机 M_a,构成一方位稳定回路:平台绕方位轴转动→G_1 外环轴角度传感器→放大校正→力矩电机 M_a→平台方位轴。和用 3 个单自由度陀螺仪构成的三轴平台一样,该方位稳定回路也是一个独立的单轴陀螺稳定系统。

假定起始时刻,G_1 外环轴角度传感器输出为零,当干扰使平台绕方位轴有转动时,G_1 外环轴角度传感器产生输出信号,控制力矩电机 M_a 产生"扶正动作",保持平台位轴的稳定。

方位轴的修正可通过对陀螺仪 G_1 内环轴施加指令电流进行，对陀螺仪 G_1 内环轴施加指令电流形成指令力矩，使陀螺仪 G_1 的内环连同转子绕陀螺外环轴转动，G_1 外环轴角度传感器产生输出信号，控制力矩电机 M_a，使平台产生跟踪动作。稳定时，平台绕方位轴的转动角度就是陀螺仪 G_1 转子绕陀螺外环轴的转动角度。

4.5.2.3　水平稳定回路与方位锁定回路

用陀螺仪 G_1 内环轴上的角度传感器控制平台水平稳定回路之一（如 Y_p 轴稳定回路）；用陀螺仪 G_1 内环轴上的角度传感器控制另一平台水平稳定回路（如 X_p 轴稳定回路）。要注意的是，陀螺稳定系统中，陀螺仪的输入轴指向必须与所控制的平台稳定轴指向平行，这就要求陀螺 G_1 的内环轴与平台稳定轴 Y_p 平行，陀螺 2 的内环轴与平台稳定轴 X_p 平行，如何保证这一点呢？

先讨论如何保证陀螺 G_1 内环轴与平台稳定轴 Y_p 平行。要使陀螺 G_1 内环轴与平台稳定轴 Y_p 平行，就是要求其内环轴在起始时对准平台 Y_p 轴以后，不能相对平台台体有指向变化。

前面已经讨论了平台方位轴稳定与修正回路，由于陀螺 G_1 的外环轴信号控制了平台的方位轴稳定系统，其转子绕其外环轴转动时，会“带动”平台绕方位轴一起转动。这样，只要在安装陀螺仪 G_1 时，使得在当外环轴上的角度传感器输出为零时，G_1 内环轴的指向与平台 Y_p 轴平行，那么在平台以后工作过程中平台 Y_p 会一直跟踪 G_1 内环轴转动，也就是说，平台 Y_p 轴会一直保持与 G_1 内环轴平行。两者之间只存在方位陀螺稳定系统的稳定角误差。因此，陀螺 G_1 内环轴与平台稳定轴 Y_p 平行是由方位陀螺稳定系统保证的。

对于陀螺 G_2 来说，为使其内环轴的指向与平台 X_p 轴平行，要专门设计一个“方位锁定回路”。

方位锁定回路由陀螺 G_2 外环轴上的角度传感器、放大器以及 G_2 内环轴上的力矩器等组成，如图 4-34 所示。陀螺 G_2 在安装时，应使其外环轴与平台方位轴平行，而且要求当其外环轴上的角度传感器输出为 0 时，其内环轴与平台的 X_p 轴平行。这样，当陀螺 G_2 内环轴偏离平台 X_p 轴时（由于陀螺绕外环轴漂移或平台绕方位轴转动等原因），外环轴上的角度传感器就能敏感这一偏离角，并输出信号，经放大校正后送到陀螺 G_2 内环轴上的力矩器，产生修正力矩，使陀螺转子绕其外环轴转动，直到内环轴与平台 X_p 轴平行、外环轴角度传感器输出为 0。这一过程实际上就是陀螺 G_2 的外环轴跟踪平台方位轴（由陀螺 G_1 控制）的过程。

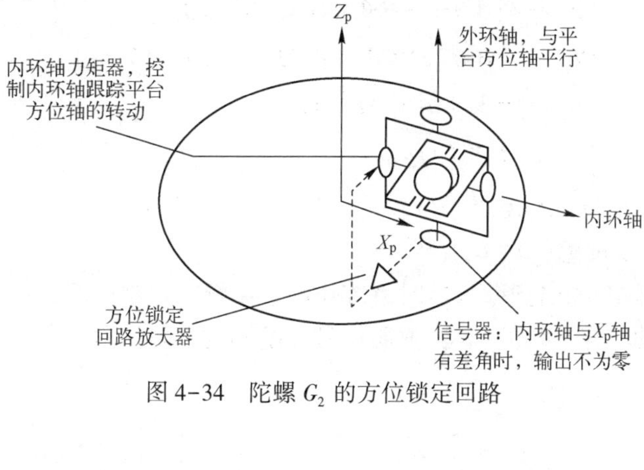

图 4-34　陀螺 G_2 的方位锁定回路

除了上述的对陀螺信号的利用不同且多出一个“方位锁定回路”外，用 2 个二自由度陀螺仪构成的三轴平台和用 3 个单自由度陀螺仪构成的三轴平台在其他部分基本上是相同的，如信号分配器的设计、平台的水平修正与方位修正等，这里就不再重复了。

思 考 题

(1) 什么叫陀螺稳定平台？

(2) 单轴陀螺稳定系统基本工作原理是什么？

(3) 三轴陀螺稳定系统基本工作原理是什么？

(4) 单轴陀螺稳定系统修正原理是什么？

(5) 三轴陀螺稳定系统修正原理是什么？

(6) 下图为单自由度陀螺的单轴稳定平台组成和结构，假设在稳定轴上存在一个干扰力矩 $\boldsymbol{M}_r$ 作用下，分析稳定平台为了保持稳定的工作过程，以及在输出轴上的力矩方程。

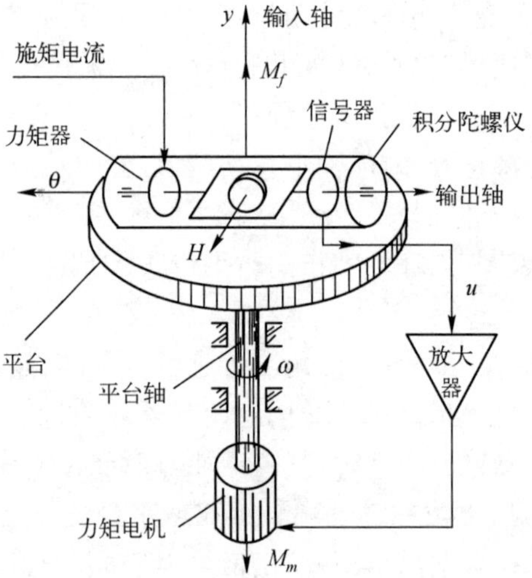

题 6 图　单轴稳定平台的结构组成

(7) 单轴稳定平台下陀螺仪输出轴上有指令力矩时系统的方程如下：

$$
\begin{cases}
\sigma(s)=[M_f(s)-Hs\theta(s)-M_m(s)]/J_ys^2\\
\theta(s)=[Hs\sigma(s)+M_x(s)-M_\lambda(s)]/K_ds(T_gs+1)\\
M_m(s)=K_m[u(s)-E_a(s)]\\
u(s)=K_jW_j(s)\theta(s)\\
E_a(s)=-K_es\sigma(s)\\
M_\lambda(s)=K_\lambda I_\lambda(s)
\end{cases}
$$

根据上述方程组，画出指令力矩时系统作用下系统的控制框图。

(8) 结合三轴稳定平台的结构，说明信号分配器的主要作用。

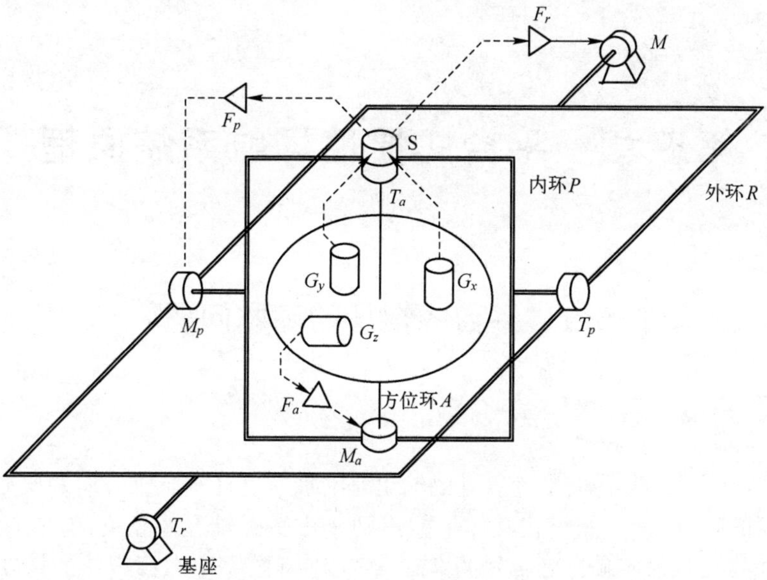

题 8 图　三轴稳定平台的结构组成

第五章 平台式惯性导航系统原理

5.1 平台式惯导的基本问题

5.1.1 概述

从加速度计的原理可知,加速度计的输出是沿加速度计敏感轴方向的比力,比力中含有载体绝对加速度信息。如果在载体上能得到 3 个敏感轴互相正交的加速度计输出信号,同时又能获知各加速度计敏感轴的准确指向,则可以完全掌握载体的运动加速度,结合载体的初始运动状态(速度、位置),就能推算载体的瞬时速度、位置。这是惯性导航系统实现定位的基本思路。

对加速度计输出信号的采集并不困难,如何准确获知加速度计敏感轴的指向呢?根据获知加速度计敏感轴的指向有两种方法,可将惯导分成了两大类:一类是平台式惯导,这种惯导中有一个三轴陀螺稳定平台,加速度计固定在平台台体上,其敏感轴与平台稳定轴平行,系统使平台的 3 根稳定轴模拟一种导航坐标系,导航坐标系轴的指向是可知的。这样就保证了加速度计敏感轴指向的可知性。例如,让平台的 3 根稳定轴始终指向当地地理坐标系 3 根轴(东、北、天),那么与平台稳定轴平行的加速度计敏感轴也就指向了东、北、天。平台式惯导能直接模拟导航坐标系,导航计算比较简单。此外,惯导平台能隔离载体的角运动,给惯性测量元件提供了较好的工作环境,系统的精度较高。不利的方面是平台本身结构复杂、体积大、制造成本高。

另一类惯导系统中没有稳定平台,而是将加速度计和陀螺仪的基座与载体直接固联,载体转动时,加速度计和陀螺仪的敏感轴指向也是跟随转动的。系统通过陀螺仪测量载体的角运动,通过计算得到载体的姿态角,也就确定出了加速度计敏感轴的指向。再通过坐标变换,将加速度计输出的比力信号转换到一导航计算比较方便的导航坐标系上,进行导航计算。这种系统就是捷联式惯导系统。由于没有平台实体,结构简单、体积小、维护方便。但惯性元件直接装在载体上,工作环境恶劣,对元件要求很高。同时,由于加速度计输出的加速度分量是沿载体坐标系轴向的,需经计算机转换到某种导航坐标系中去,计算量要大得多。

平台式惯导系统依据所选用的导航坐标系的不同,又可分为空间稳定惯导系统和当地水平惯导系统。

空间稳定惯导系统中的惯导平台相对惯性空间保持稳定,即处于几何稳定状态。这种惯导的平台所模拟的导航坐标系是惯性坐标系。由于惯导平台相对惯性空间没有转动,加速度计输出信号中不含有哥氏加速度成分,但含有重力加速度分量,计算导航参数时,必须通过计算才能消除重力加速度的影响。同时,由于所获取的加速度是相对惯性空间的，由此求出的速度、位置也是相对惯性参照系的，故要进行坐标变换方能得到相对地球的导航参数。空间稳定惯导系统的平台结构较简单，但计算量较大。这种系统主要用于宇宙航行及弹道式导弹中。空间稳定惯导系统又称为解析式惯导系统。

当地水平惯导系统的导航坐标系是一种当地水平坐标系，即平台有两根稳定轴（X_p、Y_p）保持在当地水平面内，另一根稳定轴（Z_p）与当地垂线重合。对于平面二维定位来说，如舰船导航，不需要高度测量，只需要安装两个加速度计，使其敏感轴互相垂直并与平台的两根水平稳定轴平行。由于平台保持水平，沿两根水平轴向的比力分量中不含有重力加速度分量，这样就不需要补偿比力中的重力加速度成分，避免了因估算重力加速度不准带来的误差，精度相对较高。当地水平惯导系统又称为半解析式惯导系统。舰船、飞机等贴近地面的载体中使用的惯导系统多半为当地水平惯导系统。

当地水平惯导系统根据平台两根水平轴指向的不同，这种系统还可再分为以下几种：

（1）指北方位惯导系统，又称为指北方位半解析式惯导系统。这种系统在工作时，平台的 3 个稳定轴分别指向地理东向、地理北向、当地地平面的法线方向，即平台坐标系 $OX_pY_pZ_p$ 模拟了当地地理坐标系 $OX_tY_tZ_t$。

（2）自由方位惯导系统。这种系统在工作时，平台的 Z_p 轴不跟踪地理坐标系绕 Z_t 轴的转动，而是相对惯性空间保持稳定，因此 $Y_p(X_p)$ 轴不指向地理北向（东向），而是与北向（东向）有称为自由方位角 $\alpha_f(t)$ 的夹角。

（3）游动方位惯导系统。这种系统与自由方位惯导系统类似，工作时，平台的 Z_p 轴不跟踪由载体相对地球自转引起的地理坐标系绕 Z_t 轴的角速度分量，因此 $Y_p(X_p)$ 轴也不指向地理北向（东向），而是与北向（东向）有称为游动方位角 $\alpha(t)$ 的夹角。

概括起来，惯导的分类如下：

- 平台式惯导
  - 空间稳定惯导（解析式惯导系统）
  - 当地水平惯导（半解析式惯导系统）
    - 指北方位惯导
    - 自由方位惯导
    - 游动方位惯导
- 捷联式惯导

5.1.2 平台式惯导的组成及基本问题

5.1.2.1 平台式惯导的基本组成

图 5-1 为平台式惯导的一般组成结构示意图。平台式惯导系统由三轴陀螺稳定平台（含陀螺仪）、加速度计、导航计算机、控制显示器等部分组成。

加速度计放置在平台上，其输出的比力信号由惯导计算机采集，计算机一方面计算载体的实时运动参数和导航参数，另一方面还计算出对平台实施控制的指令角速度，它经数模变换成指令电流输入给 3 个陀螺仪的力矩器，以使平台跟踪所选定的导航坐标系。惯导的组成及各部分之间的信号传递关系如图 5-2 所示。

由图 5-2 可见，平台式惯导包括以下几个部分：

加速度计：用来测量沿平台稳定轴的比力分量。

惯导平台：模拟一个导航坐标系，为加速度计提供一个测量和安装基准。在平台的 3 根轴上均装有角度发送器，用以提供载体的姿态信息。平台为跟踪所模拟的导航坐标系，

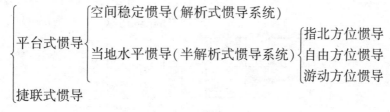

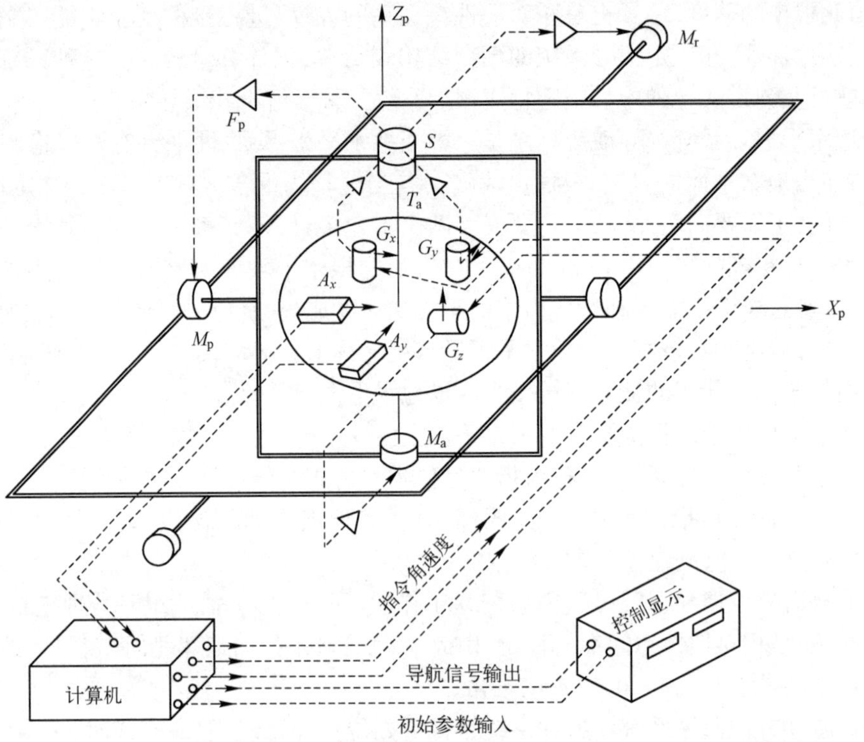

图 5-1 平台式惯导的组成结构示意图

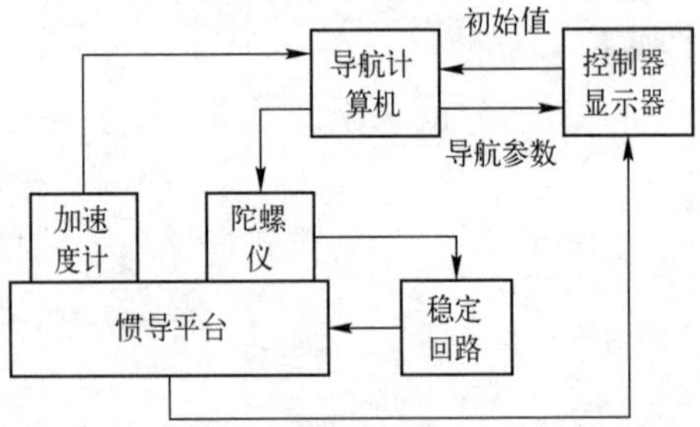

图 5-2 平台式惯导的组成及各部分之间的信号传递关系

要按照导航坐标系相对惯性空间相同的规律转动,平台通过接受修正指令来完成这种转动。惯导平台可以用 3 个单自由度陀螺仪(或 2 个二自由度陀螺仪)作为角速度(或角位置)敏感元件构成。

导航计算机:采集加速度计的输出信号,进行导航定位计算,同时,计算出对三轴稳定平台的指令角速度。

控制显示部件:显示导航参数,向导航计算机提供初始参数和系统需要的其他参数。

电源:提供各部件所需的电源。

5.1.2.2 平台式惯导系统的基本问题

平台式惯导实现定位的基本原理并不复杂,但在实施过程中有很多问题需要解决。从定位的角度来说,首先要解决两个问题。

1. 如何根据加速度计输出的比力进行导航定位计算

平台式惯导中,加速度计的敏感轴固定在平台的稳定轴轴向上,测得的载体加速度信息体现为比力在平台坐标系 3 个轴向上的分量 f_x^p、f_y^p 和 f_z^p。要根据比力提取载体相对地球的相对加速度。不同的平台式惯导,根据比力进行导航计算的算法也不一样,但是,算法肯定要满足牛顿力学中的运动规律。在惯导中将根据加速度计输出的比力计算载体速度、位置的公式编排称为力学编排,相应的编排方程,称为力学编排方程。不同类型的平台式惯导,由于平台模拟的导航坐标系各不相同,力学编排方程也是不同的。

2. 如何使平台保持稳定并实施对平台的精确控制

要准确获知加速度计敏感轴指向,构造高精度的陀螺稳定平台是平台式惯导的核心问题之一。由于惯导误差的积累性,极其微小的平台误差也会导致可观的系统误差。例如,在当地水平惯导中,当平台准确保持水平时,沿平台水平轴向的加速度计不会敏感到重力加速度分量,但是当平台有 1′的倾斜角时,就会引入重力加速度分量 $2.91\times10^{-4}g$,1h 后,由此引起的定位误差可达 10n mile。可见,系统对平台的精度要求非常高。稳定平台用陀螺仪作为平台角运动敏感元件,为敏感平台绕 3 个轴向的角运动,可以使用 3 个单自由度陀螺仪,也可使用 2 个二自由度陀螺仪。其 3 根稳定轴确定了 1 个平台坐标系 $OX_pY_pZ_p$,平台的任务就是使平台坐标系模拟某一个导航坐标系(如当地地理坐标系)。显然稳定平台要有 3 条稳定回路,每条稳定回路稳定平台的 1 根轴。

为使平台模拟某种导航坐标系,就必须使平台在起始时刻对准该导航坐标系,在此基础上,再给平台上的陀螺仪施加相应的指令信号,使平台与所选定的导航坐标系有完全相同的角速度相对惯性空间转动,从而精确地跟踪该导航坐标系。指令角速度可分解为 3 个坐标轴向上的角速度分量,计算其数值时,需要载体的速度等信息,而它只能由导航计算机在处理加速度信号后计算获得。这样就形成了平台的修正回路,其回路通道是:平台→加速度计→导航计算机→平台指令角速度→陀螺仪→平台,显然,修正回路也有 3 条。对于当地水平惯导系统,为使平台的水平不受载体运动加速度的影响,保持平台的水平精度,两条水平修正回路的参数必须满足舒拉调谐的要求。

除上述两个基本问题外,还要考虑:在系统工作前,必须使平台对准选定的导航坐标系,这一步骤称为“初始对准”;由于对平台的修正构成了闭环回路,系统的误差会呈现出不衰减的振荡特性,故惯导中还要考虑在系统中引入阻尼;但是阻尼只能克服振荡性误差,对常值的、积累性的误差没有作用,所以实际的惯导系统在工作时还要需要进行适时的校正。

概括起来,平台式惯导中要考虑的主要问题如下:

(1) 如何根据比力信号,完成导航参数及平台指令角速度的计算,即如何进行力学编排。

(2) 如何使平台保持稳定并实施对平台的精确控制,对水平平台要考虑如何使修正回路满足舒拉调谐条件。

(3) 如何进行精确的初始对准。

5.2 比 力 方 程

如前所述,惯性导航系统中的加速度计不能直接测量载体的加速度,加速度计测量的是比力。比力是绝对加速度与引力加速度之差:

$$f = a_{\mathrm{i}} - G \tag{5-2-1}$$

平台式惯性导航系统中,加速度计的敏感轴安装在平台的稳定轴向上,其输出为其敏感轴向的比力分量。在导航计算时,需要获知载体相对地球的加速度在导航坐标系的分量,为此需要研究比力分量与相对加速度之间的关系,即比力方程。

5.2.1 预备知识:哥氏定理

哥氏定理描述了矢量在不同坐标系中的变化率之间的关系。设有矢量 $\boldsymbol{r}$,m 和 n 是两个空间坐标系,坐标系 n 相对坐标系 m 的旋转角速度矢量为 $\boldsymbol{\omega}_{\mathrm{mn}}$,两个坐标系的原点没有相对运动速度。

在坐标系 m 中观察到的矢量 $\boldsymbol{r}$ 的变化率,即矢量 $\boldsymbol{r}$ 的矢端相对坐标系 m 的速度矢量,记为 $\left.\frac{\mathrm{d}\boldsymbol{r}}{\mathrm{d}t}\right|_{\mathrm{m}}$,在坐标系 n 中观察到的矢量 $\boldsymbol{r}$ 的变化率,即矢量 $\boldsymbol{r}$ 的矢端相对坐标系 n 的速度矢量,记为 $\left.\frac{\mathrm{d}\boldsymbol{r}}{\mathrm{d}t}\right|_{\mathrm{n}}$,则

$$\left.\frac{\mathrm{d}\boldsymbol{r}}{\mathrm{d}t}\right|_{\mathrm{m}} = \left.\frac{\mathrm{d}\boldsymbol{r}}{\mathrm{d}t}\right|_{\mathrm{n}} + \boldsymbol{\omega}_{\mathrm{mn}} \times \boldsymbol{r} \tag{5-2-2}$$

式中:$\boldsymbol{\omega}_{\mathrm{mn}} \times \boldsymbol{r}$ 是由于矢量 $\boldsymbol{r}$ 跟随坐标系 n 一起相对坐标系 m 旋转形成的矢端速度,是牵连速度。

对于矢量的叉乘 $\boldsymbol{\omega}_{\mathrm{mn}} \times \boldsymbol{r} = \boldsymbol{V}$,可以通过矩阵运算其分量:

在任一个三维直角坐标系 $OXYZ$ 中,用矢量 $\boldsymbol{\omega}_{\mathrm{mn}}$、$\boldsymbol{r}$ 的投影分别定义列矢量:

$$\boldsymbol{\omega}_{\mathrm{mn}} = [\omega_x \quad \omega_y \quad \omega_z]^{\mathrm{T}}$$

$$\boldsymbol{r} = [r_x \quad r_y \quad r_z]^{\mathrm{T}}$$

则 $\boldsymbol{v}$ 在坐标系 $OXYZ$ 中的 3 个投影组成的列矢量 $\boldsymbol{V} = [V_x \quad V_y \quad V_z]^{\mathrm{T}}$ 可用下式计算:

$$\begin{bmatrix} V_x \\ V_y \\ V_z \end{bmatrix} = \begin{bmatrix} 0 & -\omega_z & \omega_y \\ \omega_z & 0 & -\omega_x \\ -\omega_y & \omega_x & 0 \end{bmatrix} \begin{bmatrix} r_x \\ r_y \\ r_z \end{bmatrix} \tag{5-2-3}$$

该公式可通过解析几何中用行列式计算矢量叉乘的方法验证。

5.2.2 绝对加速度的分解

当动点的牵连运动为转动时,动点的绝对加速度 $\boldsymbol{a}_{\mathrm{i}}$ 是相对加速度 $\boldsymbol{a}_{\mathrm{r}}$、牵连加速度 $\boldsymbol{a}_{\mathrm{e}}$ 与哥氏加速度 $\boldsymbol{a}_{\mathrm{c}}$ 3 种成分的矢量和,即

$$\boldsymbol{a}_{\mathrm{i}} = \boldsymbol{a}_{\mathrm{r}} + \boldsymbol{a}_{\mathrm{e}} + \boldsymbol{a}_{\mathrm{c}} \tag{5-2-4}$$

这就是一般情况下的加速度合成定理。当运载体在地球表面附近航行时,运载体一方面相对地球运动,另一方面又参与地球相对惯性空间的牵连运动,因此运载体的绝对加速度也应是上述三项的矢量和。

考虑到惯性导航系统中加速度计的灵敏度范围,我们在日心惯性坐标系中分析绝对加速度。如图 5-3 所示,设地球附近的运动载体位于 P 点,它在日心惯性坐标系中的位置矢量是 $\boldsymbol{R}$,在地球坐标系中的位置矢量是 $\boldsymbol{r}$,地心在日心惯性坐标系中的位置矢量是

$\boldsymbol{R}_0$,显然有

$$\boldsymbol{R}=\boldsymbol{R}_0+\boldsymbol{r}$$

相对惯性坐标系求取上式各项的变化率:

$$\left.\frac{\mathrm{d}R}{\mathrm{d}t}\right|_{\mathrm{i}}=\left.\frac{\mathrm{d}R_0}{\mathrm{d}t}\right|_{\mathrm{i}}+\left.\frac{\mathrm{d}\boldsymbol{r}}{\mathrm{d}t}\right|_{\mathrm{i}} \tag{5-2-5}$$

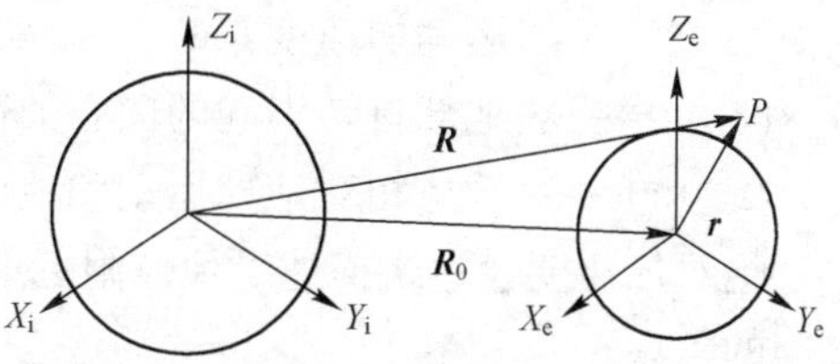

图 5-3　载体在日心惯性坐标系中的位置

位置矢量 $\boldsymbol{r}$ 相对惯性坐标系的变化率为绝对速度。在地球坐标系 e 中观察到的矢量 $\boldsymbol{r}$ 变化率记为$\left.\frac{\mathrm{d}\boldsymbol{r}}{\mathrm{d}t}\right|_{\mathrm{e}}$,地球坐标系相对惯性坐标系的自转角速度矢量为 $\boldsymbol{\omega}_{\mathrm{ie}}$,则依据哥氏定理有

$$\left.\frac{\mathrm{d}\boldsymbol{r}}{\mathrm{d}t}\right|_{\mathrm{i}}=\left.\frac{\mathrm{d}\boldsymbol{r}}{\mathrm{d}t}\right|_{\mathrm{e}}+\boldsymbol{\omega}_{\mathrm{ie}}\times\boldsymbol{r}=\boldsymbol{v}_{\mathrm{ep}}+\boldsymbol{\omega}_{\mathrm{ie}}\times\boldsymbol{r} \tag{5-2-6}$$

式中:$\boldsymbol{v}_{\mathrm{ep}}=\left.\frac{\mathrm{d}\boldsymbol{r}}{\mathrm{d}t}\right|_{\mathrm{e}}$,为载体相对地球的速度,简称载体速度。

将式(5-2-6)代入(5-2-5)有

$$\left.\frac{\mathrm{d}\boldsymbol{R}}{\mathrm{d}t}\right|_{\mathrm{i}}=\left.\frac{\mathrm{d}\boldsymbol{R}_0}{\mathrm{d}t}\right|_{\mathrm{i}}+\boldsymbol{v}_{\mathrm{ep}}+\boldsymbol{\omega}_{\mathrm{ie}}\times\boldsymbol{r} \tag{5-2-7}$$

再次求导得到式(5-2-7)各项矢量在惯性坐标系中的变化率:

$$\left.\frac{\mathrm{d}^2R}{\mathrm{d}t^2}\right|_{\mathrm{i}}=\left.\frac{\mathrm{d}^2\boldsymbol{R}_0}{\mathrm{d}t^2}\right|_{\mathrm{i}}+\left.\frac{\mathrm{d}\boldsymbol{v}_{\mathrm{ep}}}{\mathrm{d}t}\right|_{\mathrm{i}}+\left.\frac{\mathrm{d}(\boldsymbol{\omega}_{\mathrm{ie}}\times\boldsymbol{r})}{\mathrm{d}t}\right|_{\mathrm{i}} \tag{5-2-8}$$

地球自转角速度 $\boldsymbol{\omega}_{\mathrm{ie}}$ 相对惯性坐标系基本不变,可看成常值矢量,$\left.\frac{\mathrm{d}\boldsymbol{\omega}_{\mathrm{ie}}}{\mathrm{d}t}\right|_{\mathrm{i}}=0$,故

$$\left.\frac{\mathrm{d}(\boldsymbol{\omega}_{\mathrm{ie}}\times\boldsymbol{r})}{\mathrm{d}t}\right|_{\mathrm{i}}=\boldsymbol{\omega}_{\mathrm{ie}}\times\left.\frac{\mathrm{d}\boldsymbol{r}}{\mathrm{d}t}\right|_{\mathrm{i}}=\boldsymbol{\omega}_{\mathrm{ie}}\times(\boldsymbol{v}_{\mathrm{ep}}+\boldsymbol{\omega}_{\mathrm{ie}}\times\boldsymbol{r}) \tag{5-2-9}$$

运用哥式定理求取 $\boldsymbol{v}_{\mathrm{eN}}$ 相对地球坐标系的变化率:

$$\left.\frac{\mathrm{d}\boldsymbol{v}_{\mathrm{ep}}}{\mathrm{d}t}\right|_{\mathrm{i}}=\left.\frac{\mathrm{d}\boldsymbol{v}_{\mathrm{ep}}}{\mathrm{d}t}\right|_{\mathrm{e}}+\boldsymbol{\omega}_{\mathrm{ie}}\times\boldsymbol{v}_{\mathrm{ep}} \tag{5-2-10}$$

将式(5-2-9)、式(5-2-10)代入式(5-2-8)式得

$$\left.\frac{\mathrm{d}^2\boldsymbol{R}}{\mathrm{d}t^2}\right|_{\mathrm{i}}=\left.\frac{\mathrm{d}^2\boldsymbol{R}_0}{\mathrm{d}t^2}\right|_{\mathrm{i}}+\left.\frac{\mathrm{d}\boldsymbol{v}_{\mathrm{ep}}}{\mathrm{d}t}\right|_{\mathrm{e}}+2\boldsymbol{\omega}_{\mathrm{ie}}\times\boldsymbol{v}_{\mathrm{ep}}+\boldsymbol{\omega}_{\mathrm{ie}}\times(\boldsymbol{\omega}_{\mathrm{ie}}\times\boldsymbol{r}) \tag{5-2-11}$$

式(5-2-11)就是载体的绝对加速度表达式,各项所代表的物理意义如下:

$\left.\frac{\mathrm{d}^2\boldsymbol{R}}{\mathrm{d}t^2}\right|_{\mathrm{i}}$——载体相对惯性坐标系的加速度,即绝对加速度;

$\left.\frac{\mathrm{d}^2\boldsymbol{R}_0}{\mathrm{d}t^2}\right|_{\mathrm{i}}$——地球公转造成的地心相对惯性坐标系的加速度,是牵连运动加速度的一部分;

$\boldsymbol{v}_{\mathrm{ep}}$——载体相对地球的运动速度;

$\left.\frac{\mathrm{d}\boldsymbol{v}_{\mathrm{ep}}}{\mathrm{d}\boldsymbol{t}}\right|_{\mathrm{e}}$——在地球坐标系中观测到的 $\boldsymbol{v}_{\mathrm{ep}}$ 的变化率,也就是载体相对地球坐标系的

运动加速度；

$\boldsymbol{\omega}_{ie}\times(\boldsymbol{\omega}_{ie}\times\boldsymbol{r})$——地球自转引起的向心加速度，是载体牵连运动加速度的又一部分；

$2\boldsymbol{\omega}_{ie}\times\boldsymbol{v}_{ep}$——载体相对地球运动和地球自转角速度相互作用引起的哥氏加速度。

绝对加速度表达式描述了地球附近运动物体的绝对加速度与相对地球的相对加速度之间的关系。

5.2.3 比力方程

将绝对加速度表达式代入比力的定义公式：

$$\boldsymbol{f}=\boldsymbol{a}_i-\boldsymbol{G}=\left.\frac{\mathrm{d}^2\boldsymbol{R}}{\mathrm{d}t^2}\right|_{\mathrm{i}}-\boldsymbol{G}(\boldsymbol{R})$$

$$=\left.\frac{\mathrm{d}^2\boldsymbol{R}_0}{\mathrm{d}t^2}\right|_{\mathrm{i}}+\left.\frac{\mathrm{d}\boldsymbol{v}_{ep}}{\mathrm{d}t}\right|_{\mathrm{e}}+2\boldsymbol{\omega}_{ie}\times\boldsymbol{v}_{ep}+\boldsymbol{\omega}_{ie}\times(\boldsymbol{\omega}_{ie}\times\boldsymbol{r})-\boldsymbol{G}(\boldsymbol{R}) \tag{5-2-12}$$

对地球表面的物体来说，式(5-2-12)中引力加速度 $\boldsymbol{G}$ 为各种天体的引力加速度的矢量和，包括地球的引力加速度 $\boldsymbol{G}_e(\boldsymbol{r})$、太阳的引力加速度 $\boldsymbol{G}_s(\boldsymbol{R})$、月亮的引力加速度 $\boldsymbol{G}_m(\boldsymbol{R})$ 和太阳系其他行星的引力加速度等。计算可知，月亮对地球上的物体的引力加速度 $\boldsymbol{G}_m(\boldsymbol{R})$ 最大值为 $4\times10^{-6}g$，太阳系其他行星的引力加速度则更小，在一般的惯性导航问题中都可以忽略。这样，引力加速度主要为地球及太阳的引力：

$$\boldsymbol{G}(\boldsymbol{R})=\boldsymbol{G}_e(\boldsymbol{r})+\boldsymbol{G}_s(\boldsymbol{R}) \tag{5-2-13}$$

由于地球距离太阳较远，地球表面的物体至太阳的距离与地心至太阳的距离可以认为是近似相等的。地心绕太阳运动的加速度 $\left.\frac{\mathrm{d}^2\boldsymbol{R}_0}{\mathrm{d}t^2}\right|_{\mathrm{i}}$ 是由太阳对地球的引力造成的，与太阳对地球表面物体的引力加速度 $\boldsymbol{G}_s(\boldsymbol{R})$ 应该是几乎相等的，于是在式(5-2-12)中，地心绕太阳运动的加速度 $\left.\frac{\mathrm{d}^2\boldsymbol{R}_0}{\mathrm{d}t^2}\right|_{\mathrm{i}}$ 和引力加速度 $\boldsymbol{G}(\boldsymbol{R})$ 中的太阳的引力加速度 $\boldsymbol{G}_s(\boldsymbol{R})$ 可以相互抵消。这样：

$$\boldsymbol{f}=\left.\frac{\mathrm{d}\boldsymbol{v}_{ep}}{\mathrm{d}t}\right|_{\mathrm{e}}+2\boldsymbol{\omega}_{ie}\times\boldsymbol{v}_{ep}+\boldsymbol{\omega}_{ie}\times(\boldsymbol{\omega}_{ie}\times\boldsymbol{r})-\boldsymbol{G}_e(\boldsymbol{r}) \tag{5-2-14}$$

地球对其附近物体的引力可分解为重力和跟随地球自转所需的向心力两部分，地球引力加速度同样也可分解为两部分：

$$\boldsymbol{G}_e(\boldsymbol{r})=\boldsymbol{g}(\boldsymbol{r})+\boldsymbol{\omega}_{ie}\times(\boldsymbol{\omega}_{ie}\times\boldsymbol{r}) \tag{5-2-15}$$

式中：$\boldsymbol{g}(\boldsymbol{r})$ 为重力加速度矢量；$\boldsymbol{\omega}_{ie}\times(\boldsymbol{\omega}_{ie}\times\boldsymbol{r})$ 为跟随地球自转的向心加速度。

将式(5-2-15)代入式(5-2-14)，有

$$f=\left.\frac{\mathrm{d}\boldsymbol{v}_{ep}}{\mathrm{d}t}\right|_{\mathrm{e}}+2\boldsymbol{\omega}_{ie}\times\boldsymbol{v}_{ep}-\boldsymbol{g}(\boldsymbol{r}) \tag{5-2-16}$$

式(5-2-16)右边第一项是在地球坐标系中观测到的载体速度 $\boldsymbol{v}_{ep}$ 的变化率。惯性导航系统在导航坐标系中计算载体位置和速度，需要求取载体速度 $\boldsymbol{v}_{ep}$ 在导航坐标系中的变化率，即在导航坐标系中观测到的加速度。例如，指北方位惯性导航系统中的导航坐标系是当地地理坐标系，需要获知载体速度 $\boldsymbol{v}_{ep}$ 在当地地理坐标系中的变化率就可以推算载体速度及位置。平台式惯导都是用陀螺稳定平台来模拟导航坐标系的，平台无误差时平台

坐标系就是导航坐标系，加速度计测量的是沿平台坐标系轴向的比力分量。

记在平台坐标系中观测到的速度矢量 $\boldsymbol{v}_{ep}$ 的变化率为 $\left.\frac{d\boldsymbol{v}_{ep}}{dt}\right|_p$，也就是在平台坐标系中观测到的载体相对地球加速度，平台坐标系 p 相对地球坐标系的转动角速度为 $\boldsymbol{\omega}_{ep}$，根据哥式定理有

$$\left.\frac{d\boldsymbol{v}_{ep}}{dt}\right|_e=\left.\frac{d\boldsymbol{v}_{ep}}{dt}\right|_p+\boldsymbol{\omega}_{ep}\times\boldsymbol{v}_{ep} \tag{5-2-17}$$

记 $\left.\frac{d\boldsymbol{v}_{ep}}{dt}\right|_p=\dot{\boldsymbol{v}}_{ep}$，则

$$\boldsymbol{f}=\dot{\boldsymbol{v}}_{ep}+(2\boldsymbol{\omega}_{ie}+\boldsymbol{\omega}_{ep})\times\boldsymbol{v}_{ep}-\boldsymbol{g}(\boldsymbol{r}) \tag{5-2-18}$$

或

$$\dot{\boldsymbol{v}}_{ep}=\boldsymbol{f}-(2\boldsymbol{\omega}_{ie}+\boldsymbol{\omega}_{ep})\times\boldsymbol{v}_{ep}+\boldsymbol{g}(\boldsymbol{r}) \tag{5-2-19}$$

式(5-2-19)反映了比力与载体相对加速度之间的关系，称为比力方程。

如果令

$$\boldsymbol{a}_b=(2\boldsymbol{\omega}_{ie}+\boldsymbol{\omega}_{ep})\times\boldsymbol{v}_{ep}-\boldsymbol{g}(\boldsymbol{r}) \tag{5-2-20}$$

则有

$$\dot{\boldsymbol{v}}_{ep}=\boldsymbol{f}-\boldsymbol{a}_b \tag{5-2-21}$$

从测量加速度的角度看，$\boldsymbol{a}_b$ 是比力中不希望有的成分，在惯性导航中称为有害加速度。导航计算中需要的是载体相对加速度 $\dot{\boldsymbol{v}}_{ep}$，但加速度计本身不能分辨载体相对加速度和有害加速度。因此，必须从加速度计所测得的比力中补偿掉有害加速度，才能得到 $\dot{\boldsymbol{v}}_{ep}$，经进一步的运算获得载体相对地球的速度和位置等导航参数。

5.3 指北方位惯性导航系统基本原理

指北方位惯性导航系统是平台式惯导中最基本的类型。系统地掌握指北方位惯性导航系统的原理是分析其他各类惯导的基础，因此，指北方位惯性导航系统是惯导课程的研究重点。

指北方位惯性导航系统采用 3 个单自由度积分陀螺仪(或 2 个二自由度陀螺仪)及框架系统构成三轴稳定平台，平台上安装有 2 个敏感轴互相垂直的加速度计。这种惯导的三轴平台保持水平且固定指北，平台所模拟的坐标系就是当地地理坐标系，导航参数的计算也是在地理坐标系中进行的。本节介绍指北方位惯性导航系统的基本原理，首要的问题有两个：一是系统如何实现定位；二是如何保持平台的水平指北。

5.3.1 指北方位惯性导航系统的定位原理

图 5-4、图 5-5 分别为采用 3 个单自由度积分陀螺仪和 2 个二自由度陀螺仪作为平台角运动敏感控制元件的指北方位惯导原理图。指北方位惯导系统的平台用于模拟当地地理坐标系，平台的 3 根轴构成平台坐标系 $OX_pY_pZ_p$(简称 p 系)，理想情况下 p 系应与地理坐标系 $OX_tY_tZ_t$(简称 t 系)重合，X_p 指向地理东向，称为平台东向轴；Y_p 指向地理北向，

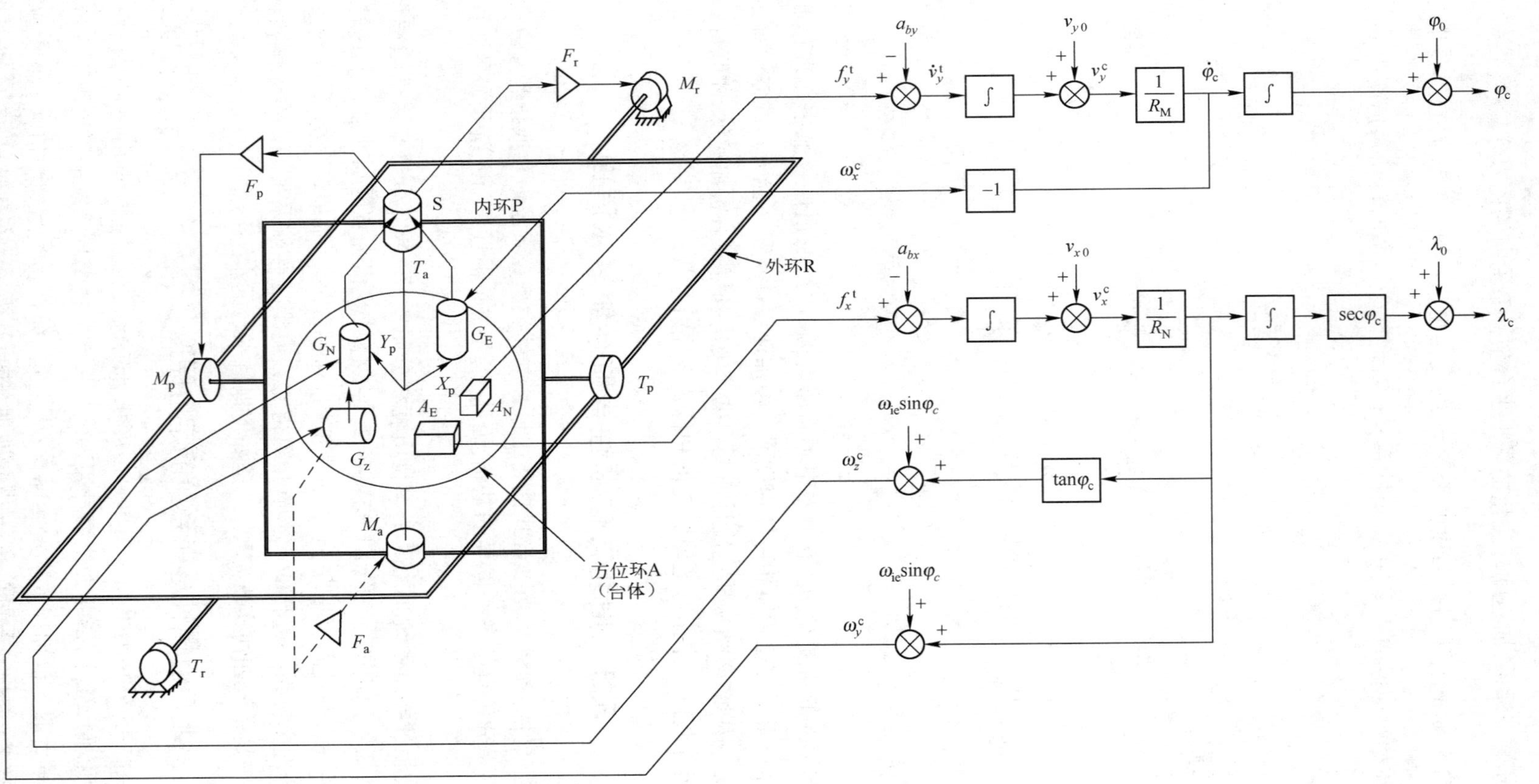

图5-4　使用 3 个单自由陀螺仪的指北方位惯导系统

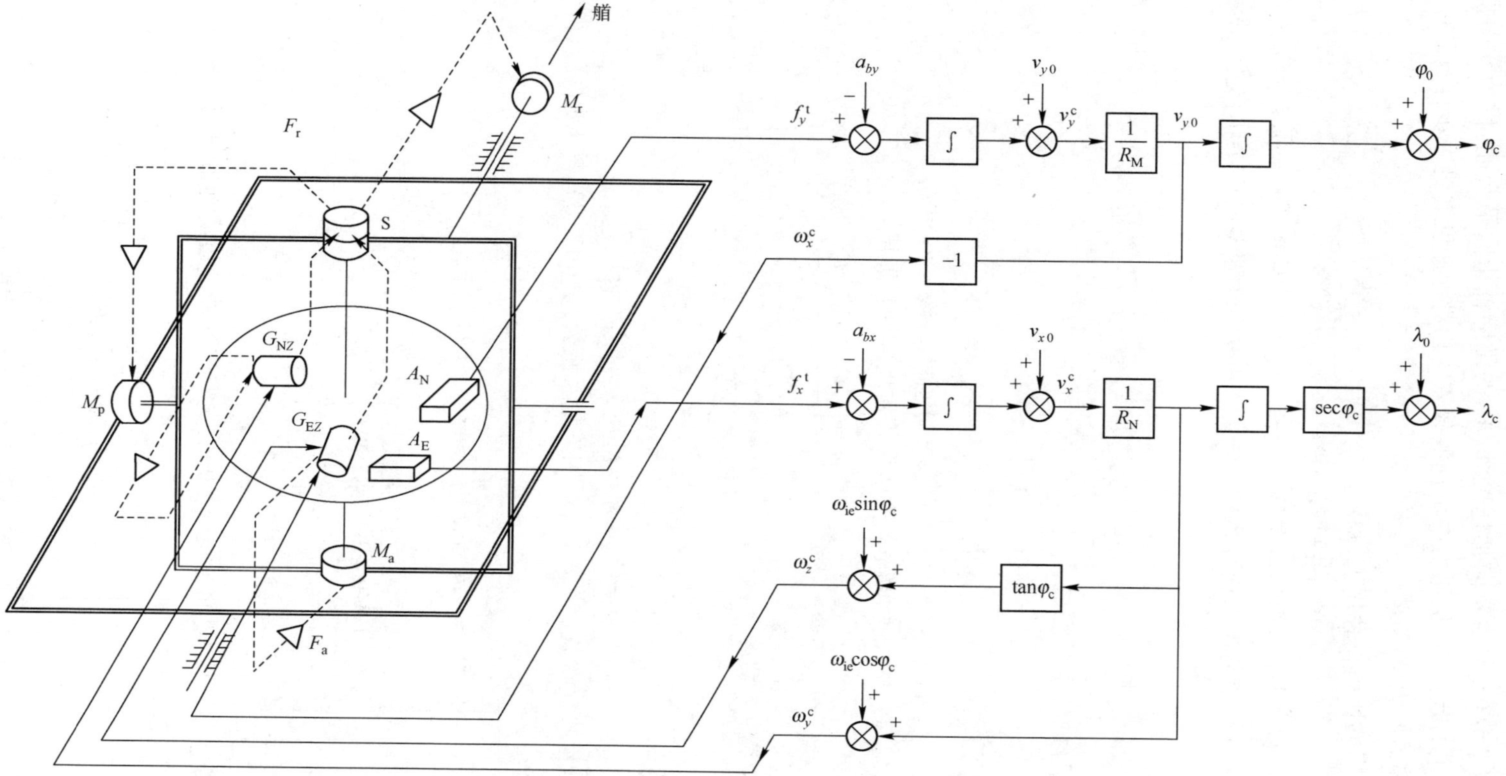

图5-5 使用2个二自由度陀螺仪的指北方位惯导系统

称为平台北向轴；Z_p 垂直指向天顶，称为平台的方位轴。平台上安装有加速度计 A_E、A_N，A_E 的敏感轴指向平台东，称为东向加速度计；A_N 的敏感轴指向平台北，称为北向加速度计。加速度计输出的是比力，从比力中可提取载体的相对加速度并进一步计算载体位置、速度，算法就是惯导的力学编排。

加速度计输出的比力符合比力方程：

$$\boldsymbol{f}=\dot{\boldsymbol{v}}_{ep}+(2\boldsymbol{\omega}_{ie}+\boldsymbol{\omega}_{ep})\times\boldsymbol{v}_{ep}-\boldsymbol{g}(\boldsymbol{r}) \tag{5-3-1}$$

对指北方位惯导系统，其平台模拟的是当地地理坐标系，无误差平台坐标系就是地理坐标系 t。将式(5-3-1)投影到当地地理系中，各矢量分解到地理系的 3 个轴向上，表示为如下分量形式：

比力：

$$\boldsymbol{f}—(f_x^t \quad f_y^t \quad f_z^t)$$

载体相对地球的运动加速度：

$$\dot{\boldsymbol{v}}_{ep}—(\dot{v}_x^t \quad \dot{v}_y^t \quad \dot{v}_z^t)$$

地球自转角速度：

$$\boldsymbol{\omega}_{ie}—(\omega_{iex}^t \quad \omega_{iey}^t \quad \omega_{iez}^t)=(0 \quad \omega_{ie}\cos\varphi \quad \omega_{ie}\sin\varphi)$$

平台系相对地球系的角速度就是地理系相对地球的角速度：

$$\boldsymbol{\omega}_{ep}—(\omega_{etx}^t \quad \omega_{ety}^t \quad \omega_{etz}^t)=\left(-\frac{v_y^t}{R_M} \quad \frac{v_x^t}{R_N} \quad \frac{v_x^t}{R_N}\tan\varphi\right)$$

载体相对地球的运动速度：

$$\boldsymbol{v}_{ep}—(\dot{v}_x^t \quad \dot{v}_y^t \quad \dot{v}_z^t)$$

重力加速度：

$$\boldsymbol{g}—(g_x^t \quad g_y^t \quad g_z^t)=(0 \quad 0 \quad -g)$$

再将上述分量式代入式(5-3-1)，运用矢量叉乘公式(5-2-3)，展开后可以得到以下标量形式的方程组：

$$\begin{cases} f_x^t=\dot{v}_x^t-\left(2\omega_{ie}\sin\varphi+\dfrac{v_x^t}{R_N}\tan\varphi\right)v_y^t+\left(2\omega_{ie}\cos\varphi+\dfrac{v_x^t}{R_N}\right)V_z^t \\ f_y^t=\dot{v}_y^t+\left(2\omega_{ie}\sin\varphi+\dfrac{v_x^t}{R_N}\tan\varphi\right)v_x^t+\dfrac{V_y^t}{R_M}V_z^t \\ f_z^t=\dot{v}_z^t-\left(2\omega_{ie}\cos\varphi+\dfrac{V_x^t}{R_N}\right)v_x^t-\dfrac{V_y^t}{R_M}v_y^t+g \end{cases} \tag{5-3-2}$$

对于舰船等载体来说，垂直速度 $v_z^t=0$，垂直方向的加速度远远小于重力加速度 g，这样，式(5-3-2)可简化为

$$\begin{cases} f_x^t=\dot{v}_x^t-\left(2\omega_{ie}\sin\varphi+\dfrac{v_x^t}{R_N}\tan\varphi\right)v_y^t \\ f_y^t=\dot{v}_y^t+\left(2\omega_{ie}\sin\varphi+\dfrac{v_x^t}{R_N}\tan\varphi\right)v_x^t \\ f_z^t=g \end{cases} \tag{5-3-3}$$

由此可得

$$\begin{cases}\dot{v}_x^{\mathrm{t}}=f_x^{\mathrm{t}}+\left(2\omega_{\mathrm{ie}}\sin\varphi+\dfrac{v_x^{\mathrm{t}}}{R_{\mathrm{N}}}\tan\varphi\right)v_y^{\mathrm{t}}\\ \dot{v}_y^{\mathrm{t}}=f_y^{\mathrm{t}}-\left(2\omega_{\mathrm{ie}}\sin\varphi+\dfrac{v_x^{\mathrm{t}}}{R_{\mathrm{N}}}\tan\varphi\right)v_x^{\mathrm{t}}\end{cases}\tag{5-3-4}$$

也可表示成

$$\begin{cases}\dot{v}_x^{\mathrm{t}}=f_x^{\mathrm{t}}-a_{\mathrm{b}x}\\ \dot{v}_y^{\mathrm{t}}=f_y^{\mathrm{t}}-a_{\mathrm{b}y}\end{cases}\tag{5-3-5}$$

式中：$a_{\mathrm{b}x}$、$a_{\mathrm{b}y}$为有害加速度，且

$$\begin{cases}a_{\mathrm{b}x}=-\left(2\omega_{\mathrm{ie}}\sin\varphi+\dfrac{v_x^{\mathrm{t}}}{R_{\mathrm{N}}}\tan\varphi\right)v_y^{\mathrm{t}}\\ a_{\mathrm{b}y}=\left(2\omega_{\mathrm{ie}}\sin\varphi+\dfrac{v_x^{\mathrm{t}}}{R_{\mathrm{N}}}\tan\varphi\right)v_x^{\mathrm{t}}\end{cases}\tag{5-3-6}$$

获取相对加速度分量$\dot{v}_x^{\mathrm{t}}$、$\dot{v}_y^{\mathrm{t}}$后，积分一次便可得到相对速度的东向分量和北向分量：

$$\begin{cases}v_x^{\mathrm{t}}=\int_0^{\mathrm{t}}\dot{v}_x^{\mathrm{t}}\mathrm{d}t+v_x^{\mathrm{t}}(0)\\ v_y^{\mathrm{t}}=\int_0^{\mathrm{t}}\dot{v}_y^{\mathrm{t}}\mathrm{d}t+v_y^{\mathrm{t}}(0)\end{cases}\tag{5-3-7}$$

式中：$v_x^{\mathrm{t}}(0)$、$v_y^{\mathrm{t}}(0)$为初始速度。载体在当地地平面内的速度，即地速为

$$v=\sqrt{(v_x^{\mathrm{t}})^2+(v_y^{\mathrm{t}})^2}\tag{5-3-8}$$

经纬度的计算：纬度变化率$\dot{\varphi}$和经度变化率$\dot{\lambda}$与相应的地速分量有如下关系，即

$$\begin{cases}\dot{\varphi}=\dfrac{v_y^{\mathrm{t}}}{R_{\mathrm{M}}}\\ \dot{\lambda}=\dfrac{v_x^{\mathrm{t}}}{R_{\mathrm{N}}\cos\varphi}\end{cases}\tag{5-3-9}$$

由此，由 v_x^{t}、v_y^{t} 可以求出纬度和经度：

$$\begin{cases}\varphi=\int_0^{\mathrm{t}}\dfrac{v_y^{\mathrm{t}}}{R_{\mathrm{M}}}\mathrm{d}t+\varphi_0\\ \lambda=\int_0^{\mathrm{t}}\dfrac{v_x^{\mathrm{t}}}{R_{\mathrm{N}}\cos\varphi}\mathrm{d}t+\lambda_0\end{cases}\tag{5-3-10}$$

式中：φ_0 和 λ_0 为初始纬度和经度。

根据方程式(5-3-4)、式(5-3-7)、式(5-3-9)、式(5-3-10)便可计算出载体的速度与位置。

5.3.2 平台的稳定及跟踪地理坐标系

1. 平台的稳定

对于采用3个单自由度积分陀螺仪的指北方位惯导，3个单自由度陀螺仪均放置于三轴稳定平台台体上，输入轴互相垂直。陀螺仪 G_N 的输入轴与平台北向轴 Y_p 平行，称为北向陀螺仪；陀螺仪 G_E 的输入轴与平台东向轴 X_p 平行，称为东向陀螺仪；陀螺仪 G_z 的输入轴与平台方位轴 Z_p 平行，称为方位陀螺仪，如图5-4所示。

影响平台稳定的因素主要有两个：一是当载体有角运动且有存在纵摇角时，平台基座的转动会通过刚性约束传递到平台台体的水平轴上；二是平台的支承轴上（外环轴、内环轴和方位轴）有干扰力矩时（主要是摩擦力矩），相应环架产生的转动角速度会传递到平台台体上。平台绕 X_p、Y_p、Z_p 轴向的转动会分别被陀螺仪 G_E、G_N、G_z 敏感，从而控制相应的稳定回路工作。

先看方位轴的稳定，当平台的方位轴上有干扰力矩使平台绕方位轴转动时，方位陀螺仪 G_z 敏感此转动角速度，其输出信号经放大后控制方位轴上的力矩电机，力矩电机产生稳定力矩抵消干扰力矩，直到平台方位轴回到原来的位置。这样，由方位陀螺仪 G_z、放大器、平台方位轴上的力矩电机就组成了方位轴稳定回路：平台绕 Z_p 轴转动→陀螺仪 G_z→放大器 F_z→力矩电机 M_z→平台绕 Z_p 轴转动。方位轴稳定回路是一独立的单轴积分陀螺稳定系统。

东向陀螺仪 G_E、北向陀螺仪 G_N 输出的信号都送往坐标变换器S，坐标变换器输出的两路信号经放大后，分别控制平台外环轴（横摇轴）上的横摇力矩电机和内环轴（纵摇轴）上的纵摇力矩电机。三轴平台中的坐标变换器的作用已经在4.4节分析过，从稳定的角度讲，是将两个陀螺仪 G_E、G_N 所敏感的平台绕 X_p、Y_p 轴上的角运动分解到外环轴和内环轴上，以正确地控制横摇轴力矩电机 M_r 和纵摇力矩电机 M_P，实现平台绕平台东向轴 X_p 和平台北向轴 Y_p 的稳定。

例如，平台由于某种原因绕 X_p 轴有扰动角速度时，G_E 陀螺仪敏感此转动，其输出的信号送往坐标变换器S，坐标变换器根据载体的航向角，将 G_E 陀螺的信号分为两路：一路经放大后控制横摇力矩电机 M_r；另一路经放大后控制纵摇力矩电机 M_P。两个力矩电机产生的力矩使平台外环组件绕外环轴转动、内环组件绕内环轴转动，这两种转动传递到平台台体上，其合成的角速度就是扶正角速度，也在 X_p 轴方向，稳态时，扶正角速度与扰动角速度等值反向，故平台可绕 X_p 轴保持动态稳定。平台北向轴稳定回路的工作过程与此类似。

有了坐标变换器，可认为在平台东向轴上和北向轴上各有一个等效的“放大器”F_x、F_y 和“力矩电机”M_x、M_y，从而构成两个等效的水平回路如图5-6所示。

等效的东向轴稳定回路：平台绕 X_p 轴转动→陀螺仪 G_E→等效放大器 F_x→等效力矩电机 M_x→平台绕 X_p 轴转动。

等效的北向轴稳定回路：平台绕 Y_p 轴转动→陀螺仪 G_N→等效放大器 F_y→等效力矩电机 M_y→平台绕 Y_p 轴转动。

这样，平台的东向轴稳定回路和北向轴稳定回路都可以看成是独立的单轴积分陀螺稳定系统，更便于分析。

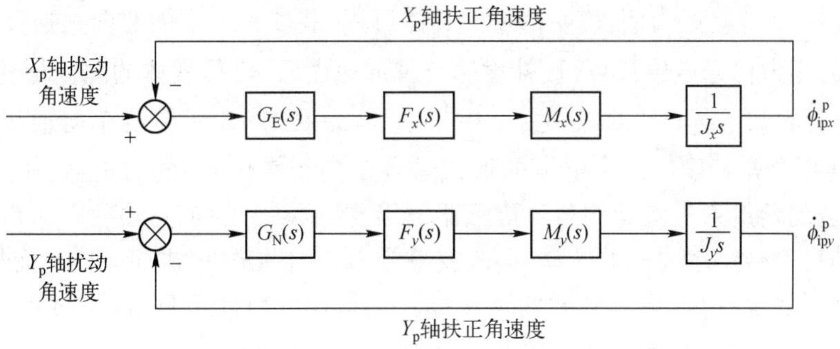

图 5-6　等效的两独立水平稳定回路

2. 平台对地理坐标系的跟踪—平台的修正

指北方位惯导平台跟踪的是当地地理坐标系。地理坐标系相对惯性空间的转动角速度在 t 系上的分量表达式如下：

$$\omega_{it}^t=\begin{bmatrix}\omega_{itx}^t\\ \omega_{ity}^t\\ \omega_{itz}^t\end{bmatrix}=\begin{bmatrix}-\dfrac{v_y^t}{R_M}\\ \omega_{ie}\cos\varphi+\dfrac{v_x^t}{R_N}\\ \omega_{ie}\sin\varphi+\dfrac{v_x^t}{R_N}\tan\varphi\end{bmatrix}\tag{5-3-11}$$

式中：R_M、R_N 分别为载体所在子午圈、卯酉圈的曲率半径。

若不对平台的 3 个陀螺施加控制信号，平台的 3 根轴将相对惯性空间保持稳定，平台处于几何稳定状态。为跟踪地理坐标系，必须对平台进行修正。修正的方法是按地理坐标系相对惯性空间的运动规律控制平台相对惯性空间转动，即施加给平台 3 个陀螺的指令角速度 ω_{ip}^p 要与地理坐标系相对惯性空间的转动角速度 ω_{it}^t 相等：

$$\omega_{ip}^p=\begin{bmatrix}\omega_{ipx}^p\\ \omega_{ipy}^p\\ \omega_{ipz}^p\end{bmatrix}=\begin{bmatrix}\omega_{itx}^t\\ \omega_{ity}^t\\ \omega_{itz}^t\end{bmatrix}=\begin{bmatrix}-\dfrac{v_y^t}{R_M}\\ \omega_{ie}\cos\varphi+\dfrac{v_x^t}{R_N}\\ \omega_{ie}\sin\varphi+\dfrac{v_x^t}{R_N}\tan\varphi\end{bmatrix}\tag{5-3-12}$$

使平台跟踪地理坐标系时，必须在起始时进行水平对准与方位对准，使平台坐标系的 3 根轴与当地地理坐标系的 3 根轴重合，这一步骤称为惯导平台的初始对准，关于初始对准的方法这里暂不研究，本书后续章节还要专门讨论。完成初始对准后，在平台保持稳定的基础上，按照式(5-3-12)向平台 3 个稳定回路中的陀螺仪力矩器施加适当的指令电流对平台进行修正，平台就可以保持水平指北。

对平台的修正包括东向轴修正、北向轴修正和方位轴修正。因而有 3 条修正回路。注意，东向轴修正回路控制的是平台南北轴的水平，而北向轴修正回路控制的是平台东西轴的水平，故有些资料上将其分别称为北向水平修正回路和东向水平修正回路。这里以平台的东向轴(X_p)修正为例,说明修正的具体过程:装在平台上的北向加速度计 A_N 测量出沿 Y_p 轴的比力信号送给计算机,补偿掉有害加速度后,可得载体的北向加速度$\dot{v}_y^t$,计算机通过积分计算出载体的北向速度 v_y^t,再按式(5-3-12)求出平台绕东向轴 X_p 的指令角速度 ω_{ipx}^p,此指令角速度以指令电流的形式送入东向陀螺仪 G_E 的力矩器,使陀螺绕其输出轴进动,进动角度通过陀螺的角度传感器输出,控制平台的东向轴稳定回路,使平台绕东向轴转动。平台绕东向轴的转动,会改变平台南北向的水平,进而又会改变加速度计对重力加速度 g 的敏感量,影响到北向加速度计的输出。由此可见,修正过程是一闭环过程,平台的东向轴修正回路可描述如下:

加速度计 A_N→v_y^t→指令角速度 ω_{ipx}^p→陀螺仪 G_E→东向轴稳定回路→重力加速度 g→加速度计 A_N

图 5-4 中比较清楚地示出了 3 条修正回路。要注意的是,修正是在稳定的基础上进行的,修正过程中包含了稳定过程。稳定回路要平台轴静止,修正回路则要其转动,其实两者并不矛盾。因为稳定回路是快速反应系统(否则就无法抑制干扰),而修正的指令角速度却非常小、变化极为缓慢,在修正的缓慢过程中,可认为平台是一直处于稳定状态的,不过稳定的目标位置是修正指令确定的。

对于用两个二自由度陀螺仪构成三轴平台的指北方位惯导(图 5-5),平台上装有两个二自由度陀螺仪 G_{EZ}和 G_{NZ},其中 G_{EZ}的两根敏感轴分别指向并控制平台的 X_p 轴和 Z_p 轴,G_{NZ}的一根敏感轴指向并控制平台的 Y_p 轴,另一根轴是冗余的,通过一方位锁定回路使跟踪平台的 Z_p 轴。具体方法在 4.5 节已经讨论过,此处不再赘述。

3. 惯导平台水平修正回路的舒拉调谐

指北方位惯导平台法线就是地垂线,平台要精确地保持水平,其水平修正回路必须满足舒拉调谐的条件。平台有两条水平修正回路,即东向轴修正回路与北向轴修正回路,工作原理基本相同。下面以平台东向轴修正回路为例分析回路实现舒拉调谐的条件。

北向加速度计 A_N、东向陀螺仪 G_E、东向轴稳定回路(由 G_E 等效东向轴放大器 $\boldsymbol{F}_x$ 等效东向轴力矩电机 M_x 以及平台本身构成)再加上计算机就构成了东向轴修正回路,同时这一回路也是一个"单通道的惯导系统",因为载体的纬度可以从这一回路输出,如图 5-7 所示。

假定载体沿地球子午线向正北航行,初始时刻平台是水平的。载体航行时可以有纵摇,但没有横摇和偏航(因为这里只考虑东向轴修正回路)。平台南北轴的水平误差角为 ϕ_x,其符号规定为:ϕ_x 为正时,地理坐标系 $OX_tY_tZ_t$ 绕 X_t 轴正向转动 ϕ_x 角就到达平台坐标系 $OX_pY_pZ_p$(图 5-8)。

为得出回路方块图,下面将回路分为几部分,分别列写出各部分的方程。

1) 加速度计 A_N输出的比力分量 f_y^p

加速度计 A_N输出的是沿平台坐标系 Y_p 轴向上的比力分量 f_y^p。为简化问题,再假定地球没有自转,加速度计处的引力加速度 $\boldsymbol{G}$ 就是当地重力加速度 $\boldsymbol{g}$,如果平台始终保持水平,重力加速度 $\boldsymbol{g}$ 不会被加速度计敏感,即对加速度计的输出无影响,这是所希望的。但平台存在误差角 ϕ_x 时,加速度计会敏感到 $\boldsymbol{g}$ 的分量。

假定载体的北向加速度为 $\boldsymbol{a}_N$,地球没有自转时,根据比力的定义:

$$\boldsymbol{f}=\boldsymbol{a}_{\mathrm{N}}-\boldsymbol{G}=\boldsymbol{a}_{\mathrm{N}}-\boldsymbol{g}$$

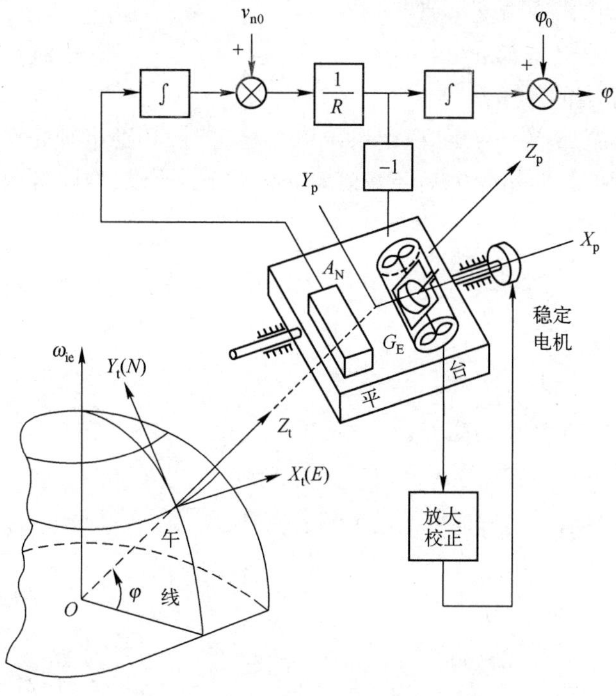

图 5-7 指北方位平台东向轴修正回路

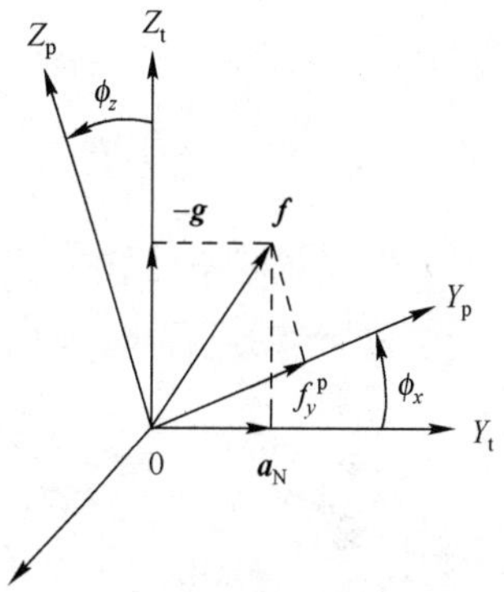

图 5-8 加速度计 A_N 输出的比力分量 f_y^p

其输出的是比力矢量 $\boldsymbol{f}=\boldsymbol{a}_{\mathrm{N}}-\boldsymbol{g}$ 在平台 Y_{p} 轴上的投影 f_y^{p}(图 5-8),则

$$f_y^{\mathrm{p}}=\boldsymbol{a}_{\mathrm{N}}\cos\phi_x-\boldsymbol{g}\sin\phi_x$$

当 ϕ_x 为小角度时,有

$$f_y^{\mathrm{p}}\approx\boldsymbol{a}_{\mathrm{N}}+\boldsymbol{g}\phi_x \tag{5-3-13}$$

加速度计是以电流、电压等物理量的形式输出比力的,因此实际输出可表示为 $K_{\mathrm{a}}f_y^{\mathrm{p}}$,$K_{\mathrm{a}}$ 为加速度计的刻度系数。

2) 平台东向轴修正指令角速度的形成

对 f_y^{p} 积分可计算出北向速度 v_y^{t},假定积分系数为 K_{u},则

$$v_y^{\mathrm{t}}=K_{\mathrm{u}}\int_0^t K_{\mathrm{a}}f_y^{\mathrm{p}}\mathrm{d}t \tag{5-3-14}$$

由 v_y^{t} 可计算控制平台绕 X_{p} 轴转动的指令角速度:

$$\omega_{\mathrm{ip}x}^{\mathrm{p}}=-\frac{v_y^{\mathrm{t}}}{R_{\mathrm{M}}} \tag{5-3-15}$$

另外,由 v_y^{t} 可计算纬度的变化率,结合初始纬度则可得到载体的瞬时纬度。

对式(5-3-15)求拉普拉斯变换可得

$$\omega_{\mathrm{ip}x}^{\mathrm{p}}(s)=-\frac{v_y^{\mathrm{t}}(s)}{R_{\mathrm{M}}}=-\frac{K_{\mathrm{a}}K_{\mathrm{u}}}{R_{\mathrm{M}}s}f_y^{\mathrm{p}}(s)=-\frac{K_{\mathrm{a}}K_{\mathrm{u}}}{R_{\mathrm{M}}s}[a_{\mathrm{N}}(s)-g\phi_x(s)] \tag{5-3-16}$$

3）从指令角速度到平台绕 X_p 轴的转动角度

对陀螺仪 G_E 力矩器的指令力矩正比于指令角速度：

$$M_\lambda = K_c \omega_{ipx}^{p} \tag{5-3-17}$$

式中：K_c 为从指令角速度到力矩器输出的传递系数。

对于陀螺稳定系统，当向陀螺仪施加指令力矩，稳定系统进入稳态时，其稳定轴相对惯性空间的转动角速度等于指令角速度，即指令力矩与陀螺动量矩之比，所以，对陀螺仪 G_E施矩后，平台绕 X_p 轴的转动角速度为

$$\dot{\phi}_a = \frac{M_\lambda}{H} \tag{5-3-18}$$

取拉普拉斯变换：

$$\phi_a(s) = \frac{M_\lambda(s)}{Hs} \tag{5-3-19}$$

4）地理坐标系的转动及平台误差角的产生

在载体运动过程中，地理坐标系绕其 X_t 轴的转动角加速度$\ddot{\phi}_b$ 为

$$\ddot{\phi}_b = -\frac{\boldsymbol{a}_N}{R_M} \tag{5-3-20}$$

取拉普拉斯变换：

$$\phi_b = -\frac{\boldsymbol{a}_N(s)}{R_M s^2} \tag{5-3-21}$$

平台的误差角 ϕ_x 是载体运动过程中，平台绕其 X_p 轴相对惯性空间的转动角度 ϕ_a 与地理坐标系绕其 X_t 轴相对惯性空间的转动角度 ϕ_b 之差：

$$\phi_x = \phi_a - \phi_b \tag{5-3-22}$$

综合式(5-3-16)、式(5-3-19)、式(5-3-21)和式(5-3-22)可画出平台东向轴修正回路方块图如图 5-9 所示。

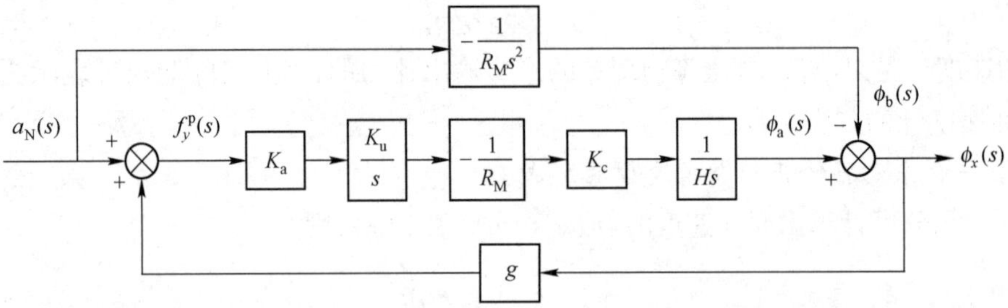

图 5-9　平台东向轴修正回路方块图

由图 5-9 可以看出，当载体有加速度 $\boldsymbol{a}_N$ 时，有两条并联的前向通道：一条表示当地垂线相对惯性空间的转动角度；另一条表示平台跟踪地垂线实际转动的角度。如果两者不一致，将产生平台误差角 ϕ_x，此误差角又通过加速度计对重力加速度分量的敏感反馈至加速度计输入端，构成反馈回路。这是一负反馈系统。可以把两条并联的前向通道的负号移到反馈回路里，就可以看得更清楚，如图 5-10 所示。

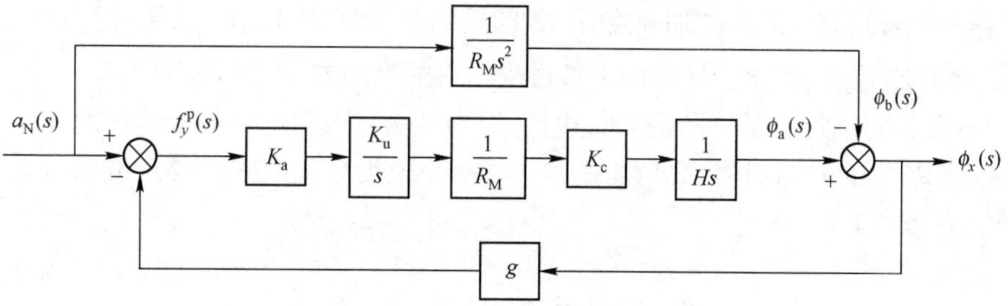

图 5-10 平台东向轴修正回路等效方块图

从图 5-10 可以明显地看出，如果使两条并联前向通道的传递函数相等，即满足条件：

$$\frac{K_a K_u K_c}{H}=1 \tag{5-3-23}$$

则无论加速度 $\boldsymbol{a}_N$ 为多少，平台绕 X_p 轴相对惯性空间的转动速度将始终与当地垂线相对惯性空间的转动角度相等，只要有准确地初始对准，使 $\phi_x(0)=0$，则平台将始终保持水平。这样就实现了平台水平与干扰量 $\boldsymbol{a}_N$ 无关。此时，系统方块图变为图 5-11 的形式。

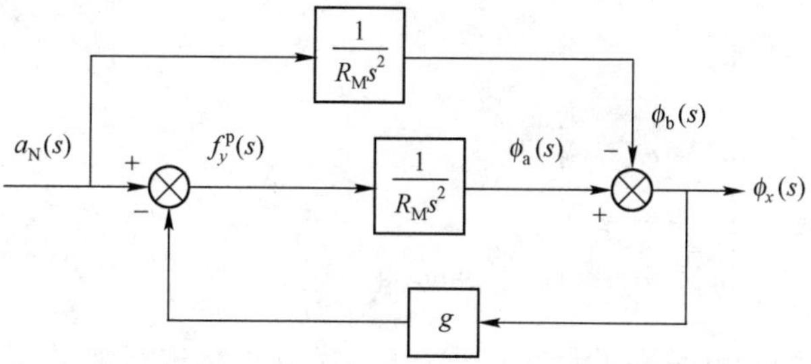

图 5-11 实现舒拉调谐的平台东向轴修正回路方块图

据图 5-11，有

$$s\phi_x(s)=[a_N(s)-g\phi_x(s)]\frac{1}{R_M s}-\frac{a_N(s)}{R_M s}=-\frac{g}{R_M s}\phi_x(s)$$

还原成微分方程即为

$$\ddot{\phi}_x+\frac{g}{R_M}\phi_x=0 \tag{5-3-24}$$

显然这是一个二阶无阻尼振荡系统，系统的固有振荡频率就是舒拉角频率 $\omega_s=\sqrt{g/R_M}$，相应的振荡周期为 84.4min。式(5-3-23)就是平台东向轴修正回路的舒拉调谐条件。从对平台的指令角速度的方面看，水平修正回路实现舒拉调谐的条件就是使平台绕任一水平轴的指令角速度与地理系绕相同轴的转动角速度相等，即 $\omega_{ip}^p=\omega_{it}^p$。

5.3.3 指北方位惯导的控制方程

前面讨论的力学编排方程从牛顿力学的角度表达了惯导系统中有关力学量(如比力、加速度、速度、位置)之间的关系，是惯导系统具体解算载体速度、位置及对平台实施控制的理论依据。根据力学编排方程，可以列写出惯导中根据加速度计的输出来计算载体运动参数和指令角速度的方程，后者就称为惯导的“控制方程”。

记东向加速度计 A_E、北向加速度计 A_N 的输出量分别为 A_x、A_y，系统计算出的载体速度、位置分别为 v_x^c、v_y^c、φ_c、λ_c，计算出平台指令角速度分别为 ω_x^c、ω_y^c、ω_z^c。

根据指北方位惯导的力学编排原理，将式(5-3-4)中的比力项 f_x^t、f_y^t 用加速度计输出量 A_x、A_y 代替，联合位置计算公式(5-3-9)、指令角速度公式(5-3-12)，可以写出惯导系统的控制方程如下：

$$\begin{cases}\dot{v}_x^c=A_x+\left(2\omega_{ie}\sin\varphi_c+\dfrac{v_x^c}{R_N}\tan\varphi_c\right)v_y^c & v_x^c(0)=v_{x0}\\ \dot{v}_y^c=A_y-\left(2\omega_{ie}\sin\varphi_c+\dfrac{v_x^c}{R_N}\tan\varphi_c\right)v_x^c & v_x^c(0)=v_{x0}\\ \dot{\varphi}_c=\dfrac{v_y^c}{R_M} & \varphi_c(0)=\varphi_0\\ \dot{\lambda}_c=\dfrac{v_x^c}{R_N}\sec\varphi_c & \lambda_c(0)=\lambda_0\\ \omega_x^c=-\dfrac{v_y^c}{R_M}\\ \omega_y^c=\omega_{ie}\cos\varphi_c+\dfrac{v_x^c}{R_N}\\ \omega_z^c=\omega_{ie}\sin\varphi_c+\dfrac{v_x^c}{R_N}\tan\varphi_c\end{cases} \tag{5-3-25}$$

为更好地理解惯导计算机的计算过程，对上述方程组进行离散化。假定离散化的时间间隔为 T_0，记在时刻 $t=kT_0$ 时的各计算量为 $x(k)$，在时刻 $t=(k+1)T_0$ 时的各计算量为 $x(k+1)$，则根据式(5-3-25)，有

$$\begin{cases}v_x^c(k+1)=v_x^c(k)+T_0\left\{A_x(k)+\left[2\omega_{ie}\sin\varphi_c(k)+\dfrac{v_x^c(k)}{R_N}\tan\varphi_c(k)\right]v_y^c(k)\right\}\\ v_y^c(k+1)=v_y^c(k)+T_0\left\{A_y(k)-\left[\left(2\omega_{ie}\sin\varphi_c(k)+\dfrac{v_x^c(k)}{R_N}\tan\varphi_c(k)\right)\right]v_x^c(k)\right\}\\ \varphi_c(k+1)=\varphi_c(k)+T_0\,\dfrac{v_y^c(k+1)}{R_M}\\ \lambda_c(k+1)=\lambda_c(k)+T_0\,\dfrac{v_x^c(k+1)}{R_N}\sec\varphi_c(k)\\ \omega_x^c(k+1)=-\dfrac{v_y^c(k+1)}{R_M}\\ \omega_y^c(k+1)=\omega_{ie}\cos\varphi_c(k+1)+\dfrac{v_x^c(k+1)}{R_N}\\ \omega_z^c(k+1)=\omega_{ie}\sin\varphi_c(k+1)+\dfrac{v_x^c(k+1)}{R_N}\tan\varphi_c(k+1)\end{cases} \tag{5-3-26}$$

运用上述方程组，结合初始速度、初始位置，惯导计算机可递推计算有关参数。

根据式(5-3-25)，可画出指北方位惯导系统的控制方块图，如图 5-12 所示。

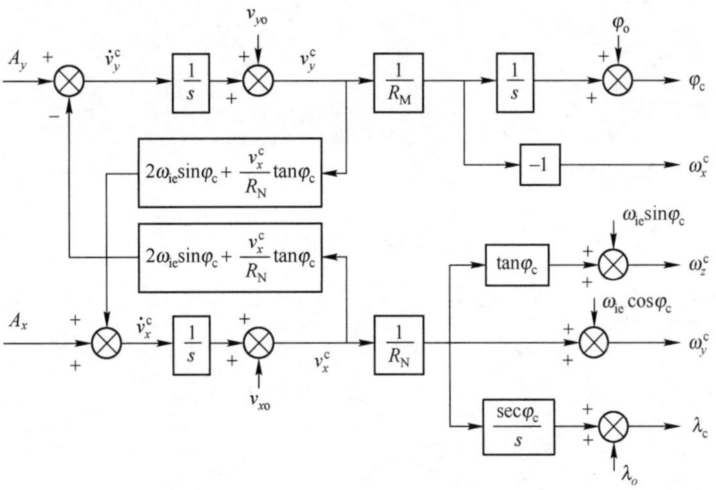

图 5-12 指北方位惯导系统的控制方块图

将惯导计算机计算的控制方程和稳定平台联系起来，可画出整个指北方位惯导系统的原理图，即图 5-4 和图 5-5。

5.3.4 指北方位惯导的高度通道问题

对于舰船等沿地球表面航行的载体来说，不需要计算相对地球表面的高度。所以前面的讨论中没有考虑对载体高度的测量。假如需要的话，惯导系统能否计算出载体的高度呢？自然地会想到，可以在惯导中再增加一高度测量通道，即在平台上再安装一加速度计 A_z，使其敏感轴与平台方位轴 Z_p 平行，A_z 可测量沿 Z_p 轴的比力分量 f_z^t，然后从 f_z^t 中提取出地垂线方向的相对加速度，并推算出垂直方向的载体位移。这就是测量载体沿水平方向位移的思路，但实际上，纯惯导的高度通道是不能独立工作的，下面作一简单分析。

根据式(5-3-2)中第三式：

$$f_z^t=\dot{v}_z^t-\left(2\omega_{ie}\cos\varphi+\frac{v_x^t}{R_N}\right)v_x^t-\frac{v_y^t}{R_M}v_y^t+g=\dot{v}_z^t-a_{bz}+g$$

即

$$\dot{v}_z^t=f_z^t+a_{bz}-g \tag{5-3-27}$$

式中：a_{bz} 为垂直方向的有害加速度。

式(5-3-27)表明，要获得垂直方向的相对加速度，不仅要补偿掉有害加速度 a_{bz}，还要去掉重力加速度 g。在地球表面，重力加速度 g 可以简单地看作是常数，但对高度变化的载体位置，g 是载体高度 h 的函数，其数值随高度增加而减小。这一点可简略地证明如下。

如果不考虑地球自转的影响，地球表面的重力加速度 g_0 为

$$g_0=K\frac{M}{R^2} \tag{5-3-28}$$

式中：K 为万有引力常数；M 为地球质量；R 为地球半径。

而在离地球表面高度为 h 处的重力加速度为

$$g=K\frac{M}{(R+h)^2}$$

即

$$g=\frac{R^2}{(R+h)^2}g_0 \tag{5-3-29}$$

当 $h \ll R$ 时，式(5-3-29)近似为

$$g=g_0\left(1-\frac{2h}{R}\right) \tag{5-3-30}$$

根据式(5-3-27)和式(5-3-30)，可作出高度通道的方块图，如图 5-13 所示。

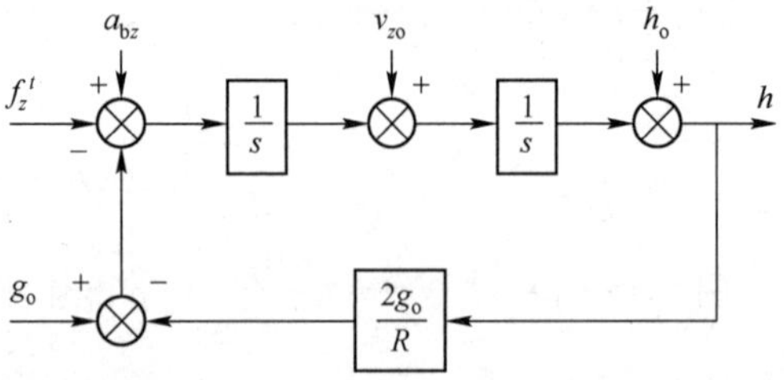

图 5-13　纯惯导的高度通道方块图

根据上面的方块图，容易列写出高度通道的特征方程式为

$$s^2-\frac{2g_0}{R}=0$$

即

$$\left(s-\sqrt{\frac{2g_0}{R}}\right)\left(s+\sqrt{\frac{2g_0}{R}}\right)=0 \tag{5-3-31}$$

特征方程有一正根，说明系统是不稳定的，计算高度 h 的误差将是扩散性的。因此需要测量载体高度时，不能直接采用这种纯惯性的高度通道，而必须引入外部高度信息进行组合后再求高度，其具体方法这里就不展开研究了。

5.3.5　指北方位惯导系统的特点

从以上的分析中看出，指北方位惯导系统具有以下特点：

(1) 由于平台坐标系模拟了当地地理坐标系，故从平台框架轴上的角度传感器就可以直接取得载体的航向角、纵摇角和横摇角。具体地说，平台方位轴上角度发送器输出的是载体的航向角；平台内环轴(纵摇轴)上角度发送器输出的是载体的纵摇角；平台外环轴(横摇轴)上角度发送器输出的是载体的横摇角。

(2) 由于平台稳定在地理坐标系内，加速度计输出的比力信号是沿地理坐标系的轴向，用它们求解导航参数及指令角速度的计算比较简单，对计算机的要求较低。

(3) 这种系统的缺点是不能在高纬度地区工作(一般指纬度大于 70°)。在高纬度地区由于经度线的收敛比较快，载体的东西向运动速度，会引起方位的迅速变化。平台为保持指北，必须对陀螺仪施加过大的指令力矩(从方位指令角速度的计算公式也可以看出，公式中含有 $\tan\varphi$ 项)，从而引起误差，甚至使系统失去工作能力。另外，当载体穿过极点

时，平台需要立刻在方位上转动 180°，这也是不可能做到的。正因为如此，当地水平惯导还应有其他几种类型来弥补指北方位惯导的不足。

5.4 自由方位惯性导航系统及其力学编排方程

指北方位惯导系统不能在高纬度地区工作。根本的原因是在高纬度地区，载体的东西向运动速度会引起地理坐标系方位的迅速变化，方位修正回路难以实现。载体穿过极点时，平台需要立刻在方位上转动 180°，更是不可能的。本节研究的自由方位惯导系统是解决方案之一。

5.4.1 自由方位惯导的方案特点

自由方位惯导采用的导航坐标系也是一个水平坐标系。惯导平台也是三轴平台，平台坐标系 $OX_pY_pZ_p$ 的 X_p 轴和 Y_p 轴始终处于当地水平面内。2 个加速度计 A_x 和 A_y 固定在平台台体上，敏感轴分别沿 X_p 轴和 Y_p 轴。3 个单自由度陀螺仪（或 2 个二自由度陀螺仪）控制平台的 3 根稳定轴，平台的稳定与修正原理与指北方位系统是一样的。不同的是，在系统工作过程中，不对方位陀螺 G_z 施加任何指令信号，平台在方位轴上相对惯性空间保持稳定，即平台方位轴稳定系统工作于几何稳定状态。

如果在初始时刻，平台系 $OX_pY_pZ_p$ 对准了地理系 $OX_tY_tZ_t$，在载体运动过程中，由于地球自转及载体的运动。自由方位平台的 X_p 轴（Y_p 轴）将逐渐偏离地理系的 X_t 轴（Y_t 轴），偏离的角速度为 ω_{tpz}^{t}（此符号的含义是：p 系相对 t 系的转动角速度在 t 系 Z_t 轴向上的分量），所形成的偏离角度 α_f 称为自由方位角，如图 5-14 所示。

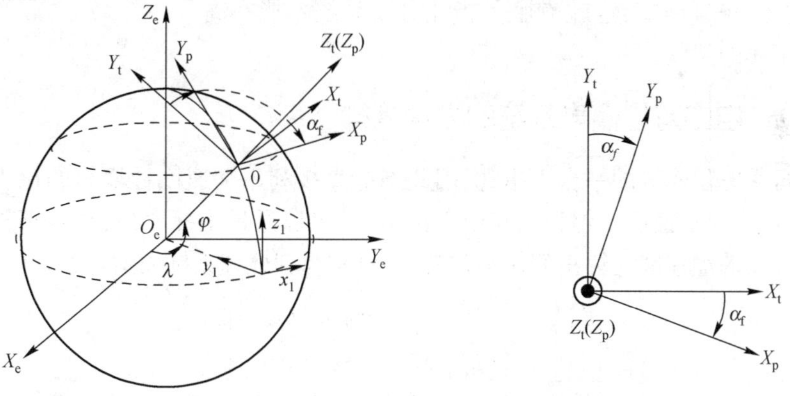

图 5-14 自由方位平台坐标系与地理坐标系的角度关系

下面分析自由方位角的变化规律。

按照上面对自由方位角的定义：

$$\dot{\alpha}_f = -\omega_{tpz}^{t} \tag{5-4-1}$$

根据相对运动原理，平台坐标系绕 Z_p 轴偏离地理系的角速度为

$$\omega_{tpz}^{t} = \omega_{ipz}^{t} - \omega_{itz}^{t} \tag{5-4-2}$$

由于自由方位平台方位轴向的指令角速度为零，不考虑稳定系统误差，平台方位轴相

对惯性空间稳定,即 $\omega_{ipz}^{p}=0$。p 系 Z_p 轴和 t 系的 Z_t 轴重合,所以

$$\omega_{ipz}^{t}=\omega_{ipz}^{p}=0 \tag{5-4-3}$$

而地理坐标系绕其方位轴的转动角速度规律是已知的:

$$\omega_{itz}^{t}=\omega_{ie}\sin\varphi+\frac{v_x^t}{R_N}\tan\varphi \tag{5-4-4}$$

把式(5-4-3)、式(5-4-4)代入式(5-4-2),可得平台绕 Z_p 轴偏离地理系的角速度为

$$\omega_{tpz}^{t}=-\omega_{itz}^{t}=-\omega_{ie}\sin\varphi-\frac{v_x^t}{R_N}\tan\varphi \tag{5-4-5}$$

所以

$$\dot{\alpha}_f=-\omega_{tpz}^{t}=\omega_{ie}\sin\varphi+\frac{v_x^t}{R_N}\tan\varphi \tag{5-4-6}$$

积分并考虑初始条件,就能得到自由方位角:

$$\alpha_f=\alpha_{f0}+\int_0^t\left(\omega_{ie}\sin\varphi+\frac{v_x^t}{R_N}\tan\varphi\right)\mathrm{d}t \tag{5-4-7}$$

由于平台不指北了,载体的航向角不能直接由平台方位环上的角度发送器 T_a 输出,记 T_a 敏感的角度为 θ_a',它是平台台体绕方位轴相对平台内环的转动角度。也就是相对载体的转动角度。它与载体的航向角 θ_a、自由方位角 α_f 之间有如下的关系(图 5-15):

$$\theta_a=\theta_a'+\alpha_f \tag{5-4-8}$$

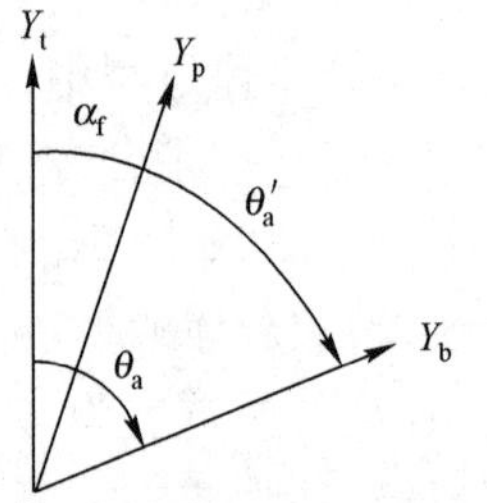

图 5-15 航向角 θ_a 与自由方位角 α_f 的关系

由于自由方位系统的方位轴稳定系统工作于几何稳定状态,无须对 G_z 陀螺施矩,这就克服了指北方位系统不能在高纬度地区工作的问题。

5.4.2 自由方位惯导系统的力学编排

由于自由方位系统的平台不指北,因此不能直接利用加速度计输出的比力信号来计算东、北向的相对加速度。但根据自由方位角 α_f,可以通过坐标变换,将敏感轴沿平台系 X_p 轴、Y_p 轴向的加速度计输出的比力信号 f_x^p、f_y^p转换到地理系轴向上:

$$\begin{bmatrix} f_x^t \\ f_y^t \end{bmatrix}=\boldsymbol{C}_p^t\begin{bmatrix} f_x^p \\ f_y^p \end{bmatrix}=\begin{bmatrix} \cos\alpha_f & \sin\alpha_f \\ -\sin\alpha_f & \cos\alpha_f \end{bmatrix}\begin{bmatrix} f_x^p \\ f_y^p \end{bmatrix} \tag{5-4-9}$$

这样,我们可以按照指北方位惯导的力学编排来计算导航参数。但是对平台的指令角速度还需要再从地理系转换到平台系:

$$\begin{bmatrix} \omega_{ipx}^p \\ \omega_{ipy}^p \end{bmatrix}=\boldsymbol{C}_t^p\begin{bmatrix} \omega_{itx}^t \\ \omega_{ity}^t \end{bmatrix}=\begin{bmatrix} \cos\alpha_f & -\sin\alpha_f \\ \sin\alpha_f & \cos\alpha_f \end{bmatrix}\begin{bmatrix} \omega_{itx}^t \\ \omega_{ity}^t \end{bmatrix} \tag{5-4-10}$$

根据式(5-4-7)~式(5-4-10),结合指北方位惯导的方块图,不难画出自由方位惯导系统的控制方块图,如图 5-16 所示。

从上面的方块图可以看出,在指北方位惯导的计算程序中,只需加入两个转换矩阵的计算,就可以变换成自由方位惯导了。依照这样的编排,在高纬度地区向 G_z 陀螺施矩困

难的问题解决了，但是，在计算位置和指令角速度时，仍要计算 $\tan\varphi$ 和 $\sec\varphi$ 项。在极区，当 φ 接近 90°时，计算机容易溢出的问题仍然存在。

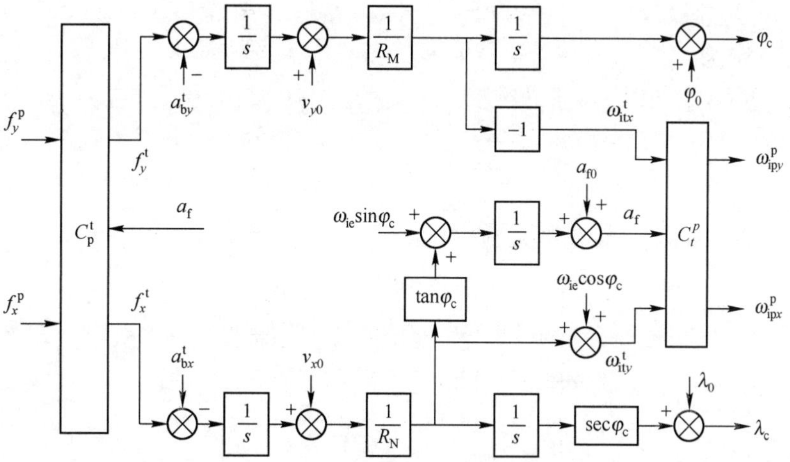

图 5-16　自由方位惯导系统控制方块图

为彻底解决指北方位惯导的问题，自由方位惯导是采用了另外一种导航参数计算方法——方向余弦矩阵法，本节我们着重介绍这种方法。

方向余弦矩阵法的基本思路是：

（1）平台系与地球坐标系之间的方向余弦阵 $\boldsymbol{C}_e^p$ 由载体的经纬度 λ、φ 和自由方位角 α_f 决定；反过来，得到了方向余弦阵 $\boldsymbol{C}_e^p$ 即可计算出载体的经纬度 λ、φ 和自由方位角 α_f。

（2）对于 $\boldsymbol{C}_e^p$，我们可以建立其微分方程，根据平台系相对地球系的转动角速度 ω_{ep}^p 及初始条件，通过积分可以得到 $\boldsymbol{C}_e^p$ 的元素值（即解矩阵微分方程）。

（3）平台系相对地球系的转动角速度 ω_{ep}^p 可以通过载体速度计算得到，而载体速度则根据加速度计输出的比力信号，经有害加速度补偿后积分而得。

（4）计算出导航参数后，再计算指令角速度控制平台保持当地水平。

1. 方向余弦阵 $\boldsymbol{C}_e^p$ 及其与导航参数的关系

地球坐标系 $OX_eY_eZ_e$ 与平台坐标系 $OX_pY_pZ_p$ 的原点是不同的，前者在地心，而后者在载体所在位置，但方向余弦阵 $\boldsymbol{C}_e^p$ 反映的是两坐标系间的角度关系，而不考虑原点位置。这样，我们可以认为两坐标系的原点相同（见图 5-14）。以地球坐标系 $OX_eY_eZ_e$ 为起始位置，经过下列 3 次转动到达平台坐标系 $OX_pY_pZ_p$ 的图示位置：

$OX_eY_eZ_e$ 绕 Z_e 轴转动角度 $\lambda+90°$，得到一中间坐标系 $OX_1Y_1Z_1$；

$OX_1Y_1Z_1$ 绕 X_1 轴转动角度 $90°-\varphi$，便得到地理坐标系 $OX_tY_tZ_t$；

$OX_tY_tZ_t$ 绕 Z_t 轴负向转动 α_f，就得到平台坐标系 $OX_pY_pZ_p$。

根据这样的转动关系，从地球坐标系到平台坐标系的方向余弦阵为

$$\boldsymbol{C}_e^p=\boldsymbol{C}_t^p\boldsymbol{C}_1^t\boldsymbol{C}_e^1$$

$$=\begin{bmatrix}\cos\alpha_f & -\sin\alpha_f & 0\\ \sin\alpha_f & \cos\alpha_f & 0\\ 0 & 0 & 1\end{bmatrix}\begin{bmatrix}1 & 0 & 0\\ 0 & \sin\varphi & \cos\varphi\\ 0 & -\cos\varphi & \cos\varphi\end{bmatrix}\begin{bmatrix}-\sin\lambda & \cos\lambda & 0\\ -\cos\lambda & -\sin\lambda & 0\\ 0 & 0 & 1\end{bmatrix}$$

$$
= \begin{bmatrix} \sin\alpha_f \sin\varphi \cos\lambda - \cos\alpha_f \sin\lambda & \sin\alpha_f \sin\varphi \sin\lambda + \cos\alpha_f \cos\lambda & -\sin\alpha_f \cos\varphi \\ -\cos\alpha_f \sin\varphi \cos\lambda - \sin\alpha_f \sin\lambda & -\cos\alpha_f \sin\varphi \sin\lambda + \sin\alpha_f \cos\lambda & \cos\alpha_f \cos\varphi \\ \cos\varphi \cos\lambda & \cos\varphi \sin\lambda & \sin\varphi \end{bmatrix} \quad (5-4-11)
$$

另外，$\boldsymbol{C}_e^p$ 可表示为

$$
\boldsymbol{C}_e^p = \begin{bmatrix} c_{11} & c_{12} & c_{13} \\ c_{21} & c_{22} & c_{23} \\ c_{31} & c_{32} & c_{33} \end{bmatrix} \quad (5-4-12)
$$

比较式(5-4-11)与式(5-4-12)，可得

$$
\begin{cases} c_{11} = \sin\alpha_f \sin\varphi \cos\lambda - \cos\alpha_f \sin\lambda \\ c_{12} = \sin\alpha_f \sin\varphi \sin\lambda + \cos\alpha_f \cos\lambda \\ c_{13} = -\sin\alpha_f \cos\varphi \\ c_{21} = -\cos\alpha_f \sin\varphi \cos\lambda - \sin\alpha_f \sin\lambda \\ c_{22} = -\cos\alpha_f \sin\varphi \sin\lambda + \sin\alpha_f \cos\lambda \\ c_{23} = \cos\alpha_f \cos\varphi \\ c_{31} = \cos\varphi \cos\lambda \\ c_{32} = \cos\varphi \sin\lambda \\ c_{33} = \sin\varphi \end{cases} \quad (5-4-13)
$$

如果在载体运动过程中能够获得 $\boldsymbol{C}_e^p$ 的元素，那么就可以根据 $\boldsymbol{C}_e^p$ 的部分元素求出经度 λ、纬度 φ 和自由方位角 α_f。由于纬度 φ 定义在(-90°,+90°)区间，没有多值性，直接取用反正弦的主值即可，即

$$
\varphi = \arcsin c_{33} \quad (5-4-14)
$$

而对经度和自由方位角，需先求反正切的主值：

$$
\lambda' = \arctan \frac{c_{32}}{c_{31}} \quad (5-4-15)
$$

$$
\alpha_f' = -\arctan \frac{c_{13}}{c_{23}} \quad (5-4-16)
$$

经度 λ 定义在(-180°,+180°)区间(λ 为正代表东经，λ 为负代表西经)，自由方位角 α_f 定义在(0°,360°)区间，它们的真值与反正切的主值 λ'、α_f' 之间的关系，还需要根据一些条件来判断。在 c_{31}、c_{23} 的表达式中，$\cos\varphi$ 肯定为正，故 c_{31} 与 $\cos\lambda$ 同号，c_{23} 与 $\cos\alpha_f$ 同号，这样，将主值 λ'、α_f' 与 c_{31}、c_{32} 的符号结合起来，就可判断 λ 和 α_f 所在区间，如表 5-1、表 5-2 所列。

表 5-1　λ 真值的计算

c_{31} 符号	λ' 符号	λ 真值	所在区间
+	+	λ'	东经(0°~90°)
-	-	$\lambda'+180°$	东经(90°~180°)
-	+	$\lambda'-180°$	西经(90°~180°)
+	-	λ'	西经(0°~90°)

表 5-2　α_f 真值的计算

c_{23} 符号	α_f' 符号	α_f 真值	所在区间
+	+	α_f'	$(0°\sim90°)$
−	−	$\alpha_f'+180°$	$(90°\sim180°)$
−	+	$\alpha_f'+180°$	$(180°\sim270°)$
+	−	$\alpha_f'+360°$	$(270°\sim360°)$

2. 方向余弦阵 C_e^p 的求取

方向余弦阵 C_e^p 是地球系到平台系的变换矩阵，矩阵元素是 λ、φ 的 α_f 的函数。在载体航行过程中，3 个转角都可能发生变化，矩阵 C_e^p 的元素也要跟着变化。因此要获取 C_e^p 的元素，就需要解 C_e^p 的微分方程。

C_e^p 微分方程就是

$$\dot{C}_e^p=\omega_{ep}^p C_e^p \tag{5-4-17}$$

式中：ω_{ep}^p 为平台相对地球运动的角速度矩阵，为一反对称矩阵，代入矩阵元素，就是

$$\begin{bmatrix}\dot{c}_{11} & \dot{c}_{12} & \dot{c}_{13}\\ \dot{c}_{21} & \dot{c}_{22} & \dot{c}_{23}\\ \dot{c}_{31} & \dot{c}_{32} & \dot{c}_{33}\end{bmatrix}=\begin{bmatrix}0 & \omega_{epz}^p & -\omega_{epy}^p\\ -\omega_{epz}^p & 0 & \omega_{epx}^p\\ \omega_{epy}^p & -\omega_{epx}^p & 0\end{bmatrix}\begin{bmatrix}c_{11} & c_{12} & c_{13}\\ c_{21} & c_{22} & c_{23}\\ c_{31} & c_{32} & c_{33}\end{bmatrix} \tag{5-4-18}$$

式(5-4-16)提供了 9 个微分方程：

$$\begin{cases}\dot{c}_{11}=\omega_{epz}^p c_{21}-\omega_{epy}^p c_{31}\\ \dot{c}_{21}=-\omega_{epz}^p c_{11}+\omega_{epx}^p c_{31}\\ \dot{c}_{31}=\omega_{epy}^p c_{11}-\omega_{epx}^p c_{21}\end{cases} \tag{5-4-19}$$

$$\begin{cases}\dot{c}_{12}=\omega_{epz}^p c_{22}-\omega_{epy}^p c_{32}\\ \dot{c}_{22}=-\omega_{epz}^p c_{12}+\omega_{epx}^p c_{32}\\ \dot{c}_{22}=-\omega_{epz}^p c_{12}+\omega_{epx}^p c_{32}\end{cases} \tag{5-4-20}$$

$$\begin{cases}\dot{c}_{13}=\omega_{epz}^p c_{23}-\omega_{epy}^p c_{33}\\ \dot{c}_{23}=-\omega_{epz}^p c_{13}+\omega_{epx}^p c_{33}\\ \dot{c}_{33}=\omega_{epy}^p c_{13}-\omega_{epx}^p c_{23}\end{cases} \tag{5-4-21}$$

观察上面的 9 个方程，可以看出每 3 个构成一组，可独立求解。由式(5-4-14)～式(5-4-16)可知，解 λ、φ 和 α_f 3 个元素并不需要 C_e^p 的全部元素，只需要 c_{31}、c_{13}、c_{32}、c_{23}、c_{33} 5 个元素，故我们只取上列微分方程组中的后 6 个，即式(5-4-20)、式(5-4-21)，用这 6 个方程可解出 6 个元素（c_{12}、c_{22}、c_{32}、c_{13}、c_{23}、c_{33}），其中包括上述 5 个元素的后 4 个。但还需要 c_{31}，而从所选的 6 个方程中又不能求得，因此要补充一个方程。

根据方向余弦阵的正交性质，方向余弦阵的转置就是其逆矩阵：

$$[C_e^p]^{\mathrm{T}}=\begin{bmatrix}c_{11} & c_{21} & c_{31}\\ c_{12} & c_{22} & c_{32}\\ c_{13} & c_{23} & c_{33}\end{bmatrix}=[C_e^p]^{-1}$$

同时，方向余弦阵对应的行列式的值为 1，利用代数余子式求矩阵逆元素，根据元素位置的对应关系可以求得

$$c_{31}=c_{12}c_{23}-c_{22}c_{13} \tag{5-4-22}$$

式中右边的元素都是方程组式(5-4-20)、式(5-4-21)的解。

要解上述微分方程式(5-4-20)、式(5-4-21)，还需要两个条件：

(1) 初始条件，根据 λ、φ 的 α_f 的初值 λ_0、φ_0 和 α_{f0}，来确定有关矩阵元素的初值：

$$\begin{cases} c_{12}(0)=\sin\alpha_{f0}\sin\varphi_0\sin\lambda_0+\cos\alpha_{f0}\cos\lambda_0 \\ c_{22}(0)=-\cos\alpha_{f0}\sin\varphi_0\sin\lambda_0+\sin\alpha_{f0}\cos\lambda_0 \\ c_{32}(0)=\cos\varphi_0\sin\lambda_0 \\ c_{13}(0)=-\sin\alpha_{f0}\cos\varphi_0 \\ c_{23}(0)=\cos\alpha_{f0}\cos\varphi_0 \\ c_{33}(0)=\sin\varphi_0 \end{cases} \tag{5-4-23}$$

初值 λ_0、φ_0 和 α_{f0} 可以在初始对准时输入给系统，初值的准确性直接影响系统的精度。

(2) 解微分方程时，需要已知 ω_{ep}^p，即载体相对地球运动的角速度在平台系中的分量。显然 ω_{ep}^p 与载体的速度分量有关，而后者可由比力信号求得，下面就讨论其求法。

3. 角速度 $\boldsymbol{\omega}_{ep}^p$ 的求取

角速度 $\boldsymbol{\omega}_{ep}^p$ 的 3 个分量为

$$\boldsymbol{\omega}_{ep}^p=[\omega_{epx}^p \quad \omega_{epy}^p \quad \omega_{epz}^p]^T \tag{5-4-24}$$

式中：ω_{epz}^p 为平台系绕 Z_p 轴相对地球系的转动角速度，先求这个角速度。

根据自由方位惯导系统的特点 $\omega_{epz}^p=0$，有

$$\omega_{ipz}^p=\omega_{iez}^p+\omega_{epz}^p=0$$

故

$$\omega_{epz}^p=-\omega_{iez}^p=-\omega_{ie}\sin\varphi=-\omega_{ie}c_{33} \tag{5-4-25}$$

ω_{epx}^p、ω_{epy}^p 分别是平台系绕 X_p 轴、Y_p 轴相对地球系的转动角速度，显然它们与载体的速度及地球的曲率半径有关，可以通过平台系与地理系的角度关系来推导其计算式。

根据自由方位角 α_f，通过坐标变换，可根据载体东向速度和北向速度计算平台系相对地理系的转动角速度，再从地理系变换到平台系上：

$$\begin{bmatrix}\omega_{epx}^p \\ \omega_{epy}^p\end{bmatrix}=\boldsymbol{C}_t^p\begin{bmatrix}\omega_{epx}^t \\ \omega_{epy}^t\end{bmatrix}=\begin{bmatrix}\cos\alpha_f & -\sin\alpha_f \\ \sin\alpha_f & \cos\alpha_f\end{bmatrix}\begin{bmatrix}-\dfrac{v_y^t}{R_M} \\ \dfrac{v_x^t}{R_N}\end{bmatrix} \tag{5-4-26}$$

式中：R_M、R_N 分别为地球参考椭球在载体位置的子午圈和卯酉圈曲率半径。而速度分量 v_x^t、v_y^t 又可根据沿平台系轴向的速度分量 v_x^p、v_y^p 变换而来：

$$\begin{bmatrix}v_x^t \\ v_y^t\end{bmatrix}=\boldsymbol{C}_p^t\begin{bmatrix}v_x^p \\ v_y^p\end{bmatrix}=\begin{bmatrix}\cos\alpha_f & \sin\alpha_f \\ -\sin\alpha_f & \cos\alpha_f\end{bmatrix}\begin{bmatrix}v_x^p \\ v_y^p\end{bmatrix} \tag{5-4-27}$$

将式(5-4-25)代入式(5-4-24)得

$$\begin{bmatrix}\omega_{epx}^{p}\\ \omega_{epy}^{p}\end{bmatrix}=\begin{bmatrix}-\dfrac{1}{\tau_f} & -\dfrac{1}{R_{yp}}\\ \dfrac{1}{R_{xp}} & \dfrac{1}{\tau_f}\end{bmatrix}\begin{bmatrix}v_x^p\\ v_y^p\end{bmatrix}=C_f\begin{bmatrix}v_x^p\\ v_y^p\end{bmatrix} \tag{5-4-28}$$

式中

$$\frac{1}{R_{xp}}=\frac{\sin^2\alpha_f}{R_M}+\frac{\cos^2\alpha_f}{R_N} \tag{5-4-29}$$

$$\frac{1}{R_{yp}}=\frac{\cos^2\alpha_f}{R_M}+\frac{\sin^2\alpha_f}{R_N} \tag{5-4-30}$$

$$\frac{1}{\tau_f}=\left(\frac{1}{R_N}-\frac{1}{R_M}\right)\sin\alpha_f\cos\alpha_f \tag{5-4-31}$$

式中：R_{xp}、R_{yp}为自由方位等效曲率半径；τ_f 为扭转曲率；C_f 为曲率阵。

曲率半径 R_M、R_N 是纬度 φ 的函数，结合式(5-4-13)中元素 c_{13}、c_{23}、c_{33} 与 φ、α_f 的关系，可将曲率阵 $\boldsymbol{C}_f$ 表示成

$$\boldsymbol{C}_f=\begin{bmatrix}-\dfrac{1}{\tau_f} & -\dfrac{1}{R_{yp}}\\ \dfrac{1}{R_{xp}} & \dfrac{1}{\tau_f}\end{bmatrix}=\begin{bmatrix}\dfrac{2\varepsilon}{R_e}c_{13}c_{23} & -\dfrac{1}{R_e}(1-\varepsilon c_{33}^2+2\varepsilon c_{23}^2)\\ \dfrac{1}{R_e}(1-\varepsilon c_{33}^2+2\varepsilon c_{13}^2) & -\dfrac{2\varepsilon}{R_e}c_{13}c_{23}\end{bmatrix} \tag{5-4-32}$$

式中：R_e 为地球参考椭球的长轴半径；ε 为椭圆度。

ω_{epz}^{p}也可用矩阵 $\boldsymbol{C}_t^p$ 元素表示，最后得到 ω_{ep}^{p}计算方程：

$$\begin{cases}\begin{bmatrix}\omega_{epx}^{p}\\ \omega_{epy}^{p}\end{bmatrix}=C_f\begin{bmatrix}v_x^p\\ v_y^p\end{bmatrix}\\ \omega_{epz}^{p}=-\omega_{ie}c_{33}\end{cases} \tag{5-4-33}$$

通过上面的分析，我们看到计算 $\boldsymbol{C}_t^p$ 需要已知角速度 $\boldsymbol{\omega}_{ep}^{p}$，而求 $\boldsymbol{\omega}_{ep}^{p}$时，又需要知道 $\boldsymbol{C}_t^p$ 的元素。这个问题可以用循环迭代算法解决，系统先根据初始条件解出 $\boldsymbol{C}_t^p$ 后，即可反馈回去求出曲率阵 $\boldsymbol{C}_f$，求出 $\boldsymbol{\omega}_{ep}^{p}$，再计算 $\boldsymbol{C}_t^p$，如此循环。还有一个问题就是，求解角速度 $\boldsymbol{\omega}_{ep}^{p}$时，还要提供载体速度 v_x^p、v_y^p，显然它们与加速度计输出的比力有直接关系。

4. 速度计算

根据比力与相对加速度的关系：

$$\boldsymbol{f}=\dot{\boldsymbol{v}}_{ep}+(2\boldsymbol{\omega}_{ie}+\boldsymbol{\omega}_{ep})\times\boldsymbol{v}_{ep}-\boldsymbol{g}(\boldsymbol{r}) \tag{5-4-34}$$

将式中各矢量分解到平台坐标系 3 根轴向上，表示为分量形式：

$\boldsymbol{f}$—$(f_x^p\quad f_y^p\quad f_z^p)$

$\dot{\boldsymbol{v}}_{ep}$—$(\dot{v}_x^p\quad \dot{v}_y^p\quad \dot{v}_z^p)$

$\boldsymbol{\omega}_{ie}$—$(\omega_{iex}^p\quad \omega_{iey}^p\quad \omega_{iez}^p)$

$\boldsymbol{\omega}_{ep}$—$(\omega_{epx}^p\quad \omega_{epy}^p\quad \omega_{epz}^p)$

$\boldsymbol{v}_{ep}$—$(v_x^p\quad v_y^p\quad v_z^p)$

$\boldsymbol{g}$—$(g_x^p\quad g_y^p\quad g_z^p)=(0\quad 0\quad -g)$

记列矢量 $\boldsymbol{\omega}_{ie}^{p}=[\omega_{iex}^{p}\quad\omega_{iey}^{p}\quad\omega_{iez}^{p}]^{T}$,则 $\boldsymbol{\omega}_{ie}^{p}$ 为地球坐标系相对惯性空间的角速度在 p 系上的分量,可通过坐标变换得到:

$$\boldsymbol{\omega}_{ie}^{p}=\boldsymbol{C}_{e}^{p}\boldsymbol{\omega}_{ie}^{e} \tag{5-4-35}$$

式(5-4-35)写成矩阵形式就是

$$\begin{bmatrix}\omega_{iex}^{p}\\ \omega_{iey}^{p}\\ \omega_{iez}^{p}\end{bmatrix}=\begin{bmatrix}c_{11}&c_{12}&c_{13}\\ c_{21}&c_{22}&c_{23}\\ c_{31}&c_{32}&c_{33}\end{bmatrix}\begin{bmatrix}0\\0\\ \omega_{ie}\end{bmatrix} \tag{5-4-36}$$

将式(5-4-33)、式(5-4-36)代入式(5-4-34),可得到加速度的分量式:

$$\begin{bmatrix}\dot{v}_{x}^{p}\\ \dot{v}_{y}^{p}\\ \dot{v}_{z}^{p}\end{bmatrix}=\begin{bmatrix}f_{x}^{p}\\ f_{y}^{p}\\ f_{z}^{p}\end{bmatrix}-\begin{bmatrix}0&-\omega_{ie}c_{33}&2\omega_{ie}c_{23}+\omega_{epy}^{p}\\ \omega_{ie}c_{33}&0&-(2\omega_{ie}c_{13}+\omega_{epx}^{p})\\ -(2\omega_{ie}c_{23}+\omega_{epy}^{p})&2\omega_{ie}c_{13}+\omega_{epx}^{e}&0\end{bmatrix}\begin{bmatrix}v_{x}^{p}\\ v_{y}^{p}\\ v_{z}^{p}\end{bmatrix}+\begin{bmatrix}0\\0\\g\end{bmatrix}$$

即

$$\begin{cases}\dot{v}_{x}^{p}=f_{x}^{p}-(2\omega_{ie}c_{23}+\omega_{epy}^{p})v_{z}^{p}+\omega_{ie}c_{33}v_{y}^{p}\\ \dot{v}_{y}^{p}=f_{y}^{p}+(2\omega_{ie}c_{13}+\omega_{epx}^{p})v_{z}^{p}-\omega_{ie}c_{33}v_{x}^{p}\\ \dot{v}_{z}^{p}=f_{z}^{p}+(2\omega_{ie}c_{23}+\omega_{epy}^{p})v_{x}^{p}-(2\omega_{ie}c_{13}+\omega_{epx}^{p})v_{y}^{p}+g\end{cases} \tag{5-4-37}$$

对于舰船等载体来说,垂直速度 $v_{z}^{p}=0$,这样式(5-4-37)可简化为

$$\begin{cases}\dot{v}_{x}^{p}=f_{x}^{p}+\omega_{ie}c_{33}v_{y}^{p}\\ \dot{v}_{y}^{p}=f_{y}^{p}-\omega_{ie}c_{33}v_{x}^{p}\end{cases} \tag{5-4-38}$$

于是:

$$\begin{cases}v_{x}^{p}(t)=v_{x}^{p}(0)+\int_{0}^{t}(f_{x}^{p}+\omega_{ie}c_{33}v_{y}^{p})\mathrm{d}t\\ v_{y}^{p}(t)=v_{y}^{p}(0)+\int_{0}^{t}(f_{y}^{p}-\omega_{ie}c_{33}v_{x}^{p})\mathrm{d}t\end{cases}$$

5. 平台的指令角速度

平台的指令角速度 $\boldsymbol{\omega}_{ip}^{p}$ 为

$$\boldsymbol{\omega}_{ip}^{p}=\boldsymbol{\omega}_{ie}^{p}+\boldsymbol{\omega}_{ep}^{p} \tag{5-4-39}$$

分解到 p 系各轴上有

$$\begin{cases}\omega_{ipx}^{p}=\omega_{iex}^{p}+\omega_{epx}^{p}\\ \omega_{ipy}^{p}=\omega_{iey}^{p}+\omega_{epy}^{p}\\ \omega_{ipz}^{p}=0\end{cases} \tag{5-4-40}$$

将式(5-4-36)代入式(5-4-40),得

$$\begin{cases}\omega_{ipx}^{p}=\omega_{ie}c_{13}+\omega_{epx}^{p}\\ \omega_{ipy}^{p}=\omega_{ie}c_{23}+\omega_{epy}^{p}\\ \omega_{ipz}^{p}=0\end{cases} \tag{5-4-41}$$

6. 采用方向余弦法的自由方位惯导系统的原理方块图

综合上面的推导,即可获得从加速度计测量出比力到求取各导航参数的全部力学编

排方程，现归纳如下。

(1) 加速度方程：

$$\begin{cases}\dot{v}_x^{\mathrm{p}}=f_x^{\mathrm{p}}+\omega_{\mathrm{ie}}c_{33}v_y^{\mathrm{p}}\\ \dot{v}_y^{\mathrm{p}}=f_y^{\mathrm{p}}-\omega_{\mathrm{ie}}c_{33}v_x^{\mathrm{p}}\end{cases}\tag{5-4-42}$$

(2) 角速度 $\omega_{\mathrm{ep}}^{\mathrm{p}}$ 方程：

$$\begin{bmatrix}\omega_{\mathrm{ep}x}^{\mathrm{p}}\\ \omega_{\mathrm{ep}y}^{\mathrm{p}}\end{bmatrix}=\begin{bmatrix}-\dfrac{2\varepsilon}{R_{\mathrm{e}}}c_{13}c_{23} & -\dfrac{1}{R_{\mathrm{e}}}(1-\varepsilon c_{33}^2+2\varepsilon c_{23}^2)\\ \dfrac{1}{R_{\mathrm{e}}}(1-\varepsilon c_{33}^2+2\varepsilon c_{13}^2) & \dfrac{2\varepsilon}{R_{\mathrm{e}}}c_{13}c_{23}\end{bmatrix}\begin{bmatrix}v_x^{\mathrm{p}}\\ v_y^{\mathrm{p}}\end{bmatrix}\tag{5-4-43}$$

$$\omega_{\mathrm{ep}z}^{\mathrm{p}}=-\omega_{\mathrm{ie}}c_{33}\tag{5-4-44}$$

(3) 方向余弦阵及其微分方程：

$$\boldsymbol{C}_{\mathrm{e}}^{\mathrm{p}}=\begin{bmatrix}c_{11} & c_{12} & c_{13}\\ c_{21} & c_{22} & c_{23}\\ c_{31} & c_{32} & c_{33}\end{bmatrix}\tag{5-4-45}$$

$$\dot{c}_{12}=\omega_{\mathrm{ep}z}^{\mathrm{p}}c_{22}-\omega_{\mathrm{ep}y}^{\mathrm{p}}c_{32}\tag{5-4-46}$$

$$\dot{c}_{22}=-\omega_{\mathrm{ep}z}^{\mathrm{p}}c_{12}+\omega_{\mathrm{ep}x}^{\mathrm{p}}c_{32}\tag{5-4-47}$$

$$\dot{c}_{32}=\omega_{\mathrm{ep}y}^{\mathrm{p}}c_{12}-\omega_{\mathrm{ep}x}^{\mathrm{p}}c_{22}\tag{5-4-48}$$

$$\dot{c}_{13}=\omega_{\mathrm{ep}z}^{\mathrm{p}}c_{23}-\omega_{\mathrm{ep}y}^{\mathrm{p}}c_{33}\tag{5-4-49}$$

$$\dot{c}_{23}=-\omega_{\mathrm{ep}z}^{\mathrm{p}}c_{13}+\omega_{\mathrm{ep}x}^{\mathrm{p}}c_{33}\tag{5-4-50}$$

$$\dot{c}_{33}=\omega_{\mathrm{ep}y}^{\mathrm{p}}c_{13}-\omega_{\mathrm{ep}x}^{\mathrm{p}}c_{23}\tag{5-4-51}$$

$$c_{31}=c_{12}c_{23}-c_{22}c_{13}\tag{5-4-52}$$

(4) 导航参数计算：

$$\varphi=\arcsin c_{33}\tag{5-4-53}$$

$$\lambda'=\arctan\frac{c_{32}}{c_{31}}\tag{5-4-54}$$

$$\alpha_{\mathrm{f}}'=\arctan\frac{c_{13}}{c_{23}}\tag{5-4-55}$$

$$\theta_{\mathrm{a}}=\theta_{\mathrm{a}}'-\alpha_{\mathrm{f}}\tag{5-4-56}$$

(5) 平台指令角速度：

$$\begin{cases}\omega_{\mathrm{ip}x}^{\mathrm{p}}=\omega_{\mathrm{ie}}^{\mathrm{p}}c_{13}+\omega_{\mathrm{ep}x}^{\mathrm{p}}\\ \omega_{\mathrm{ip}y}^{\mathrm{p}}=\omega_{\mathrm{ie}}^{\mathrm{p}}c_{23}+\omega_{\mathrm{ep}y}^{\mathrm{p}}\\ \omega_{\mathrm{ip}z}^{\mathrm{p}}=0\end{cases}\tag{5-4-57}$$

根据上述力学编排，可画出系统的原理方块图，如图 5-17 所示。从图中可见，系统的核心问题是方向余弦阵 $\boldsymbol{C}_{\mathrm{e}}^{\mathrm{p}}$ 的计算。

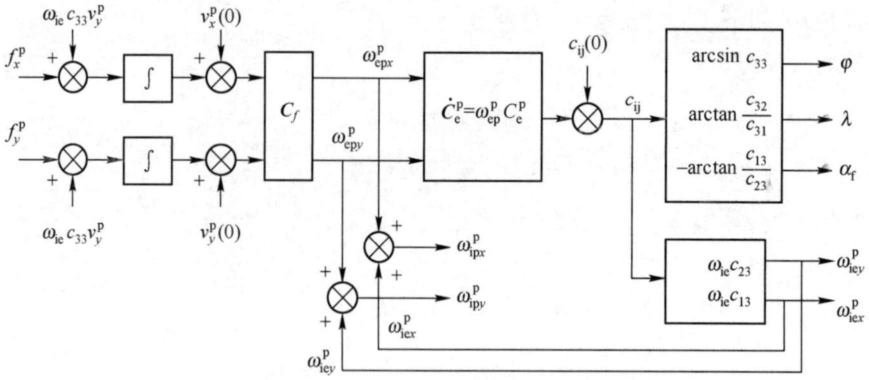

图 5-17　自由方位惯导系统的原理方块图

5.5　游动方位惯性导航系统及其力学编排方程

5.5.1　游动方位惯导系统的特点

游动方位惯导采用的导航坐标系仍是一个水平坐标系。在系统工作过程中,要对方位陀螺 G_z 施加有限的指令角速度,指令角速度既不同于指北方位惯导,又不同于自由方位惯导,为

$$\omega_{ipz}^{p}=\omega_{ie}\sin\varphi=\omega_{iez}^{p} \tag{5-5-1}$$

这就是说,平台绕 Z_p 轴只跟踪由地球自转引起的当地地理坐标系绕 Z_t 轴的转动。

由于载体的运动,平台的 X_p 轴(Y_p 轴)将逐渐偏离地理系的 X_t 轴(Y_t 轴),偏离的角度记为 α,称为游动方位角。α 的变化规律不难求得,由于

$$\omega_{ipz}^{t}=\omega_{itz}^{t}+\omega_{tpz}^{p}$$

故

$$\dot{\alpha}=-\omega_{tpz}^{t}=-(\omega_{ipz}^{t}-\omega_{itz}^{t})=-\omega_{ie}\sin\varphi+\left(\omega_{ie}\sin\varphi+\frac{v_x^t}{R_N}\tan\varphi\right)=\frac{v_x^t}{R_N}\tan\varphi \tag{5-5-2}$$

积分得

$$\alpha=\alpha_0+\int_0^t\frac{v_x^t}{R_N}\tan\varphi\,dt \tag{5-5-3}$$

从游动方位惯导系统的特点看,它与自由方位惯导系统的区别不大,只是游动方位惯导平台绕方位轴的转动规律稍有不同。我们可以仿照自由方位系统用方向余弦法来列写游动方位系统的力学编排方程。

5.5.2　游动方位系统的力学编排方程

1. 方向余弦阵 C_e^p

将自由方位系统方向余弦阵 C_e^p 中的 α_f 换成游动方位角 α,即

$$
\boldsymbol{C}_{\mathrm{e}}^{\mathrm{p}}=\begin{bmatrix} c_{11} & c_{12} & c_{13} \\ c_{21} & c_{22} & c_{23} \\ c_{31} & c_{32} & c_{33} \end{bmatrix}
=\begin{bmatrix} \sin\alpha\sin\varphi\cos\lambda-\cos\alpha\sin\lambda & \sin\alpha\sin\varphi\sin\lambda+\cos\alpha\cos\lambda & -\sin\alpha\cos\varphi \\ -\cos\alpha\sin\varphi\cos\lambda-\sin\alpha\sin\lambda & -\cos\alpha\sin\varphi\sin\lambda+\sin\alpha\cos\lambda & \cos\alpha\cos\varphi \\ \cos\varphi\cos\lambda & \cos\varphi\sin\lambda & \sin\varphi \end{bmatrix} \tag{5-5-4}
$$

2. 速度方程

求取速度的出发点仍然是比力方程：

$$
\boldsymbol{f}=\dot{\boldsymbol{v}}_{\mathrm{ep}}+(2\boldsymbol{\omega}_{\mathrm{ie}}+\boldsymbol{\omega}_{\mathrm{ep}})\times\boldsymbol{v}_{\mathrm{ep}}-\boldsymbol{g}(\boldsymbol{r})
$$

考虑到游动方位的特点，平台系和地球系绕 Z_{p} 轴的转动角速度相同，均为 $\omega_{\mathrm{ie}}\sin\varphi$，故

$$
\omega_{\mathrm{ep}x}^{\mathrm{p}}=\omega_{\mathrm{ip}z}^{\mathrm{p}}-\omega_{\mathrm{ie}z}^{\mathrm{p}}=0 \tag{5-5-5}
$$

又由式(5-3-34)得

$$
\begin{cases} \omega_{\mathrm{ie}x}^{\mathrm{p}}=c_{13}\omega_{\mathrm{ie}} \\ \omega_{\mathrm{ie}y}^{\mathrm{p}}=c_{23}\omega_{\mathrm{ie}} \\ \omega_{\mathrm{ie}z}^{\mathrm{p}}=c_{33}\omega_{\mathrm{ie}} \end{cases} \tag{5-5-6}
$$

式(5-5-5)、式(5-5-6)代入比力方程，可得

$$
\begin{cases} \dot{v}_x^{\mathrm{p}}=f_x^{\mathrm{p}}+2\omega_{\mathrm{ie}}c_{33}v_y^{\mathrm{p}}-(2\omega_{\mathrm{ie}}c_{23}+\omega_{\mathrm{ep}y}^{\mathrm{p}})v_z^{\mathrm{p}} \\ \dot{v}_y^{\mathrm{p}}=f_y^{\mathrm{p}}-2\omega_{\mathrm{ie}}c_{33}v_x^{\mathrm{p}}+(2\omega_{\mathrm{ie}}c_{13}+\omega_{\mathrm{ep}x}^{\mathrm{p}})v_z^{\mathrm{p}} \\ \dot{v}_z^{\mathrm{p}}=f_z^{\mathrm{p}}+(2\omega_{\mathrm{ie}}c_{23}+\omega_{\mathrm{ep}y}^{\mathrm{p}})v_x^{\mathrm{p}}-(2\omega_{\mathrm{ie}}c_{13}+\omega_{\mathrm{ep}x}^{\mathrm{p}})v_y^{\mathrm{p}}+g \end{cases} \tag{5-5-7}
$$

对于舰船等载体来说，垂直速度 $v_z^{\mathrm{p}}=0$，这样式(5-5-7)可简化为

$$
\begin{cases} \dot{v}_x^{\mathrm{p}}=f_x^{\mathrm{p}}+2\omega_{\mathrm{ie}}c_{33}v_y^{\mathrm{p}} \\ \dot{v}_y^{\mathrm{p}}=f_y^{\mathrm{p}}-2\omega_{\mathrm{ie}}c_{33}v_x^{\mathrm{p}} \end{cases} \tag{5-5-8}
$$

3. 角速度 $\boldsymbol{\omega}_{\mathrm{ep}}^{\mathrm{p}}$ 方程

$$
\begin{bmatrix} \omega_{\mathrm{ep}x}^{\mathrm{p}} \\ \omega_{\mathrm{ep}y}^{\mathrm{p}} \end{bmatrix}=\begin{bmatrix} -\dfrac{1}{\tau_{\mathrm{f}}} & -\dfrac{1}{R_{y\mathrm{p}}} \\ \dfrac{1}{R_{x\mathrm{p}}} & \dfrac{1}{\tau_{\mathrm{f}}} \end{bmatrix}\begin{bmatrix} v_x^{\mathrm{p}} \\ v_y^{\mathrm{p}} \end{bmatrix} \tag{5-5-9}
$$

式中：$R_{x\mathrm{p}}$、$R_{y\mathrm{p}}$及 τ_{f} 的含义与自由方位系统完全一样，只要在它们的表达式中，将的 α_{f} 换成 α 即可。代入矩阵 $\boldsymbol{C}_{\mathrm{e}}^{\mathrm{p}}$ 的元素后，表达式的形式完全一样，即

$$
\begin{bmatrix} \omega_{\mathrm{ep}x}^{\mathrm{p}} \\ \omega_{\mathrm{ep}y}^{\mathrm{p}} \end{bmatrix}=\begin{bmatrix} -\dfrac{2\varepsilon}{R_{\mathrm{e}}}c_{13}c_{23} & -\dfrac{1}{R_{\mathrm{e}}}(1-\varepsilon c_{33}^2+2\varepsilon c_{23}^2) \\ \dfrac{1}{R_{\mathrm{e}}}(1-\varepsilon c_{33}^2+2\varepsilon c_{13}^2) & \dfrac{2\varepsilon}{R_{\mathrm{e}}}c_{13}c_{23} \end{bmatrix}\begin{bmatrix} v_x^{\mathrm{p}} \\ v_y^{\mathrm{p}} \end{bmatrix} \tag{5-5-10}
$$

由于平台绕 Z_{p} 轴的转动角速度和地球坐标系绕 Z_{p} 轴的转动的规律是一致的，故

$$
\omega_{\mathrm{ep}z}^{\mathrm{p}}=0 \tag{5-5-11}
$$

4. 方向余弦阵微分方程

和自由方位惯导系统一样，方位余弦阵的微分方程展开后也可得到 9 个方程，参见式

(5-3-16)~式(5-3-19),同样,求解 λ、φ 及 α 只需要 c_{31}、c_{12}、c_{32}、c_{23}、c_{33} 5 个元素,因此我们只选用 9 个微分方程中的 6 个,再加上方向余弦阵的正交性条件之一即式(5-3-20),考虑到 $\omega_{epz}^{p}=0$,方向余弦阵微分方程的形式为

$$\begin{cases}\dot{c}_{12}=-\omega_{epy}^{p}c_{32}\\ \dot{c}_{22}=\omega_{epx}^{p}c_{32}\\ \dot{c}_{32}=\omega_{epy}^{p}c_{12}-\omega_{epx}^{p}c_{22}\\ \dot{c}_{13}=-\omega_{epy}^{p}c_{33}\\ \dot{c}_{23}=\omega_{epx}^{p}c_{33}\\ \dot{c}_{33}=\omega_{epy}^{p}c_{13}-\omega_{epx}^{p}c_{23}\\ c_{31}=c_{12}c_{23}-c_{22}c_{13}\end{cases} \tag{5-5-12}$$

5. 导航参数计算

$$\varphi=\arcsin c_{33} \tag{5-5-13}$$

$$\lambda'=\arctan\frac{c_{32}}{c_{31}} \tag{5-5-14}$$

$$\alpha'=-\arctan\frac{c_{13}}{c_{23}} \tag{5-5-15}$$

$$\theta_a=\theta_a'-\alpha \tag{5-5-16}$$

同样,上面的 λ' 和 α' 也是反正切的主值,从 λ'、α' 求经度 λ 和游动方位角 α 的真值可参照表 5-1 和表 5-2。航向 θ_a 与 θ_a'(由平台方位轴角度传感器输出)、α 的关系与自由方位系统相仿。

5.5.3 方案评述

游动方位系统的原理方块图可仿照自由方位系统原理方块图画出,读者可以自己完成。

游动方位系统虽然在 G_z 陀螺仪上加有指令信号,但由于指令角速度 ω_{ipz}^{p} 很小,不会发生像指北方位系统在高纬度地区对方位陀螺施矩困难的问题,因而它具备了自由方位系统的优点。而在用方向余弦法解算导航参数时,此方案比自由方位系统更简单,计算量更小。因此,现行的当地水平惯性导航系统大多采用这种方案。

思 考 题

(1) 试推导惯性导航中的比力方程。

(2) 指北方位惯性导航系统的定位原理是什么?

(3) 指北方位惯导的控制方程是什么?

(4) 自由方位惯导的力学编排是什么?

(5) 游动方位惯导的力学编排是什么?

(6) 指北方位惯导、自由方位惯导、游动方位惯导的特点是什么?

(7) 指北方位惯导平台跟踪的是当地地理坐标系。地理坐标系相对惯性空间的转动角速度在 t 系上的分量表达式如下：

$$\boldsymbol{\omega}_{\mathrm{it}}^{\mathrm{t}}=\begin{bmatrix}\omega_{\mathrm{it}x}^{\mathrm{t}}\\ \omega_{\mathrm{it}y}^{\mathrm{t}}\\ \omega_{\mathrm{it}z}^{\mathrm{t}}\end{bmatrix}=\begin{bmatrix}-\dfrac{v_y^{\mathrm{t}}}{R_{\mathrm{M}}}\\ \omega_{\mathrm{ie}}\cos\varphi+\dfrac{v_x^{\mathrm{t}}}{R_{\mathrm{N}}}\\ \omega_{\mathrm{ie}}\sin\varphi+\dfrac{v_x^{\mathrm{t}}}{R_{\mathrm{N}}}\tan\varphi\end{bmatrix}$$

说明上述表达式的物理意义。

(8) 加速度计直接测量载体的比力，根据推导比力方程满足下式：

$$\boldsymbol{f}=\dot{\boldsymbol{v}}_{\mathrm{ep}}+(2\boldsymbol{\omega}_{\mathrm{ie}}+\boldsymbol{\omega}_{\mathrm{ep}})\times\boldsymbol{v}_{\mathrm{ep}}-\boldsymbol{g}(\boldsymbol{r})$$

请结合载体的运动特点，说明公式右边第二项的物理意义。

(9) 下图为纯惯导的高度通道方块图，根据下图写出其系统的状态方程，并判断系统的稳定状态。

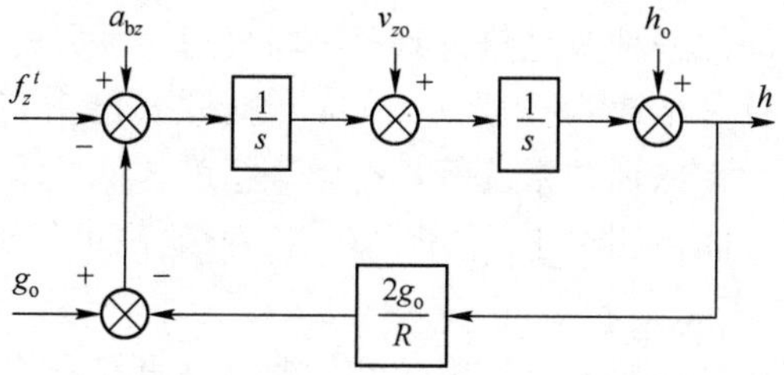

题 9 图　纯惯导的高度通道方块图

(10) 下图表示了自由方位平台坐标系与地理坐标系的角度关系，根据关系推导航向角和自由方位角之间的数学关系。

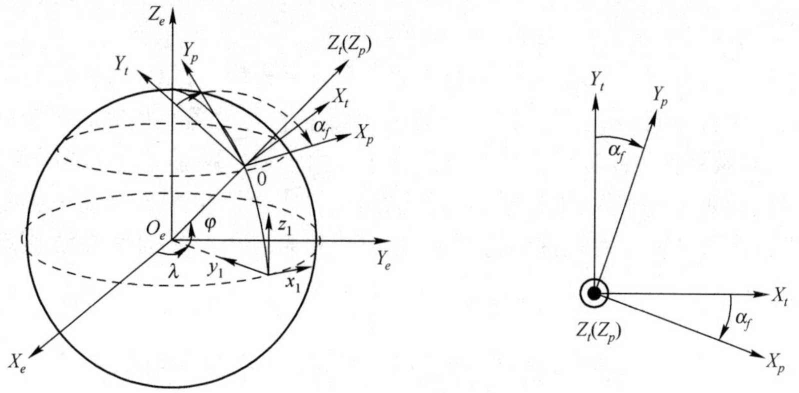

题 10 图　自由方位平台坐标系与地理坐标系的角度关系

第六章　捷联式惯性导航系统原理

说起捷联系统发展的历史,可以追溯到1942年V-2导弹的制导装置,它采用两个双自由度陀螺仪和一个陀螺积分加速度计惯性制导系统,让陀螺仪的主轴对准导弹的飞行方向,利用陀螺仪的定轴性,控制导弹按照预定轨道进行飞行,这在利用反馈提高制导精度方面迈出了重要的一步。惯性元件直接固联在弹体上敏感导弹的角运动,从这点上可以算作捷联惯导系统的雏形,是一种位置捷联装置。1970年,捷联系统作为宇宙飞船的应急备份装置,在"阿波罗"-13服务舱发生爆炸时将飞船引导到返回地球的轨道上,起了决定性的作用。现在的捷联系统中都是测量绕载体3个轴的角速率,故称速率捷联;如用自由陀螺仪测量载体的转角,则称为位置捷联。

激光、光纤等新型固态陀螺仪是捷联系统的理想元件。捷联系统取代平台式系统,已成为新世纪惯性技术发展的一种大趋势。有关资料报道,美国军用惯导系统1984年全部为平台式,到1989年已有一半改为捷联式,1994年捷联式已占有90.96%。捷联式惯导系统在飞机、战术导弹、鱼雷的惯导系统等具有中等精度与低成本的要求的领域得到了广泛的使用。惯性系统正在向体积更小,重量更轻,长寿命,高可靠性,数字化,自动化,低成本的方向发展。

捷联惯导系统是将惯性传感元件陀螺仪和加速度计直接固连在载体的一种系统。由于惯性传感器不是安装在具有空间多自由度的机械框架平台上,因此也称为无框架式惯性系统。

捷联惯导系统中陀螺仪和加速度计直接与载体固联,加速度计测量的是载体坐标系轴向比力,只要把这个比力转换到导航坐标系上,则其他计算就与平台式惯性导航系统一样。

由于去掉了具有常平架的平台,一是消除了稳定平台稳定过程中的各种误差;二是使整个系统可以做得小而轻,并易于维护。当然,由于惯性敏感器直接固联于船体上也带来新的问题,即导致惯性敏感器的工作环境恶化了。由于惯性敏感器直接承受舰船的振动、冲击及温度波动等环境条件,惯性敏感器的输出信息将会产生严重的动态误差。为保证惯性敏感器的参数和性能有很高的稳定性,则要求在系统中必须对惯性敏感器采取误差补偿措施。

6.1　捷联式惯性导航系统力学编排原理

在捷联惯导系统(Strapdown Inertial Navigation System,SINS)中,并不存在实际的物理惯性平台,陀螺仪和加速度计直接安装在载体之上,如图6-1所示。"strapdown"英文中就有"捆绑"的意思。陀螺仪送出沿载体系角速度信息,经计算机姿态矩阵解算可得到航向和姿态角参数。加速度计送出的沿载体系的加速度信息经坐标转换后变换成沿导航系的加速度信息,经计算机两次积分可得到载体位置参数。因为所有导航参数均由计算机解算得到,故称之为解析式惯导系统。

这类惯导系统由于取消了物理惯性平台,因此具有体积小,成本低,启动时间快等优点。同时,由于陀螺仪和加速度计工作环境较恶劣,系统精度受到了限制。此外,计算机的解算量也较大。

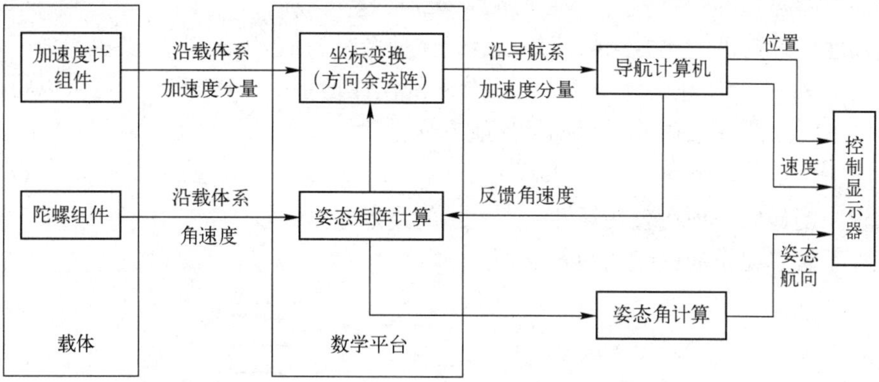

图 6-1　捷联惯导系统原理框图

6.1.1　捷联惯导惯性系机械编排

根据捷联计算方法的不同,捷联导航系统可以由不同形式的机械编排,继而由此得到导航方程的进一步表达式。

由哥氏定理可得惯性速度的地速表达式:

$$\left.\frac{\mathrm{d}}{\mathrm{d}t}\boldsymbol{r}\right|_{\mathrm{i}}=\left.\frac{\mathrm{d}}{\mathrm{d}t}\boldsymbol{r}\right|_{\mathrm{e}}+\boldsymbol{\omega}_{\mathrm{ie}}\times\boldsymbol{r}\tag{6-1-1}$$

对式(6-1-1)求导,且$\left.\frac{\mathrm{d}}{\mathrm{d}t}\boldsymbol{r}\right|_{\mathrm{e}}=\boldsymbol{v}_{\mathrm{e}}$,可得

$$\left.\frac{\mathrm{d}^2}{\mathrm{d}t^2}\boldsymbol{r}\right|_{\mathrm{i}}=\left.\frac{\mathrm{d}}{\mathrm{d}t}\boldsymbol{v}_{\mathrm{e}}\right|_{\mathrm{i}}+\left.\frac{\mathrm{d}}{\mathrm{d}t}[\boldsymbol{\omega}_{\mathrm{ie}}\times\boldsymbol{r}]\right|_{\mathrm{i}}\tag{6-1-2}$$

将式(6-1-1)所列的哥式方程用于式(3-1-2)的第二项,则有

$$\left.\frac{\mathrm{d}^2}{\mathrm{d}t^2}\boldsymbol{r}\right|_{\mathrm{i}}=\left.\frac{\mathrm{d}}{\mathrm{d}t}\boldsymbol{v}_{\mathrm{e}}\right|_{\mathrm{i}}+\boldsymbol{\omega}_{\mathrm{ie}}\times\boldsymbol{v}_{\mathrm{e}}+\boldsymbol{\omega}_{\mathrm{ie}}\times[\boldsymbol{\omega}_{\mathrm{ie}}\times\boldsymbol{r}]\tag{6-1-3}$$

在得到的上列方程中,假定地球的转速为常值,因此$(\mathrm{d}/\mathrm{d}t)\boldsymbol{\omega}_{\mathrm{ie}}=0$。结合式(6-1-3),并重新整理后得到

$$\left.\frac{\mathrm{d}}{\mathrm{d}t}\boldsymbol{v}_{\mathrm{e}}\right|_{\mathrm{i}}=\boldsymbol{f}-\boldsymbol{\omega}_{\mathrm{ie}}\times\boldsymbol{v}_{\mathrm{e}}-\boldsymbol{\omega}_{\mathrm{ie}}\times[\boldsymbol{\omega}_{\mathrm{ie}}\times\boldsymbol{r}]+\boldsymbol{g}\tag{6-1-4}$$

式中:$\boldsymbol{f}$为导航系统所受到的比力加速度;$\boldsymbol{\omega}_{\mathrm{ie}}\times\boldsymbol{v}_{\mathrm{e}}$为由在旋转地球的表面上的速度引起的加速度,常常称之为哥式加速度;$\boldsymbol{\omega}_{\mathrm{ie}}\times[\boldsymbol{\omega}_{\mathrm{ie}}\times\boldsymbol{r}]$定义为由于地球转动而产生的向心加速度,并且是没有从引力加速度$\boldsymbol{g}$中分离出来的由万有引力和向心力引起的加速度的总和构成了当地重力矢量,当保持在地球之上时,这个沿铅垂方向上下运动的矢量将指向它自己,这里由符号$\boldsymbol{g}_{\mathrm{l}}$表示,即

$$\boldsymbol{g}_1=\boldsymbol{g}-\boldsymbol{\omega}_{ie}\times[\boldsymbol{\omega}_{ie}\times\boldsymbol{r}] \tag{6-1-5}$$

合并式(6-1-4)和式(6-1-5),给出下列形式的导航方程:

$$\left.\frac{\mathrm{d}}{\mathrm{d}t}\boldsymbol{v}_e\right|_i=\boldsymbol{f}-\boldsymbol{\omega}_{ie}\times\boldsymbol{v}_e+\boldsymbol{g}_1 \tag{6-1-6}$$

这个方程可以表示为在惯性轴系的形式,由前述的上标符号表示如下:

$$\dot{\boldsymbol{v}}_e^i=\boldsymbol{f}^i-\boldsymbol{\omega}_{ie}^i\times\boldsymbol{v}_e^i+\boldsymbol{g}_1^i \tag{6-1-7}$$

由加速度计提供的比力测量值是在运载体轴系中的值,用矢量 $\boldsymbol{f}^b$ 表示。为了建立导航方程式(6-1-7),加速度计的输出必须分解到惯性轴系中,以得到 $\boldsymbol{f}^i$。这可以将测量矢量 $\boldsymbol{f}^b$ 乘方向余弦阵 $\boldsymbol{C}_b^i$,由此可得如下导航方程:

$$\dot{\boldsymbol{v}}_e^i=\boldsymbol{C}_b^i\boldsymbol{f}^b-\boldsymbol{\omega}_{ie}^i\times\boldsymbol{v}_e^i+\boldsymbol{g}_1^i \tag{6-1-8}$$

方程中的最后一项代表在惯性系中表示的当地重力矢量。

惯性系解算编排的框图如图 6-2 所示。

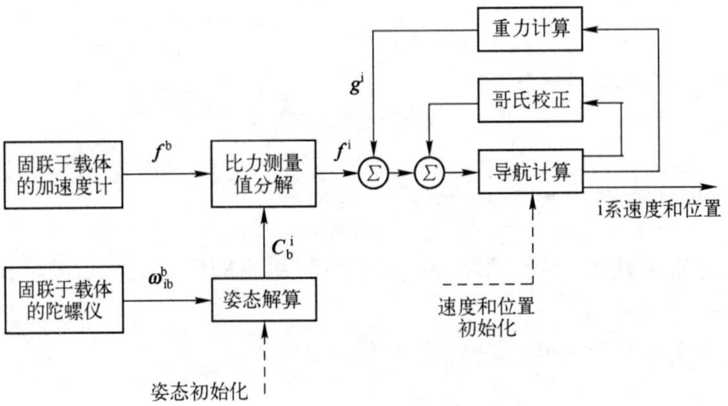

图 6-2　惯性系中解算编排的框图

图中,b 系表示载体坐标系,i 系表示惯性坐标系,e 系表示地球坐标系,n 系表示当地地理水平导航坐标系。

6.1.2　捷联惯导导航系统机械编排

为了绕地球的长距离导航,经常需要的导航信息是在当地的地理轴系或导航轴系内的信息。地球上的位置用纬度(基准面的南北向角度)和经度(基准面东西向角度)来指示。导航信息主要指北向速度分量和东向速度分量,经度、纬度和在地球之上的高度。因此,当在绕地球导航时,常需要使用这里的导航系机械编排。

在这样的机械编排中,地速表示成导航坐标系内的 $\boldsymbol{v}_e^n$。相对于导航轴系的速度 $\boldsymbol{v}_e^n$ 的变化率可表示为按其在惯性轴系内的变化率的形式,如下:

$$\left.\frac{\mathrm{d}}{\mathrm{d}t}\boldsymbol{v}_e\right|_n=\left.\frac{\mathrm{d}}{\mathrm{d}t}\boldsymbol{v}_e\right|_i-(\boldsymbol{\omega}_{ie}+\boldsymbol{\omega}_{en})\times\boldsymbol{v}_e \tag{6-1-9}$$

用式(6-1-6)替代可得

$$\left.\frac{\mathrm{d}}{\mathrm{d}t}\boldsymbol{v}_e\right|_n=\boldsymbol{f}-(2\boldsymbol{\omega}_{ie}+\boldsymbol{\omega}_{en})\times\boldsymbol{v}_e+\boldsymbol{g}_1 \tag{6-1-10}$$

如表达在导航轴系里,则有

$$\dot{\boldsymbol{v}}_e^n=\boldsymbol{C}_b^n\boldsymbol{f}^b-[2\boldsymbol{\omega}_{ie}^n+\boldsymbol{\omega}_{en}^n]\boldsymbol{v}_e^n+\boldsymbol{g}_1^n \tag{6-1-11}$$

式中:$\boldsymbol{C}_b^n$ 为一个方向余弦矩阵,用于将测得的比力矢量转换到导航轴系中。这个矩阵根据下式传递:

$$\dot{\boldsymbol{C}}_b^n=\boldsymbol{C}_b^n\boldsymbol{\Omega}_{nb}^b \tag{6-1-12}$$

式中:$\boldsymbol{\Omega}_{nb}^b$ 为 $\boldsymbol{\omega}_{nb}^b$ 的斜对称形式,即相对于导航系的运载体速率,有

$$\boldsymbol{\Omega}_{nb}^b=\begin{bmatrix}0 & -\omega_{nbz}^b & \omega_{nby}^b\\ \omega_{nbz}^b & 0 & -\omega_{nbx}^b\\ -\omega_{nby}^b & \omega_{nbx}^b & 0\end{bmatrix} \tag{6-1-13}$$

通过对测得的运载体速率 $\boldsymbol{\omega}_{ib}^b$ 和导航系速率分量的估计值 $\boldsymbol{\omega}_{in}$ 求差即可得到。后一项是通过地球相对于惯性系的速率和导航系相对于地球的旋转速率之和得到的,即 $\boldsymbol{\omega}_{in}=\boldsymbol{\omega}_{ie}+\boldsymbol{\omega}_{en}$。因此:

$$\boldsymbol{\omega}_{nb}^b=\boldsymbol{\omega}_{ib}^b-\boldsymbol{C}_n^b[\boldsymbol{\omega}_{ie}^n+\boldsymbol{\omega}_{en}^n] \tag{6-1-14}$$

表示导航系机械编排的框图如图 6-3 所示。

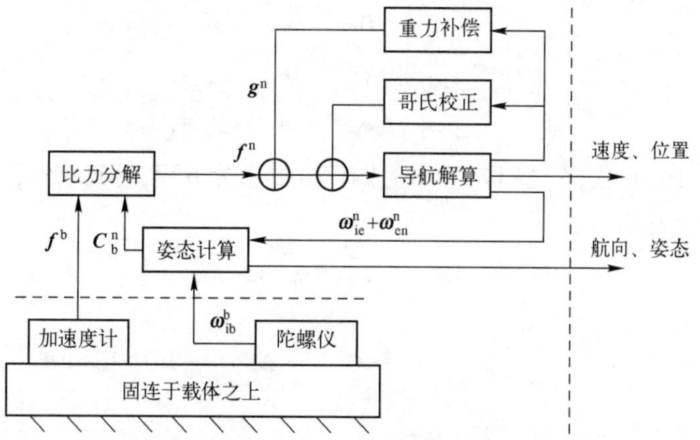

图 6-3　当地地理水平导航系中解算编排

图 6-3 中,b 系表示载体坐标系,i 系表示惯性坐标系,e 系表示地球坐标系,n 系表示当地地理水平导航坐标系。设东向水平速度和北向水平速度分别为 v_E、v_N,地球相对于惯性系的自转速度为 ω_{ie},当地地理纬度为 L,则图 6-3 中参与姿态解算的角速度 $\boldsymbol{\omega}_{ie}^n+\boldsymbol{\omega}_{en}^n$ 可表示为

$$\begin{aligned}\boldsymbol{\omega}_{ie}^n+\boldsymbol{\omega}_{en}^n=\boldsymbol{\omega}_{in}^n&=[0\quad \omega_{ie}\cos L\quad \omega_{ie}\sin L]+\left[-\frac{\boldsymbol{v}_N}{R}\quad \frac{\boldsymbol{v}_E}{R}\quad \frac{\boldsymbol{v}_E}{R}\tan L\right]\\ &=\left[-\frac{\boldsymbol{v}_N}{R_e}\quad \omega_{ie}\cos L+\frac{\boldsymbol{v}_E}{R_e}\quad \omega_{ie}\sin L+\frac{\boldsymbol{v}_E}{R}\tan L\right]\end{aligned} \tag{6-1-15}$$

式(6-1-15)中角速度 $\boldsymbol{\omega}_{ie}^n+\boldsymbol{\omega}_{en}^n=\boldsymbol{\omega}_{in}^n$ 表示当地地理水平坐标系 n 相对于惯性坐标系 i 的角速度在 n 系中的投影,通常情况下该角速度数值较小。

从式(6-1-11)中可以看出,相对于地球表面的速度的变化率由下列各项构成:

(1) 作用于运载体的比力,通过安装在其上的 3 个一组的加速度计测量得到。

(2) 校正在旋转地球表面的运载体速度引起的加速度,通常称为哥氏加速度。

(3) 对运载体在地球表面运动引起的向心加速度的校正。

(4) 补偿作用于运载体的重力,它包括由地球万有引力引起的重力,和由地球旋转引起的运载体向心加速度。

由式(6-1-11)、式(6-1-12)可以分别求出运载体在当地地理坐标系中的速度和姿态角信息,进而由此确定出运载体的位置,实现导航和定位功能。

6.1.3 采用四元数的姿态更新方法

为了便于理解,在前文中的捷联惯导解算方程中,均采用了方向余弦矩阵。实际应用中,较多采用四元数作为姿态解算的数学工具。采用四元数进行姿态解算时,需将方向余弦矩阵姿态微分方程式(6-1-12)改写为四元数姿态微分方程:

$$\dot{\boldsymbol{q}}=0.5\boldsymbol{q}\circ[0\quad \omega_{\mathrm{ab}}^{\mathrm{b}}]^{\mathrm{T}} \tag{6-1-16}$$

设 $\boldsymbol{q}=[q_0\quad q_1\quad q_2\quad q_3]^{\mathrm{T}}$,$\boldsymbol{\omega}_{\mathrm{nb}}^{\mathrm{b}}=[\omega_x\quad \omega_y\quad \omega_z]^{\mathrm{T}}$,将式(6-1-16)写成矩阵形式,可得

$$\begin{bmatrix}\dot{q}_0\\ \dot{q}_1\\ \dot{q}_2\\ \dot{q}_3\end{bmatrix}=\frac{1}{2}\begin{bmatrix}0 & -\omega_x & -\omega_y & -\omega_z\\ \omega_x & 0 & \omega_z & -\omega_y\\ \omega_y & -\omega_z & 0 & \omega_x\\ \omega_z & \omega_y & -\omega_x & 0\end{bmatrix}\begin{bmatrix}q_0\\ q_1\\ q_2\\ q_3\end{bmatrix} \tag{6-1-17}$$

由式(6-1-16)和式(6-1-17)式中的四元数的微分方程,对其求解,类似矩阵微分方程,可用毕卡逼近法求解。其解为

$$\boldsymbol{q}(t)=\mathrm{e}^{\frac{1}{2}[\Delta\theta]}\boldsymbol{q}(0) \tag{6-1-18}$$

式中

$$[\Delta\theta]=\int_{t_1}^{t_2}\boldsymbol{M}^*(\omega_{\mathrm{b}})\,\mathrm{d}t=\begin{bmatrix}0 & -\Delta\theta_x & -\Delta\theta_y & -\Delta\theta_z\\ \Delta\theta_x & 0 & \Delta\theta_z & -\Delta\theta_y\\ \Delta\theta_y & -\Delta\theta_z & 0 & \Delta\theta_x\\ \Delta\theta_z & \Delta\theta_y & -\Delta\theta_x & 0\end{bmatrix} \tag{6-1-19}$$

写成三角函数形式为

$$\boldsymbol{q}(t)=\left\{\cos\frac{\Delta\theta_0}{2}I+\frac{\sin\frac{\Delta\theta_0}{2}}{\Delta\theta_0}[\Delta\theta]\right\}\boldsymbol{q}(0) \tag{6-1-20}$$

其中,$\Delta\theta_0$ 的计算方法与方向余弦法中的计算方法一样。

一阶算法:
$$\boldsymbol{q}(n+1)=\left\{I+\frac{1}{2}[\Delta\theta]\right\}\boldsymbol{q}(n) \tag{6-1-21}$$

二阶算法:
$$\boldsymbol{q}(n+1)=\left\{\left(1-\frac{(\Delta\theta_0)^2}{8}\right)I+\frac{1}{2}[\Delta\theta]\right\}\boldsymbol{q}(n) \tag{6-1-22}$$

三阶算法:
$$\boldsymbol{q}(n+1)=\left\{\left(1-\frac{(\Delta\theta_0)^2}{8}\right)I+\left(\frac{1}{2}-\frac{(\Delta\theta_0)^2}{48}\right)[\Delta\theta]\right\}\boldsymbol{q}(n) \tag{6-1-23}$$

四阶算法： $\boldsymbol{q}(n+1)=\left\{\left(1-\frac{(\Delta\theta_0)^2}{8}+\frac{(\Delta\theta_0)^2}{384}\right)I+\left(\frac{1}{2}-\frac{(\Delta\theta_0)^2}{48}\right)[\Delta\theta]\right\}\boldsymbol{q}(n)$ (6-1-24)

和方向余弦法类似,在应用中可把四元数的校正分为载体坐标系的转动校正和导航坐标系的转动校正。前者用较高的迭代频率且用高阶算法,而后者用较低的迭代频率且用低阶算法。四元数法是捷联姿态计算中常用的方法。

和方向余弦阵的情况类似,由于计算中的误差,使计算的变换四元数的范数不再等于1,即计算的四元数失去规范性,因此对计算的四元数必须周期地进行规范化处理。

更新后的四元数进行归一化,即

$$\boldsymbol{q}=\frac{q_0+q_1 i+q_2 j+q_3 k}{\sqrt{q_0^2+q_1^2+q_2^2+q_3^2}} \tag{6-1-25}$$

6.2 旋转调制式捷联惯性导航系统

采用了误差自补偿技术的惯导系统,一般具有独特的结构(主要是旋转机构),使得系统对惯性器件误差不敏感,降低系统性能对惯性器件性能的依赖性,在提高系统精度的同时也降低了成本。

误差自补偿技术一直伴随着惯性技术的整个发展过程。20 世纪 50 年代应用旋转结构消除框架陀螺的漂移。60—70 年代开始用转子定期反转、H 调制技术、陀螺监控技术来估计、补偿陀螺漂移。60 年代中后期将旋转调制技术应用于平台惯导系统设计。70 年代旋转调制技术应用于捷联惯导和陀螺罗经。80 年代,旋转调制技术用于激光陀螺速率偏频,同时也有将转位(Indexing)用于抖动偏频的激光陀螺惯导系统,使得激光陀螺惯导系统精度大大提高。90 年代出现利用载体的旋转调制来提高惯导探测导航设备的精度。由此可见,伴随惯性技术的发展,误差自补偿技术也在持续不断地发展。

6.2.1 国外早期的研究工作

早在 20 世纪 50 年代末 60 年代初甚至更早,就有关于陀螺误差自补偿技术的研究,主要的方法有强制陀螺仪框架轴承旋转和陀螺仪动量矩矢量换向,即转子反转。Sperry 陀螺仪公司采用旋转技术(Rotorace)消除非浮式(Non-Floated)陀螺的随机漂移,其关键技术是使陀螺框架轴承的外圈绕陀螺旋转轴旋转,且定期旋转换向,以消除由于轴承滚珠尺寸不完全一致、转子不球度及灰尘粒子等原因导致的陀螺随机漂移。技术资料显示,此项技术将非浮式陀螺的随机漂移从原来的 2~3°/h 降到了 0.25°/h,部分产品精度达到了 0.05°/h。随后,有关学者提出"反转"测量仪器可消除其固定的误差,并将此思想应用于惯性制导系统的误差自补偿(Autocompensation)中,以消除长时间下缓慢变化的陀螺漂移和加速度计零偏。H 调制技术可谓是转子反转技术的进一步发展,通过改变监控陀螺的转动动量矩来估计受监控陀螺的漂移。H 调制技术现今仍用于高精度的潜艇用惯导系统中。

早期研究主要是将旋转调制思想应用于惯性器件,也有了向系统方向发展的迹象(加速度计敏感轴换向);主要方法是旋转陀螺壳体、陀螺转子反转以及和 H 调制技术。

第一个成功地将旋转调制技术应用于系统结构的惯导系统是美国台尔柯(Delco)公司的轮盘木马IV(Carousel-IV,C-IV)平台惯导系统。台尔柯公司原为A.C.Spork Plug公司,后变为通用汽车公司台尔柯电子设备分公司,总部位于印第安纳州科科莫市。

C-IV采用独特的自由方位式机械编排方式,其最主要的特点就是整套水平惯性仪表(两个陀螺和两个加速度计)作为一个刚性装置绕当地地垂线轴旋转,以调制水平惯性器件的误差,减小其对系统性能的影响。为便于系统飞行前的对准和校正,C-IV采用了1r/min的高速旋转速率。通过采用这项技术,C-IV可方便地进行自动标定,改进对准精度的同时也减少了对准时间,水平误差受到抑制。

在旋转调制过程中,平台旋转对水平陀螺漂移的调制作用及调制效果与旋转角速度大小的关系:当旋转角速度远大于舒拉角速度时,受调制后陀螺漂移造成的导航误差与旋转角速度近似成反比。旋转调制后,陀螺噪声的能量从低频转到了旋转频率,而低频能量相对于未调制前降低的倍数基本与旋转速度的平方成正比。

台尔柯公司的轮盘木马惯导系统首次成功地将旋转调制思想应用于惯导系统设计,在精度、成本以及可靠性上有独特的优势,堪称惯性技术发展史上的杰作。

6.2.2 旋转调制式捷联惯导系统

台尔柯公司首先将旋转调制技术用于研制捷联惯导系统,研制了单轴、双轴以及多余度配置的旋转调制式捷联惯导系统,开启了该方面研究的先河。20世纪80年代,Sperry公司利用磁镜偏激光陀螺研制了单轴旋转惯导系统,系统采用四位置转、停方案。由于磁镜偏激光陀螺精度较低,随后开展了二频机抖激光陀螺单轴旋转惯导系统研制,并在20世纪90年代研制出MK39系列激光惯导系统(图6-4),已经被24个国家海军选用于各种舰船平台,随后在MK39-Mod3c的基础上又发展了AN/WSN-7B系统。

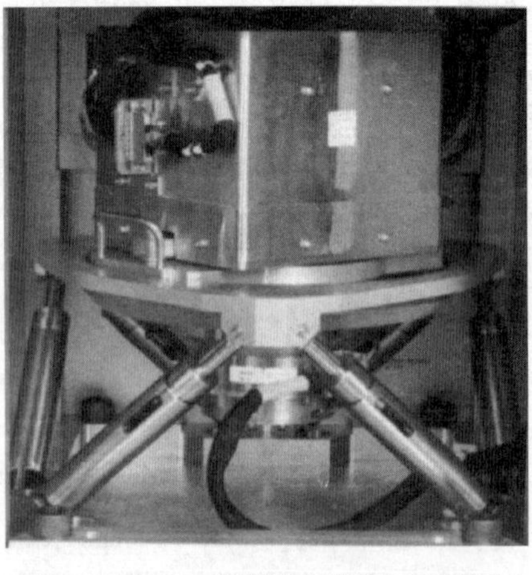

图6-4 MK39单轴旋转惯导系统结构

1989年,Sperry公司的MK49型双轴旋转式激光陀螺惯导系统经过海试后,被选为北约的船用标准惯性导航系统,装备了大量的潜艇和水面舰艇。MK49采用3个Honeywell公司的GG1342型机械抖动激光陀螺,Honeywell官方公布的GG1342陀螺零偏稳定性0.0035°/h,角度随机游走为$0.0015°/\sqrt{h}$。MK49系统采用双轴翻转技术,利用双轴转位器（外部为横摇、内部为方位）定期为惯性敏感器装置绕横摇轴和方位轴进行 180°定序，以消除所有 3 个轴上的陀螺漂移和其他误差源，并且转位机构还用来对系统进行自校准、隔离外界的横滚和方位运动等。Sperry 公司在 MK49 的基础上发展了 WSN-7A 双轴激光陀螺旋转调制系统，其精度很高，重调周期可达 14 天。

6.2.3 旋转调制基本原理

单轴旋转是一种较为常见的误差调制方式。目前，各国研制的单轴旋转惯导系统均采取 IMU 绕天向轴旋转的方案，如图 6-5 所示，单轴连续按旋转方式又可分为连续同向旋转和连续正反旋转两种。IMU 从 p 点开始以角速度 ω 逆时针转动 180°后，在位置 2 停止 t_ss，而后继续逆时针转至位置 1，停止 t_ss 后顺时针转至位置 2，停止 t_ss 后转至位置 1，如此往复。

根据坐标系的相互关系，IMU 进行单轴连续旋转时，其旋转系与载体系的坐标转换阵 $\boldsymbol{C}_b^s$ 可表示为

$$\boldsymbol{C}_b^s=\begin{bmatrix}\cos\gamma & \sin\gamma & 0\\ -\sin\gamma & \cos\gamma & 0\\ 0 & 0 & 1\end{bmatrix} \tag{6-2-1}$$

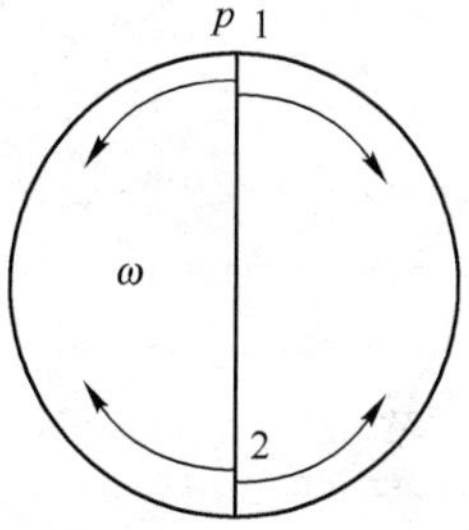

图 6-5 单轴旋转方案

经单轴旋转调制后，除旋转轴方向之外，垂直于旋转轴的两个常值陀螺漂移被调制为周期性漂移，能在一个周期内对惯导系统的影响相互抵消，从而避免了陀螺常值漂移的不利影响，如下式所示：

$$\boldsymbol{C}_b^s=\begin{bmatrix}\cos\gamma & \sin\gamma & 0\\ -\sin\gamma & \cos\gamma & 0\\ 0 & 0 & 1\end{bmatrix}\begin{bmatrix}\varepsilon_x\\ \varepsilon_y\\ \varepsilon_z\end{bmatrix}=\begin{bmatrix}\cos\gamma\varepsilon_x+\sin\gamma\varepsilon_y\\ -\sin\gamma\varepsilon_x+\cos\gamma\varepsilon_y\\ \varepsilon_z\end{bmatrix} \tag{6-2-2}$$

双轴旋转（转位）调制的原理示意图如图 6-6 所示。它借鉴了静电陀螺仪壳体翻滚技术，利用双轴旋转器使 IMU 定序交替绕互相垂直的两个轴转动。具体转动方案如下所述。现以绕 Ox_b 轴和 Oz_b 轴定序交替旋转为例进行分析。初始位置为 A，并令每次转动的角速度相同，如图 6-6 所示，陀螺惯性测量组合的转动次序可描述如下：次序 1，绕 Ox_b 轴正传 180°到达位置 B，停止时间 T；次序 2，绕 Oz_b 轴正转 180°到达位置 C，停止时间 T；次序 3，绕 Ox_b 轴反转 180°到达位置 D，停止时间 T；次序 4，绕 Oz_b 轴反转 180°到达位置 A，停止时间 t；然后，次序 5～8 按照 1～4 相反的方向转动惯性测量组合。

对于双轴间歇转位旋转调制系统其基本工作原理同单轴系统，其主要区别在于坐标系间变换矩阵形式的不同，分析方法基本相同。

陀螺和加速度计的测量值在 b 系和 s 系中的变换形式和单轴系统相同：

$$\begin{cases}\boldsymbol{\omega}_{is}^s=\boldsymbol{C}_b^s\boldsymbol{\omega}_{ib}^b+\boldsymbol{\omega}_{bs}^s\\ \boldsymbol{f}_{is}^s=\boldsymbol{C}_b^s\boldsymbol{f}_{ib}^b+\boldsymbol{f}_{bs}^s\end{cases} \tag{6-2-3}$$

此处讨论的双轴间歇转位旋转系统是分别绕 Ox_b、Oz_b 轴旋转。当绕 Oz_b 轴旋转时，方向余弦矩阵记为

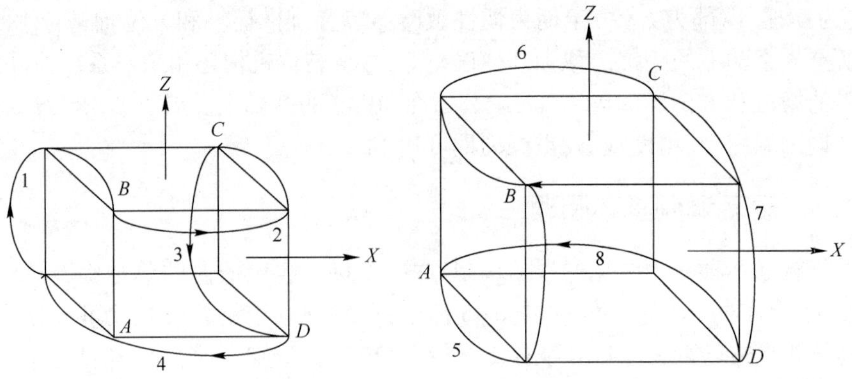

(a) 次序1～4　　(b) 次序5～8

图 6-6　IMU 的转位次序

$$\boldsymbol{C}_{\mathrm{b}}^{\mathrm{sz}}=\begin{bmatrix}\cos\gamma(t) & \sin\gamma(t) & 0\\ -\sin\gamma(t) & \cos\gamma(t) & 0\\ 0 & 0 & 1\end{bmatrix}\tag{6-2-4}$$

$$\boldsymbol{\omega}_{\mathrm{bs}}^{\mathrm{sz}}=[0\quad 0\quad \gamma]^{\mathrm{T}}\tag{6-2-5}$$

当绕 Ox_{b} 轴旋转时,方向余弦矩阵记为

$$\boldsymbol{C}_{\mathrm{b}}^{\mathrm{sx}}=\begin{bmatrix}1 & 0 & 0\\ 0 & \cos\alpha(t) & \sin\alpha(t)\\ 0 & -\sin\alpha(t) & \cos\alpha(t)\end{bmatrix}\tag{6-2-6}$$

$$\boldsymbol{\omega}_{\mathrm{bs}}^{\mathrm{sx}}=[\alpha\quad 0\quad 0]^{\mathrm{T}}\tag{6-2-7}$$

则对于双轴间歇转位旋转系统,在任意 t 时刻,s 系到 b 系的坐标变换矩阵为

$$\begin{aligned}\boldsymbol{C}_{\mathrm{b}}^{\mathrm{s}}&=[\boldsymbol{C}_{\mathrm{b}}^{\mathrm{sx}}\boldsymbol{C}_{\mathrm{b}}^{\mathrm{sz}}]^{\mathrm{T}}\\&=\begin{bmatrix}\cos\gamma(t) & -\cos\alpha(t)\sin\gamma(t) & \sin\alpha(t)\sin\gamma(t)\\ \sin\gamma(t) & \cos\alpha(t)\cos\gamma(t) & -\sin\alpha(t)\cos\gamma(t)\\ 0 & \sin\alpha(t) & \cos\alpha(t)\end{bmatrix}\end{aligned}\tag{6-2-8}$$

$$\boldsymbol{\omega}_{\mathrm{bs}}^{\mathrm{s}}=\boldsymbol{\omega}_{\mathrm{bs}}^{\mathrm{sx}}+\boldsymbol{\omega}_{\mathrm{bs}}^{\mathrm{sz}}=[\alpha\quad 0\quad 0]^{\mathrm{T}}+[0\quad 0\quad \gamma]^{\mathrm{T}}=[\alpha\quad \boldsymbol{0}\quad \gamma]^{\mathrm{T}}\tag{6-2-9}$$

双轴转位系统对系统各误差的调制效果基本和单轴相同,此处主要分析双轴转位系统是如何实现对系统 3 个轴向误差实现补偿的。对常值陀螺漂移在双轴间歇转位旋转调制系统中陀螺仪常值漂移调制后的形式如下式:

$$\begin{aligned}\boldsymbol{C}_{\mathrm{s}}^{\mathrm{b}}\boldsymbol{\varepsilon}&=\begin{bmatrix}\cos\gamma(t) & -\cos\alpha(t)\sin\gamma(t) & \sin\alpha(t)\sin\gamma(t)\\ \sin\gamma(t) & \cos\alpha(t)\cos\gamma(t) & -\sin\alpha(t)\cos\gamma(t)\\ 0 & \sin\alpha(t) & \cos\alpha(t)\end{bmatrix}\begin{bmatrix}\varepsilon_x\\ \varepsilon_y\\ \varepsilon_z\end{bmatrix}\\&=\begin{bmatrix}\cos\gamma(t)\varepsilon_x-\cos\alpha(t)\sin\gamma(t)\varepsilon_y+\sin\alpha(t)\sin\gamma(t)\varepsilon_z\\ \sin\gamma(t)\varepsilon_x+\cos\alpha(t)\cos\gamma(t)\varepsilon_y-\sin\alpha(t)\cos\gamma(t)\varepsilon_z\\ \sin\alpha(t)\varepsilon_y+\cos\alpha(t)\varepsilon_z\end{bmatrix}\end{aligned}\tag{6-2-10}$$

由式(6-2-10)可以看出,IMU 3 个轴向上的惯性元件的输出误差在双轴旋转状态下均被调制。

为了验证旋转调制对惯导系统的精度影响,针对以下条件开展计算机仿真:

(1) 导航解算采用当地地理系机械编排,仿真步长 0.1s,仿真时间 36h。

(2) 陀螺仪常值漂移 0.01°/h,加速度计零偏 0.5mg。

(3) 东向、北向速度、纵摇角、横摇角和航向角均为 0;初始经度 0°,初始纬度 45°。

(4) 单轴旋转方案中,转速 1r/min,锁定时间 30s,一个转动周期为 4min。

(5) 双轴间歇转位旋转方案中,转速 1r/min,锁定时间 30s,一个转动周期为 8min。

针对无旋转调制方案,惯导系统误差仿真曲线如图 6-7 所示。

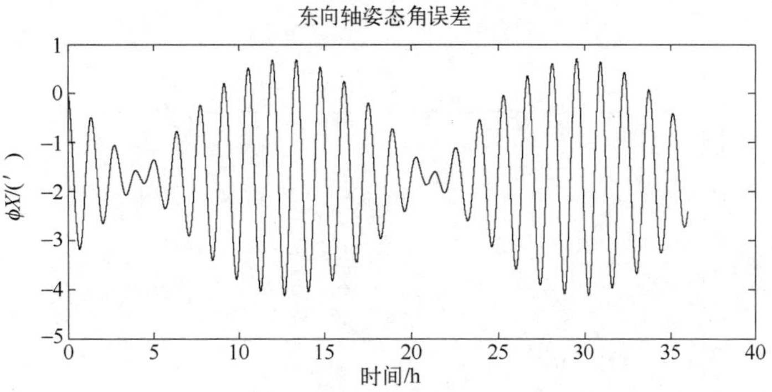

(a) 无旋转调制东向轴姿态角误差

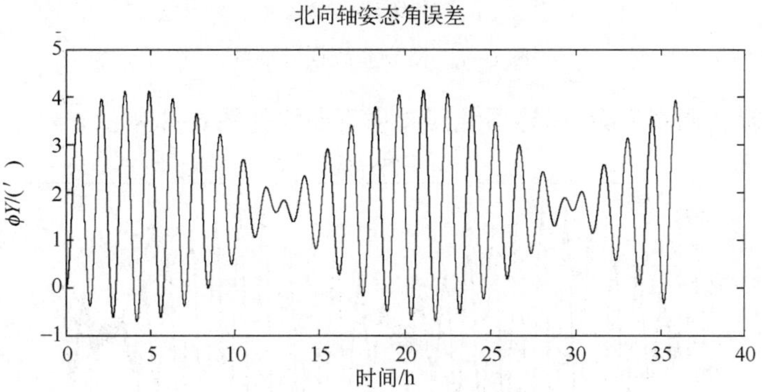

(b) 无旋转调制北向轴姿态角误差

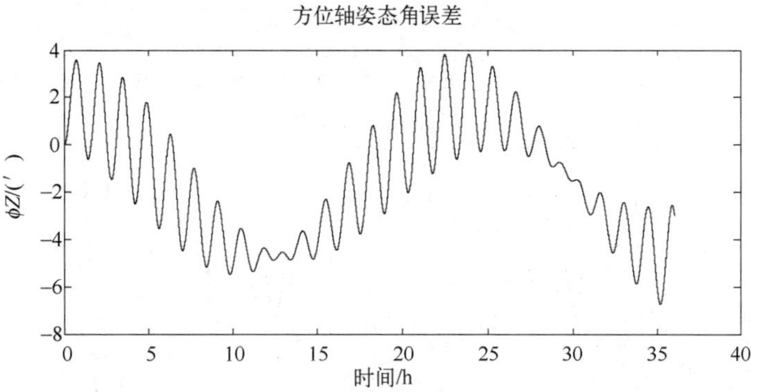

(c) 无旋转调制方位轴姿态角误差

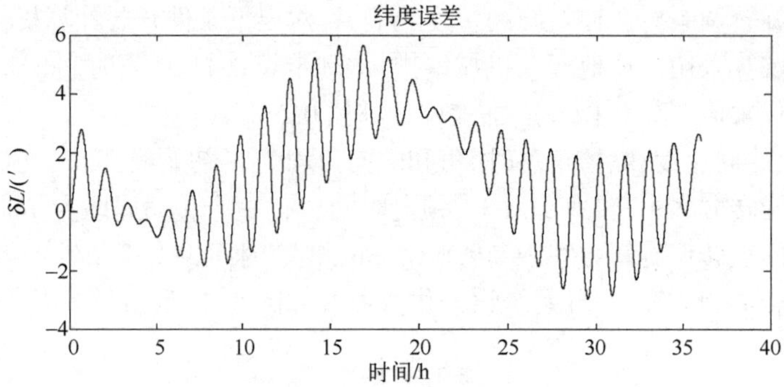

(d) 无旋转调制纬度误差

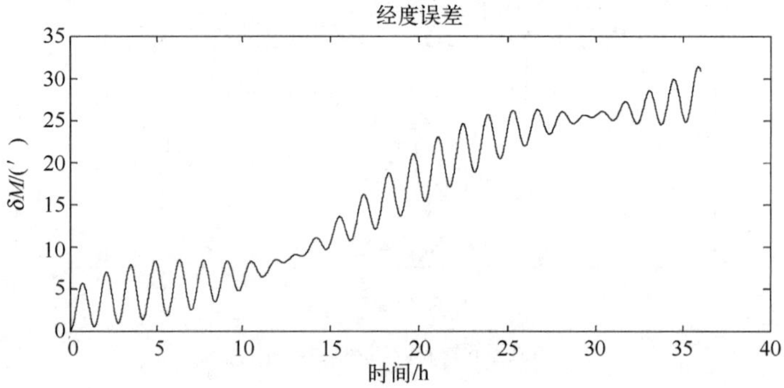

(e) 无旋转调制经度误差

图 6-7　惯导系统误差曲线

针对单轴旋转调制方案,惯导系统误差仿真曲线如图 6-8 所示。

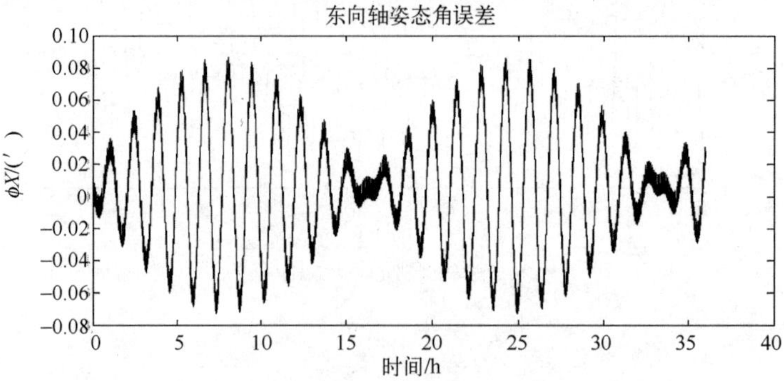

(a) 单轴调制东向轴姿态角误差

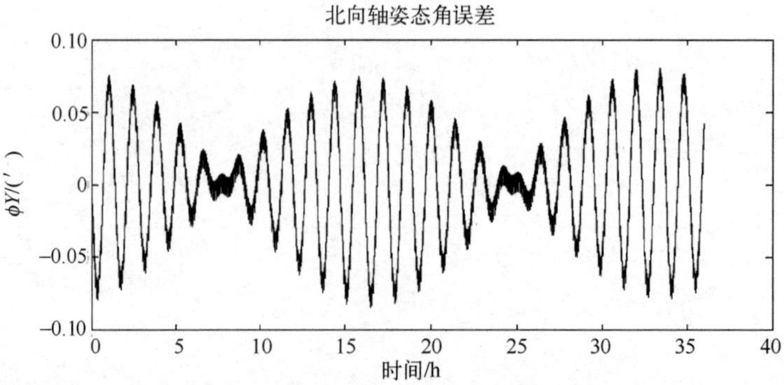

(b) 单轴调制北向轴姿态角误差

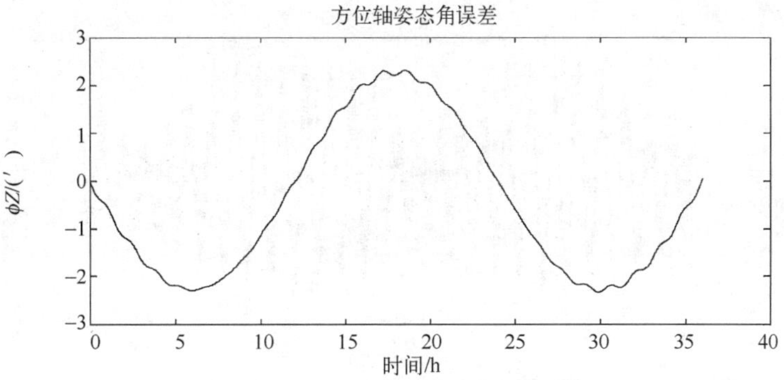

(c) 单轴调制方位轴姿态角误差

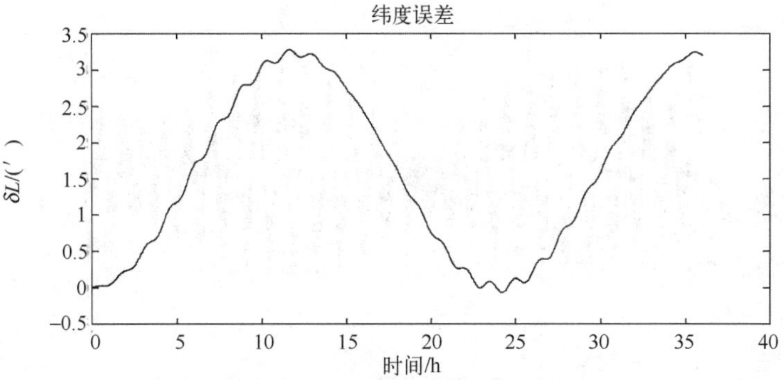

(d) 单轴调制纬度误差

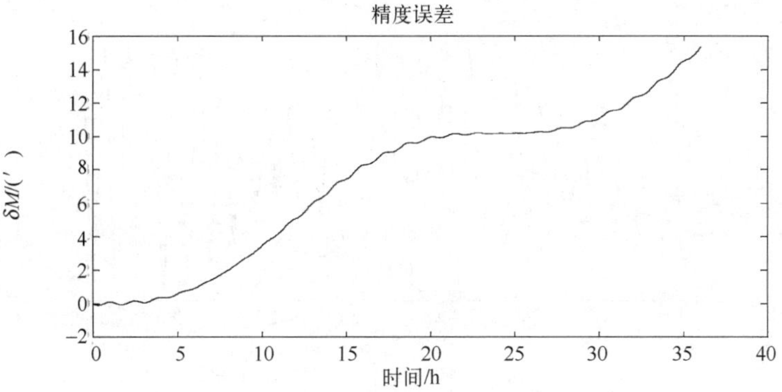

(e) 单轴调制经度误差

图 6-8　惯导系统误差仿真曲线

针对双轴间歇转位旋转调制方案,惯导系统误差仿真曲线如图 6-9 所示。

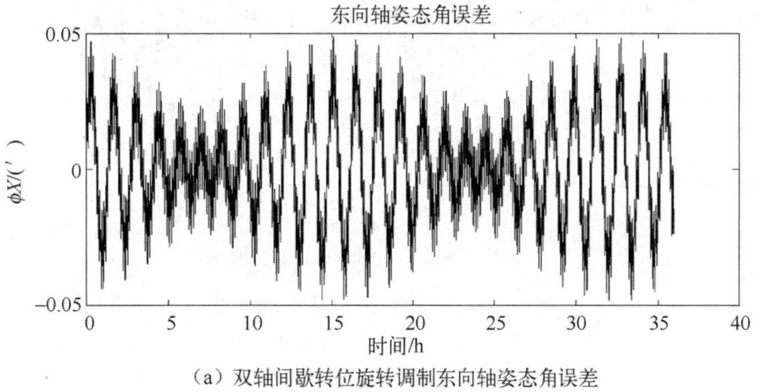

(a) 双轴间歇转位旋转调制东向轴姿态角误差

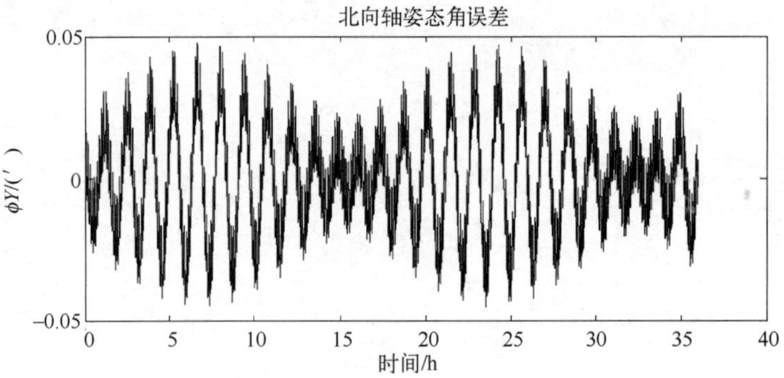

（b）双轴间歇转位旋转调制北向轴姿态角误差

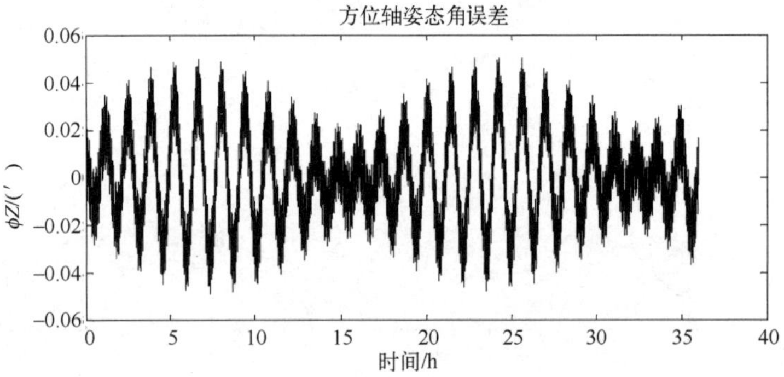

（c）双轴间歇转位旋转调制方位轴姿态角误差

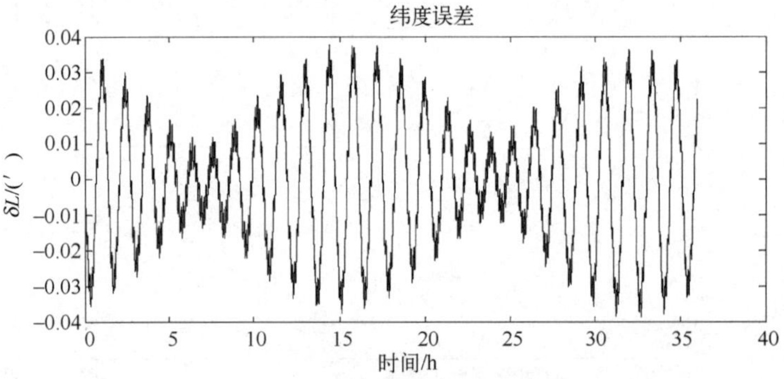

（d）双轴间歇转位旋转调制纬度误差

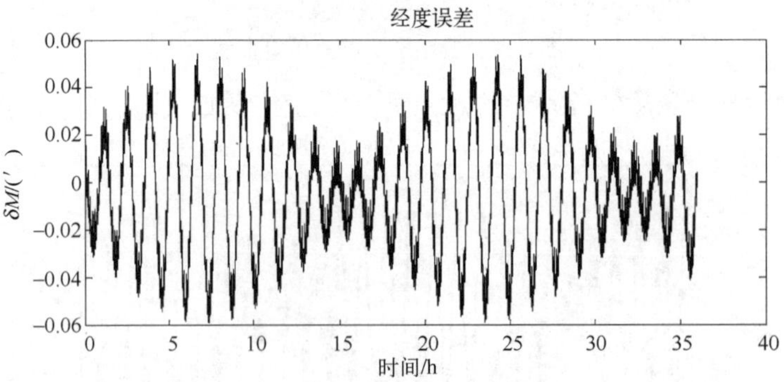

（e）双轴间歇转位旋转调制经度误差

图 6-9　惯导系统误差仿真曲线

思　考　题

(1) 捷联式惯导的基本原理是什么?

(2) 利用四元数的姿态更新方程是什么?

(3) 以单轴为例,说明旋转调制的基本原理是什么?

(4) 下图为捷联惯导系统解算的基本流程框图,据此写出对地速度的解算方程。

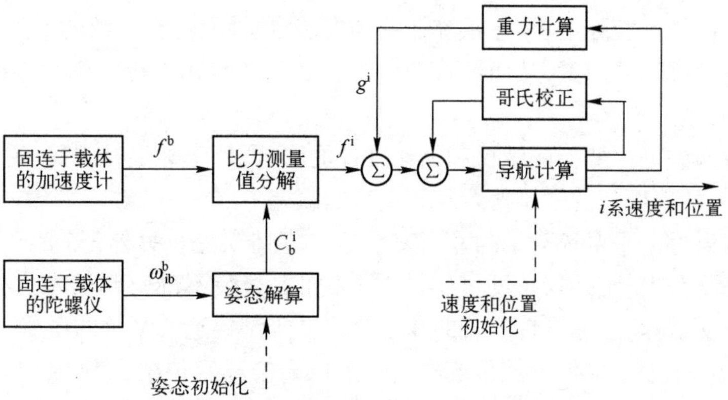

题4图　捷联惯导系统解算的基本流程框图

(5) 捷联式惯导系统与旋转调制式惯导系统的最本质的区别在哪里?旋转调制会给系统带来哪些正面和负面影响?

(6) 假设有一单轴旋转惯导系统绕载体系的 X 轴正反旋转,其转动秩序如图所示,请从数学上分析该转动方案对于陀螺和加速度计常值误差的影响。

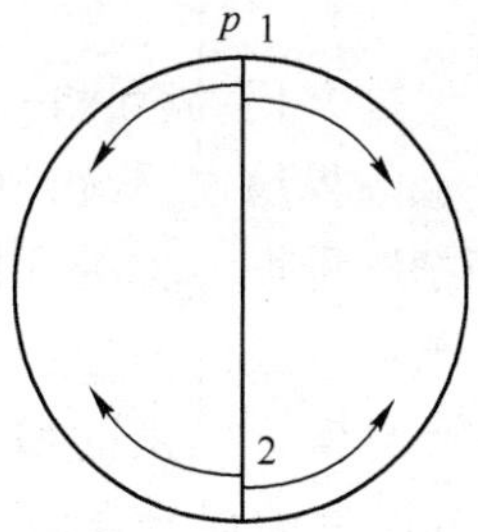

题6图　单轴旋转方案

第七章　无阻尼指北方位惯导的误差分析

理想的平台式惯导系统,平台应准确无误地模拟当地地理坐标系,加速度计应准确无误地输出比力信号。实际上,惯导系统在结构安装、惯性元件及系统的工程实现中都不可避免地存在着多种误差因素,从而导致平台误差和系统输出误差。惯导系统的主要误差源有以下几种:

(1) 元件误差。主要指陀螺仪和加速度计的误差,如陀螺仪的漂移、陀螺仪力矩器的力矩系数误差、加速度计的零位偏置和刻度系数误差等。

(2) 安装误差。平台环架轴的非正交会造成安装误差。另外,测量元件陀螺仪和加速度计安装在平台上,陀螺仪角度传感器误差(如由安装不准引起的零位误差等)、陀螺仪安装的非正交误差、加速度计安装的非正交误差等都会造成系统的误差。

(3) 初始值误差。惯性导航系统本质上是依靠推算定位的,因此工作前必须输入初始参数,如速度、位置等。另外,在系统工作前,惯导平台要进行初始对准,初始参数的误差和平台初始对准误差都会造成系统的输出误差。

(4) 载体运动干扰误差。例如,由于惯导平台修正回路不能完全满足舒拉调谐条件,或工作在阻尼状态,载体的加速度对系统会产生干扰误差。

(5) 计算机误差。如计算机的舍入误差,计算机输入输出接口装置的转换误差等。

(6) 其他误差。如用地球参考椭球描述地球形状的近似误差,补偿有害加速度时,忽略二阶小量造成的误差等。

后面将会看到,严格按照力学编排方程、满足舒拉调谐条件的指北方位惯导,若看成是一自动控制系统的话,系统是一临界稳定系统,即系统的运动是没有阻尼的,惯导误差是周期性的不衰减振荡,我们把这种惯导称为无阻尼惯导。本章以无阻尼指北方位惯导系统为例,对一些主要的误差源造成的惯导误差进行分析,基本方法是:①在考虑主要误差源条件下,建立能描述惯导实际输出的惯导基本方程;②从基本方程出发,建立描述惯导输出参数误差和平台误差的惯导误差方程;③立足于惯导误差方程,分析误差。

7.1　无阻尼指北方位惯导的基本方程与误差方程

如果不考虑误差源,按照控制方程计算出的导航参数就是正确的结果。但实际的惯导,由于误差源的存在,会造成惯导系统的误差。惯导误差主要表现在两个方面:①平台误差,即平台坐标系不能准确地模拟地理坐标系而产生的误差角;②计算机计算的导航参数(载体速度、位置)和指令角速度存在的误差。显而易见,这两种误差之间有着互为因果的联系。

为分析惯导误差，本节先建立指北方位惯导的基本方程和误差方程。惯导的基本方程是从运动学的角度出发，在考虑惯导主要误差源（陀螺仪误差、加速度计误差、初始条件误差）的情况下，建立的能描述惯导实际输出导航参数（载体速度、位置）的方程和平台运动方程，基本方程反映的是惯导实际输出与输入（载体的真实运动参数）及误差源之间的关系。简单地说，惯导的基本方程就是惯导的数学模型。惯导基本方程是分析惯导的基础，例如，可以利用基本方程对实际的惯导系统进行计算机模拟，如果将模拟的惯导输出再与理想的输出（无误差情况）进行对比，就可以确定惯导的误差。

惯导的误差方程则是直接以系统误差为描述对象，反映误差变化规律的方程。

7.1.1 无阻尼指北方位惯导系统的基本方程

理想情况下，描述指北方位惯导平台的平台坐标系 $OX_pY_pZ_p$ 应该始终与当地地理坐标系 $OX_tY_tZ_t$ 完全重合，但是由于各种误差源的存在，平台总会有误差。平台误差可以用平台系相对地理系的 3 个欧拉角 ϕ_x、ϕ_y、ϕ_z 来描述，其形成过程规定如下（图 7-1）：

$$OX_tY_tZ_t \xrightarrow[\phi_x]{\text{绕 } X_t} OX_1Y_1Z_1 \xrightarrow[\phi_y]{\text{绕 } Y_1} OX_2Y_2Z_2 \xrightarrow[\phi_z]{\text{绕 } Z_2} OX_pY_pZ_p$$

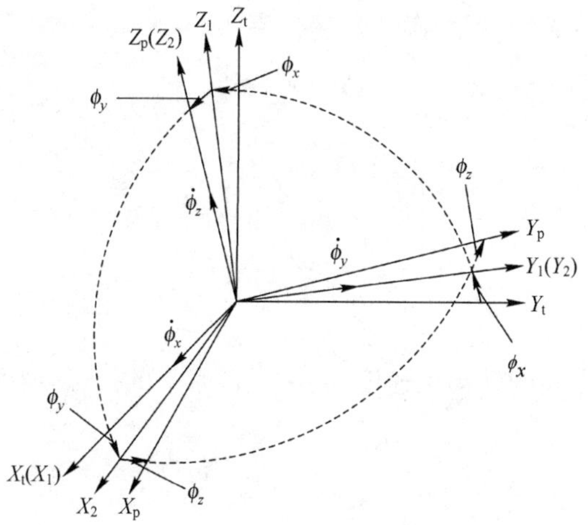

图 7-1 平台误差角的定义

由于指北方位惯导的平台 X_p 轴指东，存在 ϕ_x 时平台北向轴不水平了，因此 ϕ_x 称为北向水平误差角。同理，ϕ_y 称为东向水平误差角，而 ϕ_z 称为方位误差角。平台正常工作时，ϕ_x、ϕ_y 和 ϕ_z 均为小角度，参考图 7-1，忽略二阶小量时，可以填写出从地理系到平台系的方向余弦表并得到方向余弦阵：

$$\boldsymbol{C}_t^p = \begin{bmatrix} 1 & \phi_z & -\phi_y \\ -\phi_z & 1 & \phi_x \\ \phi_y & -\phi_x & 1 \end{bmatrix} \tag{7-1-1}$$

从地理系到平台系的方向余弦可以从表 7-1 查得。

表 7-1 从地理系到平台系的方向余弦表

	X_t 轴	Y_t 轴	Z_t 轴
X_p 轴	1	ϕ_z	$-\phi_y$
Y_p 轴	$-\phi_z$	1	ϕ_x
Z_p 轴	ϕ_y	$-\phi_x$	1

7.1.1.1 平台运动微分方程

在惯导工作过程中,平台误差角也是在变化的,3 个误差角的变化率分别为$\dot{\phi}_x$、$\dot{\phi}_y$ 和 $\dot{\phi}_z$。可以用一个列矢量表示:

$$\dot{\boldsymbol{\phi}}=\begin{bmatrix}\dot{\phi}_x & \dot{\phi}_y & \dot{\phi}_z\end{bmatrix}^{\mathrm{T}} \tag{7-1-2}$$

平台系相对惯性空间的实际转动角速度矢量 $\boldsymbol{\omega}_{\mathrm{ip}}$ 在平台系上的投影可表示为列矢量:

$$\boldsymbol{\omega}_{\mathrm{ip}}^{\mathrm{p}}=\begin{bmatrix}\omega_{\mathrm{ip}x}^{\mathrm{p}} & \omega_{\mathrm{ip}y}^{\mathrm{p}} & \omega_{\mathrm{ip}z}^{\mathrm{p}}\end{bmatrix}^{\mathrm{T}} \tag{7-1-3}$$

地理系相对惯性空间的转动角速度 $\boldsymbol{\omega}_{\mathrm{it}}$ 在平台系上的投影可表示为列矢量:

$$\boldsymbol{\omega}_{\mathrm{it}}^{\mathrm{p}}=\begin{bmatrix}\omega_{\mathrm{it}x}^{\mathrm{p}} & \omega_{\mathrm{it}y}^{\mathrm{p}} & \omega_{\mathrm{it}z}^{\mathrm{p}}\end{bmatrix}^{\mathrm{T}} \tag{7-1-4}$$

平台误差角就是由于平台系相对惯性空间的实际转动角速度与地理系相对惯性空间的转动角速度不一致造成的,平台误差角变化率:

$$\dot{\boldsymbol{\phi}}=\boldsymbol{\omega}_{\mathrm{ip}}^{\mathrm{p}}-\boldsymbol{\omega}_{\mathrm{it}}^{\mathrm{p}} \tag{7-1-5}$$

即

$$\begin{bmatrix}\dot{\phi}_x\\ \dot{\phi}_y\\ \dot{\phi}_z\end{bmatrix}=\begin{bmatrix}\omega_{\mathrm{ip}x}^{\mathrm{p}}\\ \omega_{\mathrm{ip}y}^{\mathrm{p}}\\ \omega_{\mathrm{ip}z}^{\mathrm{p}}\end{bmatrix}-\begin{bmatrix}\omega_{\mathrm{it}x}^{\mathrm{p}}\\ \omega_{\mathrm{it}y}^{\mathrm{p}}\\ \omega_{\mathrm{it}z}^{\mathrm{p}}\end{bmatrix} \tag{7-1-6}$$

地理系相对惯性空间的转动角速度 $\boldsymbol{\omega}_{\mathrm{it}}$ 在平台系上的投影 $\boldsymbol{\omega}_{\mathrm{it}}^{\mathrm{p}}$ 可以由 $\boldsymbol{\omega}_{\mathrm{it}}^{\mathrm{t}}$ 经 $\boldsymbol{C}_{\mathrm{t}}^{\mathrm{p}}$ 坐标变换而得

$$\boldsymbol{\omega}_{\mathrm{it}}^{\mathrm{p}}=\boldsymbol{C}_{\mathrm{t}}^{\mathrm{p}}\boldsymbol{\omega}_{\mathrm{it}}^{\mathrm{t}}=\boldsymbol{C}_{\mathrm{t}}^{\mathrm{p}}\begin{bmatrix}\omega_{\mathrm{it}x}^{\mathrm{t}}\\ \omega_{\mathrm{it}y}^{\mathrm{t}}\\ \omega_{\mathrm{it}z}^{\mathrm{t}}\end{bmatrix} \tag{7-1-7}$$

代入式(7-1-1),有

$$\begin{cases}\omega_{\mathrm{it}x}^{\mathrm{p}}=\omega_{\mathrm{it}x}^{\mathrm{t}}+\phi_z\omega_{\mathrm{it}y}^{\mathrm{t}}-\phi_y\omega_{\mathrm{it}z}^{\mathrm{t}}\\ \omega_{\mathrm{it}y}^{\mathrm{p}}=-\phi_z\omega_{\mathrm{it}x}^{\mathrm{t}}+\omega_{\mathrm{it}y}^{\mathrm{t}}+\phi_x\omega_{\mathrm{it}z}^{\mathrm{t}}\\ \omega_{\mathrm{it}z}^{\mathrm{p}}=\phi_y\omega_{\mathrm{it}x}^{\mathrm{t}}-\phi_x\omega_{\mathrm{it}y}^{\mathrm{t}}+\omega_{\mathrm{it}z}^{\mathrm{t}}\end{cases} \tag{7-1-8}$$

平台相对惯性空间的实际转动角速度 $\boldsymbol{\omega}_{\mathrm{ip}}$ 是在 3 个轴向上陀螺稳定系统控制下产生的,它受控于系统对平台沿 3 根稳定轴的指令角速度 ω_x^{c}、ω_y^{c}、ω_z^{c}。若稳定系统能够准确地实现指令角速度,应该有 $\omega_{\mathrm{ip}x}^{\mathrm{p}}=\omega_x^{\mathrm{c}}$,$\omega_{\mathrm{ip}y}^{\mathrm{p}}=\omega_y^{\mathrm{c}}$,$\omega_{\mathrm{ip}z}^{\mathrm{p}}=\omega_z^{\mathrm{c}}$,但是由于陀螺仪存在漂移,陀螺漂移会"带动"平台一起漂移。另外,陀螺仪力矩器的力矩系数误差、计算机的 A/D 转换误差等,对系统的影响都相当于陀螺漂移,因此平台的实际转动角速度中除有上述受控的成分外,还有等效陀螺漂移量 ε_x、ε_y、ε_z,于是有

$$
\begin{cases}
\omega_{ipx}^{p}=\omega_{x}^{c}+\varepsilon_{x}\\
\omega_{ipy}^{p}=\omega_{y}^{c}+\varepsilon_{y}\\
\omega_{ipz}^{p}=\omega_{z}^{c}+\varepsilon_{z}
\end{cases}
\tag{7-1-9}
$$

将式(7-1-9)及式(7-1-8)代入式(7-1-6),得

$$
\begin{cases}
\dot{\phi}_{x}=\omega_{x}^{c}-\omega_{itx}^{t}+\phi_{y}\omega_{itz}^{t}-\phi_{z}\omega_{ity}^{t}+\varepsilon_{x}\\
\dot{\phi}_{y}=\omega_{y}^{c}-\omega_{ity}^{t}-\phi_{x}\omega_{itz}^{t}+\phi_{z}\omega_{itx}^{t}+\varepsilon_{y}\\
\dot{\phi}_{z}=\omega_{z}^{c}-\omega_{itz}^{t}+\phi_{x}\omega_{ity}^{t}-\phi_{y}\omega_{itx}^{t}+\varepsilon_{z}
\end{cases}
\tag{7-1-10}
$$

其中,惯导实际计算的指令角速度为

$$
\begin{cases}
\omega_{x}^{c}=-\dfrac{v_{y}^{c}}{R_{M}}\\
\omega_{y}^{c}=\omega_{ie}\cos\varphi_{c}+\dfrac{v_{x}^{c}}{R_{N}}\\
\omega_{z}^{c}=\omega_{ie}\sin\varphi_{c}+\dfrac{v_{x}^{c}}{R_{N}}\tan\varphi_{c}
\end{cases}
\tag{7-1-11}
$$

可见,在微分方程组式(7-1-10)中,指令角速度分量与系统输出的导航参数有关,$\boldsymbol{\omega}_{it}$的分量又取决于载体的真实运动参数。另外,等效陀螺漂移 ε_x、ε_y、ε_z 作为误差源,也出现在方程中。所以,式(7-1-10)这组方程建立了平台误差角与载体实际运动参数、惯导的输出参数以及平台漂移误差之间的联系,描述了平台相对地理系的运动,称为平台运动基本方程。而式(7-1-11)称为指令角速度基本方程。

7.1.1.2 速度、位置基本方程

1. 速度基本方程

由于平台系不能准确地对准地理坐标系,加速度计敏感的比力分量不是严格地沿地理系轴向的,而是沿平台系轴向。但是惯导系统自身不能测量平台误差角,计算机只能"认为"平台系已跟踪地理系并进行导航计算。根据这种思路,可以推导在平台有误差角的情况下惯导实际输出的载体速度方程。

记由于载体运动造成的比力矢量$\boldsymbol{f}$在地理系3个轴向上的投影表示为列矢量为

$$
\boldsymbol{f}^{t}=[f_{x}^{t}\quad f_{y}^{t}\quad f_{z}^{t}]^{T}
\tag{7-1-12}
$$

加速度计实际敏感的比力分量是比力矢量$\boldsymbol{f}$在平台系轴向上的分量为

$$
\boldsymbol{f}^{p}=[f_{x}^{p}\quad f_{y}^{p}\quad f_{z}^{p}]^{T}
\tag{7-1-13}
$$

显然两者之间应满足如下关系:

$$
\boldsymbol{f}^{p}=\boldsymbol{C}_{t}^{p}\boldsymbol{f}^{t}
\tag{7-1-14}
$$

代入式(7-1-1)同时考虑到比力矢量$\boldsymbol{f}$在 Z_p 轴向的分量$f_z^p\approx g$,可得

$$
\begin{cases}
f_{x}^{p}=f_{x}^{t}+\phi_{z}f_{y}^{t}-\phi_{y}g\\
f_{y}^{p}=f_{y}^{t}-\phi_{z}f_{x}^{t}+\phi_{x}g
\end{cases}
\tag{7-1-15}
$$

实际的加速度计还存在误差,记东向加速度计 A_E、北向加速度计 A_N 的误差分别为ΔA_x、ΔA_y,则两加速度计的输出 A_x、A_y 分别为各自敏感的比力分量加上各自的误差:

$$\begin{cases}A_x=f_x^{\mathrm{p}}+\Delta A_x=f_x^{\mathrm{t}}+\phi_z f_y^{\mathrm{t}}-\phi_y g+\Delta A_x\\A_y=f_y^{\mathrm{p}}+\Delta A_y=f_y^{\mathrm{t}}-\phi_z f_x^{\mathrm{t}}+\phi_x g+\Delta A_y\end{cases} \tag{7-1-16}$$

交叉耦合项 $\phi_z f_y^{\mathrm{t}}$、$\phi_z f_x^{\mathrm{t}}$通常为小量，忽略后有

$$\begin{cases}A_x=f_x^{\mathrm{t}}-\phi_y g+\Delta A_x\\A_y=f_y^{\mathrm{t}}+\phi_x g+\Delta A_y\end{cases} \tag{7-1-17}$$

惯导只能根据加速度的实际输出和控制方程中的速度计算公式计算载体速度：

$$\begin{cases}\dot{v}_x^{\mathrm{c}}=A_x+\left(2\omega_{\mathrm{ie}}\sin\varphi_{\mathrm{c}}+\dfrac{v_x^{\mathrm{c}}}{R_{\mathrm{N}}}\tan\varphi_{\mathrm{c}}\right)v_y^{\mathrm{c}}\\\dot{v}_y^{\mathrm{c}}=A_y-\left(2\omega_{\mathrm{ie}}\sin\varphi_{\mathrm{c}}+\dfrac{v_x^{\mathrm{c}}}{R_{\mathrm{N}}}\tan\varphi_{\mathrm{c}}\right)v_x^{\mathrm{c}}\end{cases}$$

将式(7-1-17)代入上式，可得到惯导实际输出速度的表达式：

$$\begin{cases}\dot{v}_x^{\mathrm{c}}=f_x^{\mathrm{t}}+\left(2\omega_{\mathrm{ie}}\sin\varphi_{\mathrm{c}}+\dfrac{v_x^{\mathrm{c}}}{R_{\mathrm{N}}}\tan\varphi_{\mathrm{c}}\right)v_y^{\mathrm{c}}-\phi_y g+\Delta A_x\\\dot{v}_y^{\mathrm{c}}=f_y^{\mathrm{t}}-\left(2\omega_{\mathrm{ie}}\sin\varphi_{\mathrm{c}}+\dfrac{v_x^{\mathrm{c}}}{R_{\mathrm{N}}}\tan\varphi_{\mathrm{c}}\right)v_x^{\mathrm{c}}+\phi_x g+\Delta A_y\end{cases} \tag{7-1-18}$$

这就是反映惯导实际输出速度的速度基本方程。

2. 位置基本方程

实际输出位置的计算只依赖于计算速度 v_x^{c}、v_y^{c}，位置基本方程的形式不变：

$$\begin{cases}\dot{\varphi}_{\mathrm{c}}=\dfrac{v_y^{\mathrm{c}}}{R_{\mathrm{M}}}\\\dot{\lambda}_{\mathrm{c}}=\dfrac{v_x^{\mathrm{c}}}{R_{\mathrm{N}}}\sec\varphi_{\mathrm{c}}\end{cases} \tag{7-1-19}$$

7.1.1.3 指北方位惯导系统方块图

综合上述式(7-1-10)、式(7-1-11)、式(7-1-18)、式(7-1-19)四组方程，就构成了整个指北方位惯导的基本方程，即

$$\begin{cases}\dot{\phi}_x=\omega_x^{\mathrm{c}}-\omega_{\mathrm{it}x}^{\mathrm{t}}+\phi_y\omega_{\mathrm{it}z}^{\mathrm{t}}-\phi_z\omega_{\mathrm{it}y}^{\mathrm{t}}+\varepsilon_x\\\dot{\phi}_y=\omega_y^{\mathrm{c}}-\omega_{\mathrm{it}y}^{\mathrm{t}}-\phi_x\omega_{\mathrm{it}z}^{\mathrm{t}}+\phi_z\omega_{\mathrm{it}x}^{\mathrm{t}}+\varepsilon_y\\\dot{\phi}_z=\omega_z^{\mathrm{c}}-\omega_{\mathrm{it}z}^{\mathrm{t}}+\phi_x\omega_{\mathrm{it}y}^{\mathrm{t}}-\phi_y\omega_{\mathrm{it}x}^{\mathrm{t}}+\varepsilon_z\end{cases} \tag{7-1-20a}$$

$$\begin{cases}\dot{v}_x^{\mathrm{c}}=f_x^{\mathrm{t}}+\left(2\omega_{\mathrm{ie}}\sin\varphi_{\mathrm{c}}+\dfrac{v_x^{\mathrm{c}}}{R_{\mathrm{N}}}\tan\varphi_{\mathrm{c}}\right)v_y^{\mathrm{c}}-\phi_y g+\Delta A_x\\\dot{v}_y^{\mathrm{c}}=f_y^{\mathrm{t}}-\left(2\omega_{\mathrm{ie}}\sin\varphi_{\mathrm{c}}+\dfrac{v_x^{\mathrm{c}}}{R_{\mathrm{N}}}\tan\varphi_{\mathrm{c}}\right)v_x^{\mathrm{c}}+\phi_x g+\Delta A_y\end{cases} \tag{7-1-20b}$$

$$\begin{cases}\dot{\varphi}_{\mathrm{c}}=\dfrac{v_y^{\mathrm{c}}}{R_M}\\\dot{\lambda}_{\mathrm{c}}=\dfrac{v_x^{\mathrm{c}}}{R_{\mathrm{N}}}\sec\varphi_{\mathrm{c}}\end{cases} \tag{7-1-20c}$$

$$\begin{cases}\omega_x^c = -\dfrac{v_y^c}{R_M} \\ \omega_y^c = \omega_{ie}\cos\varphi_c + \dfrac{v_x^c}{R_N} \\ \omega_z^c = \omega_{ie}\sin\varphi_c + \dfrac{v_x^c}{R_N}\tan\varphi_c \end{cases} \tag{7-1-20d}$$

初始条件为

$$\begin{cases}\phi_x(0) = \phi_{x0} \\ \phi_y(0) = \phi_{y0} \\ \phi_z(0) = \phi_{z0} \\ v_x^c(0) = v_{x0} \\ v_y^c(0) = v_{y0} \\ \varphi_c(0) = \varphi_{c0} \\ \lambda_c(0) = \lambda_{c0} \end{cases} \tag{7-1-21}$$

当载体运动时,比力分量f_x^t、f_y^t和地理系的转动角速度$\boldsymbol{\omega}_{it}^t = [\omega_{itx}^t \quad \omega_{ity}^t \quad \omega_{itz}^t]^T$都要发生变化,若已知误差源,则利用惯导的基本方程,可以计算出平台误差角(ϕ_x,ϕ_y,ϕ_z)、惯导实际输出的速度(v_x^c,v_y^c)和位置(λ_c,φ_c)的瞬时值。

根据基本方程可以画出指北方位惯导系统的方块图,如图 7-2 所示。图中 a_{bx}、a_{by}称为有害加速度:

$$\begin{cases} a_{bx} = -\left(2\omega_{ie}\sin\varphi_c + \dfrac{v_x^c}{R_N}\tan\varphi_c\right)v_y^c \\ a_{by} = \left(2\omega_{ie}\sin\varphi_c + \dfrac{v_x^c}{R_N}\tan\varphi_c\right)v_x^c \end{cases} \tag{7-1-22}$$

从指北方位惯导系统方块图中可以清楚地看出加速度计误差 ΔA_x、ΔA_y,及陀螺漂移 ε_x、ε_y、ε_z 对系统输出的影响。同时能够清楚地看到有两个局部反馈回路:一是东向轴水平修正回路;二是北向轴水平修正回路。前者直接影响东向轴水平误差角,后者直接影响北向轴水平误差角。加速度计误差 ΔA_y、陀螺漂移 ε_x 通过东向轴水平修正回路影响系统输出。加速度计误差 ΔA_x、陀螺漂移 ε_y 通过北向轴水平修正回路影响系统输出。而方位陀螺漂移 ε_z 通过平台方位误差角 ϕ_z 影响系统输出。

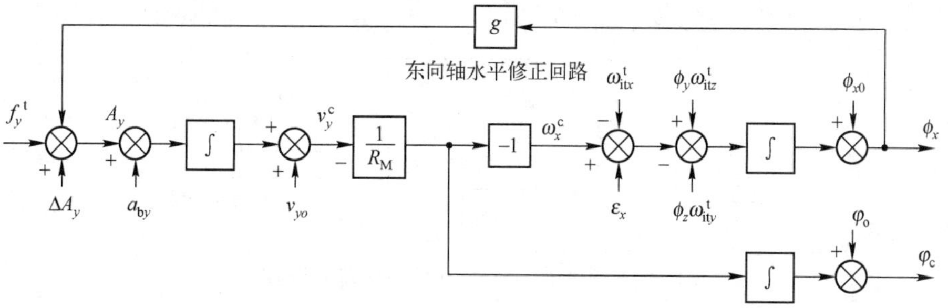

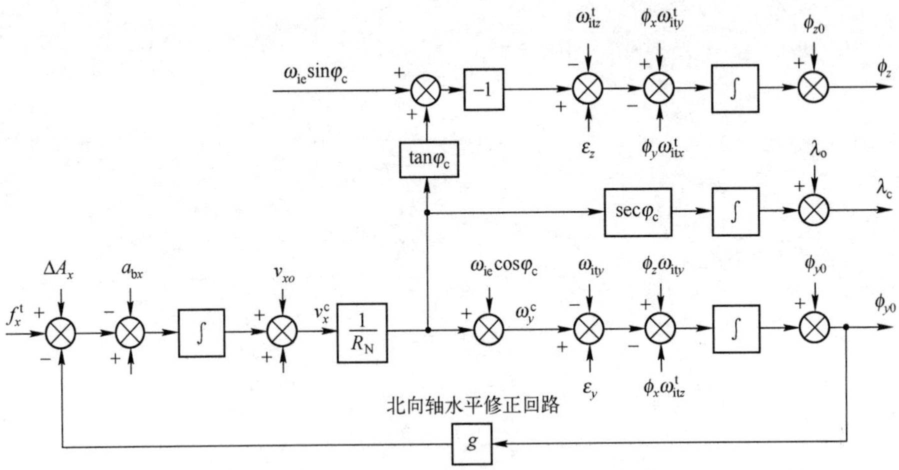

图 7-2　指北方位惯导系统方块图

7.1.2　无阻尼指北方位惯导的误差方程

根据无阻尼指北方位惯导的基本方程，我们可以分析惯导系统的误差，如分析某个陀螺仪的漂移对系统的影响、某个加速度计的零位偏置误差对系统的影响、某个导航参数初始值误差对系统的影响等。具体分析误差的方法有以下两种。

(1) 直接利用基本方程的误差仿真分析方法：假定载体在运动，先确定出载体"运动"时正确的比力分量 f_x^{t}、f_y^{t} 和相应的地理系转动角速度 $\boldsymbol{\omega}_{\mathrm{it}}^{\mathrm{t}}=[\omega_{\mathrm{itx}}^{\mathrm{t}}\quad\omega_{\mathrm{ity}}^{\mathrm{t}}\quad\omega_{\mathrm{itz}}^{\mathrm{t}}]^{\mathrm{T}}$，再考虑误差源，以基本方程为模型，模拟出惯导的实际输出（计算位置、计算速度、平台误差角），再将此输出与假定的"真值"比较，两者之差即为惯导误差（平台误差角本身就是误差，无须比较）。这种分析方法如图 7-3 所示。

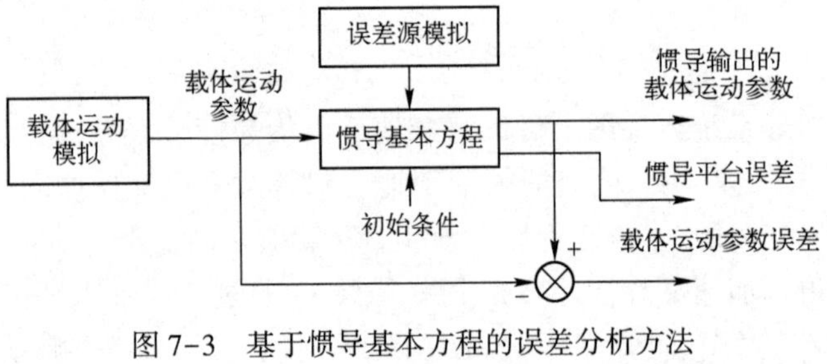

图 7-3　基于惯导基本方程的误差分析方法

(2) 从基本方程出发，建立以惯导误差量为研究对象的惯导误差方程，再利用误差方程来直接仿真研究惯导的误差，如图 7-4 所示。

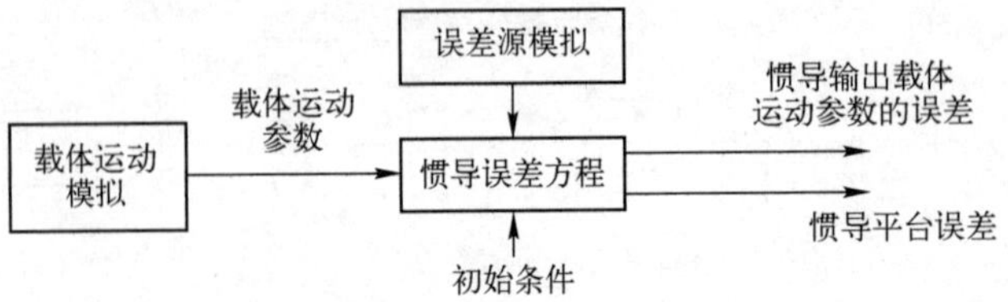

图 7-4　基于惯导误差方程的误差分析方法

两种方法比较起来，后一种方法的计算量小，同时，误差源对系统输出误差之间的关系更清楚，但运用这种方法的前提是要推导出描述误差源与惯导系统输出误差之间直接关系的方程，即误差方程。下面建立静基座指北方位惯导的误差方程。

先定义误差量：

$$\begin{cases}\delta\varphi=\varphi_{\mathrm{c}}-\varphi\\ \delta\lambda=\lambda_{\mathrm{c}}-\lambda\\ \delta v_x=v_x^{\mathrm{c}}-v_x^{\mathrm{t}}\\ \delta v_y=v_y^{\mathrm{c}}-v_y^{\mathrm{t}}\end{cases} \tag{7-1-23}$$

以上 4 个误差量加上平台误差角 ϕ_x、ϕ_y、ϕ_z 共 7 个量，可较全面地反映惯导系统误差。

1. 速度误差方程

根据式(5-2-4)，载体的真实速度 v_x^{t}、v_y^{t} 满足

$$\begin{cases}\dot v_x^{\mathrm{t}}=f_x^{\mathrm{t}}+\left(2\omega_{\mathrm{ie}}\sin\varphi+\dfrac{v_x^{\mathrm{t}}}{R_{\mathrm{N}}}\tan\varphi\right)v_y^{\mathrm{t}}\\ \dot v_y^{\mathrm{t}}=f_y^{\mathrm{t}}-\left(2\omega_{\mathrm{ie}}\sin\varphi+\dfrac{v_x^{\mathrm{t}}}{R_{\mathrm{N}}}\tan\varphi\right)v_x^{\mathrm{t}}\end{cases} \tag{7-1-24}$$

而惯导实际计算出来的载体速度则由速度基本方程式(7-1-18)确定，将两组方程两边对应相减，并且为简化计算，忽略地球曲率半径的差异，即认为地球为圆球体 $R_{\mathrm{N}}=R_{\mathrm{M}}=R$(显然这对误差分析来说没有多少影响)，这样可得

$$\begin{cases}\delta\dot v_x=\dot v_x^{\mathrm{c}}-\dot v_x^{\mathrm{t}}=\left(2\omega_{\mathrm{ie}}\sin\varphi_{\mathrm{c}}+\dfrac{v_x^{\mathrm{c}}}{R}\tan\varphi_{\mathrm{c}}\right)v_y^{\mathrm{c}}-\left(2\omega_{\mathrm{ie}}\sin\varphi+\dfrac{v_x^{\mathrm{t}}}{R}\tan\varphi\right)v_y^{\mathrm{t}}-\phi_y g+\Delta A_x\\ \delta\dot v_y=\dot v_y^{\mathrm{c}}-\dot v_y^{\mathrm{t}}=-\left(2\omega_{\mathrm{ie}}\sin\varphi_{\mathrm{c}}+\dfrac{v_x^{\mathrm{c}}}{R}\tan\varphi_{\mathrm{c}}\right)v_x^{\mathrm{c}}+\left(2\omega_{\mathrm{ie}}\sin\varphi+\dfrac{v_x^{\mathrm{t}}}{R}\tan\varphi\right)v_x^{\mathrm{t}}+\phi_x g+\Delta A_y\end{cases} \tag{7-1-25}$$

上面两个方程右边前两项的差可以利用全微分的方法表示成误差量。我们以第一个方程中右边前两项之差为例说明其具体方法，令

$$f_1(v_x^{\mathrm{t}},v_y^{\mathrm{t}},\varphi)=\left(2\omega_{\mathrm{ie}}\sin\varphi+\frac{v_x^{\mathrm{t}}}{R}\tan\varphi\right)v_y^{\mathrm{t}} \tag{7-1-26}$$

则

$$f_1(v_x^{\mathrm{c}},v_y^{\mathrm{c}},\varphi_{\mathrm{c}})=\left(2\omega_{\mathrm{ie}}\sin\varphi_{\mathrm{c}}+\frac{v_x^{\mathrm{c}}}{R}\tan\varphi_{\mathrm{c}}\right)v_y^{\mathrm{c}} \tag{7-1-27}$$

那么

$$\begin{aligned}&\left(2\omega_{\mathrm{ie}}\sin\varphi_{\mathrm{c}}+\frac{v_x^{\mathrm{c}}}{R}\tan\varphi_{\mathrm{c}}\right)v_y^{\mathrm{c}}-\left(2\omega_{\mathrm{ie}}\sin\varphi+\frac{v_x^{\mathrm{t}}}{R}\tan\varphi\right)v_y^{\mathrm{t}}\\ &=f_1(v_x^{\mathrm{c}},v_y^{\mathrm{c}},\varphi_{\mathrm{c}})-f_1(v_x^{\mathrm{t}},v_y^{\mathrm{t}},\varphi)\\ &=f_1(v_x^{\mathrm{t}}+\delta v_x,v_y^{\mathrm{t}}+\delta v_y,\varphi+\delta\varphi)-f_1(v_x^{\mathrm{t}},v_y^{\mathrm{t}},\varphi)\\ &\approx\frac{\mathrm{d}f_1}{\mathrm{d}v_x^{\mathrm{t}}}\delta v_x+\frac{\mathrm{d}f_1}{\mathrm{d}v_y^{\mathrm{t}}}\delta v_y+\frac{\mathrm{d}f_1}{\mathrm{d}\varphi}\delta\varphi\\ &=\frac{v_y^{\mathrm{t}}}{R}\tan\varphi\cdot\delta v_x+\left(2\omega_{\mathrm{ie}}\sin\varphi+\frac{v_x^{\mathrm{t}}}{R}\tan\varphi\right)\delta v_y+\left(2\omega_{\mathrm{ie}}v_y^{\mathrm{t}}\cos\varphi+\frac{v_x^{\mathrm{t}}v_y^{\mathrm{t}}}{R}\sec^2\varphi\right)\delta\varphi\end{aligned} \tag{7-1-28}$$

用同样的方法可得

$$
-\left(2\omega_{\text{ie}}\sin\varphi_{\text{c}}+\frac{v_x^{\text{c}}}{R}\tan\varphi_{\text{c}}\right)v_x^{\text{c}}+\left(2\omega_{\text{ie}}\sin\varphi+\frac{v_x^{\text{t}}}{R}\tan\varphi\right)v_x^{\text{t}}
$$

$$
\approx -2\left(\omega_{\text{ie}}\sin\varphi+\frac{v_x^{\text{t}}}{R}\tan\varphi\right)\delta v_x-\left[2\omega_{\text{ie}}v_x^{\text{t}}\cos\varphi+\frac{(v_x^{\text{t}})^2}{R}\sec^2\varphi\right]\delta\varphi \tag{7-1-29}
$$

将式(7-1-28)、式(7-1-29)代入式(7-1-25)可得速度误差方程:

$$
\begin{cases}
\delta\dot{v}_x=\dfrac{v_y^{\text{t}}}{R}\tan\varphi\cdot\delta v_x+\left(2\omega_{\text{ie}}\sin\varphi+\dfrac{v_x^{\text{t}}}{R}\tan\varphi\right)\delta v_y+\left(2\omega_{\text{ie}}v_y^{\text{t}}\cos\varphi+\dfrac{v_x^{\text{t}}v_y^{\text{t}}}{R}\sec^2\varphi\right)\delta\varphi-\phi_y g+\Delta A_x \\
\delta\dot{v}_y=-2\left(\omega_{\text{ie}}\sin\varphi+\dfrac{v_x^{\text{t}}}{R}\tan\varphi\right)\delta v_x-\left[2\omega_{\text{ie}}v_x^{\text{t}}\cos\phi+\dfrac{(v_x^{\text{t}})^2}{R}\sec^2\varphi\right]\delta\varphi+\phi_x g+\Delta A_y
\end{cases}
\tag{7-1-30}
$$

2. 位置误差方程

载体的真实位置(λ,φ)由式(5-3-9)确定:

$$
\begin{cases}
\dot{\lambda}=\dfrac{v_x^{\text{t}}}{R_{\text{N}}\cos\varphi} \\
\dot{\varphi}=\dfrac{v_y^{\text{t}}}{R_{\text{M}}}
\end{cases}
\tag{7-1-31}
$$

而惯导实际计算出来的载体位置由位置基本方程式(7-1-19)确定,将两组方程两边对应相减,同样采用全微分的方法,并认为$R_{\text{N}}=R_{\text{M}}=R$,可得

$$
\begin{cases}
\delta\dot{\varphi}=\dfrac{\delta v_y}{R} \\
\delta\dot{\lambda}=\dfrac{1}{R}\sec\varphi\cdot\delta v_x+\dfrac{v_x^{\text{t}}}{R}\sec\varphi\tan\varphi\cdot\delta\varphi
\end{cases}
\tag{7-1-32}
$$

3. 平台误差角方程

平台运动基本方程式(7-1-10)描述的就是平台误差角的变化规律,也就是误差方程。为更直接地揭示平台误差角与速度误差、位置误差之间的相互影响关系,可将方程展开。运用全微分方法求出式(7-1-10)3 个方程右边的前两项之差:

$$
\begin{cases}
\omega_x^{\text{c}}-\omega_{\text{it}x}^{\text{t}}=-\dfrac{v_y^{\text{c}}}{R}-\left(-\dfrac{v_y^{\text{t}}}{R}\right)\approx-\dfrac{\delta v_y}{R} \\
\omega_y^{\text{c}}-\omega_{\text{it}y}^{\text{t}}=\omega_{\text{ie}}\cos\varphi_{\text{c}}+\dfrac{v_x^{\text{c}}}{R}-\left(\omega_{\text{ie}}\cos\varphi+\dfrac{v_x^{\text{t}}}{R}\right)\approx-\omega_{\text{ie}}\sin\varphi\cdot\delta\varphi+\dfrac{\delta v_x}{R} \\
\omega_z^{\text{c}}-\omega_{\text{it}z}^{\text{t}}=\omega_{\text{ie}}\sin\varphi_{\text{c}}+\dfrac{v_x^{\text{c}}}{R}\tan\varphi_{\text{c}}-\left(\omega_{\text{ie}}\sin\varphi+\dfrac{v_x^{\text{t}}}{R}\tan\varphi\right)\approx\left(\omega_{\text{ie}}\cos\varphi+\dfrac{v_x^{\text{c}}}{R}\sec^2\varphi\right)\delta\varphi+\dfrac{1}{R}\tan\varphi\cdot\delta v_x
\end{cases}
\tag{7-1-33}
$$

将式(7-1-33)代回式(7-1-10),并代入式(5-3-11),可得

$$\begin{cases}\dot{\phi}_x=-\dfrac{\delta v_y}{R}+\left(\omega_{ie}\sin\varphi+\dfrac{v_x^t}{R}\tan\varphi\right)\phi_y-\left(\omega_{ie}\cos\varphi+\dfrac{v_x^t}{R}\right)\phi_z+\varepsilon_x\\ \dot{\phi}_y=\dfrac{\delta v_x}{R}-\omega_{ie}\sin\varphi\cdot\delta\varphi-\left(\omega_{ie}\sin\varphi+\dfrac{v_x^t}{R}\tan\varphi\right)\phi_x-\dfrac{v_y^t}{R}\phi_z+\varepsilon_y\\ \dot{\phi}_z=\dfrac{\tan\varphi}{R}\cdot\delta v_x+\left(\omega_{ie}\cos\varphi+\dfrac{v_x^t}{R}\sec^2\varphi\right)\delta\varphi+\left(\omega_{ie}\cos\varphi+\dfrac{v_x^t}{R}\right)\phi_x+\dfrac{v_y^t}{R}\phi_y+\varepsilon_z\end{cases}\tag{7-1-34}$$

4. 指北方位惯导误差方程

综合式(7-1-30)、式(7-1-32)、式(7-1-34)三组误差方程,可得到动基座情况下指北方位惯导系统的误差方程:

$$\begin{cases}\delta\dot{v}_x=\dfrac{v_y^t}{R}\tan\varphi\cdot\delta v_x+\left(2\omega_{ie}\sin\varphi+\dfrac{v_x^t}{R}\tan\varphi\right)\delta v_y+\left(2\omega_{ie}v_y^t\cos\varphi+\dfrac{v_x^tv_y^t}{R}\sec^2\varphi\right)\delta\varphi-\phi_yg+\Delta A_x\\ \delta\dot{v}_y=-2\left(\omega_{ie}\sin\varphi+\dfrac{v_x^t}{R}\tan\varphi\right)\delta v_x-\left[2\omega_{ie}v_x^t\cos\varphi+\dfrac{(v_x^t)^2}{R}\sec^2\varphi\right]\delta\varphi+\phi_xg+\Delta A_y\end{cases}\tag{7-1-35a}$$

$$\begin{cases}\delta\dot{\varphi}=\dfrac{\delta v_y}{R}\\ \delta\dot{\lambda}=\dfrac{1}{R}\sec\varphi\cdot\delta v_x+\dfrac{v_x^t}{R}\tan\varphi\sec\varphi\cdot\delta\varphi\end{cases}\tag{7-1-35b}$$

$$\begin{cases}\dot{\phi}_x=-\dfrac{\delta v_y}{R}+\left(\omega_{ie}\sin\varphi+\dfrac{v_x^t}{R}\tan\varphi\right)\phi_y-\left(\omega_{ie}\cos\varphi+\dfrac{v_x^t}{R}\right)\phi_z+\varepsilon_x\\ \dot{\phi}_y=\dfrac{\delta v_x}{R}-\omega_{ie}\sin\varphi\cdot\delta\varphi-\left(\omega_{ie}\sin\varphi+\dfrac{v_x^t}{R}\tan\varphi\right)\phi_x-\dfrac{v_y^t}{R}\phi_z+\varepsilon_y\\ \dot{\phi}_z=\dfrac{\tan\varphi}{R}\cdot\delta V_x+\left(\omega_{ie}\cos\varphi+\dfrac{v_x^t}{R}\sec^2\varphi\right)\delta\varphi+\left(\omega_{ie}\cos\varphi+\dfrac{v_x^t}{R}\right)\phi_x+\dfrac{v_y^t}{R}\phi_y+\varepsilon_z\end{cases}\tag{7-1-35c}$$

初始条件为

$$\begin{cases}\delta v_x(0)=v_x^c(0)-v_x^t(0)=\delta v_{x0}\\ \delta v_y(0)=v_y^c(0)-v_y^t(0)=\delta v_{y0}\\ \delta\varphi(0)=\varphi_c(0)-\varphi(0)=\delta\varphi_0\\ \delta\lambda(0)=\lambda_c(0)-\lambda(0)=\delta\lambda_0\\ \phi_x(0)=\phi_{x0}\\ \phi_y(0)=\phi_{y0}\\ \phi_z(0)=\phi_{z0}\end{cases}\tag{7-1-36}$$

惯导的误差方程式(7-1-35),反映了惯导误差与载体的运动参数(v_x^t、v_y^t、φ、λ)及误差源(ε_x、ε_y、ε_z、ΔA_x、ΔA_y及初始误差)之间的直接关系。从上面的误差方程中可以看出,经度误差 $\delta\lambda$ 对其他 6 个误差量没有影响,而其他 6 个误差量有相互影响。因此可以将误差分为两组,先分析除 $\delta\lambda$ 以外的其他 6 个误差量,再根据纬度误差和东向速度误差计算经度误差。

5. 静基座误差方程

由于动基座情况下指北方位惯导系统的误差方程中，系数项是时变的，解算比较复杂，计算量大。为分析惯导系统误差变化的基本特性，可以在静基座条件下进行分析。

在静基座条件下，$v_x^{\mathrm{t}}=0$、$v_y^{\mathrm{t}}=0$，式(7-1-35)可简化为式(7-1-37)和式(7-1-38)：

$$\delta\dot{\lambda}=\frac{1}{R}\sec\varphi\cdot\delta v_x \tag{7-1-37}$$

$$\begin{cases}\delta\dot{v}_x=2\omega_{\mathrm{ie}}\sin\varphi\cdot\delta v_y-\phi_y g+\Delta A_x\\ \delta\dot{v}_y=-2\omega_{\mathrm{ie}}\sin\varphi\cdot\delta v_x+\phi_x g+\Delta A_y\\ \delta\dot{\varphi}=\dfrac{1}{R}\delta v_y\\ \dot{\phi}_x=-\dfrac{1}{R}\delta v_y+\omega_{\mathrm{ie}}\sin\varphi\cdot\phi_y-\omega_{\mathrm{ie}}\cos\varphi\cdot\phi_z+\varepsilon_x\\ \dot{\phi}_y=\dfrac{\delta v_x}{R}-\omega_{\mathrm{ie}}\sin\varphi\cdot\delta\varphi-\omega_{\mathrm{ie}}\sin\varphi\cdot\phi_x+\varepsilon_y\\ \dot{\phi}_z=\dfrac{\tan\varphi}{R}\cdot\delta V_x+\omega_{\mathrm{ie}}\cos\varphi\cdot\delta\varphi+\omega_{\mathrm{ie}}\cos\varphi\cdot\phi_x+\varepsilon_z\end{cases} \tag{7-1-38}$$

式(7-1-37)、式(7-1-38)就是静基座条件下系统的误差方程，可画出误差方块图如图7-5所示。

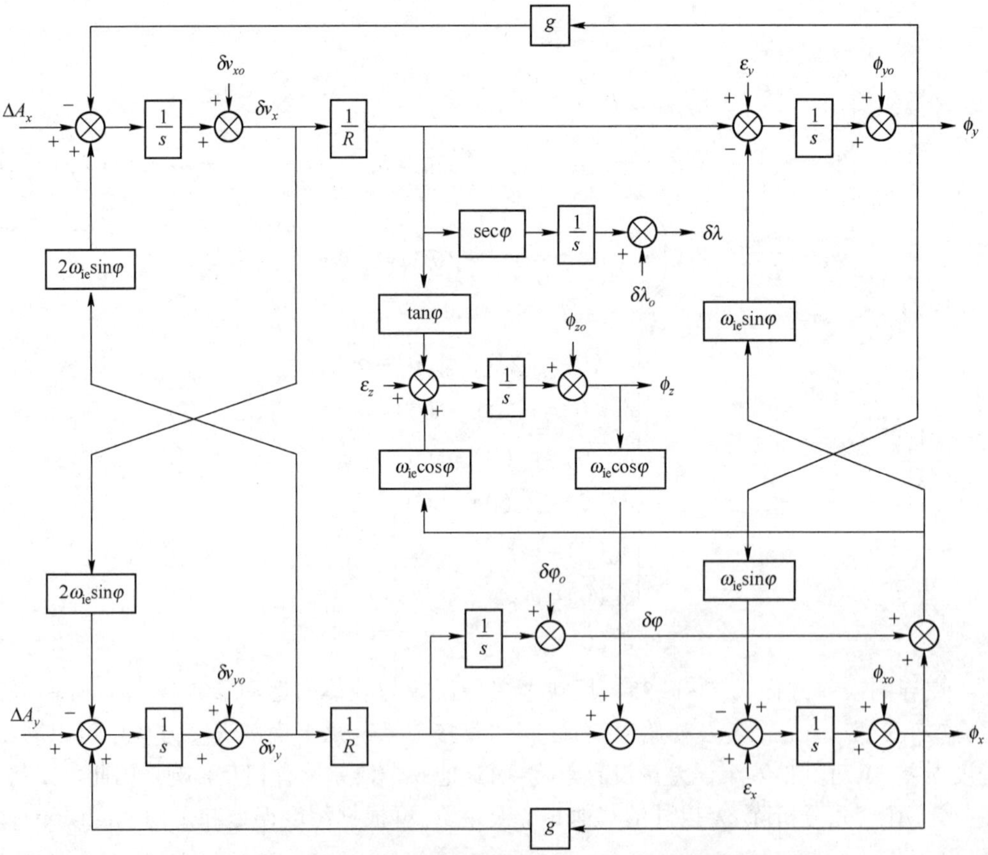

图7-5 指北方位惯导静基座条件下的误差方块图

7.2 无阻尼指北方位惯导系统误差分析

7.2.1 指北方位惯导误差的周期性分析

分析惯导误差的一个基本方法，是通过研究误差方程的特征方程，根据系统的特征根的分布，了解系统误差的振荡特性。系统的特征方程可根据系统的误差方块图（图7-5），用自动控制原理中的梅逊增益公式的特征表达式来列写，也可以根据误差方程的拉普拉斯变换解的分母来列写，分母为零即为特征方程。两种方法是等价的，这里采用后一种方法。

7.1节已经推导了静基座指北方位惯导系统的误差方程(7-1-37)、式(7-1-38)，式(7-1-38)也可写成矩阵形式：

$$\begin{bmatrix}\delta\dot{v}_x\\ \delta\dot{v}_y\\ \delta\dot{\varphi}\\ \dot{\phi}_x\\ \dot{\phi}_y\\ \dot{\phi}_z\end{bmatrix}=\begin{bmatrix}0 & 2\omega_{ie}\sin\varphi & 0 & 0 & -g & 0\\ -2\omega_{ie}\sin\varphi & 0 & 0 & g & 0 & 0\\ 0 & \dfrac{1}{R} & 0 & 0 & 0 & 0\\ 0 & -\dfrac{1}{R} & 0 & 0 & \omega_{ie}\sin\varphi & -\omega_{ie}\cos\varphi\\ \dfrac{1}{R} & 0 & -\omega_{ie}\sin\varphi & -\omega_{ie}\sin\varphi & 0 & 0\\ \dfrac{1}{R}\tan\varphi & 0 & \omega_{ie}\cos\varphi & \omega_{ie}\cos\varphi & 0 & 0\end{bmatrix}\begin{bmatrix}\delta v_x\\ \delta v_y\\ \delta\varphi\\ \phi_x\\ \phi_y\\ \phi_z\end{bmatrix}+\begin{bmatrix}\Delta A_x\\ \Delta A_y\\ 0\\ \varepsilon_x\\ \varepsilon_y\\ \varepsilon_z\end{bmatrix}\tag{7-2-1}$$

用列矢量 $\boldsymbol{X}(t)$ 表示惯导误差量，用矩阵 $\boldsymbol{F}_0$ 表示系数阵（6×6），用列矢量 $\boldsymbol{W}(t)$ 表示误差源（加速度计零位误差及等效陀螺漂移）：

$$\boldsymbol{F}_0=\begin{bmatrix}0 & 2\omega_{ie}\sin\varphi & 0 & 0 & -g & 0\\ -2\omega_{ie}\sin\varphi & 0 & 0 & g & 0 & 0\\ 0 & \dfrac{1}{R} & 0 & 0 & 0 & 0\\ 0 & -\dfrac{1}{R} & 0 & 0 & \omega_{ie}\sin\varphi & -\omega_{ie}\cos\varphi\\ \dfrac{1}{R} & 0 & -\omega_{ie}\sin\varphi & -\omega_{ie}\sin\varphi & 0 & 0\\ \dfrac{1}{R}\tan\varphi & 0 & \omega_{ie}\cos\varphi & \omega_{ie}\cos\varphi & 0 & 0\end{bmatrix}\tag{7-2-2}$$

$$\boldsymbol{X}(t)=[\delta v_x\quad \delta v_y\quad \delta\varphi\quad \phi_x\quad \phi_y\quad \phi_z]^{\mathrm{T}}\tag{7-2-3}$$

$$\boldsymbol{W}(t)=[\Delta A_x\quad \Delta A_y\quad 0\quad \varepsilon_x\quad \varepsilon_y\quad \varepsilon_z]^{\mathrm{T}}\tag{7-2-4}$$

则式(7-2-1)可写成矩阵形式

$$\dot{\boldsymbol{X}}(t)=\boldsymbol{F}_0\boldsymbol{X}(t)+\boldsymbol{W}(t)\tag{7-2-5}$$

如果将系统误差看成是系统的一种状态，那么上述矩阵方程，就是系统误差的状态方程。系统误差的状态方程清楚地表明了各误差量的自身的传递特性、相互影响以及误差源对误差状态的激励作用。在静基座条件下，矩阵 $\boldsymbol{F}_0$ 是常系数矩阵，状态方程式(7-2-4)代表的系统是线性系统，这给误差分析提供了便利。对经度误差公式(7-1-37)取拉普拉斯变换：

$$s\delta\lambda(s)=\frac{1}{R}\sec\varphi\cdot\delta v_x(s)+\delta\lambda_0 \tag{7-2-6}$$

对状态方程式(7-2-5)取拉普拉斯变换并写成矩阵形式：

$$s\boldsymbol{X}(s)=\boldsymbol{F}_0\boldsymbol{X}(s)+\boldsymbol{X}_0+\boldsymbol{W}(s) \tag{7-2-7}$$

式中

$$\boldsymbol{X}(s)=[\delta v_x(s)\quad \delta v_y(s)\quad \delta\varphi(s)\quad \phi_x(s)\quad \phi_y(s)\quad \phi_z(s)]^{\mathrm{T}} \tag{7-2-8}$$

$$\boldsymbol{W}(s)=[\Delta A_x(s)\quad \Delta A_y(s)\quad 0\quad \varepsilon_x(s)\quad \varepsilon_y(s)\quad \varepsilon_z(s)]^{\mathrm{T}} \tag{7-2-9}$$

$$\boldsymbol{X}_0=[\delta v_{x0}\quad \delta v_{y0}\quad \delta\varphi_0\quad \phi_{x0}\quad \phi_{y0}\quad \phi_{z0}]^{\mathrm{T}} \tag{7-2-10}$$

误差列矢量的拉氏变换为

$$\boldsymbol{X}(s)=(s\boldsymbol{I}-\boldsymbol{F}_0)^{-1}[\boldsymbol{X}_0+\boldsymbol{W}(s)] \tag{7-2-11}$$

根据矩阵求逆公式

$$(s\boldsymbol{I}-\boldsymbol{F}_0)^{-1}=\frac{\boldsymbol{N}(s)}{|s\boldsymbol{I}-\boldsymbol{F}_0|} \tag{7-2-12}$$

式(7-2-12)分母为系统的特征行列式，分子 $N(\boldsymbol{s})$ 为特征式$(s\boldsymbol{I}-\boldsymbol{F}_0)$的伴随矩阵。

考察特征方程的解，可分析误差的振荡频率，特征行列式为

$$\Delta(s)=|s\boldsymbol{I}-\boldsymbol{F}_0|=\begin{bmatrix} s & -2\omega_{\mathrm{ie}}\sin\varphi & 0 & 0 & g & 0 \\ 2\omega_{\mathrm{ie}}\sin\varphi & s & 0 & -g & 0 & 0 \\ 0 & -\frac{1}{R} & s & 0 & 0 & 0 \\ 0 & \frac{1}{R} & 0 & s & -\omega_{\mathrm{ie}}\sin\varphi & \omega_{\mathrm{ie}}\cos\varphi \\ -\frac{1}{R} & 0 & \omega_{\mathrm{ie}}\sin\varphi & \omega_{\mathrm{ie}}\sin\varphi & s & 0 \\ -\frac{1}{R}\tan\varphi & 0 & -\omega_{\mathrm{ie}}\cos\varphi & -\omega_{\mathrm{ie}}\cos\varphi & 0 & s \end{bmatrix} \tag{7-2-13}$$

展开可得

$$\Delta s=(s^2+\omega_{\mathrm{ie}}^2)[(s^2+\omega_{\mathrm{s}}^2)^2+4s^2\omega_{\mathrm{ie}}^2\sin^2\varphi] \tag{7-2-14}$$

式中：$\omega_{\mathrm{s}}^2=\frac{g}{R}$，$\omega_{\mathrm{s}}$为舒拉角频率。

由 $s^2+\omega_{\mathrm{ie}}^2=0$，可得一组特征根，即

$$s_{1,2}=\pm\mathrm{j}\omega_{\mathrm{ie}} \tag{7-2-15}$$

再由

$$(s^2+\omega_{\mathrm{s}}^2)^2+4s^2\omega_{\mathrm{ie}}^2\sin^2\varphi=0 \tag{7-2-16}$$

即

$$(s^2+\omega_{\mathrm{s}}^2)^2+(2s\omega_{\mathrm{ie}}\sin\varphi)^2=0 \tag{7-2-17}$$

两边开方得

$$s^2+\omega_{\mathrm{s}}^2=\pm\mathrm{j}(2s\omega_{\mathrm{ie}}\sin\varphi) \tag{7-2-18}$$

即

$$\begin{cases} s^2 - \mathrm{j} \cdot 2s\omega_{ie}\sin\varphi + \omega_s^2 = 0 \\ s^2 + \mathrm{j} \cdot 2s\omega_{ie}\sin\varphi + \omega_s^2 = 0 \end{cases} \tag{7-2-19}$$

由此解得另外两组特征根为

$$\begin{cases} s_{3,4} = \mathrm{j}\omega_{ie}\sin\varphi \pm \mathrm{j}\sqrt{(\omega_{ie}\sin\varphi)^2 + \omega_s^2} \\ s_{5,6} = -\mathrm{j}\omega_{ie}\sin\varphi \pm \mathrm{j}\sqrt{(\omega_{ie}\sin\varphi)^2 + \omega_s^2} \end{cases} \tag{7-2-20}$$

考虑到 $\omega_s^2 \gg \omega_{ie}^2$（$\omega_s = 1.24\times10^{-3}\,\mathrm{rad/s}$，$\omega_{ie} = 7.29\times10^{-5}\,\mathrm{rad/s}$），上面的 4 个根可近似写为

$$\begin{cases} s_{3,4} = \pm\mathrm{j}(\omega_s + \omega_{ie}\sin\varphi) \\ s_{5,6} = \pm\mathrm{j}(\omega_s - \omega_{ie}\sin\varphi) \end{cases} \tag{7-2-21}$$

系统的特征根全部为虚根，说明系统为无阻尼振荡系统，各误差量是几个频率成分的叠加，系统振荡角频率共有 3 个，即

$$\begin{cases} \omega_1 = \omega_{ie} \\ \omega_2 = \omega_s + \omega_F \\ \omega_3 = \omega_s - \omega_F \end{cases} \tag{7-2-22}$$

式中：ω_{ie}为地球角频率；ω_s 为舒拉角频率；$\omega_F = \omega_{ie}\sin\varphi$ 为傅科角频率。相应的 3 个振荡周期为

地球周期：　$T_e = 2\pi/\omega_{ie} = 24\mathrm{h}$

舒拉周期：　$T_s = 2\pi/\omega_s = 84.4\mathrm{min}$

傅科周期：　$T_F = 2\pi/\omega_F = 2\pi/\omega_{ie}\sin\varphi$

傅科周期 T_F与地理纬度 φ 有关，随纬度增高而变小，如表 7-2 所列。

表 7-2　傅科周期 T_F与地理纬度 φ 之间的关系

纬度 φ/(°)	0	10	20	30	40	50	60	70
T_F/h	∞	138.25	70.18	48	37.34	31.33	27.71	25.54

由于 $\omega_s \gg \omega_F$，故系统的振荡角频率 ω_2、ω_3数值上非常接近。这样，在误差量的叠加分量中将会出现两个相近频率的线性组合，即

$$x(t) = x_0\sin(\omega_s + \omega_F)t + x_0\sin(\omega_s - \omega_F)t \tag{7-2-23}$$

将式(7-2-23)进行和差化积运算，得

$$x(t) = 2x_0\cos\omega_F t \cdot \sin\omega_s t \tag{7-2-24}$$

这表明上述两种频率非常接近的振荡分量合成之后，会产生差拍现象。合成的结果，是误差的舒拉周期振荡分量的幅值受到傅科周期的调制。

除幅值受傅科频率调制的舒拉振荡成分之外，系统误差中还有地球周期振荡成分，所以系统误差的振荡特性表现为两种振荡成分的迭加：幅值受傅科周期调制的舒拉周期振荡成分与地球周期振荡成分。图 7-6 示意了这两种振荡成分。图 7-6(a)表示由加速度计零位偏置∇_y造成的对平台误差角 ϕ_x的影响规律，它是受付科周期调制的舒拉周期振荡误差。图 7-6(b)表示陀螺常值漂移 ε_x造成的速度误差 $\delta v_y(t)$，其中既包含有地球周期振荡误差成分，又有受傅科周期调制的舒拉周期振荡误差。

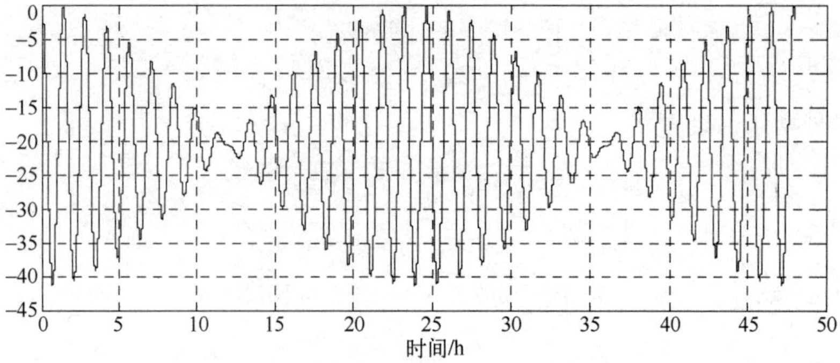

(a) 加速度计零位偏置∇_y对平台误差角ϕ_x的影响

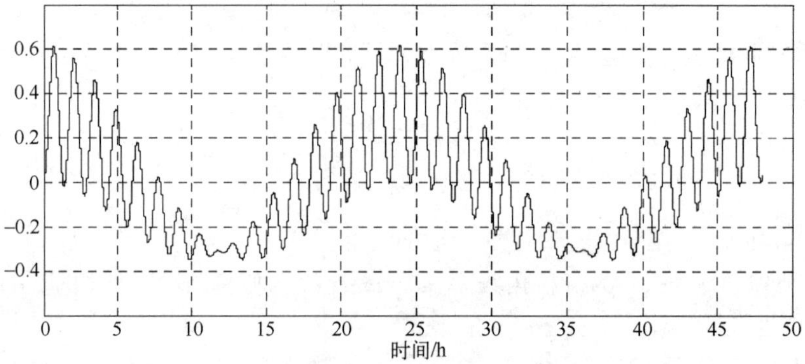

(b) 陀螺常值漂移ε_x对速度误差$\delta v_y(t)$的影响

图 7-6　误差的 3 种周期成分

为什么会产生这 3 种周期的误差成分呢？从惯导误差方块图 7-5 或基本方程方块图 7-2 中可以看出，由于平台存在水平误差角，加速度计的输出含有重力加速度分量，构成了反馈回路，两个回路均是二阶无阻尼负反馈振荡回路，如图 7-7 所示。满足舒拉调谐条件时，平台的水平修正回路的固有振荡频率就是舒拉角频率，因此系统的误差中有舒拉周期振荡成分。图 7-7 中的两个舒拉回路与图 7-2 中的两个水平修正回路是对应的。

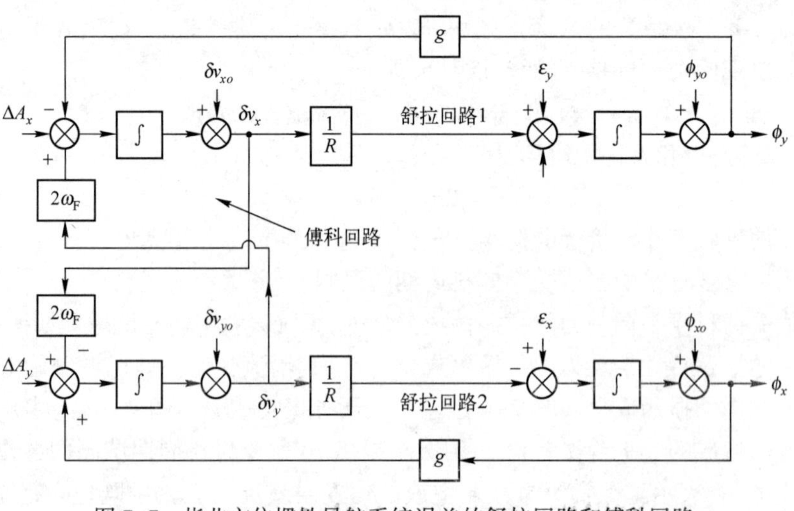

图 7-7　指北方位惯性导航系统误差的舒拉回路和傅科回路

傅科周期振荡是由于从比力中提取相对加速度时，对有害加速度的补偿不彻底而造成速度误差 δv_x 与 δv_y 之间相互耦合，形成二阶负反馈回路造成的。如果在速度误差方程中去掉 δv_x 与 δv_y 间的相互耦合项，即在矩阵 $\boldsymbol{F}_0$ 中（见式（7-2-2））使第 1 行第 2 列的元素 F_{12}、第 2 行第 1 列的元素 F_{21} 等于零（去掉耦合前：$F_{12}=2\omega_{\mathrm{F}}$，$F_{21}=-2\omega_{\mathrm{F}}$），则系统的特征方程变成

$$(s^2+\omega_{\mathrm{ie}}^2)(s^2+\omega_{\mathrm{s}}^2)^2=0$$

此时，系统的误差成分中只出现舒拉周期振荡成分和地球周期振荡成分，而没有傅科周期出现了。这也证明了系统的误差成分的傅科周期是由于矩阵元素 F_{12}、F_{21} 引起的。

地球周期振荡是由系统的平台误差角 ϕ_x、ϕ_y、ϕ_z 相互耦合，将地球自转角速度引入系统造成的。在误差方块图 7-5 中将 ϕ_x、ϕ_y、ϕ_z 的相互作用的主要通道画出，可得到两条反馈回路：

（1）$\phi_x \to \phi_y \to \phi_x$

（2）$\phi_x \to \phi_z \to \phi_x$

每条回路都是二阶负反馈，根据梅逊公式，两个回路合起来形成的至 ϕ_x 传递函数的分母为

$$1+(\omega_{\mathrm{ie}}\sin\varphi)^2+(\omega_{\mathrm{ie}}\cos\varphi)^2=1+\omega_{\mathrm{ie}}^2 \tag{7-2-25}$$

其特征根为地球自转角速度 ω_{ie}，所以在系统的误差中表现出地球周期的振荡成分。

上面的分析表明，指北方位惯导的 7 个误差量中，除经度误差外的 6 个误差量（2 个速度误差量、3 个平台角误差、纬度误差）是相互影响的，其误差方程组的特征根是纯虚根，说明这 6 个误差量是周期性振荡的，而且振幅是不衰减的。既然误差可以看成是惯导系统中的一组状态变量，误差方程的特征根也是惯导系统的特征根。从自动控制的观点来看，系统的特征根为纯虚根，则整个惯导是处于临界稳定状态的，也就是说惯导系统中没有阻尼（有阻尼时，系统特征根应当有负实部），因此把这样的惯导称为无阻尼惯导。

7.2.2 误差的传递矩阵

可以通过求解误差方程来分析各个误差源对系统的影响。这只要根据式（7-2-11）求出误差矢量 $\boldsymbol{X}(t)$ 的拉氏变换 $\boldsymbol{X}(s)$，再求其拉氏反变换，即可得到误差矢量 $\boldsymbol{X}(t)$。

若用 6×6 的方阵 $\boldsymbol{C}$ 表示特征矩阵的逆：

$$\boldsymbol{C}=(s\boldsymbol{I}-\boldsymbol{F}_0)^{-1} \tag{7-2-26}$$

则式（7-2-11）变为

$$\boldsymbol{X}(s)=\boldsymbol{C}[\boldsymbol{X}_0+\boldsymbol{W}(s)]=\boldsymbol{C}\boldsymbol{X}_0+\boldsymbol{C}\boldsymbol{W}(s) \tag{7-2-27}$$

其中

$$\boldsymbol{C}=\begin{bmatrix} c_{11} & c_{12} & \cdots & c_{16} \\ c_{21} & c_{22} & \cdots & c_{26} \\ \vdots & \vdots & & \vdots \\ c_{61} & c_{62} & \cdots & c_{66} \end{bmatrix} \tag{7-2-28}$$

矩阵 $\boldsymbol{C}$ 反映了初始误差 $\boldsymbol{X}_0$、误差源 $\boldsymbol{W}(s)$ 到系统误差的传递特性。我们将矩阵 $\boldsymbol{C}$ 称为系统的误差传递矩阵。

已知误差源及误差传递矩阵 $\boldsymbol{C}$ 时，取拉氏反变换可得出误差量：

$$\boldsymbol{X}(t)=L^{-1}\{\boldsymbol{C}[\boldsymbol{X}_0+\boldsymbol{W}(s)]\} \tag{7-2-29}$$

矩阵 $\boldsymbol{C}$ 可以通过矩阵求逆求得,求取方法可以用计算机代数方法,如用 Mathematica 软件。但直接根据 $\boldsymbol{F}_0$ 求出的传递函数矩阵 $\boldsymbol{C}$ 的结果形式比较复杂,乘以误差源,再求拉氏反变换的结果则更复杂。为简化计算,掌握各误差源对指北方位惯导影响的基本规律,暂不考虑由于补偿有害加速度不完全而引入的傅科周期振荡误差,即在系数阵 $\boldsymbol{F}_0$ 中使 F_{12}、F_{21} 等于零,记这样的矩阵为:

$$\boldsymbol{F}_0'=\begin{bmatrix} 0 & 0 & 0 & 0 & -g & 0 \\ 0 & 0 & 0 & g & 0 & 0 \\ 0 & \frac{1}{R} & 0 & 0 & 0 & 0 \\ 0 & -\frac{1}{R} & 0 & 0 & \omega_{\mathrm{ie}}\sin\varphi & -\omega_{\mathrm{ie}}\cos\varphi \\ \frac{1}{R} & 0 & -\omega_{\mathrm{ie}}\sin\varphi & -\omega_{\mathrm{ie}}\sin\varphi & 0 & 0 \\ \frac{1}{R}\tan\varphi & 0 & \omega_{\mathrm{ie}}\cos\varphi & \omega_{\mathrm{ie}}\cos\varphi & 0 & 0 \end{bmatrix} \tag{7-2-30}$$

记

$$\boldsymbol{C}'=(s\boldsymbol{I}-\boldsymbol{F}_0)^{-1} \tag{7-2-31}$$

用 Mathematica 软件解出 $\boldsymbol{C}'$矩阵全部 36 个元素,如表 7-3 所列。

利用系统误差传递矩阵 $\boldsymbol{C}'$可以分析各种误差源和初始误差(也可看成是误差源)所造成的系统误差。具体方法步骤是:

(1) 求取误差源的拉氏变换式表达。

(2) 查询误差传递矩阵 $\boldsymbol{C}'$的相关元素,根据式(7-2-27)求取有关误差量的拉氏变换式表达。

(3) 求拉氏反变换得到误差量的时域表达式。

(4) 分析经度误差时,先用步骤(1)、(2)求东向速度误差 $\delta v_x(s)$,再根据式(7-2-6):

$$\delta\lambda(s)=\frac{1}{R}\sec\varphi\cdot\frac{\delta v_x(s)}{s} \tag{7-2-32}$$

再求拉氏反变换得到

$$\delta\lambda(t)=\delta\lambda_0+\frac{1}{R}\sec\varphi\cdot L^{-1}\left\{\frac{\delta v_x(s)}{s}\right\} \tag{7-2-33}$$

应注意的是,上面在求误差传递矩阵 $\boldsymbol{C}'$时,没有考虑误差中的傅科周期振荡成分,这个问题可以这样来弥补:由于舒拉周期误差的振荡幅值总是受傅科频率调制的,我们只要在简化计算得到的误差量基础上,认为其中的舒拉周期误差成分的幅值是受傅科频率调制的即可。

如果不去除 $\boldsymbol{F}_0$ 矩阵中产生傅科周期的两个元素 F_{21} 与 F_{12},保留 $F_{12}=2\omega_{\mathrm{F}}$,$F_{21}=-2\omega_{\mathrm{F}}$,直接根据式(7-2-26)的定义求矩阵 $\boldsymbol{C}$,运用 Mathematica 软件解出的 36 个传递函数,如表 7-4 所列。对表 7-4 中的元素 $\boldsymbol{C}_{ij}$,令 $\omega_{\mathrm{F}}=0$,即不考虑傅科周期,就变成了表 7-4 中的元素 $\boldsymbol{C}'_{ij}$,读者可加以验证。

表 7-3　系统误差传递矩阵 $\boldsymbol{C}'$ 的元素

C_{ij} 误差源 / 误差	第 1 列 $\Delta A_x(s),\delta v_{x0}$	第 2 列 $\Delta A_y(s),\delta v_{y0}$	第 3 列 $\delta\varphi_0$	第 4 列 $\varepsilon_y(s)$、ϕ_{y0}	第 5 列 $\varepsilon_z(s)$、ϕ_{z0}	第 6 列 $\varepsilon_z(s)$、ϕ_{z0}
第 1 行 $\delta v_x(s)$	$\frac{s}{s^2+\omega_s^2}$	0	$\frac{g\omega_{ie}\sin\varphi\cdot s}{(s^2+\omega_s^2)(s^2+\omega_{ie}^2)}$	$\frac{g\omega_{ie}\sin\varphi\cdot s}{(s^2+\omega_s^2)(s^2+\omega_{ie}^2)}$	$-\frac{g(s^2+\omega_{ie}^2\cos^2\varphi)}{(s^2+\omega_s^2)(s^2+\omega_{ie}^2)}$	$-\frac{g\omega_{ie}^2\sin\varphi\cos\varphi}{(s^2+\omega_s^2)(s^2+\omega_{ie}^2)}$
第 2 行 $\delta v_y(s)$	0	$\frac{s}{s^2+\omega_s^2}$	$-\frac{g\omega_{ic}^2}{(s^2+\omega_s^2)(s^2+\omega_{ie}^2)}$	$\frac{gs^2}{(s^2+\omega_s^2)(s^2+\omega_{ie}^2)}$	$\frac{g\omega_{ie}\sin\varphi\cdot s}{(s^2+\omega_s^2)(s^2+\omega_{ie}^2)}$	$-\frac{g\omega_{ie}\cos\varphi\cdot s}{(s^2+\omega_s^2)(s^2+\omega_{ic}^2)}$
第 3 行 $\delta\varphi(s)$	0	$\frac{1}{R(s^2+\omega_s^2)}$	$\frac{s(s^2+\omega_s^2+\omega_{ie}^2)}{(s^2+\omega_s^2)(s^2+\omega_{ie}^2)}$	$\frac{\omega_s^2 s}{(s^2+\omega_s^2)(s^2+\omega_{ie}^2)}$	$\frac{\omega_s^2\omega_{ie}\sin\varphi}{(s^2+\omega_s^2)(s^2+\omega_{ie}^2)}$	$-\frac{\omega_s^2\omega_{ie}\cos\varphi}{(s^2+\omega_s^2)(s^2+\omega_{ie}^2)}$
第 4 行 $\phi_x(s)$	0	$-\frac{1}{R(s^2+\omega_s^2)}$	$-\frac{\omega_{ie}^2 s}{(s^2+\omega_s^2)(s^2+\omega_{ie}^2)}$	$\frac{s^3}{(s^2+\omega_s^2)(s^2+\omega_{ie}^2)}$	$\frac{\omega_{ie}\sin\varphi\cdot s^2}{(s^2+\omega_s^2)(s^2+\omega_{ie}^2)}$	$-\frac{\omega_{ie}\cos\varphi\cdot s^2}{(s^2+\omega_s^2)(s^2+\omega_{ie}^2)}$
第 5 行 $\phi_y(s)$	$\frac{1}{R(s^2+\omega_s^2)}$	0	$-\frac{\omega_{ie}\sin\varphi\cdot s^2}{(s^2+\omega_s^2)(s^2+\omega_{ie}^2)}$	$-\frac{\omega_{ie}\sin\varphi\cdot s^2}{(s^2+\omega_s^2)(s^2+\omega_{ie}^2)}$	$\frac{(s^2+\omega_{ie}^2\cos^2\varphi)\cdot s^2}{(s^2+\omega_s^2)(s^2+\omega_{ie}^2)}$	$\frac{\omega_{ie}^2\sin\varphi\cos\varphi\cdot s}{(s^2+\omega_s^2)(s^2+\omega_{ie}^2)}$
第 6 行 $\phi_z(s)$	$\frac{\tan\varphi}{R(s^2+\omega_s^2)}$	0	$\frac{\omega_{ie}\sec\varphi(s^2\cos^2\varphi+\omega_s^2)}{(s^2+\omega_s^2)(s^2+\omega_{ie}^2)}$	$\frac{\omega_{ie}\sec\varphi(s^2\cos^2\varphi+\omega_s^2)}{(s^2+\omega_s^2)(s^2+\omega_{ie}^2)}$	$\frac{(\omega_{ie}^2\cos\varphi\sin\varphi-\omega_s^2\tan\varphi)s}{(s^2+\omega_s^2)(s^2+\omega_{ie}^2)}$	$\frac{(s^2+\omega_s^2+\omega_{ie}^2\sin^2\varphi)s}{(s^2+\omega_s^2)(s^2+\omega_{ie}^2)}$

表 7-4　系统误差传递矩阵 $\boldsymbol{C}$ 的元素

C_{ij} 行＼列	第 1 列 $\Delta A_x(s),\delta v_{x0}$	第 2 列 $\Delta A_y(s),\delta v_{y0}$	第 3 列 $\delta\varphi_0$
第 1 行 $\delta v_x(s)$	$\frac{s(s^2+\omega_s^2)}{4s^2\omega_F^2+(s^2+\omega_s^2)^2}$	$\frac{2s^2\omega_F}{4s^2\omega_F^2+(s^2+\omega_s^2)^2}$	$\frac{gs\omega_{ie}(-2\omega_F\omega_{ie}+\sin[\varphi](s^2+\omega_s^2))}{(s^2+\omega_{ie}^2)(4s^2\omega_F^2+(s^2+\omega_s^2)^2)}$
第 2 行 $\delta v_y(s)$	$-\frac{2s^2\omega_F}{4s^2\omega_F^2+(s^2+\omega_s^2)^2}$	$\frac{s(s^2+\omega_s^2)}{4s^2\omega_F^2+(s^2+\omega_s^2)^2}$	$-\frac{g\omega_{ie}(2s^2\omega_F\sin\varphi+\omega_{ie}(s^2+\omega_s^2))}{(s^2+\omega_{ie}^2)(4s^2\omega_F^2+(s^2+\omega_s^2)^2)}$
第 3 行 $\delta\varphi(s)$	$-\frac{2s\omega_F}{R(4s^2\omega_F^2+(s^2+\omega_s^2)^2)}$	$\frac{(s^2+\omega_s^2)}{R(4s^2\omega_F^2+(s^2+\omega_s^2)^2)}$	$\frac{s(4\omega_F^2(s^2+\omega_{ie}^2)-2\sin[\varphi]\omega_F\omega_{ie}\omega_s^2+(s^2+\omega_s^2)(s^2+\omega_{ie}^2+\omega_s^2))}{(s^2+\omega_{ie}^2)(4s^2\omega_F^2+(s^2+\omega_s^2)^2)}$
第 4 行 $\phi_x(s)$	$\frac{2s\omega_F}{R(4s^2\omega_F^2+(s^2+\omega_s^2)^2)}$	$-\frac{(s^2+\omega_s^2)}{R(4s^2\omega_F^2+(s^2+\omega_s^2)^2)}$	$\frac{s\omega_{ie}(2\sin[\varphi]\omega_F\omega_s^2-\omega_{ie}(s^2+4\omega_F^2+\omega_s^2))}{(s^2+\omega_{ie}^2)(4s^2\omega_F^2+(s^2+\omega_s^2)^2)}$
第 5 行 $\phi_y(s)$	$\frac{(s^2+\omega_s^2)}{R(4s^2\omega_F^2+(s^2+\omega_s^2)^2)}$	$\frac{2s\omega_F}{R(4s^2\omega_F^2+(s^2+\omega_s^2)^2)}$	$\frac{\omega_{ie}(-2\omega_F\omega_{ie}\omega_s^2-s^2\sin[\varphi](s^2+4\omega_F^2+\omega_s^2))}{(s^2+\omega_{ie}^2)(4s^2\omega_F^2+(s^2+\omega_s^2)^2)}$
第 6 行 $\phi_z(s)$	$\frac{(s^2+\omega_s^2)\tan\varphi}{R(4s^2\omega_F^2+(s^2+\omega_s^2)^2)}$	$\frac{2s\omega_F\tan\varphi}{R(4s^2\omega_F^2+(s^2+\omega_s^2)^2)}$	C_{63}

（续）

行 \ C_{ij} \ 列	第 4 列 $\varepsilon_x(s),\phi_{x0}$	第 5 列 $\varepsilon_y(s),\phi_{y0}$	第 6 列 $\varepsilon_z(s),\phi_{z0}$
第 1 行 $\delta v_x(s)$	$\frac{gs(2s^2\omega_F+\sin[\varphi]\omega_{ie}(s^2+\omega_s^2))}{(s^2+\omega_{ie}^2)(4s^2\omega_F^2+(s^2+\omega_s^2)^2)}$	$\frac{g(2s^2\sin[\varphi]\omega_F\omega_{ie}-(s^2+\cos^2[\varphi]\omega_{ie}^2)(s^2+\omega_s^2))}{(s^2+\omega_{ie}^2)(4s^2\omega_F^2+(s^2+\omega_s^2)^2)}$	$-\frac{g\cos[\varphi]\omega_{ie}(2s^2\omega_F+\sin[\varphi]\omega_{ie}(s^2+\omega_s^2))}{(s^2+\omega_{ie}^2)(4s^2\omega_F^2+(s^2+\omega_s^2)^2)}$
第 2 行 $\delta v_y(s)$	$\frac{gs^2(s^2-2\sin[\varphi]\omega_F\omega_{ie}+\omega_s^2)}{(s^2+\omega_{ie}^2)(4s^2\omega_F^2+(s^2+\omega_s^2)^2)}$	$\frac{gs(2\omega_F(s^2+\cos^2[\varphi]\omega_{ie}^2)+\sin[\varphi]\omega_{ie}(s^2+\omega_s^2))}{(s^2+\omega_{ie}^2)(4s^2\omega_F^2+(s^2+\omega_s^2)^2)}$	$-\frac{gs\cos[\varphi]\omega_{ie}(s^2-2\sin[\varphi]\omega_F\omega_{ie}+\omega_s^2)}{(s^2+\omega_{ie}^2)(4s^2\omega_F^2+(s^2+\omega_s^2)^2)}$
第 3 行 $\delta\varphi(s)$	$\frac{s\omega_s^2(s^2-2\sin[\varphi]\omega_F\omega_{ie}+\omega_s^2)}{(s^2+\omega_{ie}^2)(4s^2\omega_F^2+(s^2+\omega_s^2)^2)}$	$\frac{\omega_s^2(2\omega_F(s^2+\cos^2[\varphi]\omega_{ie}^2)+\sin[\varphi]\omega_{ie}(s^2+\omega_s^2))}{(s^2+\omega_{ie}^2)(4s^2\omega_F^2+(s^2+\omega_s^2)^2)}$	$-\frac{\cos[\varphi]\omega_{ie}\omega_s^2(s^2-2\sin[\varphi]\omega_F\omega_{ie}+\omega_s^2)}{(s^2+\omega_{ie}^2)(4s^2\omega_F^2+(s^2+\omega_s^2)^2)}$
第 4 行 $\phi_x(s)$	$\frac{2s\sin[\varphi]\omega_F\omega_{ie}\omega_s^2+s^2(s^2+4\omega_F^2+\omega_s^2)}{(s^2+\omega_{ie}^2)(4s^2\omega_F^2+(s^2+\omega_s^2)^2)}$	C_{45}	C_{46}
第 5 行 $\phi_y(s)$	$\frac{s^2(2\omega_F\omega_s^2-\sin[\varphi]\omega_{ie}(s^2+4\omega_F^2+\omega_s^2))}{(s^2+\omega_{ie}^2)(4s^2\omega_F^2+(s^2+\omega_s^2)^2)}$	C_{55}	$\frac{s\cos[\varphi]\omega_{ie}(-2\omega_F\omega_s^2+\sin[\varphi]\omega_{ie}(s^2+4\omega_F^2+\omega_s^2))}{(s^2+\omega_{ie}^2)(4s^2\omega_F^2+(s^2+\omega_s^2)^2)}$
第 6 行 $\phi_z(s)$	C_{64}	C_{65}	C_{66}

注：（1）$C_{45}=\frac{-2s^2\omega_F\omega_s^2-2\cos^2[\varphi]\omega_F\omega_{ie}^2\omega_s^2+s^2\sin[\varphi]\omega_{ie}(s^2+4\omega_F^2+\omega_s^2)}{(s^2+\omega_{ie}^2)(4s^2\omega_F^2+(s^2+\omega_s^2)^2)}$

（2）$C_{46}=-\frac{\cos[\varphi]\omega_{ie}(2\sin[\varphi]\omega_F\omega_{ie}\omega_s^2+s^2(s^2+4\omega_F^2+\omega_s^2))}{(s^2+\omega_{ie}^2)(4s^2\omega_F^2+(s^2+\omega_s^2)^2)}$

（3）$C_{55}=\frac{s(2\sin[\varphi]\omega_F\omega_{ie}\omega_s^2+s^2(s^2+4\omega_F^2+\omega_s^2)+\cos^2[\varphi]\omega_{ie}^2(s^2+4\omega_F^2+\omega_s^2))}{(s^2+\omega_{ie}^2)(4s^2\omega_F^2+(s^2+\omega_s^2)^2)}$

（4）$C_{63}=\frac{\sec[\varphi]\omega_{ie}(8s^2\cos^2[\varphi]\omega_F^2-4\sin[\varphi]\omega_F\omega_{ie}\omega_s^2+2(s^2+\omega_s^2)(s^2\cos^2[\varphi]+\omega_s^2))}{2(s^2+\omega_{ie}^2)(4s^2\omega_F^2+(s^2+\omega_s^2)^2)}$

（5）$C_{64}=\frac{\omega_{ie}(4s^2\cos[\varphi]\omega_F^2+(s^2+\omega_s^2)(s^2\cos[\varphi]+\sec[\varphi]\omega_s^2))+2s^2\omega_F\omega_s^2\tan[\varphi]}{(s^2+\omega_{ie}^2)(4s^2\omega_F^2+(s^2+\omega_s^2)^2)}$

（6）$C_{65}=\frac{s\cos[\varphi]\sin[\varphi]\omega_{ie}^2(s^2+4\omega_F^2+\omega_s^2)-s\omega_s^2(s^2-2\sin[\varphi]\omega_F\omega_{ie}+\omega_s^2)\tan[\varphi]}{(s^2+\omega_{ie}^2)(4s^2\omega_F^2+(s^2+\omega_s^2)^2)}$

（7）$C_{66}=\frac{s(4s^2\omega_F^2-2\sin[\varphi]\omega_F\omega_{ie}\omega_s^2+(s^2+\omega_s^2)^2+\sin^2[\varphi]\omega_{ie}^2(s^2+4\omega_F^2+\omega_s^2))}{(s^2+\omega_{ie}^2)(4s^2\omega_F^2+(s^2+\omega_s^2)^2)}$

下面用几个例子说明误差分析的方法。

例 1　设北向加速度计零位偏置误差为$\nabla_y = 10^{-4}g$，在静基座条件下求其对平台误差角 ϕ_x 的影响（$\varphi = 30°$）。

解：加速度计零位偏置误差及其拉氏变换为

$$\Delta A_y(t) = \nabla_y \qquad \Delta A_y(s) = \frac{\nabla_y}{s}$$

查传递矩阵系数表：

$$C'_{42} = -\frac{1}{R(s^2+\omega_s^2)}$$

于是：
$$\phi_x(s) = C'_{42} \cdot \Delta A_y(s) = C'_{42} \cdot \frac{\nabla_y}{s} = -\frac{1}{R(s^2+\omega_s^2)} \cdot \frac{\nabla_y}{s}$$

取拉氏反变换，得

$$\phi_x(t) = -\frac{\nabla_y}{g}(1-\cos[\omega_s t]) = -10^{-4}(1-\cos[\omega_s t])(\text{rad}) = -20.6(1-\cos[\omega_s t])('')$$

误差曲线如图 7-8(a)所示。曲线表明，加速度计的零位偏置误差造成的平台误差角 ϕ_x 中，既包括舒拉周期振荡的成分，又包括常值分量。

可以对比一下，若直接用表 7-4：

$$C_{42} = -\frac{s^2+\omega_s^2}{R[4s^2\omega_F^2+(s^2+\omega_s^2)^2]}$$

$$\phi_x(s) = c_{42} \cdot \Delta A_y(s) = c_{42} \cdot \frac{\nabla_y}{s} = -\frac{(s^2+\omega_s^2)}{R[4s^2\omega_F^2+(s^2+\omega_s^2)^2]} \cdot \frac{\nabla_y}{s}$$

对上式直接求取拉氏反变换比较困难，可以借助 Matlab 软件工具，直接画其时域图，如图 7-8(a)所示，该图是在图 7-8(b)的基础上对舒拉周期振荡的成分进行了傅科调制（此处傅科周期为 48h）。

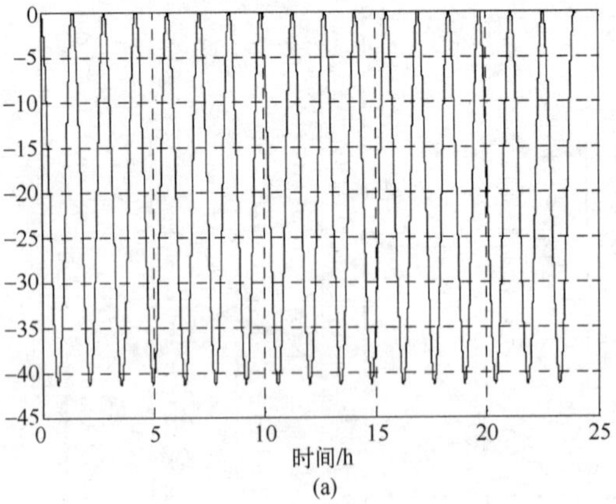

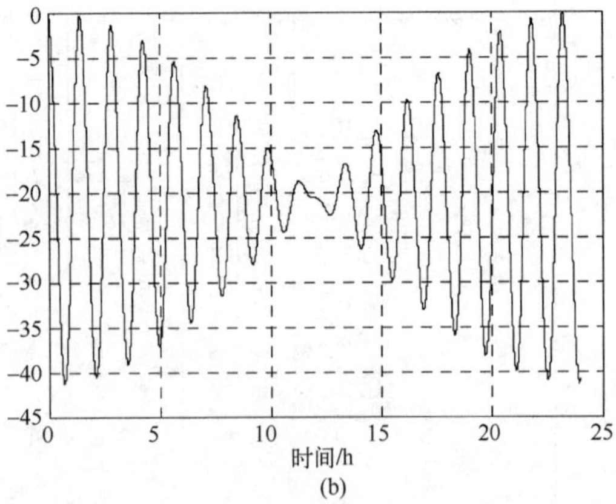

图 7-8　加速度计零位偏置∇_y对平台误差角 ϕ_x的影响

例 2　设东向陀螺有常值漂移 $\varepsilon_x = 0.01°/\text{h}$，在静基座条件下求其对北向速度误差 $\delta v_y(t)$的影响（$\varphi = 30°$）。

解：先求误差源的拉氏变换表达式：

$$\varepsilon_x(s)=\varepsilon_x/s$$

$\delta v_y(t)$排在误差矢量第 2 个元素位置，ε_x排在误差源第 4 个元素位置，根据表 7-3：

$$C'_{24}=\frac{gs^2}{(s^2+\omega_s^2)(s^2+\omega_{ie}^2)}$$

故

$$\delta v_y(s)=C'_{24}\varepsilon_x(s)=\frac{gs^2}{(s^2+\omega_{ie}^2)(s^2+\omega_s^2)}\cdot\frac{\varepsilon_x}{s}$$

取拉氏反变换，得

$$\begin{aligned}\phi_y(t)&=\frac{g}{\omega_s^2-\omega_{ie}^2}(\cos[\omega_{ie}t]-\cos[\omega_s t])\varepsilon_x\\&=0.31(\cos[\omega_s t]-\cos[\omega_{ie}t])(\mathrm{m/s})\end{aligned}$$

上式表明，陀螺常值漂移 ε_x 可造成两种形式的速度误差 $\delta v_y(t)$：地球周期振荡形式和舒拉周期振荡形式（其幅值必然受傅科频率调制）。ε_x 与误差 $\delta v_y(t)$ 的关系曲线如图 7-9(a)所示。

同样，根据表 7-4：

$$C_{24}=\frac{gs^2(s^2-2\omega_F\omega_{ie}\sin\varphi+\omega_s^2)}{(s^2+\omega_{ie}^2)[4s^2\omega_F^2+(s^2+\omega_s^2)^2]}$$

$$\delta v_y(s)=C_{24}\varepsilon_x(s)=\frac{gs^2(s^2-2\omega_F\omega_{ie}\sin\varphi+\omega_s^2)}{(s^2+\omega_{ie}^2)[4s^2\omega_F^2+(s^2+\omega_s^2)^2]}\cdot\frac{\varepsilon_x}{s}$$

借助 Matlab 软件工具，画误差 $\delta v_y(t)$ 完整的时域图，如图 7-9(b)所示，比较两个图，可以清楚地看出傅科周期对舒拉周期误差的调制作用。

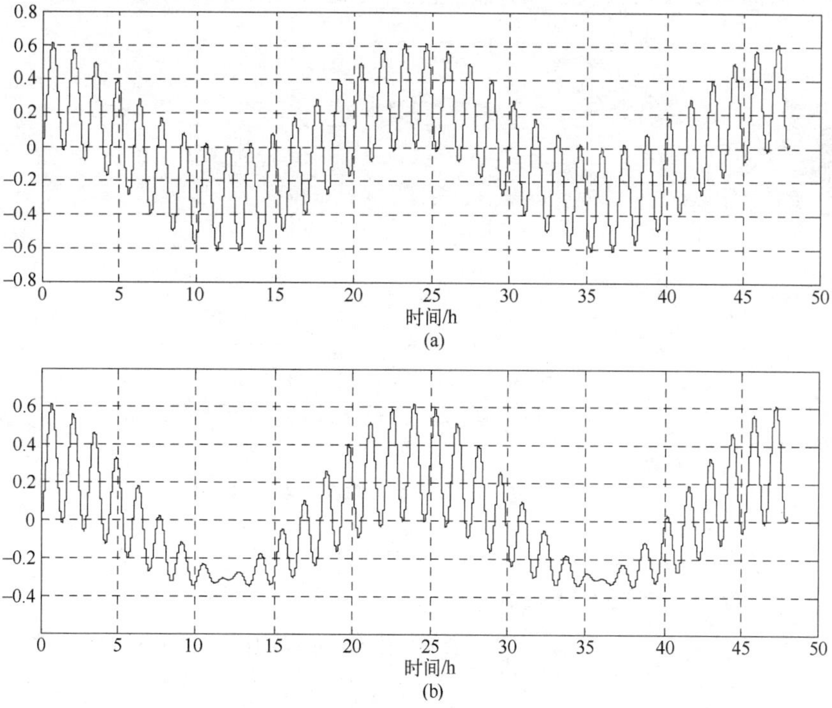

图 7-9　陀螺常值漂移 ε_x 对速度误差 $\delta v_y(t)$ 的影响

例 3　求方位陀螺仪 G_z 常值漂移 $\varepsilon_z=0.01°/h$ 在静基座条件下造成的经度误差 $\delta\lambda$。

解：经度误差不能直接根据误差传递矩阵计算

$$s\delta\lambda(s)=\frac{1}{R}\sec\varphi\cdot\delta v_x(s)+\delta\lambda_0$$

不考虑初始经度误差时，

$$\delta\lambda(s)=\frac{1}{Rs}\sec\varphi\cdot\delta v_x(s)$$

可以先利用误差传递矩阵计算出由 ε_z 引起的 $\delta v_x(s)$：

$$\delta v_x(s)=C'_{16}\varepsilon_z(s)=C'_{16}\frac{\varepsilon_z}{s}=-\frac{g\omega_{ie}^2\sin\varphi\cos\varphi}{(s^2+\omega_{ie}^2)(s^2+\omega_s^2)}\cdot\frac{\varepsilon_z}{s}$$

于是

$$\delta\lambda(s)=-\frac{\sec\varphi}{Rs}\cdot\frac{g\omega_{ie}^2\sin\varphi\cos\varphi}{(s^2+\omega_{ie}^2)(s^2+\omega_s^2)}\cdot\frac{\varepsilon_z}{s}$$

$$=-\frac{\omega_s^2\omega_{ie}^2\sin\varphi}{s(s^2+\omega_{ie}^2)(s^2+\omega_s^2)}\cdot\frac{\varepsilon_z}{s}$$

取拉氏反变换，得

$$\delta\lambda(t)=\left[\frac{\omega_s^2\sin\varphi}{\omega_{ie}(\omega_s^2+\omega_{ie}^2)}\sin[\omega_{ie}t]-\frac{\omega_{ie}^2\sin\varphi}{\omega_s(\omega_s^2+\omega_{ie}^2)}\sin[\omega_s t]-t\sin\varphi\right]\varepsilon_z$$

由此表达式可见，ε_z 可激励 3 种成分的经度误差：地球周期振荡成分、舒拉周期振荡成分（其幅值受傅科频率调制）以及随时间增长的误差成分。显然，第三种误差是系统中最严重的误差，如图 7-10 所示，在 100h 后，随时间增长的经度误差可达 30′。图中看不到舒拉周期振荡分量，原因是该项的幅值远远小于地球周期误差分量。

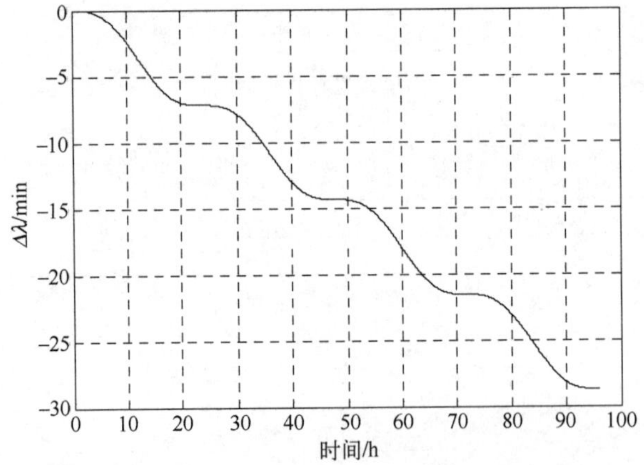

图 7-10　陀螺常值漂移 ε_z 对经度误差 $\delta\lambda$ 的影响

例 4　设平台有初始误差角 $\phi_{y0}=30''$，求其对平台方位角误差 ϕ_z 的影响。

解：根据式(7-2-11)及传递矩阵系数表

$$\phi_z(s)=c'_{65}\cdot\phi_{y0}=\frac{s(\omega_{ie}^2\sin\varphi\cos\varphi-\omega_s^2\tan\varphi)}{(s^2+\omega_s^2)(s^2+\omega_{ie}^2)}\phi_{y0}$$

取拉氏反变换，得

$$\phi_z(t)=\frac{\omega_{ie}^2\sin\varphi\cos\varphi-\omega_s^2\tan\varphi}{\omega_s^2-\omega_{ie}^2}(\cos\omega_{ie}t-\cos\omega_s t)\phi_{y0}$$

误差曲线如图 7-11 所示。

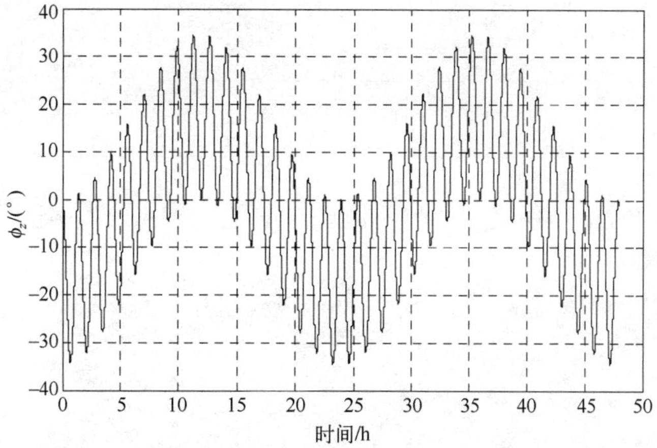

图 7-11　平台的初始误差角 ϕ_{y0} 对平台误差角 ϕ_z 的影响

曲线表明，由 ϕ_{y0} 造成的平台误差角 ϕ_z 中，包括地球周期分量和舒拉周期分量。

上面几个例子，说明了分析某一个误差源对系统某个误差量影响的方法。在一般情况下，会同时存在多个误差源，此时，可逐一求取每个误差源造成的误差，最后将各误差源造成的误差进行线性叠加即可。

7.2.3　各种误差源对无阻尼指北方位惯导系统误差的影响

7.2.3.1　加速度计常值引起的误差

表 7-5 给出了加速度计常值误差 ∇_x、∇_y 对无阻尼指北方位惯导系统各个误差量的影响（忽略傅科频率）。

表 7-5　加速度计常值误差 ∇_x、∇_y 对系统各个误差量的影响

误差源 / 误差 / 误差项	∇_x	∇_y
$\delta v_x(t)$	$\frac{\sin[\omega_s t]}{\omega_s}\cdot\nabla_x$	0
$\delta v_y(t)$	0	$\frac{\sin[\omega_s t]}{\omega_s}\cdot\nabla_y$
$\delta\lambda(t)$	$\frac{\sec\varphi}{g}(1-\cos[\omega_s t])\cdot\nabla_x$	
$\delta\varphi(t)$	0	$\frac{1}{g}(1-\cos[\omega_s t])\cdot\nabla_y$
$\phi_x(t)$	0	$-\frac{1}{g}(1-\cos[\omega_s t])\cdot\nabla_y$

（续）

误差项 \ 误差 \ 误差源	∇_x	∇_y
$\phi_y(t)$	$\frac{1}{g}(1-\cos[\omega_s t])\cdot\nabla_x$	0
$\phi_z(t)$	$\frac{\tan\varphi}{g}(1-\cos[\omega_s t])\cdot\nabla_x$	0

由表 7-5 可以看出，加速度计的常值误差∇_x、∇_y会引起系统振荡性误差和常值误差。其中常值误差分量为

$$\begin{cases}\delta\varphi_s=\dfrac{\nabla_y}{g}\\ \delta\lambda_s=\dfrac{\nabla_x}{g}\sec\varphi\\ \phi_{xs}=-\dfrac{\nabla_y}{g}\\ \phi_{ys}=\dfrac{\nabla_x}{g}\\ \phi_{zs}=\dfrac{\nabla_x}{g}\tan\varphi\end{cases}\tag{7-2-34}$$

可见，平台误差角主要取决于加速度计的误差。

加速度计误差影响平台的水平精度，从物理概念上是好理解的。在静基座条件下，若加速度计没有零位误差，当平台水平时，加速度计的输出为 0；平台不水平时，加速度计的输出不为 0，这是正常的。平台的水平修正回路是依靠检测加速度计的输出使平台保持水平的，若加速度计有零位偏置误差，平台水平时，加速度计的输出不为 0；而平台存在某一误差角时，若重力加速度在加速度计敏感轴向上的分量与加速度计的零位偏置误差正好抵消，加速度计输出反而为 0，这时通过平台水平修正回路的作用，平台会围绕这一使加速度计输出为零的角位置振荡，于是平台会出现一稳态误差角。就是说，加速度计常值误差会引起的平台水平误差稳态分量，使重力加速度在加速度计敏感轴向上的分量与加速度计常值误差正好大小相等、方向相反。

7.2.3.2 常值陀螺漂移引起的误差

表 7-6 给出了常值等效陀螺漂移 ε_x、ε_y、ε_z对系统各个误差量的影响。

从表 7-6 可以看出，由常值陀螺漂移引起的系统误差大多具有周期性振荡性质，但对某些误差量会造成常值误差，甚至是随时间增长的误差。周期性振荡的误差可以通过一些办法消除（如阻尼，后续章将介绍），但常值误差和随时间增长的误差是阻尼不掉的。对这些误差成分应当足够重视。从表 7-6 中将陀螺漂移 ε_x、ε_y、ε_z引起的误差中的振荡成分去掉，剩下的就是常值误差和随时间增长的误差，列写如下：

表 7-6　常值等效陀螺漂移 ε_x、ε_y、ε_z 对系统各个误差量的影响

	ε_x	ε_y	ε_z
δv_x	$\frac{g\sin\varphi}{\omega_s^2-\omega_{ie}^2}\left(\sin[\omega_{ie}t]-\frac{\omega_{ie}}{\omega_s}\sin[\omega_s t]\right)\cdot\varepsilon_x$	$R\left(\frac{\omega_s^2-\omega_{ie}^2\cos^2\varphi}{\omega_s^2-\omega_{ie}^2}\cos[\omega_s t]-\frac{\omega_s^2\sin^2\varphi}{\omega_s^2-\omega_{ie}^2}\cdot\cos[\omega_{ie}t]-\cos^2\varphi\right)\cdot\varepsilon_y$	$R\sin\varphi\cos\varphi\left(\frac{\omega_s^2\cos[\omega_{ie}t]-\omega_{ie}^2\cos[\omega_s t]}{\omega_s^2-\omega_{ie}^2}-1\right)\cdot\varepsilon_z$
δv_y	$\frac{g}{\omega_s^2-\omega_{ie}^2}(\cos[\omega_{ie}t]-\cos[\omega_s t])\cdot\varepsilon_x$	$\frac{g\sin\varphi}{\omega_s^2-\omega_{ie}^2}\left(\sin[\omega_{ie}t]-\frac{\omega_{ie}}{\omega_s}\sin[\omega_s t]\right)\cdot\varepsilon_y$	$-\frac{g\cos\varphi}{\omega_s^2-\omega_{ie}^2}\left(\sin[\omega_{ie}t]-\frac{\omega_{ie}}{\omega_s}\sin[\omega_s t]\right)\cdot\varepsilon_z$
$\delta\lambda$	$\left(\frac{1}{\omega_{ie}}-\frac{\omega_{ie}^2\cos[\omega_{ie}t]-\omega_s^2\cos[\omega_s t]}{\omega_{ie}(\omega_s^2-\omega_{ie}^2)}\right)\cdot\tan\varphi\cdot\varepsilon_x$	$\left(\frac{\sec\varphi(\omega_s^2-\omega_{ie}^2\cos^2\varphi)}{\omega_s(\omega_s^2-\omega_{ie}^2)}\sin[\omega_s t]-\frac{\omega_s^2\tan\varphi\sin\varphi}{\omega_{ie}(\omega_s^2-\omega_{ie}^2)}\sin[\omega_{ie}t]-t\cdot\cos\varphi\right)\cdot\varepsilon_y$	$\left(\frac{\omega_s^2}{\omega_{ie}(\omega_s^2-\omega_{ie}^2)}\sin[\omega_{ie}t]-\frac{\omega_{ie}^2}{\omega_s(\omega_s^2-\omega_{ie}^2)}\sin[\omega_s t]-t\right)\cdot\sin\varphi\cdot\varepsilon_z$
$\delta\varphi$	$\frac{\omega_s^2}{\omega_{ie}(\omega_s^2-\omega_{ie}^2)}\left(\sin[\omega_{ie}t]-\frac{\omega_{ie}}{\omega_s}\sin[\omega_s t]\right)\cdot\varepsilon_x$	$\left[\frac{\omega_s^2\omega_{ie}\sin\varphi}{\omega_s^2-\omega_{ie}^2}\left(\frac{\cos[\omega_s t]}{\omega_s^2}-\frac{\cos[\omega_{ie}t]}{\omega_{ie}^2}\right)+\frac{\sin\varphi}{\omega_{ie}}\right]\cdot\varepsilon_y$	$\left(\frac{\omega_s^2\cos[\omega_{ie}t]-\omega_{ie}^2\cos[\omega_s t]}{\omega_s^2-\omega_{ie}^2}-1\right)\frac{\cos\varphi}{\omega_{ie}}\cdot\varepsilon_z$
$\phi_x(t)$	$\frac{\omega_s}{\omega_s^2-\omega_{ie}^2}\left(\sin[\omega_s t]-\frac{\omega_{ie}}{\omega_s}[\sin\omega_{ie}t]\right)\cdot\varepsilon_x$	$\frac{\omega_{ie}\sin\varphi}{\omega_s^2-\omega_{ie}^2}(\cos[\omega_{ie}t]-\cos[\omega_s t])\cdot\varepsilon_y$	$-\frac{\omega_{ie}\cos\varphi}{\omega_s^2-\omega_{ie}^2}(\cos[\omega_{ie}t]-\cos[\omega_s t])\cdot\varepsilon_z$
$\phi_y(t)$	$\frac{\omega_{ie}\sin\varphi}{\omega_s^2-\omega_{ie}^2}(\cos[\omega_s t]-\cos[\omega_{ie}t])\cdot\varepsilon_x$	$\left[\frac{\omega_s^2-\omega_{ie}^2\cos^2\varphi}{\omega_s(\omega_s^2-\omega_{ie}^2)}\sin[\omega_s t]-\frac{\omega_{ie}\sin^2\varphi}{\omega_s^2-\omega_{ie}^2}\sin[\omega_{ie}t]\right]\cdot\varepsilon_y$	$\frac{\omega_{ie}\sin\varphi\cos\varphi}{\omega_s^2-\omega_{ie}^2}\left(\sin[\omega_{ie}t]-\frac{\omega_{ie}}{\omega_s}\sin[\omega_s t]\right)\cdot\varepsilon_z$
$\phi_z(t)$	$\left[\frac{\sec\varphi}{\omega_{ie}}(1-\cos[\omega_{ie}t])+\frac{\omega_{ie}\sin\varphi\tan\varphi}{\omega_s^2-\omega_{ie}^2}(\cos[\omega_s t]-\cos[\omega_{ie}t])\right]\cdot\varepsilon_x$	$\frac{\omega_{ie}^2\sin\varphi\cos\varphi-\omega_s^2\tan\varphi}{\omega_{ie}(\omega_s^2-\omega_{ie}^2)}\left(\sin[\omega_{ie}t]-\frac{\omega_{ie}}{\omega_s}\sin[\omega_s t]\right)\cdot\varepsilon_y$	$\left(\frac{\omega_s^2-\omega_{ie}^2\cos^2\varphi}{\omega_{ie}(\omega_s^2-\omega_{ie}^2)}\sin[\omega_{ie}t]-\frac{\omega_{ie}^2\sin^2\varphi}{\omega_s(\omega_s^2-\omega_{ie}^2)}\sin[\omega_s t]\right)\cdot\varepsilon_z$

$$
\begin{cases}
\delta v_{xs}=-R\cos^2\varphi\cdot\varepsilon_y-R\cos\varphi\sin\varphi\cdot\varepsilon_z \\
\delta\varphi_s=\dfrac{\sin\varphi}{\omega_{ie}}\varepsilon_y-\dfrac{\cos\varphi}{\omega_{ie}}\varepsilon_z \\
\delta\lambda_s=\dfrac{\tan\varphi}{\omega_{ie}}\varepsilon_x-(\cos\varphi\cdot\varepsilon_y+\sin\varphi\cdot\varepsilon_z)\cdot t \\
\varphi_{zs}=\dfrac{1}{\omega_{ie}\cos\varphi}\varepsilon_x
\end{cases}
\tag{7-2-35}
$$

可见,ε_x会造成ϕ_z和$\delta\lambda$的常值误差,ε_y、ε_z会造成δv_x、$\delta\varphi$的常值误差。同时,更严重的是,ε_y、ε_z会造成随时间增长的$\delta\lambda$误差。所以说陀螺漂移是影响系统定位精度的主要因素。

7.2.3.3 系统初始误差的影响

关于初始参数误差,可从误差方块图(图7-5)定性地看出其对系统的影响。平台初始偏差ϕ_{x0}、ϕ_{y0}、ϕ_{z0}的输入点与等效陀螺漂移ε_x、ε_y、ε_z的输入之间分别相差一个积分环节;速度初始误差δv_{x0}、δv_{y0}与加速度计零位误差ΔA_x、ΔA_y的输入点之间也分别相差一个积分环节。这表明初始误差对于系统的影响要少一次积分作用,因而初始误差引起的误差大多是振荡性的,只是对经度会产生常值误差分量,而完全没有随时间积累的误差分量。由于初始误差$\delta\lambda_0$的输入点是在开环回路上,它只对经度有影响。

误差分析小结:

(1) 无阻尼指北方位惯导的误差具有三种振荡周期:舒拉振荡周期、傅科振荡周期、地球振荡周期。

(2) 无阻尼指北方位惯导周期性振荡误差的振幅是不衰减的。尤其是经度误差,在北向陀螺和方位陀螺常值漂移的作用下,是随着时间积累的。

(3) 陀螺仪漂移误差是影响系统定位精度的主要因素。

(4) 平台的水平精度主要由加速度计零位误差决定。

(5)初始参数误差引起的误差大多是振荡性的,只是对经度会产生常值误差分量,不会导致随时间积累的误差分量。

7.3 重力异常对指北方位惯导误差的影响

7.3.1 重力异常问题

在惯性导航系统中,使用加速度计测量载体位置的比力矢量,从测得的比力中补偿掉引力加速度,就可得到载体的绝对加速度,再根据绝对加速度和相对加速度的关系,惯导系统可进一步求得载体的相对速度、位置。在地球附近,引力加速度的主要成分是重力加速度。惯导解算时,通常是基于地球参考椭球,用正常重力公式计算重力矢量。由于地球形状不规则、内部质量不均匀,地球参考椭球和大地水准面不完全吻合,重力矢量和用正常重力公式的计算值有偏差,这种偏差就是重力异常,其表现在两个方面:数值异常和垂线偏差。垂线偏差即重力加速度矢量和当地参考椭球的法线之间的方向偏差,垂线偏差一般在10"左右,个别地区可达30"。

图 7-12 示意了瑞士垂线偏差矢量图,图中大头针状点线表示垂线偏差大小和方向。图 7-13 为中国海及邻域 2′×2′空间重力数值异常图,反映了中国海及邻域的大地构造格局,重力异常最大值为 $378\times10^{-5}m/s^2$,最小值为 $-356\times10^{-5}m/s^2$。

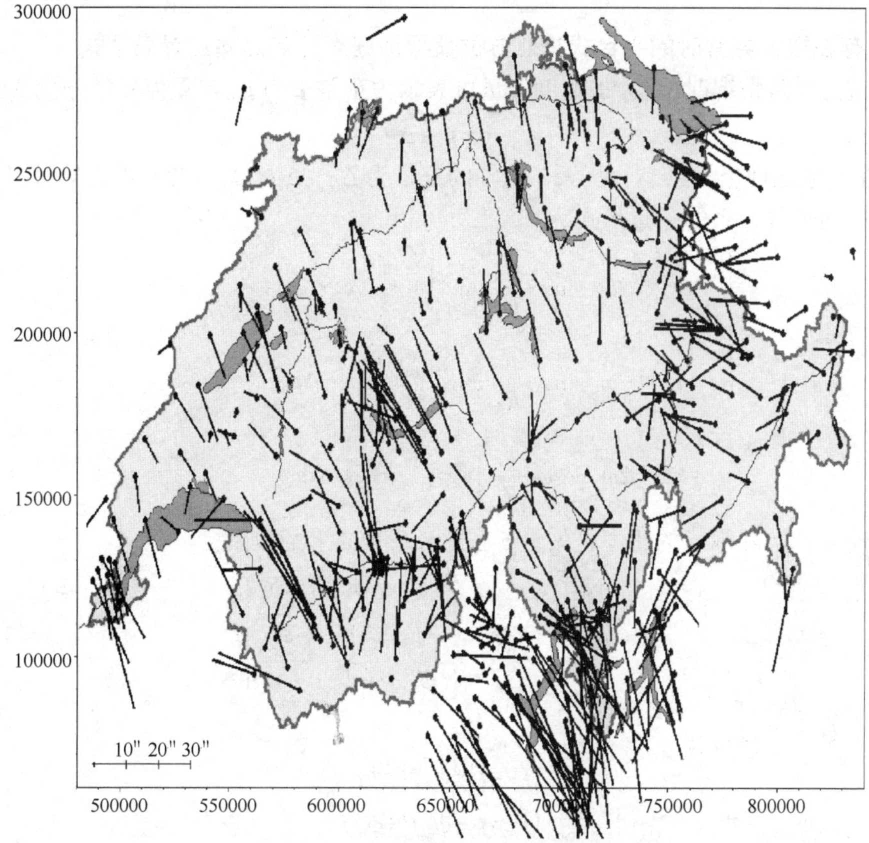

图 7-12　垂线偏差矢量图

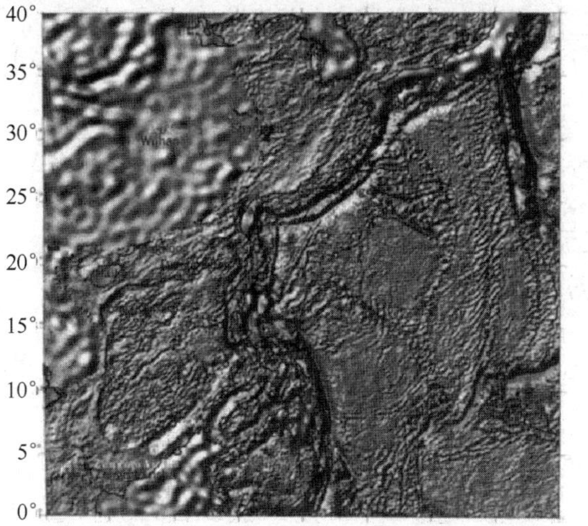

图 7-13　重力数值异常图

显然,重力异常会引起比力矢量发生变化,引起惯性导航系统中加速度计的输出误差,从而引起速度误差、定位误差及平台误差。

7.3.2 重力异常情况下平台式指北方位惯导误差方程的建立

1. 存在重力异常时的平台式指北方位惯导加速度计实际输出量表达式

有重力异常情况时,重力加速度矢量可表示为正常重力 $\boldsymbol{g}_0$ 与重力异常分量 $\Delta\boldsymbol{g}$ 之和:

$$\boldsymbol{g}=\boldsymbol{g}_0+\Delta\boldsymbol{g} \tag{7-3-1}$$

记 $\Delta\boldsymbol{g}$ 在当地地理坐标系东、北、天 3 个轴的分量为 Δg_x、Δg_y、Δg_z,考虑重力异常时比力方程在当地地理坐标系的分量形式为

$$\begin{cases} f_x^{\mathrm{t}}=\dot{v}_x^{\mathrm{t}}-\left(2\omega_{\mathrm{ie}}\sin\varphi+\dfrac{v_x^{\mathrm{t}}}{R_{\mathrm{N}}}\tan\varphi\right)v_y^{\mathrm{t}}+\left(2\omega_{\mathrm{ie}}\cos\varphi+\dfrac{v_x^{\mathrm{t}}}{R_{\mathrm{N}}}\right)v_z^{\mathrm{t}}-\Delta g_x \\ f_y^{\mathrm{t}}=\dot{v}_y^{\mathrm{t}}+\left(2\omega_{\mathrm{ie}}\sin\varphi+\dfrac{v_x^{\mathrm{t}}}{R_{\mathrm{N}}}\tan\varphi\right)v_x^{\mathrm{t}}+\dfrac{v_y^{\mathrm{t}}}{R_{\mathrm{M}}}v_z^{\mathrm{t}}-\Delta g_y \\ f_z^{\mathrm{t}}=\dot{v}_z^{\mathrm{t}}-\left(2\omega_{\mathrm{ie}}\cos\varphi+\dfrac{v_x^{\mathrm{t}}}{R_{\mathrm{N}}}\right)v_x^{\mathrm{t}}-\dfrac{v_y^{\mathrm{t}}}{R_{\mathrm{M}}}v_y^{\mathrm{t}}+g_0-\Delta g_z \end{cases} \tag{7-3-2}$$

加速度计实际敏感的比力是矢量 $\boldsymbol{f}$ 在平台系轴向上的投影为:

$$\boldsymbol{f}^{\mathrm{p}}=\begin{bmatrix} f_x^{\mathrm{p}} \\ f_y^{\mathrm{p}} \\ f_z^{\mathrm{p}} \end{bmatrix}=\boldsymbol{C}_{\mathrm{t}}^{\mathrm{p}}\boldsymbol{f}^{\mathrm{t}}=\begin{bmatrix} 1 & \phi_z & -\phi_y \\ -\phi_z & 1 & \phi_x \\ \phi_y & -\phi_x & 1 \end{bmatrix}\boldsymbol{f}^{\mathrm{t}} \tag{7-3-3}$$

两个水平分量:

$$\begin{cases} f_x^{\mathrm{p}}=f_x^{\mathrm{t}}+\phi_z f_y^{\mathrm{t}}-\phi_y f_z^{\mathrm{t}} \\ f_y^{\mathrm{p}}=f_y^{\mathrm{t}}-\phi_z f_x^{\mathrm{t}}+\phi_x f_z^{\mathrm{t}} \end{cases} \tag{7-3-4}$$

这就是安装在平台上的加速度计要实际敏感的比力。考虑重力异常及加速度计误差的影响,忽略交叉耦合小量项,东向加速度计、北向加速度计的输出为

$$\begin{cases} A_x=f_x^{\mathrm{p}}+\Delta A_x=\dot{v}_x^{\mathrm{t}}-\left(2\omega_{\mathrm{ie}}\sin\varphi+\dfrac{v_x^{\mathrm{t}}}{R_{\mathrm{N}}}\tan\varphi\right)v_y^{\mathrm{t}}-\phi_y g_0+\Delta A_x-\Delta g_x \\ A_y=f_y^{\mathrm{p}}+\Delta A_y=\dot{v}_y^{\mathrm{t}}+\left(2\omega_{\mathrm{ie}}\sin\varphi+\dfrac{v_x^{\mathrm{t}}}{R_{\mathrm{N}}}\tan\varphi\right)v_x^{\mathrm{t}}-\phi_x g_0+\Delta A_y-\Delta g_y \end{cases} \tag{7-3-5}$$

2. 速度误差微分方程

指北方位惯导根据加速度计的实际输出计算载体速度:

$$\begin{cases} \dot{v}_x^{\mathrm{c}}=A_x+\left(2\omega_{\mathrm{ie}}\sin\varphi_{\mathrm{c}}+\dfrac{v_x^{\mathrm{c}}}{R_{\mathrm{N}}}\tan\varphi_{\mathrm{c}}\right)v_y^{\mathrm{c}} \\ \dot{v}_y^{\mathrm{c}}=A_x-\left(2\omega_{\mathrm{ie}}\sin\varphi_{\mathrm{c}}+\dfrac{v_x^{\mathrm{c}}}{R_{\mathrm{N}}}\tan\varphi_{\mathrm{c}}\right)v_x^{\mathrm{c}} \end{cases} \tag{7-3-6}$$

将式(7-3-5)代入式(7-3-6)并运用全微分法,可导出速度误差微分方程:

$$
\begin{cases}
\delta\dot{v}_x=\dot{v}_x^{\mathrm{c}}-\dot{v}_x^{\mathrm{t}} \\
\quad =\dfrac{v_y^{\mathrm{t}}}{R}\tan\varphi\cdot\delta v_x+\left(2\omega_{\mathrm{ie}}\sin\varphi+\dfrac{v_x^{\mathrm{t}}}{R}\tan\varphi\right)\delta v_y+\left(2\omega_{\mathrm{ie}}v_y^{\mathrm{t}}\cos\varphi+\dfrac{v_x^{\mathrm{t}}v_y^{\mathrm{t}}}{R}\sec^2\varphi\right)\delta\varphi-\phi_y g_0+\Delta A_x-\Delta g_x \\
\delta\dot{v}_y=\dot{v}_y^{\mathrm{c}}-\dot{v}_y^{\mathrm{t}} \\
\quad =-2\left(\omega_{\mathrm{ie}}\sin\varphi+\dfrac{v_x^{\mathrm{t}}}{R}\tan\varphi\right)\delta v_x-\left[2\omega_{\mathrm{ie}}v_x^{\mathrm{t}}\cos\varphi+\dfrac{(v_x^{\mathrm{t}})^2}{R}\sec^2\varphi\right]\delta\varphi+\phi_x g_0+\Delta A_y-\Delta g_y
\end{cases}
\tag{7-3-7}
$$

3. 位置误差微分方程

与式(7-1-32)相同,仍为

$$
\begin{cases}
\delta\dot{\varphi}=\dfrac{\delta v_y}{R} \\
\delta\dot{\lambda}=\dfrac{1}{R}\sec\varphi\cdot\delta v_x+\dfrac{v_x^{\mathrm{t}}}{R}\sec\varphi\tan\varphi\cdot\delta\varphi
\end{cases}
\tag{7-3-8}
$$

4. 平台误差角微分方程

Δg_x、Δg_y、Δg_z不直接影响平台误差角,误差角方程仍为

$$
\begin{cases}
\dot{\phi}_x=-\dfrac{\delta v_y}{R}+\left(\omega_{\mathrm{ie}}\sin\varphi+\dfrac{v_x^{\mathrm{t}}}{R}\tan\varphi\right)\phi_y-\left(\omega_{\mathrm{ie}}\cos\varphi+\dfrac{v_x^{\mathrm{t}}}{R}\right)\phi_z+\varepsilon_x \\
\dot{\phi}_y=\dfrac{\delta v_x}{R}-\omega_{\mathrm{ie}}\sin\varphi\cdot\delta\varphi-\left(\omega_{\mathrm{ie}}\sin\varphi+\dfrac{v_x^{\mathrm{t}}}{R}\tan\varphi\right)\phi_x-\dfrac{v_y^{\mathrm{t}}}{R}\phi_z+\varepsilon_y \\
\dot{\phi}_z=\dfrac{\tan\varphi}{R}\cdot\delta v_x+\left(\omega_{\mathrm{ie}}\cos\varphi+\dfrac{v_x^{\mathrm{t}}}{R}\sec^2\varphi\right)\delta\varphi+\left(\omega_{\mathrm{ie}}\cos\varphi+\dfrac{v_x^{\mathrm{t}}}{R}\right)\phi_x+\dfrac{v_y^{\mathrm{t}}}{R}\phi_y+\varepsilon_z
\end{cases}
\tag{7-3-9}
$$

综合式(7-3-7)~式(7-3-9),就是存在重力异常情况下平台式指北方位惯性导航系统的误差方程。

7.3.3 重力异常对平台式指北方位惯导误差的影响

对比未考虑重力异常条件下的误差方程式(7-1-35),可以清楚地看出重力异常的水平分量Δg_x、Δg_y和加速度计偏置误差ΔA_x、ΔA_y对惯导误差的影响是等效的。

只考虑重力异常的水平分量Δg_x、Δg_y的作用,静基座条件下,速度误差方程、平台误差运动方程、纬度误差方程简化为

$$
\begin{cases}
\delta\dot{v}_x=(2\omega_{\mathrm{ie}}\sin\varphi)\delta v_y-\phi_y g_0-\Delta g_x \\
\delta\dot{v}_y=-(2\omega_{\mathrm{ie}}\sin\varphi)\delta v_x+\phi_x g_0-\Delta g_y \\
\dot{\phi}_x=-\dfrac{\delta v_y}{R}+(\omega_{\mathrm{ie}}\sin\varphi)\phi_y-(\omega_{\mathrm{ie}}\cos\varphi)\phi_z \\
\dot{\phi}_y=\dfrac{\delta v_x}{R}-(\omega_{\mathrm{ie}}\sin\varphi)\delta\varphi-(\omega_{\mathrm{ie}}\sin\varphi)\phi_x
\end{cases}
$$

$$\begin{cases}\dot{\phi}_z=\dfrac{\tan\varphi}{R}\cdot\delta v_x+(\omega_{\mathrm{ie}}\cos\varphi)\delta\varphi+(\omega_{\mathrm{ie}}\cos\varphi)\phi_x\\ \delta\dot{\varphi}=\dfrac{\delta v_y}{R}\\ \delta\dot{\lambda}=\dfrac{1}{R}\sec\varphi\cdot\delta v_x\end{cases}\tag{7-3-10}$$

运用 Mathmatica 工具，可得到 Δg_x、Δg_y 对各误差量影响的传递函数，如表 7-7 所列。

表 7-7　Δg_x、Δg_y 对各误差量影响的传递函数

	Δg_x	Δg_y
δv_x	$-\dfrac{s(s^2+\omega_s^2)}{(s^2+\omega_s^2)^2+4s^2\omega_{ie}^2\sin^2\varphi}$	$-\dfrac{2s^2\omega_{ie}\sin\varphi}{(s^2+\omega_s^2)^2+4s^2\omega_{ie}^2\sin^2\varphi}$
δv_y	$\dfrac{2s^2\omega_{ie}\sin\varphi}{(s^2+\omega_s^2)^2+4s^2\omega_{ie}^2\sin^2\varphi}$	$-\dfrac{s(s^2+\omega_s^2)}{(s^2+\omega_s^2)^2+4s^2\omega_{ie}^2\sin^2\varphi}$
ϕ_x	$-\dfrac{2s\omega_{ie}\sin\varphi}{R[(s^2+\omega_s^2)^2+4s^2\omega_{ie}^2\sin^2\varphi]}$	$\dfrac{s^2+\omega_s^2}{R[(s^2+\omega_s^2)^2+4s^2\omega_{ie}^2\sin^2\varphi]}$
ϕ_y	$-\dfrac{s^2+\omega_s^2}{R[(s^2+\omega_s^2)^2+4s^2\omega_{ie}^2\sin^2\varphi]}$	$-\dfrac{2s\omega_{ie}\sin\varphi}{R[(s^2+\omega_s^2)^2+4s^2\omega_{ie}^2\sin^2\varphi]}$
ϕ_z	$-\dfrac{(s^2+\omega_s^2)\tan\varphi}{R[(s^2+\omega_s^2)^2+4s^2\omega_{ie}^2\sin^2\varphi]}$	$-\dfrac{2s\omega_{ie}\sin\varphi\tan\varphi}{R[(s^2+\omega_s^2)^2+4s^2\omega_{ie}^2\sin^2\varphi]}$
$\delta\varphi$	$\dfrac{2s\omega_{ie}\sin\varphi}{R[(s^2+\omega_s^2)^2+4s^2\omega_{ie}^2\sin^2\varphi]}$	$-\dfrac{s^2+\omega_s^2}{R[(s^2+\omega_s^2)^2+4s^2\omega_{ie}^2\sin^2\varphi]}$
$\delta\lambda$	$-\dfrac{(s^2+\omega_s^2)\sec\varphi}{R[(s^2+\omega_s^2)^2+4s^2\omega_{ie}^2\sin^2\varphi]}$	$-\dfrac{2s\omega_{ie}\tan\varphi}{R[(s^2+\omega_s^2)^2+4s^2\omega_{ie}^2\sin^2\varphi]}$

表中 $\omega_s=\sqrt{\dfrac{g}{R}}$ 为舒拉角频率。假定 $\varphi=30°$，分别假定 $\Delta g_x=10^{-4}g_0$，$\Delta g_y=10^{-4}g_0$，通过仿真，可得到 Δg_x、Δg_y 对各误差量的影响曲线，如图 7-14 所示。

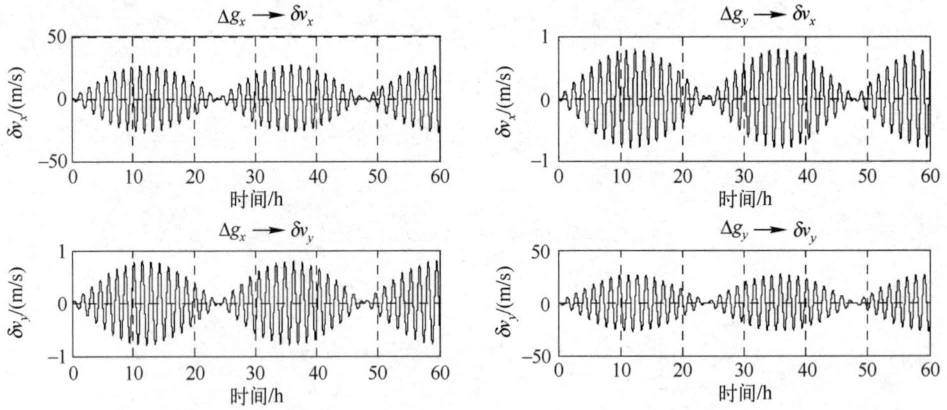

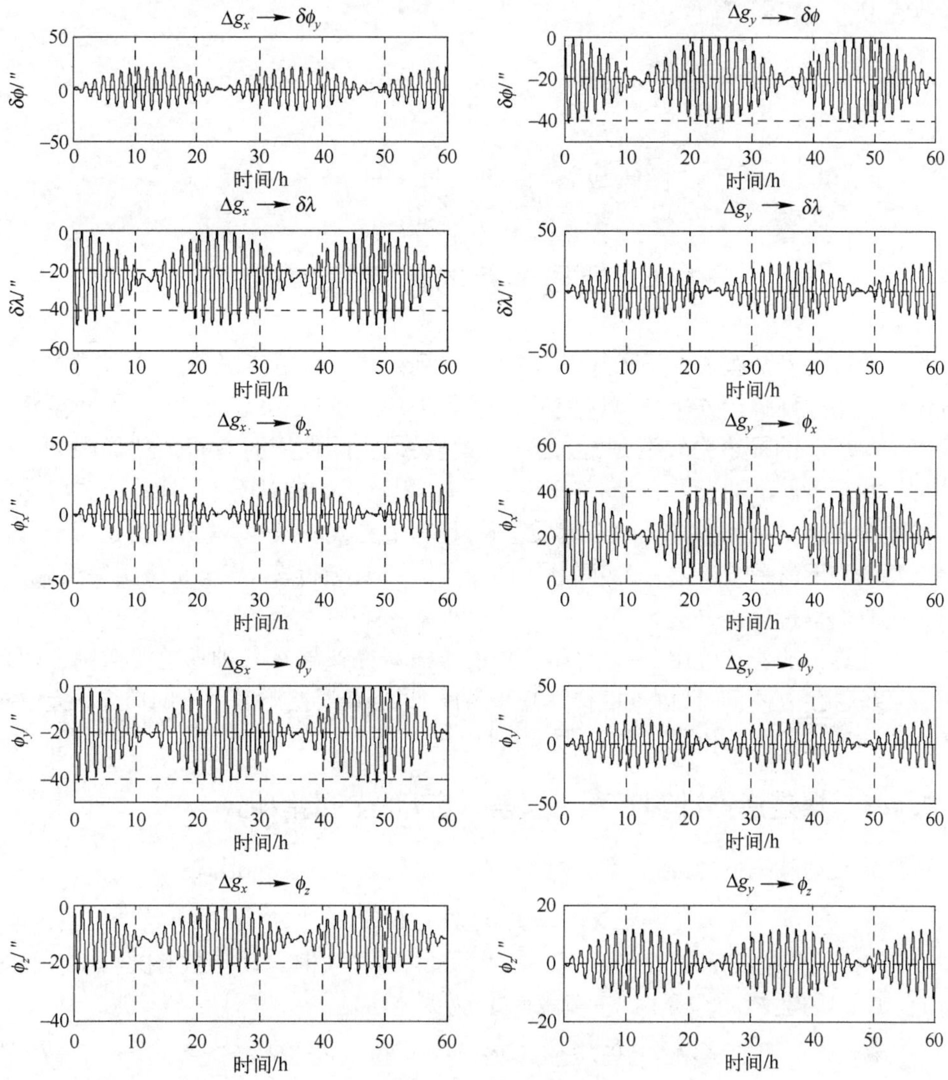

图 7-14　重力异常对惯导误差的影响

7.3.4　重力异常的水平分量影响的消除方案

从上述存在重力异常情况下的惯导误差方程看,重力异常的水平分量 Δg_x、Δg_y和加速度计偏置误差对惯导误差的影响是等效的。重力异常东向分量 Δg_x,会造成平台绕北向轴的常值偏转,北向分量 Δg_y会造成平台绕东向轴的常值偏转。因此,如果已知各地区重力异常的水平分量值 Δg_x、Δg_y,可在惯性导航系统的力学编排中对加速度计的进行重力异常分量 Δg_x、Δg_y补偿。以指北方位惯导为例,将其原速度控制方程:

$$\begin{cases} \dot{v}_x^{\mathrm{c}} = A_x + \left(2\omega_{\mathrm{ie}}\sin\varphi_{\mathrm{c}} + \dfrac{v_x^{\mathrm{c}}}{R_{\mathrm{N}}}\tan\varphi_{\mathrm{c}}\right)v_y^{\mathrm{c}} & v_x^{\mathrm{c}}(0) = v_{x0} \\ \dot{v}_y^{\mathrm{c}} = A_y - \left(2\omega_{\mathrm{ie}}\sin\varphi_{\mathrm{c}} + \dfrac{v_x^{\mathrm{c}}}{R_{\mathrm{N}}}\tan\varphi_{\mathrm{c}}\right)v_x^{\mathrm{c}} & v_x^{\mathrm{c}}(0) = v_{x0} \end{cases} \tag{7-3-11}$$

改为以下方程即可

$$\begin{cases}\dot{v}_x^c = A_x + \left(2\omega_{ie}\sin\varphi_c + \dfrac{v_x^c}{R_N}\tan\varphi_c\right)v_y^c + \Delta g_x & v_x^c(0) = v_{x0} \\ \dot{v}_y^c = A_y - \left(2\omega_{ie}\sin\varphi_c + \dfrac{v_x^c}{R_N}\tan\varphi_c\right)v_x^c + \Delta g_y & v_x^c(0) = v_{x0}\end{cases} \tag{7-3-12}$$

7.4 惯导误差的计算机模拟

我们通过在静基座条件下求解误差方程,得到误差传递矩阵,分析在误差源激励下的系统误差。用这种解析方法分析误差的优点是计算精确,对误差特性(如周期振荡成分的频率、振幅等)的描述比较清楚,但是计算量较大,实际使用时有很大的局限性。只适合分析静基座条件下的误差,对动基座下的误差,用解析的方法分析,计算公式将非常繁杂。在分析多个误差源激励下的系统误差时,计算量更大。另外,解析法只适合于分析常值误差源激励下的系统误差,但实际系统的误差源要复杂得多,甚至无法用解析式表达,此时无法应用解析分析方法。

随着计算机的普及应用,用计算机模拟的方法研究惯导在各种误差源激励下的系统误差,不仅快捷、方便,而且可以模拟动基座条件下、复杂误差源激励下的惯导误差。本节简要介绍惯导误差计算机模拟仿真的基本方法。

7.4.1 误差递推计算方程—误差状态方程的离散化

将惯导在动基座下的误差状态方程式(7-1-35)表示为矩阵形式:

$$\dot{\boldsymbol{X}}(t) = \boldsymbol{F}(t)\boldsymbol{X}(t)\boldsymbol{W}(t) \tag{7-4-1}$$

式中:$\boldsymbol{X}(t)$为误差列矢量;$\boldsymbol{F}(t)$为系数阵,其元素与载体实时运动参数有关,如速度、纬度等,如表 7-8 所列;$\boldsymbol{F}(t)$应是时变矩阵;$\boldsymbol{W}(t)$为误差源:

$$\boldsymbol{X}(t) = [\delta v_x \quad \delta v_y \quad \delta\varphi \quad \delta\lambda \quad \phi_x \quad \phi_y \quad \phi_z]^{\mathrm{T}} \tag{7-4-2}$$

$$\boldsymbol{W}(t) = [\Delta A_x(t) \quad \Delta A_y(t) \quad 0 \quad 0 \quad \varepsilon_x(t) \quad \varepsilon_y(t) \quad \varepsilon_z(t)]^{\mathrm{T}} \tag{7-4-3}$$

式中:$\Delta A_x(t)$、$\Delta A_y(t)$分别为东向加速度计和北向加速度计误差;$\varepsilon_x(t)$、$\varepsilon_y(t)$、$\varepsilon_z(t)$分别为等效的东向、北向和方位陀螺漂移,这些误差可以是常值的,也可以是时变的。

误差状态方程式(7-4-1)是多输入、多输出的线形时变连续系统,为便于计算机模拟计算,将其离散化为矩阵差分方程的形式。

记采样周期为T,为简便起见,在离散化的过程中,可认为系数阵$\boldsymbol{F}(t)$和误差源$\boldsymbol{W}(t)$只在等间隔采样时刻$t=kT(k=1,2,3,\cdots)$发生变化,而在相邻两次采样时刻之间$kT<t<(k+1)T$,保持不变。只要T足够小,这样的假定是合理的。

根据连续系统的状态方程的求解方法,式(7-4-1)的解可表示为

$$\begin{aligned}\boldsymbol{X}[(k+1)T] &= \boldsymbol{\Phi}(T)\cdot\boldsymbol{X}(kT) + \int_{kT}^{(k+1)T}\boldsymbol{\Phi}[(k+1)T-\tau]\boldsymbol{W}(\tau)\mathrm{d}\tau \\ &= \boldsymbol{\Phi}(T)\cdot\boldsymbol{X}(kT) + \boldsymbol{W}_{\mathrm{d}}(kT)\end{aligned} \tag{7-4-4}$$

式中:$\boldsymbol{\Phi}(T)$为从$\boldsymbol{X}(kT)$到$\boldsymbol{X}[(k+1)T]$的状态转移阵,它是系数阵$\boldsymbol{F}(t)$的指数矩阵:

表 7-8　矩阵 $\boldsymbol{F}(t)$ 的元素

	第 1 列	第 2 列	第 3 列	第 4 列	第 5 列	第 6 列	第 7 列
第 1 行	$\frac{v_y^{\mathrm{t}}}{R}\tan\varphi$	$2\omega_{\mathrm{ie}}\sin\varphi+\frac{v_x^{\mathrm{t}}}{R}\tan\varphi$	$2\omega_{\mathrm{ie}}v_y^{\mathrm{t}}\cos\varphi+\frac{v_x^{\mathrm{t}}v_y^{\mathrm{t}}}{R}\sec^2\varphi$	0	0	$-g$	0
第 2 行	$-2\left(\omega_{\mathrm{ie}}\sin\varphi+\frac{v_x^{\mathrm{t}}}{R}\tan\varphi\right)$	0	$-2\omega_{\mathrm{ie}}v_x^{\mathrm{t}}\cos\varphi-\frac{(v_x^{\mathrm{t}})^2}{R}\mathrm{sce}^2\varphi$	0	g	0	0
第 3 行	0	$\frac{1}{R}$	0	0	0	0	0
第 4 行	$\frac{1}{R}\sec\varphi$	0	$\frac{v_x^{\mathrm{t}}}{R}\tan\varphi\sec\varphi$	0	0	0	0
第 5 行	0	$-\frac{1}{R}$	0	0	0	$\omega_{\mathrm{ie}}\sin\varphi+\frac{v_x^{\mathrm{t}}}{R}\tan\varphi$	$-\left(\omega_{\mathrm{ie}}\cos\varphi+\frac{v_x^{\mathrm{t}}}{R}\right)$
第 6 行	$\frac{1}{R}$	0	$-\omega_{\mathrm{ie}}\sin\varphi$	0	$-\left(\omega_{\mathrm{ie}}\sin\varphi+\frac{v_x^{\mathrm{t}}}{R}\tan\varphi\right)$	0	$-\frac{v_y^{\mathrm{t}}}{R}$
第 7 行	$\frac{\tan\varphi}{R}$	0	$\omega_{\mathrm{ie}}\cos\varphi+\frac{v_x^{\mathrm{t}}}{R}\sec^2\varphi$	0	$\omega_{\mathrm{ie}}\cos\varphi+\frac{v_x^{\mathrm{t}}}{R}$	$\frac{v_y^{\mathrm{t}}}{R}$	0

$$\boldsymbol{\Phi}(T)=\mathbf{e}^{\boldsymbol{F}(kT)T} \tag{7-4-5}$$

$\boldsymbol{W}_{\mathrm{d}}(kT)$为误差激励项,它是误差源$\boldsymbol{W}(t)$在一个采样周期内对误差量的作用累积:

$$\boldsymbol{W}_{\mathrm{d}}(kT)=\int_{kT}^{(k+1)T}\mathbf{e}^{\boldsymbol{F}(kT)[(k+1)T-\tau]}\boldsymbol{W}(\tau)\,\mathrm{d}\tau \tag{7-4-6}$$

状态转移阵$\boldsymbol{\Phi}(T)$的求取有两种方法:一是拉氏反变换法,即

$$\boldsymbol{\Phi}(T)=L^{-1}[(s\boldsymbol{I}-\boldsymbol{F})^{-1}]\big|_{t=kT} \tag{7-4-7}$$

这种方法可以得到准确结果;二是用级数展开取有限项来近似计算指数矩阵。对于惯导误差状态方程来说,矩阵$\boldsymbol{F}(t)$不仅阶数高,形式也很复杂,用拉氏反变换法求取状态转移阵$\boldsymbol{\Phi}(T)$几乎是不可能的,而用计算机进行级数求和计算却较方便:

$$\boldsymbol{\Phi}(T)=\mathbf{e}^{\boldsymbol{F}(kT)T}=\boldsymbol{I}+\boldsymbol{F}(kT)T+\frac{1}{2!}\boldsymbol{F}^2(kT)T^2+\frac{1}{3!}\boldsymbol{F}^3(kT)T^3+\cdots+\frac{1}{n!}\boldsymbol{F}^n(kT)T^n \tag{7-4-8}$$

式中:$\boldsymbol{I}$为单位矩阵,展开的项数n根据精度要求选定,选得大则计算量大,选得小则近似误差大。

为计算$\boldsymbol{W}_{\mathrm{d}}(kT)$,可对式(7-4-6)进行变换和简化。作变量代换,令$\tau=kT+t$,有

$$\boldsymbol{W}_{\mathrm{d}}(kt)=\int_{0}^{T}\mathbf{e}^{\boldsymbol{F}(kT)(T-t)}\boldsymbol{W}(kT+t)\,\mathrm{d}t \tag{7-4-9}$$

根据前面的假定,在$kT<t<(k+1)T$时间区间内,$\boldsymbol{W}(t)$保持不变,式(7-4-9)可简化为

$$\boldsymbol{W}_{\mathrm{d}}(kT)=\int_{0}^{T}\mathbf{e}^{\boldsymbol{F}(kT)(T-t)}\,\mathrm{d}t\cdot\boldsymbol{W}(kT) \tag{7-4-10}$$

记

$$\boldsymbol{B}(T)=\int_{0}^{T}\mathbf{e}^{\boldsymbol{F}(kT)(T-t)}\,\mathrm{d}t \tag{7-4-11}$$

再次作变量代换$\tau=T-t$可得

$$\boldsymbol{B}(T)=\int_{0}^{T}\mathbf{e}^{\boldsymbol{F}(kT)\tau}\,\mathrm{d}\tau \tag{7-4-12}$$

这样

$$\boldsymbol{W}_{\mathrm{d}}(kT)=\boldsymbol{B}(T)\cdot\boldsymbol{W}(kT) \tag{7-4-13}$$

$\boldsymbol{B}(T)$也可用级数展开的方法得到:

$$\begin{aligned}\boldsymbol{B}(T)&=\int_{0}^{T}\left[\boldsymbol{I}+\boldsymbol{F}(kT)\tau+\frac{1}{2!}\boldsymbol{F}^2(kT)\tau^2+\frac{1}{3!}\boldsymbol{F}^3(kT)\tau^3+\cdots\right]\mathrm{d}\tau\\&=T\cdot\boldsymbol{I}+\frac{1}{2!}T^2\cdot\boldsymbol{F}(kT)+\frac{1}{3!}T^3\cdot\boldsymbol{F}^2(kT)+\frac{1}{4!}T^4\cdot\boldsymbol{F}^3(kT)+\cdots\end{aligned} \tag{7-4-14}$$

通常取6~10项即可。

综合上面的结果,有

$$\begin{cases}\boldsymbol{X}[(k+1)T]=\boldsymbol{\Phi}(T)\cdot\boldsymbol{X}(kT)+\boldsymbol{B}(T)\cdot\boldsymbol{W}(kT)\\ \boldsymbol{\Phi}(T)=\sum\limits_{i=0}^{n}\dfrac{1}{i!}T^i\cdot\boldsymbol{F}^i(kT)\\ \boldsymbol{B}(T)=\sum\limits_{i=0}^{n}\dfrac{1}{(i+1)!}T^{i+1}\cdot\boldsymbol{F}^i(kT)\end{cases} \tag{7-4-15}$$

7.4.2 误差源的模拟

误差源矢量 $\boldsymbol{W}(t)$ 中,包含了 5 个主要的误差源 $\varepsilon_x(t)$、$\varepsilon_y(t)$、$\varepsilon_z(t)$、$\Delta A_x(t)$、$\Delta A_y(t)$,每个误差源的具体形式应当根据所使用惯性元件的误差模型确定。

下面以陀螺漂移 $\varepsilon(t)$ 为例说明误差源的模拟方法。

陀螺漂移 $\varepsilon(t)$ 一般包括常值漂移、随机漂移和白噪声等分量。其一般形式可表示成

$$\varepsilon(t)=\varepsilon_0+\varepsilon_{\mathrm{d}}(t)+\varepsilon_w \tag{7-4-16}$$

式中:ε_0 为常值漂移;$\varepsilon_{\mathrm{d}}(t)$ 为随机漂移;ε_w 为白噪声分量。常值漂移和白噪声分量的模拟较容易,随机漂移的模拟则必须依据其模型进行,不同陀螺的随机漂移模型是不一样的。随机漂移 $\varepsilon_{\mathrm{d}}(t)$ 的常见形式为一阶指数相关形式(一阶马尔柯夫过程):

$$\dot{\varepsilon}_{\mathrm{d}}(t)=-\frac{1}{T_{\mathrm{g}}}\varepsilon_{\mathrm{d}}(t)+\boldsymbol{v}(t) \tag{7-4-17}$$

式中:T_{g} 的量纲为时间,称为相关时间;$\boldsymbol{v}(t)$ 为白噪声过程。将式(7-4-17)化为差分方程的形式,就可以用计算机对 $\varepsilon_{\mathrm{d}}(t)$ 进行模拟。

$$\varepsilon_{\mathrm{d}}[(k+1)T]=\mathrm{e}^{-\beta T}\varepsilon_{\mathrm{d}}(kT)+v(kT) \tag{7-4-18}$$

式中:$\beta=\dfrac{1}{T_{\mathrm{g}}}$,$v(kT)$ 为与 $\boldsymbol{v}(t)$ 相应的白噪声序列。$v(kT)$ 可用计算机中产生随机数的方法模拟。这样将常值漂移 ε_0、模拟的白噪声分量 ε_{w} 和根据式(7-4-18)模拟的随机漂移 $\varepsilon_{\mathrm{d}}(t)$ 合成,就模拟了陀螺漂移 $\varepsilon(t)$。

总之,要模拟误差源,必须有其误差模型。有时也可先假定误差模型,看系统对不同误差源的响应,这是分析惯导误差的常用方法。

7.4.3 载体运动模拟

根据表 7-8,状态方程式(7-4-1)的系数矩阵 $\boldsymbol{F}$ 取决于载体的位置与速度参数:纬度 φ、东向速度 v_x^{t}、北向速度 v_y^{t},并有

$$\dot{\varphi}=\frac{v_x^{\mathrm{t}}}{R} \qquad \varphi(0)=\varphi_0 \tag{7-4-19}$$

离散化:

$$\varphi(k+1)=\varphi(k)+\frac{v_x^{\mathrm{t}}}{R}T \tag{7-4-20}$$

模拟时可假定载体的航向 H、航速 v,分解得到东向速度和北向速度:

$$\begin{cases}v_x^{\mathrm{t}}=v\sin H\\ v_y^{\mathrm{t}}=v\cos H\end{cases} \tag{7-4-21}$$

7.4.4 计算机模拟的程序编排

可采用递推的方法计算惯导误差。具体步骤:

(1) 假定载体航行参数,即确定某时刻载体的速度和位置,确定系数矩阵 $\boldsymbol{F}(t)$ 的元素。

（2）根据惯性器件的误差模型模拟误差源，即模拟陀螺漂移、加速度计误差。

（3）假定初始误差 $\boldsymbol{X}(0)$。

（4）根据式(7-4-13)递推计算各时刻的惯导误差。

根据上述思路，可画出模拟程序框图，如图 7-15 所示。

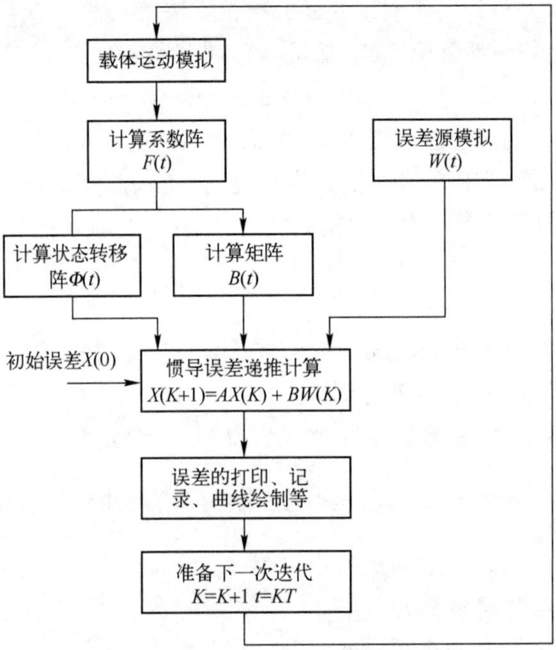

图 7-15　惯导误差的计算机模拟程序框图

可用 Matlab 软件编制仿真程序，仿真惯导误差并绘图，程序可参考附录。

仿真举例 1：假定载体速度为 10kn，航向 45°，出发点为(100°E，30°N)，误差源假定为 $\Delta A_x=\Delta A_y=10^{-4}g$，$\varepsilon_x=\varepsilon_y=\varepsilon_z=0.01°/\mathrm{h}$；初始误差假定为 $\delta v_x=\delta v_y=0$，$\delta\varphi_0=0$，$\delta\lambda_0=0$，$\phi_{x0}=\phi_{y0}=0$，$\phi_{z0}=5'$，所得的各误差模拟结果如图 7-16 所示。

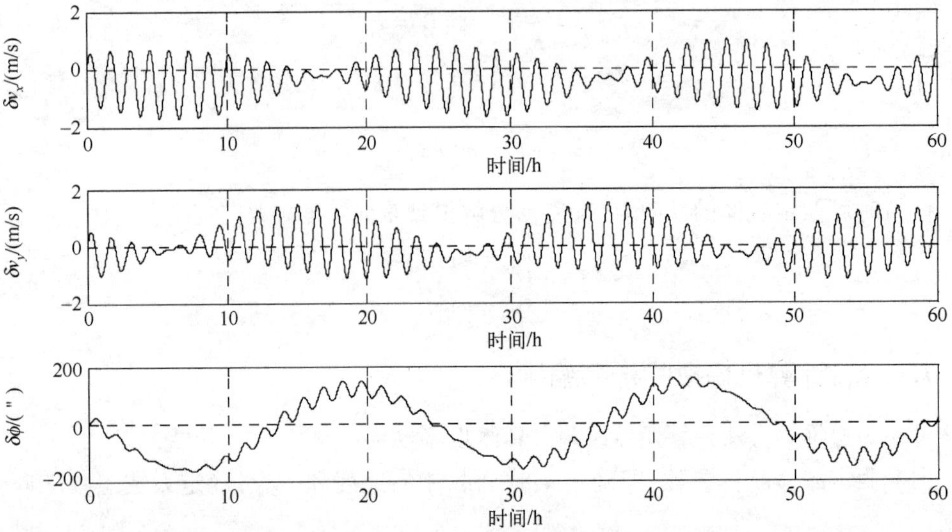

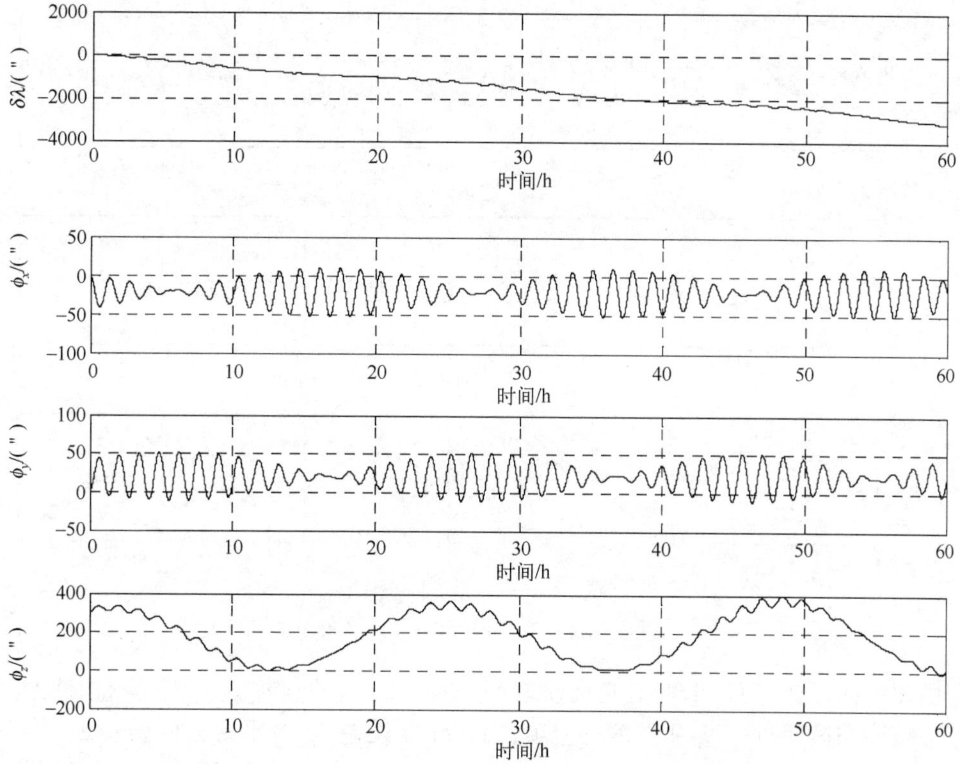

图 7-16　无阻尼指北方位惯导误差仿真(动基座条件)

仿真举例 2:假定载体静止,其余条件同上,所得的各误差模拟结果如图 7-17 所示。

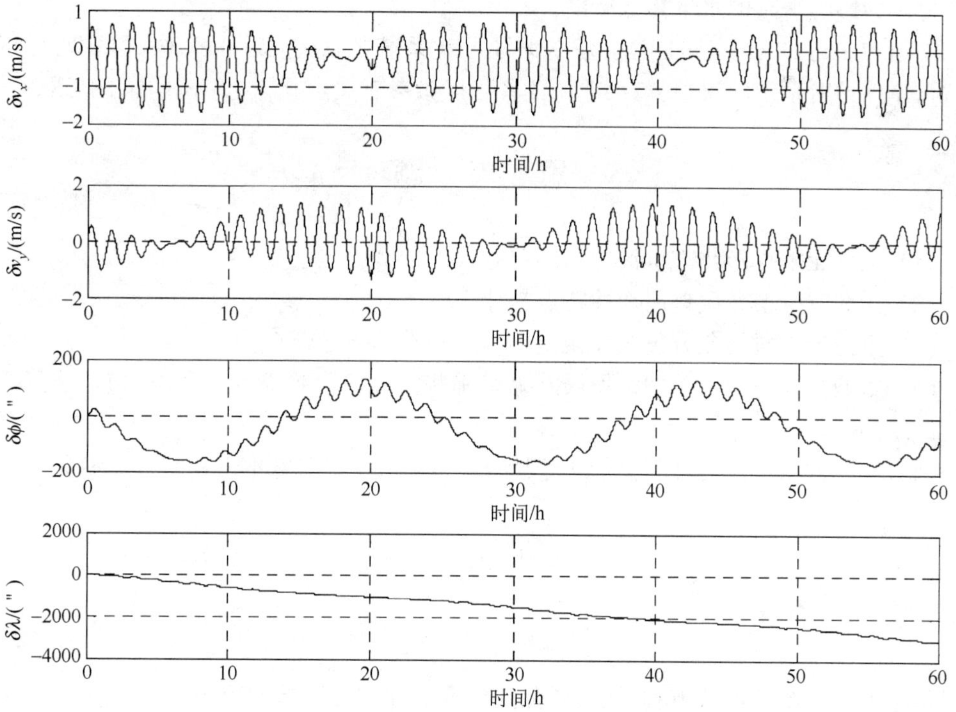

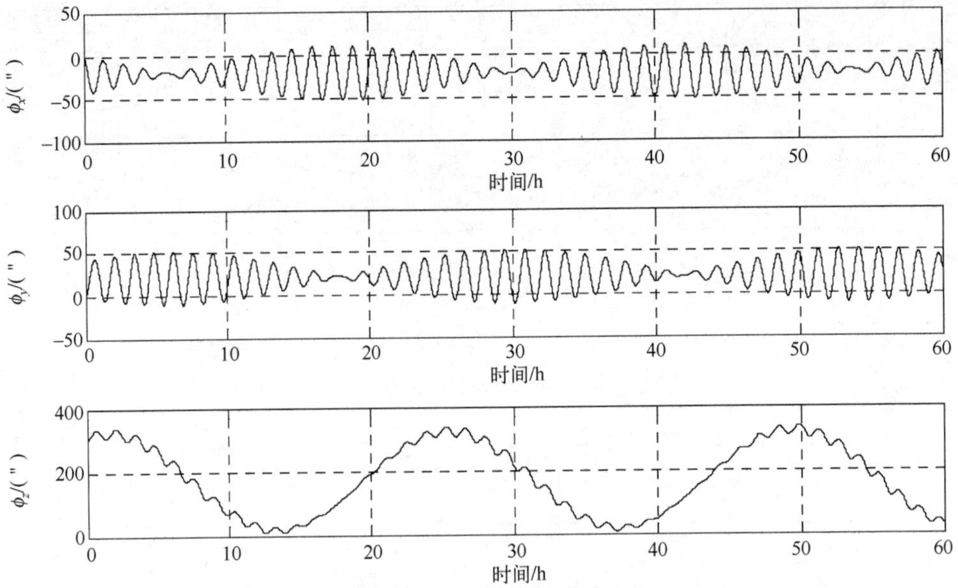

图 7-17　无阻尼指北方位惯导误差仿真(静基座条件)

由图 7-16、图 7-17 可见,在速度误差 δv_x、δv_y,水平误差角 ϕ_x、ϕ_y 中,傅科周期振荡调制了舒拉周期振荡,它们是主要的误差项,而在纬度误差 $\delta\varphi$ 及平台方位误差 ϕ_z 中,3 种周期振荡均较明显,但地球周期误差项是主要的,经度误差 $\delta\lambda$ 中有随时间增长的误差项,这与用解析表达式的分析结果是一致的。另外,比较图 7-16 与图 7-17,两者几乎相同,这说明,载体运动速度对惯导误差的影响不大。当然,动基座环境下,平台受到的支撑轴干扰力矩会影响平台的水平指北精度。

使用 Matlab 的 Simulink 工具,建立惯性导航系统的误差 Simulink 仿真模型,可以直接仿真惯性导航系统的误差,有兴趣的读者可以参考有关资料,这里不再展开介绍。

思　考　题

(1) 推导无阻尼指北方位惯导的误差方程。

(2) 指北方位惯导误差周期性特点是什么?

(3) 重力异常对指北方位惯导误差影响的基本规律是什么?

(4) 影响惯导系统误差的常见误差源有哪些? 如何影响惯导的姿态、速度及经纬度位置误差的?

(5) 实际输出位置的计算只依赖于计算速度 v_x^c、v_y^c,位置基本方程的形式不变

$$\begin{cases}\dot{\varphi}_c = \dfrac{v_y^c}{R_M} \\ \dot{\lambda}_c = \dfrac{v_x^c}{R_N}\sec\varphi_c\end{cases}$$

根据惯导系统的位置方程,从全微分的角度推导位置误差方程。

第八章　捷联惯导误差分析

捷联惯导系统与平台惯导系统的主要区别在于对平台的构造方式上,前者采用数学方式,后者采用物理方式,但在本质上两类系统是相同的。对于工作在非极区的捷联惯导系统,为了简化运算,导航坐标系一般选取当地地理坐标系。这样,捷联惯导系统完全等效于指北方位系统。但是陀螺漂移及刻度系数误差对系统的影响方式并不相同:在平台惯导系统中,陀螺漂移引起的平台漂移率与陀螺漂移的方向相同,刻度系数误差通过对平台的指令角速度引入系统;而在捷联惯导系统中,陀螺漂移引起的数学平台漂移率与陀螺漂移的方向相反,刻度系数误差引起对运载体角速度的测量误差,经姿态更新计算引入系统。

8.1　捷联惯导系统误差方程

8.1.1　姿态角误差方程

所谓系统姿态角误差是指运载体相对于系统解算出的当地地理坐标系的姿态角对运载体相对于实际地理坐标系姿态角的差值。姿态角误差方程可由姿态更新的四元数算法得出,本节直接引用并对相应项作解释说明。

捷联惯导系统的姿态角误差方程如下:

$$\dot{\boldsymbol{\phi}}^{\mathrm{n}}=-\boldsymbol{\omega}_{\mathrm{in}}^{\mathrm{n}}\times\boldsymbol{\phi}^{\mathrm{n}}+\boldsymbol{\delta\omega}_{\mathrm{in}}^{\mathrm{n}}-\boldsymbol{C}_{\mathrm{b}}^{\mathrm{n}}\boldsymbol{\delta\omega}_{\mathrm{ib}}^{\mathrm{b}} \tag{8-1-1}$$

$$\delta\omega_{\mathrm{ib}}^{\mathrm{b}}=([\boldsymbol{\delta K}_G]+[\boldsymbol{\delta G}])\boldsymbol{\omega}_{\mathrm{ib}}^{\mathrm{b}}+\boldsymbol{\varepsilon}+\boldsymbol{n}_{\mathrm{g}} \tag{8-1-2}$$

式中:n 为导航坐标系,b 为 IMU 构成的载体坐标系,i 为惯性坐标系,e 为地球坐标系。$\boldsymbol{\phi}^{\mathrm{n}}$ 为计算导航坐标系与真实导航坐标系之间的姿态失准角。$\boldsymbol{C}_{\mathrm{b}}^{\mathrm{n}}$ 为捷联矩阵。$\boldsymbol{\omega}_{\mathrm{in}}^{\mathrm{n}}$ 为导航坐标系相对于惯性空间的角速度在导航系中的分量,其表达式如下:

$$\boldsymbol{\omega}_{\mathrm{in}}^{\mathrm{n}}=\begin{bmatrix}-\dfrac{\boldsymbol{v}_{\mathrm{N}}}{R}\\ \boldsymbol{\omega}_{\mathrm{ie}}\cos L+\dfrac{\boldsymbol{v}_{\mathrm{E}}}{R}\\ \boldsymbol{\omega}_{\mathrm{ie}}\sin L+\dfrac{\boldsymbol{v}_{\mathrm{E}}}{R}\tan L\end{bmatrix} \tag{8-1-3}$$

$$\boldsymbol{\delta\omega}_{\mathrm{in}}^{\mathrm{n}}=\begin{bmatrix}-\dfrac{\delta\boldsymbol{v}_{\mathrm{N}}}{R}\\ -\boldsymbol{\omega}_{\mathrm{ie}}\sin L\delta L+\dfrac{\delta\boldsymbol{v}_{\mathrm{E}}}{R}\\ \boldsymbol{\omega}_{\mathrm{ie}}\cos L\delta L+\dfrac{\delta\boldsymbol{v}_{\mathrm{E}}}{R}\tan L+\dfrac{\boldsymbol{v}_{\mathrm{E}}}{R}\sec^2 L\delta L\end{bmatrix} \tag{8-1-4}$$

$\boldsymbol{\omega}_{\mathrm{ie}}$为地球自转角速度；$\boldsymbol{v}_{\mathrm{N}}$、$\boldsymbol{v}_{\mathrm{E}}$ 为运载体北向、东向速度；L 为当地地理纬度。

$\boldsymbol{\omega}_{\mathrm{ib}}^{\mathrm{b}}$为陀螺仪的实际角速度输出。

$\delta\boldsymbol{K}_{Gi}(i=x,y,z)$陀螺的刻度系数误差。

$$\delta\boldsymbol{K}_{G}=\mathrm{diag}[\delta K_{Gx},\delta K_{Gy},\delta K_{Gz}] \tag{8-1-5}$$

$\delta\boldsymbol{G}_{i}(i=x,y,z)$为 3 个陀螺仪的安装误差角。

$$\delta\boldsymbol{G}=\begin{bmatrix}0 & \delta G_z & -\delta G_y\\ -\delta G_z & 0 & \delta G_x\\ \delta G_y & -\delta G_x & 0\end{bmatrix} \tag{8-1-6}$$

$\boldsymbol{\varepsilon}$、$\boldsymbol{n}_g$ 分别为陀螺仪的常值漂移和随机漂移误差。

8.1.2 速度误差方程

当不考虑任何误差时，速度的理想值由下式给出：

$$\dot{\boldsymbol{v}}_{\mathrm{e}}^{\mathrm{n}}=\boldsymbol{C}_{\mathrm{b}}^{\mathrm{n}}f^{\mathrm{b}}-[2\boldsymbol{\omega}_{\mathrm{ie}}^{\mathrm{n}}+\boldsymbol{\omega}_{\mathrm{en}}^{\mathrm{n}}]\boldsymbol{v}_{\mathrm{e}}^{\mathrm{n}}+\boldsymbol{g}_{1}^{\mathrm{n}} \tag{8-1-7}$$

而实际系统中总存在各种误差，所以实际的速度计算值应有下述方程确定：

$$\dot{\boldsymbol{v}}_{\mathrm{e}}^{\mathrm{c}}=\widetilde{\boldsymbol{C}}_{\mathrm{b}}^{\mathrm{n}}\widetilde{\boldsymbol{f}}^{\mathrm{b}}-[2\boldsymbol{\omega}_{\mathrm{ie}}^{\mathrm{c}}+\omega_{\mathrm{en}}^{\mathrm{c}}]\boldsymbol{v}_{\mathrm{e}}^{\mathrm{c}}+\boldsymbol{g}_{1}^{\mathrm{c}} \tag{8-1-8}$$

式中

$$\boldsymbol{v}_{\mathrm{e}}^{\mathrm{c}}=\boldsymbol{v}_{\mathrm{e}}^{\mathrm{n}}+\delta\boldsymbol{v}_{\mathrm{e}}^{\mathrm{n}} \tag{8-1-9}$$

$$\boldsymbol{\omega}_{\mathrm{ie}}^{\mathrm{c}}=\boldsymbol{\omega}_{\mathrm{ie}}^{\mathrm{n}}+\delta\boldsymbol{\omega}_{\mathrm{ie}}^{\mathrm{n}} \tag{8-1-10}$$

$$\boldsymbol{\omega}_{\mathrm{en}}^{\mathrm{c}}=\boldsymbol{\omega}_{\mathrm{en}}^{\mathrm{n}}+\delta\boldsymbol{\omega}_{\mathrm{en}}^{\mathrm{n}} \tag{8-1-11}$$

$$\boldsymbol{g}_{1}^{\mathrm{c}}=\boldsymbol{g}_{1}^{\mathrm{n}}+\delta\boldsymbol{g}_{1}^{\mathrm{n}} \tag{8-1-12}$$

$$\widetilde{\boldsymbol{C}}_{\mathbf{b}}^{\mathbf{n}}=\boldsymbol{C}_{\mathbf{b}}^{\mathbf{n}'}\boldsymbol{C}_{\mathbf{b}}^{\mathbf{n}}=(\boldsymbol{I}-\boldsymbol{\phi}^{\mathbf{n}}\times)\boldsymbol{C}_{\mathbf{b}}^{\mathbf{n}} \tag{8-1-13}$$

$$\phi^{\mathrm{n}}\times=\begin{bmatrix}0 & -\varphi_z & \varphi_y\\ \varphi_z & 0 & -\varphi_x\\ -\varphi_y & \varphi_x & 0\end{bmatrix} \tag{8-1-14}$$

$$[\delta\boldsymbol{K}_{A}]=\mathrm{diag}[\delta K_{Ax}\quad \delta K_{Ay}\quad \delta K_{Az}] \tag{8-1-15}$$

$$[\delta\boldsymbol{A}]=\begin{bmatrix}0 & \delta A_z & -\delta A_y\\ -\delta A_z & 0 & \delta A_x\\ \delta A_y & -\delta A_x & 0\end{bmatrix} \tag{8-1-16}$$

式中：φ_x、φ_y、φ_z 为姿态角误差；$\delta\boldsymbol{K}_{Ai}$和 $\delta\boldsymbol{A}_{i}(i=x,y,z)$分别为加速度计的刻度系数误差和安装误差角。

忽略 $\delta\boldsymbol{g}_{1}^{\mathrm{n}}$ 的影响，并略去二阶小量，得

$$\delta\dot{\boldsymbol{v}}^{\mathrm{n}}=\boldsymbol{f}^{\mathrm{n}}\times\boldsymbol{\phi}^{\mathrm{n}}+C_{\mathrm{b}}^{\mathrm{n}}\delta\boldsymbol{f}^{\mathrm{b}}-(2\boldsymbol{\omega}_{\mathrm{ie}}^{\mathrm{n}}+\boldsymbol{\omega}_{\mathrm{en}}^{\mathrm{n}})\times\delta\boldsymbol{v}^{\mathrm{n}}-(2\delta\boldsymbol{\omega}_{\mathrm{ie}}^{\mathrm{n}}+\delta\boldsymbol{\omega}_{\mathrm{en}}^{\mathrm{n}})\times\boldsymbol{v}^{\mathrm{n}} \tag{8-1-17}$$

$$\delta\boldsymbol{f}^{\mathrm{b}}=(\delta\boldsymbol{K}_{A}+\delta A)\boldsymbol{f}^{\mathrm{b}}+\boldsymbol{\Delta A}+\boldsymbol{n}_{\mathrm{a}} \tag{8-1-18}$$

式中 $\boldsymbol{\Delta A}$ 和 $\boldsymbol{n}_{\mathrm{a}}$ 分别为加速度计的常值零位偏置和随机偏置，各项的值为

$$\begin{cases}\boldsymbol{\omega}_{\mathrm{ie}}^{\mathrm{n}}=\begin{bmatrix}0\\ \boldsymbol{\omega}_{\mathrm{ie}}\cos L\\ \boldsymbol{\omega}_{\mathrm{ie}}\sin L\end{bmatrix}\\ \delta\boldsymbol{\omega}_{\mathrm{ie}}^{\mathrm{n}}=\begin{bmatrix}0\\ -\boldsymbol{\omega}_{\mathrm{ie}}\sin L\delta L\\ \boldsymbol{\omega}_{\mathrm{ie}}\cos L\delta L\end{bmatrix}\end{cases} \tag{8-1-19}$$

$$\begin{cases}\boldsymbol{\omega}_{\mathrm{en}}^{\mathrm{n}}=\begin{bmatrix}-\dfrac{\boldsymbol{v}_{\mathrm{N}}}{R}\\ \dfrac{\boldsymbol{v}_{\mathrm{E}}}{R}\\ \dfrac{\boldsymbol{v}_{\mathrm{E}}}{R}\tan L\end{bmatrix}\\ \delta\boldsymbol{\omega}_{\mathrm{en}}^{\mathrm{n}}=\begin{bmatrix}-\dfrac{\delta\boldsymbol{v}_{\mathrm{N}}}{R}\\ \dfrac{\delta\boldsymbol{v}_{\mathrm{E}}}{R}\\ \dfrac{\boldsymbol{v}_{\mathrm{E}}}{R}\sec^2 L\delta L+\dfrac{\delta\boldsymbol{v}_{\mathrm{E}}}{R}\tan L\end{bmatrix}\end{cases} \tag{8-1-20}$$

8.1.3 定位误差方程

经纬度的变化率如下式所示：

$$\begin{cases}\dot{L}=\dfrac{\boldsymbol{v}_{\mathrm{N}}}{R}\\ \dot{\lambda}=\dfrac{\boldsymbol{v}_{\mathrm{E}}}{R\cos L}\end{cases} \tag{8-1-21}$$

对式(8-1-21)求微分可得捷联惯导系统的定位误差方程，如下式：

$$\begin{cases}\delta\dot{L}=\dfrac{\delta\boldsymbol{v}_{\mathrm{N}}}{R}\\ \delta\dot{\lambda}=\dfrac{\delta\boldsymbol{v}_{\mathrm{E}}}{R\cos L}+\dfrac{V_{\mathrm{E}}}{R}\sec L\tan L\delta L\end{cases} \tag{8-1-22}$$

8.2 旋转调制式捷联惯导误差方程

精确的误差模型和准确的误差统计特性是进行滤波和标定的基础，当系统模型出现误差时，滤波的精度也会受到影响，严重时滤波可能会发散。初始对准过程中所采用的线性误差方程都是在失准角满足小角度的条件下推导的，但当失准角较大而不满足该条件时，系统的误差模型成为非线性模型，小失准角方程就不能准确地描述惯导系统的非线性的误差传播特性，此时，只适用于线性系统的卡尔曼滤波也不能适用于非线性系统，而需要研究适用于非线性滤波的滤波算法。常见的捷联惯导系统误差方程有两种：$\boldsymbol{\phi}$ 角误差模型和 $\boldsymbol{\psi}$ 角误差模型。前者描述的是平台坐标系(对捷联系统则为数学平台)与真实地理坐标系之间的误差角。后者描述的是平台坐标系(对捷联系统则为数学平台)与计算地理坐标系之间的误差角。另外,还有 Friedland 推导的基于加性四元数形式的误差模型等。Myeng-Jong Yu 等证明了,非线性误差模型之间是等效的。本节将理论导航坐标系到计算导航坐标系之间的 3 个夹角看作为数学平台误差,即用欧拉平台误差角表示数学平台误差来推导大失准角条件下的误差方程。

8.2.1 旋转式 SINS 姿态误差方程

欧拉平台误差角微分方程为

$$\dot{\boldsymbol{\alpha}}=\boldsymbol{C}_{\omega}^{-1}\boldsymbol{\omega}_{\mathrm{nn}'}^{\mathrm{n}'} \tag{8-2-1}$$

其中：

$$\boldsymbol{\alpha}=[\alpha_x \quad \alpha_y \quad \alpha_z]^{\mathrm{T}}\boldsymbol{C}_{\omega}=\begin{bmatrix} ca_y & 0 & -sa_y ca_x \\ 0 & 1 & sa_x \\ sa_y & 0 & ca_y ca_x \end{bmatrix}\boldsymbol{C}_{\omega}^{-1}=\frac{1}{ca_x}\begin{bmatrix} ca_y ca_x & 0 & sa_y ca_x \\ sa_y sa_x & ca_x & ca_y sa_x \\ -sa_y & 0 & ca_y \end{bmatrix}$$

下面讨论 $\boldsymbol{\omega}_{\mathrm{nn}'}^{\mathrm{n}'}$ 表达式。

理论上,捷联系统的姿态更新由下式给出：

$$\dot{\boldsymbol{C}}_{\mathrm{b}}^{\mathrm{n}'}=\boldsymbol{C}_{\mathrm{b}}^{\mathrm{n}'}(\boldsymbol{\omega}_{\mathrm{nb}}^{\mathrm{b}}\times) \tag{8-2-2}$$

其中,$\boldsymbol{\omega}_{\mathrm{nb}}^{\mathrm{b}}=\boldsymbol{\omega}_{\mathrm{ib}}^{\mathrm{b}}-\boldsymbol{C}_{\mathrm{n}}^{\mathrm{b}}\boldsymbol{\omega}_{\mathrm{in}}^{\mathrm{n}}$,$(\boldsymbol{\omega}_{\mathrm{nb}}^{\mathrm{b}}\times)$表示由矢量 $\boldsymbol{\omega}_{\mathrm{nb}}^{\mathrm{b}}$ 构成的反对称矩阵。

实际上,用于姿态更新的微分方程是含误差的,它可表示为

$$\dot{\boldsymbol{C}}_{\mathrm{b}}^{\mathrm{n}'}=\boldsymbol{C}_{\mathrm{b}}^{\mathrm{n}'}(\widetilde{\boldsymbol{\omega}}_{\mathrm{nb}}^{\mathrm{b}}\times) \tag{8-2-3}$$

其中,$\widetilde{\boldsymbol{\omega}}_{\mathrm{nb}}^{\mathrm{b}}=\hat{\boldsymbol{\omega}}_{\mathrm{ib}}^{\mathrm{b}}-\boldsymbol{C}_{\mathrm{n}'}^{\mathrm{b}}\hat{\boldsymbol{\omega}}_{\mathrm{in}}^{\mathrm{n}}=(\boldsymbol{\omega}_{\mathrm{ib}}^{\mathrm{b}}+\delta\boldsymbol{\omega}_{\mathrm{ib}}^{\mathrm{b}})-\boldsymbol{C}_{\mathrm{n}'}^{\mathrm{b}}(\boldsymbol{\omega}_{\mathrm{in}}^{\mathrm{n}}+\delta\boldsymbol{\omega}_{\mathrm{in}}^{\mathrm{n}})$,$\delta\boldsymbol{\omega}_{\mathrm{ib}}^{\mathrm{b}}$ 为陀螺的测量误差,$\delta\boldsymbol{\omega}_{\mathrm{in}}^{\mathrm{n}}$ 为 $\boldsymbol{\omega}_{\mathrm{in}}^{\mathrm{n}}$ 的计算误差。

可得以欧拉平台误差角表示的 SINS 姿态误差方程为

$$\dot{\boldsymbol{\alpha}}=\boldsymbol{C}_{\omega}^{-1}[(I+\boldsymbol{C}_{\mathrm{n}}^{\mathrm{n}'})\hat{\boldsymbol{\omega}}_{\mathrm{in}}^{\mathrm{n}}+\boldsymbol{C}_{\mathrm{n}}^{\mathrm{n}'}\delta\boldsymbol{\omega}_{\mathrm{in}}^{\mathrm{n}}-\boldsymbol{C}_{\mathrm{b}}^{\mathrm{n}}\delta\boldsymbol{\omega}_{\mathrm{ib}}^{\mathrm{b}}] \tag{8-2-4}$$

下面推导 $\delta\boldsymbol{\omega}_{\mathrm{ib}}^{\mathrm{b}}$ 的表达式。

设 $\widetilde{\boldsymbol{\omega}}_{\mathrm{ib}}^{\mathrm{b}}$ 为 $\boldsymbol{\omega}_{\mathrm{ib}}^{\mathrm{b}}$ 的计算值,则其可表示为

$$\widetilde{\boldsymbol{\omega}}_{\mathrm{ib}}^{\mathrm{b}}=\widetilde{\boldsymbol{\omega}}_{\mathrm{ip}}^{\mathrm{b}}+\widetilde{\boldsymbol{\omega}}_{\mathrm{pb}}^{\mathrm{b}}=\boldsymbol{C}_{\mathrm{p}}^{\mathrm{b}}\ \widetilde{\boldsymbol{\omega}}_{\mathrm{ip}}^{\mathrm{p}}+\boldsymbol{\omega}_{\mathrm{pb}}^{\mathrm{b}} \tag{8-2-5}$$

式(8-25)中,假设 $\boldsymbol{\omega}_{\mathrm{pb}}^{\mathrm{b}}$ 不存在误差,$\widetilde{\boldsymbol{\omega}}_{\mathrm{ip}}^{\mathrm{p}}$ 为陀螺输出值,由前述内容,其可表示为

$$\widetilde{\boldsymbol{\omega}}_{\mathrm{ip}}^{\mathrm{p}}=[\boldsymbol{I}+[\delta\boldsymbol{K}_{\mathrm{G}}]+[\delta\boldsymbol{G}]]\widetilde{\boldsymbol{\omega}}_{\mathrm{ip}}^{\mathrm{p}}+\boldsymbol{\varepsilon}+\boldsymbol{n}_{\mathrm{g}} \tag{8-2-6}$$

将式(8-2-6)代入(8-2-5),得

$$\widetilde{\boldsymbol{\omega}}_{\mathrm{ib}}^{\mathrm{b}}=\boldsymbol{C}_{\mathrm{p}}^{\mathrm{b}}\{[\boldsymbol{I}+[\delta\boldsymbol{K}_{\mathrm{G}}]+[\delta\boldsymbol{G}]]\hat{\boldsymbol{\omega}}_{\mathrm{ip}}^{\mathrm{p}}+\boldsymbol{\varepsilon}+\boldsymbol{n}_{\mathrm{g}}\}+\boldsymbol{\omega}_{\mathrm{pb}}^{\mathrm{b}} \tag{8-2-7}$$

理想情况下：

$$\boldsymbol{\omega}_{\mathrm{ib}}^{\mathrm{b}}=\boldsymbol{\omega}_{\mathrm{ip}}^{\mathrm{b}}+\boldsymbol{\omega}_{\mathrm{pb}}^{\mathrm{b}} \tag{8-2-8}$$

用式(8-2-8)减去式(8-2-7),得

$$\delta\boldsymbol{\omega}_{ib}^{b}=\boldsymbol{C}_{p}^{b}\{[[\delta\boldsymbol{K}_{G}]+[\delta\boldsymbol{G}]]\hat{\boldsymbol{\omega}}_{ip}^{p}+\boldsymbol{\varepsilon}+\boldsymbol{n}_{g}\} \tag{8-2-9}$$

式(8-2-8)和式(8-2-4)共同构成了旋转调制系统以欧拉平台角表示的误差方程,即

$$\begin{cases}\dot{\boldsymbol{\alpha}}=\boldsymbol{C}_{\omega}^{-1}[(\boldsymbol{I}+\boldsymbol{C}_{n}^{n'})\hat{\boldsymbol{\omega}}_{in}^{n}+\boldsymbol{C}_{n}^{n'}\delta\boldsymbol{\omega}_{in}^{n}-\boldsymbol{C}_{b}^{n}\delta\boldsymbol{\omega}_{in}^{b}]\\ \delta\boldsymbol{\omega}_{ib}^{b}=\boldsymbol{C}_{p}^{b}\{[[\delta\boldsymbol{K}_{G}]+[\delta\boldsymbol{G}]]\hat{\boldsymbol{\omega}}_{ip}^{p}+\boldsymbol{\varepsilon}+\boldsymbol{n}_{g}\}\end{cases} \tag{8-2-10}$$

8.2.2 旋转式 SINS 速度误差方程

不考虑任何误差时,捷联系统理想的速度微分方程为

$$\dot{\boldsymbol{v}}^{n}=\boldsymbol{C}_{b}^{n}\boldsymbol{f}^{b}-(2\boldsymbol{\omega}_{ie}^{n}+\boldsymbol{\omega}_{en}^{n})\times\boldsymbol{v}_{e}^{n}+\boldsymbol{g}^{n} \tag{8-2-11}$$

考虑到实际情况中的各种误差,捷联系统实际的速度微分方程为

$$\dot{\hat{\boldsymbol{v}}}^{n}=\boldsymbol{C}_{b}^{n'}\hat{\boldsymbol{f}}^{b}-(2\hat{\boldsymbol{\omega}}_{ie}^{n}+\hat{\boldsymbol{\omega}}_{en}^{n})\times\hat{\boldsymbol{v}}_{e}^{n}+\hat{\boldsymbol{g}}^{n} \tag{8-2-12}$$

式中

$$\hat{\boldsymbol{v}}^{n}=\boldsymbol{v}^{n}+\delta\boldsymbol{v}^{n},\hat{\boldsymbol{f}}^{b}=\boldsymbol{f}^{b}+\delta\boldsymbol{f}^{b},\hat{\boldsymbol{\omega}}_{ie}^{n}=\boldsymbol{\omega}_{ie}^{n}+\delta\boldsymbol{\omega}_{ie}^{n},\hat{\boldsymbol{\omega}}_{en}^{n}=\boldsymbol{\omega}_{en}^{n}+\delta\boldsymbol{\omega}_{en}^{n},\hat{\boldsymbol{g}}^{n}=\boldsymbol{g}^{n}+\delta\boldsymbol{g}^{n} \tag{8-2-13}$$

用式(8-2-12)减去式(8-2-11),忽略 $\delta\boldsymbol{g}^{n}$ 的影响,整理后得旋转调制式捷联系统速度误差方程:

$$\delta\dot{\boldsymbol{v}}^{n}=[\boldsymbol{I}-(\boldsymbol{C}_{b}^{n'})^{T}]\boldsymbol{C}_{b}^{n'}\hat{\boldsymbol{f}}_{ib}^{b}+(\boldsymbol{C}_{n}^{n'})^{T}\boldsymbol{C}_{b}^{n'}\delta\boldsymbol{f}_{ib}^{b}-(2\delta\boldsymbol{\omega}_{ie}^{n}+\delta\boldsymbol{\omega}_{en}^{n})\times(\hat{\boldsymbol{v}}^{n}-\delta\boldsymbol{v}^{n})-(2\hat{\boldsymbol{\omega}}_{ie}^{n}+\hat{\boldsymbol{\omega}}_{en}^{n})\times\delta\boldsymbol{v}^{n} \tag{8-2-14}$$

其中,$\delta\boldsymbol{f}_{ib}^{b}$的表达式按照姿态误差方程推导方法可得

$$\delta\boldsymbol{f}_{ib}^{b}=\boldsymbol{C}_{p}^{b}\{[[\delta\boldsymbol{K}_{A}]+[\delta\boldsymbol{A}]]\hat{\boldsymbol{f}}_{ip}^{p}+\nabla+\boldsymbol{n}_{a}\} \tag{8-2-15}$$

综上,旋转调制式捷联系统的速度误差方程为

$$\begin{cases}\delta\dot{\boldsymbol{v}}^{n}=[\boldsymbol{I}-(\boldsymbol{C}_{b}^{n'})^{T}]\boldsymbol{C}_{b}^{n'}\hat{\boldsymbol{f}}_{ib}^{b}+(\boldsymbol{C}_{b}^{n'})^{T}\boldsymbol{C}_{b}^{n'}\delta\boldsymbol{f}_{ib}^{b}-(2\delta\boldsymbol{\omega}_{ie}^{n}+\delta\boldsymbol{\omega}_{en}^{n})\times(\hat{\boldsymbol{v}}^{n}-\delta\boldsymbol{v}^{n})-(2\hat{\boldsymbol{\omega}}_{ie}^{n}+\hat{\boldsymbol{\omega}}_{en}^{n})\times\delta\boldsymbol{v}^{n}\\ \delta\boldsymbol{f}_{ib}^{b}=\boldsymbol{C}_{p}^{b}\{[[\delta\boldsymbol{K}_{A}]+[\delta\boldsymbol{A}]]\hat{\boldsymbol{f}}_{ip}^{p}+\nabla+\boldsymbol{n}_{a}\}\end{cases} \tag{8-2-16}$$

至此,式(8-2-10)和式(8-2-16)构成了大失准角条件下旋转调制式捷联惯导系统的误差方程。

8.3 捷联系统误差周期性分析

1. 静基座误差方程为

$$\delta\dot{\lambda}=\frac{\delta v_{x}\sec L}{R}$$

$$\begin{cases}\delta\dot{v}_{x}=2\omega_{ie}\sin L\delta V_{y}-\phi_{y}g+\nabla_{x}\\ \delta\dot{v}_{y}=-2\omega_{ie}\sin L\delta V_{x}-\phi_{x}g+\nabla_{y}\\ \delta\dot{L}=\dfrac{\delta v_{y}}{R}\end{cases}$$

$$\begin{cases}\dot{\phi}_x=-\dfrac{\delta v_y}{R}+\varphi_y\omega_{ie}\sin L-\varphi_z\omega_{ie}\cos L+\varepsilon_x\\ \dot{\phi}_y=\dfrac{\delta v_x}{R}-\omega_{ie}\sin L\cdot\delta L-\varphi_x\omega_{ie}\sin L+\varepsilon_y\\ \dot{\phi}_z=\dfrac{\delta v_x}{R}\tan L+\omega_{ie}\cos L\cdot\delta L+\varphi_z\omega_{ie}\cos L+\varepsilon_z\end{cases}\tag{8-3-1}$$

写成状态方程矩阵形式为

$$\begin{bmatrix}\delta\dot{v}_x\\ \delta\dot{v}_y\\ \delta\dot{L}\\ \dot{\phi}_x\\ \dot{\phi}_y\\ \dot{\phi}_z\end{bmatrix}=\begin{bmatrix}0 & 2\omega_{ie}\sin L & 0 & 0 & -g & 0\\ -2\omega_{ie}\sin L & 0 & 0 & g & 0 & 0\\ 0 & 1/R & 0 & 0 & 0 & 0\\ 0 & -1/R & 0 & 0 & \omega_{ie}\sin L & -\omega_{ie}\cos L\\ 1/R & 0 & -\omega_{ie}\sin L & -\omega_{ie}\sin L & 0 & 0\\ \tan L/R & 0 & \omega_{ie}\cos L & \omega_{ie}\cos L & 0 & 0\end{bmatrix}\cdot\begin{bmatrix}\delta v_x\\ \delta v_y\\ \delta L\\ \phi_x\\ \phi_y\\ \phi_z\end{bmatrix}+\begin{bmatrix}\nabla_x\\ \nabla_y\\ 0\\ \varepsilon_x\\ \varepsilon_y\\ \varepsilon_z\end{bmatrix}\tag{8-3-2}$$

进行拉氏变换得到

$$s\delta\lambda(s)=\frac{\sec L}{R}\delta v_x(s)\delta\lambda_0$$

$$\begin{bmatrix}s\delta v_x(s)\\ s\delta v_y(s)\\ s\delta L(s)\\ s\phi_x(s)\\ s\phi_y(s)\\ s\phi_z(s)\end{bmatrix}=\begin{bmatrix}0 & 2\omega_{ie}\sin L & 0 & 0 & -g & 0\\ -2\omega_{ie}\sin L & 0 & 0 & g & 0 & 0\\ 0 & 1/R & 0 & 0 & 0 & 0\\ 0 & -1/R & 0 & 0 & \omega_{ie}\sin L & -\omega_{ie}\cos L\\ 1/R & 0 & -\omega_{ie}\sin L & -\omega_{ie}\sin L & 0 & 0\\ \tan L/R & 0 & \omega_{ie}\cos L & \omega_{ie}\cos L & 0 & 0\end{bmatrix}$$

$$\cdot\begin{bmatrix}\delta v_x(s)\\ \delta v_y(s)\\ \delta L(s)\\ \phi_x(s)\\ \phi_y(s)\\ \phi_z(s)\end{bmatrix}+\begin{bmatrix}\delta v_{x0}\\ \delta v_{y0}\\ \delta L_0\\ \phi_{x0}\\ \phi_{y0}\\ \phi_{z0}\end{bmatrix}+\begin{bmatrix}\nabla_x(s)\\ \nabla_y(s)\\ 0\\ \varepsilon_x(s)\\ \varepsilon_y(s)\\ \varepsilon_z(s)\end{bmatrix}\tag{8-3-3}$$

2. 系统误差的周期特性分析

用列矩阵 $\boldsymbol{X}(t)$ 表示误差列矢量,用 $\boldsymbol{F}$ 表示系数阵,用 $\boldsymbol{W}(t)$ 表示误差因素列矢量,于是上述误差方程组可写为:

相应的拉氏变化方程为

$$\boldsymbol{X}(t)=\boldsymbol{F}\boldsymbol{X}(t)\boldsymbol{W}(t)\tag{8-3-4}$$

拉氏变换的解为

$$s\boldsymbol{X}(s)=\boldsymbol{F}\boldsymbol{X}(s)+\boldsymbol{X}_0(s)+\boldsymbol{W}(s)\tag{8-3-5}$$

由于略去导致傅科振荡的两个交叉耦合项,可使求解简单,又不妨碍对解的主要特性的了解,故

$$\boldsymbol{X}(s)=(s\boldsymbol{I}-\boldsymbol{F})^{-1}[\boldsymbol{X}_0(s)+\boldsymbol{W}(s)] \tag{8-3-6}$$

系统特征方程为

$$(s^2+\omega_{ie}^2)[(s^2+\omega_{ie}^2)^2+4s^2\omega_{ie}^2\sin^2L]=0 \tag{8-3-7}$$

考察特征方程的根,可了解系统是否具有周期性,并可找到相应的振荡频率。其中,$\omega_s^2=\dfrac{g}{R}$为舒勒角频率的平方。

由 $s^2+\omega_{ie}^2=0$ 得到一组特征根:

$$s_{1,2}=\pm j\omega_{ie} \tag{8-3-8}$$

ω_{ie}为地球自转角频率,相应的振荡周期 $T_e=2\pi/\omega_{ie}=24h$,称地转周期。再由

$$(s^2+\omega_s^2)^2+4s^2\omega_{ie}^2\sin^2L=0$$

展开得

$$s^4+2s^2(\omega_s^2+2\omega_{ie}^2\sin^2L)+\omega_s^4=0 \tag{8-3-9}$$

此式不能求精确解析解,但考虑 $\omega_s^2\gg\omega_{ie}^2$,因而可近似写成

$$[s^2+(\omega_s+\omega_{ie}\sin L)^2][s^2+(\omega_s-\omega_{ie}\sin L)^2]=0 \tag{8-3-10}$$

由此得出另两组近似解:

$$s_{3,4}=\pm j(\omega_s+\omega_{ie}\sin L),s_{5,6}=\pm j(\omega_s-\omega_{ie}\sin L) \tag{8-3-11}$$

系统的特征根全为虚根,说明系统为无阻尼振荡系统,振荡角频率共有 3 个:

$$\begin{cases}\omega_1=\omega_{ie}\\ \omega_2=\omega_s+\omega_F\\ \omega_3=\omega_s-\omega_F\end{cases} \tag{8-3-12}$$

ω_s 和 ω_F 分别为舒勒角频率和傅科角频率,相应的周期为

$$T_s=2\pi/\omega_s=84.8\text{min} \tag{8-3-13}$$

$$T_F=\frac{2\pi}{\omega_F}=\frac{2\pi}{\omega_{ie}\sin L}=34h(L=45°) \tag{8-3-14}$$

由于 $\omega_s\gg\omega_F$,故 ω_2 和 ω_3 数值上相差不大。因此,在误差量的解析表达式中将会出现两个相近频率的线性组合,即

$$x(t)=x_0\sin(\omega_s+\omega_{ie}\sin L)t+x_0\sin(\omega_s-\omega_{ie}\sin L)t \tag{8-3-15}$$

对式(8-3-15)进行和差化积运算,得

$$x(t)=2x_0\cos(\omega_{ie}\sin L)t\cdot\sin(\omega_s t) \tag{8-3-16}$$

结果是舒勒振荡的幅值受到傅科频率的调制。

总之,在惯性导航的误差传播特性中,将包含有 3 种可能的周期变化成分。首先是地球周期 T_e,舒勒周期 T_s 和傅科周期 T_F。

8.4 单轴旋转对捷联惯导误差特性影响分析

旋转捷联惯性测量单元(SIMU)技术是将 SIMU 固定在一个可控的旋转机构上,通过控制旋转机构连续或间歇地进行周期性有规律的旋转,使惯性器件的与加速度无关的常

值误差得到调制，使其在传递到导航参数输出时可控，从而减小惯导系统误差随时间积累的过程，达到提高导航精度并满足长航时导航要求的目的。旋转机构的运动方式称为旋转策略，不同的旋转策略会产生不同的误差传播规律。下面以单轴旋转策略为例说明旋转捷联惯导系统的工作原理。

本节主要分析单轴旋转对捷联惯导系统误差作用的基本原理，对陀螺和加速度计常值漂移、随机误差、安装误差、标度因数误差等因素在单轴旋转下的被调制情况进行了研究分析。

8.4.1 单轴旋转调制基本原理

IMU 旋转的捷联算法原理如图 8-1 所示。IMU 由正交的 3 个光学陀螺和 3 个石英挠性加速度计构成。IMU 安装在转位机构上，转位机构安装在载体上，导航控制系统控制转位机构的转动。

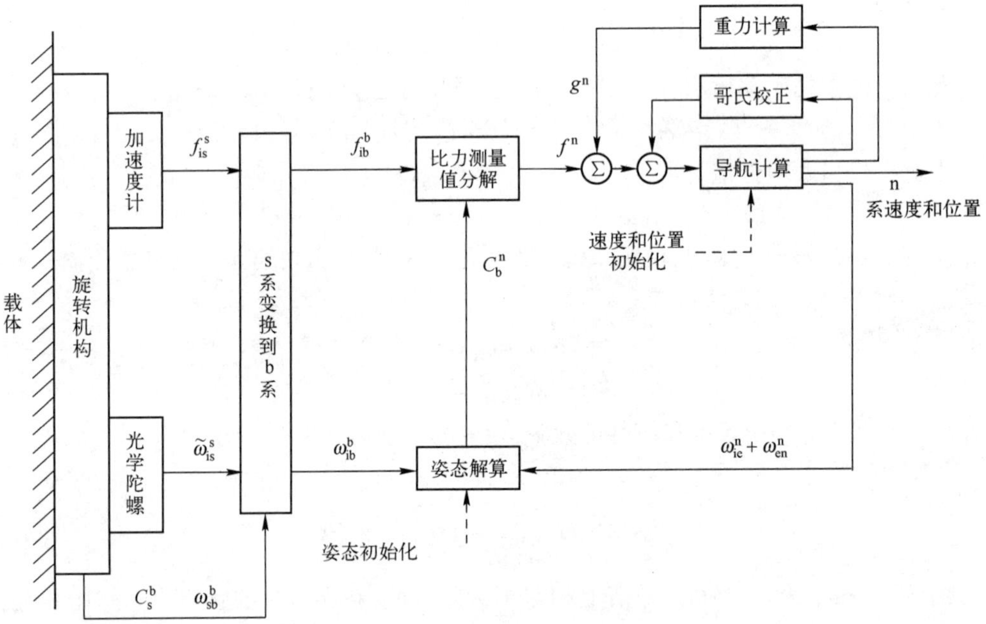

图 8-1 旋转捷联算法原理图

定义：s 系——旋转坐标系；b 系——载体坐标系（右前上）；n 系——导航坐标系，取当地地理坐标系；i 系——惯性坐标系。初始时刻 $Ox_sy_sz_s$ 与 $Ox_by_bz_b$ 重合。

陀螺仪和加速度计误差形式如下：

$$\begin{cases}\delta\boldsymbol{\omega}_{ib}^{b}=([\delta\boldsymbol{K}_G]+[\delta\boldsymbol{G}])\boldsymbol{\omega}_{ib}^{b}+\boldsymbol{\varepsilon}+\boldsymbol{n}_g\\ \delta\boldsymbol{f}^{b}=(\delta\boldsymbol{K}_A+\delta\boldsymbol{A})\boldsymbol{f}^{b}+\nabla\boldsymbol{A}+\boldsymbol{n}_a\end{cases}\tag{8-4-1}$$

当系统进行单轴旋转时，各误差项被调制成包含正余弦函数的形式。以绕 z 轴旋转为例说明调制原理。

由式(8-4-1)同理得出系统在旋转系 s 系中的误差形式如下：

$$\begin{cases}\delta\boldsymbol{\omega}_{is}^{s}=([\delta\boldsymbol{K}_G]+[\delta\boldsymbol{G}])\boldsymbol{\omega}_{is}^{s}+\boldsymbol{\varepsilon}+\boldsymbol{n}_g\\ \delta\boldsymbol{f}^{s}=(\delta\boldsymbol{K}_A+\delta\boldsymbol{A})\boldsymbol{f}^{s}+\nabla\boldsymbol{A}+\boldsymbol{n}_a\end{cases}\tag{8-4-2}$$

陀螺和加速度计的测量值在 b 系和 s 系中的变换形式如下：

$$\begin{cases}\boldsymbol{\omega}_{is}^{s}=\boldsymbol{C}_{b}^{s}\boldsymbol{\omega}_{ib}^{b}+\boldsymbol{\omega}_{bs}^{s}\\ \boldsymbol{f}_{is}^{s}=\boldsymbol{C}_{b}^{s}\boldsymbol{f}_{ib}^{b}+\boldsymbol{f}_{bs}^{s}\end{cases}\tag{8-4-3}$$

对于单轴旋转系统而言，设 IMU 绕 Oz_{b} 旋转，γ 为旋转角度。则旋转角速度为如下形式：$\boldsymbol{\omega}_{bs}^{s}=[0\quad 0\quad \dot{\gamma}]^{T}$。比力在坐标系间的变换值为 $\boldsymbol{f}_{bs}^{s}=0$。$\boldsymbol{C}_{b}^{s}$ 为由 b 系到 s 系的变换矩阵

$$\boldsymbol{C}_{b}^{s}=\begin{bmatrix}\cos\gamma & \sin\gamma & 0\\ -\sin\gamma & \cos\gamma & 0\\ 0 & 0 & 1\end{bmatrix}\tag{8-4-4}$$

将式(8-4-3)代入式(8-4-2)中可得到在单轴旋转条件下旋转坐标系中陀螺和加速度计的输出误差：

$$\begin{cases}\delta\boldsymbol{\omega}_{is}^{s}=([\delta\boldsymbol{K}_{G}]+[\delta\boldsymbol{G}])\boldsymbol{C}_{b}^{s}\boldsymbol{\omega}_{ib}^{b}+([\delta\boldsymbol{K}_{G}]+[\delta\boldsymbol{G}])\boldsymbol{\omega}_{bs}^{s}+\boldsymbol{\varepsilon}+\boldsymbol{n}_{g}\\ \delta\boldsymbol{f}^{s}=(\delta\boldsymbol{K}_{A}+\delta\boldsymbol{A})\boldsymbol{C}_{b}^{s}\boldsymbol{f}^{b}+(\delta\boldsymbol{K}_{A}+\delta\boldsymbol{A})\boldsymbol{f}_{bs}^{s}+\nabla\boldsymbol{A}+\boldsymbol{n}_{a}\end{cases}\tag{8-4-5}$$

由式(8-4-5)的误差方程可得旋转的捷联惯导系统的误差传播方程：

$$\dot{\boldsymbol{\phi}}^{n}=-\boldsymbol{\omega}_{in}^{n}\times\boldsymbol{\phi}^{n}+\delta\boldsymbol{\omega}_{in}^{n}-\boldsymbol{C}_{b}^{n}\boldsymbol{C}_{s}^{b}\delta\boldsymbol{\omega}_{is}^{s}\tag{8-4-6}$$

$$\delta\dot{\boldsymbol{v}}^{n}=\boldsymbol{f}^{n}\times\boldsymbol{\phi}^{n}+\boldsymbol{C}_{b}^{n}\boldsymbol{C}_{s}^{b}\delta\boldsymbol{f}^{s}-(2\boldsymbol{\omega}_{ie}^{n}+\boldsymbol{\omega}_{en}^{n})\times\delta\boldsymbol{v}^{n}-(2\delta\boldsymbol{\omega}_{ie}^{n}+\delta\boldsymbol{\omega}_{en}^{n})\times\boldsymbol{v}^{n}\tag{8-4-7}$$

由系统的误差传播方程可以看出，旋转调制的机理即为通过旋转周期性的改变 $\boldsymbol{C}_{s}^{b}$，使惯性器件原有的输出误差 $\delta\boldsymbol{\omega}_{is}^{s}$、$\delta\boldsymbol{f}^{s}$ 调制成 $\boldsymbol{C}_{s}^{b}(t)\delta\boldsymbol{\omega}_{is}^{s}$、$\boldsymbol{C}_{s}^{b}(t)\delta\boldsymbol{f}^{s}$，从而在解算的过程中平均掉惯性元件的输出误差，以此来抑制系统的误差发散，提高导航精度。

在旋转式捷联惯导系统的误差传播方程式(8-4-6)、式(8-4-7)中，惯性测量组件的输出误差已有了周期性的变化，然而由于各误差项本身特性的差别，其对系统精度影响程度的不同和采取的旋转方式不同，误差并不是一致的被调制平均甚至可能被放大。下面将以姿态角误差方程为例逐个分析旋转调制对该方程误差源的调制效果。

8.4.2 陀螺刻度系数误差和安装误差

由式(8-4-6)可以看出，陀螺刻度系数误差和安装误差对系统的影响主要由两部分组成，第一部分为 $\boldsymbol{C}_{s}^{b}([\delta\boldsymbol{K}_{G}]+[\delta\boldsymbol{G}])\boldsymbol{C}_{b}^{s}\boldsymbol{\omega}_{ib}^{b}$，主要由载体的角运动和地球的自转引入系统误差，第二部分为 $\boldsymbol{C}_{s}^{b}([\delta\boldsymbol{K}_{G}]+[\delta\boldsymbol{G}])\boldsymbol{\omega}_{bs}^{s}$ 主要是由转台的转动引入系统误差，即

$$\boldsymbol{\omega}_{ib}^{b}=\boldsymbol{C}_{n}^{b}\boldsymbol{\omega}_{ib}^{n}=\boldsymbol{C}_{n}^{b}(\boldsymbol{\omega}_{in}^{n}+\boldsymbol{\omega}_{nb}^{n})\tag{8-4-8}$$

记陀螺仪的刻度系数误差为

$$[\delta\boldsymbol{K}_{G}]=\begin{bmatrix}\delta K_{Gx} & 0 & 0\\ 0 & \delta K_{Gy} & 0\\ 0 & 0 & \delta K_{Gz}\end{bmatrix}\tag{8-4-9}$$

记陀螺仪的安装误差为

$$[\delta\boldsymbol{G}]=\begin{bmatrix}0 & \delta G_{z} & -\delta G_{y}\\ -\delta G_{z} & 0 & \delta G_{x}\\ \delta G_{y} & -\delta G_{x} & 0\end{bmatrix}\tag{8-4-10}$$

考虑绕方位轴的单轴旋转系统，对于第一部分误差

$$
\begin{aligned}
&\boldsymbol{C}_{\mathrm{s}}^{\mathrm{b}}([\delta\boldsymbol{K}_G]+[\delta\boldsymbol{G}])\boldsymbol{C}_{\mathrm{b}}^{\mathrm{s}}\boldsymbol{\omega}_{\mathrm{ib}}^{\mathrm{b}}\\
&=\begin{bmatrix}\cos\gamma(t) & -\sin\gamma(t) & 0\\ \sin\gamma(t) & \cos\gamma(t) & 0\\ 0 & 0 & 1\end{bmatrix}\begin{bmatrix}\delta K_{Gx} & \delta G_z & -\delta G_y\\ -\delta G_z & \delta K_{Gy} & \delta G_x\\ \delta G_y & -\delta G_x & \delta K_{Gz}\end{bmatrix}\begin{bmatrix}\cos\gamma(t) & \sin\gamma(t) & 0\\ -\sin\gamma(t) & \cos\gamma(t) & 0\\ 0 & 0 & 1\end{bmatrix}\boldsymbol{\omega}_{\mathrm{ib}}^{\mathrm{b}}\\
&=\begin{bmatrix}\frac{1}{2}[\delta K_{Gx}+\delta K_{Gy}+(\delta K_{Gx}-\delta K_{Gy})\cos2\gamma(t)] & \frac{1}{2}[2\delta G_z+(\delta K_{Gx}-\delta K_{Gy})\sin2\gamma(t)] & -\delta G_y\cos\gamma(t)-\delta G_x\sin\gamma(t)\\ \frac{1}{2}[-2\delta G_z+(\delta K_{Gx}-\delta K_{Gy})\sin2\gamma(t)] & \frac{1}{2}[\delta K_{Gx}+\delta K_{Gy}+(-\delta K_{Gx}+\delta K_{Gy})\cos2\gamma(t)] & -\delta G_y\sin\gamma(t)+\delta G_x\cos\gamma(t)\\ \delta G_y\cos\gamma(t)+\delta G_x\sin\gamma(t) & \delta G_y\sin\gamma(t)-\delta G_x\cos\gamma(t) & \delta K_{Gz}\end{bmatrix}\boldsymbol{\omega}_{\mathrm{ib}}^{\mathrm{b}}
\end{aligned}
\tag{8-4-11}
$$

这一项的误差源为全部的刻度系数误差和安装误差，与 $\boldsymbol{\omega}_{\mathrm{ib}}^{\mathrm{b}}$ 有关，即与载体的角运动状态有关。旋转调制后，这一项的误差项系数矩阵的对角线仍含有直流分量。当载体作有规律的角运动时，旋转系统中刻度系数误差和安装误差所产生的角运动相关误差相比无旋转捷联系统而言在某些分量上会有所减小。但总的来说，旋转对刻度系数误差和安装误差所引起的载体角运动相关误差项的补偿作用有限。

对于第二部分误差项

$$
\begin{aligned}
&\boldsymbol{C}_{\mathrm{s}}^{\mathrm{b}}([\delta\boldsymbol{K}_G]+[\delta\boldsymbol{G}])\boldsymbol{\omega}_{\mathrm{bs}}^{\mathrm{s}}\\
&=\begin{bmatrix}\cos\gamma(t) & -\sin\gamma(t) & 0\\ \sin\gamma(t) & \cos\gamma(t) & 0\\ 0 & 0 & 1\end{bmatrix}\begin{bmatrix}\delta K_{Gx} & \delta G_z & -\delta G_y\\ -\delta G_z & \delta K_{Gy} & \delta G_x\\ \delta G_y & -\delta G_x & \delta K_{Gz}\end{bmatrix}\begin{bmatrix}0\\0\\ \gamma(t)\end{bmatrix}\\
&=\begin{bmatrix}-\delta G_y\cos\gamma(t)-\delta G_x\sin\gamma(t)\\ -\delta G_y\sin\gamma(t)+\delta G_x\cos\gamma(t)\\ \delta K_{Gz}\end{bmatrix}\gamma(t)
\end{aligned}
\tag{8-4-12}
$$

这一误差项与旋转方式有关。若匀速旋转，转速 $\gamma(t)=\omega$ 为常值，δG_x 和 δG_y 虽然可以完全被调制，但在方位轴上引入了大小为 $\delta K_{Gz}\omega$ 的常值漂移，即使方位陀螺的刻度系数误差仅有 10^{-6}，转速为 6°/s 时将引入的漂移为 0.0216°/h，相对于陀螺仪的常值和随机漂移来说都是非常可观的，会使系统精度变得更差，这是我们不希望看到的。因此针对这种情况，目前单轴旋转调制方略一般采用正转反转交替的旋转方式，使得 δK_{Gz} 引起的旋转误差正负相消。因此，考虑到旋转轴元件的刻度系数误差，旋转式系统实际使用中采用正反转的旋转方式，旋转便可以抵消自身带来的误差。

采用的方案为 4 个位置正反转停，转动方式如图 8-2 所示：先绕 Oz_{b} 轴正转 180°，停止一段时间 T_{h}；再反转 180°，停止 T_{h} 时间；接着反转 180°，停止时间 T_{h}；再正转 180°，停止一段时间 T_{h}。以上转动次序为一个周期，之后循环不已。

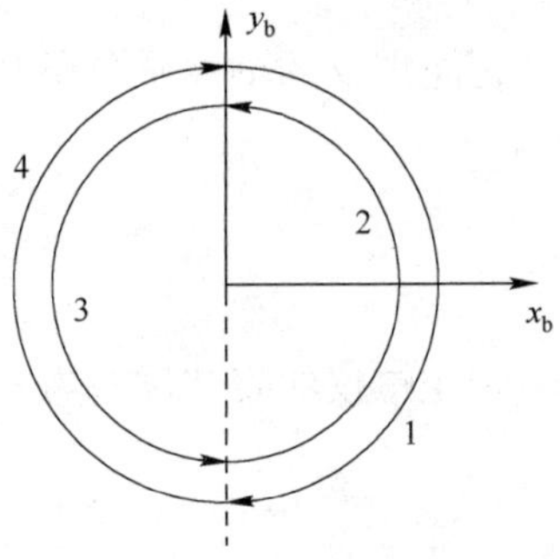

图 8-2　IMU 单轴正反转停

对于刻度系数误差和安装误差，调制作用由于受载体

运动影响较大,因此旋转调制对其影响则应综合考虑载体运动和调制方式给出结论,后面关于载体运动一节有相应介绍。

8.4.3 陀螺仪常值漂移误差

垂直安装的 3 个陀螺仪的常值漂移分别为 ε_x、ε_y、ε_z。

$$\boldsymbol{\varepsilon}=\begin{bmatrix}\varepsilon_x\\ \varepsilon_y\\ \varepsilon_z\end{bmatrix} \tag{8-4-13}$$

由式(8-4-5)、式(8-4-6)、式(8-4-13)可得

$$\begin{aligned}\boldsymbol{C}_{\mathrm{s}}^{\mathrm{b}}\boldsymbol{\varepsilon}&=\begin{bmatrix}\cos\gamma(t) & -\sin\gamma(t) & 0\\ \sin\gamma(t) & \cos\gamma(t) & 0\\ 0 & 0 & 1\end{bmatrix}\begin{bmatrix}\varepsilon_x\\ \varepsilon_y\\ \varepsilon_z\end{bmatrix}\\ &=\begin{bmatrix}\varepsilon_x\cos\gamma(t)-\varepsilon_y\sin\gamma(t)\\ \varepsilon_x\sin\gamma(t)+\varepsilon_y\cos\gamma(t)\\ \varepsilon_z\end{bmatrix}\end{aligned} \tag{8-4-14}$$

由式(8-4-14)可以看出,在单轴旋转调制的情况下,与转轴相垂直的平面上的两个轴向的常值陀螺漂移能够很好地被调制,而对于转轴上的陀螺常值漂移则没有补偿作用。转轴垂直平面上的两个轴上的常值漂移变成周期性的调制信号,调制的频率是旋转机构的旋转角频率。当在一个周期内(2π 为周期)进行积分后,漂移就变成零(理论上)。因此当捷联惯导系统绕天向轴旋转时,东向陀螺和北向陀螺的常值漂移就不随时间单调增长了,而是变成了周期函数,只有天向陀螺的常值漂移随时间增长。由此可以看出,单轴旋转能够抵消敏感轴与转轴方向垂直的陀螺的常值漂移。

8.4.4 陀螺仪随机漂移误差

对于陀螺仪的随机漂移误差,此处用白噪声模拟。白噪声随机漂移的均值为 0,其自协方差阵为

$$\begin{aligned}\mathrm{var}(C_{\mathrm{s}}^{\mathrm{b}}n_{\mathrm{g}})&=E[C_{\mathrm{s}}^{\mathrm{b}}n_{\mathrm{g}}n_{\mathrm{g}}^{\mathrm{T}}C_{\mathrm{b}}^{\mathrm{s}}]\\ &=\begin{bmatrix}\frac{1}{2}(\sigma_{gx}^2+\sigma_{gy}^2) & 0 & 0\\ 0 & \frac{1}{2}(\sigma_{gx}^2+\sigma_{gy}^2) & 0\\ 0 & 0 & \sigma_{gz}^2\end{bmatrix}\end{aligned} \tag{8-4-15}$$

由式(8-4-15)可以看出,调制后各轴向的噪声方差没有实质性的变化。实际上,旋转调制的频率远远小于白噪声的频率,无论是单轴调制还是多轴调制,旋转对快变的误差量是没有减小其变化幅度的作用的。

8.4.5 加速度计误差

对于加速度计输出误差的调制效果,有与陀螺仪输出误差的调制效果类似的结论。

8.5 仿真验证及结果分析

为验证旋转调制原理相关结论，本章将分别对无旋转调制方案、单轴旋转调制方案、双轴间歇转位旋转方案和双轴连续旋转方案在静态、动态两种条件下进行误差曲线仿真。

8.5.1 仿真条件

(1) 导航解算采用当地地理系机械编排，仿真步长 0.1s，仿真时间 36h。

(2) 陀螺仪常值漂移 0.01°/h，陀螺仪刻度系数误差 5×10^{-6}，陀螺组件的安装误差 2″；加速度计零偏 0.5mg，加速度计刻度系数误差 10^{-5}，加速度计组件安装误差 2″；初始经度 0°，初始纬度 45°，初始姿态角均为 0°。

(3) 静态时，东向、北向速度、纵摇角、横摇角和航向角均为 0°。

(4) 动态时，东向速度 $v_x=3\text{m/s}$，北向速度 $v_y=3\text{m/s}$，姿态角变化规律为：天向速度 $v_z=0\text{m/s}$，横摇角 $\theta(t)=3°\sin(2\pi t/6)$，纵摇角 $\varphi(t)=1°\sin(2\pi t/12)$，航向角 $0.5°\sin(2\pi t/8)$。

(5) 单轴旋转方案中，转速 1r/min，锁定时间 30s，一个转动周期为 4min。

(6) 双轴间歇转位旋转方案中，转速 1r/min，锁定时间 30s，一个转动周期为 8min。

(7) 双轴连续旋转方案中，两组惯性组件的转速均为 1r/min。

几点说明：

(1) 由于速度误差可通过经纬度误差反映出来，因此未给出速度误差曲线。

(2) 曲线图中符号含义：ϕX 东向轴姿态角误差(φ_x)，ϕY 北向轴姿态角误差(φ_y)，ϕZ 方位轴姿态角误差(φ_z)，δL 纬度误差，δM 经度误差；单位为角分(′)。

8.5.2 无旋转调制方案误差曲线仿真

1. 常值误差曲线仿真

1) 静态条件下(图 8-3)

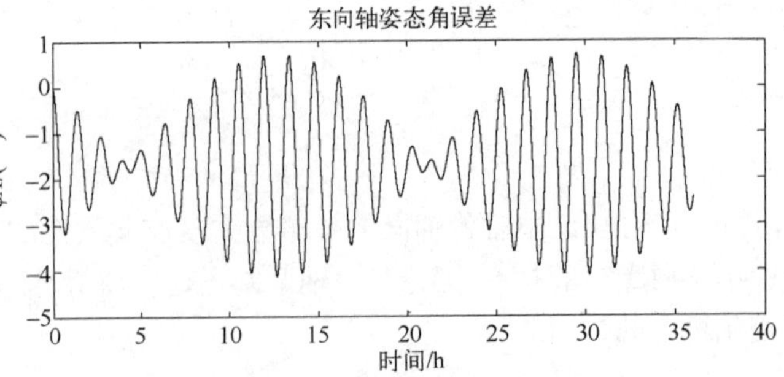

(a) 无旋转调制东向轴姿态角误差

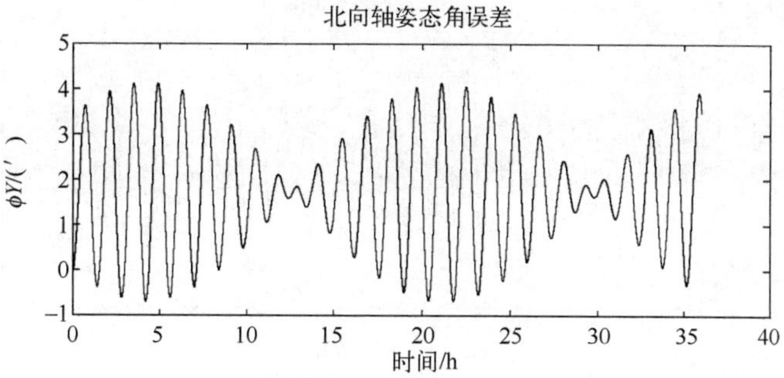

(b) 无旋转调制北向轴姿态角误差

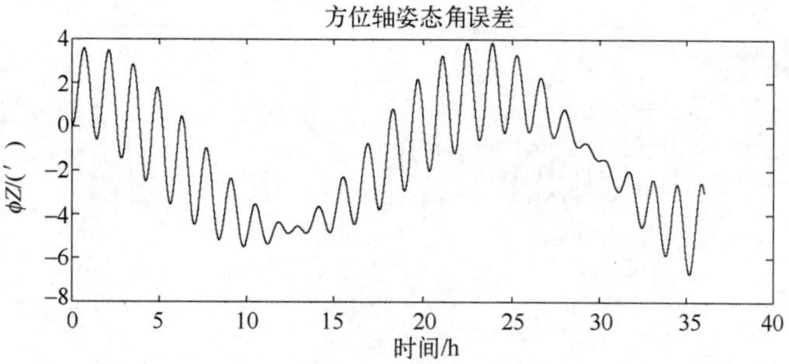

(c) 无旋转调制方位轴姿态角误差

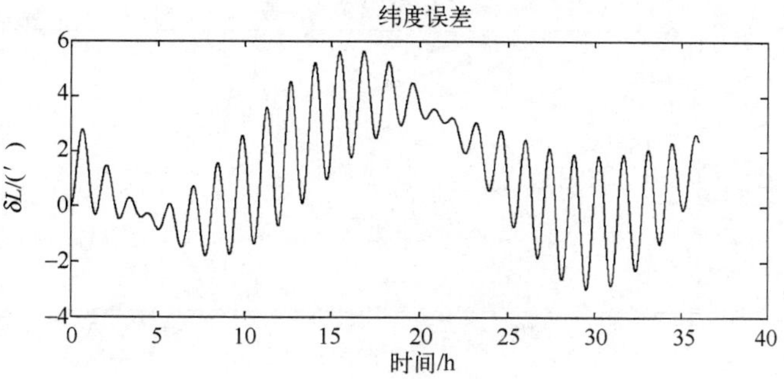

(d) 无旋转调制纬度误差

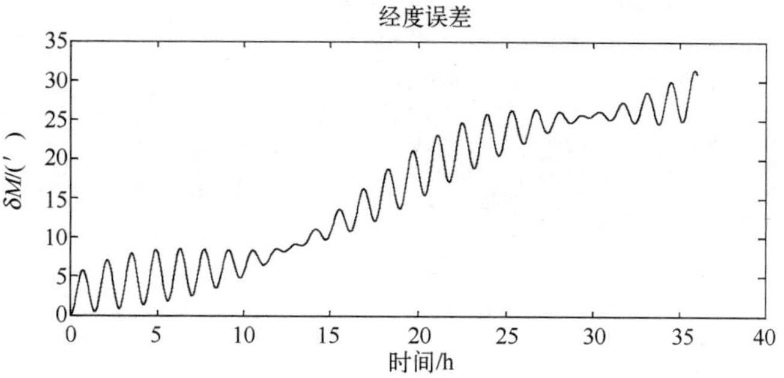

(e) 无旋转调制经度误差

图 8-3　静态条件下常值误差曲线仿真

2）动态条件下(图 8-4)

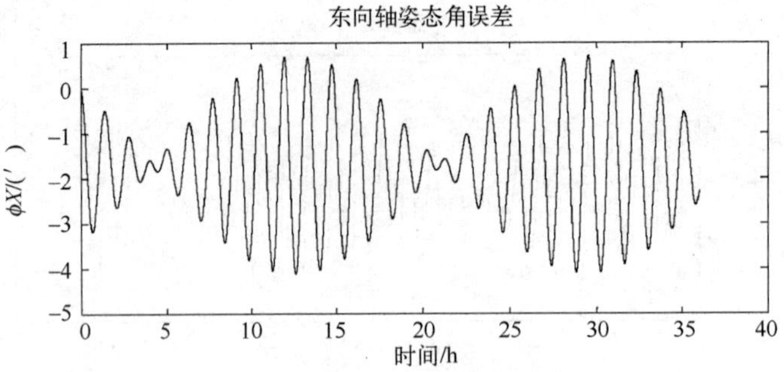

(a) 无旋转调制东向轴姿态角误差

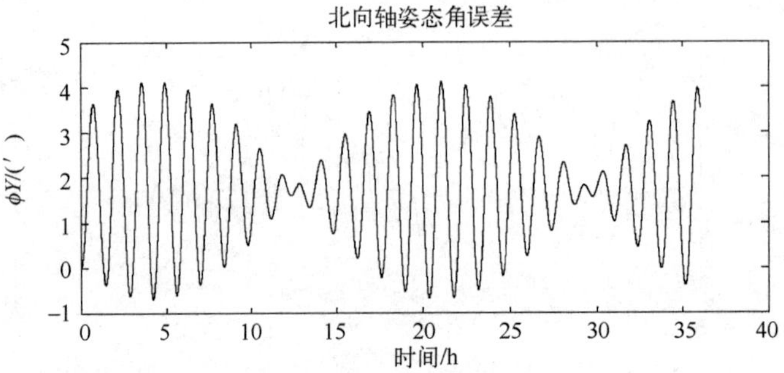

(b) 无旋转调制北向轴姿态角误差

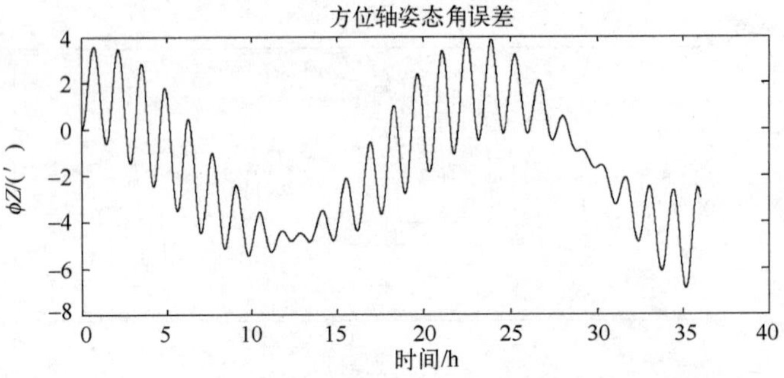

(c) 无旋转调制方位轴姿态角误差

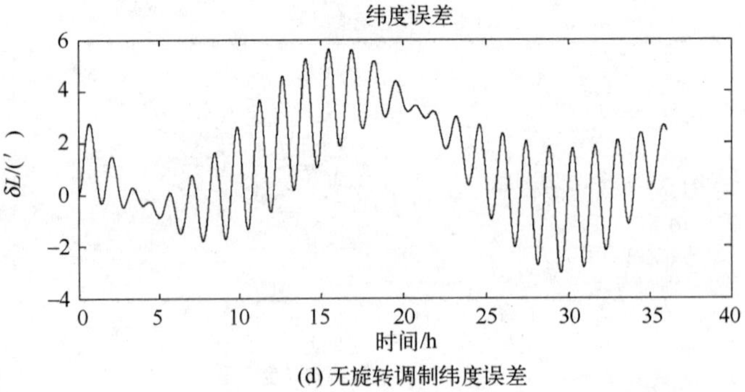

(d) 无旋转调制纬度误差

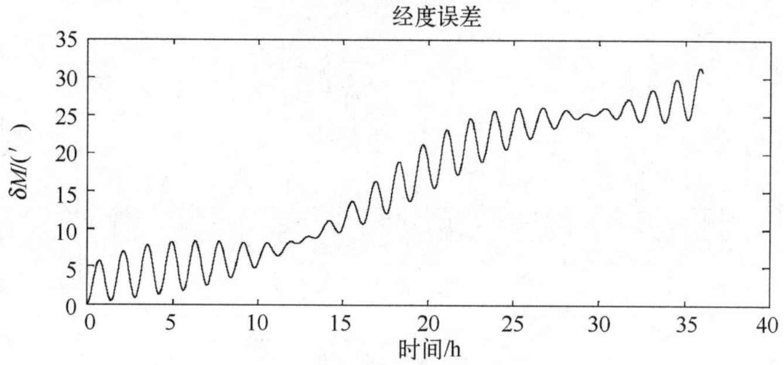

(e) 无旋转调制经度误差

图 8-4　动态条件下常值误差曲线仿真

2. 刻度系数误差和安装误差曲线仿真

1）静态条件下(图 8-5)

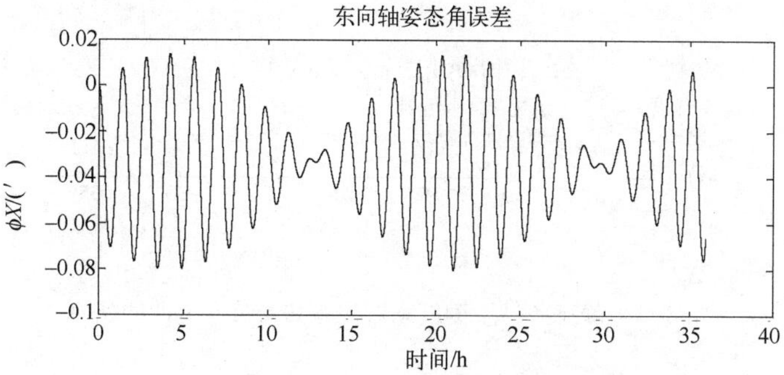

(a) 无旋转调制东向轴姿态角误差

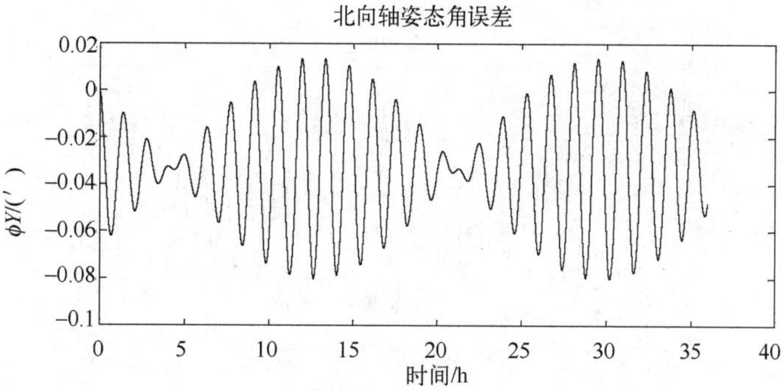

(b) 无旋转调制北向轴姿态角误差

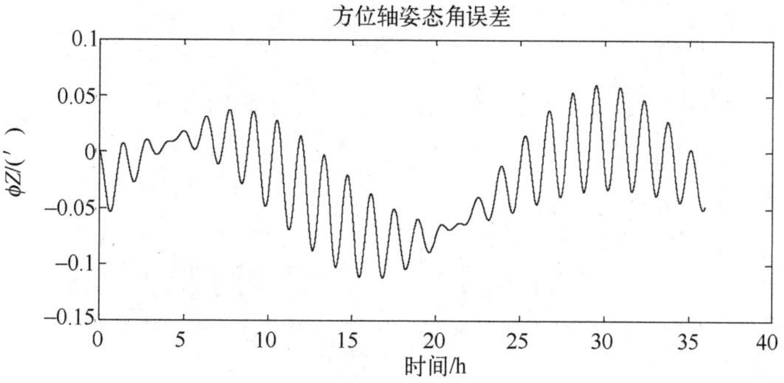

(c) 无旋转调制方位轴姿态角误差

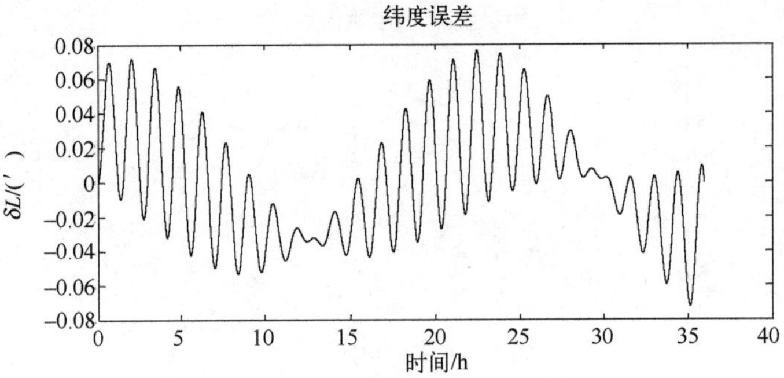

(d) 无旋转调制纬度误差

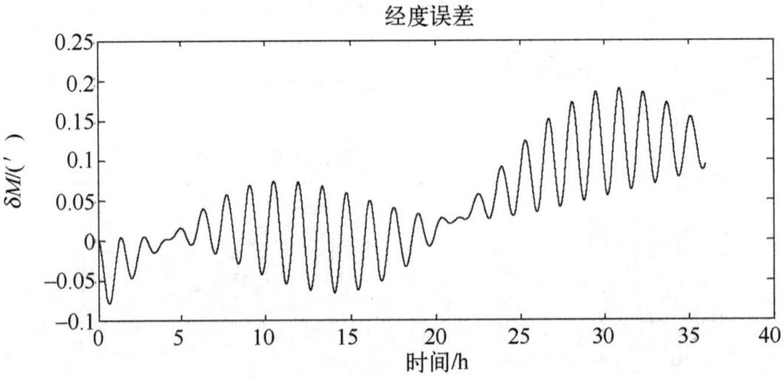

(e) 无旋转调制经度误差

图 8-5　静态条件下刻度系数误差和安装误差曲线仿真

2）动态条件下(图 8-6)

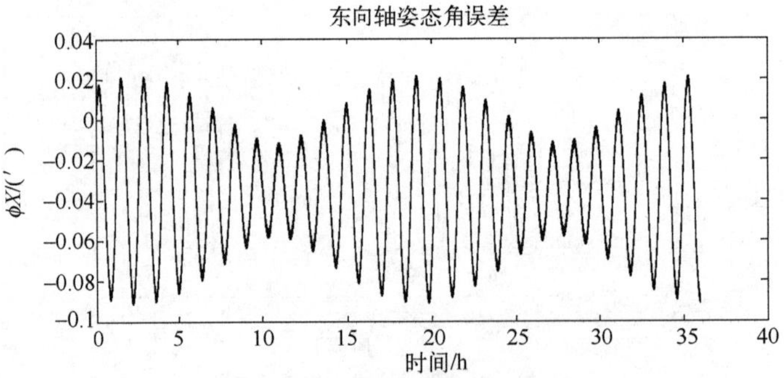

(a) 无旋转调制东向轴姿态角误差

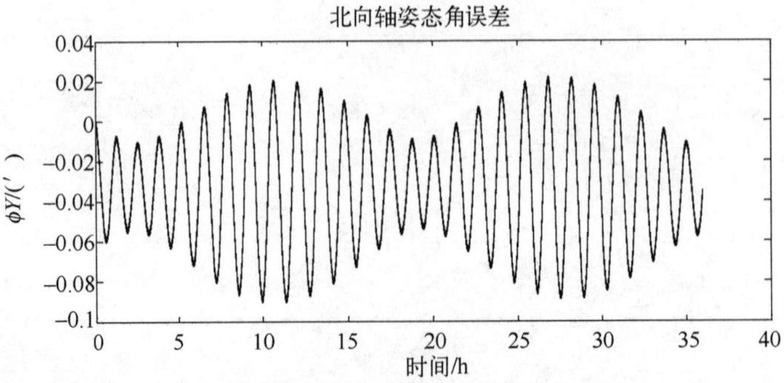

(b) 无旋转调制北向轴姿态角误差

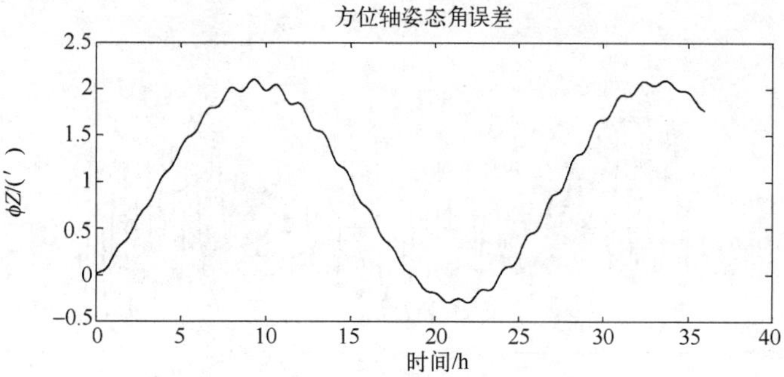

(c) 无旋转调制方位轴姿态角误差

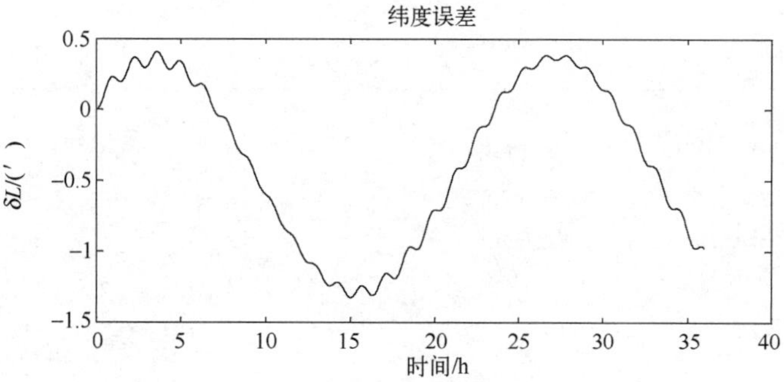

(d) 无旋转调制纬度误差

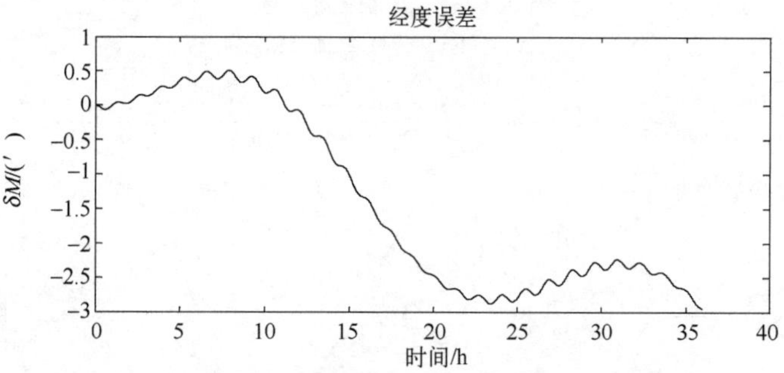

(e) 无旋转调制经度误差

图 8-6　动态条件下刻度系数误差和安装误差曲线仿真

8.5.3　单轴旋转调制方案误差曲线仿真

1. 常值误差曲线仿真

1) 静态条件下(图 8-7)

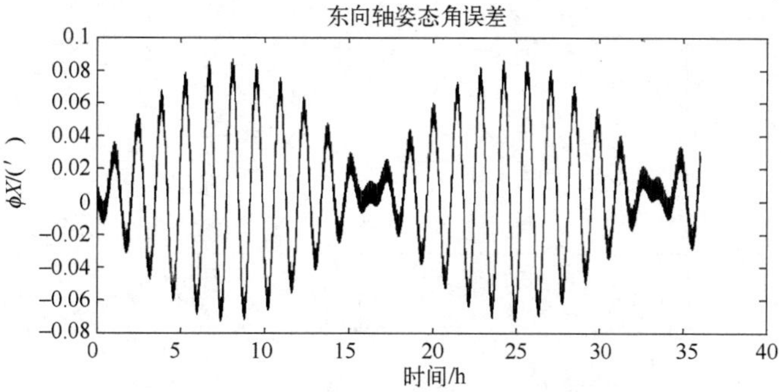

(a) 单轴调制东向轴姿态角误差

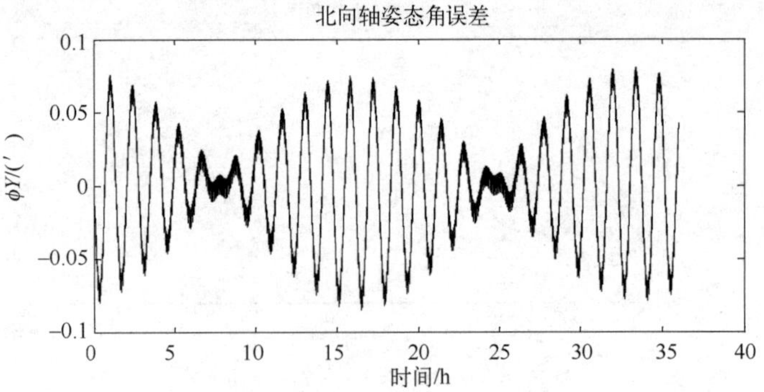

(b) 单轴调制北向轴姿态角误差

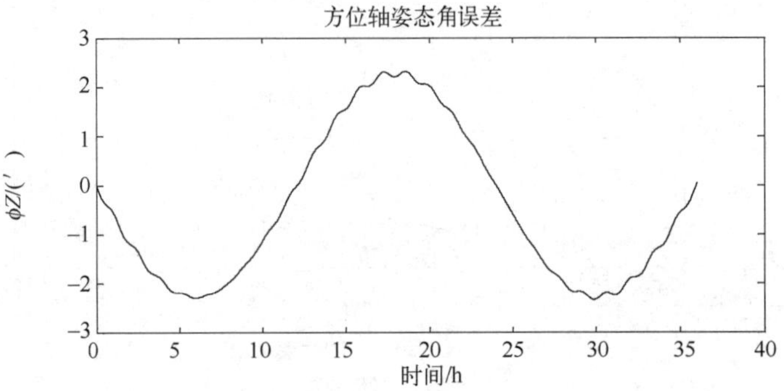

(c) 单轴调制方位轴姿态角误差

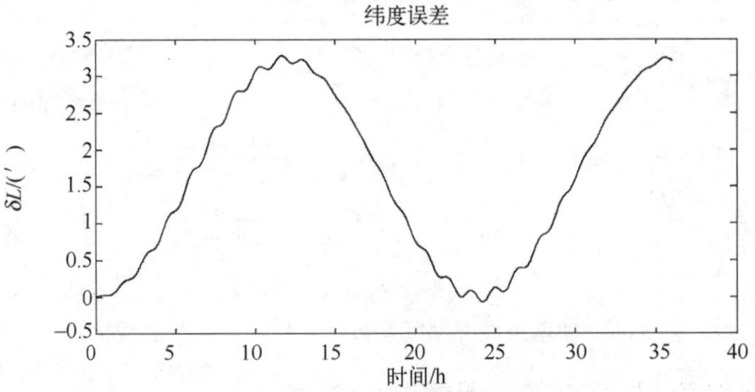

(d) 单轴调制纬度误差

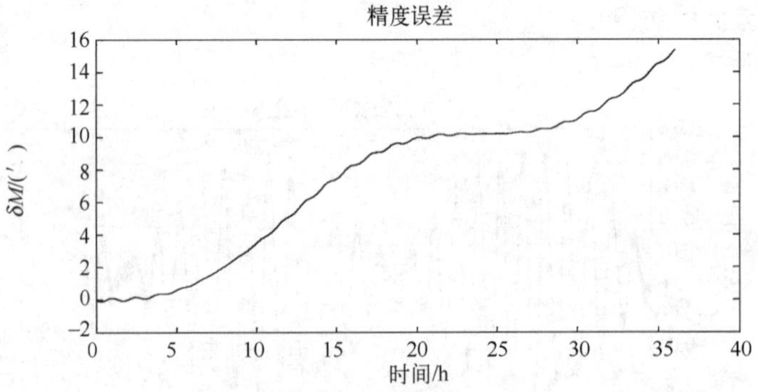

(e) 单轴调制经度误差

图 8-7 静态条件下常值误差曲线仿真

2）动态条件下(图 8-8)

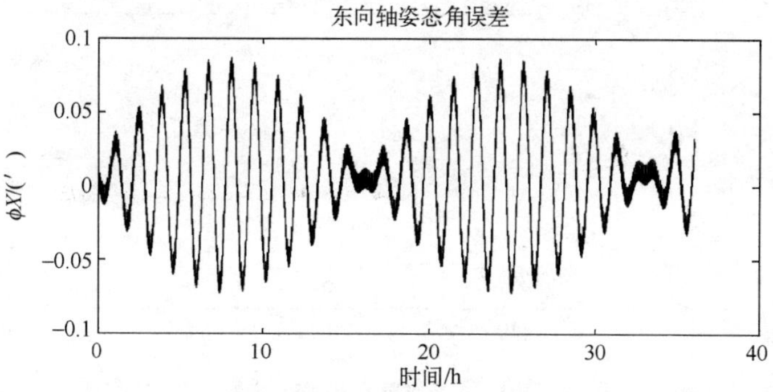

(a) 单轴旋转调制东向轴姿态角误差

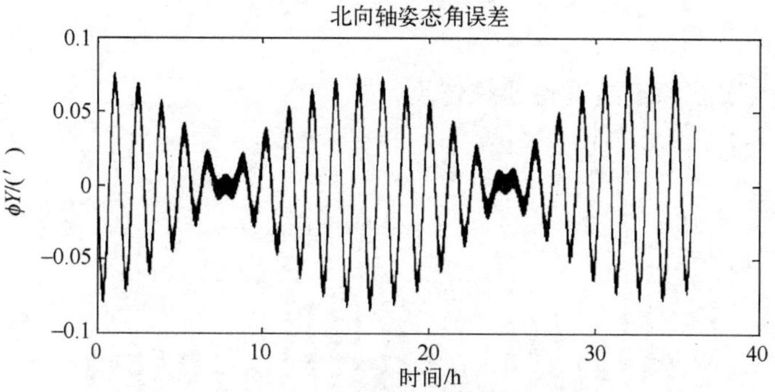

(b) 单轴旋转调制北向轴姿态角误差

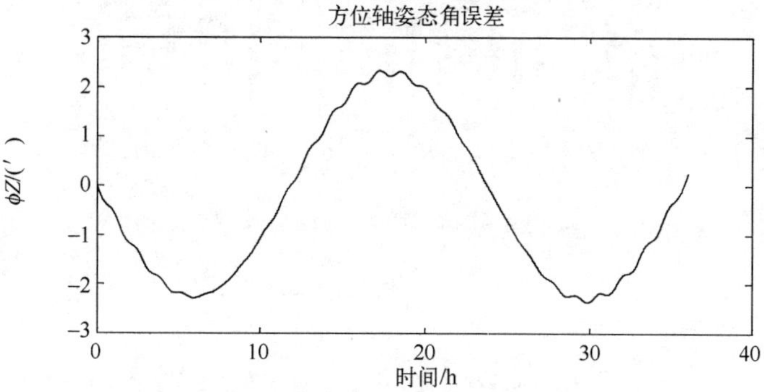

(c) 单轴旋转调制方位轴姿态角误差

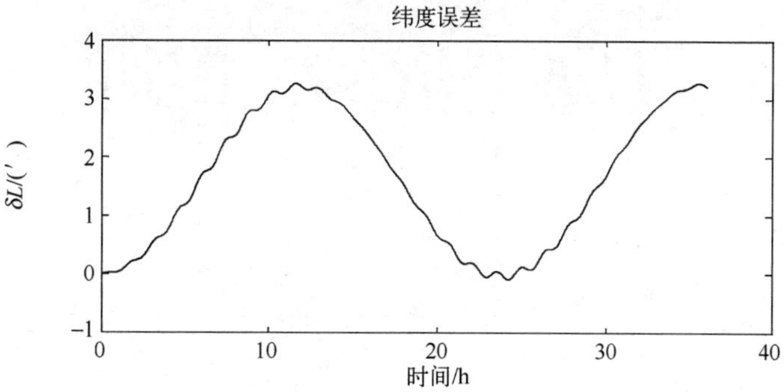

(d) 单轴旋转调制纬度误差

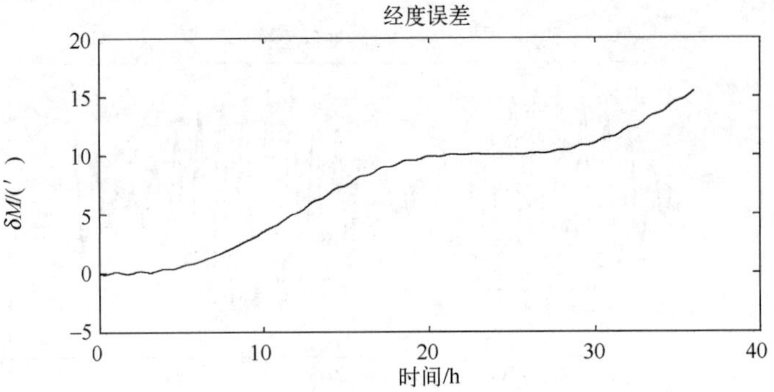

(e) 单轴旋转调制经度误差

图 8-8　动态条件下常值误差曲线仿真

2. 刻度系数误差和安装误差曲线仿真

1) 静态条件下(图 8-9)

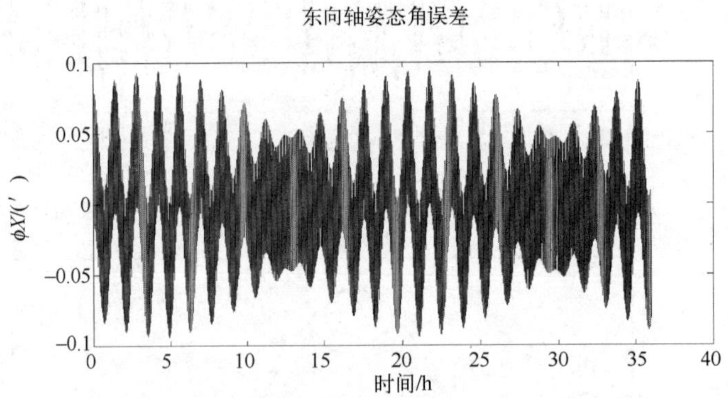

(a) 单轴旋转调制东向轴姿态角误差

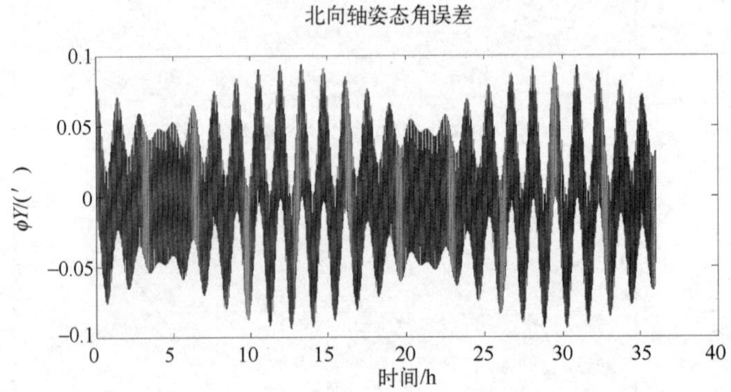

(b) 单轴旋转调制北向轴姿态角误差

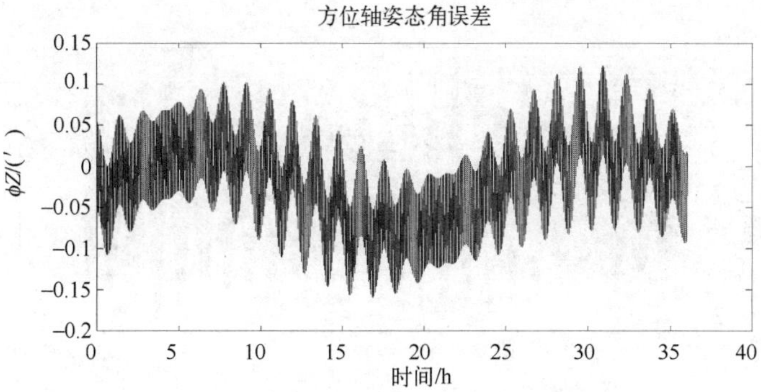

(c) 单轴旋转调制方位轴姿态角误差

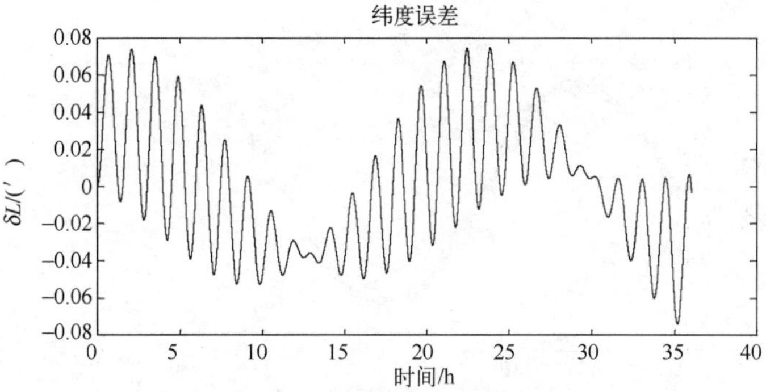

(d) 单轴旋转调制纬度误差

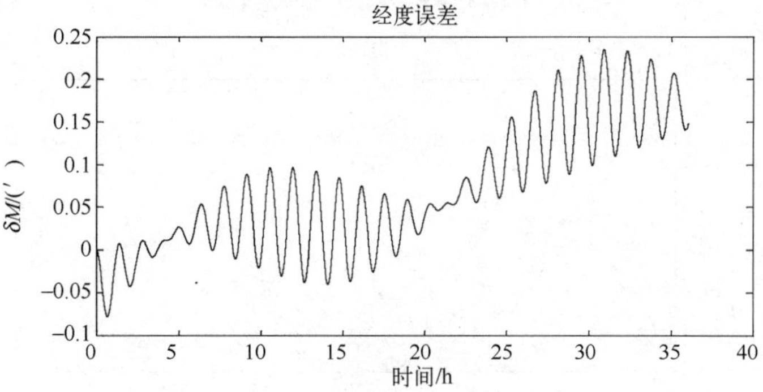

(e) 单轴旋转调制经度误差

图 8-9　静态条件下刻度误差和安装误差曲线仿真

2）动态条件下(图 8-10)

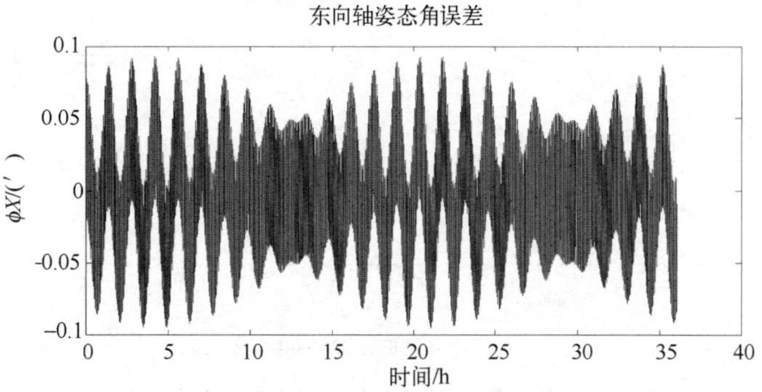

(a) 单轴旋转调制东向轴姿态角误差

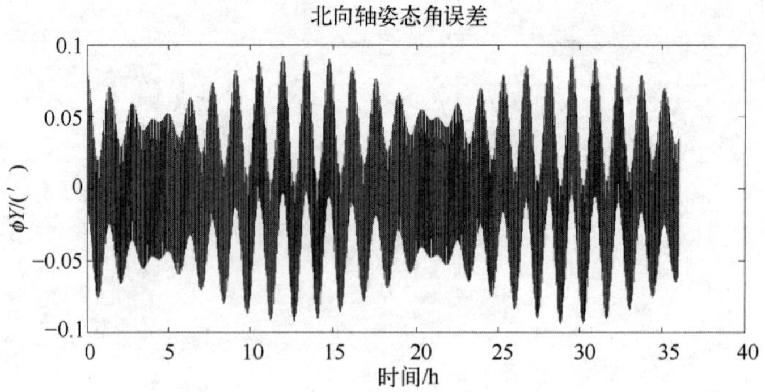

(b) 单轴旋转调制北向轴姿态角误差

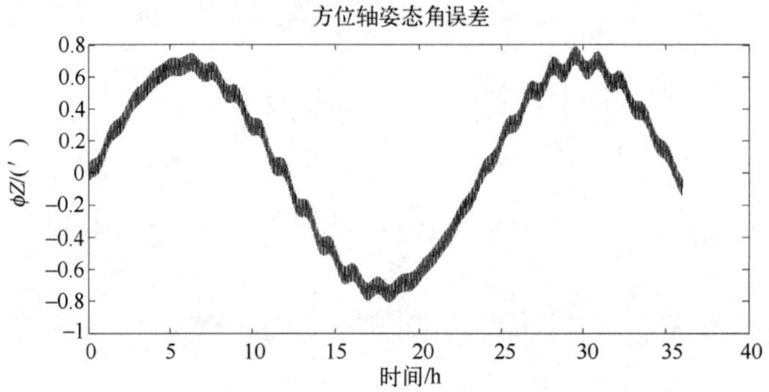

(c) 单轴旋转调制方位轴姿态角误差

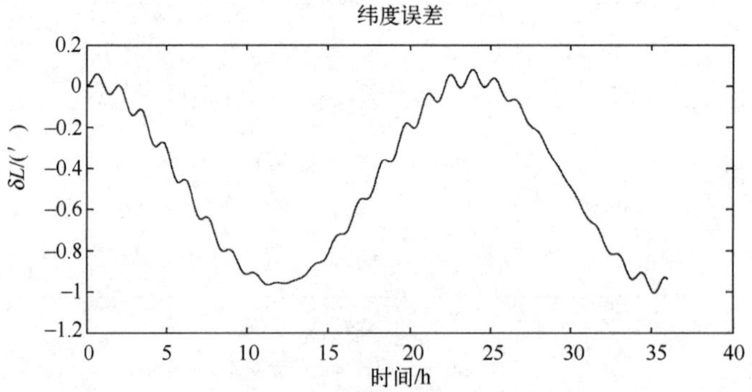

(d) 单轴旋转调制纬度误差

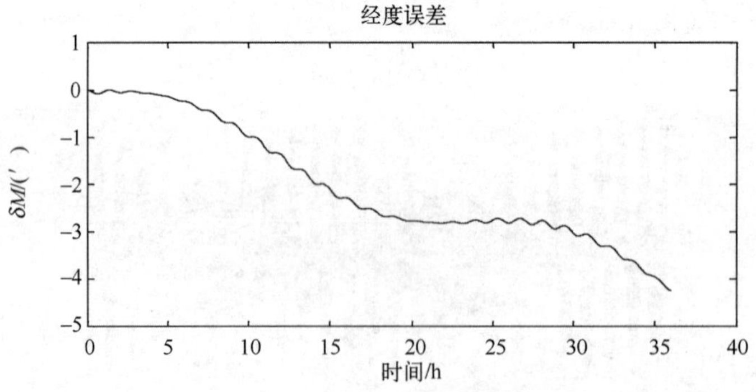

(e) 单轴旋转调制经度误差

图 8-10　动态条件下刻度误差和安装误差曲线仿真

8.5.4 双轴间歇转位旋转调制方案误差曲线仿真

1. 常值误差曲线仿真

1) 静态条件下(图 8-11)

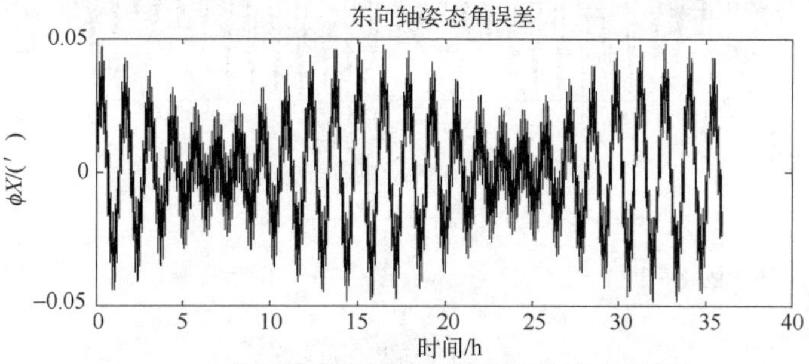

(a) 双轴间歇转位旋转调制东向轴姿态角误差

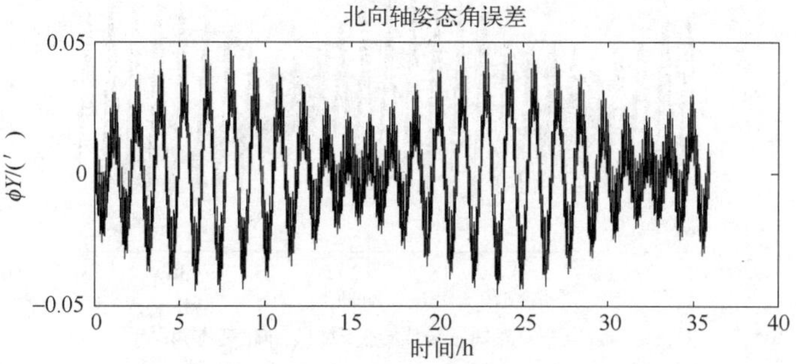

(b) 双轴间歇转位旋转调制北向轴姿态角误差

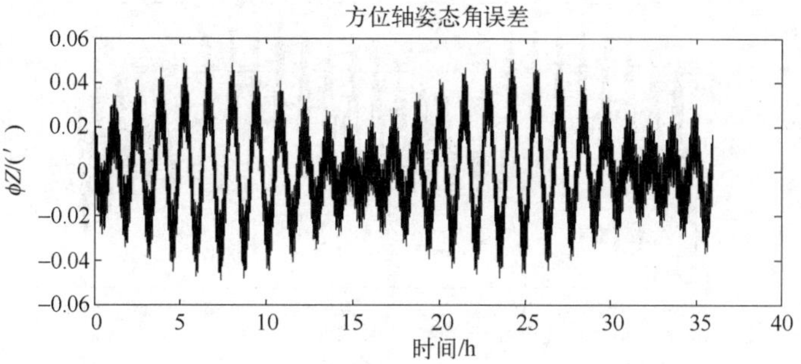

(c) 双轴间歇转位旋转调制方位轴姿态角误差

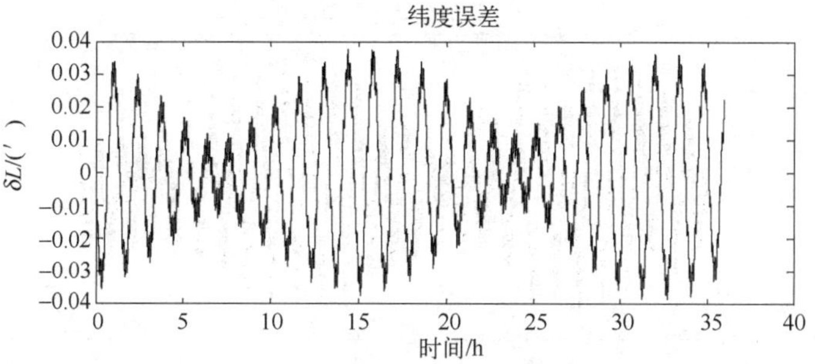

(d) 双轴间歇转位旋转调制纬度误差

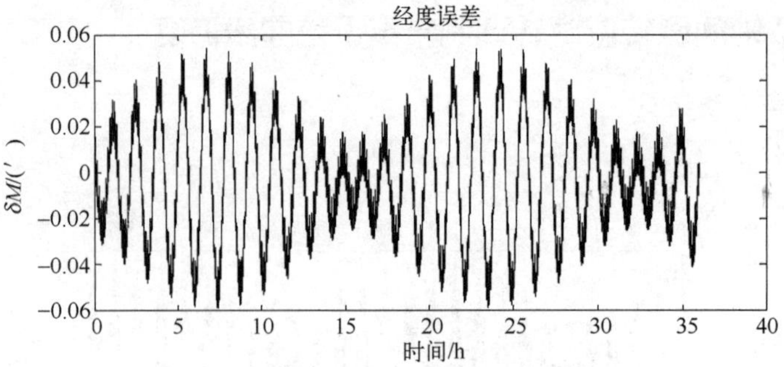

(e) 双轴间歇转位旋转调制经度误差

图 8-11　静态条件下常值误差曲线仿真

2）动态条件下（图 8-12）

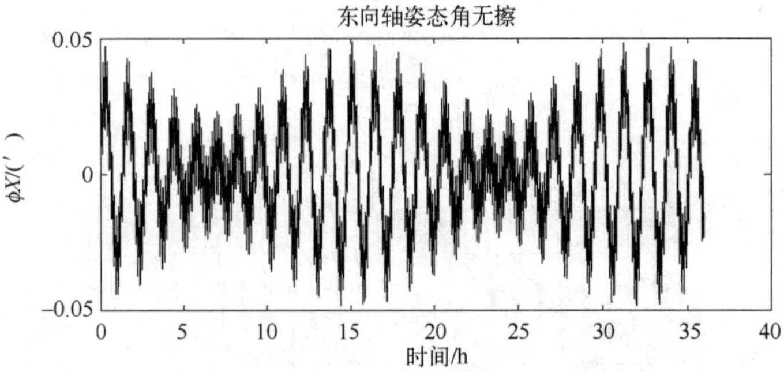

(a) 双轴间歇转位旋转调制东向轴姿态角误差

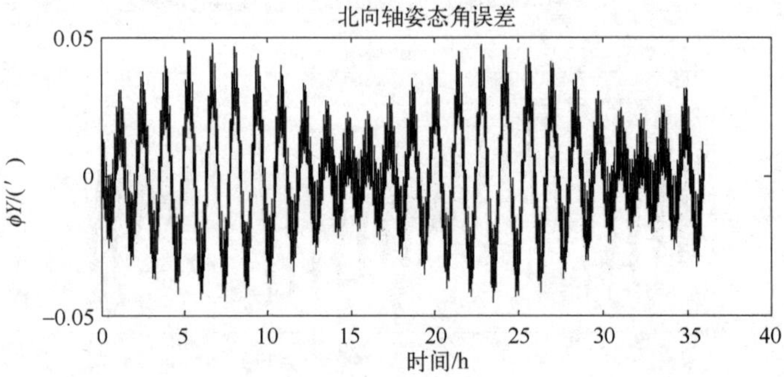

(b) 双轴间歇转位旋转调制北向轴姿态角误差

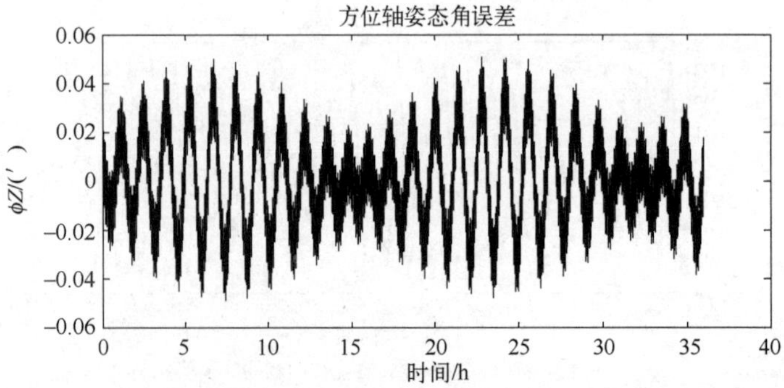

(c) 双轴间歇转位旋转调制方位轴姿态角误差

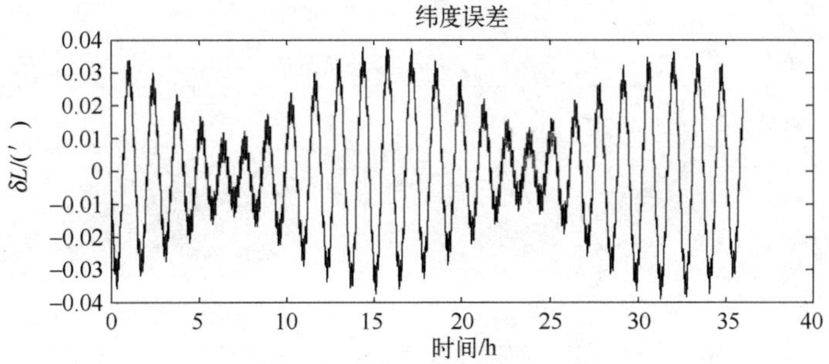

(d) 双轴间歇转位旋转调制纬度误差

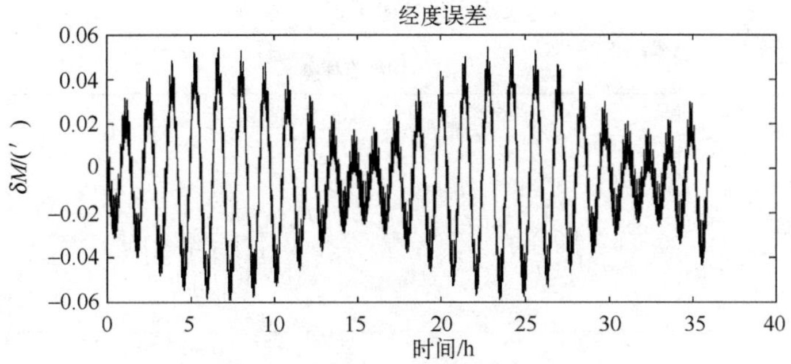

(e) 双轴间歇转位旋转调制经度误差

图 8-12　动态条件下常值误差曲线仿真

2. 刻度系数误差和安装误差曲线仿真

1）静态条件下(图 8-13)

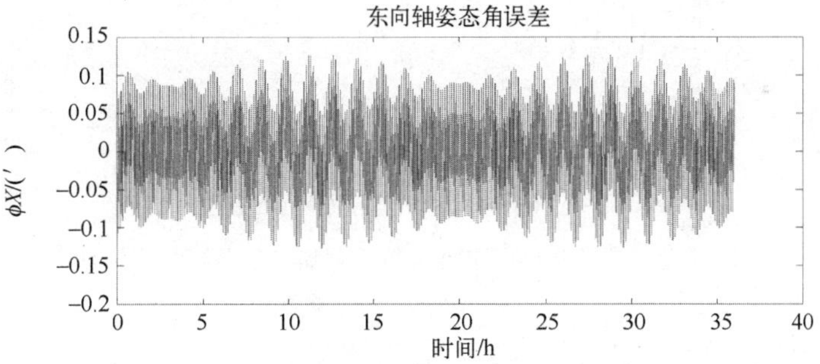

(a) 双轴间歇转位旋转调制东向轴姿态角误差

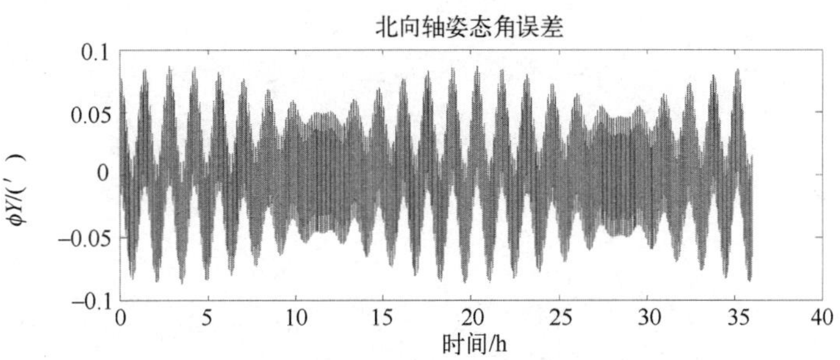

(b) 双轴间歇转位旋转调制北向轴姿态角误差

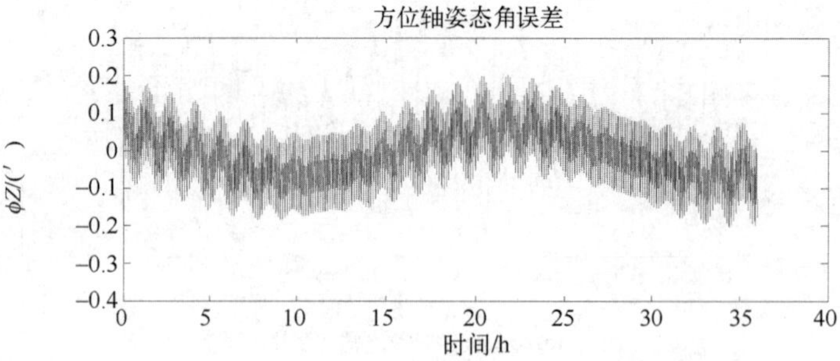

(c) 双轴间歇转位旋转调制方位轴姿态角误差

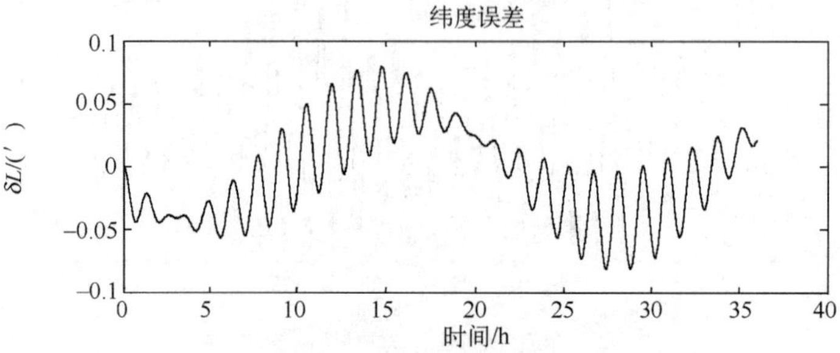

(d) 双轴间歇转位旋转调制纬度误差

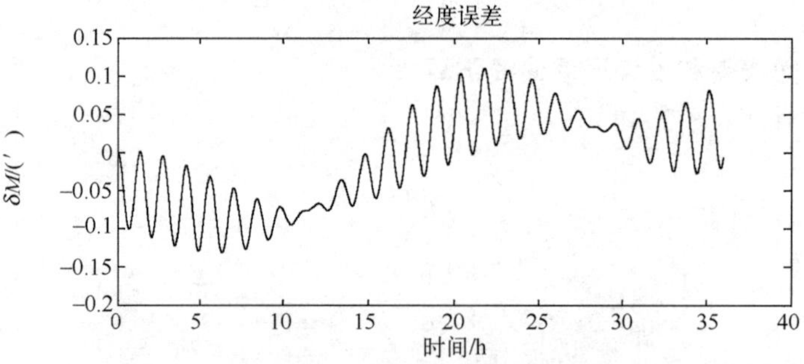

(e) 双轴间歇转位旋转调制经度误差

图 8-13　静态条件下刻度系数误差和安装误差曲线仿真

2）动态条件下(图 8-14)

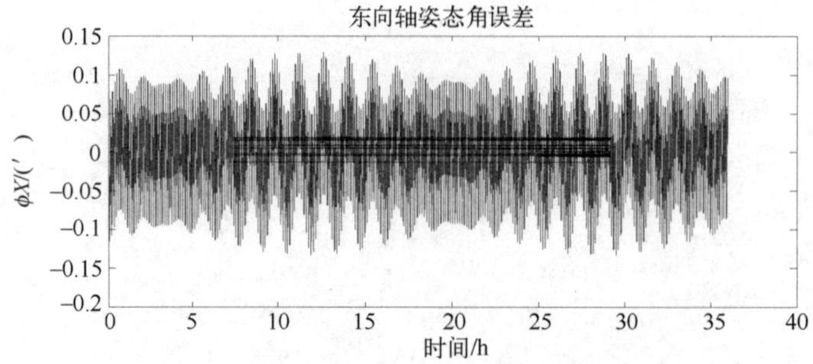

(a) 双轴间歇转位旋转调制东向轴姿态角误差

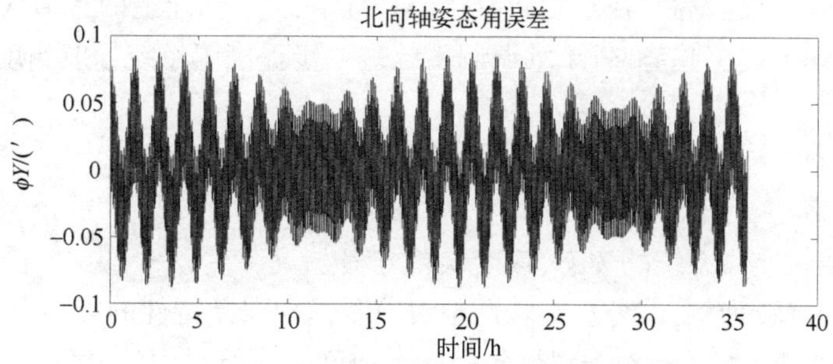

(b) 双轴间歇转位旋转调制北向轴姿态角误差

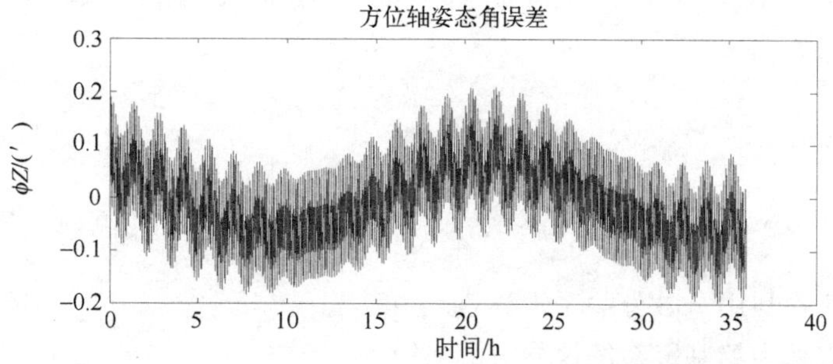

(c) 双轴间歇转位旋转调制方位轴姿态角误差

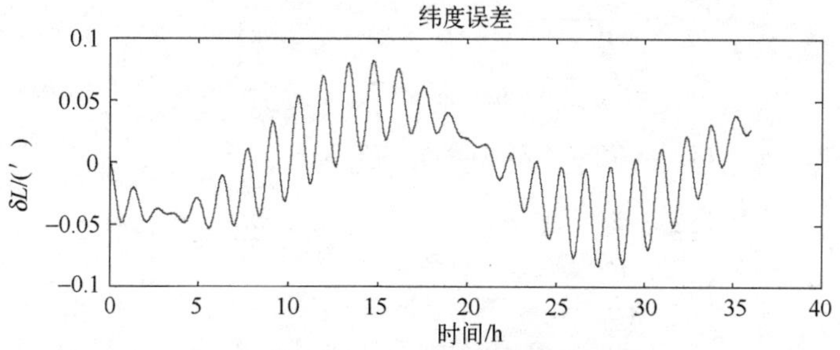

(d) 双轴间歇转位旋转调制纬度误差

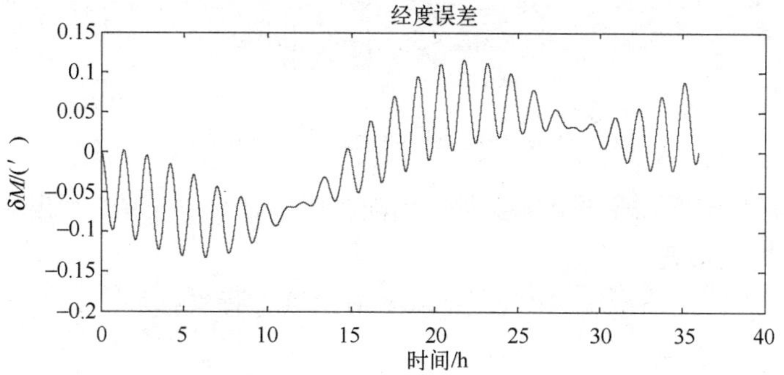

(e) 双轴间歇转位旋转调制经度误差

图 8-14　动态条件下刻度系数误差和安装误差曲线仿真

仿真实验结果表明:旋转调制仅对惯性测量组件的常值误差和低频段误差有作用,调制效果还和旋转方式有关;连续旋转会由于旋转轴上的刻度系数误差引入和旋转相关的新的误差,因此必须采用正反转停的旋转方略加以消除;单轴旋转调制能够有效提高系统导航精度,但它仅可以补偿惯性元件在与旋转轴垂直方向的误差项。为使惯性组件 3 个方向上的误差均可得到调制;在双轴间歇转位系统中,3 个轴向上的常值误差都得到了调制,经度误差出现了震荡趋势,较单轴调制系统进一步提高了系统导航精度。

思 考 题

(1) 推导捷联惯导系统的姿态、速度误差方程。

(2) 以单轴旋转为例,试分析旋转调制对捷联惯导误差特性的影响。

(3) ω_{in}^n是导航坐标系相对于惯性空间的角速度在导航系中的分量。其表达式如下:

$$\omega_{in}^n=\begin{bmatrix} -\dfrac{v_N}{R} \\ \omega_{ie}\cos L+\dfrac{v_E}{R} \\ \omega_{ie}\sin L+\dfrac{v_E}{R}\tan L \end{bmatrix}$$

根据该表达式利用全微分关系推导 $\delta\omega_{in}^n$的表示。

(4) 下列方程为静基座系统误差方程

$$\delta\dot{\lambda}=\frac{\delta v_x \sec L}{R}$$

$$\begin{cases} \delta\dot{v}_x=2\omega_{ie}\sin L\delta v_y-\phi_y g+\nabla_x \\ \delta\dot{v}_y=-2\omega_{ie}\sin L\delta v_x+\phi_x g+\nabla_y \\ \delta\dot{E}=\dfrac{\delta v_y}{R} \\ \dot{\varphi}_x=\dfrac{\delta v_y}{R}+\phi_y\omega_{ie}\sin L-\phi_z\omega_{ie}\cos L+\varepsilon_x \\ \dot{\varphi}_y=\dfrac{\delta v_x}{R}-\omega_{ie}\sin L\cdot\delta L-\phi_x\omega_{ie}\sin L+\varepsilon_y \\ \dot{\varphi}_z=\dfrac{\delta v_x}{R}\tan L+\omega_{ie}\cos L\cdot\delta L+\phi_z\omega_{ie}\cos L+\varepsilon_z \end{cases}$$

根据上述误差方程忽略两个速度间相互耦合影响的傅科回路,写出方程的特征多项式,分析误差的周期形式。

(5) 下式为旋转惯导系统的误差方程,请阐述该方程与捷联式惯导系统误差方程的主要区别,并说明其物理意义。

$$\dot{\boldsymbol{\phi}}^n=-\boldsymbol{\omega}_{in}^n\times\boldsymbol{\phi}^n+\boldsymbol{\delta\omega}_{in}^n-\boldsymbol{C}_b^n\boldsymbol{C}_s^b\boldsymbol{\delta\omega}_{is}^s$$

$$\boldsymbol{\delta}\dot{\boldsymbol{v}}^n=\boldsymbol{f}^n\times\boldsymbol{\phi}^n+\boldsymbol{C}_b^n\boldsymbol{C}_s^b\delta\boldsymbol{f}^s-(2\boldsymbol{\omega}_{ie}^n+\boldsymbol{\omega}_{en}^n)\times\delta\boldsymbol{v}^n-(2\delta\boldsymbol{\omega}_{ie}^n+\delta\boldsymbol{\omega}_{en}^n)\times\boldsymbol{v}^n$$

(6) 设有一绕 Z 轴单向匀速旋转的选择惯导系统,其匀速旋转的转速为 6°/s,其方位陀螺的刻度系数误差仅有 10^{-6},计算此时在 Z 轴上引入的等效陀螺漂移。

第九章　惯性导航系统的阻尼

9.1　惯导阻尼问题的提出

从第七章对无阻尼指北方位惯导系统的误差分析及模拟结果中可以看到,无阻尼指北方位惯导系统是一临界稳定系统,系统的误差是周期振荡性的,而且振幅是不衰减的。在常值误差源作用下,除经度误差随时间增长以外,其余 6 个误差量(2 个速度误差量、3 个平台误差角以及纬度误差)可维持限定幅度的振荡。对于常值误差源,如果能够预先测定的话,是有办法补偿的。如常值陀螺漂移,可以通过向陀螺仪力矩器施矩的方法加以补偿,加速度计的零位偏置误差则可以在惯导计算机的程序编排中进行补偿。但是在实际惯导系统中,影响系统的许多因素是随机性的,如随机性陀螺漂移等。在这些随机性误差源的作用下,系统会产生缓慢的发散过程,误差随着时间增长,振荡的幅度会越来越大,误差的均方根值越来越大。

对于工作时间较长的惯导系统,如舰船上的惯导,要求系统的工作时间长达几天甚至几个月,经过这样长的时间,误差的发散会使系统失去定位能力,因此必须想办法抑制误差的发散。比较有效的办法就是在系统回路中加入校正网络,使系统的特征根具有负的实部,从而使临界稳定的惯导系统变成一个渐进稳定的系统。从自动控制理论的观点看,加入校正网络就是给系统加入了“阻尼”。有了阻尼,系统误差振荡的振幅会随时间增长而衰减。当然,阻尼只能抑制振荡性误差,不能抑制常值和随时间增长的误差分量,如由北向(或方位)陀螺漂移引起的经度误差随时间增长的成分是阻尼不掉的。加入阻尼的惯导系统称为阻尼惯导系统。无阻尼指北方位惯导系统加入阻尼后,就是“阻尼指北方位惯导系统”。

本节以单通道惯导的水平修正回路(指北方位惯导东向轴修正回路)为例说明随机干扰的影响及“阻尼”的作用。

假定误差源中只考虑东向陀螺漂移 ε_x,此时平台东向轴修正回路如图 9-1 所示。

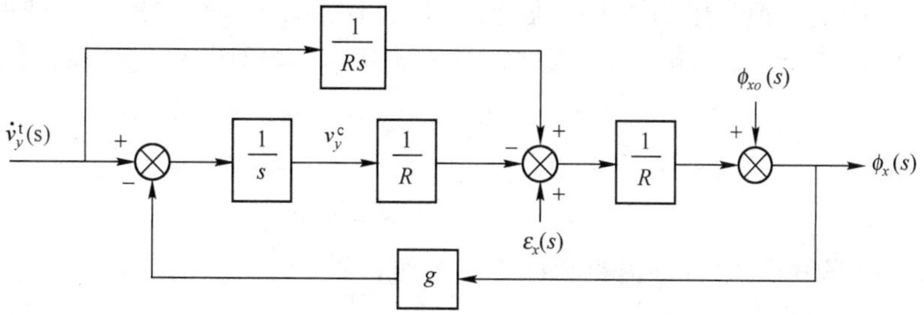

图 9-1　指北方位惯导东向轴修正回路

从陀螺漂移 ε_x 到水平误差角 ϕ_x 的传递函数为

$$\frac{\phi_x(s)}{\varepsilon_x(s)}=\frac{s}{s^2+\dfrac{g}{R}}=\frac{s}{s^2+\omega_s^2} \tag{9-1-1}$$

在陀螺漂移 ε_x 激励下，水平误差角 ϕ_x 的拉氏变换为

$$\phi_x(s)=\frac{s}{s^2+\omega_s^2}\varepsilon_x(s) \tag{9-1-2}$$

式中：ω_s 为舒拉频率。

当 ε_x 为常值时，经拉氏反变换，可求得

$$\phi_x(t)=\frac{\varepsilon_x}{\omega_s}\sin\omega_s t \tag{9-1-3}$$

这表明此时水平误差角是等幅振荡的，且与载体加速度无关（由于回路满足舒拉调谐条件）。

假设陀螺漂移 ε_x 不为常值，而是一零均值白噪声随机过程，其自相关函数为

$$E\{\varepsilon_x(t)\varepsilon_x(\tau)\}=\sigma_{gx}^2\delta(t-\tau) \tag{9-1-4}$$

式中：$\delta(t-\tau)$ 为单位脉冲函数；σ_{gx}^2 为 $\varepsilon_x(t)$ 的方差强度。

根据式(9-1-2)及拉氏变换中的卷积定理，注意到 $\cos\omega_s t$ 的拉氏变换为$\dfrac{s}{s^2+\omega_s^2}$，水平误差角 $\phi_x(t)$ 应为 $\cos\omega_s t$ 与 $\varepsilon_x(t)$ 的卷积：

$$\phi_x(t)=\int_0^t\cos[\omega_s(t-\tau)]\varepsilon_x(\tau)\mathrm{d}\tau \tag{9-1-5}$$

由于 $\varepsilon_x(t)$ 是随机过程，$\phi_x(t)$ 也是随机过程，为反映误差角 $\phi_x(t)$ 的幅度大小，可对式(9-1-5)两边平方后再求数学期望，结合式(9-1-3)、式(9-1-4)可求得

$$E\{\phi_x^2\}=\frac{1}{2\omega_s}\sigma_{gx}^2\left[\omega_s t-\frac{1}{2}\sin(2\omega_s t)\right] \tag{9-1-6}$$

误差角 $\phi_x(t)$ 的稳态均方根值为

$$\sigma_{\phi_x}(t)=\sqrt{E\{\phi_x^2\}}=\sqrt{\frac{1}{2\omega_s}\sigma_{gx}^2\left[\omega_s t-\frac{1}{2}\sin(2\omega_s t)\right]}\approx\frac{1}{\sqrt{2\omega_s}}\sigma_{gx}\sqrt{\omega_s t} \tag{9-1-7}$$

由此可见，误差角 $\phi_x(t)$ 的幅度是随时间的平方根增长的，假定 $\sigma_{gx}=1''/\mathrm{s}$，$\sigma_{\phi_x}(t)$ 的变化曲线如图 9-2 所示（图中横轴为 $\omega_s t$，单位为 rad）。

白噪声过程是一种假想的噪声过程，实际上是不存在的。我们再看一种更接近实际的情况，即假定 ε_x 为一阶指数相关的随机过程（也称为一阶马尔柯夫过程），此时：

$$\dot{\varepsilon}_x(t)=-\beta_g\varepsilon_x(t)+w(t) \tag{9-1-8}$$

式中：$w(t)$ 为白噪声过程；β_g 为反相关时间。ε_x 的自相关函数为

$$E\{\varepsilon_x(t)\varepsilon_x(\tau)\}=\sigma_{gx}^2\mathrm{e}^{-\beta_g|t-\tau|} \tag{9-1-9}$$

此时，可求得误差角 $\phi_x(t)$ 的均方根值的近似表达式为

$$\sigma_{\phi_x}(t)=\sqrt{\frac{\beta_g}{\omega_s^2+\beta_g^2}}\sigma_{gx}\sqrt{t} \tag{9-1-10}$$

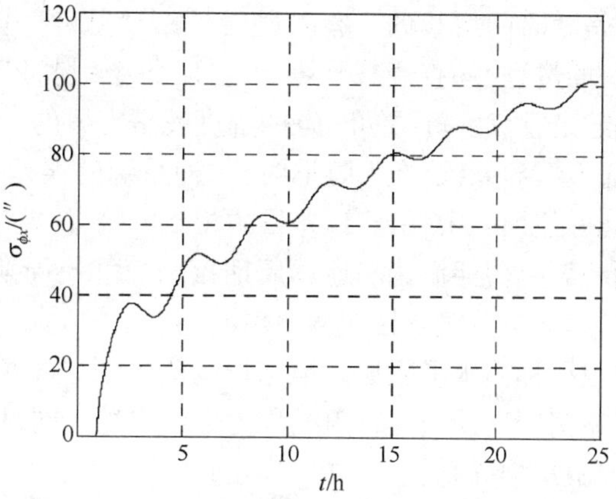

图 9-2　当 ε_x 为白噪声过程时的 $\phi_x(t)$ 均方根值

可见，这种情况下误差角 $\phi_x(t)$ 的幅度也是随时间的平方根增长的。

如果在回路中加入阻尼，情况会怎样呢？回路有阻尼时，将传递函数式(9-1-1)变成：

$$\frac{\phi_x(s)}{\varepsilon_x(t)}=\frac{s}{s^2+2\xi\omega_s s+\omega_s^2} \tag{9-1-11}$$

式中：ξ 为阻尼系数，此时水平误差角 $\phi_x(t)$ 的拉氏变换为

$$\phi_x(s)=\frac{s}{s^2+2\xi\omega_s s+\omega_s^2}\varepsilon_x(s) \tag{9-1-12}$$

仍假定陀螺漂移 ε_x 为一零均值白噪声随机过程，其自相关函数同式(9-1-4)。根据拉氏变换表可知：

$$L^{-1}\left\{\frac{s}{s^2+2\xi\omega_s s+\omega_s^2}\right\}=-\frac{1}{\sqrt{1-\xi^2}}\mathrm{e}^{-\xi\omega_s t}\sin(\omega_s\sqrt{1-\xi^2}\,t-\arctan^{-1}\frac{\sqrt{1-\xi^2}}{\xi})$$

$\phi_x(t)$ 应为上面的函数与 $\varepsilon_x(t)$ 的卷积：

$$\phi_x(t)=-\int_0^t\varepsilon_x(t-\tau)\frac{1}{\sqrt{1-\xi^2}}\mathrm{e}^{-\xi\omega_s t}\sin(\omega_s\sqrt{1-\xi^2}\,t-\arctan^{-1}\frac{\sqrt{1-\xi^2}}{\xi})\,\mathrm{d}\tau \tag{9-1-13}$$

此时可以推导出误差角 $\phi_x(t)$ 的均方根值的稳态值为

$$\sigma_{\phi_x}=\sqrt{E\{\phi_x^2\}}\approx\frac{1}{2\sqrt{\omega_s}\sqrt{\xi}}\sigma_{gx} \tag{9-1-14}$$

式(9-1-14)表明，加入阻尼后，$\phi_x(t)$ 的稳态均方根值为与阻尼系数 $1/\sqrt{\xi}$ 成比例的常值，是有界的。ξ 越大，$\phi_x(t)$ 的稳态均方根值越小。这说明，阻尼是抑制随机干扰作用下系统误差发散的有效办法。

对于无阻尼系统中误差角 $\phi_x(t)$ 幅值随时间增长的现象，可以这样来理解。满足舒拉调谐的单通道惯导的水平修正回路，是一个无阻尼的二阶振荡系统。陀螺随机漂移对系统的激励作用，可以看成是一系列的随机“脉冲”，每个“脉冲”作用于水平回路时，都会使误差角 ϕ_x 产生一个等幅振荡的误差成分，总的误差角 ϕ_x 为一系列等幅振荡的误差成

分的迭加,所以其幅度是随时间增长的。有阻尼后,每个"脉冲"作用于水平回路产生的误差角是一个衰减振荡的过程,一直衰减到零。这样,每个"脉冲"的作用经过一段时间后就消失了,不会积累起来,因此总误差角 ϕ_x 的幅度就是有界的。

上面讨论的是单通道惯导系统,在无阻尼时,这种系统的误差只呈现舒拉振荡周期。而在实际的无阻尼指北方位惯导中,由于误差量的相互影响,误差中有两种周期性振荡成分,即受傅科周期调制的舒拉周期振荡和地球周期振荡。舒拉周期振荡误差是误差源激励平台水平修正回路引起的。故对舒拉周期振荡误差进行阻尼要通过在水平回路中加入校正网络来进行,这种阻尼称为水平阻尼。地球振荡周期误差主要表现在方位误差和纬度误差上,因此对地球振荡周期误差进行阻尼称为方位阻尼。同时,采用水平阻尼和方位阻尼的惯导系统称为全阻尼惯导系统。

如果有其他测量设备能测定载体速度,也可将此速度信息引入到惯导水平回路中帮助进行水平阻尼,这种方法称为外水平阻尼。外阻尼惯导系统由于要和其他测量设备协同工作,实际上这是一种组合导航系统。

无阻尼惯导系统的水平修正回路是完全满足舒拉调谐条件的,系统加入水平阻尼后会破坏水平修正回路的舒拉调谐条件,也就是说,系统会受载体加速度的干扰,这是阻尼带来的不利方面。对于在飞机、导弹等载体中使用的惯导,由于载体加速度比较大,系统满足舒拉条件是首要的,同时惯导的工作时间又比较短,误差积累的问题不十分突出,综合考虑起来,使用无阻尼惯导系统是有利的。但对于舰船惯导,由于连续使用时间较长,权衡利弊,应当在系统中加入适当的阻尼,以抑制惯导误差的积累。

本章后续各节分别介绍在指北方位惯导中引入水平阻尼和方位阻尼的基本原则和方法以及引入阻尼后的系统误差,最后介绍统一的指北方位惯导方程。

9.2 水平阻尼

水平阻尼的目的就是使惯导水平修正回路成为具有阻尼的回路,使系统误差中的舒拉周期振荡成分衰减下来。水平阻尼的实现方法就是在水平修正回路中加一校正网络。本节介绍水平阻尼校正网络的引入方案、选择网络的原则与方法,以及有水平阻尼时惯导的误差特性。

9.2.1 水平校正网络的引入和确定方法

我们仍以单通道惯导东向轴修正回路为例,说明实现水平阻尼的校正网络的引入方法。在图 7-1 所示的单通道惯导水平修正回路中(即舒拉回路),在两个积分环节之间加上校正网络 $H_y(s)$,此时回路方块图如图 9-3 所示。

当 $H_y(s)=1$ 时,框图就是无阻尼的情况,此时回路完全满足舒拉调谐条件,载体的加速度对平台的水平误差角 ϕ_x 没有影响。选取适当的校正网络,可以使单通道系统具有阻尼,此时可以使由加速度计误差 ΔA_y、等效东向陀螺漂移 ε_x 及初始误差角 ϕ_{x0} 引起的周期振荡性水平误差角衰减下来,但此时由于 $H_y(s)\neq 1$,系统的无干扰条件,即舒拉调谐条件就不能满足了,载体的机动会使系统产生水平误差。因此,加入的水平阻尼 $H_y(s)$ 网络选取的原则是,既要使系统具有阻尼性质,又要使 $H_y(s)$ 尽可能接近于 1,以尽量减小阻尼带来的不利影响。闭环系统的阻尼系数 ξ 越大，阻尼效果越好。但从水平回路满足舒拉调谐条件方面考虑，阻尼系数越小越好，综合考虑起来，一般选取 $\xi=0.5$ 左右。

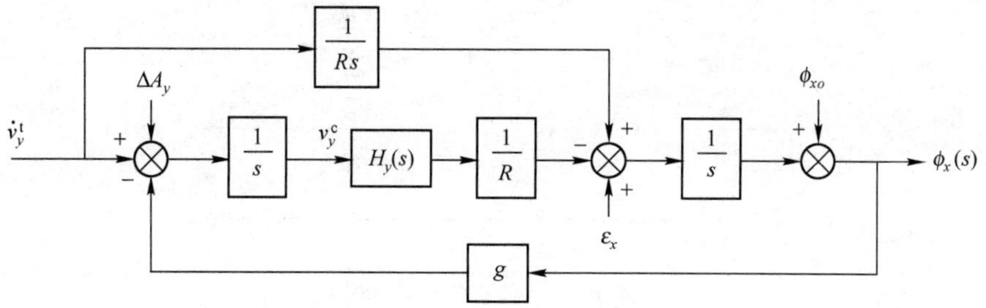

图 9-3 单通道水平阻尼框图

在无阻尼系统中引入校正网络，使系统具有阻尼特性，使之变成稳定的系统，从自动控制的角度看，就是对系统进行校正。

最简单的校正网络可采用下面的形式：

$$H_y(s)=1+\frac{2\xi}{\omega_s}s \tag{9-2-1}$$

无阻尼时，系统的环路增益（即开环传递函数）为

$$G(s)=\frac{g}{Rs^2}=\frac{\omega_s^2}{s^2} \tag{9-2-2}$$

系统的特征方程为

$$\Delta=1+G(s)=1+\frac{\omega_s^2}{s^2}=0 \tag{9-2-3}$$

即

$$s^2+\omega_s^2=0 \tag{9-2-4}$$

引入的校正网络后，闭环系统的特征方程可以根据梅逊公式直接列写：

$$\Delta=1+G(s)H_y(s)=0 \tag{9-2-5}$$

即

$$s^2+\omega_s^2H_y(s)=0 \tag{9-2-6}$$

代入式(9-2-1)、式(9-2-2)，有

$$s^2+2\xi\omega_s s+\omega_s^2=0 \tag{9-2-7}$$

可见，闭环系统仍为二阶系统，式(9-2-1)中的 ξ 就是校正后闭环系统的阻尼比。选择 $\xi=0.5$ 即可，但这是一个纯微分网络，对噪声比较敏感，工程上不宜采用。

一般情况下，$H_y(s)$ 具有比较复杂的形式，式(9-2-5)不一定是二阶的，可以是高阶的。但可以将高阶系统等效成二阶系统，使等效系统的阻尼比为 0.5 左右。此时要用解析的方法获取 $H_y(s)$ 的形式和参数是非常困难的。比较适用的方法是利用自控原理中的频率特性法来设计校正网络。

单通道无阻尼水平回路是一临界稳定的二阶系统，其开环传递函数 $G(s)$ 的对数频率特性 $G(j\omega)$ 如图 9-4 所示。对数幅频特性为一条斜率为“-40dB/dec”的直线，与零分贝线交于 ω_s 点。相频特性也是一条直线，具有-180°的相移，系统的相位裕度为 0。这表明系统是处于临界稳定状态。

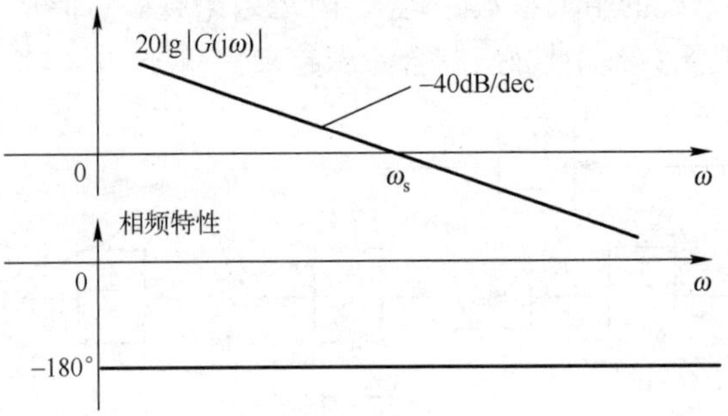

图 9-4　无阻尼水平回路的开环对数频率特性

加入校正网络后，系统的开环传递函数为

$$G(s)H_y(s)=\frac{\omega_s^2}{s^2}H_y(s) \tag{9-2-8}$$

开环频率特性为 $G(j\omega)H_y(j\omega)$。为使系统稳定，必须在 $\omega=\omega_s$ 附近，由 $H_y(j\omega)$ 提供正相移。如何判断系统的阻尼系数为 0.5 呢？我们知道，对于二阶系统，闭环增益的相对谐振峰 M_r 与阻尼系数 ξ 具有下列关系：

$$\begin{cases} M_r=\dfrac{1}{2\xi\sqrt{1-\xi^2}} & (\text{当 } \xi\leqslant 0.7) \\ \xi=\sqrt{\dfrac{1-\sqrt{1-\dfrac{1}{M_r^2}}}{2}} & (\text{当 } M_r\geqslant 1) \end{cases} \tag{9-2-9}$$

当 M_r 为 1dB 时（$M_r=1.12$），$\xi=0.5$。对于高阶系统可以等效成二阶系统，上述关系也近似成立。这样，我们可以在初步确定校正网络后，用 Nichals 图作出闭环增益和相位曲线。如果加入校正网络后，闭环增益的相对谐振峰为 1dB，说明系统的等效阻尼系数约为 0.5。若不合适，则要重新选择网络参数，反复尝试，直至网络参数满足要求为止。为使校正网络的不利影响尽量小，在保证等效阻尼比 $\xi=0.5$ 的前提下，在高频和低频处应使 $H_y(j\omega)$ 的增益为 0dB（这里高频和低频均是相对舒拉角频率而言）。

注意：上面所说的闭环增益可以是从陀螺漂移到水平误差角的闭环增益，也可以是从加速度计零位误差到水平误差角的闭环增益等。在同一回路中，从不同的输入点到输出点的闭环增益可能不同，但各闭环增益的相对谐振峰是一样的。

用反复试探的方法，可以得到多种能满足要求的网络 $H_y(s)$，例如：

$$H_1(s)=\frac{(s+8.80\times10^{-4})(s+1.97\times10^{-2})^2}{(s+4.41\times10^{-3})(s+8.90\times10^{-3})^2} \tag{9-2-10}$$

$$H_2(s)=\frac{(s+8.5\times10^{-4})(s+9.412\times10^{-2})}{(s+8.0\times10^{3})(s+1.0\times10^{-2})} \tag{9-2-11}$$

其对数频率特性如图 9-5 所示。

两种网络在 $\omega=\omega_s$（$\omega_s=0.001239$）附近能提供正相移，在高频和低频处增益趋近于 0dB，且将此网络加入到水平回路中后，水平回路的闭环增益有 1dB 的相对谐振峰（要利用 Nichals 图作出的闭环增益曲线来判断),即相当于有等效阻尼系数为 0.5。

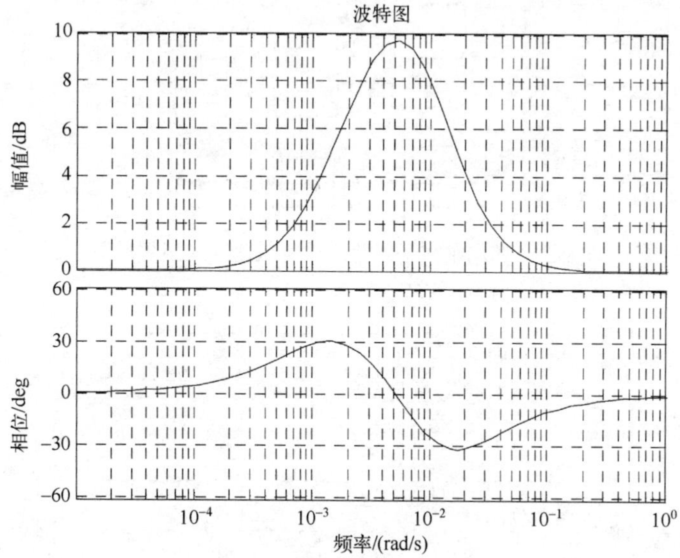

(a) 网络$H_1(s)$的对数频率特性

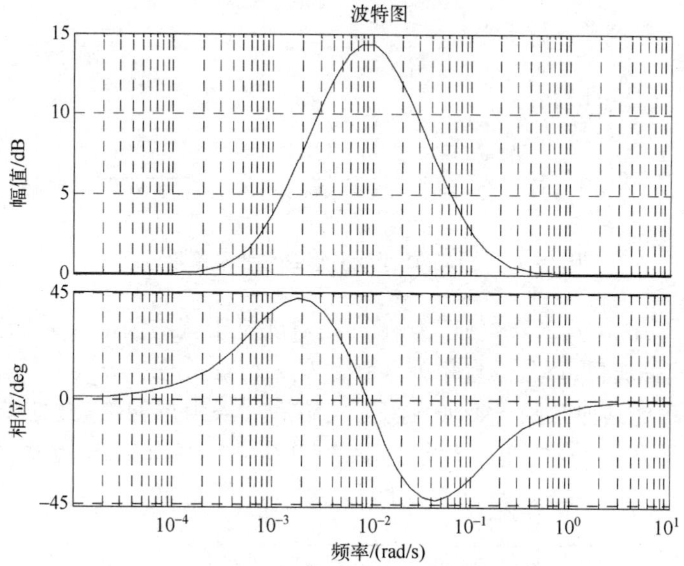

(b) 网络$H_2(s)$的对数频率特性

图 9-5　网络 $H_1(s)$、$H_2(s)$的对数频率特性

对校正网络引入系统后的效果,应该从两个方面去考察:一是考察其阻尼效果,即在同样的随机干扰源作用下系统稳态误差的幅度越小越好;二是考察其对系统的不利影响,即系统对载体加速度的敏感程度越小越好。

引入阻尼后,系统对载体加速度的敏感性可以用计算机模拟的方法来考察:给系统加上一节阶跃速度激励(相当于加初始速度),看水平误差角在过渡过程中的变化幅度情况。图 9-6 是东向轴水平回路加载阶跃速度的函数框图,图中不考虑加速度计误差及陀螺漂移以及载体的运动,只考虑初始速度。图 9-7 示出了系统采用 $H_1(s)$、$H_2(s)$在一节的阶跃速度作用下系统水平误差角 $\phi_x(t)$ 的变化曲线。从图中看出，当有速度阶跃时，在前一两个舒拉周期中，系统会有较大的水平误差角，然后逐步衰减下来。

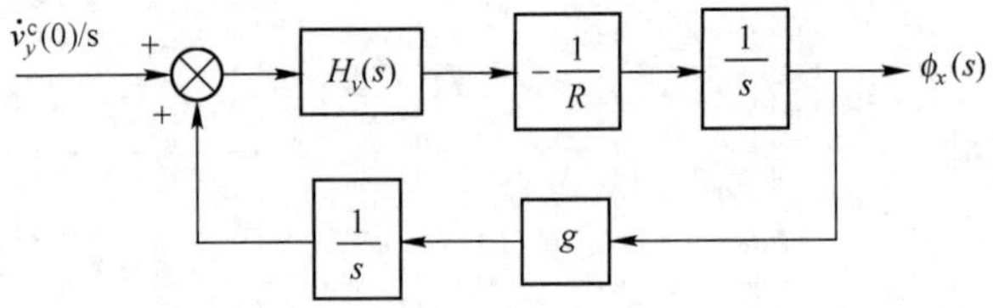

图 9-6　东向轴水平回路加载阶跃速度的函数框图

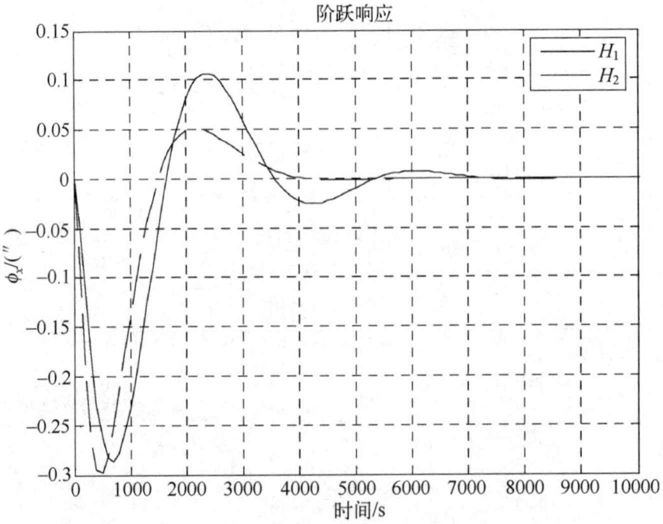

图 9-7　一节阶跃速度引起的水平误差角 $\phi_x(t)$

可以通过计算机仿真来观察加入阻尼网络对随机干扰的阻尼效果，仍假定陀螺漂移 ε_x 为一阶指数相关随机过程，其自相关函数为 $E\{\varepsilon_x(t)\varepsilon_x(\tau)\}=\sigma_{gx}^2 e^{-\beta_g|t-\tau|}$，假设相关时间为 $1/\beta_g=3\text{h}$，不考虑其他激励。不加入阻尼网络和加入阻尼网络（此处模拟的加入的是 $H_2(s)$），水平误差角 $\phi_x(t)$ 的变化曲线分别如图 9-8(a)、9-8(b)所示，图 9-8(a)中 $\phi_x(t)$ 是发散的，而图 9-8(b)中 $\phi_x(t)$ 是有界的。

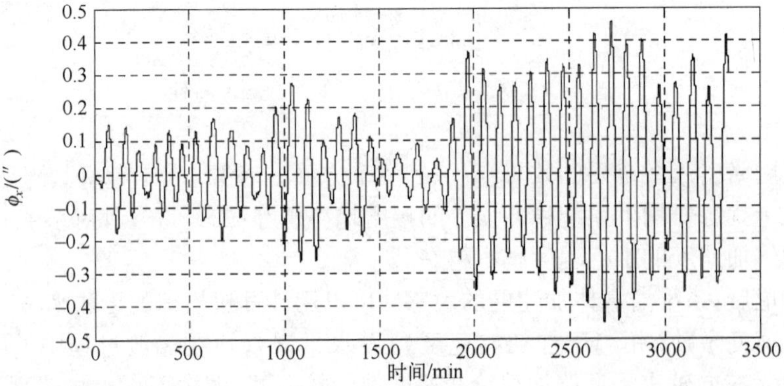

(a) 无阻尼网络

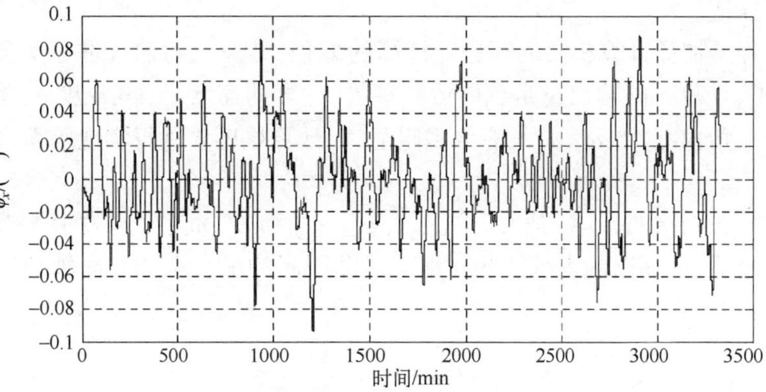

(b) 有阻尼网络$H_2(s)$

图 9-8　一阶指数相关随机过程引起的水平误差角 $\phi_x(t)$

9.2.2　三通道指北方位惯导的水平阻尼及基本方程

以上介绍了单通道惯导的水平阻尼。实际的惯导系统有两条水平回路和一条方位回路,且彼此之间存在耦合,因此为三通道惯导。在三通道指北方位惯导系统中对两条水平修正回路进行水平阻尼时,两条回路中都要引入校正网络。具体方法是,在计算出北向速度 v_y^c 后,加入用于东向轴修正回路阻尼的校正网络 $H_y(s)$;在计算出东向速度 v_x^c 后,加入用于北向轴水平修正回路阻尼的校正网络 $H_x(s)$。阻尼的实现,实际上体现在惯导计算机的程序编排中,因为校正网络的传递函数模型实际上就是描述了网络输入输出量之间的微分方程,在计算机中用解微分方程的方法,就可以实现"校正网络"的作用。根据这种思路,参照无阻尼指北方位惯导的控制框图,容易画出有水平阻尼时惯导的控制框图,如图 9-9 所示。

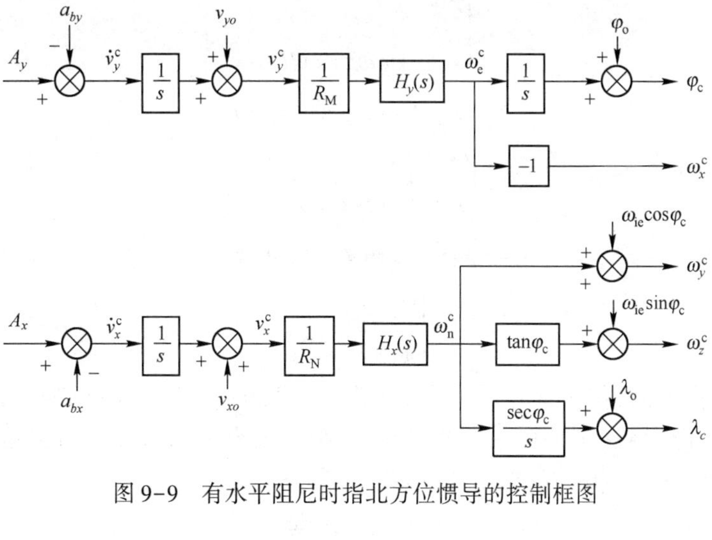

图 9-9　有水平阻尼时指北方位惯导的控制框图

与无阻尼惯导一样，有水平阻尼时的惯导也可用控制方程、基本方程和误差方程从不同的侧面来描述。

控制方程是惯导计算机要实际进行计算的方程，计算机的输入量是平台上加速度计的输出 A_x、A_y，计算机的输出量是载体运动参数（计算的速度 v_x^c、v_y^c、经度 φ_c 和纬度 λ_c）及对平台的指令角速度 ω_x^c、ω_y^c、ω_z^c。有水平阻尼时，计算机还要进行实现所需“校正网络”的有关计算。

为突出校正网络的作用，引入中间变量 ω_{e0}^c、ω_{n0}^c 和 ω_e^c、ω_n^c，分别表示无阻尼和有水平阻尼两种情况下，计算出的由载体相对地球运动引起的平台系绕东向轴负向和北向轴的转动角速度：

$$\begin{cases}\omega_{e0}^c(t)=\dfrac{v_y^c(t)}{R_M}\\[2ex]\omega_{n0}^c(t)=\dfrac{v_x^c(t)}{R_N}\end{cases}\tag{9-2-12}$$

$$\begin{cases}\omega_e^c(s)=\omega_{e0}^c(s)H_y(s)\\\omega_n^c(s)=\omega_{n0}^c(s)H_x(s)\end{cases}\tag{9-2-13}$$

根据图 9-8，在无阻尼惯导的控制方程的基础上，考虑了校正网络后，可以列写出有水平阻尼时指北方位惯导的控制方程如下：

$$\begin{cases}\dot{v}_x^c=A_x+\left(2\omega_{ie}\sin\varphi_c+\dfrac{v_x^c}{R_N}\tan\varphi_c\right)v_y^c\\[2ex]\dot{v}_y^c=A_y-\left(2\omega_{ie}\sin\varphi_c+\dfrac{v_x^c}{R_N}\tan\varphi_c\right)v_x^c\end{cases}\tag{9-2-14a}$$

$$\begin{cases}\omega_{e0}^c=\dfrac{v_y^c}{R_M}\\[2ex]\omega_{n0}^c=\dfrac{v_x^c}{R_N}\\[2ex]\omega_e^c(s)=\omega_{e0}^c(s)H_y(s)\\\omega_n^c(s)=\omega_{n0}^c(s)H_x(s)\end{cases}\tag{9-2-14b}$$

$$\begin{cases}\omega_x^c=-\omega_e^c\\\omega_y^c=\omega_{ie}\cos\varphi_c+\omega_n^c\\\omega_z^c=\omega_{ie}\sin\varphi_c+\omega_n^c\tan\varphi_c\end{cases}\tag{9-2-14c}$$

$$\begin{cases}\dot{\varphi}_c=\omega_e^c\\\dot{\lambda}_c=\omega_n^c\sec\lambda_c\end{cases}\tag{9-2-14d}$$

注意，上面的方程组中含有以拉氏变换形式出现的方程式(9-2-14)，此式实际上代表了一组由校正网络决定的微分方程。选用的校正网络不同时，微分方程也是不同的。例如，当 $H_y(s)$ 采用上面的式(9-2-1)形式时，有

$$H_y(s)=1+\frac{2\xi}{\omega_s}s\tag{9-2-15}$$

$$\omega_{\mathrm{e}}^{\mathrm{c}}(s)=\omega_{\mathrm{e0}}^{\mathrm{c}}(s)\left(1+\frac{2\xi}{\omega_{\mathrm{s}}}s\right) \tag{9-2-16}$$

对应的微分方程为

$$\omega_{\mathrm{e}}^{\mathrm{c}}(t)=\omega_{\mathrm{e0}}^{\mathrm{c}}(t)+\frac{2\xi}{\omega_{\mathrm{s}}}\dot{\omega}_{\mathrm{e0}}^{\mathrm{c}}(t) \tag{9-2-17}$$

在实际惯导中总存在误差源(如加速度计误差 ΔA_x、ΔA_y 及等效陀螺漂移 ε_x、ε_y、ε_z),平台也存在误差角 ϕ_x、ϕ_y、ϕ_z。和无阻尼惯导一样,也可以用基本方程来描述有水平阻尼时的平台误差角和惯导输出的载体运动参数。在无阻尼系统的基本方程的基础上,改变指令角速度和载体位置的计算方程,就可以得到有水平阻尼时的惯导基本方程如下:

$$\begin{cases}\dot{\phi}_x=\omega_x^{\mathrm{c}}-\omega_{\mathrm{itx}}^{\mathrm{t}}+\phi_y\omega_{\mathrm{itz}}^{\mathrm{t}}-\phi_z\omega_{\mathrm{ity}}^{\mathrm{t}}+\varepsilon_x\\ \dot{\phi}_y=\omega_y^{\mathrm{c}}-\omega_{\mathrm{ity}}^{\mathrm{t}}-\phi_x\omega_{\mathrm{itz}}^{\mathrm{t}}+\phi_z\omega_{\mathrm{itx}}^{\mathrm{t}}+\varepsilon_y\\ \dot{\phi}_z=\omega_z^{\mathrm{c}}-\omega_{\mathrm{itz}}^{\mathrm{t}}+\phi_x\omega_{\mathrm{ity}}^{\mathrm{t}}-\phi_y\omega_{\mathrm{itx}}^{\mathrm{t}}+\varepsilon_z\end{cases} \tag{9-2-18a}$$

$$\begin{cases}\dot{v}_x^{\mathrm{c}}=f_x^{\mathrm{t}}+\left(2\omega_{\mathrm{ie}}\sin\varphi_{\mathrm{c}}+\dfrac{v_{\mathrm{c}x}}{R_{\mathrm{N}}}\tan\varphi_{\mathrm{c}}\right)v_{\mathrm{c}y}-\phi_y g+\Delta A_x\\ \dot{v}_y^{\mathrm{c}}=f_y^{\mathrm{t}}-\left(2\omega_{\mathrm{ie}}\sin\varphi_{\mathrm{c}}+\dfrac{v_{\mathrm{c}x}}{R_{\mathrm{N}}}\tan\varphi_{\mathrm{c}}\right)v_{\mathrm{c}x}+\phi_x g+\Delta A_y\end{cases} \tag{9-2-18b}$$

$$\begin{cases}\omega_{\mathrm{e0}}^{\mathrm{c}}=\dfrac{v_y^{\mathrm{c}}}{R_{\mathrm{M}}}\\ \omega_{\mathrm{n0}}^{\mathrm{c}}=\dfrac{v_x^{\mathrm{c}}}{R_{\mathrm{N}}}\\ \omega_{\mathrm{e}}^{\mathrm{c}}(s)=\omega_{\mathrm{e0}}^{\mathrm{c}}(s)H_y(s)\\ \omega_{\mathrm{n}}^{\mathrm{c}}(s)=\omega_{\mathrm{n0}}^{\mathrm{c}}(s)H_x(s)\end{cases} \tag{9-2-18c}$$

$$\begin{cases}\omega_x^{\mathrm{c}}=-\omega_{\mathrm{e}}^{\mathrm{c}}\\ \omega_y^{\mathrm{c}}=\omega_{\mathrm{ie}}\cos\varphi_{\mathrm{c}}+\omega_{\mathrm{n}}^{\mathrm{c}}\\ \omega_z^{\mathrm{c}}=\omega_{\mathrm{ie}}\sin\varphi_{\mathrm{c}}+\omega_{\mathrm{n}}^{\mathrm{c}}\tan\varphi_{\mathrm{c}}\end{cases} \tag{9-2-18d}$$

$$\begin{cases}\dot{\varphi}_{\mathrm{c}}=\omega_{\mathrm{e}}^{\mathrm{c}}\\ \dot{\lambda}_{\mathrm{c}}=\omega_{\mathrm{n}}^{\mathrm{c}}\sec\varphi_{\mathrm{c}}\end{cases} \tag{9-2-18e}$$

初始条件为

$$\begin{cases}\phi_x(0)=\phi_{x0}\\ \phi_y(0)=\phi_{y0}\\ \phi_z(0)=\phi_{z0}\\ v_x^{\mathrm{c}}(0)=v_{x0}^{\mathrm{c}}\\ v_y^{\mathrm{c}}(0)=v_{y0}^{\mathrm{c}}\\ \varphi_{\mathrm{c}}(0)=\varphi_{\mathrm{c0}}\\ \lambda_{\mathrm{c}}(0)=\lambda_{\mathrm{c0}}\end{cases} \tag{9-2-19}$$

当载体运动时，比力分量f_x^t、f_y^t和地理系的转动角速度$\omega_{it}^t=\{\omega_{itx}^t,\omega_{ity}^t,\omega_{itz}^t\}$都要发生变化，若已知误差源，则利用上述有水平阻尼的惯导基本方程，可以计算出平台误差角(ϕ_x,ϕ_y,ϕ_z)惯导实际输出的速度$(v_x^c,v_y^c$、$)$和位置(λ_c,φ_c)的瞬时值。

有阻尼的情况下的惯导误差同样可以用误差方程描述。下面推导在静基座条件下的误差方程(近似认为地球为圆球体，$R_N=R_M=R$)：

定义新的误差量$\delta\omega_e$、$\delta\omega_n$：

$$\begin{cases}\delta\omega_e=\omega_e^c-\dfrac{v_y^t}{R}\\[2ex]\delta\omega_n=\omega_n^c-\dfrac{v_x^t}{R}\end{cases}\tag{9-2-20}$$

取拉氏变换有

$$\begin{cases}\delta\omega_e(s)=\omega_e^c(s)-\dfrac{v_y^t(s)}{R}=\dfrac{v_y^c(s)}{R}H_y(s)-\dfrac{v_y^t(s)}{R}\\[2ex]\delta\omega_n(s)=\omega_n^c(s)-\dfrac{v_x^t(s)}{R}=\dfrac{v_x^c(s)}{R}H_x(s)-\dfrac{v_x^t(s)}{R}\end{cases}\tag{9-2-21}$$

在静基座条件下：$v_y^t=0,v_x^t=0,v_y^c=\delta v_y,v_x^c=\delta v_x$，故有

$$\begin{cases}\delta\omega_e(s)=\dfrac{\delta v_y(s)}{R}H_y(s)\\[2ex]\delta\omega_n(s)=\dfrac{\delta v_x(s)}{R}H_x(s)\end{cases}\tag{9-2-22}$$

有阻尼时，速度的计算值不变，故速度误差方程与无阻尼时相同：

$$\begin{cases}\delta\dot{v}_x=2\omega_{ie}\sin\varphi\cdot\delta v_y-\phi_y g+\Delta A_x\\\delta\dot{v}_y=-2\omega_{ie}\sin\varphi\cdot\delta v_x+\phi_x g+\Delta A_y\end{cases}\tag{9-2-23}$$

静基座时位置误差为

$$\begin{cases}\delta\dot{\varphi}=\dot{\varphi}_c-\dot{\varphi}_t=\omega_e^c-\dfrac{v_y^t}{R}=\delta\omega_e\\[2ex]\delta\dot{\lambda}=\dot{\lambda}_c-\dot{\lambda}_t=\omega_n^c\sec\varphi_c-\dfrac{v_x^t}{R}\sec\varphi=\delta\omega_n\sec\varphi_c\end{cases}\tag{9-2-24}$$

利用基本方程还可推导出静基座时平台误差角方程为

$$\begin{cases}\dot{\phi}_x=-\delta\omega_e+\omega_{ie}\sin\varphi\cdot\phi_y-\omega_{ie}\cos\varphi\cdot\phi_z+\varepsilon_x\\\dot{\phi}_y=\delta\omega_n-\omega_{ie}\sin\varphi\cdot\delta\varphi-\omega_{ie}\sin\varphi\cdot\phi_x+\varepsilon_y\\\dot{\phi}_z=\delta\omega_n\tan\varphi+\omega_{ie}\cos\varphi\cdot\delta\varphi+\omega_{ie}\cos\varphi\cdot\phi_x+\varepsilon_z\end{cases}\tag{9-2-25}$$

综合式(9-2-22)～式(9-2-25)就是有水平阻尼时，静基座条件下的惯导误差方程，列写如下：

$$\begin{cases}\delta\dot{v}_x = 2\omega_{ie}\sin\varphi\cdot\delta v_y - \varphi_y g + \Delta A_x \\ \delta\dot{v}_y = -2\omega_{ie}\sin\varphi\cdot\delta v_x + \varphi_x g + \Delta A_y\end{cases} \tag{9-2-26a}$$

$$\begin{cases}\delta\omega_e(s) = \dfrac{\delta v_y(s)}{R}H_y(s) \\ \delta\omega_n(s) = \dfrac{\delta v_x(s)}{R}H_x(s)\end{cases} \tag{9-2-26b}$$

$$\begin{cases}\delta\dot{\varphi} = \delta\omega_e \\ \delta\dot{\lambda} = \delta\omega_n\sec\varphi_c\end{cases} \tag{9-2-26c}$$

$$\begin{cases}\dot{\phi}_x = -\delta\omega_e + \omega_{ie}\sin\varphi\cdot\phi_y - \omega_{ie}\cos\varphi\cdot\phi_z + \varepsilon_x \\ \dot{\phi}_y = \delta\omega_n - \omega_{ie}\sin\varphi\cdot\delta\varphi - \omega_{ie}\sin\varphi\cdot\phi_x + \varepsilon_y \\ \dot{\phi}_z = \delta\omega_n\tan\varphi + \omega_{ie}\cos\varphi\cdot\delta\varphi + \omega_{ie}\cos\varphi\cdot\phi_x + \varepsilon_z\end{cases} \tag{9-2-26d}$$

初始条件为

$$\begin{cases}\delta v_x(0) = v_x^c(0) - v_x^t(0) = \delta v_{x0} \\ \delta v_y(0) = v_y^c(0) - v_y^t(0) = \delta v_{y0} \\ \delta\varphi(0) = \varphi_c(0) - \varphi(0) = \delta\varphi_0 \\ \delta\lambda(0) = \lambda_c(0) - \lambda(0) = \delta\lambda_0 \\ \phi_x(0) = \phi_{x0} \\ \phi_y(0) = \phi_{y0} \\ \phi_z(0) = \phi_{z0}\end{cases} \tag{9-2-27}$$

式(9-2-26)、式(9-2-27)也可以表示成拉氏变换形式：

$$\begin{cases}s\delta v_x(s) - \delta v_{x0} = 2\omega_{ie}\sin\varphi\cdot\delta v_y(s) - \varphi_y(s)g + \Delta A_x(s) \\ s\delta v_y(s) - \delta v_{y0} = -2\omega_{ie}\sin\varphi\cdot\delta v_x(s) + \varphi_x(s)g + \Delta A_y(s)\end{cases} \tag{9-2-28a}$$

$$\begin{cases}\delta\omega_e(s) = \dfrac{\delta v_y(s)}{R}H_y(s) \\ \delta\omega_n(s) = \dfrac{\delta v_x(s)}{R}H_x(s)\end{cases} \tag{9-2-28b}$$

$$\begin{cases}s\delta\varphi(s) - \delta\varphi_0 = \delta\omega_e(s) \\ s\delta\lambda(s) - \delta\varphi_0 = \delta\omega_n(s)\sec\varphi_c\end{cases} \tag{9-2-28c}$$

$$\begin{cases}s\phi_x(s) - \phi_{x0} = -\delta\omega_e(s) + \omega_{ie}\sin\varphi\cdot\phi_y(s) - \omega_{ie}\cos\varphi\cdot\phi_z(s) + \varepsilon_x(s) \\ s\phi_y(s) - \phi_{y0} = \delta\omega_n(s) - \omega_{ie}\sin\varphi\cdot\delta\varphi(s) - \omega_{ie}\sin\varphi\cdot\phi_x(s) + \varepsilon_y(s) \\ s\phi_z(s) - \phi_{z0} = \delta\omega_n(s)\tan\varphi + \omega_{ie}\cos\varphi\cdot\delta\varphi(s) + \omega_{ie}\cos\varphi\cdot\phi_x(s) + \varepsilon_z(s)\end{cases} \tag{9-2-28d}$$

根据式(9-2-28)可画出有水平阻尼时的静基座惯导误差框图，如图 9-10 所示。

和无阻尼情况一样，7 个误差量中，除经度误差外的其余 6 个误差量构成一闭环系统，经度误差是开环的。

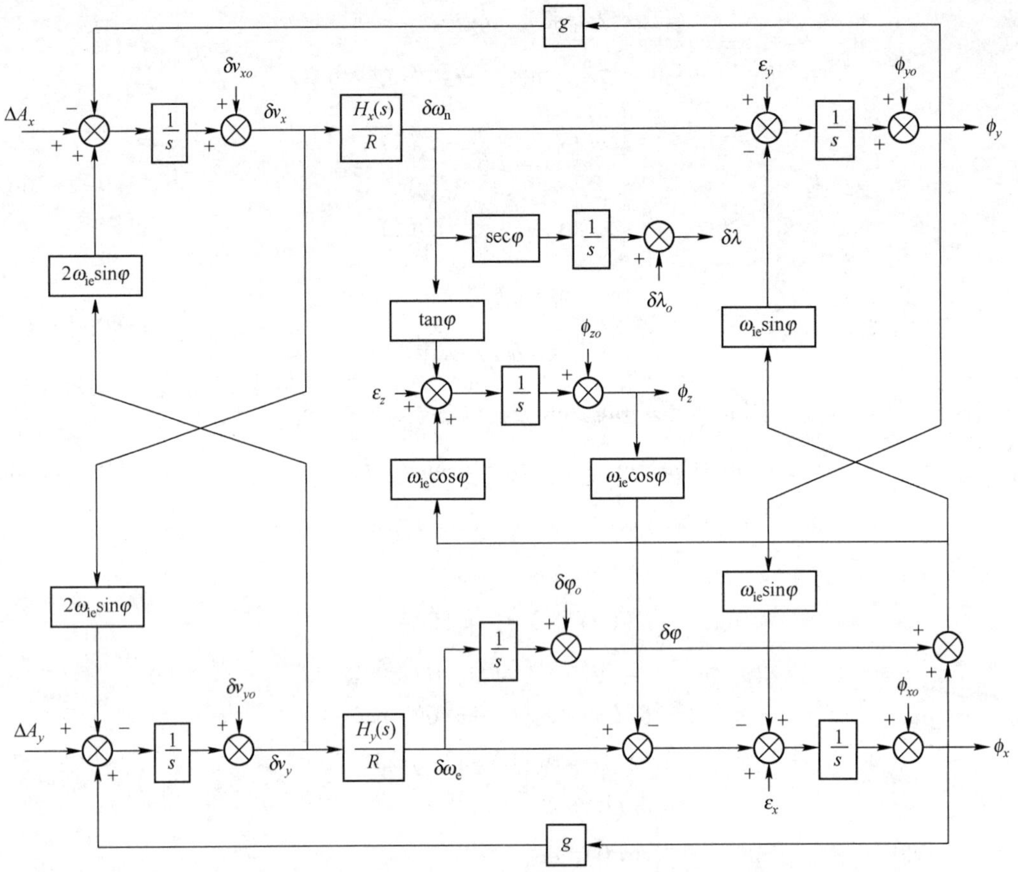

图 9-10　有水平阻尼时的静基座惯导误差框图

9.2.3　水平阻尼指北方位惯导的误差特点

为简化分析,在静基座条件下,对除经度外的 6 个误差所构成的闭环系统,可进一步忽略傅科周期的影响,即在图 9-10 中略去两条 $2\omega_{ie}\sin\varphi$ 支路。根据梅逊增益公式,可得系统的特征式为

$$\begin{aligned}\Delta =&\frac{1}{s^6}\{s^6+[\omega_s^2\cdot H_x(s)+\omega_s^2\cdot H_y(s)+\omega_{ie}^2]\cdot s^4\\&+\omega_s^2\cdot[\omega_{ie}^2\cdot H_x(s)+\omega_{ie}^2\cdot H_y(s)+\omega_s^2\cdot H_x(s)\cdot H_y(s)]\cdot s^2\\&+\omega_s^4\cdot\omega_{ie}^2\cdot H_x(s)\cdot H_y(s)\}\\=&[s^2+\omega_{ie}^2][s^2+\omega_s^2\cdot H_x(s)][s^2+\omega_s^2\cdot H_y(s)]\end{aligned}\quad(9-2-29)$$

若在两水平修正回路中选取的校正网络相同,即 $H_x(s)=H_y(s)=H(s)$,那么特征方程为

$$\Delta=[s^2+\omega_{ie}^2][s^2+\omega_s^2\cdot H(s)]^2=0\quad(9-2-30)$$

由此可见,在水平回路中加入了阻尼之后,舒拉周期振荡误差分量将得到阻尼,而地球周期振荡误差分量依然存在。由于傅科周期体现在对舒拉周期振荡误差分量幅度的调制上,舒拉周期振荡误差分量得到阻尼而消失之后,傅科周期也将随之消失。

下面以常值陀螺漂移 $\varepsilon_z(s)$ 对纬度误差 $\delta\varphi(s)$ 和经度误差 $\delta\lambda(s)$ 的影响来说明上述结论。

根据梅逊增益公式：

$$\delta\varphi(s)=-\frac{\omega_{ie}\cos\varphi\cdot\omega_s^2\cdot H(s)}{[s^2+\omega_{ie}^2][s^2+\omega_s^2\cdot H(s)]}\cdot\varepsilon_z(s)$$

$$\approx\omega_{ie}\cos\varphi\cdot\left[\frac{1}{s^2+\omega_s^2\cdot H(s)}-\frac{1}{s^2+\omega_{ie}^2}\right]\cdot\varepsilon_z(s)\tag{9-2-31}$$

式(9-2-31)第一项为舒拉周期振荡分量，将被阻尼掉。过渡过程结束后，就衰减为零，因此稳态误差仅为后一项(地球周期振荡误差)，取拉氏反变换，有

$$\delta\varphi_s(t)=\frac{\varepsilon_z\cos\varphi}{\omega_{ie}}[\cos\omega_{ie}-1]\tag{9-2-32}$$

同样可求得 $\delta\lambda_s(s)=-\dfrac{\omega_s^2\omega_{ie}^2\cdot H(s)\cos\varphi}{s[s^2+\omega_{ie}^2][s^2+\omega_s^2\cdot H(s)]}\cdot\varepsilon_z(s)$

$$\approx\omega_{ie}^2\sin\varphi\cdot\left[\frac{1}{s^2+\omega_s^2\cdot H(s)}\cdot\frac{1}{s}-\frac{1}{s^2+\omega_{ie}^2}\cdot\frac{1}{s}\right]\cdot\varepsilon_z(s)\tag{9-2-33}$$

同样，式(9-2-33)第一项为舒拉周期振荡分量，将被阻尼掉。对后一项(地球周期振荡误差)取拉氏反变换，可得稳态误差为(图 9-11)：

$$\delta\lambda_s(t)=\varepsilon_z\sin\varphi\cdot\left[\frac{1}{\omega_{ie}}\sin\omega_{ie}t-t\right]\tag{9-2-34}$$

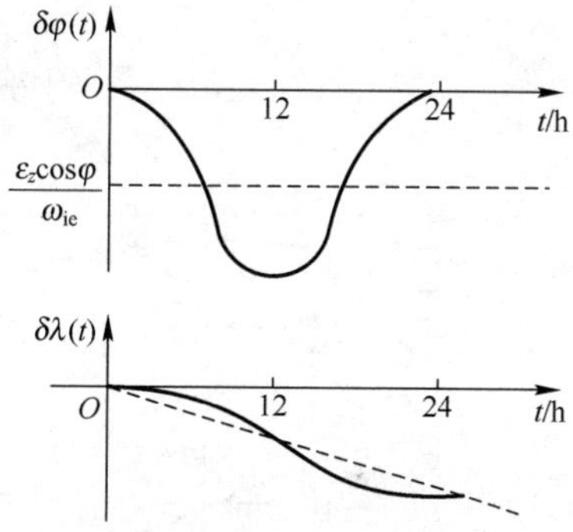

图 9-11　由 ε_z 引起的纬度和经度的稳态误差

其他各干扰量的影响也可用同样的方法求得。根据基本方程式(9-2-19)或误差方程式(9-2-27)可对惯导的误差进行计算机模拟。典型的误差曲线如图 9-12、图 9-13 所示，图中是取 $H_x(s)=H_y(s)=H_2(s)$。图 9-12 为加速度计有零位偏置 $\Delta A_x=\Delta A_y=10^{-4}g$ 时的误差；图 9-13 为有常值陀螺漂移 $\varepsilon_x=\varepsilon_y=\varepsilon_z=0.01°/h$ 时的误差。

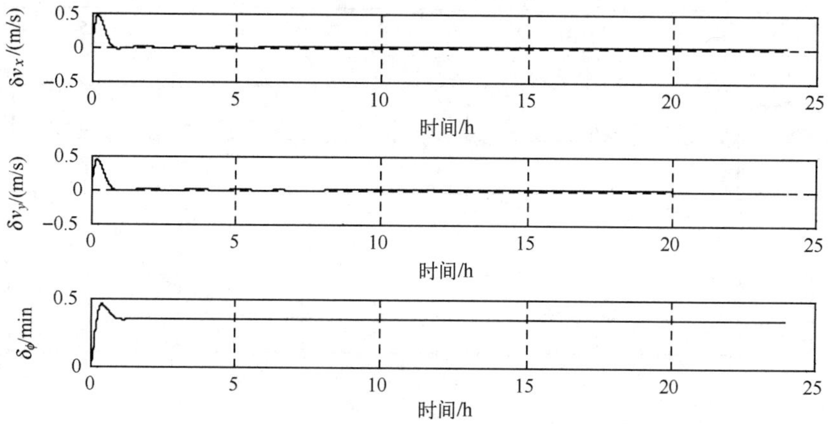

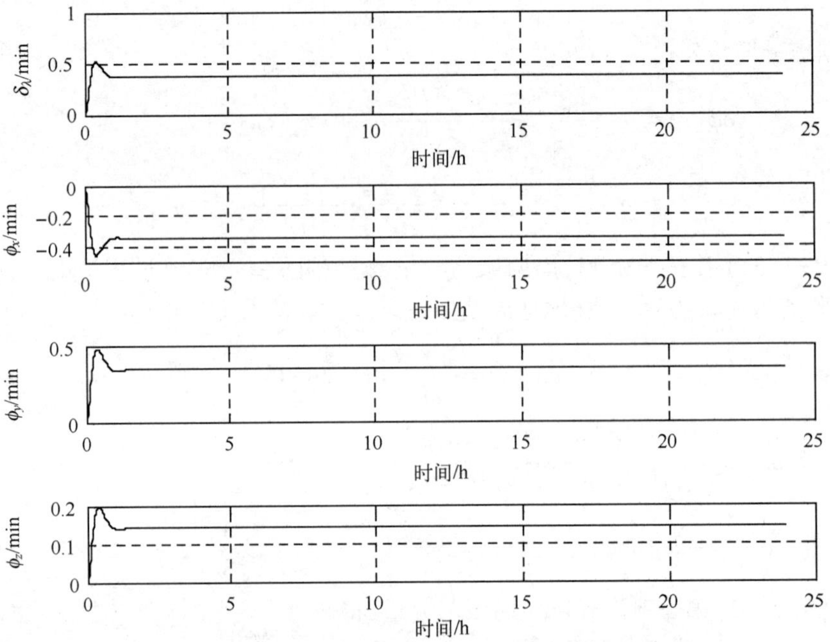

图 9-12　水平阻尼惯导误差曲线($\Delta A_x = \Delta A_y = 10^{-4} g$)

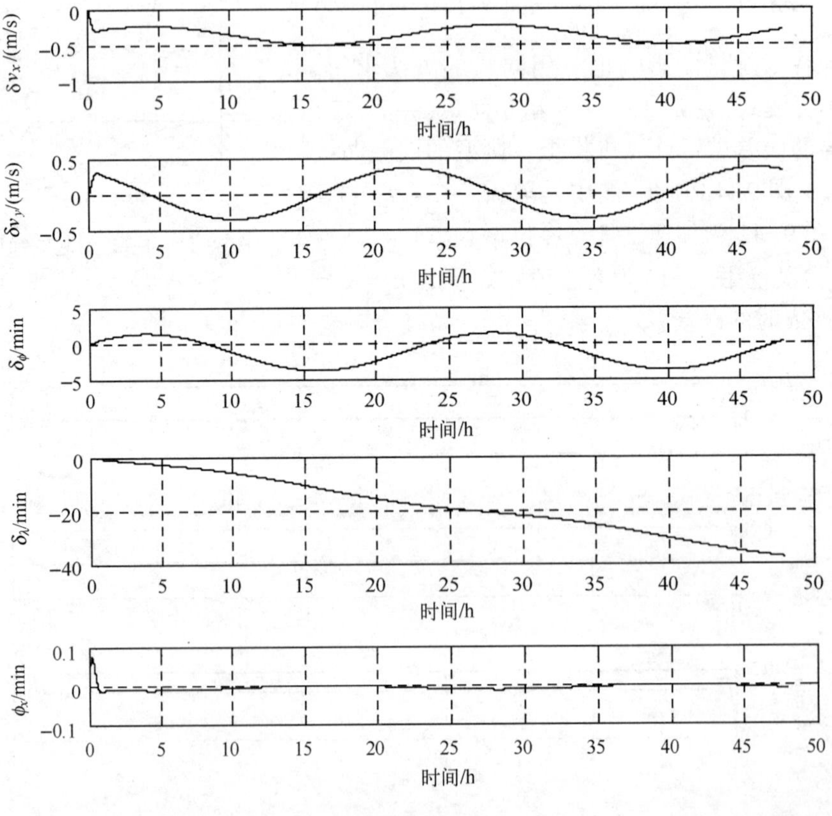

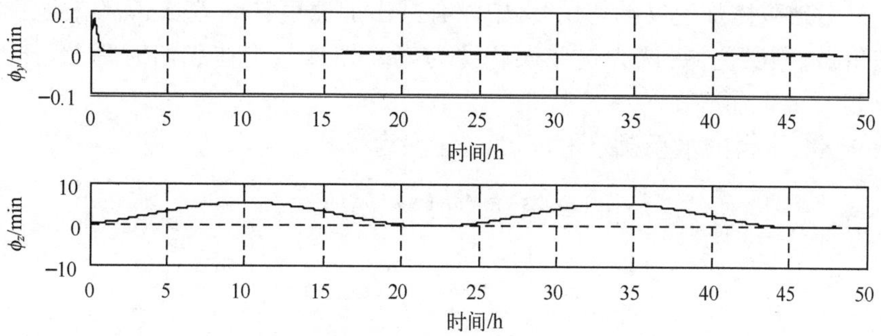

图 9-13　水平阻尼惯导误差曲线($\varepsilon_x=\varepsilon_y=\varepsilon_z=0.01°/\mathrm{h}$)

由图 9-13 可见,在无阻尼惯导中加入校正网络,可以实现对舒拉周期振荡误差分量的阻尼,但同时水平阻尼又带来了新的问题,即破坏了水平回路的舒拉调谐条件,系统会受载体加速度的干扰。

上面这种阻尼方式实际上相当于系统本身取出速度信息,通过阻尼网络处理反馈到系统内部达到阻尼目的,这种阻尼称为内阻尼。如果有其他测量设备能测量载体的速度并提供给惯导的话,就可以进行一些补偿,可以实现称为"外速度补偿"的阻尼方案,下一节我们将讨论这一问题。

9.3　外速度补偿的水平阻尼惯导

9.2 节介绍了指北方位惯导水平阻尼的目的和方法。水平阻尼可以使惯导误差中的舒拉周期振荡分量衰减下来,但同时又破坏了水平修正回路的加速度无干扰条件,即舒拉调谐条件,当载体有相对运动加速度时,会使平台出现水平误差,并由此而引起系统的其他误差。为克服这种误差,一种办法是及时地进行惯导工作状态的切换。当载体(如舰船)以恒定速度、航向航行时,使惯导系统工作在阻尼状态;而当载体机动航行时,及时地将惯导切换到无阻尼的工作状态。另一种更有效的方法是,在进行水平阻尼的同时,引入外部速度信息,对载体加速度引起的系统误差进行补偿。这种方式称为外速度补偿,进行外速度补偿的水平阻尼惯导简称为外水平阻尼惯导。相应地,没有进行外速度补偿的水平阻尼惯导称为内水平阻尼惯导。下面我们分析外速度补偿的机理。

9.3.1　载体加速度对内水平阻尼惯导的影响

仍以有水平阻尼的单通道惯导(东向轴修正回路)为例,其水平阻尼惯导框图重画如图 9-14 所示。

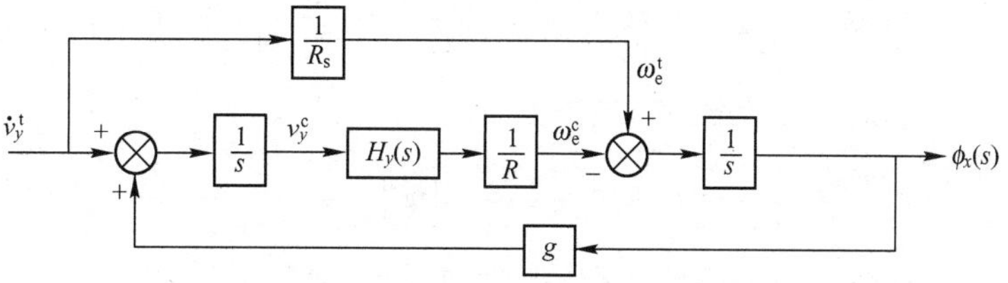

图 9-14　单通道水平阻尼惯导框图

因为只考虑载体加速度的作用，图中没有画出加速度计误差 ΔA_x、等效陀螺漂移 ε_x、初始误差角 ϕ_{x0} 等误差源，认为这些误差源为零。并且假定在起始时刻，载体北向速度为零。

由图 9-14，平台的水平误差角 ϕ_x 的变化率为

$$\dot{\phi}_x(s)=-\omega_e^c(s)+\omega_e^t(s) \tag{9-3-1}$$

在零初始条件下，有

$$s\phi_x(s)=-\omega_e^c(s)+\omega_e^t(s) \tag{9-3-2}$$

其中

$$\omega_e^t(s)=\frac{1}{Rs}\dot{v}_y^t(s) \tag{9-3-3}$$

$$\omega_e^c(s)=\frac{1}{Rs}H_y(s)\left[\dot{v}_y^t(s)+g\phi_x(s)\right] \tag{9-3-4}$$

式(9-3-3)、式(9-3-4)代入式(9-3-2)，整理可得

$$\phi_x(s)=\frac{\left[1-H_y(s)\right]}{R\left[s^2+H_y(s)\omega_s^2\right]}\dot{v}_y^t(s) \tag{9-3-5}$$

式(9-3-5)描述了载体加速度 $\dot{v}_y^t(s)$ 与平台水平误差角 $\phi_x(s)$ 之间的关系。可见，无阻尼时（$H_y(s)=1$），水平回路满足加速度无干扰条件，即舒拉调谐条件，此时水平误差角 ϕ_x 与载体加速度 $\dot{v}_y^t(s)$ 无关。而有水平阻尼时（$H_y(s)\neq 1$），会产生与载体加速度 $\dot{v}_y^t(s)$ 成正比的误差角 $\phi_x(s)$。当然这一误差角只出现在动态过程中，由于阻尼的作用，一次加速度干扰产生的误差经过一两个舒拉周期后也会消失，但一个舒拉周期就长达 84.4min，一般载体（如飞机、舰船）在这样长的时间内的机动是经常性的，因此，平台不但经常受到干扰，而且由此产生的误差角还可能积累。

9.3.2 有外速度补偿时的情况

如果载体上有其他测定速度的设备，而且精度较高，如电磁计程仪、多普勒计程仪等，则可将其测出的载体速度输入给惯导系统，将这种速度称为外速度，记为 v_{ry}。外速度也总会有误差，记外速度误差为 δv_{ry}，外速度误差变化率为 $\delta\dot{v}_{ry}$。

$$v_{ry}=v_y^t+\delta v_{ry} \tag{9-3-6}$$

如图 9-15 所示，外速度 $v_{ry}(s)$ 经网络 $[1-H_y(s)]$ 加入到系统中，就可以实现外速度补偿。图 9-15 也可画成图 9-16 的形式，两者是等效的。

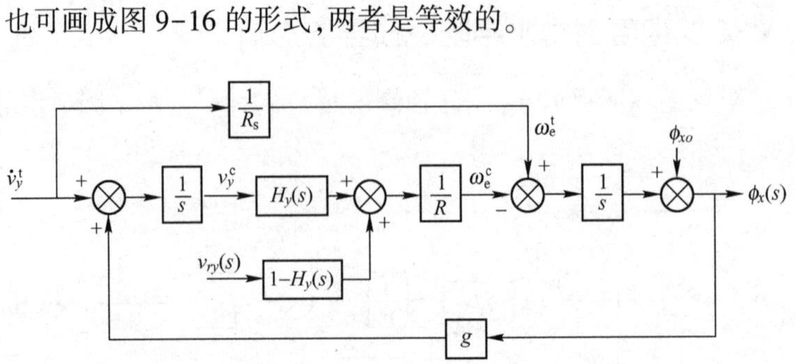

图 9-15 有外速度补偿的单通道水平阻尼惯导框图

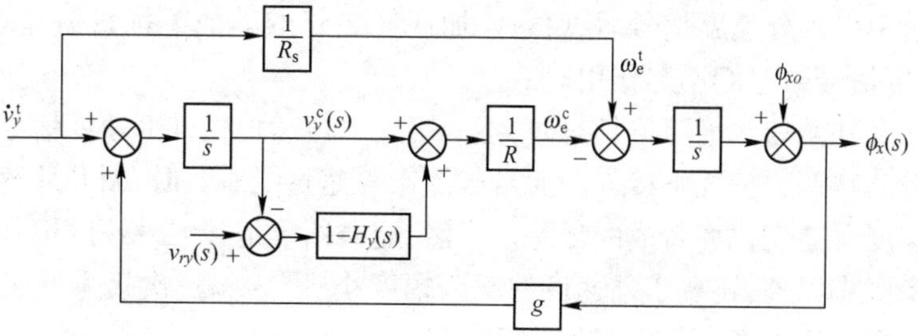

图 9-16　有外速度补偿的单通道水平阻尼惯导等效框图

由图 9-15,可看出

$$s\phi_x(s) = -\omega_e^c(s) + \omega_e^t(s) \tag{9-3-7}$$

其中 $\omega_e^t(s)$ 同式(9-3-3),而

$$\omega_e^c(s) = \frac{1}{Rs}\{H_y(s)[\dot{v}_y^t(s) + g\phi_x(s)] + [1 - H_y(s)]sv_{ry}(s)\} \tag{9-3-8}$$

将式(9-3-3)、式(9-3-6)、式(9-3-8)代入式(9-3-7),并整理可得

$$\phi_x(s) = \frac{[1 - H_y(s)]s}{R[s^2 + H_y(s)\omega_s^2]} \cdot \delta v_{ry}(s) \tag{9-3-9}$$

根据拉氏变换微分定理

$$\delta\dot{v}_{ry}(s) = s \cdot \delta v_{ry}(s) - \delta v_{ry}(0)$$

即

$$s \cdot \delta v_{ry}(s) = \delta\dot{v}_{ry}(s) + \delta v_{ry}(0) \tag{9-3-10}$$

式(9-3-10)代入式(9-3-9),有

$$\phi_x(s) = \frac{[1 - H_y(s)]}{R[s^2 + H_y(s)\omega_s^2]} \cdot \delta\dot{v}_{ry}(s) + \frac{[1 - H_y(s)]}{R[s^2 + H_y(s)\omega_s^2]} \cdot \delta v_{ry}(0) \tag{9-3-11}$$

这表明,进行外速度补偿后,水平误差角只与外速度有关(外速度误差变化率以及外速度初始误差),而与载体加速度无关。

从物理意义上说,引入外速度到惯导系统中,是给系统增加一条补偿通道,当载体有加速度时,补偿由于阻尼网络所造成的平台指令角速度的误差。虽然外速度误差对系统会造成影响,但一般来说要比载体加速度直接造成的影响要小,可提高惯导系统的精度。

由式(9-3-11),引入外速度后,影响系统水平误差角的是外速度误差变化率和初始外速度误差。初始外速度误差对系统的影响相当于一次阶跃冲击响应,只出现在引入外速度的时刻,是一次性的,其引起的误差量在阻尼的作用下,经过一两个舒拉周期后就基本消失了。而外速度误差变化率的影响是始终存在的。因此系统对引入外速度精度方面的首要要求是:外速度误差的变化率要小(相当于要求“外加速度”误差小),其次是外速度误差幅度要小。这是因为有时尽管测量设备测速精度很高,即测得的速度误差幅度很小,但误差变化的频率很快。将误差变化率很大的“外速度”引入惯导后,虽然使惯导系统避免了载体加速度的干扰,但却会带来更大的“外加速度”误差,其结果将是得不偿失。有时虽然外速度中有很大的常值误差,但只要外速度的变化(即“外加速度”)能反应载体速度的变化(即载体加速度),在经过一两个舒拉周期,较大的常值速度误差的不利影响被衰减后,同样能起到较好的补偿效果。所以,确切地说,外速度补偿应该称为“外加速度补偿”。

惯导系统中引入外速度信号后,由载体加速度之外的其他干扰量引起的惯导误差依然如旧,外速度信号对它们不起作用。

采用外速度补偿的水平阻尼状态时,不一定要求连续提供外部速度信号,可以只在判明载体处于机动状态的情况下接入。而当载体作等速直线航行时,断开外速度信号,这样可以减少外速度误差变化率造成的误差。当然,这样断续地接入外速度信号,除要求外速度误差变化率要小以外,还要求外速度的误差幅度小,因为每一次接入外速度信号,都会对系统造成一次由外速度误差引起的阶跃冲击。

9.3.3 外速度补偿水平阻尼惯导的基本方程

对于指北方位惯导来说,外速度补偿需要在两条水平回路中同时采用,即在东向轴修正回路中引入外速度 v_{ry},在北向轴修正回路中引入外速度 v_{rx},其控制框图如图 9-17 所示。

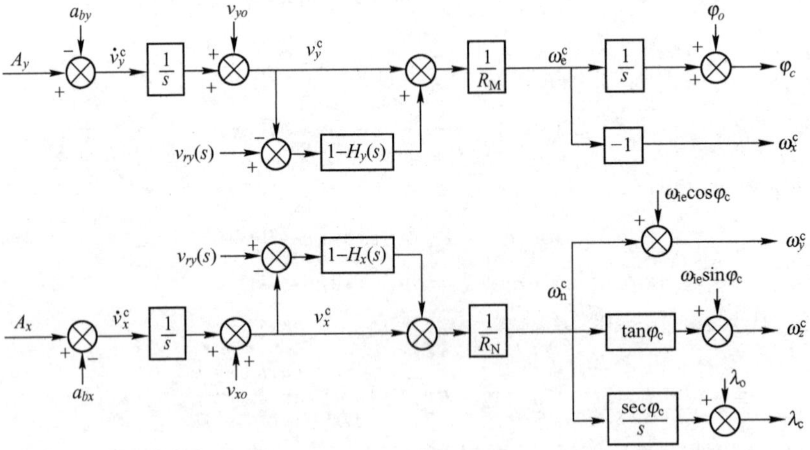

图 9-17 外速度补偿指北方位水平阻尼惯导控制框图

将 9.3 节中的水平阻尼惯导的控制方程和基本方程中有关 ω_e^c、ω_n^c 的部分作相应的更改,即可得到有外速度补偿时的惯导控制方程和基本方程。现将基本方程列写如下:

$$\begin{cases}\dot{\phi}_x=\omega_x^c-\omega_{itx}^t+\phi_y\omega_{itz}^t-\phi_z\omega_{ity}^t+\varepsilon_x\\ \dot{\phi}_y=\omega_y^c-\omega_{ity}^t-\phi_x\omega_{itz}^t+\phi_z\omega_{itx}^t+\varepsilon_y\\ \dot{\phi}_z=\omega_z^c-\omega_{itz}^t+\phi_x\omega_{ity}^t-\phi_y\omega_{itx}^t+\varepsilon_z\end{cases} \tag{9-3-12a}$$

$$\begin{cases}\dot{v}_x^c=f_x^t+\left(2\omega_{ie}\sin\varphi_c+\dfrac{v_{cx}}{R_N}\tan\varphi_c\right)v_{cy}-\phi_y g+\Delta A_x\\ \dot{v}_y^c=f_y^t-\left(2\omega_{ie}\sin\varphi_c+\dfrac{v_{cx}}{R_N}\tan\varphi_c\right)v_{cx}+\phi_x g+\Delta A_y\end{cases} \tag{9-3-12b}$$

$$\begin{cases}\omega_e^c(s)=\dfrac{1}{R_M}\{v_y^c H_y(s)+v_{ry}[1-H_y(s)]\}\\ \omega_n^c(s)=\dfrac{1}{R_N}\{v_x^c H_x(s)+v_{rx}[1-H_x(s)]\}\end{cases} \tag{9-3-12c}$$

$$
\begin{cases}
\dot{\varphi}_c = \omega_e^c \\
\dot{\lambda}_c = \omega_n^c \sec\varphi_c
\end{cases}
\tag{9-3-12d}
$$

$$
\begin{cases}
\omega_x^c = -\omega_e^c \\
\omega_y^c = \omega_{ie}\cos\varphi_c + \omega_n^c \\
\omega_z^c = \omega_{ie}\sin\varphi_c + \omega_n^c\tan\varphi_c
\end{cases}
\tag{9-3-12e}
$$

由基本方程同样可以推导出有外速度补偿时的惯导误差方程，以利于误差分析，其具体方法可参照无外速度补偿时的情况，这里就不展开了。

9.4 方位阻尼

前面两节研究了惯导的水平阻尼，即阻尼惯导误差中舒拉周期振荡分量，使其衰减下来。由于傅科周期误差体现在对舒拉周期振荡误差分量的幅值调制上，舒拉周期振荡误差分量消失之后，傅科周期也随之消失了。剩下的周期性误差就是地球周期振荡误差。从对惯导的误差分析及计算机模拟结果来看，地球周期误差主要体现在纬度误差和方位误差上，将对地球周期振荡性误差的阻尼称为方位阻尼。从控制原理的角度说，方位阻尼的目的就是使系统特征方程的一对幅值为地球自转角速度 ω_{ie} 的纯虚特征根具有负的实部。一般来说，方位阻尼不会独立采用，总是在水平阻尼基础上进行，同时采用水平阻尼和方位阻尼时，称为全阻尼。和水平阻尼一样，方位阻尼也会引起加速度干扰。如果用外速度同时补偿水平阻尼和方位阻尼造成的加速度干扰误差，称为外全阻尼。无外速度补偿的全阻尼，则称为内全阻尼。

由于地球周期为 24h，如果用一个半周期将地球周期振荡误差阻尼下来，就需要 36h。要阻尼得快，阻尼系数 ξ 就要选择得大，而阻尼系数 ξ 大，系统受载体加速度的干扰就大。由于方位阻尼过程的时间很长，一般情况下，惯导不工作在方位阻尼状态。只有在长期得不到外部信息对惯导进行校正的情况下，才使用全阻尼。如装备惯导的核潜艇长期在水下越洋航行时，全阻尼是惯导可能使用的一种工作状态。

本节讨论方位阻尼的方案、方位阻尼网络的选择、全阻尼惯导的基本方程等内容。

9.4.1 方位阻尼的方案

由于地球周期误差主要体现在方位误差和纬度误差上，在讨论方位阻尼方案之前，我们先研究包含方位误差和纬度误差的回路，因为要阻尼地球周期振荡误差，必须将相应的校正网络安排在这个回路当中。

在静基座条件下，并忽略东向速度误差和北向速度误差之间的相互影响（即忽略傅科周期误差），可以将无阻尼指北方位惯导的误差方块图简化为图 9-18，略去具体的传递函数，δv_x、δv_y、$\delta\varphi$、ϕ_x、ϕ_y、ϕ_z 6 个误差量的相互之间的影响关系如图 9-19 所示。

图 9-19 中，每个箭头表示一种影响关系，虚线表示不可控制的影响关系，实线表示可控制的影响关系。例如，3 个平台误差角 ϕ_x、ϕ_y、ϕ_z 之间的相互影响关系是由于平台系与地理系不重合时，地理系 3 个轴向上的地球角速度分量在平台系非同名轴上有投影造成的，这种影响是惯导系统本身无法控制的。再如，ϕ_x 对 δv_y 的影响是由于北向加速度计

敏感重力加速度 g 分量 $\phi_x g$ 造成的，这种敏感是加速度计原理决定的，惯导系统不能改变它。而 δv_y 对 ϕ_x 的影响过程为：v_y^{c} 的误差 δv_y，使对东向陀螺仪的指令角速度 $\omega_x^{\mathrm{c}}=-\dfrac{v_y^{\mathrm{c}}}{R_{\mathrm{M}}}$存在误差，从而造成东向轴误差角 ϕ_x，这一影响取决于 ω_x^{c} 的计算方法，是可以控制的。将误差量之间的影响关系分为可控和不可控两种，是因为在进行阻尼时只能将校正网络安排在可以控制的影响关系中。

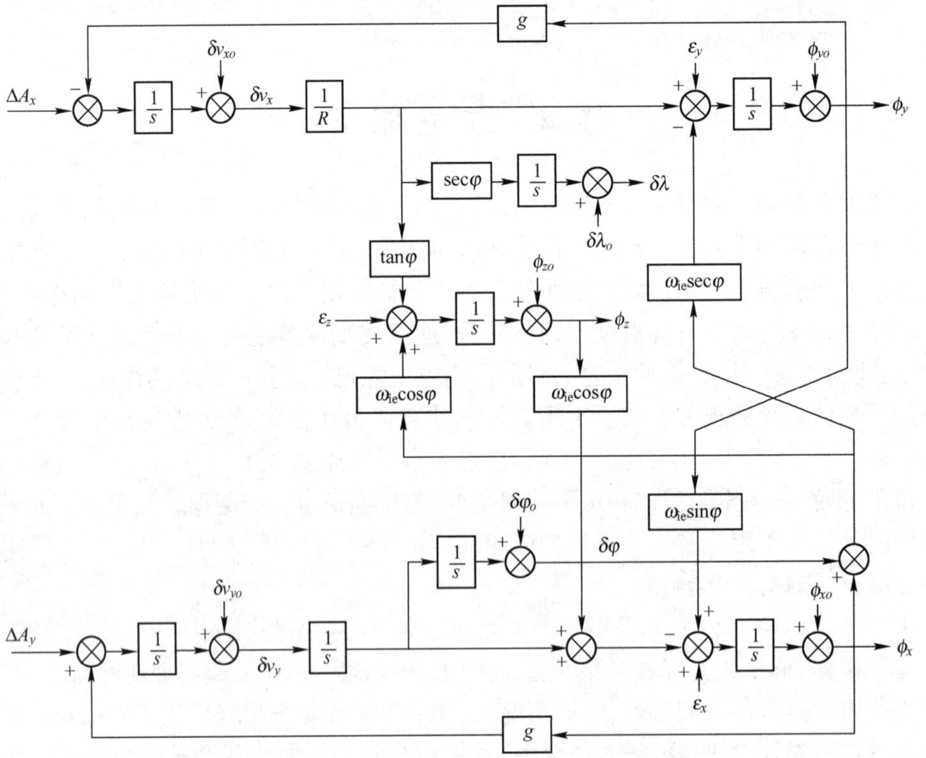

图 9-18　无阻尼指北方位惯导简化误差框图

下面着重分析以地球振荡误差为主要误差成分的方位误差和纬度误差之间的关系。从图 9-18、图 9-19 可以看出，方位误差角 ϕ_z 对纬度误差 $\delta\varphi$ 的影响过程是：ϕ_z 造成东向陀螺仪 G_{E} 错误地敏感到地球角速度分量 $\omega_{\mathrm{ic}}\cos\varphi\cdot\sin\phi_z$（近似为 $\omega_{\mathrm{ie}}\cos\varphi\cdot\phi_z$），产生误输出，使平台产生东向轴水平误差角 ϕ_x，进而使北向加速度计 A_{N} 敏感到重力加速度分量 $g\sin\phi_x\approx g\phi_x$，$A_{\mathrm{N}}$ 的输出信号中就有误差量 $g\phi_x$，导致系统计算的北向速度 v_y^{c} 出现误差 δv_y，经积分产生纬度误差 $\delta\varphi$。纬度误差 $\delta\varphi$ 又会通过两条途径影响误差角 φ_z：一是使计算的方位陀螺修正指令角速度（$\omega_z^{\mathrm{c}}=\omega_{\mathrm{ie}}\cos\varphi_{\mathrm{c}}+\dfrac{v_x^{\mathrm{c}}}{R_{\mathrm{N}}}\tan\varphi_{\mathrm{c}}$）产生误差，直接影响 ϕ_z；二是使北向陀螺修正指令角速度

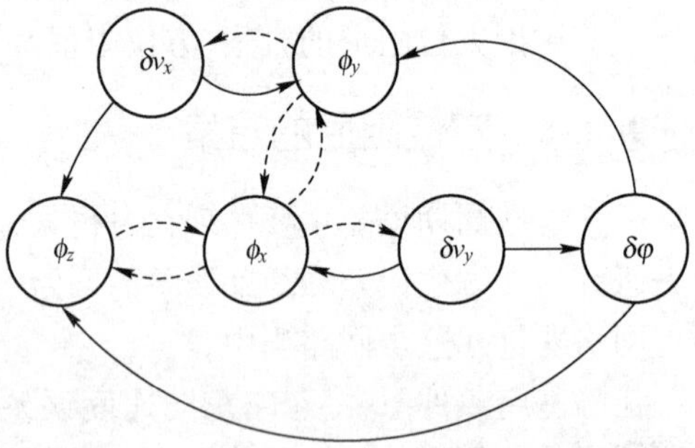

图 9-19　6 个误差量相互之间的影响关系

（$\omega_y^c=\omega_{ie}\cos\varphi_c+\frac{v_x^c}{R_N}$）产生误差，影响到平台东向的水平，进而影响到东向加速度计的输出，产生东向速度误差，再通过指令角速度 ω_z^c 影响 ϕ_z。

显然，从 ϕ_z 影响 $\delta\varphi$ 再影响到 ϕ_z，整个过程是一闭环反馈过程。只要存在方位误差角 ϕ_z，就会产生纬度误差 $\delta\varphi$；有纬度误差 $\delta\varphi$，又会影响到平台方位误差 ϕ_z，两者互为因果。ϕ_z 与 $\delta\varphi$ 的关系可用图形曲线"ϕ_z-$\delta\varphi$ 相图"来描述。图 9-20 所示为有误差源 $\varepsilon_x=0.01°/h$ 时的 ϕ_z-$\delta\varphi$ 相图。

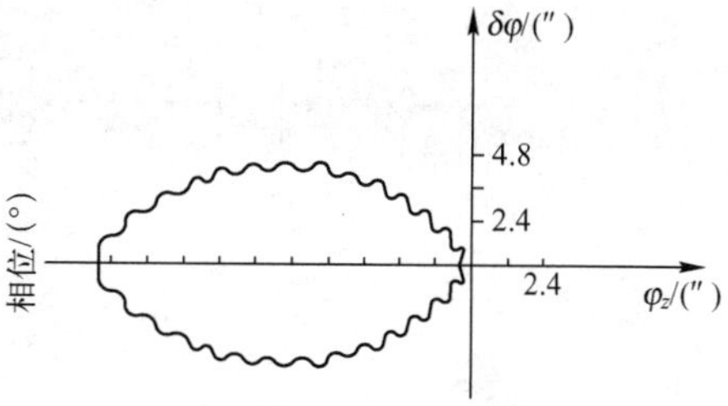

图 9-20 ϕ_z-$\delta\varphi$ 相图

（$\varepsilon_x=0.01°/h$，其余误差源为 0）

可见，ϕ_z-$\delta\varphi$ 相图的基本形状是一椭圆，曲线上的波浪形状是误差中的舒拉周期振荡成分造成的。此图反映了 ϕ_z 与 $\delta\varphi$ 两者相互依存、相互制约的关系，如果对地球周期误差项加以阻尼，两误差量中的地球周期误差成分会同时得到衰减。

根据图 9-19，对方位误差 ϕ_z 和纬度误差 $\delta\varphi$ 中地球周期振荡误差成分的阻尼网络应安排在可控制的几种影响关系中（$\delta\varphi\to\phi_z$、$\delta\varphi\to\phi_y$、$\delta v_x\to\phi_z$、$\delta v_y\to\delta\varphi$）。其中 $\delta v_y\to\delta\varphi$ 的影响是通过从北向速度到纬度的计算形成的，其算法是根据力学原理确定的，不宜改变。另外三种影响都是通过指令角速度造成的。要实现方位阻尼，比较有效的方案是通过加入校正网络，改变 $\delta\varphi\to\phi_z$、$\delta\varphi\to\phi_y$ 两种影响关系。

上面已经提到，$\delta\varphi$ 对 ϕ_z、ϕ_y 的影响，是由于计算的陀螺指令角速度（ω_y^c、ω_z^c）中含有纬度误差造成的。无阻尼时指令角速度为

$$\begin{cases}\omega_y^c=\omega_{ie}\cos\varphi_c+\dfrac{v_x^c}{R_N}=\omega_{ie}\cos\varphi_c+\omega_{n0}^c\\[2ex]\omega_z^c=\omega_{ie}\sin\varphi_c+\dfrac{v_x^c}{R_N}\tan\varphi_c=\omega_{ie}\sin\varphi_c+\omega_{n0}^c\tan\varphi_c\end{cases}\tag{9-4-1}$$

有内水平阻尼时

$$\begin{cases}\omega_y^c(s)=\omega_{ie}\cos\varphi_c+\dfrac{v_x^c(s)}{R_N}\cdot H_x(s)=\omega_{ie}\cos\varphi_c+\omega_n^c(s)\\[2ex]\omega_z^c(s)=\omega_{ie}\sin\varphi_c+\dfrac{v_x^c(s)}{R_N}\tan\varphi_c\cdot H_x(s)=\omega_{ie}\sin\varphi_c+\omega_n^c(s)\tan\varphi_c\end{cases}\tag{9-4-2}$$

现在再引入校正网络 $Y_y(s)$、$Y_z(s)$，改变指令角速度中涉及纬度项的计算：

$$\begin{cases}\omega_y^c(s)=Y_y(s)\cdot\omega_{ie}\cos\varphi_c+\omega_n^c(s)\\\omega_z^c(s)=Y_z(s)\cdot\omega_{ie}\sin\varphi_c+\omega_n^c(s)\tan\varphi_c\end{cases}\tag{9-4-3}$$

这样就改变了 $\delta\varphi\to\phi_z$、$\delta\varphi\to\phi_y$ 两种影响关系。选择适当的网络 $Y_y(s)$、$Y_z(s)$，就可以实现对地球周期振荡误差的阻尼，即实现方位阻尼的目的。这时的系统控制框图如图 9-21 所示。

可对式（9-4-3）可作变换如下：

$$\omega_y^c(s)=Y_y(s)\cdot\omega_{ie}\cos\varphi_c+\omega_n^c(s)$$

$$= \omega_{ie}\cos\varphi_c + \omega_n^c(s) - [1 - Y_y(s)] \cdot \omega_{ie}\cos\varphi_c$$

$$= \omega_{ie}\cos\varphi_c + \omega_n^c(s) - \frac{1}{s}[1 - Y_y(s)] \cdot \omega_{ie} s\cos\varphi_c \qquad (9-4-4)$$

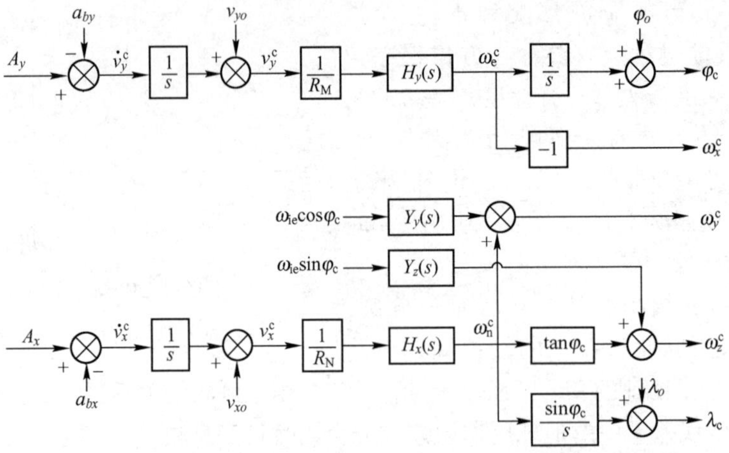

图 9-21　内全阻尼指北方位惯导系统控制方案之一

考虑到

$$\frac{d[\cos\varphi_c]}{dt} = -\sin\varphi_c \frac{d\varphi_c}{dt} = -\sin\varphi_c \cdot \omega_e^c(t)$$

用拉氏变换式表示就是

$$s\cos\varphi_c = -\sin\varphi_c \cdot \omega_e^c(s) \qquad (9-4-5)$$

式(9-4-5)代入式(9-4-4),有

$$\omega_y^c(s) = \omega_{ie}\cos\varphi_c + \omega_n^c(s) + \frac{1}{s}[1 - Y_y(s)] \cdot \omega_{ie}\sin\varphi_c \cdot \omega_e^c(s) \qquad (9-4-6)$$

同理

$$\omega_z^c(s) = \omega_{ie}\sin\varphi_c + \omega_n^c(s) \cdot \tan\varphi_c - \frac{1}{s}[1 - Y_z(s)] \cdot \omega_{ie}\cos\varphi_c \cdot \omega_e^c(s) \qquad (9-4-7)$$

记

$$\begin{cases} \dfrac{\omega_{ie}}{s}[1 - Y_y(s)] = W_y(s) \\ \dfrac{\omega_{ie}}{s}[1 - Y_z(s)] = W_z(s) \end{cases} \qquad (9-4-8)$$

则

$$\begin{cases} \omega_y^c(s) = \omega_{ie}\cos\varphi_c + \omega_n^c(s) + W_y(s) \cdot \sin\varphi_c \cdot \omega_e^c(s) \\ \omega_z^c(s) = \omega_{ie}\sin\varphi_c + \omega_n^c(s) \cdot \tan\varphi_c - W_z(s) \cdot \cos\varphi_c \cdot \omega_e^c(s) \end{cases} \qquad (9-4-9)$$

从式(9-4-9)可以看出,在无方位阻尼时的指令角速度的基础上,从东向水平回路中,引出角速度 ω_e^c,分解后经阻尼网络 $W_y(s)$、$W_z(s)$ 形成校正项,加到无方位阻尼时的指令角速度 ω_y^c、ω_z^c 中,就可以实现图 9-21 阻尼方案的效果。这种新方案如图 9-22 所示。

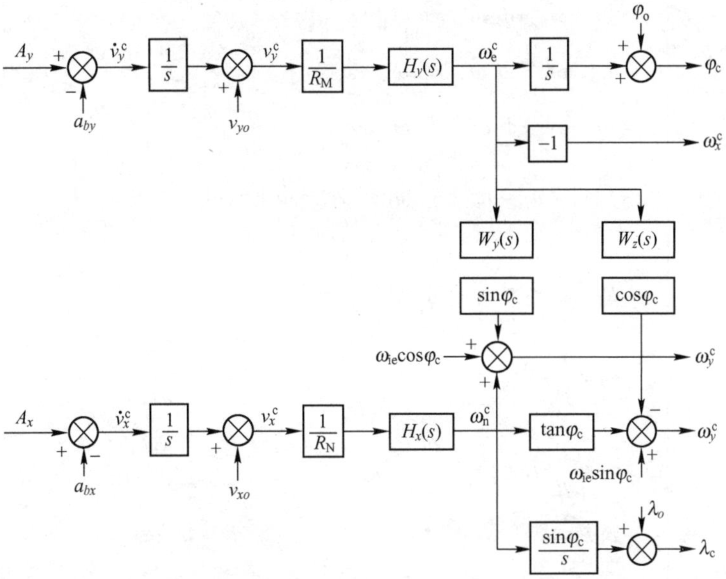

图 9-22　内全阻尼指北方位惯导系统控制方案之二

图 9-21、图 9-22 两种方案阻尼效果一样。但比较起来，图 9-22 所示方案优点是可以方便地接入或断开方位阻尼，进行惯导工作方式的转换。

通过上面的分析我们知道，在指令角速度中加入校正项，改变纬度误差对方位误差的影响，可以实现方位阻尼。在稳态时，若能使图 9-22 中添加的校正项为零(或图 9-21 中 $Y_y(s)$、$Y_z(s)$ 的增益为 1)，则不会影响指令角速度的计算，但在载体有加速度时的过渡过程中，阻尼网络在发挥阻尼作用的同时，也会带来和水平阻尼同样的问题，即会引起加速度干扰误差。为消除加速度干扰误差，我们可以在对水平阻尼进行外速度补偿的同时，用类似的方法也对方位阻尼进行外速度补偿，这样就构成了外全阻尼。补偿的方法是，在图 9-22 所示控制方案的基础上，再加入补偿项，使指令角速度为

$$
\begin{cases}
\omega_y^c(s)=\omega_{ie}\cos\varphi_c+\omega_n^c(s)+W_y(s)\cdot\sin\varphi_c\cdot[v_y^c(s)-v_{ry}(s)]\dfrac{H_y(s)}{R_M}\\
\omega_z^c(s)=\omega_{ie}\sin\varphi_c+\omega_n^c(s)\cdot\tan\varphi_c-W_z(s)\cdot\sin\varphi_c\cdot[v_y^c(s)-v_{ry}(s)]\dfrac{H_y(s)}{R_M}
\end{cases}
\tag{9-4-10}
$$

读者可仿照图 9-22 画出外全阻尼指北方位惯导系统的控制框图。

9.4.2　全阻尼惯导的基本方程、误差方程及特征根

全阻尼惯导和水平阻尼惯导的区别在于指令角速度的计算，只要用方程式(9-4-9)代替 9.2 节中水平阻尼惯导控制方程式(9-2-18)、基本方程式(9-2-19)中指令角速度 ω_y^c、ω_z^c 的计算，即可得到全阻尼惯导的控制方程和基本方程。现将内全阻尼惯导的基本方程列写如下：

$$
\begin{cases}
\dot{\phi}_x = \omega_x^{c} - \omega_{itx}^{t} + \phi_y \omega_{itz}^{t} - \phi_z \omega_{ity}^{t} + \varepsilon_x \\
\dot{\phi}_y = \omega_y^{c} - \omega_{ity}^{t} - \phi_x \omega_{ity}^{t} + \phi_z \omega_{itx}^{t} + \varepsilon_y \\
\dot{\phi}_z = \omega_z^{c} - \omega_{itz}^{t} + \phi_x \omega_{ity}^{t} - \phi_y \omega_{itx}^{t} + \varepsilon_z \\
\dot{v}_x^{c} = f_x^{t} + \left(2\omega_{ie}\sin\varphi_c + \dfrac{v_{cx}}{R_N}\tan\varphi_c\right) v_{cy} - \phi_y g + \Delta A_x \\
\dot{v}_y^{c} = f_y^{t} + \left(2\omega_{ie}\sin\varphi_c + \dfrac{v_{cx}}{R_N}\tan\varphi_c\right) v_{cx} + \phi_x g + \Delta A_y \\
\omega_e^{c}(s) = \dfrac{v_y^{c}}{R_M} H_y(s) \\
\omega_n^{c}(s) = \dfrac{v_x^{c}}{R_N} H_x(s) \\
\omega_x^{c}(s) = -\omega_e^{c}(s) \\
\omega_y^{c}(s) = \omega_{ie}\cos\varphi_c + \omega_n^{c}(s) + W_y(s) \cdot \sin\varphi_c \cdot \omega_e^{c}(s) \\
\omega_z^{c}(s) = \omega_{ie}\sin\varphi_c + \omega_n^{c}(s) \cdot \tan\varphi_c - W_z(s) \cdot \sin\varphi_c \cdot \omega_e^{c}(s) \\
\dot{\varphi}_c = \omega_e^{c} \\
\dot{\lambda}_c = \omega_n^{c} \sec\varphi_c
\end{cases}
\tag{9-4-11}
$$

将上面方程组中 $\omega_y^c(s)$、$\omega_z^c(s)$ 的计算公式替换为式(9-4-10),即可得到外全阻尼惯导的基本方程。

在静基座条件下,可推导出内全阻尼惯导的误差方程(拉氏变换形式)如下(近似认为地球为圆球体,$R_N = R_M = R$,同时忽略 δv_x、δv_y 的相互影响,即忽略傅科周期):

$$
\begin{cases}
s\delta v_x(s) - \delta v_x(0) = -\phi_y(s) g + \Delta A_x(s) \\
s\delta v_y(s) - \delta v_y(0) = \phi_x(s) g + \Delta A_y(s) \\
\delta\omega_c(s) = \dfrac{\delta v_y(s)}{R} H_y(s) \\
\delta\omega_n(s) = \dfrac{\delta v_x(s)}{R} H_x(s) \\
s\delta\varphi(s) - \delta\varphi(0) = \delta\omega_e(s) \\
s\delta\lambda(s) - \delta\lambda(0) = \sec\varphi \delta\omega_n(s) \\
s\phi_x(s) - \phi_x(0) = -\delta\omega_e(s) + \omega_{ie}\sin\varphi \cdot \phi_y(s) - \omega_{ie}\cos\varphi \cdot \phi_z(s) + \varepsilon_x(s) \\
s\phi_y(s) - \phi_y(0) = \delta\omega_n(s) - \omega_{ie}\sin\varphi \cdot \delta\varphi(s) - \omega_{ie}\sin\varphi \cdot \phi_x(s) + \sin\varphi W_y(s) \delta\omega_e(s) + \varepsilon_y(s) \\
s\phi_z(s) - \phi_y(0) = \delta\omega_n(s)\tan\varphi + \omega_{ie}\cos\varphi \cdot \delta\varphi(s) + \omega_{ie}\cos\varphi \cdot \phi_x(s) - \cos\varphi W_z(s) \delta\omega_e(s) + \varepsilon_z(s)
\end{cases}
\tag{9-4-12}
$$

由上面的方程组,可以画出静基座内全阻尼的指北方位惯导误差框图如图 9-23 所示。

利用图 9-23,我们可以考察加入方位阻尼后系统的特征根。根据梅逊增益公式,并考虑到关系式(9-4-8),可求出系统的特征方程式为

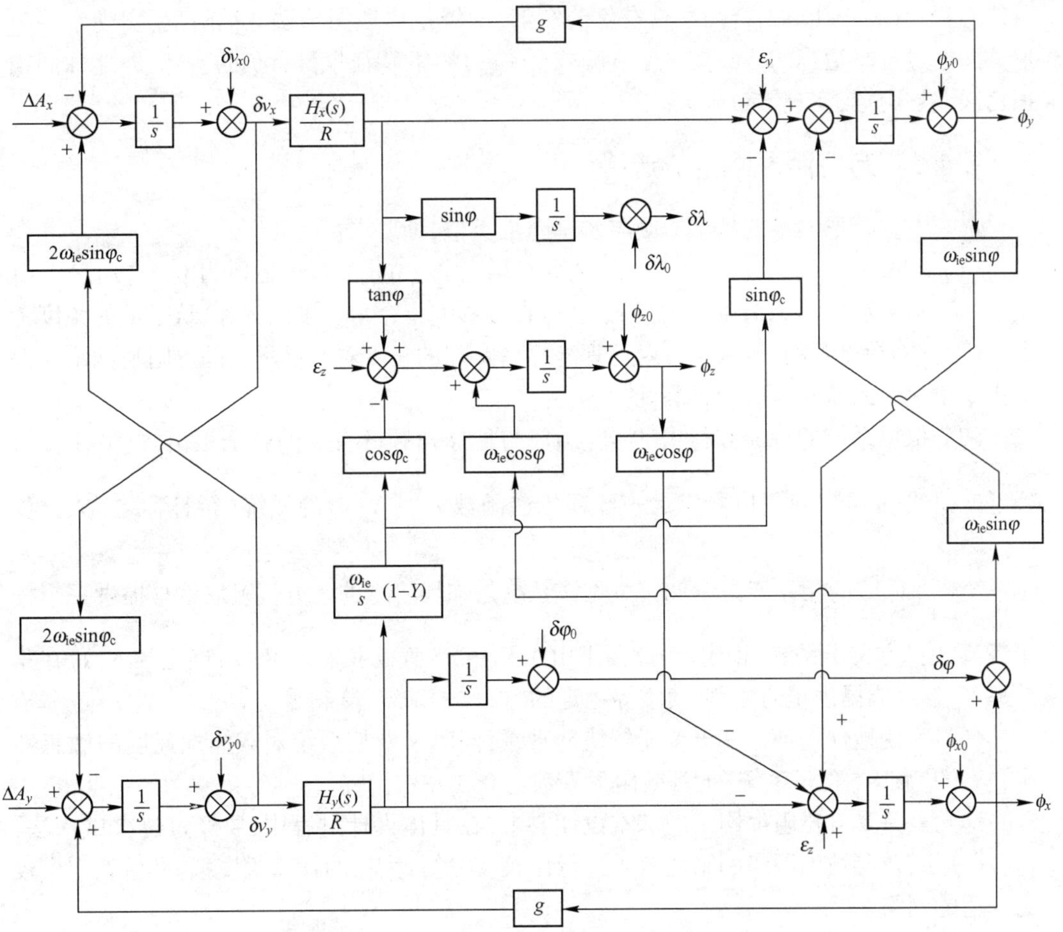

图 9-23　静基座内全阻尼指北方位惯导误差框图

$$\Delta=(s^2+\omega_s^2H_x)\{s^2(s^2+\omega_s^2H_y)+\omega_{ie}^2[s^2+\omega_s^2H_y(Y_y\sin^2\varphi+Y_z\cos^2\varphi)]\}=0 \tag{9-4-13}$$

若令 $Y_y=Y_z=Y$

则特征方程可简化为

$$\Delta=(s^2+\omega_s^2H_x)[s^2(s^2+\omega_s^2H_y)+\omega_{ie}^2(s^2+\omega_s^2H_yY)]=0 \tag{9-4-14}$$

再令

$$N(s)=\frac{s^2+\omega_s^2H_yY}{s^2+\omega_s^2H_y} \tag{9-4-15}$$

则式(9-4-13)可写成

$$\Delta=(s^2+\omega_s^2H_x)(s^2+\omega_s^2H_y)(s^2+\omega_{ie}^2N(s))=0 \tag{9-4-16}$$

这一方程可分解为

$$\begin{cases}s^2+\omega_s^2H_x(s)=0\\s^2+\omega_s^2H_y(s)=0\end{cases} \tag{9-4-17}$$

$$s^2+\omega_{ie}^2N(s)=0 \tag{9-4-18}$$

没有阻尼网络 $H_x(s)$、$H_y(s)$、$N(s)$ 时，系统的 6 个特征根全部为纯虚根。选择 H_x、H_y

可使方程式(9-4-17)的特征根具有负的实部,即舒拉周期振荡误差被阻尼,实现水平阻尼。而通过选择适当的$N(s)$,可使方程式(9-4-18)的特征根具有负的实部,即地球周期振荡误差被阻尼,实现方位阻尼。

9.4.3 方位阻尼网络的选择

选择方位阻尼网络的基本原则与水平阻尼类似,即要求:

(1) 方案一中网络$Y_y(s)$、$Y_z(s)$的稳态增益$Y_y(0)$、$Y_z(0)$必须为0(或方案二中$W_y(s)$、$W_z(0)$为1)。因为网络$Y_y(s)$、$Y_z(s)$直接影响指令角速度的计算,从阻尼的角度考虑,这种影响是需要的,但从平台对地理坐标系跟踪的角度看又是不利的。阻尼网络应保证指令角速度的基本算法的正确性。

(2) 根据系统的特征方程式(9-4-16),与地球角频率有关的特征根由式(9-4-18)确定。而式(9-4-18)可以看成是一开环传递函数为$\frac{\omega_{ie}^2}{s^2}N(s)$的系统(暂且称之为"方位子系统"),而$\frac{\omega_{ie}^2}{s^2}$的相移衡为$-180°$,可见该系统是临界稳定的。方位阻尼就是提供一个校正环节,使"方位子系统"稳定,为此要求由$Y_y(s)$、$Y_z(s)$或$W_y(s)$、$W_z(s)$确定的$N(s)$在角频率ω_{ie}附近能提供正的相移,使临界稳定的"方位子系统"变得稳定。

(3) 为使地球周期振荡误差能较快地衰减,同时又要使系统对载体加速度的敏感性小,$N(s)$应使"方位子系统"的等效阻尼系数为0.5左右为宜。

这几点只是方位阻尼网络的基本设计要求,在具体设计过程中,要经过逐次试探法,对各种形式及参数的网络的阻尼效果进行比较,并进行大量的计算机模拟,最后确定出较为合适的网络。

例如可以选择下面的网络形式:

$$Y_y(s)=Y_z(s)=Y(s)=1.67\frac{s^2+7.2\times10^{-5}s+2.2\times10^{-9}}{(s+6.0\times10^{-5})^2} \tag{9-4-19}$$

其频率特性如图9-24所示。

转换成图9-22的阻尼方案,则有

$$W_y(s)=W_z(s)=\frac{\omega_{ie}}{s}[1-Y(s)]=-\frac{4.9\times10^{-5}s}{(s+6.0\times10^{-5})^2} \tag{9-4-20}$$

也可以采用下列参数:

$$Y_y(s)=Y_z(s)=Y(s)=2.37\frac{s^2+3.7\times10^{-5}s+19.4\times10^{-9}}{(s+4.4\times10^{-5})^2} \tag{9-4-21}$$

$$W_y(s)=W_z(s)=\frac{\omega_{ie}}{s}[1-Y(s)]=-\frac{10.0\times10^{-5}s}{(s+4.4\times10^{-5})^2} \tag{9-4-22}$$

图9-25、图9-26给出了采用式(9-4-19)的阻尼网络形式与参数时,内全阻尼指北方位惯导的误差模拟结果。其中图9-25的模拟条件是$\varepsilon_x=\varepsilon_y=\varepsilon_z=0.01°/\mathrm{h}$;图9-26的模拟条件是$\Delta A_x=\Delta A_y=1\times10^{-4}g$。从这些模拟曲线中可以直观地显示了方位阻尼对地球周期误差的阻尼效果,经过1个或2个地球周期后,地球周期误差明显衰减了。

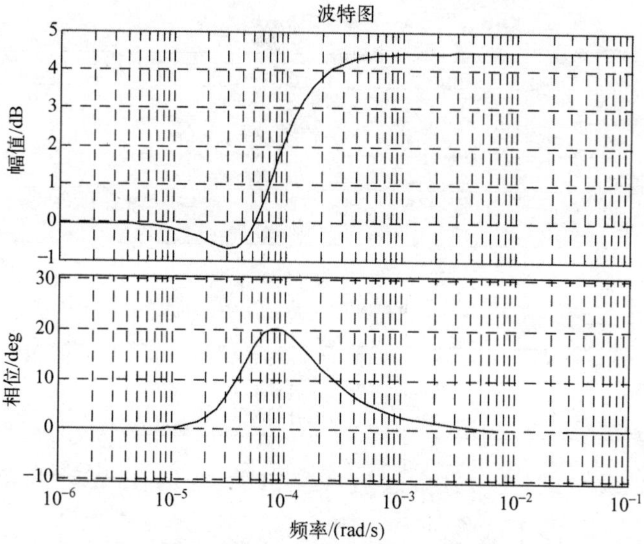

图 9-24　方位阻尼网络 $Y(s)$ 的频率特性

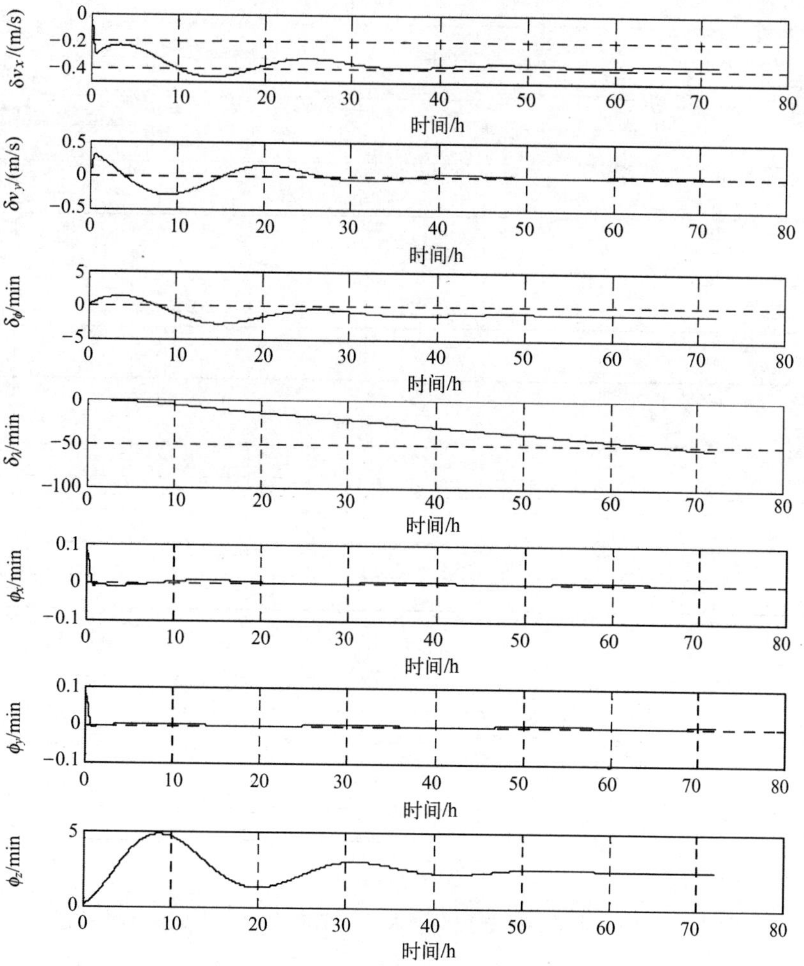

图 9-25　内全阻尼指北方位惯导误差模拟曲线（$\varepsilon_x=\varepsilon_y=\varepsilon_z=0.01°/\mathrm{h}$）

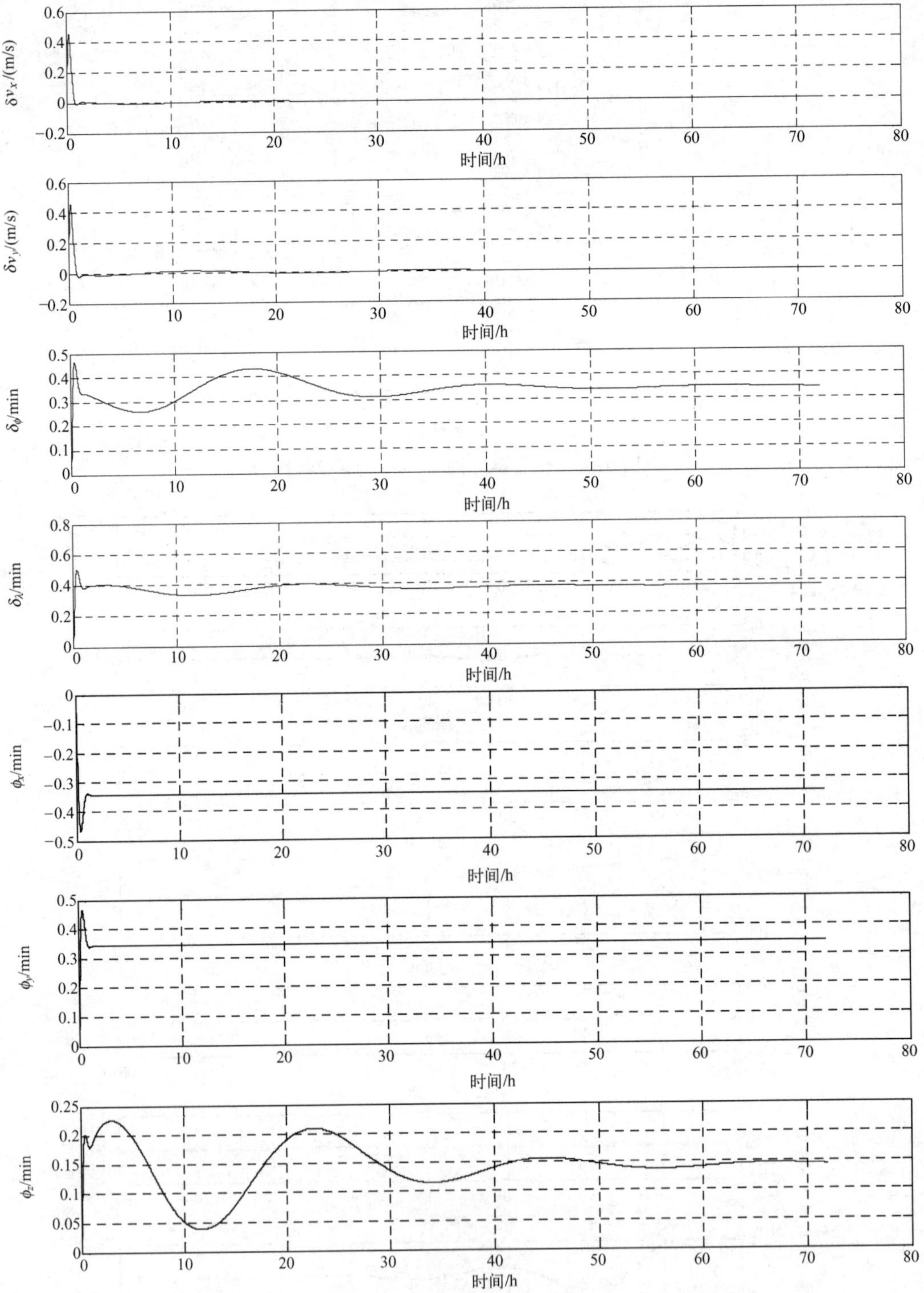

图 9-26　内全阻尼指北方位惯导误差模拟曲线($\Delta A_x=\Delta A_y=1\times10^{-4}g$)

9.4.4 指北方位惯导的5种工作状态及阻尼问题小结

本节和前几节,先后研究了指北方位惯导的水平阻尼和方位阻尼问题。水平阻尼的阻尼对象是舒拉周期振荡误差,方位阻尼的阻尼对象是地球周期振荡误差。两种阻尼都会破坏水平回路的加速度无干扰条件(即舒拉调谐条件),从而引起加速度干扰,对此两种阻尼都可以采用速度补偿来解决。两种阻尼又可分为内阻尼(不引入外速度补偿)和外阻尼(引入外速度补偿)。水平阻尼可单独使用,采用方位阻尼时,一般要同时采用水平阻尼,这样惯导系统总共有5种工作状态,即无阻尼状态、内水平阻尼状态、外水平阻尼状态、内全阻尼状态、外全阻尼状态。现将这5种工作状态的基本特点小结如下。

(1) 无阻尼。系统处于这种状态时,在常值误差源作用下,系统误差量中含有3种周期性振荡成分,其幅值是不衰减的,而在随机误差源作用下,系统误差量中周期性成分的幅值会随时间增大。这种状态的优点是水平回路完全满足舒拉调谐条件,系统不受载体加速度干扰。在工作时间短、机动性强的载体中使用的惯导一般都工作在无阻尼状态。对于舰船惯导,无阻尼状态比较适合于在舰船机动运动时使用。

(2) 内水平阻尼。内水平阻尼状态的惯导只是在其水平回路中引入了阻尼,能使惯导误差中的舒拉周期分量的振荡幅度得到衰减。由于内水平阻尼的阻尼信息来自于系统本身的计算速度,虽然舒拉周期振荡误差是被阻尼下来了,但是由于内水平阻尼破坏了水平回路的舒拉调谐条件,当载体有加速度时,会引起与加速度大小成正比的冲击误差。也就是说,内水平阻尼使舒拉周期振荡分量衰减是以牺牲水平回路的舒拉调谐条件为代价的。对于舰船惯导,内水平阻尼适合于在舰船低速航行或匀速直线航行时使用,也可与无阻尼状态配合使用,当舰船机动运动时,将系统转入无阻尼状态。

(3) 外水平阻尼。这种工作状态与内水平阻尼的区别在于引入了外部速度信息。由于引入外速度后的阻尼网络在低频时的传输系数均为零,当载体的速度为常值时,引入的外部速度 v_{rx}、v_{ry} 对系统没有影响。当载体机动时,外速度信息给水平回路增加了一条前向通道,而起到补偿作用,这样既可使舒拉周期振荡误差分量衰减下来,又可补偿由于采用水平阻尼网络而引起的载体加速度干扰误差。当然,外速度的误差(尤其是外速度误差的变化率)也会给系统带来新的误差,因此要求外速度本身的精度要高、误差变化应小。外水平阻尼是舰船惯导中最常用的一种工作状态。

(4) 内全阻尼。在内水平阻尼的同时,又进行方位阻尼,即构成内全阻尼。阻尼信息来自于系统本身的计算速度。此时,系统误差中的舒拉周期振荡分量和地球周期振荡分量都将得到衰减。和内水平阻尼一样,内全阻尼状态也存在载体加速度干扰的问题。由于地球周期长,方位阻尼要在一两个周期即一两天后才见效果,因此方位阻尼主要用在需长期工作、载体速度又较慢,且长期得不到校准的惯导中。

(5) 外全阻尼。在进行水平阻尼、方位阻尼的同时,引入外速度信息,以补偿载体加速度对系统干扰造成的误差,即构成外全阻尼。外全阻尼主要用在需长期工作、载体速度较快,且长期得不到校准的惯导中。

在实际使用中,应根据当时的工作环境、任务要求及各种工作状态的特点来选择并切换合适的惯导工作状态。惯导的不同工作状态的区别体现在控制方程的不同上,控制方程即惯导计算机的计算方程。实际上可以建立通用于5种工作状态的统一控制方程,通过改变统一控制方程中的一些参数，就可以实现惯导工作状态的切换。

9.5 利用比例控制的变阻尼技术

由于无阻尼惯性导航系统实质是一种临界稳定系统。在常值误差源激励作用下，系统将产生舒拉周期、傅科周期、地球周期 3 种振荡误差，其幅值是不衰减的。而在随机误差源作用下，系统误差量中的周期成分的幅值将会随时间增大。对于工作时间较长的惯导系统，如舰船惯导，这种发散性误差将严重影响其导航定位能力。因此，为了提高惯导的使用精度，一般采用阻尼的方法抑制和衰减振荡性误差。通常做法是在惯导的东向、北向水平修正回路中分别加入一个校正网络，将惯导从临界稳定系统转变为渐进稳定系统，从而达到抑制和衰减振荡性误差的目的。为了使惯导取得较好的阻尼效果，阻尼比越大越好。同时，为了使载体机动对惯导的影响尽量小，阻尼比越小越好。综合考虑以上两种因素，惯导的阻尼比一般取 0.5 左右。不同的阻尼比，对应不同的阻尼补偿器的参数。阻尼补偿器的设计是一个逐次尝试的过程，参数确定比较麻烦。同时，在无阻尼向阻尼状态切换时，惯导系统容易产生超调误差。

针对阻尼补偿器参数确定困难和阻尼状态切换超调误差的抑制两个主要问题，采用一种基于比例控制的变参数的惯导阻尼方法。在一个设计的通用阻尼补偿器中，通过改变可变参数，方便地实现不同阻尼比的阻尼补偿器。因此，可根据载体机动大小，选择不同的阻尼比系数(而不是固定在 0.5 左右)。同时，在无阻尼向阻尼状态切换时，可通过线性增大可变参数 k_1、k_2 的方法，抑制阻尼切换时产生的超调误差。

9.5.1 传统阻尼网络的引入

以惯导的东向修正回路为例，建立惯导系统的水平回路模型，如图 9-27 所示。

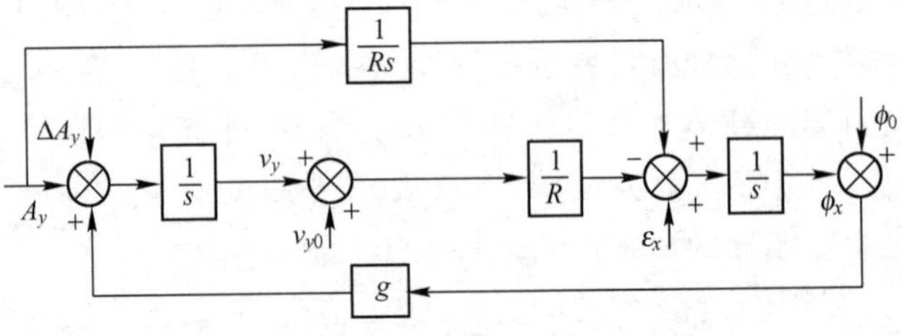

图 9-27 惯导系统东向水平修正回路

图中，A_y 表示北向加速度，ΔA_y 表示北向零位加速度误差，v_y 表示北向速度，v_{y0} 表示初始北向速度，ε_x 表示东向陀螺漂移，ϕ_0 表示初始平台失准角，R 表示地球半径，g 表示重力加速度，ϕ_x 表示东向平台失准角，$\frac{1}{s}$ 表示积分算子。

考虑到陀螺漂移是惯导系统的最主要误差源，为了简化分析，仅考虑东向陀螺漂移的影响，从陀螺漂移 ε_x 导水平误差角 ϕ_x 的传递函数为

$$\frac{\phi_x}{\varepsilon_x}=\frac{s}{s^2+g/R}=\frac{s}{s^2+\omega_s^2} \tag{9-5-1}$$

式中：$\omega_s=\sqrt{\frac{g}{R}}\approx 0.0012413\text{rad/s}$ 为舒拉调谐角频率。

对于无阻尼惯导系统，在常值陀螺漂移激励下，将产生等幅振荡误差。在随机性陀螺漂移激励下，产生随时间平方根发散的误差。对于其他误差源，也有相似的结论。

为了衰减惯导振荡性误差（主要指 84.4min 的舒拉周期），一般采用在惯导修正回路前向通道中加入阻尼网络 $H(s)$，将速度信息输入阻尼网络，如图 9-28 所示，以改变系统的特征方程，使系统具有负实部的特征根，从而使得惯导系统处于渐进稳定状态。

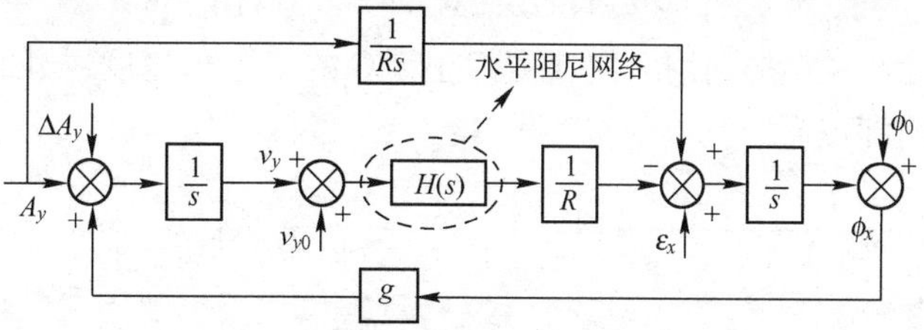

图 9-28 惯导系统东向水平阻尼回路

加入阻尼网络 $H(s)$ 后，从陀螺漂移 ε_x 到水平误差角 ϕ_x 的传递函数变为

$$\frac{\phi_x}{\varepsilon_x}=\frac{s}{s^2+\omega_s^2 H(s)} \tag{9-5-2}$$

由于阻尼网络破坏了惯导系统无干扰舒拉调谐条件，加入阻尼网络后惯导系统增加一条从加速度 A_y 到水平误差角 ϕ_x 的传递函数：

$$\frac{\phi_x}{A_y}=\frac{1-H(s)}{(s^2+\omega_s^2 H(s))R} \tag{9-5-3}$$

为了尽量减少机动加速度对惯导系统的影响，由式(9-5-3)可知，阻尼网络 $H(s)$ 应该尽量接近于 1，即阻尼网络的阻尼系数应该尽量小。另外，为了抑制和衰减惯导系统振荡性误差，由式(9-5-2)可知，阻尼网络 $H(s)$ 应使系统具有负特征根，在舒拉调谐角频率 ω_s 附近提供正相移，且要求阻尼系数越大越好。考虑到以上相互矛盾的两个方面，实际工作中一般采用折中的方式，选取阻尼网络等效阻尼系数为 0.5 左右。经过反复尝试，调整 $H(s)$ 网络参数直至满足要求。阻尼网络一般采用以下形式：

$$H_1(s)=\frac{(s+8.80\times10^{-4})(s+1.97\times10^{-2})^2}{(s+4.41\times10^{-3})(s+8.80\times10^{-3})^2} \tag{9-5-4}$$

$$H_2(s)=\frac{(s+8.5\times10^{-4})(s+9.412\times10^{-2})}{(s+8.0\times10^{-3})(s+1.0\times10^{-2})} \tag{9-5-5}$$

$$H_3(s)=\frac{1.69\times10^{-3}}{6.0\times10^{-4}}\ \frac{s+6.0\times10^{-4}}{s+1.69\times10^{-3}} \tag{9-5-6}$$

在阻尼补偿器设计时，一个重要参数就是阻尼系数的确定。为了使阻尼比系数在 0.5 左右，需使闭环增益（如式(9-5-7)）具有 1dB 的峰值。

$$\frac{G(s)}{1+G(s)H(s)} \tag{9-5-7}$$

式中：$G(s)=\frac{\omega_s^2}{s^2}$为惯导传递函数；$H(s)$为式(9-5-4)、式(9-5-5)或式(9-5-6)之一的阻尼补偿器。1dB 的峰值一般可通过观察频率幅相曲线或尼克尔斯图来确定。

方位阻尼补偿器的设计方法与水平阻尼补偿器设计方法基本相同，综合考虑阻尼效果和载体机动的影响，阻尼比系数也选在 0.5 左右。不同的是，水平阻尼针对的是舒拉振荡角频率 $\omega_s \approx 0.0012413\text{rad/s}$，方位阻尼针对的是地球振荡角频率 $\omega_\Omega \approx 7.2722\times10^{-5}\text{rad/s}$。通过逐次尝试，一般采用以下等效阻尼补偿器。

$$W(s)=\frac{-4.88\times10^{-5}s}{(s+6.0\times10^{-5})(s+6.0\times10^{-5})} \tag{9-5-8}$$

方位阻尼的引入方式是利用北向速度修正计算的指令角速度，如图 9-29 所示（其中 φ_e 表示惯导计算的纬度）。

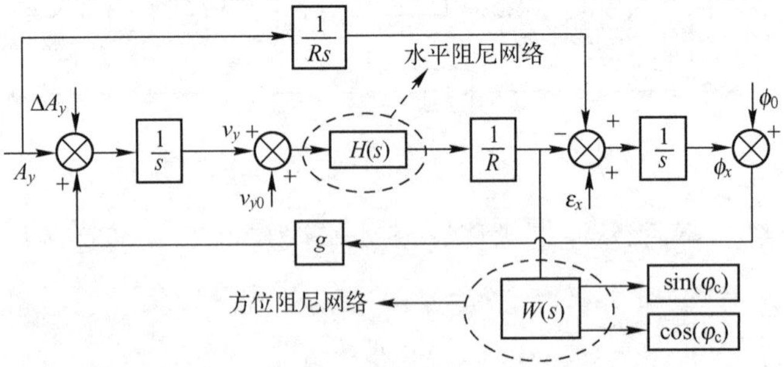

图 9-29　惯导系统方位阻尼的加入

以上阻尼补偿器的阻尼比在 0.5 左右。若要改变阻尼比，需通过逐步尝试的方法重新确定各项参数。

9.5.2　阻尼切换导致的超调误差

当惯导系统从无阻尼切换为阻尼时，容易发生超调误差，如图 9-30 所示。

记切换前瞬时的速度作为常值 v_{switch0}，将惯导解算的速度减去常值 v_{switch0} 后再输入阻尼补偿器。补偿后切换的超调误差大为减小，如图 9-31 所示。

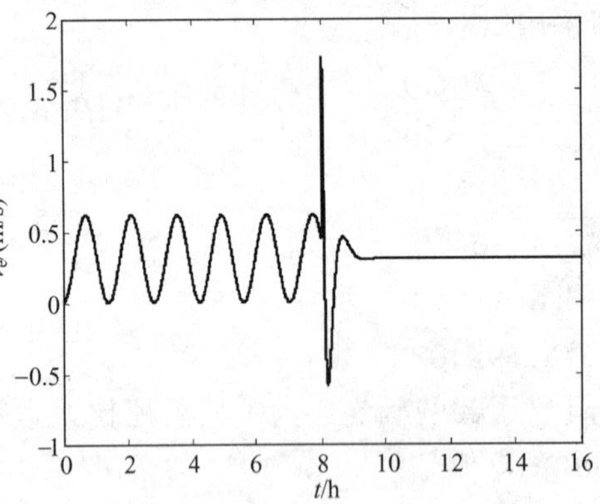

图 9-30　切换时产生的超调误差

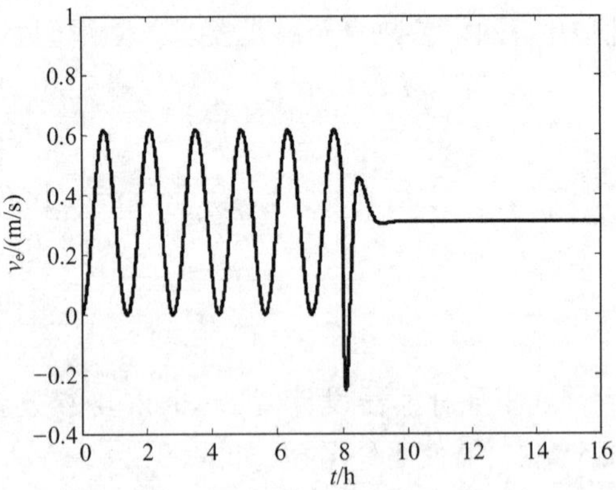

图 9-31　对超调误差的补偿作用

若从微分方程的角度解释，以上的补偿是不完全的。假设阻尼网络选取式(9-5-5)的形式，写成一般通式：

$$H(s)=\frac{(s+\omega_1)(s+\omega_3)}{(s+\omega_2)(s+\omega_4)} \tag{9-5-9}$$

设阻尼补偿器输入速度为 v_{in}，输出速度为 v_{out}，则满足以下关系：

$$v_{out}=\frac{(s+\omega_1)(s+\omega_3)}{(s+\omega_2)(s+\omega_4)}v_{in} \tag{9-5-10}$$

假如 v_{in} 以及其一阶微分的初始值分别记为 $v_{in}(0)$、$\dot{v}_{in}(0)$，式(9-5-10)可改写为微分方程的形式：

$$\begin{aligned} v_{out}(s+\omega_2)(s+\omega_4) &= (s+\omega_1)(s+\omega_3)v_{in} \\ &= \ddot{v}_{in}+v_{in}(0)s+\dot{v}_{in}(0)+(\omega_1+\omega_3)(\dot{v}_{in}+v_{in}(0))+\omega_1\omega_3 \end{aligned} \tag{9-5-11}$$

即

$$v_{out}=\frac{\ddot{v}_{in}+(\omega_1+\omega_3)\dot{v}_{in}+\omega_1\omega_3}{(s+\omega_2)(s+\omega_4)}v_{in}+\frac{v_{in}(0)s+(\omega_1+\omega_3)v_{in}(0)+\dot{v}_{in}(0)}{(s+\omega_2)(s+\omega_4)} \tag{9-5-12}$$

由式(9-5-12)右边第二项可知，如果仅将阻尼切换时刻速度初始 $v_{in}(0)$ 补偿为 0，消除了初始条件的影响，但是未对 $\dot{v}_{in}(0)$ 进行补偿，因此补偿是不完全的，图显示了这一点。此外，当惯导的速度不为零($v_{in}(0)\neq 0$)时，切换时刻将其补偿至零，补偿本身也带来了一个 $v_{in}(0)\to 0$ 的跳变。

9.5.3 变参数阻尼补偿器的设计方法

针对传统阻尼补偿器参数确定麻烦，以及阻尼状态切换超调误差的抑制问题，采用一种基于变参数的惯导阻尼方法。在一个设计的通用阻尼补偿器中，通过改变可变参数 k_1、k_2，方便地实现不同阻尼比的阻尼补偿器。在无阻尼向阻尼状态切换时，可通过线性增大可变参数 k_1、k_2 的方法，抑制阻尼切换时产生的超调误差。

在如图 9-32 所示水平修正回路中增加一个比例环节 k_1 和一个惯性环节 $\frac{1}{1+k_0k_1s}$。其中 k_0 为常数，文中取 $k_0=0.1$，k_1 为可调阻尼参数。由图中信号连接关系，可得如下表达式：

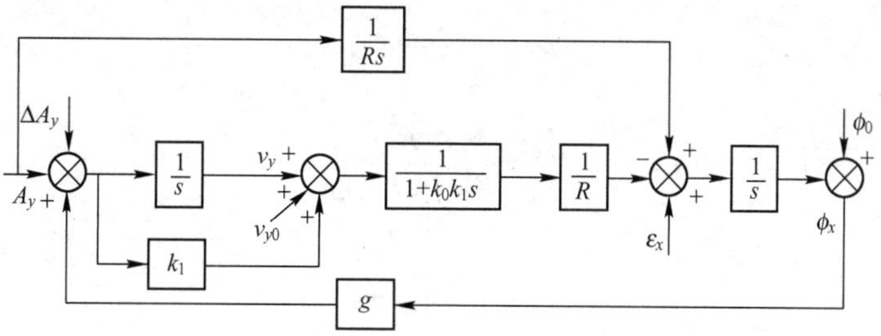

图 9-32 可变参数水平阻尼补偿器

$$\frac{\phi_x}{\varepsilon x}=\frac{s}{s^2+\frac{1+k_1s}{1+k_0k_1s}\omega_s^2} \tag{9-5-13a}$$

$$\frac{\phi_x}{\phi_0}=\frac{s^2}{s^2+\dfrac{1+k_1 s}{1+k_0 k_1 s}\omega_s^2} \tag{9-5-13b}$$

$$\frac{\phi_x}{v_{yo}}=\frac{\dfrac{s}{(1+k_0 k_1 s)R}}{s^2+\dfrac{1+k_1 s}{1+k_0 k_1 s}\omega_s^2} \tag{9-5-13c}$$

$$\frac{\phi_x}{\Delta A_{y0}}=-\frac{\dfrac{1+k_1 s}{(1+k_0 k_1 s)R}}{s^2+\dfrac{1+k_1 s}{1+k_0 k_1 s}\omega_s^2} \tag{9-5-13d}$$

$$\frac{\phi_x}{A_y}=\frac{\left(1-\dfrac{1+k_1 s}{1+k_0 k_1 s}\right)\dfrac{1}{R}}{s^2+\dfrac{1+k_1 s}{1+k_0 k_1 s}\omega_s^2} \tag{9-5-13e}$$

由自动控制原理可知，惯性环节$\dfrac{1}{1+k_0 k_1 s}$是一种低通滤波器，在低频段提供 0dB 增益，在高频段提供斜率为-20dB/s 的增益，转折频率由$\dfrac{1}{k_0 k_1}$确定。

在低频段若忽略惯性环节的影响，$\dfrac{1}{1+k_0 k_1 s}\approx 1$，假设比例系数 k_1 与阻尼补偿器的水平阻尼比系数 ξ 满足如下关系：

$$k_1=\frac{2\xi}{\omega_s} \tag{9-5-14}$$

将式(9-5-14)代入式(9-5-13)可得

$$\frac{\phi_x}{\varepsilon_x}=\frac{s}{s^2+2\xi\omega_s s+\omega_s^2} \tag{9-5-15a}$$

$$\frac{\phi_x}{\phi_0}=\frac{s^2}{s^2+2\xi\omega_s s+\omega_s^2} \tag{9-5-15b}$$

$$\frac{\phi_x}{v_{yo}}=\frac{\dfrac{s}{R}}{s^2+2\xi\omega_s s+\omega_s^2} \tag{9-5-15c}$$

$$\frac{\phi_x}{\Delta A_{y0}}=-\frac{\dfrac{1+\dfrac{2\xi}{\omega_s}s}{R}}{s^2+2\xi\omega_s s+\omega_s^2} \tag{9-5-15d}$$

$$\frac{\phi_x}{A_y}=-\frac{\dfrac{2\xi}{R\omega_s}s}{s^2+2\xi\omega_s s+\omega_s^2} \tag{9-5-15e}$$

由于可调参数 k_1 与阻尼比 ξ 是相关的，为了适应不同载体机动情况，可以通过调节比例系数 k_1，实现不同阻尼比 ξ 的阻尼补偿器。与传统阻尼补偿器阻尼比系数 ξ 固定在 0.5 左右不同，变参数阻尼补偿器在载体加速度较大时，可减小阻尼比系数以降低机动加速度的影响；在载体加速度较小时，可增大阻尼比系数，以增强阻尼效果。

根据图 9-32 的信号关系可知，水平阻尼补偿器实际为式(9-5-6)的可调参数形式，其等效形式如下：

$$H(s)=\frac{1+k_1 s}{1+k_0 k_1 s} \tag{9-5-16}$$

采用图 9-32 所示的 k_1 比例环节的连接方式，而不直接采用 $1+k_1 s$ 一阶微分环节，主要是为了消除阻尼解算时微分算子对噪声的放大作用。

方位阻尼补偿器采用式(9-5-16)的类似形式：

$$H'(s)=\frac{1+k_2 s}{1+k_0 k_2 s} \tag{9-5-17}$$

其中可调参数 k_2 与方位阻尼比 ξ' 是相关的，假定两者满足以下关系：

$$k_2=\frac{2\xi'}{\omega_\Omega} \tag{9-5-18}$$

式中：ω_Ω 为地球振荡角频率；ξ' 为方位阻尼补偿器的阻尼比。

由于图 9-29 中方位阻尼补偿器具有以下等效形式：

$$W(s)=\frac{\omega_\Omega}{s}(1-H'(s)) \tag{9-5-19}$$

因此，将式(9-5-17)代入式(9-5-19)，可得到如下形式：

$$W(s)=k_2\omega_\Omega\left(\frac{k_0-1}{1+k_0 k_2 s}\right) \tag{9-5-20}$$

通过调整参数 k_2，可实现方位阻尼补偿器阻尼比 ξ' 的调整。

以下通过数学仿真，验证变参数阻尼补偿器的阻尼效果、切换超调的抑制作用以及载体加速度噪声对阻尼补偿器的影响。

1. 阻尼效果

设定仿真条件如下：

(1) 东向速度误差 $\delta v_x=2.5\text{m/s}$；

(2) 北向速度误差 $\delta v_y=2.5\text{m/s}$；

(3) 东向常值漂移 $\varepsilon_x=0.01°/\text{h}$；

(4) 北向常值漂移 $\varepsilon_y=0.01°/\text{h}$；

(5) 天向常值漂移 $\varepsilon_z=0.01°/\text{h}$；

(6) 仿真时间 $T=48\text{h}$；

(7) 仿真步长 $\Delta T=0.1\text{s}$。

图 9-32 所示的水平阻尼补偿器和式(9-5-20)所示的方位阻尼补偿器的阻尼效果分别如图 9-33，图 9-34 所示。

其中图 9-33(a)、(b)、(c)中水平阻尼比系数 ξ 分别取 0.1，0.3，0.5，即 $k_1=0.2\omega_s$，$0.6\omega_s$，$1.0\omega_s$；图 9-34(a)、(b)、(c)中方位阻尼比系数 ξ' 也分别取 0.1，0.3，0.5，即 $k_2=$

$0.2\omega_{\Omega}, 0.6\omega_{\Omega}, 1.0\omega_{\Omega}$。

由图 9-33,图 9-34 可知,随着阻尼比系数增大,水平阻尼和方位阻尼效果增强。

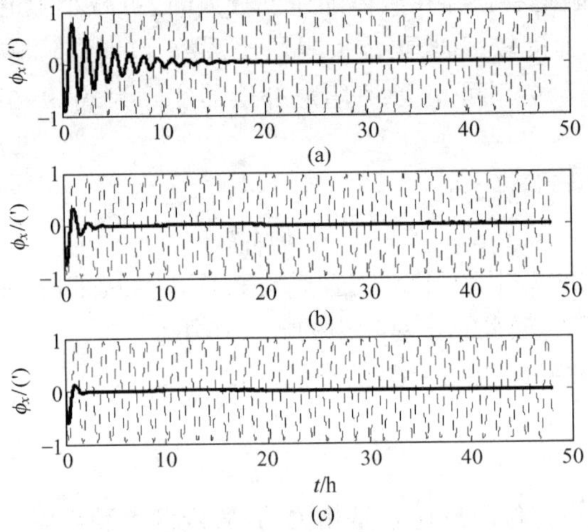

图 9-33 水平阻尼效果(ϕ_x)

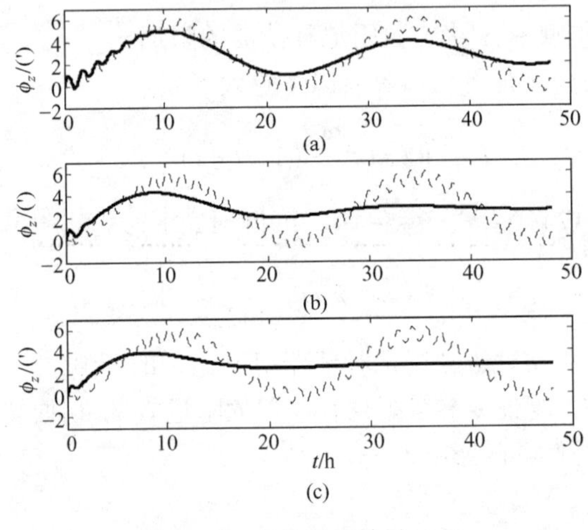

图 9-34 方位阻尼效果(ϕ_z)

2. 切换超调误差的抑制

(1) 东向常值漂移 $\varepsilon_e = 0.01°/h$;

(2) 仿真时间 $T = 16h$;

(3) 仿真步长 $\Delta T = 0.1s$。

在 $t = 8h$ 处将惯导从无阻尼状态切换为阻尼状态。在图 9-35 中,No. 1 表明采用传统阻尼补偿器时切换带来的速度超调误差。No. 2 表明采用变参数阻尼补偿器的速度误差曲线。由图可知,切换导致的超调误差基本被消除。

3. 不同载体加速度对阻尼补偿器的影响

由于阻尼补偿器在低频段趋近于 1,常值性载体加速度通过阻尼补偿器后产生的稳态误差趋近于 0。因此,在这里主要考虑变化的载体加速度对阻尼补偿器的影响。

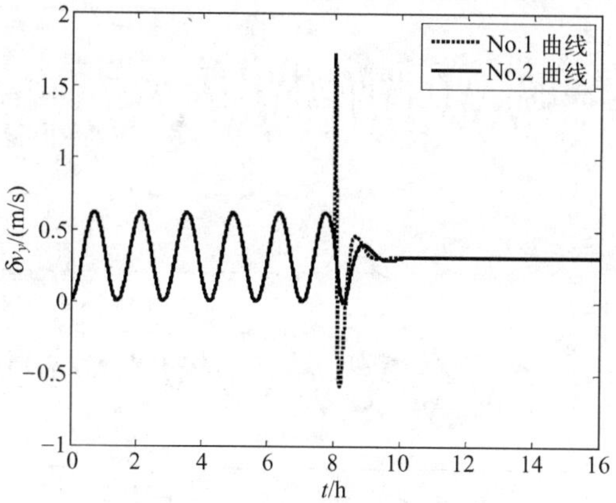

图 9-35 切换超调误差的抑制

(1) 当载体存在东向加速度变化 A_{x1} 时(零均值,标准差为 $\sigma=5\times10^{-3}g_0$m/s 的高斯白噪声,$g_0=9.78$),选取传统阻尼补偿器和变参数阻尼补偿器(选取阻尼比系数 $\xi=0.1$)进行对比,其他仿真条件与上节相同。相关误差曲线如图 9-36 所示。

其中,No. 1 是无阻尼误差曲线,No. 2 是采用传统阻尼补偿器时误差曲线,No. 3 是采用变参数阻尼补偿器(选取阻尼比系数 $\xi=0.1$)。由图可知,在载体加速度 A_{x1} 作用下,采用传统阻尼补偿器将导致比无阻尼状态更大的误差,但是通过调节阻尼比参数,阻尼补偿器可带来比无阻尼状态更小的误差。

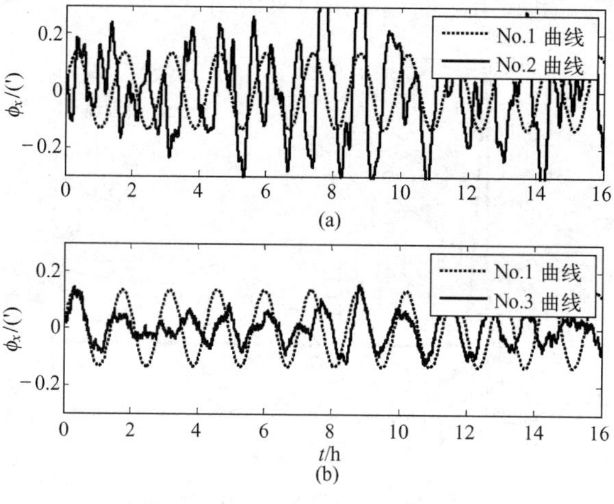

图 9-36 载体加速度的影响(Ⅰ)

(2) 当载体存在东向加速度变化 A_{x2} 时(零均值,标准差为 $\sigma=2.5\times10^{-3}g_0$m/s 的高斯白噪声),选取式传统阻尼补偿器和变参数阻尼补偿器(选取阻尼比系数 $\xi=0.2$)进行对比,相关误差曲线如图 9-37 所示。

其中,No. 1 是无阻尼误差曲线,No. 2 是采用传统阻尼补偿器时误差曲线,No. 3 是变参数阻尼补偿器(选取阻尼比系数 $\xi=0.2$)。由图可知,在载体加速度 A_{x2} 作用下,采用传统阻尼补偿器后系统误差与无阻尼状态系统误差基本相当。但是通过调节阻尼比参数,阻尼补偿器可带来更小的误差。

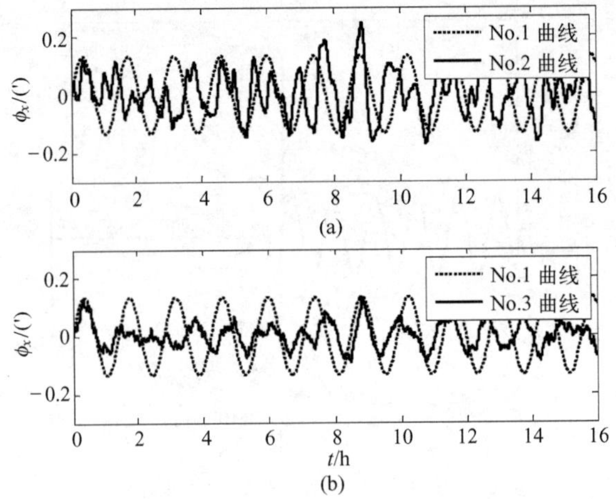

图 9-37　载体加速度的影响(Ⅱ)

(3) 当载体存在东向加速度变化 A_{x3} 时(零均值,标准差为 $\sigma=1\times10^{-4}g_0\text{m/s}$ 的高斯白噪声),选取传统阻尼补偿器和变参数阻尼补偿器(选取阻尼比系数 $\xi=0.8$)进行对比,相关误差曲线如图 9-38 所示。

其中,No. 1 是采用传统阻尼补偿器时误差曲线,No. 2 是采用变参数阻尼补偿器(选取阻尼比系数 $\xi=0.8$)。由图可知,在载体加速度 A_{x3} 作用下,采用传统阻尼补偿器和阻尼补偿器均能取得比无阻尼系统更小系统误差,且两者阻尼效果基本相当。但是阻尼补偿器可带来更小的误差,尤其在阻尼的起始阶段更为明显。

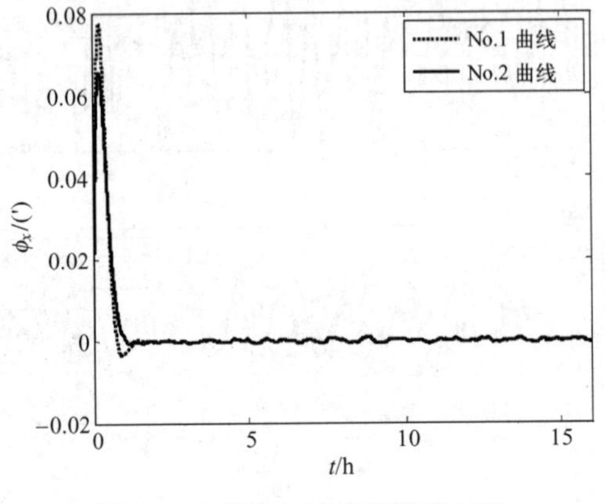

图 9-38　载体加速度的影响(Ⅲ)

针对惯性导航系统传统阻尼补偿器阻尼比系数固定,参数确定较为麻烦,且容易导致切换超调误差的问题,采用一种参数可调的阻尼补偿方法,通过参数 k_1、k_2 的线性改变,实现阻尼比系数的调整,从而具有以下特点:

(1) 阻尼补偿器具有通用性,不同阻尼比系数的阻尼补偿器无须重新设计,只需按照式(9-5-14),式(9-5-18)调整参数即可,避免传统补偿器设计时不断尝试的过程。

(2) 可有效抑制无阻尼至阻尼状态切换时的超调误差,提高系统精度。

(3) 可根据载体加速度大小,改变阻尼比系数,以提高系统精度,尤其在加速度较大时,可通过减小阻尼比系数,以减小载体加速度对阻尼补偿器的影响。

思　考　题

（1）无阻尼惯导系统中为什么需要引入阻尼？

（2）水平阻尼的基本原理是什么？

（3）方位阻尼的基本原理是什么？

（4）相对于传统固定阻尼，变阻尼的好处是什么？

（5）下图为指北方位惯导东向轴修正回路的控制框图，求下图的特征方程，并分析系统的稳定性。

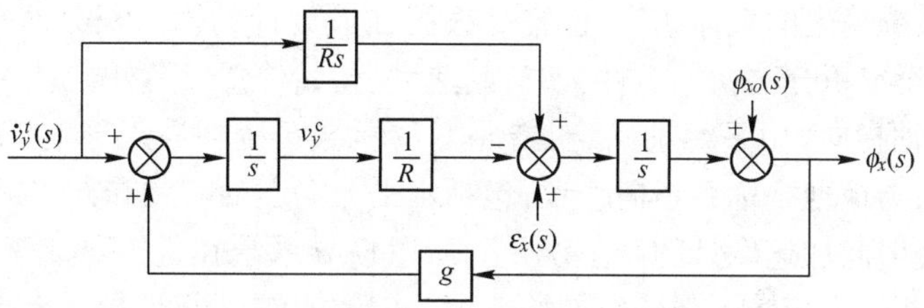

题5图　指北方位惯导东向轴修正回路

（6）下图为外速度作用下，系统单通道回路的阻尼方块图，请根据下面的框图求取从加速度$\dot{v}_y$到姿态误差角ϕ_x的传递函数。

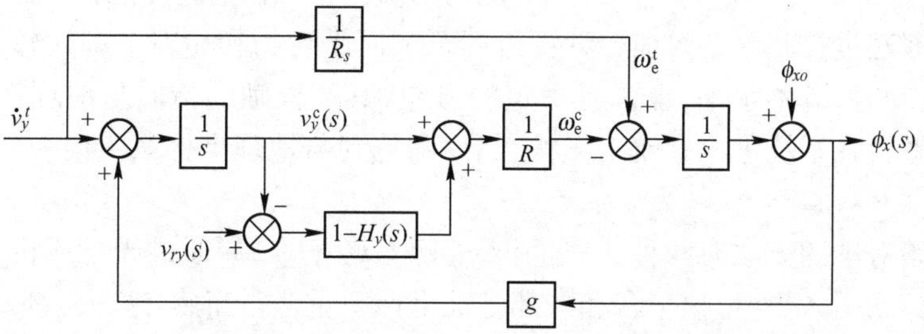

题6图　外速度阻尼的单通道回路

（7）请根据五种阻尼状态的回路特征，详细阐述五种阻尼状态的特点和应用场合。

（8）下图为单通道的水平阻尼方块图，根据控制理论知识求解加速度$\dot{v}_y$到姿态误差角ϕ_x的传递函数，并说明阻尼环节对于系统的影响。

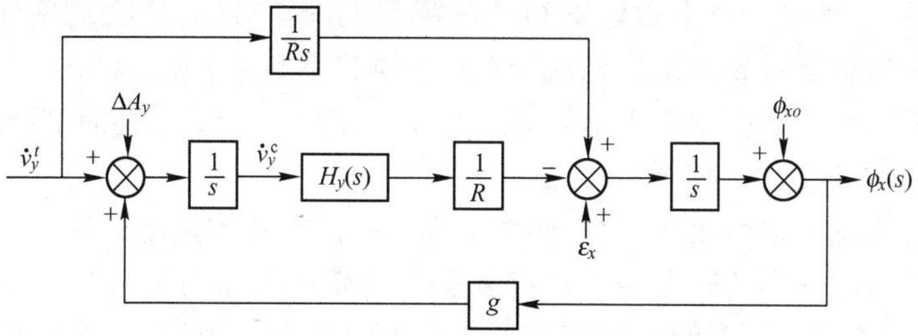

题8图　单通道水平阻尼方块图

第十章 指北方位惯性导航系统的初始对准

10.1 概述

惯性导航系统输出的载体速度、位置是根据加速度计的输出积分而来。要进行积分运算,首先必须设置积分的初始条件,如初始速度、初始位置。另外,惯导中加速度计的测量基准(即敏感轴指向)由平台轴确定,指北方位惯导系统在进入导航工作状态之前,必须使平台坐标系与地理坐标系指向一致,包括水平方向上的一致和方位指向上的一致,否则平台的误差会引起加速度计的测量误差。所以惯导系统在进入导航工作状态之前,必须进行:①确定并向系统输入载体的初始速度、初始位置;②将惯导平台 3 根轴的指向调整成与当地地理坐标系 3 根轴一致。这些工作称为惯导的初始对准。

输入初始位置、初始速度的问题比较简单。在静基座条件下(如当装有惯导的舰船在码头停靠时),载体速度为零,位置就是当地的地理位置,是已知的。动基座下的初始位置、初始速度只能由外界提供。给定系统的初始位置和初始速度的操作过程很简单,将这些初始数据通过控制台送入惯导计算机即可。而平台的初始对准则比较复杂,一般情况下,平台启动时,既不水平,也没有确定的方位,其 3 根轴的指向与地理系有较大的差异。如何将平台在系统进入导航工作状态前,调整到与地理坐标系指向一致是初始对准的主要任务。

平台初始对准的方法有两种:一是引入外部参考基准,如通过光学或机电的方法,将外部基准坐标系引入平台,使平台和外部基准坐标系重合。当然,这一外部基准坐标系必须是符合精度要求的。二是利用惯导系统自身的惯性器件(加速度计、陀螺仪)能敏感地球重力加速度 g 和地球自转角速度 ω_{ie} 的特点,组成闭环回路,达到自动调平和寻北的目的。这种方法称为自主式对准。有时两种对准方法也可结合使用。本章主要讨论自主式对准方法。

为使平台的对准既快捷又精度高,平台的初始对准过程分为粗对准和精对准两个阶段。粗对准阶段要求尽快将平台调整到某一精度范围,在这一阶段,快速性是主要指标(一般要求几分钟内完成粗对准);精对准在粗对准的基础上进行,在这一阶段,精度是主要指标(一般要求水平误差角小于 $10''$,方位误差角小于 $2'\sim5'$)。精对准结束时的平台精度就是系统进入导航状态的平台初始精度。

另外,由于系统中惯性元件误差(如陀螺仪漂移误差和加速度计误差)是惯导的主要误差源,其中陀螺漂移中的逐次启动常值分量以及陀螺仪中力矩器的力矩系数误差(后者对系统的影响相当于陀螺漂移)可以通过一定的方法进行测量。为补偿陀螺漂移,提高系统精度,有一种方案是在精对准过程中测定陀螺漂移并对陀螺仪力矩器的力矩系数进行标定。

在设计初始对准方案时,以往一般以经典控制理论为理论基础,采用频率法。近年来,运用卡尔曼滤波的状态空间法也在初始对准中获得应用。

惯导的综合校正是关于惯导的又一重要课题。初始对准只保证惯导在起始工作时能准确地输出导航参数。随着工作时间的增长,惯导的误差会越来越大,甚至使系统失去定位能力。要较好地解决这一问题,就需要在惯导工作过程中定时或不定时地对其进行校正。一种比较好的解决方案,是通过卡尔曼滤波器将惯导系统和其他外部导航系统的信息综合起来,构造组合式惯性导航系统,使系统输出的导航参数精度最高,同时又能对惯导进行校正。

本章先讨论频率法初始对准,然后简要介绍运用卡尔曼滤波技术的初始对准方法,最后简要介绍组合式惯性导航系统的组合原理。

10.2 平台初始粗对准

粗对准一般要求水平误差角小于 30′,方位误差角小于 1°,有的要求还要更高。粗对准分为水平粗对准和方位粗对准,可同时进行,粗对准过程的时间一般为几分钟。

10.2.1 水平粗对准原理

水平粗对准的参照基准是当地垂线,当平台的法线与当地垂线重合时,平台就是水平的。而当地垂线方向就是重力加速度矢量的方向。根据加速度计原理,平台不水平时,沿平台水平轴安装的两个加速度计所敏感的比力中含有重力加速度 g 的分量。在不考虑载体运动加速度和有害加速度时,平台上东向及北向加速度计 A_E、A_N 的输出 A_x、A_y 与平台水平误差角 ϕ_x、ϕ_y 之间的关系为

$$\begin{cases} A_x = -g\sin\phi_y \\ A_y = g\sin\phi_x \end{cases} \tag{10-2-1}$$

这说明加速度计 A_E、A_N 的输出是否为零可作为平台是否水平的判据,再进一步,可利用这两个加速度计的输出来形成指令电流,控制平台绕两根水平轴(X_p,X_p)的转动,直到平台到达水平为止,水平粗对准就是采用了上述思路。下面以平台绕 X_p 轴的水平粗对准为例进行说明。

X_p 轴水平粗对准回路的对准回路如图 10-1 所示,当平台 Y_p 轴不在水平面上时,加速度计 A_N 可敏感水平误差角 ϕ_x。将加速度计 A_N 输出的电信号放大后作为指令电流,加到控制平台 X_p 轴的陀螺仪 G_E 的力矩器上,陀螺转子在力矩器作用下绕其输出轴进动,形成指令角速度。通过陀螺仪 G_E 输出轴上的角度传感器输出信号,经坐标变换、放大,控制平台水平轴稳定系统中的力矩电机,使平台向水平误差角 ϕ_x 减少的方向转动。ϕ_x 变化后,又会改变加速度计 A_N 的输出,从而构成一闭环对准回路。当 ϕ_x 减少到使加速度计 A_N 的输出为零时,对准就完成了。

图 10-1 所示为平台方位轴角度传感器输出为 0°时的情况,此时陀螺仪 G_E 的敏感轴与平台纵摇轴平行,坐标变换的结果相当于 G_E 直接控制平台纵摇轴向的伺服放大器 F_P、力矩电机 M_P。一般情况下,陀螺仪 G_E 的输出经坐标变换后,会产生两路控制信号,同时控制平台的纵摇轴向上和横摇轴向上力矩电机,但两个力矩电机产生的平台转动角速度

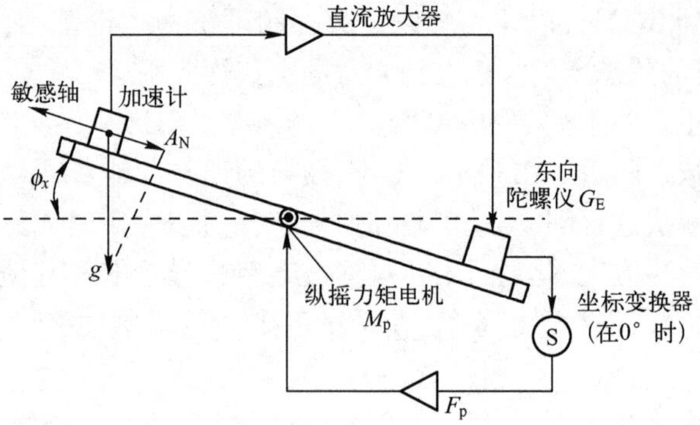

图 10-1　由北向加速度计和东向陀螺仪组成的水平粗对准回路

必然在 X_p 轴向,这是由三轴平台中坐标变换器的设计所保证的。所以在一般情况下,粗对准回路与图 10-1 是等效的。

图 10-2 是 X_p 轴水平粗对准回路的方块图。图中 K_a 为加速度计 A_N 的刻度系数,K 为放大系数,其中含有直流放大器的放大倍数、从电流到形成对 X_p 轴稳定回路修正指令角速度的变换系数,$1/s$ 表示从指令角速度到平台实际转动角度之间的等效传递函数。图中没有画出载体加速度和有害加速度,也没有画出陀螺漂移,因为粗对准时间较短,而且粗对准对精度要求不高,它们的影响可忽略。但加速度计零位误差会直接影响水平精度,是要考虑的。

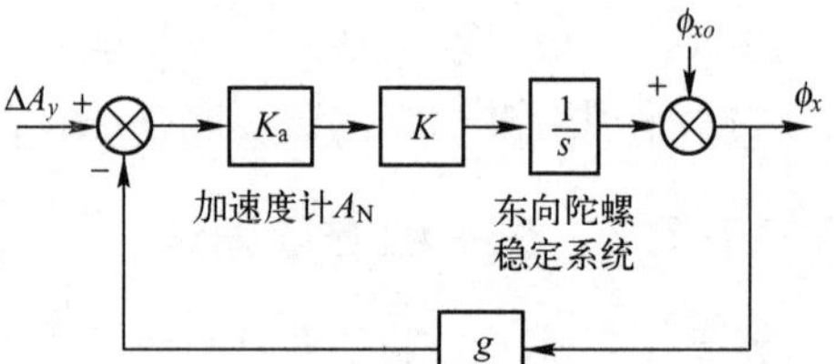

图 10-2　X_p 轴水平粗对准回路方块图

由图 10-2 看出,水平粗对准回路是一阶惯性环节。若加速度计误差为常值误差,$\Delta A_y(s)=\dfrac{1}{s}\Delta A_y$,则 X_p 轴水平误差角 ϕ_x 的拉氏变换式为

$$\phi_x(s)=\frac{-\dfrac{K_aK}{s}}{1+\dfrac{gK_aK}{s}}\Delta A_y(s)+\frac{1}{1+\dfrac{gK_aK}{s}}\phi_{x0}(s)$$

$$=-\frac{1/g}{s(T_Es+1)}\Delta A_y+\frac{T_E}{T_Es+1}\phi_{x0}\tag{10-2-2}$$

式中:$T_E=\dfrac{1}{gK_aK}$为时间常数。

对式(10-2-2)取拉氏反变换,可解得

$$\phi_x(t)=-\frac{\Delta A_y}{g}(1-e^{-\frac{1}{T_E}t})+\phi_{x0}e^{-\frac{1}{T_E}t}\tag{10-2-3}$$

稳态误差角为

$$\phi_{xss}=-\frac{\Delta A_y}{g}\tag{10-2-4}$$

可见,稳态误差角与初始误差角 ϕ_{x0} 无关。

平台 Y_p 轴向的水平粗对准回路与 X_p 轴相似,即通过加速度 A_E 敏感水平误差角 ϕ_y 并通过 Y_p 轴陀螺稳定系统控制平台绕 Y_p 轴转动,直到平台水平为止。

要快速进行水平粗对准,就是要选择较短的时间常数 T_E。一阶惯性环节的过渡过程为 $(3\sim5)T_E$,若要在几分钟内完成水平粗对准,则 T_E 应为 1~2min。根据 T_E 可确定参数 K。

对于舰船上的惯导,由于受舰船摇摆的影响,加速度计输出中会含有由摇摆引起的、周期性变化的加速度分量。为避免这种周期性的加速度分量通过水平粗对准回路使平台出现周期性的误差,实际的对准回路中还要考虑对加速度计的输出信号进行滤波处理。

10.2.2 方位粗对准

方位粗对准目的是使平台粗略地到达指北的方位。惯导平台的方位粗对准,需要其他指向仪器为惯导提供概略方位,如用舰船上的罗经航向 θ_G 与舰用惯导输出的载体航向 θ_r 之差作为控制量,控制方位陀螺仪的力矩器,通过方位轴陀螺稳定系统使平台绕方位轴转动,到惯导输出的航向与罗经航向一致时,方位粗对准就完成了。方位粗对准回路的框图如图 10-3 所示。

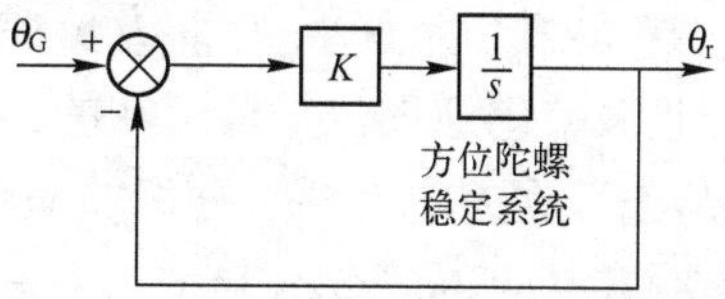

图 10-3 方位粗对准回路的框图

方位粗对准回路就是一单位反馈系统,其详细分析这里就不展开进行了。

在上面介绍的水平粗对准和方位粗对准回路中,惯导计算机都不参与回路工作。回路由模拟电路实现,而且影响对准精度的许多因素都没有考虑,对准精度不高,故称为粗对准。粗对准强调的是快速性,故水平粗对准和方位粗对准又称为快速模拟调水平和快速模拟调方位。

10.3 指北方位惯导系统的水平精对准

初始精对准在初始粗对准的基础上进行。初始精对准分为水平精对准和方位精对准。精对准后,一般要求水平误差角小于 10″,方位误差角小于 2′~5′,对准时间在 30min 左右。可先进行水平精对准,然后进行方位精对准。精对准可在静基座条件下进行,也可在动基座条件下进行。本节主要介绍在静基座条件下水平精对准的方法。

10.3.1 水平精对准方案

在第六章分析无阻尼指北方位惯导系统时,我们看到,在静基座条件下,平台的水平误差角 ϕ_x、ϕ_y 表现为常值分量与一舒拉频率等幅振荡误差分量的迭加。其中,常值分量只与加速度计误差有关:

$$\begin{cases}\phi_x = -\dfrac{\Delta A_y}{g} \\ \phi_y = \dfrac{\Delta A_x}{g}\end{cases} \tag{10-3-1}$$

而由精对准开始时的平台初始水平误差、陀螺仪误差引起的平台水平误差分量均是周期性等幅振荡的。如果在无阻尼惯导水平回路的基础上,采用阻尼的方法,使周期性等幅振荡误差分量尽快地衰减为零,平台的水平误差角中就只剩下与加速度计误差有关的分量了,这样平台就可以达到较高的水平精度。运用这种在水平回路中引入阻尼来消除平台水平误差的方法,是水平精对准的常用方法。

第九章分析阻尼惯导系统时,曾讨论过在无阻尼惯导中引入水平阻尼网络来消除振荡性误差的问题,能否将适用于惯导导航工作状态下的水平阻尼网络也用在水平精对准阶段呢? 如果仅从消除振荡性水平误差分量的最终结果看,是可以的。在水平阻尼网络的作用下,经过一两个振荡周期后,振荡性误差分量基本上就消除了,平台可达到较高的水平精度。但是,导航工作状态下的水平阻尼网络不能改变水平回路的固有振荡频率 ω_s(否则就彻底地破坏了水平回路的舒拉调谐条件),且一两个振荡周期就是 2~3h。显然,这么长的时间用于初始对准是不合适的,必须单独设计一水平精对准阻尼网络,以使对准速度快、精度高。下面从无阻尼惯导的误差方程入手,进行水平精对准阻尼网络的设计。

在静基座条件下,指北方位惯导系统的误差可由误差方程式(7-1-38)描述。初始对准时,载体的地理位置是已知的,误差方程中与纬度误差有关的项可忽略。为简化设计,忽略速度误差中因补偿有害加速度而引入的交叉耦合项(相当于忽略误差中的付科周期振荡):$-2\omega_{ie}\sin\varphi\cdot\delta v_x$ 和 $2\omega_{ie}\sin\varphi\cdot\delta v_y$,这样可将式(7-1-38)简化为

$$\begin{cases}\delta\dot{v}_x=-\phi_y g+\Delta A_x\\ \delta\dot{v}_y=\phi_x g+\Delta A_y\end{cases}\tag{10-3-2a}$$

$$\begin{cases}\dot{\phi}_x=-\dfrac{1}{R}\delta v_y+\omega_{ie}\sin\varphi\cdot\phi_y-\omega_{ie}\cos\varphi\cdot\phi_z+\varepsilon_x\\ \dot{\phi}_y=\dfrac{\delta v_x}{R}-\omega_{ie}\sin\varphi\cdot\phi_x+\varepsilon_y\\ \dot{\phi}_z=\dfrac{\tan\varphi}{R}\cdot\delta v_x+\omega_{ie}\cos\varphi\cdot\phi_x+\varepsilon_z\end{cases}\tag{10-3-2b}$$

显然水平误差与方位误差是有相互影响的,进行对准时,将水平对准和方位对准分开进行,可使问题简化。水平对准过程中,使方位陀螺自锁,即平台在方位上不转动。此时,方位误差角是常值的,其对水平误差角的影响可以作为常值误差源来处理(初始方位误差角 ϕ_z 可能较大,这一项不能忽略)。于是可得到平台水平误差框图,如图 10-4 所示。

水平精对准时,水平回路的两水平误差之间的耦合项比其他误差源的影响小,而且在对准过程中随着水平误差的减小,耦合项也是在减小的。进一步忽略 ϕ_x、ϕ_y 之间的交叉耦合项之后,可得到两个独立的水平误差框图,如图 10-5 所示。

两个水平通道是相似的,区别仅在于东向轴修正回路(由北向加速度计和东向陀螺仪组成的水平回路)中有方位误差项,而北向轴修正回路中没有此误差项。下面以东向轴修正回路为例来讨论对准中的阻尼网络设计问题。

图 10-5 上部所示的东向轴修正回路是无阻尼的。在加速度计误差 ΔA_y、初始误差 ϕ_{x0}、陀螺漂移 ε_x 及方位误差项"$-\omega_{ie}\cos\varphi\cdot\phi_z$"等因素的作用下,平台绕 X_p 轴的运动方式

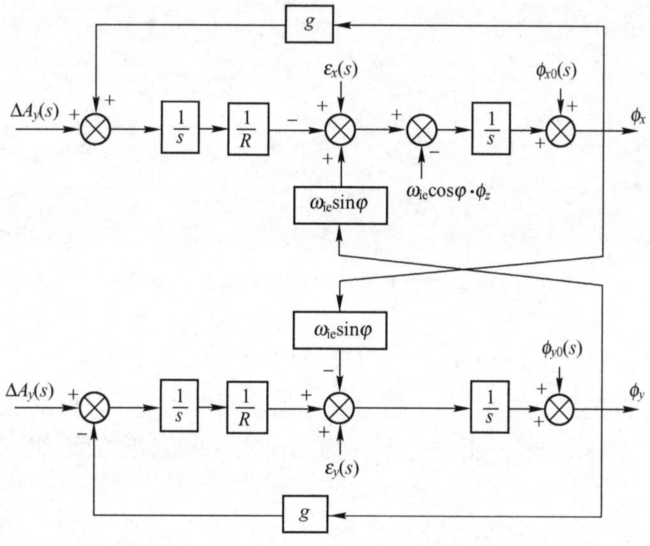

图 10-4　静基座下平台水平误差框图

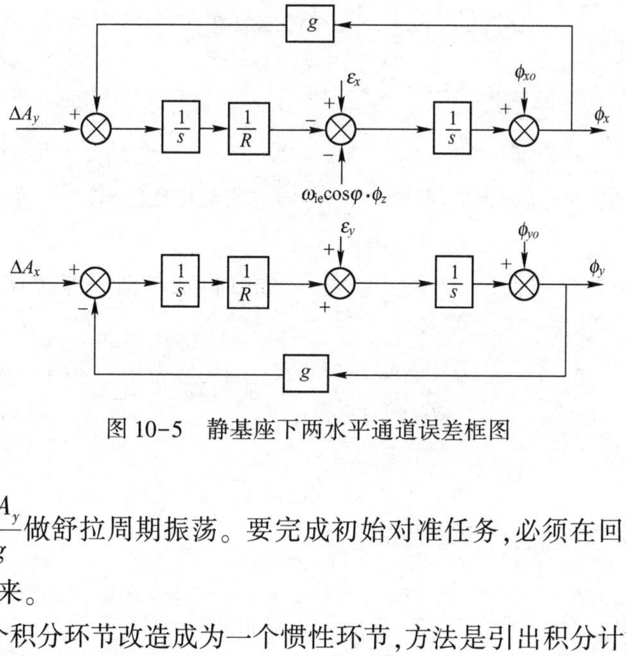

图 10-5　静基座下两水平通道误差框图

是绕平衡位置$-\dfrac{\Delta A_y}{g}$做舒拉周期振荡。要完成初始对准任务，必须在回路中加入阻尼环节，使振荡衰减下来。

可以把第一个积分环节改造成为一个惯性环节，方法是引出积分计算出的速度 δV_y，乘以系数 K_1 后反馈至积分器的输入端，如图 10-6(a)所示。这种阻尼方案称为一阶水平精对准方案，此时，根据梅逊公式容易列写出整个水平回路的特征方程式为

$$\Delta(s)=s^2+K_1s+\omega_s^2 \tag{10-3-3}$$

显然，只要反馈回路系数 K_1 大于零，回路就具有阻尼，这使得水平误差角 ϕ_x 中的振荡成分逐步衰减，趋近于零，如图 10-6(b)所示。但这种阻尼的方案，没有改变振荡的周期，要使振荡误差衰减下来，需要较长的时间，所以必须设法使振荡周期缩短。

在图 10-6(a)的基础上增加顺馈并联环节 K_2，加大水平回路的增益。如图 10-7(a)所示。增加顺馈并联环节 K_2 后，整个水平回路的特征方程式为

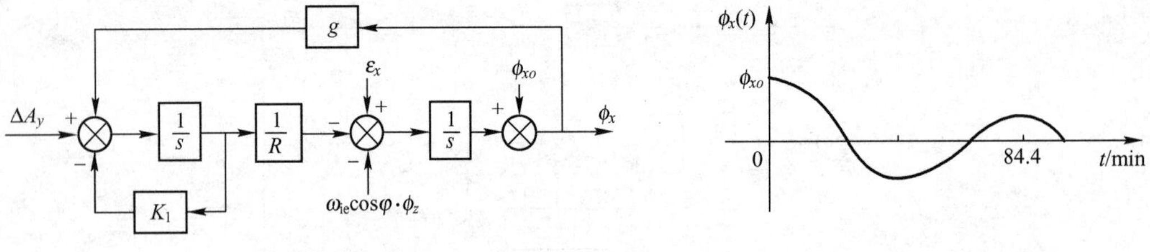

(a) 一阶精对准回路方块图　　(b) 一阶精对准误差特性

图 10-6　一阶水平精对准方案及其误差特性

$$\Delta(s)=s^2+K_1s+(1+K_2)\omega_s^2 \tag{10-3-4}$$

可见,系统的固有振荡频率增加了$\sqrt{1+K_2}$倍,即振荡周期缩短了$\sqrt{1+K_2}$倍。调节系数 K_2,可控制振荡周期的长短。这种阻尼方案称为二阶水平精对准方案,此时的误差角 ϕ_x 如图 10-7(b)所示。

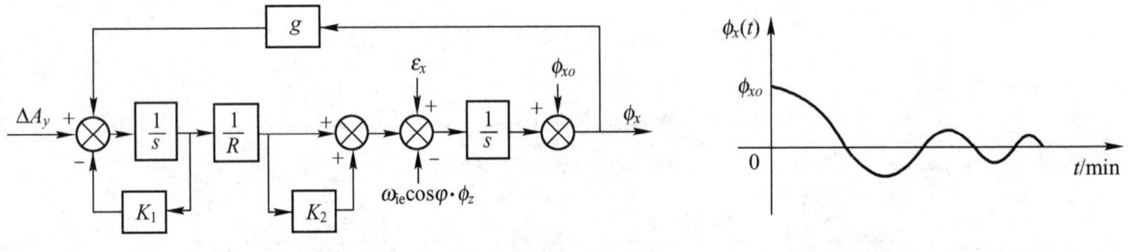

(a) 二阶精对准回路框图　　(b) 二阶精对准误差特性

图 10-7　一阶水平精对准方案及其误差特性

二阶水平精对准方案已经具有实用性。下面分析在常值误差源作用下,采用这种方案的对准精度。由图 10-7(a)可求得

$$\phi_x(s)=-\frac{1+K_2}{G(s)}\Delta A_y(s)+\frac{R(s+K_1)}{G(s)}[\varepsilon_x(s)-\phi_z(s)\omega_{ie}\cos\varphi]+\frac{sR(s+K_1)}{G(s)}\phi_{x0}(s) \tag{10-3-5}$$

式中

$$G(s)=R[s^2+K_1s+(1+K_2)\omega_s^2] \tag{10-3-6}$$

运用拉氏变换的终值定理,可得稳态误差为

$$\phi_{xss}=\frac{K_1}{(1+K_2)\omega_s^2}(\varepsilon_x-\phi_z\omega_{ie}\cos\varphi)-\frac{\Delta A_y}{g} \tag{10-3-7}$$

这一结果表明,反馈回路 K_1 带来了新的问题,即使得误差源 ε_x、$-\omega_{ie}\cos\varphi\cdot\phi_z$ 也产生误差角 ϕ_x 的常值分量(无阻尼时,ε_x、$-\omega_{ie}\cos\varphi\cdot\phi_z$ 只引起振荡性误差)。选择系数 K_1、K_2 可减低 ε_x、ϕ_z 对精度的影响,但终究不能彻底消除。为此,可对 10-7(a)所示的二阶水平精对准方案进一步改进,即采用三阶水平精对准方案,这一方案是在 δv_y 与陀螺力矩器之间再并联一个积分环节 K_3/s,其框图如图 10-8 所示。积分器 K_3/s 相当于一个能量储备环节,通过对 $\delta v_y/R$ 积分,产生的输出来抵消误差源 $\varepsilon_x-\omega_{ie}\cos\varphi\cdot\phi_z$,而平台倾角 ϕ_x 所产生的重力加速度分量 $\phi_x g$ 只用来补偿加速度计误差 ΔA_y。这样平台的水平误差角 ϕ_x 就只受 ΔA_y 影响。

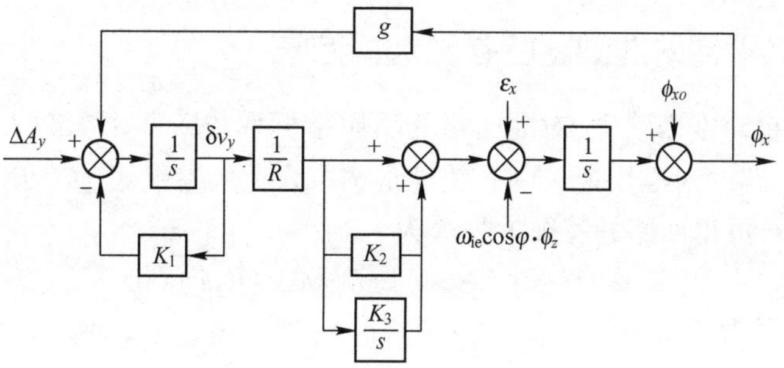

图 10-8　三阶水平精对准方案框图

三阶水平精对准回路可等效为图 10-9，由图可得

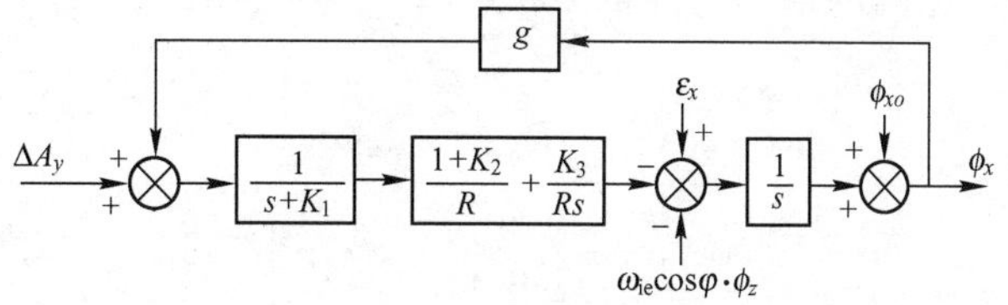

图 10-9　三阶水平精对准方案等效框图

$$\phi_x(s)=-\frac{\frac{1}{s+K_1}\left(\frac{1+K_2}{R}+\frac{K_3}{Rs}\right)\frac{1}{s}}{G(s)}\Delta A_y(s)$$

$$+\frac{1}{sG(s)}[\varepsilon_x(s)-\phi_z(s)\omega_{ie}\cos\varphi]+\frac{1}{G(s)}\phi_{x0}(s) \tag{10-3-8}$$

式中

$$G(s)=1+\frac{s(1+K_2)+K_3}{s^2(s+K_1)}\omega_s^2 \tag{10-3-9}$$

同样，运用拉氏变换的终值定理，可得稳态误差为

$$\phi_{xss}=-\frac{\Delta A_y}{g} \tag{10-3-10}$$

可见，采用三阶水平精对准方案后，平台的水平对准精度只与加速度计误差 ΔA_y 有关了。在实际惯导中，平台的水平对准多采用这种方案。由于加速度计零偏对平台水平误差角的影响无法去除，因此，加速度计是保证平台水平精度的关键元件。加速度计误差 ΔA_x、ΔA_y 的主要成分为零偏∇_x、∇_y，一般要求∇_x、∇''_y 小于 $10^{-5}g$，过大时则水平误差也较大，例如$\nabla_y=10^{-4}g$ 时，引起的水平误差角就可达 20″。

精对准方法和 10.2 节介绍的粗对准比较，两者的相同点在于：①都是利用加速度计来敏感水平误差角的，即通过水平误差角对加速度计输出的影响来构成对准回路的反馈；②都是采用向陀螺施矩、通过平台水平轴陀螺稳定系统来控制平台绕水平轴的转动的。两回路的区别在于：粗对准回路中没有计算机计算环节，向陀螺施矩的信号是直接将加速度计输出的电信号放大形成的，而精对准回路中向陀螺施矩的信号由惯导计算机计算得出。用计算机控制精对准过程的优点是控制精确，精度更高。

10.3.2 水平精对准回路的参数选择方法

在上述水平精对准回路中，对准回路的品质指标取决于 3 个参数 K_1、K_2、K_3 的取值。因此，要使对准回路的对准快速、准确，关键是选取合适的参数 K_1、K_2、K_3。

根据图 10-8，可得回路的特征方程式为

$$\Delta(s)=s^3+K_1s^2+(1+K_2)\omega_s^2s+K_3\omega_s^2=0 \tag{10-3-11}$$

假定特征方程的根为

$$s_1=-\sigma, s_{2,3}=-\sigma\pm j\omega_d$$

则特征方程可写为

$$(s+\sigma)(s^2+2\sigma s+\sigma^2+\omega_d^2)=0 \tag{10-3-12}$$

为使特征方程与回路的动态特性直接联系起来，将式(10-3-12)左边的第二个因子写成标准形式：

$$s^2+2\sigma s+\sigma^2+\omega_d^2=s^2+2\xi\omega_n s+\omega_n^2 \tag{10-3-13}$$

即

$$\begin{cases}\xi=\dfrac{\sigma}{\omega_n}\\ \omega_n^2=\sigma^2+\omega_d^2\end{cases} \tag{10-3-14}$$

式中：ξ 称为阻尼比；ω_n 称为系统的固有频率。

用 ξ 和 σ 表示回路特征方程就是

$$\Delta=(s+\sigma)(s^2+2\xi\omega_n s+\omega_n^2)=s^3+3\sigma s^2+\left(2+\frac{1}{\xi^2}\right)\sigma^2 s+\frac{\sigma^3}{\xi^2}=0 \tag{10-3-15}$$

比较式(10-3-15)与式(10-3-11)，有

$$\begin{cases}K_1=3\sigma\\ K_2=\dfrac{\sigma^2}{\omega_s^2}\left(2+\dfrac{1}{\xi^2}\right)-1\\ K_3=\dfrac{\sigma^3}{\omega_s^2\xi^2}\end{cases} \tag{10-3-16}$$

如果 ξ 和 σ 确定了，参数 K_1、K_2、K_3 也就确定了，而前者可根据对水平对准指标的要求确定。根据图(10-9)可知，影响水平误差角 ϕ_x 的 3 种因素是：加速度计零偏 ∇_y、陀螺漂移及平台方位偏差项($\varepsilon_x-\omega_{ie}\cos\varphi\cdot\phi_z$)、初始偏差 ϕ_{x0}。在同一回路中，3 种误差源引起的误差分量的过渡过程时间应该是相同的，过渡过程结束后，加速度计零偏造成的误差角 ϕ_x 趋于常值，后两种误差源造成的误差趋近于零。对初始对准过程的要求(快速性、精度)就是对误差角 ϕ_x 过渡过程的要求，水平对准过程中，平台的初始偏差 ϕ_{x0} 是最大的误差源，它所引起的动态过程最显著，故可以只考虑初始偏差 ϕ_{x0} 引起的过渡过程来确定有关参数。

根据式(10-3-8)及式(10-3-16)，可以求出由初始偏差为 ϕ_{x0} 引起的 $\phi_x(t)$ 为

$$\phi_x(t)=\phi_{x0}e^{-\sigma t}\left[\frac{1+\xi^2}{1-\xi^2}\cos\left(\sqrt{\frac{1-\xi^2}{\xi^2}}\sigma t\right)+\frac{1}{\sqrt{\dfrac{1-\xi^2}{\xi^2}}}\sin\left(\sqrt{\frac{1-\xi^2}{\xi^2}}\sigma t\right)-\frac{2\xi^2}{1-\xi^2}\right] \tag{10-3-17}$$

根据式(10-3-17)可作出在阻尼比 ξ 取不同值时,初始偏差 ϕ_{x0} 引起的误差角 ϕ_x 的过渡过程曲线,如图 10-10 所示。

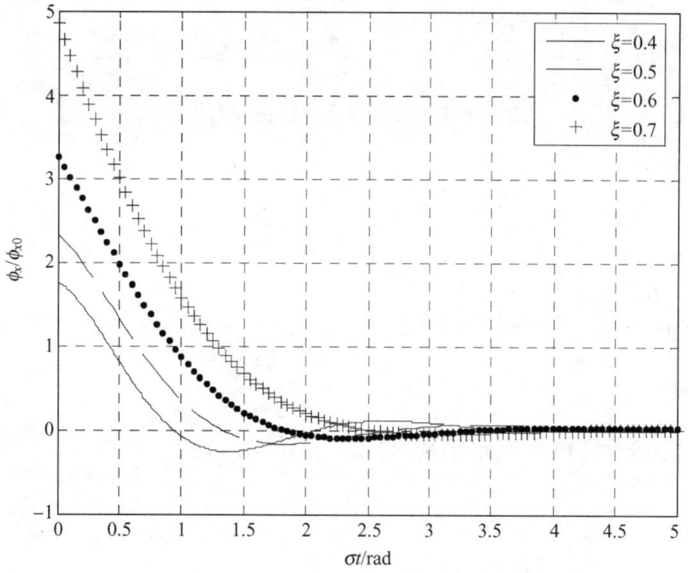

图 10-10　ϕ_{x0} 引起的误差角 ϕ_x 的过渡过程曲线

如果平台的初始偏差为 $\phi_{x0}=30'$,要求在 10min 内将平台调正到 $\phi_x \leqslant 10''$。假定加速度计零位误差为 $10^{-5}g$,它引起稳态水平误差为 $2''$,扣除此误差,则要求 ϕ_{x0} 引起的 ϕ_x 分量在 10min 内衰减到 $8''$,即使初始偏差衰减到原来的 0.0044 倍。若取 $\xi=0.5$,据式(10-3-16)可算出对 σ 的要求为:当 $t=10\text{min}$ 时,$\sigma t=6$,即 $\sigma=0.01(1/s)$。根据 $\xi=0.5$,$\sigma=0.01(1/s)$,由式(10-3-16)求出:

$$\begin{cases} K_1 = 0.03(1/s) \\ K_2 = 388 \\ K_3 = 4.08 \times 10^{-7}(1/s) \end{cases} \tag{10-3-18}$$

10.3.3　用统一的惯导模型实现水平精对准

水平精对准是在惯导计算机的控制下进行的,对准回路中的参数 K_1、K_2、K_3 是由惯导计算机计算实现的。第九章我们介绍了惯导处于导航状态的 5 种工作方式,它们有统一的阻尼网络模型,可在计算机中采用统一的程序编排,只要选用不同的模型参数,就可使系统处于某种工作状态。实际上,水平精对准回路所进行的阻尼,也可以和导航状态的水平阻尼网络在模型形式上统一起来,只要变换统一模型的参数,就可实现系统的初始对准。

图 10-11 为单通道系统的东向轴阻尼回路误差框图。

比较图 10-9 与图 10-11,要使水平精对准回路与导航状态水平阻尼网络形式上等效,就需要使

$$\frac{1}{Rs}H_y(s) = \frac{1}{s+K_1}\left[\frac{1+K_2}{R} + \frac{K_3}{Rs}\right] \tag{10-3-19}$$

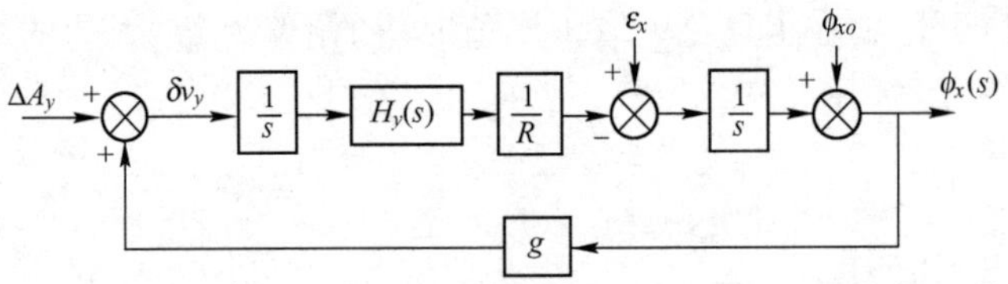

图 10-11　东向轴阻尼回路误差框图

若 $H_y(s)$ 选择为$\begin{cases} H_x(s)=\dfrac{A(s+\omega_1)(s+\omega_4)}{(s+\omega_2)(s+\omega_3)} \\ H_y(s)=\dfrac{B(s+\omega_5)(s+\omega_8)}{(s+\omega_6)(s+\omega_7)} \end{cases}$形式，即

$$H_y(s)=\frac{B(s+\omega_5)(s+\omega_8)}{(s+\omega_6)(s+\omega_7)} \tag{10-3-20}$$

与式(10-3-19)比较，则可得到水平精对准状态下 $H_y(s)$ 的参数选取方法如下：

$$\begin{cases} B=1+K_2 \\ \omega_5=\dfrac{K_3}{1+K_2} \\ \omega_6=K_1 \\ \omega_7=\omega_8=0 \end{cases} \tag{10-3-21}$$

按照式(10-3-21)，根据水平精对准的参数 K_1、K_2、K_3，确定 $H_y(s)$ 的参数，通过惯导计算机的程序编排，就可以实现东向轴水平精对准过程。运用统一的模型，还可方便地进行惯导初始对准过程的计算机仿真。

平台北向轴的水平精对准的方案及实现方法与东向轴水平对准类似，不再赘述。

10.4　方位精对准

指北方位惯导系统通过方位对准回路将平台系的 Y_p 轴自动调整到正北方向。平台的方位对准一般是在水平对准的基础上进行的。方位对准有两种方法：利用罗经效应的对准方法及计算方位对准法。

10.4.1　罗经回路法方位对准的原理

罗经回路法方位对准利用了惯导中的“罗经效应”。什么是“罗经效应”呢？由于对北向陀螺 G_N 施加指令角速度 ω_y^c 的结果是平台绕平台系 Y_p 轴以角速度 ω_y^c 转动，若 Y_p 轴与地理系 Y_t 轴重合，平台绕 Y_p 轴转动就是绕 Y_t 转动，这是平台系跟踪地理系所期望的。但当 Y_p 轴与 Y_t 轴存在方位误差角 ϕ_z 时(方位粗对准后，方位误差角约在 1°)，Y_p 轴不与 Y_t 轴重合，也不与 X_t 轴垂直了。平台绕 Y_p 轴转动的角速度 ω_y^c 在 Y_t 轴正向、X_t 轴负向的分量分别为 $\omega_y^c\cos\phi_z$、$\omega_y^c\sin\phi_z$(图 10-12)。静基座时，$\omega_y^c=\omega_{ie}\cos\varphi_c$，此时，平台在指令角速度 ω_y^c 作用下产生的绕 Y_p 轴的转动实际上是两种转动运动的合成：一是平台绕 Y_t 轴的转动，角速度为 $\omega_y^c\cos\phi_z=\omega_{ie}\cos\varphi_c\cos\phi_z\approx\omega_{ie}\cos\varphi_c$，这是平台在 Y_t 轴向跟踪地理系所需要的；二是平台绕 X_t 的转动，角速度近似为 $-\phi_z\omega_{ie}\cos\varphi_c$（负号是因为其方向在 X_t 轴负向），这是由方位误差角 ϕ_z 造成的北向轴指令角速度 ω_y^c 对平台东向轴水平的藕合干扰。由于这种干扰，平台会绕东向轴产生水平误差角 ϕ_x。概括上述过程就是：平台的方位误差 ϕ_z 使平台 Y_p 轴错开正北方向后，平台在指令角速度 ω_y^c 的作用下将绕其"北向轴"Y_p 的转动，使得平台在跟踪地球自转角速度北向分量的同时，还将产生绕东向轴的水平误差角 ϕ_x。可见方位误差角 ϕ_z 与水平误差角 ϕ_x 之间有着内在的因果关系，这和陀螺罗经中陀螺主轴偏离正北时会引起陀螺主轴偏离水平面的现象是一样的，故称为"罗经效应"。在惯导东向轴水平回路方块图中，"罗经效应"就体现为"误差源"$-\phi_z\omega_{ie}\cos\varphi_c$（图 10-4～图 10-9）。

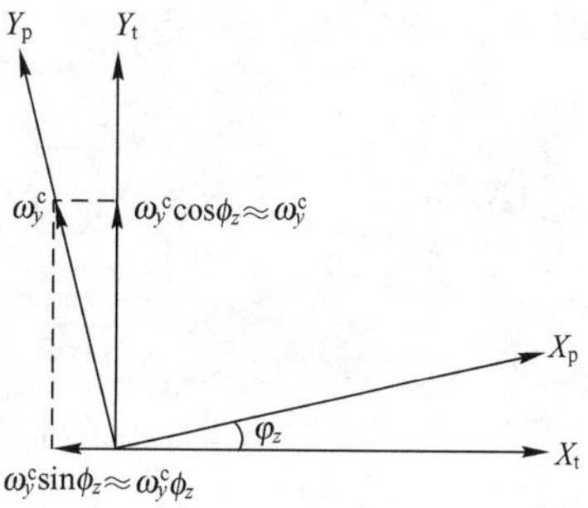

图 10-12　指令角速度 ω_y^c 的分解

如何利用"罗经效应"使得平台在方位上自动对准正北呢？在摆式罗经中，依靠陀螺主轴不水平时重力作用于摆形成摆性力矩，使陀螺绕地垂线方向进动，结果使得陀螺主轴围绕正北运动，再加上阻尼，陀螺主轴最终就指向正北。在摆式罗经中，将上述使陀螺主轴绕正北运动的摆性力矩称为指向力矩，我们可以借鉴这一原理来实现惯导平台的方位指北。惯导中，平台绕方位轴的转动是由方位轴陀螺稳定系统控制的。既然方位角 ϕ_z 会引起平台产生水平误差角 ϕ_x，我们可以将与水平误差角 ϕ_x 直接相关的物理量转化为指令电流来向方位陀螺施矩，通过方位轴陀螺稳定系统控制平台绕方位轴转动，达到和陀螺罗经中的"指向力矩"使陀螺绕地垂线方向进动相同的效果。

具体实现时，由于平台误差角 ϕ_x 无法直接量测得到，但静基座时，ϕ_x 会造成北向加速度计 A_N 输出重力加速度分量 $\phi_x g$，积分后就是北向速度误差 δv_y。由此可见，δv_y 是水平误差角 ϕ_x 的一种间接度量，也就是说，δv_y 是"罗经效应"项 $-\phi_z\omega_{ie}\cos\varphi_c$ 的表现。既然静基座时 δv_y 就是加速度计输出的积分计算结果，是可以得到的。所以，一种可行的平台方位对准方案是用 δv_y 为控制信号，经过一专门设计的控制环节 $K(s)$，控制方位陀螺，通过平台方位轴稳定系统改变平台的方位误差角 ϕ_z。可见 δv_y 控制平台方位误差角 ϕ_z，而 ϕ_z 又影响平台的水平误差角 ϕ_x，ϕ_x 又决定 A_N 的输出，经积分后再影响到 δv_y，从而可以形成一具有负反馈的闭环方位对准回路。由于这个过程与陀螺罗经指北的机理相同，故这个回路称为罗经回路。和陀螺罗经一样，为使平台方位稳定指北，在罗经回路中要有阻尼，这样使平台方位角误差逐步减小，直到方位对准到所需的精度，这就是方位对准的物理过程。

从二阶水平精对准回路中引出 δv_y 的方位对准方案方块图如图 10-13 所示，图 10-14 是其等效框图。采用这种对准方案，可以在进行方位对准的同时，继续进行水平精对准。为什么不从三阶水平精对准回路中引出 δv_y 呢？这是因为三阶水平对准回路中的积分环节 $\frac{K_3}{s}$ 所积蓄的能量会将"罗经效应"项 $-\phi_z\omega_{ie}\cos\varphi_c$ 抵消掉，使 ϕ_z 影响不到水平误差角 ϕ_x，则罗经效应就不存在了。

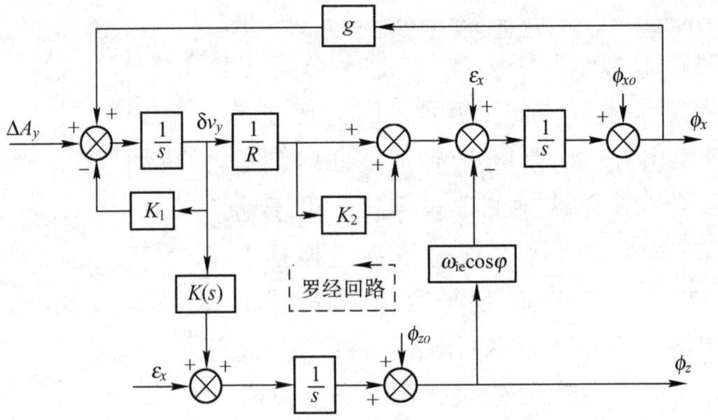

图 10-13　罗经回路法方位对准框图

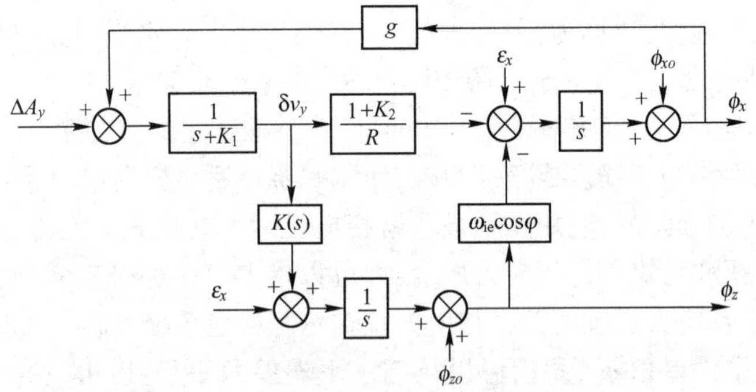

图 10-14　罗经回路法方位对准等效框图

根据图 10-14，不难得到用罗经回路进行方位对准时系统的特征方程为

$$\Delta(s)=s^3+K_1s^2+\omega_s^2(1+K_2)s+g\omega_{ie}\cos\varphi\cdot K(s)=0 \qquad (10-4-1)$$

为使特征式形式简单，将 $K(s)$ 设计成下面的形式：

$$K(s)=\frac{K_3}{\omega_{ie}(s+K_4)\cos\varphi_c} \qquad (10-4-2)$$

其中惯性环节$\frac{1}{s+K_4}$的作用是增强回路的滤波效果。设计时使 $\phi_c=\phi$，这样将式(10-4-2)代入式(10-4-1)，系统特征式变成

$$\Delta(s)=s^3+K_1s^2+\omega_s^2(1+K_2)s+g\frac{K_3}{s+K_4}=0 \qquad (10-4-3)$$

即

$$s^4+(K_1+K_4)s^3+[K_1K_4+\omega_s^2(1+K_2)]s^2+\omega_s^2(1+K_2)K_4s+gK_3=0 \qquad (10-4-4)$$

可见将 $K(s)$ 设计成式(10-4-2)的形式时系统是四阶的。

假定∇_y、ε_x、ε_z 均为常值误差源，利用图 10-14，可求得方位对准的稳态误差为

$$\phi_{zss}=\frac{1}{\omega_{ie}\cos\varphi}\varepsilon_x+\frac{(1+K_2)K_4}{RK_3}\varepsilon_z \qquad (10-4-5)$$

根据式(10-4-5)可知，罗经回路法方位对准的稳态误差决定于陀螺漂移 ε_x、ε_z。适当地选择参数 K_2、K_3、K_4 可将 ε_z 的影响降低到最小程度，当然不能单纯地用稳态误差角

作为选择参数 K_2、K_3、K_4 的依据，还要兼顾对准的动态过程。若略去 ε_z 的影响，则有 $\phi_{zss}=\dfrac{\varepsilon_x}{\omega_{ie}\cos\varphi}$ 或 $\phi_{zss}\omega_{ie}\cos\varphi=\varepsilon_x$。这一误差项有明确的物理意义，在平台东向轴水平回路中，$-\phi_z\omega_{ie}\cos\varphi$ 对 ϕ_x 的影响和 ε_x 是等效的。如果 $\phi_z\omega_{ie}\cos\varphi=\varepsilon_x$，$-\phi_z\omega_{ie}\cos\varphi$ 的作用被 ε_x 抵消，水平回路就达到平衡了。由此可见，东向陀螺漂移 ε_x 直接影响罗经回路法方位对准的精度。例如，$\varepsilon_x=0.01°/\text{h}$，则会有 $\phi_{zss}=2'\sim3'$ 的方位稳态误差。如果能在系统中测出 ε_x，并通过向陀螺施矩的方法对其进行补偿，则会大大减少方位稳态误差，提高方位对准精度。

10.4.2 罗经回路的参数设计

罗经回路法中需要确定的参数为 $K_1\sim K_4$。为简化设计过程，在设计时可使系统特征方程式(10-4-4)具有两组重根：

$$s_{1,2}=s_{3,4}=-\sigma\pm\mathrm{j}\omega_d \tag{10-4-6}$$

这时系统的特征方程可表示为

$$[s^2+2\sigma s+(\sigma^2+\omega_d^2)]^2=0 \tag{10-4-7}$$

式(10-4-7)与式(10-4-4)是同一特征方程的两种表示，显然 $K_1\sim K_4$ 与 σ、ω_d 有着对应关系。可根据系统对方位对准动态过程的要求选择 σ 和 ω_d，进而确定参数 $K_1\sim K_4$。但用 σ、ω_d 表达方位对准的动态过程还不方便，为此将式(10-4-7)表示成标准的二阶系统特征式的平方：

$$[s^2+2\sigma s+(\sigma^2+\omega_d^2)]^2=(s^2+2\xi\omega_n s+\omega_n^2)^2=0 \tag{10-4-8}$$

式中：ξ 称为系统的阻尼比；ω_n 为自然振荡频率。

根据式(10-4-8)，ξ、ω_n 与特征方程根的参数 σ、ω_d 的关系为

$$\begin{cases}\sigma=\xi\omega_n\\ \omega_d^2=\omega_n^2(1-\xi^2)\end{cases} \tag{10-4-9}$$

此时，系统的特征方程式(10-4-7)可用 σ、ξ 表示为

$$s^4+4\sigma s^3+2\sigma\left(2+\frac{1}{\xi^2}\right)s^2+\frac{4\sigma^3}{\xi^2}s+\frac{\sigma^4}{\xi^4}=0 \tag{10-4-10}$$

比较方程式(10-4-10)和式(10-4-4)，方程对应项的系数应该是相同的，于是有

$$\begin{cases}K_1+K_4=4\sigma\\ K_1K_4+\omega_s^2(1+K_2)=2\sigma^2\left(2+\dfrac{1}{\xi^2}\right)\\ \omega_s^2(1+K_2)K_4=\dfrac{4\sigma^3}{\xi^2}\\ gK_3=\dfrac{\sigma^4}{\xi^4}\end{cases} \tag{10-4-11}$$

若设计时使 $K_1=K_4$，则有

$$\begin{cases}K_1=K_4=2\sigma\\K_2=\dfrac{2\sigma^2}{\xi^2\omega_s^2}-1\\K_3=\dfrac{\sigma^4}{g\xi^4}\end{cases}\tag{10-4-12}$$

这就是参数 $K_1 \sim K_4$ 与反应方位对准回路动态性能的参数 σ、ξ 的关系。根据系统对方位对准的要求，确定参数 σ、ξ，再根据式(10-4-12)即可定出 $K_1 \sim K_4$。

确定参数 σ、ξ 的依据是对方位对准过渡过程的要求。影响方位误差角的因素有∇_y、ε_x、ε_z、ϕ_{z0}等。其中初始误差 ϕ_{z0}引起的误差分量在对准过渡过程中最显著，故选择参数 σ、ξ 时，可只分析由 ϕ_{z0}所引起误差角 ϕ_z 的变化过程，来考察所选参数的作用效果。

根据图 10-14，可求出由 ϕ_{z0}所引起误差角 ϕ_z 与 ϕ_{z0}之比为

$$\frac{\phi_z}{\phi_{z0}}=\mathrm{e}^{-\sigma t}\left\{a\cos\left(\sqrt{\frac{1-\xi^2}{\xi^2}}\sigma t\right)+b\sin\left(\sqrt{\frac{1-\xi^2}{\xi^2}}\sigma t\right)\right\}\tag{10-4-13}$$

其中

$$a=1-\frac{1}{2(1-\xi^2)}\sigma t\tag{10-4-14}$$

$$b=\frac{3-2\xi^2}{2(1-\xi^2)\sqrt{\dfrac{1-\xi^2}{\xi^2}}}+\frac{1}{2\xi^2\sqrt{\dfrac{1-\xi^2}{\xi^2}}}\sigma t\tag{10-4-15}$$

由式(10-4-13)可绘出不同阻尼比 ξ 时 ϕ_z/ϕ_{z0}的动态变化曲线，如图 10-15 所示，其横轴为 σt。

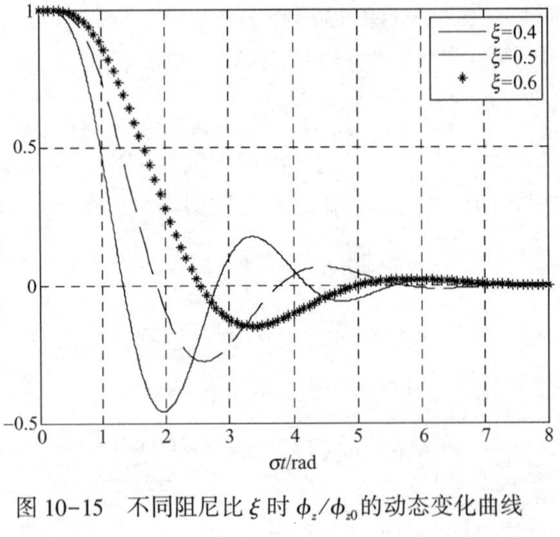

图 10-15　不同阻尼比 ξ 时 ϕ_z/ϕ_{z0}的动态变化曲线

由于横轴为 σt，ξ 一定时，σ 取值越大，误差衰减越快。反过来，可以根据对误差衰减速度的要求，选取 σ 的值。例如，当取 $\xi=0.8$，$\sigma=0.82\times10^{-3}$时，对准进行 15min 后，初始方位误差引起的方位误差可衰减到原来的 1/100。此时根据式(10-4-12)可求出：

$$\begin{cases}K_1=K_4=1.64\times10^{-3}(1/s)\\K_2=136.1\\K_3=1.13\times10^{-9}\quad(1/s)\end{cases}$$

10.4.3 用统一的惯导模型实现罗经回路法方位精对准

和水平精对准一样，方位精对准回路中的参数 K_1、K_2、K_3、K_4 实际上也是惯导计算机通过计算过程实现的。方位精对准回路也可以和导航状态时的水平阻尼、方位阻尼网络在模型形式上统一起来。这样，方位精对准时的计算机程序编排也可以和 5 种导航状态下程序编排统一起来，只要变换统一模型的参数，就可实现系统的方位精对准。

图 10-16 为全阻尼惯导误差方块图中有关 ϕ_x、ϕ_z 部分。为与图 10-14 进行比较，求得方位精对准回路与阻尼网络之间的关系，将方位精对准回路等效成图 10-17 的形式。

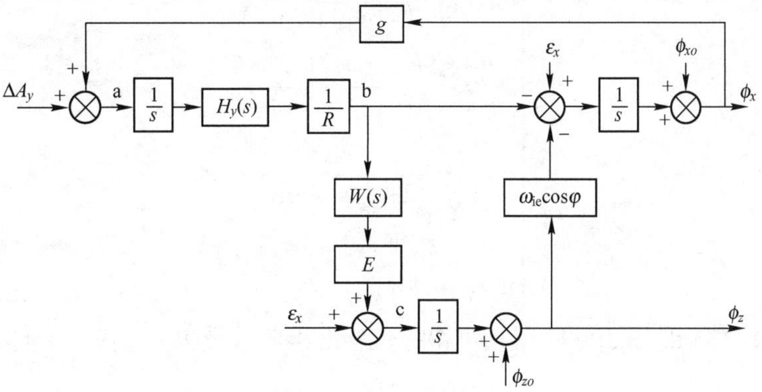

图 10-16　全阻尼惯导误差方块图中有关 ϕ_x、ϕ_z 部分

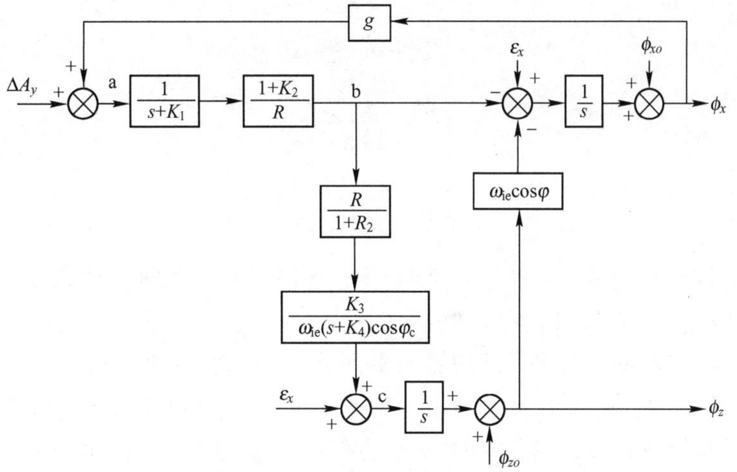

图 10-17　方位精对准回路等效方块图

比较图 10-16 与图 10-17，要使方位精对准回路与导航状态全阻尼方式在网络形式上等效，就需要图 10-16 中 a、b 之间与 b、c 之间与图 10-17 对应部分等效：

$$\begin{cases}\frac{1}{s}H_y(s)\frac{1}{R}=\frac{1}{s+K_1}\cdot\frac{1+K_2}{R}\\ W_z(s)=E\cdot W(s)=\frac{R}{1+K_2}\cdot\frac{K_3}{\omega_{ie}(s+K_4)\cos\varphi_c}\end{cases}\tag{10-4-16}$$

即

$$\begin{cases}H_y(s)=\frac{s(1+K_2)}{s+K_1}\\ W(s)=\frac{RK_3}{E\omega_{ie}(1+K_2)\cos\varphi_c\cdot(s+K_4)}\end{cases}\tag{10-4-17}$$

而阻尼网络的统一形式为

$$\begin{cases}H_x(s)=\frac{A(s+\omega_1)(s+\omega_4)}{(s+\omega_2)(s+\omega_3)}\\ H_y(s)=\frac{B(s+\omega_5)(s+\omega_8)}{(s+\omega_6)(s+\omega_7)}\\ W(s)=\frac{Cs}{(s+\omega_9)(s+\omega_{10})}\\ W_y(s)=DW(s)\\ W_z(s)=EW(s)\end{cases}\tag{10-4-18}$$

比较式(10-4-17)和式(10-4-18),可得方位精对准时涉及 $H_y(s)$、$W_z(s)$ 的参数可取为

$$\begin{cases}B=1+K_2\\ \omega_6=K_1\\ \omega_5=\omega_7=\omega_8=0\\ E=-\sec\varphi_c\\ C=\frac{RK_3}{(1+K_2)\omega_{ie}}\\ \omega_9=K_4\\ \omega_{10}=0\end{cases}\tag{10-4-19}$$

用统一的控制方程进行方位精对准时,由于不涉及平台北向轴水平回路,应取消阻尼项 $W_y(s)$,故应使式(10-4-18)中系数 $D=0$。

由于方位精对准不涉及平台北向轴水平回路,在方位对准时可继续进行北向轴水平精对准。涉及网络 $H_x(s)$ 有关参数(A、$\omega_1\sim\omega_4$)可按照水平精对准的要求取值。

在统一的控制方程中,将有关参数按照方位精对准的要求设置,就可以实现惯导平台方位精对准。同样,运用统一模型可方便地进行惯导方位精对准过程的计算机仿真。

10.4.4 陀螺漂移的测定与计算法方位对准

采用二阶水平对准及罗经回路法方位对准方案时,对准的精度要受到陀螺漂移的影响。要进一步提高对准精度,必须对陀螺漂移进行测定和补偿。

在实验室里进行陀螺漂移的测定，主要设备是伺服转台或静基座光学分度头，后者实际上是把地球作为转台。对于安装好的惯导系统来说，惯导平台本身就是一个很好的三轴伺服转台，只要将设计好的陀螺测漂程序事先存储在惯导计算机中，就可以由程序控制自动测漂。惯导的测漂在平台初始对准的基础上进行，一般先进行水平陀螺测漂，再对方位陀螺测漂。

1. 水平陀螺漂移的测定

两个水平对准回路的框图如图 10-18 所示。由图可写出下列方程：

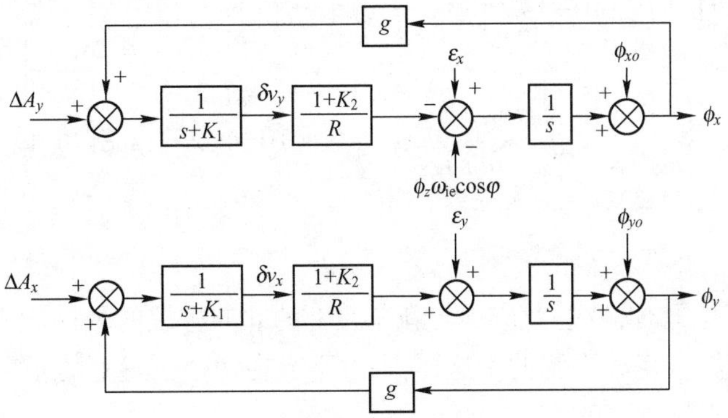

图 10-18　水平对准回路框图

$$
\begin{cases}
\dot{\phi}_x = -\dfrac{1+K_2}{R}\delta v_y - \phi_z\omega_{\mathrm{ie}}\cos\varphi + \varepsilon_x \\
\dot{\phi}_y = \dfrac{1+K_2}{R}\delta v_x + \varepsilon_y
\end{cases}
\tag{10-4-20}
$$

当对准结束时，平台处于稳态，即$\dot{\phi}_x = \dot{\phi}_y = 0$，式(10-4-20)成为

$$
\begin{cases}
-\dfrac{1+K_2}{R}\delta v_y - \phi_z\omega_{\mathrm{ie}}\cos\varphi + \varepsilon_x = 0 \\
\dfrac{1+K_2}{R}\delta v_x + \varepsilon_y = 0
\end{cases}
\tag{10-4-21}
$$

式中：δv_x、δv_y 为可观测量，因此$\dfrac{1+K_2}{R}\delta v_x$、$\dfrac{1+K_2}{R}\delta v_y$ 也是可观测量，记

$$
\begin{cases}
\delta\omega_x^{\mathrm{c}} = \dfrac{1+K_2}{R}\delta v_y \\
\delta\omega_y^{\mathrm{c}} = \dfrac{1+K_2}{R}\delta v_x
\end{cases}
\tag{10-4-22}
$$

实际上，$\delta\omega_x^{\mathrm{c}}$、$\delta\omega_y^{\mathrm{c}}$ 就是加到两个水平陀螺力矩器上的误差指令信号，可通过信号电流加以观测。由式(10-4-21)、式(10-4-22)可得

$$
\begin{cases}
\delta\omega_x^{\mathrm{c}} = -\phi_z\omega_{\mathrm{ie}}\cos\varphi + \varepsilon_x \\
\delta\omega_y^{\mathrm{c}} = -\varepsilon_y
\end{cases}
\tag{10-4-23}
$$

即

$$\varepsilon_y = -\delta\omega_y^c \tag{10-4-24}$$

在东向加速度计、北向陀螺仪所组成的水平回路里,误差指令信号 $\delta\omega_y^c$ 正好补偿了北向陀螺漂移 ε_y,因而 ε_y 可以通过测量 $\delta\omega_y^c$ 直接得到。但在北向加速度计、东向陀螺仪所组成的水平回路里,ε_x 仍无法测得,因为罗经效应项“$-\phi_z\omega_{ie}\cos\varphi$”中的 ϕ_z 是未知的。

如果给方位陀螺加一控制信号,使平台逆时针转动 90°,此时原来具有陀螺漂移 ε_x 的东向陀螺仪 G_E 和原东向加速度计 A_E 处于北向,而具有漂移 ε_y 的北向陀螺仪 G_N 和原北向加速度计 A_N 处于西向,如图 10-19 所示。在这个新位置上稳定以后,新的平衡方程为

$$\begin{cases}\delta\omega_x'^c = -\varepsilon_x \\ \delta\omega_y'^c = -\phi_z\omega_{ie}\cos\varphi - \varepsilon_y\end{cases} \tag{10-4-25}$$

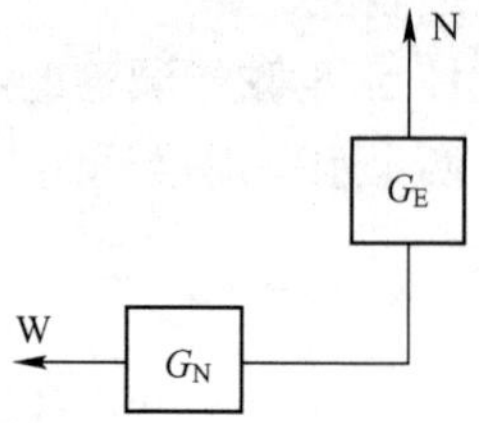

图 10-19　平台转动 90°后

即

$$\varepsilon_x = -\delta\omega_x'^c \tag{10-4-26}$$

可见,处于新位置时,罗经效应项与新位置上的北向陀螺的漂移 ε_x 分开了,原来不可测的东向陀螺漂移 ε_x 变成可测的。这样,通过平台在两个位置上的测量,陀螺漂移 ε_x、ε_y 就都可以测量得到了。

已知陀螺漂移 ε_x、ε_y 后,容易计算出方位误差角 ϕ_z,由式(10-4-23)得

$$\phi_z = \frac{\varepsilon_x - \delta\omega_x^c}{\omega_{ie}\cos\varphi} \tag{10-4-27}$$

计算出 ϕ_z 后,可以通过向方位陀螺仪施矩将其消除,即可达到方位对准的目的。这就是所谓的计算方位对准法。在方位陀螺力矩器中加入施矩电流 I 时,在方位陀螺的控制下,平台将绕方位轴转动,稳态转动角速度为

$$\omega = \frac{M_I}{H} = \frac{K_I I}{H} \tag{10-4-28}$$

式中:K_I 为方位陀螺的力矩系数,是已知的。当要消除的误差角 ϕ_z 为已知时,可算出通入力矩器电流的时间 t 为

$$t = \frac{\phi_z}{\omega} = \frac{H\phi_z}{K_I I} \tag{10-4-29}$$

精确控制施矩电流的强度和施矩的时间,就可以将平台拉向正北方向。

以上介绍了使平台转动 90°角测定两个水平陀螺漂移 ε_x、ε_y 的原理,称之为水平陀螺的正交双位置测漂。由于使平台转动 90°角所需要的时间较长,测漂的时间也较长。实际上,使平台只转动任意一个已知的小角度,通过解方程也可以测定出 ε_x、ε_y,这称为任意双位置测漂。

2. 方位陀螺漂移的测定

从水平陀螺漂移的测定过程可以看出,陀螺漂移的测定是在系统处于稳定平衡状态下进行的。根据此平衡方程式就可得到水平陀螺的漂移量。对于方位陀螺漂移的测定,也必须使方位轴处于稳定平衡状态,为此,要设计一个方位轴平衡控制回路,如图 10-20 所示。

图中，K_g 是由加到方位陀螺的施矩电流产生的平台绕方位轴的期望转角，当施矩电流和时间确定后，此转角也就确定了，可视为一个常量。K_p 则是取自方位轴角度传感器的平台相对地理坐标系的实际转角信号，它不仅包含了方位陀螺施矩电流产生的转角，还包含了陀螺漂移 ε_z 的影响。将 K_p 反馈回来与 K_g 比较，即可得到方位误差角 ϕ_z。

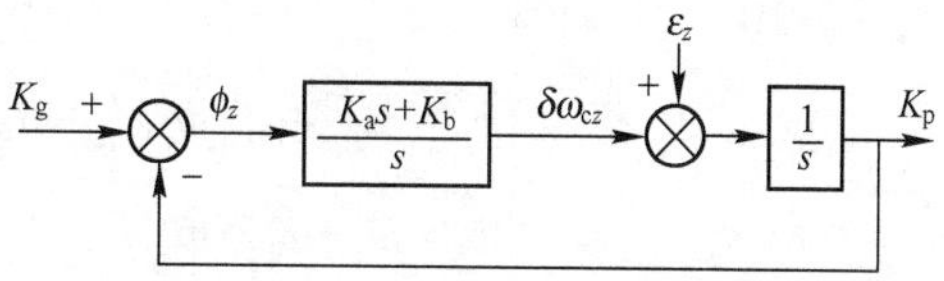

图 10-20　方位陀螺测漂控制回路

考虑到回路的动态品质，使 ϕ_z 信号通过一个复合积分环节后，变为一个不断增长的电信号，作为方位误差指令信号 $\delta\omega_{cz}$加到方位陀螺的力矩器上，控制平台绕方位轴转动。当方位陀螺稳定系统达到稳态时有

$$\delta\omega_{cz}=-\varepsilon_z \tag{10-4-30}$$

由于方位误差指令信号 $\delta\omega_{cz}$是可测的，测得 $\delta\omega_{cz}$，也就测得方位陀螺漂移 ε_z 了。为了提高测量精度，可在一段时间内，多次采集 $\delta\omega_{cz}$数据，平均后得到 ε_z。

10.5　运用卡尔曼滤波的初始对准方法

前面几节介绍的惯导平台水平及方位初始自对准的基本方法，除计算法方位对准外，都是构成一对准回路，利用与惯导平台误差角有关的信号来控制平台的转动，使平台误差角逐步减小，最终达到对准的目的，对准回路的设计依靠的是经典的控制理论。近年来，现代控制理论的一些方法在惯导中也有了成功的运用，其中之一就是运用现代控制理论中的卡尔曼滤波进行惯导初始对准。运用卡尔曼滤波的初始对准方法在平台粗对准的基础上进行，实施时分为两步：第一步是运用卡尔曼滤波技术将惯导平台的初始误差角 ϕ_x、ϕ_y、ϕ_z 估计出来，同时也尽可能地把惯性器件的误差（陀螺漂移和加速度计零位偏置）估计出来；第二步则是根据估计结果采用对陀螺施矩的方法将平台误差角消除掉，并对惯性器件的误差进行补偿。第二步是容易实现的，所以对平台误差角的估计是这种对准方法的关键。

从控制论的观点看，惯导可以看成是一个系统，其中有很多状态是未知的，包括我们希望知道的一些状态，如平台误差角，但系统中有些量是可以测量得到的，如加速度计的输出是能够测量的。卡尔曼滤波器就是根据系统中能够测量的量，去估计系统状态量的一套算法，这种算法具有最优的性质，因而称为最优滤波。要运用卡尔曼滤波方法估计系统状态，首先要能列写出反映有关状态（当然要包括希望知道的状态）量之间相互关系的状态方程，以及能反映可测量与状态量之间关系的测量方程。关于卡尔曼滤波的具体内容可参阅有关参考资料。本节简要介绍运用卡尔曼滤波估计平台误差角的基本方法。

10.5.1　用于惯导初始对准的卡尔曼滤波方案

惯导平台的初始误差角 ϕ_x、ϕ_y、ϕ_z 是待估计量，应作为卡尔曼滤波方程中的状态量。在静基座条件下对准时，载体的速度为零，位置是已知的，在对准的程序编排中不必计算位置与速度，直接采用已知值，因此速度误差及位置误差为零，此时 ϕ_x、ϕ_y、ϕ_z 的方程可由式(7-1-10)简化而来：

$$\begin{cases}\dot{\phi}_x=\omega_x^{\mathrm{c}}-\omega_{\mathrm{it}x}^{\mathrm{t}}+\phi_y\omega_{\mathrm{it}z}^{\mathrm{t}}-\phi_z\omega_{\mathrm{it}y}^{\mathrm{t}}+\varepsilon_x=\phi_y\omega_{\mathrm{it}z}^{\mathrm{t}}-\phi_z\omega_{\mathrm{it}y}^{\mathrm{t}}+\varepsilon_x\\ \dot{\phi}_y=\omega_y^{\mathrm{c}}-\omega_{\mathrm{it}y}^{\mathrm{t}}-\phi_x\omega_{\mathrm{it}z}^{\mathrm{t}}+\phi_z\omega_{\mathrm{it}x}^{\mathrm{t}}+\varepsilon_y=-\phi_x\omega_{\mathrm{it}z}^{\mathrm{t}}+\phi_z\omega_{\mathrm{it}x}^{\mathrm{t}}+\varepsilon_y\\ \dot{\phi}_z=\omega_z^{\mathrm{c}}-\omega_{\mathrm{it}z}^{\mathrm{t}}+\phi_x\omega_{\mathrm{it}y}^{\mathrm{t}}-\phi_y\omega_{\mathrm{it}x}^{\mathrm{t}}+\varepsilon_z=\phi_x\omega_{\mathrm{it}y}^{\mathrm{t}}-\phi_y\omega_{\mathrm{it}x}^{\mathrm{t}}+\varepsilon_z\end{cases}\tag{10-5-1}$$

代入式(2-4-8)，有

$$\begin{cases}\dot{\phi}_x=\omega_{\mathrm{ie}}\sin\varphi\cdot\phi_y-\omega_{\mathrm{ie}}\cos\varphi\cdot\phi_z+\varepsilon_x\\ \dot{\phi}_y=-\omega_{\mathrm{ie}}\sin\varphi\cdot\phi_x+\varepsilon_y\\ \dot{\phi}_z=\omega_{\mathrm{ie}}\cos\varphi\cdot\phi_x+\varepsilon_z\end{cases}\tag{10-5-2}$$

从式(10-5-2)看出，待估计的平台误差角 ϕ_x、ϕ_y、ϕ_z 与陀螺漂移有关。为建立一阶微分方程组形式的卡尔曼滤波器状态方程，可以将陀螺漂移 ε_x、ε_y、ε_z 也作为系统的一种状态，列写出其一阶状态方程(在卡尔曼滤波中这种方法称为状态扩维法)。陀螺漂移是一种随机变量，一般包括 3 种分量：一阶马尔可夫过程、随机常数(偏置)和白噪声。对于转子结构的陀螺来说，漂移中的一阶马尔可夫过程分量的时间常数一般在 2~4h 之间。这对于一、二十分钟的初始对准来讲，可近似为是随机常数，而且陀螺中一阶马尔可夫过程分量的量值一般要比偏置小得多，所以，在初始对准中常将陀螺漂移的模型简化为偏置，故有

$$\begin{cases}\dot{\varepsilon}_x=0\\ \dot{\varepsilon}_y=0\\ \dot{\varepsilon}_z=0\end{cases}\tag{10-5-3}$$

现在列写测量方程。如果用两个加速度计的输出 A_x、A_y 作为卡尔曼滤波器的测量值，并认为加速度计的输出误差 ΔA_x、ΔA_y 主要是零位偏置∇_x、∇_y 和白噪声 w_{Ax}、w_{Ay}，根据式(7-1-16)有

$$\begin{cases}A_x=-\phi_y g+\Delta A_x=-\phi_y g+\nabla_x+w_{Ax}\\ A_y=\phi_x g+\Delta A_y=\phi_x g+\nabla_y+w_{Ay}\end{cases}\tag{10-5-4}$$

由于偏置∇_x、∇_y 也是未知量，同样可将其作为系统的状态量，其微分方程为

$$\begin{cases}\dot{\nabla}_x=0\\ \dot{\nabla}_y=0\end{cases}\tag{10-5-5}$$

式(10-5-2)、式(10-5-3)、式(10-5-5)3 组方程式就初步组成了卡尔曼滤波器的状态方程，式(10-5-4)就是其测量方程。联合起来写成矩阵形式就是：

$$\begin{cases}\dot{\boldsymbol{X}}=\boldsymbol{FX}\\ \boldsymbol{Z}=\boldsymbol{HX}+\boldsymbol{V}\end{cases}\tag{10-5-6}$$

其中

$$\boldsymbol{X}=[\phi_x,\phi_y,\phi_z,\varepsilon_x,\varepsilon_y,\varepsilon_z,\nabla_x,\nabla_y]^{\mathrm{T}}\tag{10-5-7}$$

$$F=\begin{bmatrix} 0 & \Omega_z & -\Omega_n & 1 & 0 & 0 & 0 & 0 \\ -\Omega_z & 0 & 0 & 0 & 1 & 0 & 0 & 0 \\ \Omega_n & 0 & 0 & 0 & 0 & 1 & 0 & 0 \\ \cdots & \cdots & \cdots & \cdots & \cdots & \cdots & \cdots & \cdots \\ & & & \mathbf{0}_{5\times 8} & & & & \end{bmatrix} \tag{10-5-8}$$

$$Z=[A_x \quad A_y]^{\mathrm{T}} \tag{10-5-9}$$

$$H=\begin{bmatrix} 0 & -g & 0 & 0 & 0 & 0 & 1 & 0 \\ g & 0 & 0 & 0 & 0 & 0 & 0 & 1 \end{bmatrix} \tag{10-5-10}$$

$$V=[w_{Ax} \quad w_{Ay}] \tag{10-5-11}$$

式(10-5-8)中,$\Omega_n=\omega_{\mathrm{ie}}\cos\varphi$、$\Omega_z=\omega_{\mathrm{ie}}\sin\varphi\Omega_z=\omega_{\mathrm{ie}}\sin\varphi$。

由于系统系数矩阵 F 和测量系数矩阵 H 均为常值矩阵,由此式(10-5-6)代表的系统是线性定常系统,而且没有系统噪声。矩阵方程式(10-5-6)中的系统状态方程是连续型的,为便于在计算机中进行卡尔曼滤波递推计算,需要将系统状态方程转化为离散形式。离散化的方法是根据确定的滤波周期 T 计算系统的状态转移矩阵 $\boldsymbol{\Phi}$。由于是定常系统,$\boldsymbol{\Phi}$ 也是定常的,只需要计算一次,不必在每个滤波周期都计算。

$\boldsymbol{\Phi}$ 是一指数矩阵,可通过下列拉氏反变换计算:

$$\boldsymbol{\Phi}=\mathrm{e}^{\mathrm{FT}}=L^{-1}\{[s\boldsymbol{I}-\boldsymbol{F}T]^{-1}\} \tag{10-5-12}$$

计算机中更适合的算法是通过幂级数展开取有限项的方法:

$$\boldsymbol{\Phi}=\mathrm{e}^{\mathrm{FT}}\approx \boldsymbol{I}+\boldsymbol{F}T+\frac{\boldsymbol{F}^2T^2}{2!}+\frac{\boldsymbol{F}^3T^3}{3!}+\cdots+\frac{\boldsymbol{F}^nT^n}{n!} \tag{10-5-13}$$

式(10-5-12)中项数 n 的取值视精度要求而定,一般为 5~10。

计算出状态转移矩阵 $\boldsymbol{\Phi}$,连续的滤波模型就可转化为离散的滤波模型:

$$\begin{cases} \boldsymbol{X}_k=\boldsymbol{\Phi}\boldsymbol{X}_{k-1} \\ \boldsymbol{Z}_k=\boldsymbol{H}\boldsymbol{X}_k+\boldsymbol{V}_k \end{cases} \tag{10-5-14}$$

有了离散化滤波模型,就可以按照下面的卡尔曼滤波的递推计算公式(10-5-14)实时地对系统的状态进行估计:

$$\begin{cases} \hat{\boldsymbol{X}}_{k|k-1}=\boldsymbol{\Phi}_{k,k-1}\hat{\boldsymbol{X}}_{k-1} \\ \boldsymbol{P}_{k|k-1}=\boldsymbol{\Phi}_{k,k-1}\boldsymbol{P}_{k-1}\boldsymbol{\Phi}_{k,k-1}^{\mathrm{T}}+\boldsymbol{\Gamma}_{k,k-1}\boldsymbol{Q}_{k-1}\boldsymbol{\Gamma}_{k,k-1}^{\mathrm{T}} \\ \boldsymbol{K}_k=\boldsymbol{P}_{k|k-1}\boldsymbol{H}_k^{\mathrm{T}}(\boldsymbol{H}_k\boldsymbol{P}_{k|k-1}\boldsymbol{H}_k^{\mathrm{T}}+\boldsymbol{R}_k)^{-1} \\ \hat{\boldsymbol{X}}_k=\hat{\boldsymbol{X}}_{k|k-1}+\boldsymbol{K}_k[\boldsymbol{Z}_k-\boldsymbol{H}_k\hat{\boldsymbol{X}}_{k|k-1}] \\ \boldsymbol{P}_k=(\boldsymbol{I}-\boldsymbol{K}_k\boldsymbol{H}_k)\boldsymbol{P}_{k|k-1}(\boldsymbol{I}-\boldsymbol{K}_kH_k)^{\mathrm{T}}+\boldsymbol{K}_k\boldsymbol{R}_k\boldsymbol{K}_k^{\mathrm{T}} \\ \quad =(\boldsymbol{I}-\boldsymbol{K}_k\boldsymbol{H}_k)\boldsymbol{P}_{k|k-1} \end{cases} \tag{10-5-15}$$

对于定常的对准滤波模型式(10-5-13)来说,卡尔曼滤波的递推计算公式(10-5-14)中的一些系数矩阵为零或常值:

$$\begin{cases} \boldsymbol{\Phi}_{k,k-1}=\boldsymbol{\Phi} \\ \boldsymbol{Q}_k=0 \\ \boldsymbol{R}_k=\boldsymbol{R} \\ \boldsymbol{H}_k=\boldsymbol{H} \end{cases} \tag{10-5-16}$$

滤波前还要确定滤波初始条件，状态初始值 $\boldsymbol{X}(0)$ 可认为是零均值的随机变量，因此可取状态估计的初始值为

$$\hat{\boldsymbol{X}}_0=0 \tag{10-5-17}$$

初始估计均方误差矩阵 $\boldsymbol{P}_0$ 的非零元素取为相应状态变量的方差：

$$\begin{cases}\boldsymbol{P}_0^{11}(0)=E\{\phi_x^2\},\boldsymbol{P}_0^{22}(0)=E\{\phi_y^2\},\boldsymbol{P}_0^{33}(0)=E\{\phi_z^2\}\\ \boldsymbol{P}_0^{44}(0)=E\{\varepsilon_x^2\},\boldsymbol{P}_0^{55}(0)=E\{\varepsilon_y^2\},\boldsymbol{P}_0^{66}(0)=E\{\varepsilon_z^2\}\\ \boldsymbol{P}_0^{77}(0)=E\{\nabla_x^2\},\boldsymbol{P}_0^{88}(0)=E\{\nabla_y^2\}\end{cases} \tag{10-5-18}$$

噪声强度阵 $\boldsymbol{R}$ 的取值为

$$\boldsymbol{R}=\mathrm{diag}\{E\{w_{Ax}^2\},E\{w_{Ay}^2\}\} \tag{10-5-19}$$

选定滤波初始值后，计算机根据卡尔曼滤波的程序编排，在每个滤波周期根据测量值 $\boldsymbol{Z}_k$（即得到的加速度计输出值）对 8 个状态量进行估计，得到对状态变量的估计值 $\hat{\boldsymbol{X}}_k$。滤波过程中计算的估计均方误差阵 $\boldsymbol{P}_k$ 对角线元素的平方根 $\sqrt{\boldsymbol{P}_k^{ii}}$，代表的就是对相应状态变量 $\boldsymbol{X}_i$ 估计值的误差均方差，其量值实际上就是估计精度。

设状态初始值的方差及加速度计误差中白噪声分量的方差为

$E\{\phi_x^2\}=E\{\phi_y^2\}=10^2 \quad (')^2$

$E\{\phi_z^2\}=60^2 \quad (')^2$

$E\{\varepsilon_x^2\}=E\{\varepsilon_y^2\}=(0.01)^2 \quad (°/\mathrm{h})^2$

$E\{\varepsilon_z^2\}=(0.03)^2 \quad (°/\mathrm{h})^2$

$E\{\nabla_x^2\}=E\{\nabla_y^2\}=(10^{-4}\mathrm{g})^2$

$E\{V_{Ax}^2\}=E\{V_{Ay}^2\}=(10^{-5}\mathrm{g})^2$

取滤波周期 $T=1\mathrm{s}$，$\varphi=45°$，σ_i 随时间变化的过程如图 10-21(a)～(e)所示（$\sigma_i=\sqrt{\boldsymbol{P}_k^{ii}}$）。

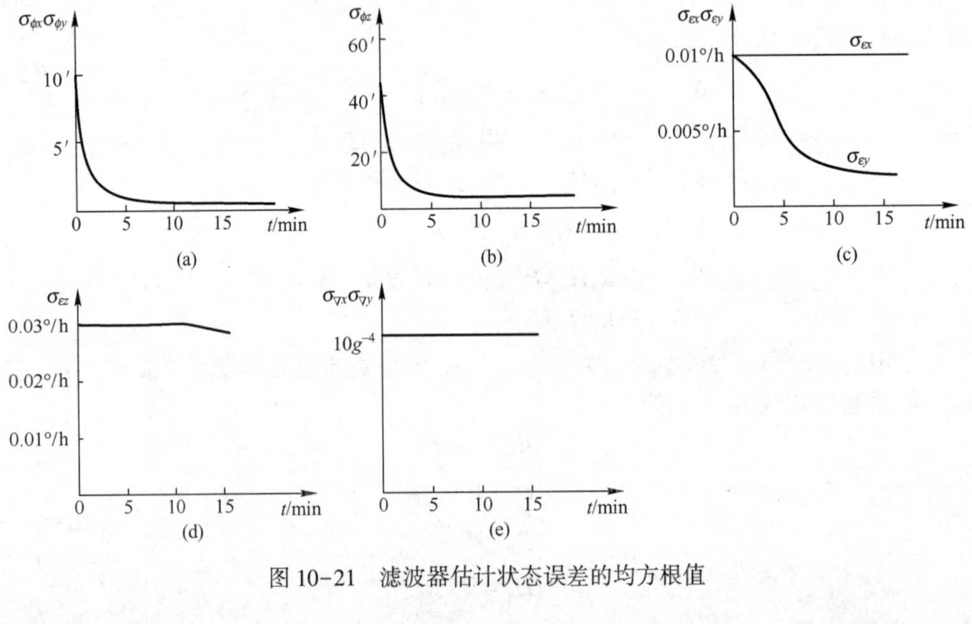

图 10-21　滤波器估计状态误差的均方根值

10.5.2 利用卡尔曼滤波估计状态的特点

根据图10-21(a)~(e)所示的各个状态估计误差均方差的变化情况,可以看出利用卡尔曼滤波(以加速度计输出作为测量值)进行静基座对准的一些特点。

(1) 滤波器对平台水平误差角 ϕ_x、ϕ_y 的估计速度快、效果好,只要几十秒钟就基本达到稳定。对方位误差角 ϕ_z、北向陀螺漂移 ε_y 的估计有较好效果,但要慢得多。这是由于测量值直接反映了状态 ϕ_x、ϕ_y 的信息(加速度计输出中含有与 ϕ_x、ϕ_y 成正比的重力加速度分量),而 ϕ_z 和 ε_y 是通过对平台水平的影响,然后才在测量值(加速度计输出)中反映出来的,时间越长,反映的信息才越大。例如,$\varepsilon_y=0.01°/h$ 的漂移量使平台水平误差角在1min时间的增加量仅为 $\Delta\phi_y=\varepsilon_y t=0.01'$,这一变化量反映到加速度计的输出中也较小。

(2) 对方位陀螺漂移 ε_z 的估计效果较差。这是因为 ε_z 的影响要通过产生平台方位角误差 ϕ_z,造成地球自转角速度在平台东向轴的耦合分量 $\Omega_n\phi_z$ 来影响平台的水平误差角 ϕ_x,然后才能在加速度计的测量值中反映出来,这种反映较为间接,因而 ε_z 的可观性较弱,估计效果也就较差。例如,$\varepsilon_z=0.03°/h$,ε_z 使平台水平误差角在1min时间的增加量仅为0.0028″。这说明在较短的时间内测量值中的 ε_z 信息含量是非常少的,滤波器需要较长的时间才能对其有估计效果,一般在10~15min内难以估计出来。

(3) 滤波器对加速度计零位偏置 ∇_x、∇_y 以及东向陀螺漂移 ε_x 没有估计效果。对平台3个误差角的估计误差均方差在对准结束时都不为零,他们的数值与 ∇_x、∇_y 及 ε_x 有关:

$$\sigma_{\phi_X}(\infty)=\frac{1}{g}\sqrt{E\{\nabla_x^2\}}\approx 20''$$

$$\sigma_{\phi_Y}(\infty)=\frac{1}{g}\sqrt{E\{\nabla_y^2\}}\approx 20''$$

$$\sigma_{\phi_Z}(\infty)\approx\frac{1}{\Omega_n}\sqrt{E\{\varepsilon_x^2\}}\approx 3.24'(\text{当 }\phi=45°)$$

这与用经典法设计对准回路的对准结果是相同的,即平台的最终水平误差角与加速度计的零位偏置 ∇_x、∇_y 有关,平台的最终方位角与东向陀螺漂移 ε_x 有关。原因在于无法分辨加速度计输出中的零位偏置误差和平台倾斜造成的重力分量,加速度计的零位偏置 ∇_x、∇_y 无法确定,平台的最终水平精度就与之有关了。同样,东向陀螺漂移 ε_x 与地球自转角速度在平台东向轴上的分量 $\Omega_n\phi_z$ 对平台的影响效果是一样的,所以平台最终的方位角估计精度就与 ε_x 有关,而对 ε_x 没有估计效果。实际上,从卡尔曼滤波器能控能观性的角度看,也能得到同样的结论,根据式(10-5-13)的系数矩阵 $\boldsymbol{\Phi}$、$\boldsymbol{H}$,可判定出系统状态是不完全可观的。

由于对方位陀螺漂移 ε_z 估计效果差,对加速度计的零位偏置 ∇_x、∇_y 以及东向陀螺漂移 ε_x 没有估计效果,可将这些状态变量从滤波方程中删去,从而构造一降维的次优滤波器。限于篇幅,关于这些内容在此不再深入讨论。

思 考 题

(1) 指北方位惯导水平、方位粗对准的基本原理是什么?

(2) 指北方位惯导水平精对准基本原理是什么？

(3) 罗经回路法方位对准基本原理是什么？

(4) 利用卡尔曼滤波的初始对准基本原理是什么？

(5) 下图为北向加速度计和东向陀螺组成的水平粗对准回路结构，请简要说明其粗对准的基本原理和过程。

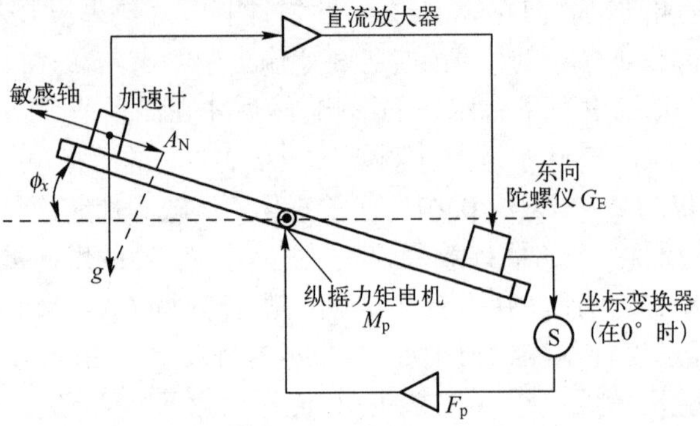

题5图 由北向加速度计和东向陀螺仪组成的水平粗对准回路

(6) 下图为三阶对准回路的方块图，请利用自动控制的有关知识分析加入 K_1、K_2、K_3 三个环节的主要作用。

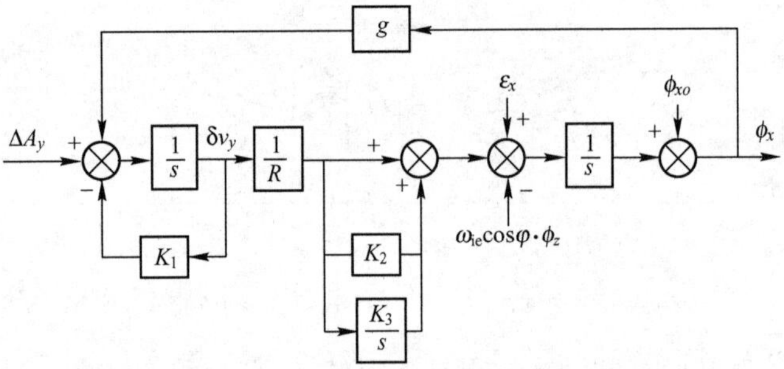

题6图 三阶对准回路的方块图

(7) 下图为罗经回路法方位对准等效方块图，请求在陀螺常值误差和初始姿态误差作用下姿态角的误差。

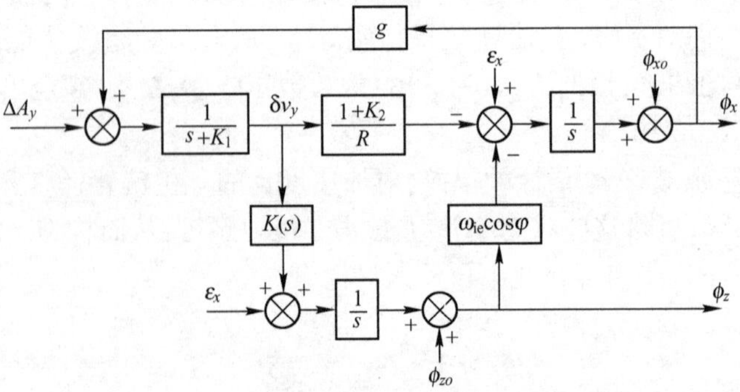

题7图 罗经回路法方位对准等效方块图

第十一章　捷联惯导初始对准技术

初始对准是惯导系统实现高精度导航工作的前提,一般分为粗对准和精对准两个阶段。在静基座条件下,捷联惯导系统(SINS)可利用加速度计和陀螺分别对重力加速度和地球自转角速度的量测值,粗略计算捷联惯导的姿态矩阵以完成粗对准;在精对准阶段,假设粗对准获得的粗略姿态矩阵满足基于小角度的线性误差模型的条件,通过卡尔曼滤波完成初始对准。

11.1　传统解析式粗对准

解析粗对准主要利用双矢量定姿的方法,通过 3 个线性无关的矢量求解由载体坐标系(b 系)到导航坐标系(n 系)的方向余弦矩阵 $\boldsymbol{C}_{\mathrm{b}}^{\mathrm{n}}$。如下式所示:

$$g^{\mathrm{b}}=\boldsymbol{C}_{\mathrm{n}}^{\mathrm{b}}g^{\mathrm{n}} \tag{11-1-1}$$

$$\omega_{\mathrm{ie}}^{\mathrm{b}}=\boldsymbol{C}_{\mathrm{n}}^{\mathrm{b}}\omega_{\mathrm{ie}}^{\mathrm{n}} \tag{11-1-2}$$

为了求解姿态矩阵 $\boldsymbol{C}_{\mathrm{b}}^{\mathrm{n}}$ 中的 9 个元素,需要构造新的矢量来增加方程的数目。以下主要通过理论分析讨论不同的构造辅助方程对解析粗对准精度的影响。

暂不考虑惯性器件的测量误差的情况下,惯性器件测量的自转角速度和重力加速度分别为 $\boldsymbol{\omega}^{\mathrm{b}}$ 和 $\boldsymbol{f}^{\mathrm{b}}$,各量在导航系的投影和惯性器件测量分别为

$$\omega_{\mathrm{ie}}^{\mathrm{n}}=[0;\omega_{\mathrm{ie}}\cos L;\omega_{\mathrm{ie}}\sin L] \tag{11-1-3}$$

$$g^{\mathrm{n}}=[0;\quad 0;\quad -g] \tag{11-1-4}$$

$$(g\times\omega_{\mathrm{ie}})^{\mathrm{n}}=[g\omega_{\mathrm{ie}}\cos L;0;0] \tag{11-1-5}$$

$$((g\times\omega_{\mathrm{ie}})\times g)^{\mathrm{n}}=[0;g^2\omega_{\mathrm{ie}}\cos L;0] \tag{11-1-6}$$

$$\boldsymbol{\omega}^{\mathrm{b}}=[\omega_x\quad \omega_y\quad \omega_z] \tag{11-1-7}$$

$$\boldsymbol{f}^{\mathrm{b}}=[f_x\quad f_y\quad f_z] \tag{11-1-8}$$

$$\boldsymbol{f}^{\mathrm{b}}\times\boldsymbol{\omega}^{\mathrm{b}}=[f_y\omega_z-f_z\omega_y\quad f_z\omega_x-f_x\omega_z\quad f_x\omega_y-f_y\omega_x] \tag{11-1-9}$$

$$(\boldsymbol{f}^{\mathrm{b}}\times\boldsymbol{\omega}^{\mathrm{b}})\times\boldsymbol{f}^{\mathrm{b}}=\begin{bmatrix}(f_y^2+f_z^2)\omega_x-(f_y\omega_y+f_z\omega_z)f_x\\(f_x^2+f_z^2)\omega_y-(f_x\omega_x+f_z\omega_z)f_y\\(f_x^2+f_y^2)\omega_z-(f_x\omega_x+f_y\omega_y)f_z\end{bmatrix} \tag{11-1-10}$$

将构造的空间矢量 $\boldsymbol{A}$ 和 $\boldsymbol{B}$ 分别代入 $\boldsymbol{C}_{\mathrm{b}}^{\mathrm{n}}$ 计算表达式中。

空间矢量 $\boldsymbol{A}$ 计算得到:

$$\boldsymbol{C}_{\mathrm{b}}^{\mathrm{n}}=\begin{bmatrix}(g^{\mathrm{n}})^{\mathrm{T}}\\(\omega_{\mathrm{ie}}^{\mathrm{n}})^{\mathrm{T}}\\(g^{\mathrm{n}}\times\omega_{\mathrm{ie}}^{\mathrm{n}})^{\mathrm{T}}\end{bmatrix}^{-1}\begin{bmatrix}(g^{\mathrm{b}})^{\mathrm{T}}\\(\omega_{\mathrm{ie}}^{\mathrm{b}})^{\mathrm{T}}\\(g^{\mathrm{b}}\times\omega_{\mathrm{ie}}^{\mathrm{b}})^{\mathrm{T}}\end{bmatrix}$$

$$
= \begin{bmatrix} -\frac{f_y\omega_z - f_z\omega_y}{g\omega_{ie}\cos L} & \frac{f_z\omega_x - f_x\omega_z}{g\omega_{ie}\cos L} & \frac{f_x\omega_y - f_y\omega_x}{g\omega_{ie}\cos L} \\ \frac{g\omega_x + f_x\omega_{ie}\sin L}{g\omega_{ie}\cos L} & \frac{g\omega_y + f_y\omega_{ie}\sin L}{g\omega_{ie}\cos L} & \frac{g\omega_z + f_z\omega_{ie}\sin L}{g\omega_{ie}\cos L} \\ -\frac{f_x}{g} & -\frac{f_y}{g} & -\frac{f_z}{g} \end{bmatrix} \tag{11-1-11}
$$

用构造选取的空间矢量 $\boldsymbol{B}$ 代入计算,得

$$
\boldsymbol{C}_b^n = \begin{bmatrix} (g^n)^T \\ (g^n \times \omega_{ie}^n)^T \\ ((g^n \times \omega_{ie}^n) \times g^n)^T \end{bmatrix}^{-1} \begin{bmatrix} (g^b)^T \\ (g^b \times \omega_{ie}^b)^T \\ ((g^b \times \omega_{ie}^b) \times g^b)^T \end{bmatrix}
$$

$$
= \begin{bmatrix} \frac{f_y\omega_z - f_z\omega_y}{g\omega_{ie}\cos L} & \frac{f_z\omega_x - f_x\omega_z}{g\omega_{ie}\cos L} & \frac{f_x\omega_y - f_y\omega_x}{g\omega_{ie}\cos L} \\ \frac{(f_x^2+f_y^2+f_z^2)\omega_x - f_x\Delta}{g\omega_{ie}\cos L} & \frac{(f_x^2+f_y^2+f_z^2)\omega_y + f_y\Delta}{g\omega_{ie}\cos L} & \frac{(f_x^2+f_y^2+f_z^2)\omega_z + f_z\Delta}{g\omega_{ie}\cos L} \\ -\frac{f_x}{g} & -\frac{f_y}{g} & -\frac{f_z}{g} \end{bmatrix} \tag{11-1-12}
$$

其中,$\Delta = f_x\omega_x + f_y\omega_y + f_z\omega_z = f^b \cdot \omega^b = g^n \cdot \omega_{ie}^n = -g\omega_{ie}\sin L$

$f_x^2 + f_y^2 + f_z^2 = g^2$

11.2 传统罗经对准法

作为经典控制理论对准方法的突出代表,罗经对准法是平台式惯性导航系统常用的一种初始对准方法。通过罗经项 $\phi_z\omega_{ie}\cos L$ 引起的 δv_N 采用回路反馈的方法控制平台绕方位轴旋转,使得 ϕ_z 逐渐减小至极限值,实现与当地的地理坐标系重合。对于捷联惯性导航系统,同样可以根据平台罗经对准的特点,建立相应的数学平台完成初始对准过程。

通常罗经对准法分为水平精对准和方位精对准两个过程,系统首先完成水平对准,此阶段仅水平通道参与工作,待系统调平后,再通过方位通道进行方位精对准。

11.2.1 水平精对准

ϕ_x 和 ϕ_y 分别表示东向和北向的失准角。粗对准后,水平失准角可视为小角度。所以两者间的交叉耦合项可忽略,则此时水平通道的误差方位可简化为

$$
\delta\dot{v}_N = \phi_x g + \nabla_N \tag{11-2-1}
$$

$$
\dot{\phi}_x = -\frac{\delta v_N}{R} - \phi_z\omega_{ie}\cos L + \varepsilon_E \tag{11-2-2}
$$

按式(11-2-2)可画出北向通道的误差框图如图 11-1 实线所示。

由图 11-1 实线部分所知,北向通道实质上是舒拉回路,ϕ_x 做无阻尼振荡,且振荡周期为 84.4min。为了提高系统收敛精度和加快收敛过程,分别在原通道的基础上引入虚线、点画线内的反馈,将系统设计为具有抗干扰能力的三阶水平对准回路,以破坏舒拉调

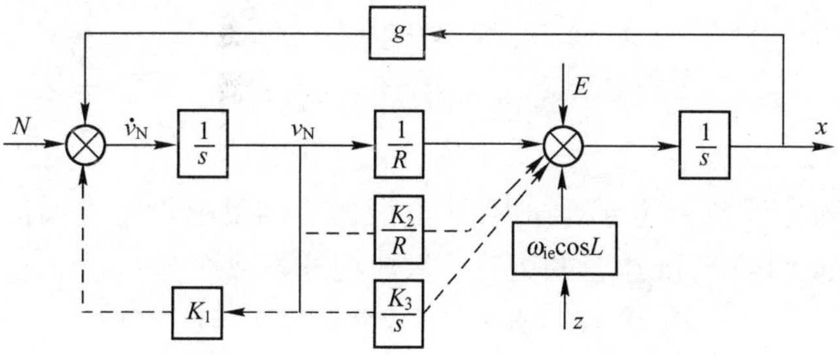

图 11-1　平台式水平对准回路的北向通道

谐过程,加快北向通道的对准过程和对准精度。

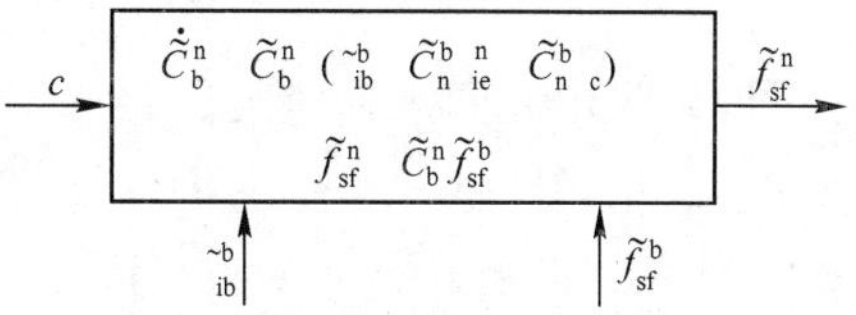

图 11-2　捷联数学平台

捷联惯导系统中,数学平台模拟平台惯导系统中的捷职数学平台,如图 11-2 所示,图中 $\widetilde{C}_b^n$ 为捷联姿态矩阵,模拟实体平台,$\widetilde{\omega}_{ib}^b$和$\widetilde{f}_{sf}^b$分别是陀螺和加速度计的测量值,经$\widetilde{C}_b^n$ 变换后成为数学角速度和加速度输出;$\omega_c=[\omega_{cx}\quad \omega_{cy}\quad \omega_{cz}]^T$ 是施加给数学平台的控制角速率。

在平台惯导罗经对准中,一部分信号流代表实体平台的运动规律,另一部分信号流表示对准的控制规律,将它们移植到捷联罗经对准时,实体平台变为数学平台,而控制规律不变。以北向对准通道为例,将图 11-1 与图 11-2 结合,构成捷联罗经水平对准的北向通道。如图 11-3 所示,陀螺和加速度计测量隐含在数学平台解算之中。不同之处在于,前者以平台误差角表示,直观显示了平台误差传递规律,而捷联系统则直接以数学平台表示,便于理解和软件实现,其实两者在误差传递本质上是一致的。捷联罗经水平对准北向通道如图 11-3 所示。

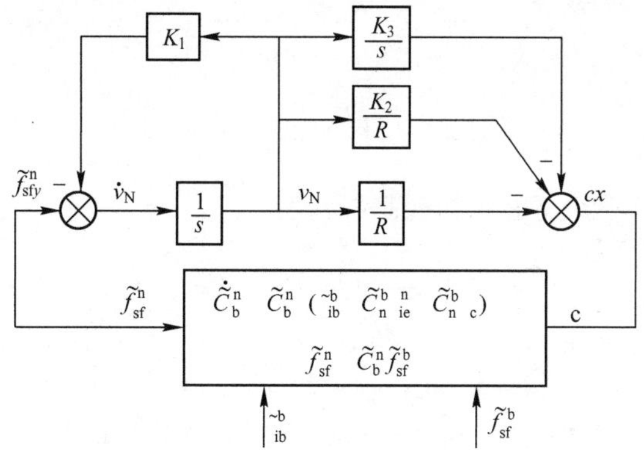

图 11-3　捷联罗经水平对准北向通道

从图 11-3 中可以得到控制率:

$$\delta v_N=(\tilde{f}^n_{sfy}-K_1\delta v_N)/s \tag{11-2-3}$$

$$\omega_{cx}=\delta v_N(1/R+K_2/R+K_3/s) \tag{11-2-4}$$

假设捷联数学平台的更新时间为 T_s,则可以直接用一阶差分近似代替微分,

式(11-2-4)可离散化为

$$\delta v_{Nk}=\delta v_{Nk-1}+(\tilde{f}^{n}_{sfyk}-K_1\delta v_{Nk-1})T_s \tag{11-2-5}$$

$$\omega_{cxk}=\delta V_{Nk}(1/R+K_2/R+K_3T_s) \tag{11-2-6}$$

对东向通道的分析与上述分析相类似,可根据控制要求设计合适的反馈回路和选择合适的参数。例如,北向对准通道的调节参数典型选取方法为

$$K_1=3\sigma,K_2=\sigma^2/\omega\cdot(2+1/\xi^2)-1,K_3=\sigma^2/(g\xi^2) \tag{11-2-7}$$

式中:σ、ξ 和 $\omega=\sqrt{g/R}$ 分别为系统的衰减系数、阻尼比和舒拉频率,具体设计中可根据精确性和快速性要求调整衰减系数和阻尼比。

11.2.2 罗经法方位精对准

图 11-1 中北向水平对准回路(北向加速度计和东向陀螺仪组成),有等效陀螺漂移项 $\phi_z\omega_{ie}\cos L$,说明北向水平对准回路与方位轴有密切关系,罗经法正是基于此才实现方位的精对准。这里的 $\phi_z\omega_{ie}\cos L$ 的影响被称为罗经效应,可以从控制的角度设计罗经方位对准回路使得 ϕ_z 值逐渐衰减至可接受的范围。捷联罗经方位对准通道如图 11-4 所示。

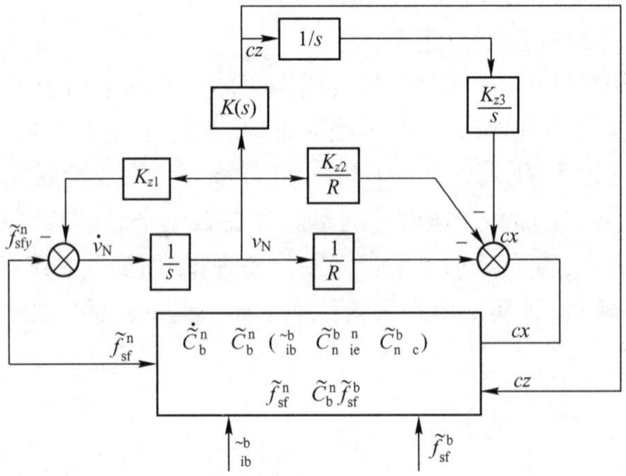

图 11-4 捷联罗经方位对准通道

从图 11-4 中可以得到离散化的控制率:

$$\delta v_{Nk}=\delta v_{Nk-1}+(\tilde{f}^{n}_{sfyk}-K_{z1}\delta V_{Nk-1})T_s \tag{11-2-8}$$

$$\omega_{czk}=[T_s\delta v_{Nk}K_{z3}/\omega_{ie}\cos L+\omega_{czk-1}](1+K_{z4}T_s) \tag{11-2-9}$$

$$\omega_{cxk}=-T_s\omega_{czk}\omega_{ie}\cos L-\delta v_{NK}(1+K_{z2})/R \tag{11-2-10}$$

类似北向对准通道,对于方位对准通道典型调节参数选取如下:

$$K_{z1}=K_{z4}=3\sigma,K_{z2}=4\sigma^2/\omega^2-1,K_{z3}=4\sigma^2/g \tag{11-2-11}$$

通过设计合适的反馈回路和选择合理的参数,方位对准的极限精度为

$$\phi_{z\min}=\frac{\varepsilon_E}{\omega_{ie}\cos L} \tag{11-2-12}$$

由式(11-2-12)可知,要提高系统方位对准精度,就必须减小东向陀螺漂移。

对于捷联导航系统而言,实体平台转变为数学平台,在对准过程中旋转不再受到机械

结构的限制,通过解析旋转实现对失准角的反馈,从而实现逐渐减小各误差角的目的。较基于现代控制理论的对准方法而言,罗经法具有计算量小,且原理清晰等诸多优点,但在设计过程中,需要经过反复实验选择适当的参数才能达到较好的精度与速度。

11.2.3 仿真分析

为了验证罗经对准法抗干扰性能,设置仿真条件如下:

(1) 地理位置:纬度 $L=40.0°$、经度 $\lambda=116.3°$以及高度 $h=0\text{m}$。

(2) 捷联惯性器件误差:陀螺常值漂移 0.02°/h、随机游走误差 0.01°/h;加速度计常值偏置 $100\times10^{-6}g$,白噪声标准差 $50\times10^{-6}g$。

(3) 基座晃动:在载体坐标系纵轴加入周期晃动 $\alpha=0.5\sin(2\pi ft+\varphi)$,其中 $f=1\text{Hz}$,$\varphi=\pi/6$。

(4) 水平姿态为 0°,方位角 30°,初始误差角 ϕ_E、ϕ_N 为 1°,ϕ_U 为 3°。

仿真时间 600s,其中,前 50s 进行水平对准,水平对准结束后,再转入进行方位对准。各姿态误差角如图 11-5 所示。

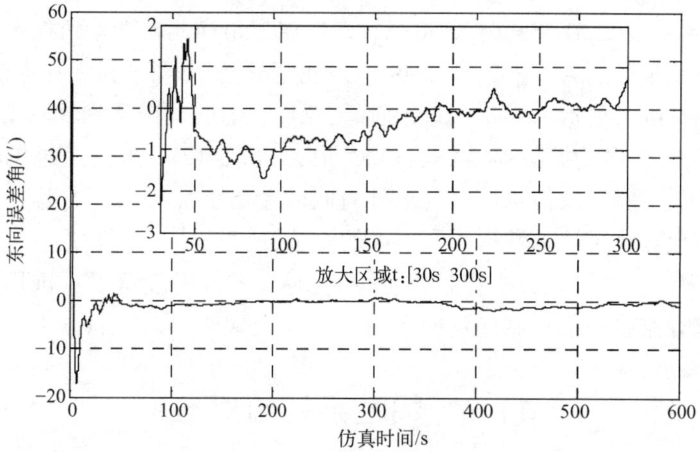

(a) 东向误差角曲线

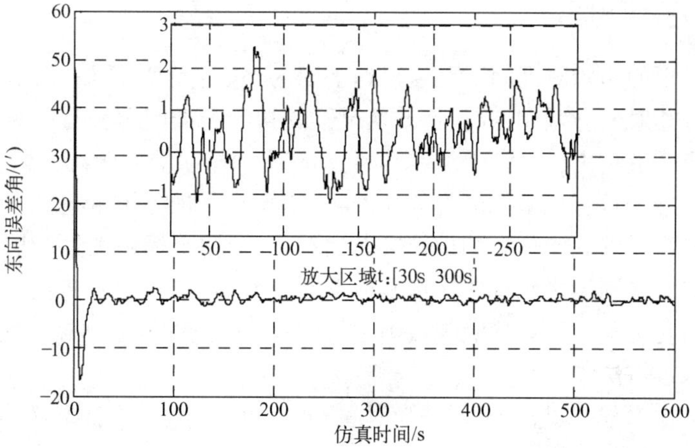

(b) 北向误差角曲线

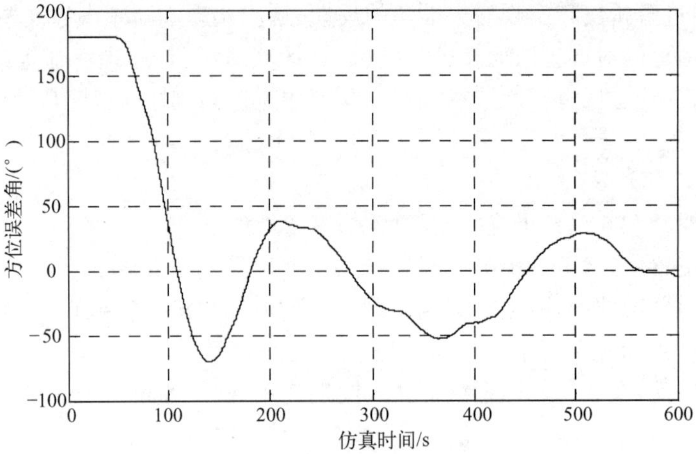

(c) 方位误差角曲线

图 11-5　罗经效应对准曲线图

由仿真分析可知，对于姿态调平，罗经对准法具有较高的抗外界扰动能力，能够在短时间内收敛至较高精度，在仿真时长 30s 后，东向误差角和北向误差角稳定在一定范围之内，其后最大跳动量分别为−2.43′和 2.49′。因此，罗经姿态调平在工程中被广泛应用。

对于方位对准而言，抗外界扰动效果较差，难以在短时间内达到较高精度要求。当仿真时长 300s 后，方位误差振荡幅度仍然较大，最大达 52°17′。虽然经过更长时间方位误差角能够收敛至较高精度，但这使得与对准时间的矛盾更加突出。尤其是随着两光陀螺的发展，对陆用惯导系统快速性提出了更高的要求，使得罗经方位对准在陆用惯导系统中具有一定的局限性。鉴于该方法在较长时间下，对大方位失准角以及抗扰动具有较好的性能，在舰载惯导系统中仍得到广泛的应用。

11.3　惯性系初始对准

11.3.1　基本原理

静基座情况下的初始对准问题已经得到了国内外学者的广泛研究，也有很多较为成熟的解决方案。相对于静基座情况，运动情况下的初始对准问题尚有一系列的理论与方法有待深入研究。近年来，一些研究者针对晃动基座初始对准问题，提出了一种以惯性坐标系作为参考基准的具有抗干扰能力的新方法，其基本原理是：根据重力矢量在惯性空间投影构成一种包含地球北向信息的旋转锥面的现象，利用坐标系惯性凝固假设将重力量测矢量和参考矢量分别投影到载体惯性坐标系和导航惯性坐标系，将晃动基座条件下的初始对准问题转化为基于重力量测矢量确定对准起始时刻的姿态问题。我们称这种方法为惯性系初始对准方法。

在动基座初始对准中，根据坐标系随时间 t 的变化关系，时变捷联姿态矩阵 $\boldsymbol{C}_{\mathrm{b}}^{\mathrm{n}}(t)$ 可拆写成如下 3 个矩阵相乘形式：

$$\boldsymbol{C}_{\mathrm{b}}^{\mathrm{n}}(t)=\boldsymbol{C}_{\mathrm{n}_0}^{\mathrm{n}}(t)\boldsymbol{C}_{\mathrm{b}_0}^{\mathrm{n}_0}\boldsymbol{C}_{\mathrm{b}}^{\mathrm{b}_0}(t) \tag{11-3-1}$$

式中：n_0 和 b_0 分别为对准初始时刻 t_0 的导航坐标系和机体系。这里的 n_0 和 b_0 系相对惯性空间静止，不随地球旋转变化。式中 $\boldsymbol{C}_{\mathrm{n}_0}^{\mathrm{n}}(t)$ 可根据地理位置信息和时间信息进行计算；$\boldsymbol{C}_{\mathrm{b}}^{\mathrm{b}_0}(t)$ 可由陀螺量测信息跟踪计算；$\boldsymbol{C}_{\mathrm{b}_0}^{\mathrm{n}_0}$ 不随时间变化，是对准起始时刻载体的姿态方向余弦矩阵，此处成为初始姿态方向余弦矩阵，其确定过程是初始对准的核心。

导航坐标系选为东北天地理坐标系，式（11-3-1）中的 $C_{\mathrm{n}_0}^{\mathrm{n}}(t)$ 主要与经纬度变化和地球随时间的旋转有关，具体计算式为

$$\boldsymbol{C}_{\mathrm{n}_0}^{\mathrm{n}}(t)=\boldsymbol{C}_{\mathrm{e}}^{\mathrm{n}}(t)\boldsymbol{C}_{\mathrm{e}_0}^{\mathrm{e}}(t)(\boldsymbol{C}_{\mathrm{e}_0}^{\mathrm{n}_0})^{\mathrm{T}} \tag{11-3-2}$$

设 t 时刻的经纬度为 L_t、λ_t，t_0 时刻经纬度为 L_0、λ_0 且 $t_t-t_0\triangleq t_c$ 为粗对准时间，则有

$$\boldsymbol{C}_{\mathrm{e}_0}^{\mathrm{n}_0}=\begin{bmatrix} -\sin\lambda_0 & \cos\lambda_0 & 0 \\ -\sin L_0\cos\lambda_0 & -\sin L_0\sin\lambda_0 & \cos L_0 \\ \cos L_0\cos\lambda_0 & \cos L_0\sin\lambda_0 & \sin L_0 \end{bmatrix} \tag{11-3-3}$$

$$\boldsymbol{C}_{\mathrm{e}}^{\mathrm{n}}(t)=\begin{bmatrix} -\sin\lambda_t & \cos\lambda_t & 0 \\ -\sin\lambda_t\cos\lambda_t & -\sin L_t\sin\lambda_t & \cos L_t \\ \cos L_t\cos\lambda_t & \cos L_t\sin\lambda_t & \sin L_t \end{bmatrix} \tag{11-3-4}$$

$$\boldsymbol{C}_{\mathrm{e}_0}^{\mathrm{e}}(t)=\begin{bmatrix} \cos(\omega_{\mathrm{ie}}t_{\mathrm{c}}) & \sin(\omega_{\mathrm{ie}}t_{\mathrm{c}}) & 0 \\ -\sin(\omega_{\mathrm{ie}}t_{\mathrm{c}}) & \cos(\omega_{\mathrm{ie}}t_{\mathrm{c}}) & 0 \\ 0 & 0 & 1 \end{bmatrix} \tag{11-3-5}$$

将式（11-3-3）~式（11-3-5）代入式（11-3-2），经过合并整理，最后得

$$\boldsymbol{C}_{\mathrm{n}_0}^{\mathrm{n}}(t)=\begin{bmatrix} c(\delta\lambda) & sL_0 s(\delta\lambda) & -cL_0 s(\delta\lambda) \\ -sL_t s(\delta\lambda) & sL_0 sL_t c(\delta\lambda)+cL_0 cL_t & -sL_t cL_0 c(\delta\lambda)+cL_t s(L_0) \\ cL_t s(\delta\lambda) & -sL_0 cL_t c(\delta\lambda)+sL_t cL_0 & cL_0 cL_t c(\delta\lambda)+sL_0 sL_t \end{bmatrix} \tag{11-3-6}$$

式中，$c\delta\lambda=\cos(\delta\lambda)$，$s\delta\lambda=\sin(\delta\lambda)$，$sL_0=\sin(L_0)$，$cL_0=\cos(L_0)$，$sL_t=\sin(L_t)$，$cL_t=\cos(L_t)$，$\delta\lambda=\Delta\lambda+\omega_{\mathrm{ie}}t_c$，$\Delta\lambda=\lambda_t-\lambda_0$，$\Delta L=L_t-L_0$

式（11-3-6）取二阶近似有

$$\boldsymbol{C}_{\mathrm{n}_0}^{\mathrm{n}}(t)\approx\begin{bmatrix} 1-\dfrac{\delta\lambda^2}{2} & \delta\lambda sL_0 & -\delta\lambda cL_0 \\ -\delta\lambda(sL_0+\lambda cL_0) & 1-\dfrac{\delta\lambda^2}{2}s^2L_0-\dfrac{\delta\lambda^2}{2} & -\Delta L-\dfrac{\delta\lambda^2}{4}s2L_0 \\ \delta\lambda(cL_0-\Delta L sL_0) & \Delta L & 1-\dfrac{\delta\lambda^2}{2}\cos^2 L_0-\dfrac{\delta\lambda^2}{2} \end{bmatrix} \tag{11-3-7}$$

取一阶近似有

$$\boldsymbol{C}_{\mathrm{n}_0}^{\mathrm{n}}(t)\approx\begin{bmatrix} 1 & \delta\lambda sL_0 & -\delta\lambda cL_0 \\ -\delta\lambda sL_0 & 1 & -\Delta L \\ \delta\lambda cL_0 & \Delta L & 1 \end{bmatrix} \tag{11-3-8}$$

式（11-3-8）可根据绕 n_0 坐标轴的小角度转动近似直接得到。实际计算时取一阶近似即可。静止或摇摆状态下有

$$C_{n_0}^{n}(t) \approx \begin{bmatrix} 1 & sL_0 s(\omega_{ie}t_c) & -cL_0 s(\omega_{ie}t_c) \\ -(\omega_{ie}t_c)sL_0 & 1 & 0 \\ (\omega_{ie}t_c)cL_0 & 0 & 1 \end{bmatrix} \tag{11-3-9}$$

在载体低速运动情况下短时间内 $\Delta\lambda$、ΔL 很小，也可按式(11-3-9)进行近似计算。

式(11-3-2)中 $C_b^{b_0}(t)$ 可利用陀螺量测信息，通过捷联惯导姿态更新算法递推计算得到：

$$\begin{cases} \dot{C}_b^{b_0}(t) = C_b^{b_0}(t)\Omega_{ib}^{b}(t) \\ C_b^{b_0}(0) = I \end{cases} \tag{11-3-10}$$

式中：$\Omega_{ib}^{b}(t) = [\omega_{ib}^{b}(t)\times]$ 表示 ω_{ib}^{b} 的反对称矩阵，ω_{ib}^{b} 为陀螺输出。式(11-3-10)具体递推算法可参考 SINS 姿态更新算法，也可通过旋转矢量多样子算法减少计算误差。

因此，求解式(11-3-2)的关键在于求解 $C_{b_0}^{n_0}$。以下详细叙述变换矩阵 $C_{b_0}^{n_0}$ 的求解过程。

$C_{b_0}^{n_0}$ 表示两个惯性坐标系（载体惯性坐标系和导航惯性坐标系）之间的变换矩阵，易知它不随时间变化，是一个常值阵。求解 $C_{b_0}^{n_0}$ 的关键是如何构造 b_0 系和 n_0 系下的观测矢量。按照构造的观测矢量的方法不同分为微分方法和积分方法。积分方法是对 $[0,t]$（t 属于对准内的任意一个时间点）这段时间内所对应的数据进行积分，该方法将会对器件误差起到积累效应，随着对准时间的增长，迭代所得不断偏离其真实值，继而影响姿态收敛。在此基础上，对传统的全积分方法进行改进，利用 $[t_c, t_f]$（$t_f - t_c = \Delta t$，Δt 是固定值）这段时间内所测的加速度计信息进行积分构造观测矢量，从而求解出 $C_{b_0}^{n_0}$。下面就分别对 3 种不同实现方法进行介绍。

1. 微分方法

捷联惯导系统的导航方程为

$$\dot{v}^{n}(t) = C_b^{n}(t)f^{b}(t) - (2\omega_{ie}^{n} + \omega_{en}^{n}) \times v^{n}(t) + g^{n} \tag{11-3-11}$$

将式(11-3-2)代入捷联惯导比力方程，通过适当的变形后可得

$$-C_{n_0}^{n}(t)C_{b_0}^{n_0}C_b^{b_0}(t)f^{b}(t) = -\dot{v}^{n}(t) - (2\omega_{ie}^{n} + \omega_{en}^{n}) \times v^{n}(t) + g^{n} \tag{11-3-12}$$

将式(11-3-12)两边同时左乘以 $[C_{n_0}^{n}(t)]^{T}$，整理可得

$$\beta(t) = C_{n_0}^{n}\alpha(t) \tag{11-3-13}$$

其中，

$$\beta(t) \triangleq [C_{n_0}^{n}(t)]^{T}(\dot{v}^{n}(t) + (2\omega_{ie}^{n} + \omega_{en}^{n}) \times v^{n}(t) - g^{n})$$

$$\alpha(t) \triangleq C_b^{b_0}(t)f^{b}(t)$$

由式(11-3-13)可以看到，只要可以通过外部辅助信息获取到载体的地速 $v^{n}(t)$ 和加速度 $\dot{v}^{n}(t)$，那么就很容易可以求出 $\alpha(t)$ 和 $\beta(t)$。GPS 可提供 n 系下的速度和地理位置量。$v^{n}(t)$ 是捷联惯导系统对地速度在 n 系上的投影，可借助于 GPS 等定位导航系统辅助测量获得。但是式中的 $v^{n}(t)$ 表示运载体的导航坐标系加速度，一般 GPS 接收机并不具备加速度测量的功能。

为了获取载体加速度 $\dot{v}^{n}$ 可以采用速度差分的方法，即

$$\dot{v}^{n(t_k)} = \frac{v^{n(t_{k+1})} - v^{n(t_{k-1})}}{\Delta T} \tag{11-3-14}$$

2. 全积分方法

由于通过速度差分方法获取加速度$\dot{v}^{n}(t)$,将不可避免的放大速度信息中所包含的误差,从而引起姿态收敛的平稳性,甚至会导致发散。因此,考虑采用积分的方法来避免对加速度$\dot{v}^{n}(t)$进行求解。

对式(11-3-12)两边同时乘以$[\boldsymbol{C}_{n_0}^{n}(t)]^{T}$,并对两边在时间段$[0,t]$进行一次积分操作后,整理可得

$$\int_0^t [\boldsymbol{C}_{n_0}^{n}(t)]^{T}\dot{v}^{n}(t)\mathrm{d}t = \boldsymbol{C}_{b_0}^{n_0}\int_0^t \boldsymbol{C}_{b}^{b_0}(t)f^{b}(t)\mathrm{d}t + \int_0^t \boldsymbol{C}_{n}^{n_0}(t)g^{n}\mathrm{d}t - \int_0^t \boldsymbol{C}_{n}^{n_0}(t)(2\boldsymbol{\omega}_{ie}^{n} + \boldsymbol{\omega}_{en}^{n}) \times v^{n}(t)\mathrm{d}t \tag{11-3-15}$$

式(11-3-15)的左端可利用分部积分法进行拆解,即

$$\begin{aligned}\int_0^t [\boldsymbol{C}_{n_0}^{n}(t)]^{T}\dot{v}^{n}(t)\mathrm{d}t &= [\boldsymbol{C}_{n_0}^{n}(t)]^{T}v^{n}\Big|_0^t - \int_0^t [\dot{\boldsymbol{C}}_{n_0}^{n}(t)]^{T}\dot{v}^{n}(t)\mathrm{d}t \\ &= [\boldsymbol{C}_{n_0}^{n}(t)]^{T}v^{n}(t)\Big|_0^t - \int_0^t [\boldsymbol{C}_{n_0}^{n}(t)]^{T}(\boldsymbol{\omega}_{in}^{n}(t)\times)v^{n}(t)\mathrm{d}t\end{aligned} \tag{11-3-16}$$

联立式(11-3-16)和式(11-3-15)整理可得

$$\begin{aligned}\boldsymbol{C}_{b_0}^{n_0}\int_0^t \boldsymbol{C}_{b}^{b_0}(t)f^{b}(t)\mathrm{d}t &= [\boldsymbol{C}_{n_0}^{n}(t)]^{T}v^{n}(t) - v^{n}(0) \\ &\quad + \int_0^t \boldsymbol{C}_{n_0}^{n}(t)\boldsymbol{\omega}_{ie}^{n}(t)\times v^{n}(t)\mathrm{d}t - \int_0^t \boldsymbol{C}_{n}^{n_0}(t)g^{n}\mathrm{d}t\end{aligned} \tag{11-3-17}$$

定义

$$\alpha(t) \triangleq \int_0^t \boldsymbol{C}_{b}^{b_0}(t)f^{b}(t)\mathrm{d}t$$

$$\beta(t) \triangleq [\boldsymbol{C}_{n_0}^{n}(t)]^{T}v^{n}(t) - v^{n}(0) + \int_0^t \boldsymbol{C}_{n}^{n_0}(t)\boldsymbol{\omega}_{ie}^{n}\times v^{n}(t)\mathrm{d}t - \int_0^t \boldsymbol{C}_{n}^{n_0}(t)g^{n}\mathrm{d}t$$

则式(11-3-17)可以表示为

$$\beta(t)=\boldsymbol{C}_{b_0}^{n_0}\alpha(t) \tag{11-3-18}$$

3. 分段积分方法

对式(11-3-12)两边同时乘以$\boldsymbol{C}_{n}^{n_0}(t)$,并对两边在时间段$[t_c,t_f]$进行一次积分操作后,整理可得

$$\begin{aligned}\int_{t_0}^{t_f} [\boldsymbol{C}_{n_0}^{n}(t)]^{T}\dot{v}^{n}(t)^{n}(t)\mathrm{d}t &= \boldsymbol{C}_{b_0}^{n_0}\int_{t_c}^{t_f} \boldsymbol{C}_{b}^{b_0}(t)f^{b}(t)\mathrm{d}t + \int_{t_c}^{t_f} \boldsymbol{C}_{n}^{n_0}(t)g^{n}\mathrm{d}t \\ &\quad - \int_{t_c}^{t_f} \boldsymbol{C}_{n}^{n_0}(t)(2\boldsymbol{\omega}_{ie}^{n} + \boldsymbol{\omega}_{en}^{n})\times v^{n}(t)\mathrm{d}t\end{aligned} \tag{11-3-19}$$

式(11-3-19)的左端可利用分部积分法进行拆解,即

$$\begin{aligned}\int_{t_c}^{t_f} [\boldsymbol{C}_{n_0}^{n}(t)]^{T}\dot{v}^{n}(t)^{n}(t)\mathrm{d}t &= [\boldsymbol{C}_{n_0}^{n}(t)]^{T}v^{n}(t)\Big|_{t_c}^{t_f} - \int_{t_c}^{t_f} [\dot{\boldsymbol{C}}_{n_0}^{n}(t)]^{T}\dot{v}^{n}(t)^{n}(t)\mathrm{d}t \\ &= [\boldsymbol{C}_{n_0}^{n}(t)]^{T}v^{n}(t)\Big|_{t_c}^{t_f} - \int_{t_c}^{t_f} [\dot{\boldsymbol{C}}_{n_0}^{n}(t)]^{T}(\boldsymbol{\omega}_{in}^{n}(t)\times)v^{n}(t)\mathrm{d}t\end{aligned} \tag{11-3-20}$$

联立式(11-3-19)和式(11-3-20)整理可得

$$C_{b_0}^{n_0}\int_{t_c}^{t_f} C_b^{b_0}(t) f^b(t)\,dt = [C_{n_0}^{n}(t)]^T v^n(t)\Big|_{t_c}^{t_f} + \int_{t_c}^{t_f} C_n^{n_0}(t)\omega_{ie}^n(t)\times v^n(t)\,dt - \int_{t_c}^{t_f} C_n^{n_0}(t) g^n\,dt \tag{11-3-21}$$

定义

$$\alpha(t) \triangleq \int_{t_c}^{t_f} C_b^{b_0}(t) f^b(t)$$

$$\beta(t) \triangleq [C_{n_0}^{n}(t)]^T v^n(t)\Big|_{t_c}^{t_f} + \int_{t_c}^{t_f} C_n^{n_0}(t)\omega_{ie}^n(t)\times v^n(t)\,dt - \int_{t_c}^{t_f} C_n^{n_0}(t) g^n\,dt$$

则式(11-3-21)可以表示为

$$\beta(t) = C_{b_0}^{n_0}\alpha(t) \tag{11-3-22}$$

惯性系初始对准方法通过坐标系分解后,初始对准的核心问题转化为如何确定初始时刻载体坐标系和导航坐标系之间的常值姿态矩阵,因此其本质是一姿态确定问题。基于矢量观测求解姿态的惯性系对准算法基本上可以分为两种:一种是基于双矢量定姿的 TRIAD 算法,另一种是基于求解 Wahba 问题产生的 q-method 算法。下面就这两种算法分别进行介绍。

1) 基于双矢量定姿的 TRIAD 算法

分别取 $t=t_l$ 和 $t=t_m$ 两个对准过程中的不同时刻,如中间时刻和末了时刻,则有 $\beta(t_l) = C_{b_0}^{n_0}\alpha(t_l)$ 和 $\beta(t_m) = C_{b_0}^{n_0}\alpha(t_m)$,再求得 $C_{b_0}^{n_0}$,即

$$C_{b_0}^{n_0} = \begin{bmatrix} (\beta(t_l))^T \\ (\beta(t_l)\times\beta(t_m))^T \\ (\beta(t_l)\times\beta(t_m)\times\beta(t_l))^T \end{bmatrix}^{-1} \begin{bmatrix} (\alpha(t_l))^T \\ (\alpha(t_l)\times\alpha(t_m))^T \\ (\alpha(t_l)\times\alpha(t_m)\times\alpha(t_l))^T \end{bmatrix} \tag{11-3-23}$$

传统的 TRIAD 算法虽然简单方便,但由于在构建正交基时将第一个矢量作为基准,而第二个矢量包含的部分信息被丢失,姿态矩阵解对于两个矢量具有不对称性。针对 TRIAD 算法得到的姿态矩阵解不是最优的这一问题,随后相继出现了 TRIAD-I 算法、TRIAD-Ⅱ算法、基于加权矢量和的 TRIAD 以及最优 TRIAD 算法。这里提出引入一种新的改进后的 TRIAD 算法求解常值矩阵从而实现初始对准。

改进 TRIAD 算法其本质通过融合了两个观测矢量的信息,以两个观测矢量的加权矢量和为基准矢量,计算过程中另外一组矢量被丢弃的信息会减少,从而提高观测矢量的精度,其本质是对基于加权矢量和 TRIAD 算法的一种改进。

给定参考坐标系下的两个矢量 $\alpha(t_l)$ 和 $\alpha(t_m)$,测量误差的标准差为 $\sigma_i(i=1,2)$,则在目的坐标系下的两观测矢量 $\beta(t_l)$ 和 $\beta(t_m)$ 的最优估计 $\hat{\beta}$ 和与 $\hat{\beta}$ 相对应的参考坐标系下 $\hat{\alpha}$ 的估计分别为

$$\hat{\alpha} = \frac{k_1\alpha(t_l)+k_2\alpha(t_m)}{\|k_1\alpha(t_l)+k_2\alpha(t_m)\|} \tag{11-3-24}$$

$$\hat{\beta} = \frac{k_1\beta(t_l)+k_2\beta(t_m)}{\|k_1\beta(t_l)+k_2\beta(t_m)\|}$$

式中:k_1、k_2 为两个矢量的加权系数。

两个观测矢量的加权系数 k_1、k_2 以两个观测矢量的夹角为判断依据。当两个矢量的

角度小于等于 90°时，加权系数 k_1、k_2 为

$$\begin{cases} k_1 = \dfrac{\sigma_2^2}{\sigma_1^2+\sigma_2^2} \\ k_2 = \dfrac{\sigma_1^2}{\sigma_1^2+\sigma_2^2} \end{cases} \tag{11-3-25}$$

当两个矢量的角度大于 90°时，加权系数 k_1、k_2 为

$$\begin{cases} k_1 = \dfrac{\sigma_2^2}{\sigma_1^2+\sigma_2^2} \\ k_2 = -\dfrac{\sigma_1^2}{\sigma_1^2+\sigma_2^2} \end{cases} \tag{11-3-26}$$

以$(\hat{\alpha},\hat{\beta})$为基准矢量，根据 TRIAD 算法定义，得到改进的姿态矩阵：

$$\boldsymbol{C}_{b_0}^{n_0} = \begin{bmatrix} (\hat{\beta})^{\mathrm{T}} \\ (r)^{\mathrm{T}} \\ (\hat{\beta}\times r)^{\mathrm{T}} \end{bmatrix}^{-1} \begin{bmatrix} (\hat{\alpha})^{\mathrm{T}} \\ (b)^{\mathrm{T}} \\ (\hat{\alpha}\times b)^{\mathrm{T}} \end{bmatrix} \tag{11-3-27}$$

其中，

$$r = \frac{\hat{\beta}\times\beta(t_i)}{|\hat{\beta}\times\beta(t_i)|}, b = \frac{\hat{\alpha}\times\alpha(t_i)}{|\hat{\alpha}\times\alpha(t_i)|}(i=l,m) \tag{11-3-28}$$

为了提高姿态矩阵的精度，对得到的 $\boldsymbol{C}_{b_0}^{n_0}$进行修正，修正后的姿态矩阵为

$$(\boldsymbol{C}_{b_0}^{n_0})^{c} = \boldsymbol{C}_{b_0}^{n_0} + \frac{\boldsymbol{\lambda}_{\max}-k_1-k_2}{\boldsymbol{\lambda}_{\max}}(\beta(t_l)\cdot r_1^{\mathrm{T}}+\beta(t_m)\cdot r_2^{\mathrm{T}}) \tag{11-3-29}$$

对于只有两个观测矢量的情况，通过下式得到一个精确的 $\boldsymbol{\lambda}_{\max}$：

$$\boldsymbol{\lambda}_{\max} = \sqrt{k_1^2+2k_1k_2\cos\Delta\theta+k_2^2} \tag{11-3-30}$$

其中，

$$\cos\Delta\theta = (\beta(t_l)\cdot\beta(t_m))(\alpha(t_l)\cdot\alpha(t_m)) + |\beta(t_l)\times\beta(t_m)||\alpha(t_l)\times\alpha(t_m)|$$

2）基于 Wahba 问题的 q-method 算法

基于矢量观测确定姿态的问题实际上也是一个典型 Wahba 问题。20 世纪 60 年代中期，Wahba 将“根据观测矢量来确定姿态的问题”作为最小二乘估计问题，首先给出了公式表达，即所谓的 Wahba 问题。Wahba 问题基于以下方程：

$$J(A) = \frac{1}{2}\sum_{i=1}^{N}\omega_i \| b_i - Ar_i \|^2 \tag{11-3-31}$$

这里$\{r_1 \quad r_2 \quad \cdots \quad r_n\}$和$\{b_1 \quad b_2 \quad \cdots \quad b_n\}$为两组给定的矢量，$n\geqslant 2$，每对$(r_i,b_i)$对应于同一矢量 $\boldsymbol{x}_i$。问题关键就是求一合适的正交的正交矩阵 $\boldsymbol{A}$ 使得 $\frac{1}{2}\sum_{i=1}^{N}\omega_i \| b_i - Ar_i \|^2$ 达到最小，$\boldsymbol{A}$ 即为所求的姿态矩阵。ω_i 为各组量测的对应权重，不失一般性，设 $\sum_{i=1}^{N}\omega_i = 1$。

最早解决 Wahba 问题的方法是直接求解姿态矩阵（考虑姿态矩阵的单位正交约束条

件)，即

$$\boldsymbol{A}=\boldsymbol{B}[(\boldsymbol{B}^{\mathrm{T}}\boldsymbol{B})^{\frac{1}{2}}]^{-1} \tag{11-3-32}$$

式(11-3-32)中

$$\boldsymbol{B}=\sum_{i=1}^{N}\omega_i b_i(r_i)^{\mathrm{T}} \tag{11-3-33}$$

Davenport 在 1968 年提出了 q-method 法，以旋转四元数 $\boldsymbol{q}$ 的形式给出了 Wahba 问题的一个解。$\boldsymbol{q}$ 即为与初始姿态方向余弦阵相对应的初始姿态四元素，且 $\boldsymbol{q}=[q_0\quad \boldsymbol{q}_v^{\mathrm{T}}]^{\mathrm{T}}$，其中 $\boldsymbol{q}_v^{\mathrm{T}}$ 为矢量部分，q_0 为标量部分。

将式(11-3-31)展开

$$\begin{aligned}\boldsymbol{J}(\boldsymbol{A})&=\frac{1}{2}\sum_{i=1}^{N}\omega_i(\boldsymbol{b}_i-\boldsymbol{A}\boldsymbol{r}_i)^{\mathrm{T}}(\boldsymbol{b}_i-\boldsymbol{A}\boldsymbol{r}_i)\\&=\frac{1}{2}\sum_{i=1}^{N}\omega_i(\boldsymbol{b}_i^{\mathrm{T}}\boldsymbol{b}_i+\boldsymbol{r}_i^{\mathrm{T}}\boldsymbol{r}_i-2\boldsymbol{b}_i^{\mathrm{T}}\boldsymbol{A}\boldsymbol{r}_i)\end{aligned} \tag{11-3-34}$$

不妨假设矢量都已经过单位化，即有 $\boldsymbol{b}_i^{\mathrm{T}}\boldsymbol{b}_i=\boldsymbol{r}_i^{\mathrm{T}}\boldsymbol{r}=1$。则式(11-3-34)可进一步简化为

$$\boldsymbol{J}(\boldsymbol{A})=\sum_{i=1}^{N}\omega_i(1-\boldsymbol{b}_i^{\mathrm{T}}A\boldsymbol{r}_i) \tag{11-3-35}$$

所以最小化 $\boldsymbol{J}(\boldsymbol{A})$ 也就是最大化函数：

$$g(\boldsymbol{A})=\sum_{i=1}^{N}\omega_i\boldsymbol{b}_i^{\mathrm{T}}\boldsymbol{A}r \tag{11-3-36}$$

根据姿态矩阵与四元数的关系式，有如下关系式：

$$\begin{aligned}&\boldsymbol{A}=(q_0^2-q_v^{\mathrm{T}}q_v)I+2q_vq_v^{\mathrm{T}}-2q_0(q_v\times)\\&\|q\|=q^{\mathrm{T}}\boldsymbol{q}=1\end{aligned} \tag{11-3-37}$$

用四元数 $\boldsymbol{q}$ 重新改写式(11-3-36)，整理可得代入式(11-3-35)可得

$$J(\boldsymbol{q})=q^{\mathrm{T}}K\boldsymbol{q} \tag{11-3-38}$$

其中

$$\boldsymbol{K}=\begin{bmatrix}s & \boldsymbol{z}^{\mathrm{T}}\\ \boldsymbol{z} & \boldsymbol{S}-sI_3\end{bmatrix} \tag{11-3-39}$$

矩阵 $\boldsymbol{K}$ 为量测矢量的函数。$\boldsymbol{K}$ 中矩阵 $\boldsymbol{S}$、矢量 z 和常数 s 的表达式为

$$\begin{cases}S=B+B^{\mathrm{T}}\\ z=\sum\limits_{i=1}^{N}\omega_ib_i\times r_i\\ s=\mathrm{tr}(B)\end{cases} \tag{11-3-40}$$

式中：tr(·)表示求矩阵迹的操作。

考虑约束条件，可得拉格朗日函数

$$L(\boldsymbol{q})=q^{\mathrm{T}}Kq-\lambda q^{\mathrm{T}}\boldsymbol{q} \tag{11-3-41}$$

式(11-3-41)求导可得 $g(\boldsymbol{q})$ 有极值的条件为

$$K\boldsymbol{q}=\lambda\boldsymbol{q} \tag{11-3-42}$$

由于在实际情况下，$\int_0^t\alpha(t)\alpha^{\mathrm{T}}(t)\mathrm{d}t$ 很容易满足非奇异条件，由 $\beta(t)=\boldsymbol{C}_{\mathrm{b}_0}^{\mathrm{n}_0}\alpha(t)$

可得

$$\boldsymbol{C}_{\mathrm{b}_0}^{\mathrm{n}_0}=\int_0^t \boldsymbol{\beta}(t)\boldsymbol{\alpha}^{\mathrm{T}}(t)\mathrm{d}t\left(\int_0^t \boldsymbol{\alpha}(t)\boldsymbol{\alpha}^{\mathrm{T}}(t)\mathrm{d}t\right)^{-1} \tag{11-3-43}$$

定义初始姿态矩阵 $\boldsymbol{C}_{\mathrm{b}_0}^{\mathrm{n}_0}$所对应的单位姿态四元数为 $\boldsymbol{q}=[q_0 \quad \boldsymbol{\eta}]^{\mathrm{T}}$，其中 $\boldsymbol{\eta}$ 为矢量部分，q_0 为标量部分。$\boldsymbol{\beta}(t)=\boldsymbol{C}_{\mathrm{b}_0}^{\mathrm{n}_0}\alpha(t)$ 可等效为

$$\boldsymbol{\beta}(t)=\boldsymbol{q}\cdot\alpha(t)\cdot\boldsymbol{q}^{*} \tag{11-3-44}$$

式(11-3-44)经过等效变换，可以转化为以下约束最优化问题(wahba 问题)，即

$$\min\int_0^t \|([\beta_q^{+}(t)]-[\alpha_q^{-}(t)])\|^2\mathrm{d}t \triangleq \min q^{\mathrm{T}}K\boldsymbol{q} \tag{11-3-45}$$

满足 $q^{\mathrm{T}}\boldsymbol{q}=1$。其中 $\beta_q^{+}(t)$，$\alpha_q^{-}(t)$ 分别定义为矢量 $\boldsymbol{\beta}(t)$，$\boldsymbol{\alpha}(t)$ 的四元数形式，且根据四元数的乘法规则，定义

$$[\overset{+}{q}(t)]\triangleq\begin{bmatrix} q_0 & -\boldsymbol{\eta}^{\mathrm{T}} \\ \eta & q_0 I+(\eta\times)\end{bmatrix},[\overset{-}{q}(t)]\triangleq\begin{bmatrix} q_0 & -\boldsymbol{\eta}^{\mathrm{T}} \\ \eta & q_0 I-(\eta\times)\end{bmatrix} \tag{11-3-46}$$

$$K=\int_0^t([\beta_q^{+}(t)]-[\alpha_q^{-}(t)])^{\mathrm{T}}([\beta_q^{+}(t)]-[\alpha_q^{-}(t)])\mathrm{d}t \tag{11-3-47}$$

由此，通过求解矩阵 $\boldsymbol{K}$ 的最小特征值所对应的特征矢量，即可得到 $\boldsymbol{C}_{\mathrm{b}_0}^{\mathrm{n}_0}$，将代入式(11-3-2)，就可求解得到当前时刻的姿态矩阵 $\boldsymbol{C}_{\mathrm{b}}^{\mathrm{n}}$。

11.3.2 误差分析

1. 惯性系对准误差分类

捷联姿态矩阵误差形式可表示为

$$\delta\boldsymbol{C}_{\mathrm{b}}^{\mathrm{n}}(t)=\delta\boldsymbol{C}_{\mathrm{n}_0}^{\mathrm{n}}(t)\boldsymbol{C}_{\mathrm{b}_0}^{\mathrm{n}_0}\boldsymbol{C}_{\mathrm{b}}^{\mathrm{b}_0}(t)+\boldsymbol{C}_{\mathrm{n}_0}^{\mathrm{n}}(t)\delta\boldsymbol{C}_{\mathrm{b}_0}^{\mathrm{n}_0}\boldsymbol{C}_{\mathrm{b}}^{\mathrm{b}_0}(t)+\boldsymbol{C}_{\mathrm{n}_0}^{\mathrm{n}}(t)\boldsymbol{C}_{\mathrm{b}_0}^{\mathrm{n}_0}\delta\boldsymbol{C}_{\mathrm{b}}^{\mathrm{b}_0}(t) \tag{11-3-48}$$

可以看出，惯性系对准算法的姿态误差直接与式(11-3-37)右边的 3 个矩阵的计算有关。下面分别讨论 3 个矩阵的计算误差。

矩阵 $\boldsymbol{C}_{\mathrm{n}_0}^{\mathrm{n}}(t)$ 可分解为 $\boldsymbol{C}_{\mathrm{e}}^{\mathrm{n}}(t)$，$\boldsymbol{C}_{\mathrm{e}_0}^{\mathrm{e}}(t)$，$(\boldsymbol{C}_{\mathrm{e}_0}^{\mathrm{n}_0})^{\mathrm{T}}$3 个矩阵连乘，其中 $\boldsymbol{C}_{\mathrm{e}}^{\mathrm{n}}(t)$ 是对准地点纬度 L_t、经度 $\boldsymbol{\lambda}_t$ 的函数，$(\boldsymbol{C}_{\mathrm{e}_0}^{\mathrm{n}_0})^{\mathrm{T}}$ 是对准地点纬度 L_0，经度 $\boldsymbol{\lambda}_0$ 的函数，$\boldsymbol{C}_{\mathrm{e}_0}^{\mathrm{e}}(t)$ 是与对准时间 t 相关的函数。而纬度 L、经度 $\boldsymbol{\lambda}$ 和对准时间是可准确得到的，故可认为在矩阵 $\boldsymbol{C}_{\mathrm{n}_0}^{\mathrm{n}}(t)$ 的求解中未引入误差，即 $\delta\boldsymbol{C}_{\mathrm{n}_0}^{\mathrm{n}}(t)\approx 0$。也就是说对准误差是在对 $\boldsymbol{C}_{\mathrm{b}}^{\mathrm{b}_0}(t)$，$\boldsymbol{C}_{\mathrm{b}_0}^{\mathrm{n}_0}$的求解中引入的。

由于初始时刻载体坐标系 b 与基座惯性坐标系 b_0 重合，初始姿态矩阵严格为单位矩阵，其本身不引入误差，只需考虑 $\boldsymbol{C}_{\mathrm{b}}^{\mathrm{b}_0}(t)$ 变化过程中的误差变化规律。$\boldsymbol{C}_{\mathrm{b}}^{\mathrm{b}_0}(t)$ 的微分仅包含陀螺输出，表明姿态误差 $\delta\boldsymbol{C}_{\mathrm{b}}^{\mathrm{b}_0}(t)$ 仅来源于陀螺漂移误差。

$\delta\boldsymbol{C}_{\mathrm{b}_0}^{\mathrm{n}_0}$的分析相对较复杂，为简化分析，这里仅考虑在晃动干扰条件下基于双矢量测量定姿的 TARID 算法的全积分实现形式的情况。$\boldsymbol{C}_{\mathrm{b}_0}^{\mathrm{n}_0}$的计算包括 $\boldsymbol{\beta}(t)$ 和 $\alpha(t)$ 两部分。其中 $\boldsymbol{\beta}(t)$ 可以精确计算出来，误差可忽略。而 $\alpha(t)$ 的求解是对 $\boldsymbol{C}_{\mathrm{b}}^{\mathrm{b}_0}(t)$ 的积分，即为陀螺输出的二次积分，表明姿态误差为陀螺漂移的二次积分误差，陀螺漂移将是重点分析的对象。除此之外，$\alpha(t)$ 还受到 $f^{\mathrm{b}}(t)$ 的影响，其误差主要受加速度计测量误差引起的。

2. 惯性器件引起的对准误差

由 11.3.1 节可知，姿态误差 $\delta\boldsymbol{C}_{\mathrm{b}}^{\mathrm{n}}(t)$ 与 $\delta\boldsymbol{C}_{\mathrm{b}_0}^{\mathrm{n}_0}$和 $\delta\boldsymbol{C}_{\mathrm{b}}^{\mathrm{b}_0}(t)$ 有关，下面将对比展开详细分

析。考虑到加速度计零偏和陀螺常值漂移是影响惯性系对准精度的主要误差源。本节将加速度计零偏和陀螺常值漂移作为分析对象，深入研究这些误差源对惯性系对准精度的影响规律。

1）惯性器件误差的传播规律

载体实际姿态矩阵$\hat{\boldsymbol{C}}_{\mathrm{b}}^{\mathrm{n}}(t)$（∧表示实际解算值）可表示为

$$\hat{\boldsymbol{C}}_{\mathrm{b}}^{\mathrm{n}}(t)=\hat{\boldsymbol{C}}_{\mathrm{n}_0}^{\mathrm{n}}(t)\hat{\boldsymbol{C}}_{\mathrm{b}_0}^{\mathrm{n}_0}\hat{\boldsymbol{C}}_{\mathrm{b}}^{\mathrm{b}_0}(t) \tag{11-3-49}$$

为了分析方便，用失准角 ϕ 描述各姿态误差：

$$\hat{\boldsymbol{C}}_{\mathrm{b}}^{\mathrm{n}}(t)=[I-(\phi^{\mathrm{n}}\times)]\boldsymbol{C}_{\mathrm{b}}^{\mathrm{n}}(t) \tag{11-3-50}$$

$$\hat{\boldsymbol{C}}_{\mathrm{b}_0}^{\mathrm{n}_0}=[I-(\phi^{\mathrm{n}_0}\times)]\boldsymbol{C}_{\mathrm{b}_0}^{\mathrm{n}_0} \tag{11-3-51}$$

$$\hat{\boldsymbol{C}}_{\mathrm{b}}^{\mathrm{b}_0}(t)=[I-(\phi^{\mathrm{b}_0}\times)]\boldsymbol{C}_{\mathrm{b}}^{\mathrm{b}_0}(t) \tag{11-3-52}$$

不考虑 $\boldsymbol{C}_{\mathrm{n}_0}^{\mathrm{n}}(t)$ 误差，即 $\boldsymbol{C}_{\mathrm{n}_0}^{\mathrm{n}}(t)=\hat{\boldsymbol{C}}_{\mathrm{n}_0}^{\mathrm{n}}(t)$。将式（11-3-51）、式（11-3-52）中各式代入式（11-3-49），得

$$\begin{aligned}\hat{\boldsymbol{C}}_{\mathrm{b}}^{\mathrm{n}}(t)&=\boldsymbol{C}_{\mathrm{n}_0}^{\mathrm{n}}(t)[\boldsymbol{C}_{\mathrm{b}_0}^{\mathrm{n}_0}-(\boldsymbol{\phi}^{\mathrm{n}_0}\times)\boldsymbol{C}_{\mathrm{b}_0}^{\mathrm{n}_0}][\boldsymbol{C}_{\mathrm{b}}^{\mathrm{b}_0}(t)-(\boldsymbol{\phi}^{\mathrm{b}_0}\times)\boldsymbol{C}_{\mathrm{b}}^{\mathrm{b}_0}(t)]\\&=\boldsymbol{C}_{\mathrm{n}_0}^{\mathrm{n}}(t)[\boldsymbol{C}_{\mathrm{b}}^{\mathrm{n}_0}(t)-\boldsymbol{C}_{\mathrm{b}_0}^{\mathrm{n}_0}(\boldsymbol{\phi}^{\mathrm{b}_0}\times)\boldsymbol{C}_{\mathrm{n}_0}^{\mathrm{b}_0}\boldsymbol{C}_{\mathrm{b}}^{\mathrm{n}_0}(t)-(\boldsymbol{\phi}^{\mathrm{n}_0}\times)\boldsymbol{C}_{\mathrm{b}}^{\mathrm{n}_0}(t)]\\&\quad+\boldsymbol{C}_{\mathrm{n}_0}^{\mathrm{n}}(t)(\boldsymbol{\phi}^{\mathrm{n}_0}\times)\boldsymbol{C}_{\mathrm{b}_0}^{\mathrm{n}_0}(\boldsymbol{\phi}^{\mathrm{b}_0}\times)\boldsymbol{C}_{\mathrm{n}_0}^{\mathrm{b}_0}\boldsymbol{C}_{\mathrm{b}}^{\mathrm{n}_0}(t)\end{aligned} \tag{11-3-53}$$

由相似变换定理可知，反对称矩阵$(\boldsymbol{\phi}^{\mathrm{b}_0}\times)$经正交矩阵 $\boldsymbol{C}_{\mathrm{n}_0}^{\mathrm{b}_0}$相似变换后仍得到一反对称矩阵，这里用$[(\boldsymbol{\phi}^{\mathrm{n}_0}(b_0))\times]$表示。且$[(\boldsymbol{\phi}^{\mathrm{n}_0}(b_0))\times]$中的元素与原矢量经逆变换后得到的新矢量 $\boldsymbol{\phi}^{\mathrm{n}_0}(b_0)$各元素相对应，即$[(\boldsymbol{\phi}^{\mathrm{n}_0}(b_0))\times]$是矢量 $\boldsymbol{\phi}^{\mathrm{n}_0}(b_0)$反对称矩阵，它们满足如下关系：

$$[(\boldsymbol{\phi}^{\mathrm{n}_0}(b_0))\times]=\boldsymbol{C}_{\mathrm{b}_0}^{\mathrm{n}_0}[(\boldsymbol{\phi}^{\mathrm{b}_0})\times]\boldsymbol{C}_{\mathrm{n}_0}^{\mathrm{b}_0} \tag{11-3-54}$$

$$\boldsymbol{\phi}^{\mathrm{n}_0}(b_0)=\boldsymbol{C}_{\mathrm{b}_0}^{\mathrm{n}_0}\boldsymbol{\phi}^{\mathrm{b}_0} \tag{11-3-55}$$

将式（11-3-54）代入式（11-3-51），忽略二阶误差，可简化得

$$\begin{aligned}\hat{\boldsymbol{C}}_{\mathrm{b}}^{\mathrm{n}}(t)&=\boldsymbol{C}_{\mathrm{n}_0}^{\mathrm{n}}(t)[\boldsymbol{C}_{\mathrm{b}}^{\mathrm{n}_0}(t)-[(\boldsymbol{\phi}^{\mathrm{n}_0}(b_0))\times]\boldsymbol{C}_{\mathrm{b}_0}^{\mathrm{n}_0}-[(\boldsymbol{\phi}^{\mathrm{b}_0})\times]\boldsymbol{C}_{\mathrm{b}(t)}^{\mathrm{n}_0}]\\&=\boldsymbol{C}_{\mathrm{b}}^{\mathrm{n}}(t)-\boldsymbol{C}_{\mathrm{n}_0}^{\mathrm{n}}(t)[(\boldsymbol{\phi}^{\mathrm{n}_0}(b_0))\times]\boldsymbol{C}_{\mathrm{b}}^{\mathrm{n}_0}(t)-\boldsymbol{C}_{\mathrm{n}_0}^{\mathrm{n}}(t)(\boldsymbol{\phi}^{\mathrm{n}_0}\times)\boldsymbol{C}_{\mathrm{n}}^{\mathrm{n}_0}(t)\boldsymbol{C}_{\mathrm{b}}^{\mathrm{n}}(t)\\&=(I-[\boldsymbol{\phi}^{\mathrm{n}}(b_0)\times]-[\boldsymbol{\phi}^{\mathrm{n}}(n_0)\times])\boldsymbol{C}_{\mathrm{b}}^{\mathrm{n}}(t)\end{aligned} \tag{11-3-56}$$

其中$[\boldsymbol{\phi}^{\mathrm{n}}(b_0)\times]$和$[\boldsymbol{\phi}^{\mathrm{n}}(n_0)\times]$满足：

$$\begin{cases}[\boldsymbol{\phi}^{\mathrm{n}}(b_0)\times]=\boldsymbol{C}_{\mathrm{n}_0}^{\mathrm{n}(t)}[(\boldsymbol{\phi}^{\mathrm{n}_0}(b_0))\times]\boldsymbol{C}_{\mathrm{n}(t)}^{\mathrm{n}_0}\\\boldsymbol{\phi}^{\mathrm{n}}(b_0)=\boldsymbol{C}_{\mathrm{b}_0}^{\mathrm{n}}\boldsymbol{\phi}^{\mathrm{b}_0}\\[\boldsymbol{\phi}^{\mathrm{n}}(n_0)\times]=\boldsymbol{C}_{\mathrm{n}_0}^{\mathrm{n}(t)}[(\boldsymbol{\phi}^{\mathrm{n}_0})\times]\boldsymbol{C}_{\mathrm{n}(t)}^{\mathrm{n}_0}\\\boldsymbol{\phi}^{\mathrm{n}}(n_0)=\boldsymbol{C}_{\mathrm{n}_0}^{\mathrm{n}}\boldsymbol{\phi}^{\mathrm{n}_0}\end{cases} \tag{11-3-57}$$

比较式（11-3-56）和式（11-3-50）有

$$\boldsymbol{\phi}^{\mathrm{n}}=\boldsymbol{\phi}^{\mathrm{n}}(b_0)+\boldsymbol{\phi}^{\mathrm{n}}(n_0)=\boldsymbol{C}_{\mathrm{b}_0}^{\mathrm{n}}\boldsymbol{\phi}^{\mathrm{b}_0}+\boldsymbol{C}_{\mathrm{n}_0}^{\mathrm{n}}\boldsymbol{\phi}^{\mathrm{n}_0} \tag{11-3-58}$$

由式（11-3-58）可知，对准误差 $\boldsymbol{\phi}^{\mathrm{n}}$ 取决于 $\boldsymbol{\phi}^{\mathrm{n}}(b_0)$ 和 $\boldsymbol{\phi}^{\mathrm{n}}(n_0)$。其中，$\boldsymbol{\phi}^{\mathrm{n}}(b_0)$取决于 $\boldsymbol{\phi}^{\mathrm{b}_0}$，而 $\boldsymbol{\phi}^{\mathrm{n}}(n_0)$来源于误差 $\boldsymbol{\phi}^{\mathrm{n}_0}$。结合 11.3.1 节分析可知，$\boldsymbol{\phi}^{\mathrm{b}_0}$误差项仅来源于陀螺常值漂

移;而 $\boldsymbol{\phi}^{n_0}$项误差,受加速度计零偏和陀螺常值漂移的共同影响(分别表示为 $\boldsymbol{\phi}_a^{n_0}$ 和 $\boldsymbol{\phi}_\omega^{n_0}$)。因此,分析陀螺常值漂移对初始精度的影响时不仅考虑矩阵$\hat{\boldsymbol{C}}_{b_0}^{n_0}$中存在的误差 $\boldsymbol{\phi}_\omega^{n_0}$,而且要需要分析$\hat{\boldsymbol{C}}_b^{b_0}$ 所含有的误差 $\boldsymbol{\phi}^{b_0}$;而分析加速度计零偏所引起的对准误差时仅需考虑矩阵$\hat{\boldsymbol{C}}_{b_0}^{n_0}$中存在的误差 $\boldsymbol{\phi}_a^{n_0}$。

设误差源为陀螺常值漂移 $\boldsymbol{\varepsilon}^b$ 和加速度零偏∇^b。由于导航是在导航坐标系中进行,为了分析清晰,将 $\boldsymbol{\varepsilon}^b$ 和∇^b 转换到导航坐标系下,直接对 $\boldsymbol{\varepsilon}^n$ 和∇^n 进行分析。陀螺常值漂移 $\boldsymbol{\varepsilon}^n$ 和加速度计零偏∇^n 的误差传播路径如图 11-6 所示。

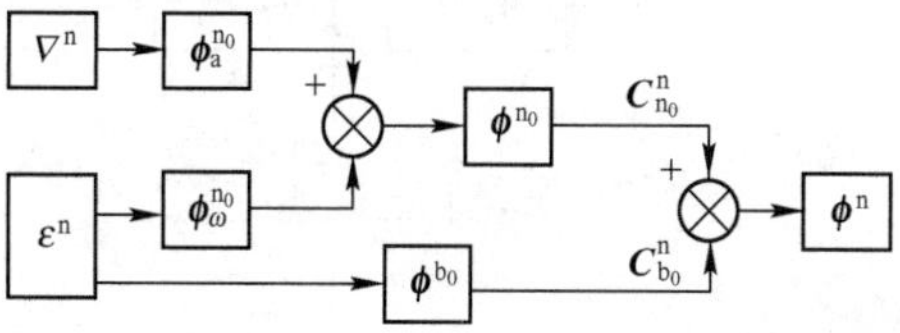

图 11-6　加速度计零偏和陀螺常值漂移的误差传播路径图

2) 陀螺漂移引起的对准误差分析

从图 11-6 可知,陀螺常值漂移 $\boldsymbol{\varepsilon}^n$ 引起 $\boldsymbol{\phi}_\omega^{n_0}$ 和 $\boldsymbol{\phi}^{b_0}$两项误差项,其中误差项 $\boldsymbol{\phi}^{b_0}$,即姿态误差 $\delta\boldsymbol{C}_b^{b_0}$。假定加速度误差为零,对由误差项 $\boldsymbol{\phi}_\omega^{n_0}$ 和 $\boldsymbol{\phi}^{b_0}$分别确定的 $\boldsymbol{\phi}^n(n_0)$和 $\boldsymbol{\phi}^n(b_0)$逐步展开分析。

(1) 陀螺常值漂移引起的载体惯性系误差在 $\boldsymbol{\phi}^n(b_0)$项误差分析。

实际计算坐标变换矩阵$\hat{\boldsymbol{C}}_b^{b_0}(t)$的微分方程为

$$\dot{\hat{\boldsymbol{C}}}_b^{b_0}(t)=\hat{\boldsymbol{C}}_b^{b_0}(t)(\hat{\boldsymbol{\omega}}_{ib}^b(t)\times) \tag{11-3-59}$$

记 $\delta\boldsymbol{C}_b^{b_0}(t)=\hat{\boldsymbol{C}}_b^{b_0}(t)-\boldsymbol{C}_b^{b_0}(t)$,对 $\delta\boldsymbol{C}_b^{b_0}(t)$求微分,考虑到式(11-3-56),可得到

$$\begin{aligned}\delta\dot{\boldsymbol{C}}_b^{b_0}(t)&=\dot{\hat{\boldsymbol{C}}}_b^{b_0}(t)-\dot{\boldsymbol{C}}_b^{b_0}(t)\\&=-(\dot{\boldsymbol{\phi}}^{b_0}\times)\boldsymbol{C}_b^{b_0}(t)-(\boldsymbol{\phi}^{b_0}\times)\dot{\boldsymbol{C}}_b^{b_0}(t)\end{aligned} \tag{11-3-60}$$

将式(11-3-58)、式(11-3-56)代入式(11-3-60)中,整理略去高阶小量,简化得

$$\dot{\boldsymbol{\phi}}^{b_0}=-\boldsymbol{C}_b^{b_0}[(\boldsymbol{\varepsilon}^b)\times]\boldsymbol{C}_{b_0}^b \tag{11-3-61}$$

用矢量形式表示为

$$\dot{\boldsymbol{\phi}}^{b_0}=-\boldsymbol{C}_b^{b_0}\boldsymbol{\varepsilon}^b \tag{11-3-62}$$

则 $\boldsymbol{\phi}^{b_0}$的求解表达式为

$$\boldsymbol{\phi}^n(b_0)=\boldsymbol{C}_{b_0}^n(t)\boldsymbol{\phi}^{b_0}(t)=-\boldsymbol{C}_{n_0}^n(t)\int_0^t\boldsymbol{C}_n^{n_0}(t)\boldsymbol{\varepsilon}^n\mathrm{d}t \tag{11-3-63}$$

由于粗对准时间比较短,可做如下假设:$\sin(\omega_{ie}t)=\omega_{ie}t$,$\cos(\omega_{ie}t)=1$,则 $\boldsymbol{\phi}^n(b_0)$可表示为

$$\boldsymbol{\phi}^n(b_0)=\begin{bmatrix}-\Delta t&0&0\\0&-\Delta t&0\\0&0&-\Delta t\end{bmatrix}\boldsymbol{\varepsilon}^n \tag{11-3-64}$$

由式(11-3-64)可知 $\boldsymbol{\phi}^n(b_0)$主要是受 $\boldsymbol{\varepsilon}^n$ 的影响,针对中高等精度的惯性测量单元而言,由于惯性系对准时间较短(一般为几分钟),$\delta\boldsymbol{C}_b^{b_0}$ 可以通过数值例子进行分析。假

定陀螺存在 0.005°/h 陀螺漂移，若惯性系对准时间为 6min，由于 $\boldsymbol{C}_{\mathrm{b}}^{\mathrm{b}_0}$ 的初值为严格的单位阵，不引入误差，可计算出 $\boldsymbol{\phi}^{\mathrm{n}}(b_0)$ 的数量级为 0.0005（单位度）。对于导航级别的粗对准要求的精度而言，不论是航向还是水平姿态，$\boldsymbol{C}_{\mathrm{b}}^{\mathrm{b}_0}$ 误差量级很小，所引入的角误差的影响很有限，可忽略不计。

（2）陀螺漂移引起的载体惯性坐标系在导航系上的分量 $\boldsymbol{\phi}_{\omega}^{\mathrm{n}}(n_0)$。

从图 11-6 可知，陀螺漂移和加速度计误差都会产生 $\boldsymbol{\phi}^{\mathrm{n}}(n_0)$ 对准误差，分别记为 $\boldsymbol{\phi}_{\omega}^{\mathrm{n}}(n_0)$ 和 $\boldsymbol{\phi}_{\mathrm{a}}^{\mathrm{n}}(n_0)$。其中陀螺漂移误差项 $\boldsymbol{\phi}_{\omega}^{\mathrm{n}}(n_0)$ 的误差传播流程可用图 11-7 表示。

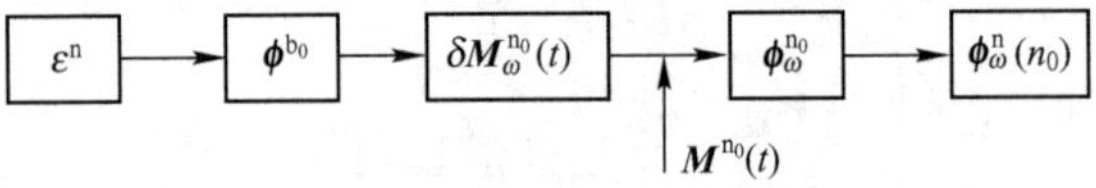

图 11-7　陀螺漂移的误差传播流程

在分析之前做如下定义：

$$\hat{\alpha}=\alpha+\delta\alpha \tag{11-3-65}$$

$$\hat{\boldsymbol{C}}_{\mathrm{b}_0}^{\mathrm{n}_0}=\boldsymbol{C}_{\mathrm{b}_0}^{\mathrm{n}_0}+\delta\boldsymbol{C}_{\mathrm{b}_0}^{\mathrm{n}_0} \tag{11-3-66}$$

为了分析方便，也可用矢量的形式表示为

$$\hat{\boldsymbol{C}}_{\mathrm{b}_0}^{\mathrm{n}_0}=[\boldsymbol{M}^{\mathrm{n}_0}]^{-1}\hat{\boldsymbol{M}}^{\mathrm{b}_0} \tag{11-3-67}$$

其中，

$$\boldsymbol{M}^{\mathrm{n}_0}=\boldsymbol{C}_{\mathrm{b}_0}^{\mathrm{n}_0}=\begin{bmatrix}(\beta(t_l))^{\mathrm{T}})\\(\beta(t_l)\times\beta(t_m))^{\mathrm{T}}\\(\beta(t_l)\times\beta(t_m)\times\beta(t_l))^{\mathrm{T}}\end{bmatrix}$$

$$\hat{\boldsymbol{M}}^{\mathrm{b}_0}=\begin{bmatrix}(\hat{\alpha}(t_l))^{\mathrm{T}}\\(\hat{\alpha}(t_l)\times\hat{\alpha}(t_m))^{\mathrm{T}}\\(\hat{\alpha}(t_l)\times\hat{\alpha}(t_m)\times\hat{\alpha}(t_l))^{\mathrm{T}}\end{bmatrix}$$

$$\hat{\alpha}(t)=\int_0^t\hat{\boldsymbol{C}}_{\mathrm{b}}^{\mathrm{b}_0}(t)\hat{f}^{\mathrm{b}}(t)\,\mathrm{d}t$$

式中：$\hat{f}^{\mathrm{b}}(t)$ 为加速度计的原始输出。

将式（11-3-66）代入式（11-3-67），可得

$$\hat{\boldsymbol{C}}_{\mathrm{b}_0}^{\mathrm{n}_0}=[\boldsymbol{M}^{\mathrm{n}_0}(t)]^{-1}\boldsymbol{M}^{\mathrm{b}_0}(t)+[\boldsymbol{M}^{\mathrm{n}_0}(t)]^{-1}\delta\boldsymbol{M}^{\mathrm{b}_0}(t) \tag{11-3-68}$$

式中：$\boldsymbol{M}^{\mathrm{b}_0}(t)=\boldsymbol{M}^{\mathrm{n}_0}(t)\boldsymbol{C}_{\mathrm{b}_0}^{\mathrm{n}_0}$，$\delta\boldsymbol{M}^{\mathrm{b}_0}(t)=\delta\boldsymbol{M}^{\mathrm{n}_0}(t)\boldsymbol{C}_{\mathrm{b}_0}^{\mathrm{n}_0}$。

分析式（11-3-68）可知，仅第二项存在误差，比较式（11-3-68）和式（11-3-66）可知：

$$\delta\boldsymbol{C}_{\mathrm{b}_0}^{\mathrm{n}_0}=[\boldsymbol{M}^{\mathrm{n}_0}(t)]^{-1}\delta\boldsymbol{M}^{\mathrm{b}_0}(t)=[\boldsymbol{M}^{\mathrm{n}_0}(t)]^{-1}\delta\boldsymbol{M}^{\mathrm{n}_0}(t)\boldsymbol{C}_{\mathrm{b}_0}^{\mathrm{n}_0} \tag{11-3-69}$$

根据对姿态误差公式的推导，式（11-3-51）中可表示为

$$\boldsymbol{\phi}^{\mathrm{n}_0}=-\frac{1}{2}[\boldsymbol{M}^{\mathrm{n}_0}(t)]^{-1}\delta\boldsymbol{M}^{\mathrm{n}_0}(t)+\frac{1}{2}([\boldsymbol{M}^{\mathrm{n}_0}(t)]^{-1}\delta\boldsymbol{M}^{\mathrm{n}_0}(t))^{\mathrm{T}} \tag{11-3-70}$$

由于 $\boldsymbol{M}^{\mathrm{n}_0}(t)$ 可准确计算，求解 $\boldsymbol{\phi}^{\mathrm{n}_0}$ 问题的关键转换为求解 $\delta\boldsymbol{M}^{\mathrm{n}_0}(t)$。而误差是由加速

度计零偏和陀螺常值漂移共同所引起的。因此,下面单独分析陀螺漂移对速度误差的影响时,先不考虑加速度计误差。

将式(11-3-52)代入 $\hat{\alpha}(t)=\int_0^t \hat{\boldsymbol{C}}_{\mathrm{b}}^{\mathrm{b}_0}(t)\hat{f}^{\mathrm{b}}(t)\mathrm{d}t$,可得

$$\hat{\boldsymbol{M}}_{\omega}^{\mathrm{b}_0}(t)=-\int_0^t \boldsymbol{C}_{\mathrm{b}}^{\mathrm{b}_0}(t)g^{\mathrm{b}}\mathrm{d}t+\int_0^t[\boldsymbol{\phi}^{\mathrm{b}_0}\times]\boldsymbol{C}_{\mathrm{b}}^{\mathrm{b}_0}(t)g^{\mathrm{b}}\mathrm{d}t \tag{11-3-71}$$

由于式(11-3-71)中 g^{b} 准确可知,因此,由陀螺常值引起的速度误差 $\delta\boldsymbol{M}_{\omega}^{\mathrm{b}_0}(t)$ 可表示为

$$\delta\boldsymbol{M}_{\omega}^{\mathrm{b}_0}(t)=\int_0^t[\boldsymbol{\phi}^{\mathrm{b}_0}\times]\boldsymbol{C}_{\mathrm{b}}^{\mathrm{b}_0}(t)g^{\mathrm{b}}\mathrm{d}t \tag{11-3-72}$$

由式(11-3-61)积分可得

$$[\boldsymbol{\phi}^{\mathrm{b}_0}\times]=-\boldsymbol{C}_{\mathrm{n}_0}^{\mathrm{b}_0}\int_0^t[\boldsymbol{\varepsilon}^{\mathrm{n}_0}\times]\mathrm{d}t\boldsymbol{C}_{\mathrm{b}_0}^{\mathrm{n}_0} \tag{11-3-73}$$

式中:$\boldsymbol{\varepsilon}^{\mathrm{n}_0}=\boldsymbol{C}_{\mathrm{n}}^{\mathrm{n}_0}(t)\boldsymbol{\varepsilon}^{\mathrm{n}}$。

将式(11-3-73)代入式(11-3-72),得

$$\delta\boldsymbol{M}_{\omega}^{\mathrm{b}_0}(t)=\boldsymbol{C}_{\mathrm{n}_0}^{\mathrm{b}_0}\delta\boldsymbol{M}_{\omega}^{\mathrm{n}_0}(t)=-\boldsymbol{C}_{\mathrm{n}_0}^{\mathrm{b}_0}\int_0^t\boldsymbol{\Lambda}^{\mathrm{n}_0}\boldsymbol{C}_{\mathrm{n}}^{\mathrm{n}_0}(t)g^{\mathrm{n}}\mathrm{d}t \tag{11-3-74}$$

式中:$\boldsymbol{\Lambda}^{\mathrm{n}_0}=\int_0^t[\boldsymbol{\varepsilon}^{\mathrm{n}_0}\times]\mathrm{d}t$。

由于 $\delta\boldsymbol{M}_{\omega}^{\mathrm{n}_0}(t)$ 的计算复杂,考虑到对准的时间较短,可作如下简化:

$$\begin{cases}\sin(\omega_{\mathrm{ie}}t)=\omega_{\mathrm{ie}}t\\ \cos(\omega_{\mathrm{ie}}t)=1-\dfrac{1}{2}(\omega_{\mathrm{ie}}t)^2\end{cases} \tag{11-3-75}$$

假定 $\boldsymbol{C}_{\mathrm{n}(t)}^{\mathrm{n}_0}$、$g^{\mathrm{n}}$ 和时间 t 准确已知,因此由陀螺常值漂移 $\boldsymbol{\varepsilon}^{\mathrm{n}}=[\varepsilon_{\mathrm{e}}\quad\varepsilon_{\mathrm{n}}\quad\varepsilon_{\mathrm{u}}]^{\mathrm{T}}$ 引起的误差 $\delta\boldsymbol{M}_{\omega}^{\mathrm{n}_0}(t)$ 可表示为

$$\delta\boldsymbol{M}_{\omega}^{\mathrm{n}_0}(t)=\begin{bmatrix}-\dfrac{g}{2}\sin L\varepsilon_{\mathrm{e}}t^2\\ \dfrac{g}{2}\varepsilon_{\mathrm{n}}t^2\\ -\dfrac{g}{2}\cos L\varepsilon_{\mathrm{e}}t\end{bmatrix} \tag{11-3-76}$$

将式(11-3-76)代入式(11-3-70),再乘以 $\boldsymbol{C}_{\mathrm{n}_0}^{\mathrm{n}}$,则 n 系下的失准角 $\boldsymbol{\phi}_{\omega}^{\mathrm{n}}$ 可表示为

$$\boldsymbol{\phi}_{\omega}^{\mathrm{n}}=\frac{\varepsilon_{\mathrm{e}}}{\omega_{\mathrm{ie}}}\begin{bmatrix}\sin(\omega_{\mathrm{ie}}t)\\ \sin L(\cos(\omega_{\mathrm{ie}}t)-1)\\ -\cos L\cos(\omega_{\mathrm{ie}}t)-\tan L\sin L\end{bmatrix} \tag{11-3-77}$$

由于粗对准时间比较短,同样可做如下假设:$\sin(\omega_{\mathrm{ie}}t)=0$,$\cos(\omega_{\mathrm{ie}}t)=1$,则由陀螺引起的对准误差 $\boldsymbol{\phi}_{\omega}^{\mathrm{n}}$ 的具体表达式为

$$\boldsymbol{\phi}_{\omega}^{\mathrm{n}}=\begin{bmatrix}0 & 0 & -\dfrac{\varepsilon_{\mathrm{e}}}{\omega_{\mathrm{ie}}\cos L}\end{bmatrix}^{\mathrm{T}} \tag{11-3-78}$$

从式(11-3-78)可以看出,陀螺漂移误差项 $\boldsymbol{\phi}_{\omega}^{\mathrm{n}}$ 中仅等效东向漂移会造成失准角

误差。由于在数分钟的对准时间内，不考虑姿态误差项 $\boldsymbol{\phi}^{n}(b_0)$，因此连同地球自转角速度和当地纬度便可估算出陀螺常值漂移引起的对准误差，即惯性系对准的方位对准误差。

3）加速度计零偏引起的误差分析

记加速度计的实际测量值为$\hat{f}^{b(t)}$，其中$\hat{f}^{b}=g^{b}+\nabla^{b}$，则

$$\hat{\boldsymbol{M}}^{b_0}(t)=-\boldsymbol{C}_{n_0}^{b_0}\int_0^t \boldsymbol{C}_{n}^{n_0}(t)g^{n}\mathrm{d}t+\boldsymbol{C}_{n_0}^{b_0}\int_0^t \boldsymbol{C}_{n}^{n_0}(t)\nabla^{n}\mathrm{d}t \tag{11-3-79}$$

由于 $\int_0^t \boldsymbol{C}_{n}^{n_0}(t)g^{n}\mathrm{d}t$ 为纯重力加速度引起的理论速度，不引入误差。因此由加速度计零偏$\nabla^{n}=[\nabla_{e}\quad \nabla_{n}\quad \nabla_{u}]^{T}$ 引起的误差 $\delta\boldsymbol{M}_{a}^{n_0}(t)$ 可表示为

$$\delta\boldsymbol{M}_{a}^{n_0}(t)=\int_0^t \boldsymbol{C}_{n(t)}^{n_0}\nabla^{n}\mathrm{d}t=\begin{bmatrix}\dfrac{-1}{\boldsymbol{\omega}_{ie}}[y_1\nabla_{e}+\sin(\omega_{ie}t)y_2]\\ \dfrac{1}{\boldsymbol{\omega}_{ie}}[\sin(\omega_{ie}t)\nabla_{e}-y_1y_2]\\ (\cos L\nabla_{n}+\sin L\nabla_{u})t\end{bmatrix} \tag{11-3-80}$$

式中：$y_1=1-\cos(\omega_{ie}t_c)$，$y_2=\sin L\nabla_{n}-\cos L\nabla_{u}$。

将式(11-3-80)代入式(11-3-69)，再乘以 $\boldsymbol{C}_{n_0}^{n}$，并利用小角度条件下三角函数的特性进行简化，则加速度零偏引起的对准误差可以简化表示为

$$\boldsymbol{\phi}_{a}^{n}=\begin{bmatrix}-\dfrac{\nabla_{n}}{g}\\ \dfrac{\nabla_{e}}{g}\\ \tan L\dfrac{\nabla_{e}}{g}\end{bmatrix} \tag{11-3-81}$$

根据图 11-6，结合式(11-3-81)和式(11-3-78)，则由加速度计和陀螺漂移引起的误差可以统一表示为

$$\boldsymbol{\phi}_{a}^{n}=\begin{bmatrix}-\dfrac{\nabla_{n}}{g}\\ \dfrac{\nabla_{e}}{g}\\ -\dfrac{\varepsilon_{e}}{\omega_{ie}\cos L}+\tan L\dfrac{\nabla_{e}}{g}\end{bmatrix} \tag{11-3-82}$$

分析式(11-3-82)可知，方位对准精度取决于等效的东向加速度计零偏和东向陀螺漂移，且受当地纬度的影响，而水平对准精度则由等效的水平加速度计零偏决定。传统解析式粗对准与惯性系粗对准方法虽然实现方式不一样，一个基于地理系，另一个是基于惯性系，但本质上都可以看作双矢量定姿，即利用空间两个不共线矢量确定载体姿态的过程。虽然两者原理上存在共性，但是传统解析粗对准有其局限性，其仅能够较好地应用于载体静态或准静态环境下。而惯性系对准算法不仅适用于晃动基座而且在借助外部信息辅助的情况下，也能很好地实现动基座下初始对准。

11.3.3 仿真验证

1. 车载试验流程

车载试验中采用激光捷联惯导系统作初始对准试验，其中激光陀螺随机漂移为0.01°/h，加速度计零偏为5×10^{-5}g。整个试验过程中GPS量测载体的速度和位置。

车载试验的流程包括两个部分：晃动干扰基座初始对准试验流程和动基座初始对准试验流程。将高精度系统和GPS接收机上电，并通过相应的采集软件对系统进行检查；启动稳定后，试验人员进行开关车门、上下车和车上走动等活动，施加干扰20min，将上述共计20min的陀螺和加速度计采样数据存盘，做事后处理。在晃动干扰试验流程之后，进行动基座初始对准试验流程。发动车辆，车辆按实验路线跑车大约30min后，车辆停车；整理采集所得数据。

载体处于动态情况下，通常很难获得完全准确的姿态基准。这给动态情况下初始对准算法的精度评估带来了困难。考虑到组合导航系统本身能够进行初始对准可以给进一步姿态更新提供初始的姿态值，且比纯导航系统导航解算获得的姿态精度更高，因此，将组合导航跟踪得到的姿态保持结果作为基准，用以评估运动状态下高精度系统对准算法的性能。车载试验的流程速度图如11-8所示。车载试验的流程验姿态图如11-9所示。

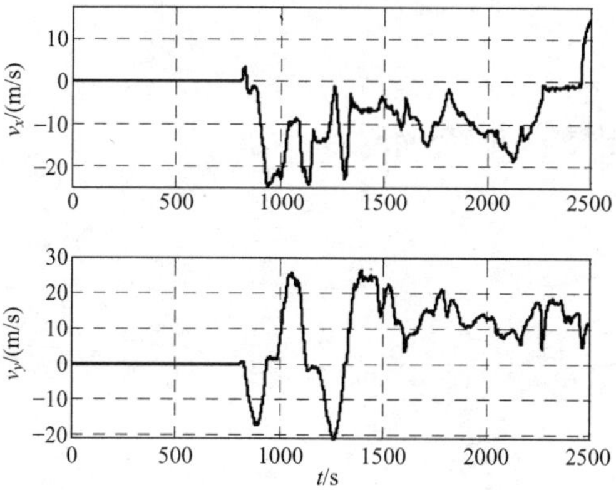

图11-8 车载试验流程速度图

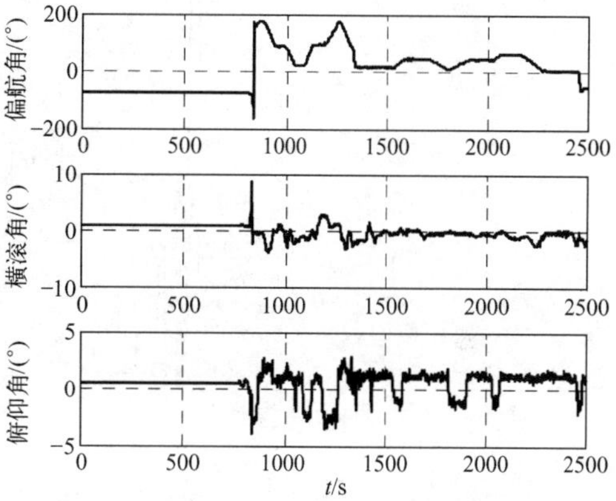

图11-9 车载试验流程姿态图

2. 晃动干扰条件下初始对准试验

为了全面考察在晃动干扰基座下q-method3种不同的实现方法的有效性，分别选取了两个不同的时间段内的晃动干扰进行初始对准。

1）取靠前的一段时间段（200~300s）进行对准

取晃动干扰流程中200~300s这段时间内的数据，利用组合导航进行导航解算得到姿态基准，如图11-10所示。它如实反映了载车受到的角晃动干扰，将以此姿态角作为其他对准结果比较的参考。

利用从200~300s的数据，进行100s的晃动干扰情况下初始对准试验，试验结果姿态误差角如图11-11所示。

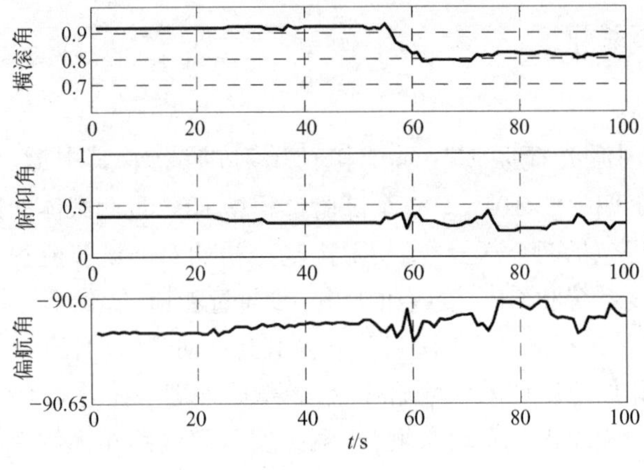

图 11-10　姿态跟踪所得姿态基准

从图 11-11 可以很明显地看出两种积分方法(全积分方法和分段积分方法)不论是水平姿态角,还是航向角比微分方法收敛的更加平滑,且两种积分方法的收敛速度比较快,在 20s 的时候水平姿态误差收敛到了 0.02′以内,40s 的时候偏航角误差收敛到 20′以内。表 11-1 给出了这 3 种方法的姿态误差最终对准精度的比较情况。

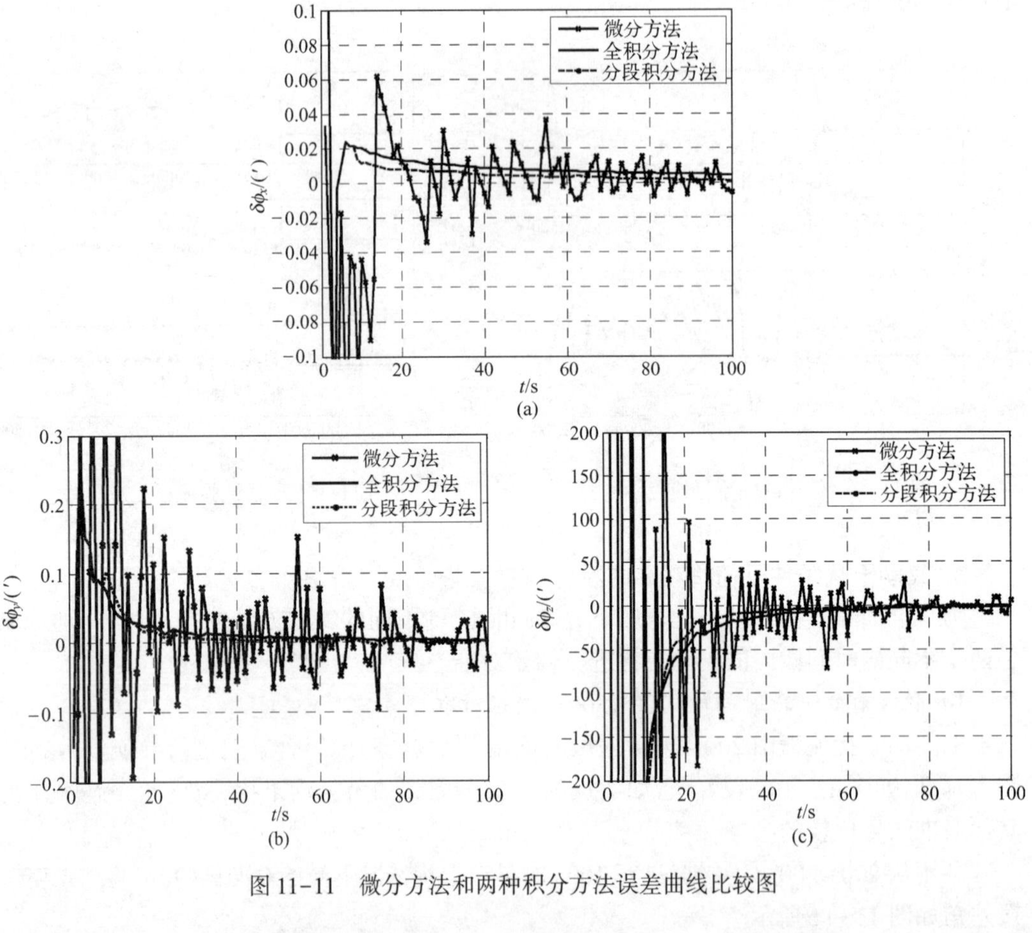

图 11-11　微分方法和两种积分方法误差曲线比较图

表 11-1　200~300s 内两种积分方法、微分方法姿态误差表

(单位:('))

姿态角误差	滚　转　角	俯　仰　角	偏　航　角
微分方法	-0.0051	-0.0263	6.0236
全积分方法	0.0048	0.0026	0.9950
分段积分方法	0.0014	0.0012	-0.3169

2) 取 1300~1400s 这段时间进行对准

为了进一步验证算法的有效性,取晃动干扰流程中 1300~1400s 这段时间内的数据,利用组合导航进行导航解算得到姿态基准,如图 11-12 所示。它如实反映了载车受到的角晃动干扰,将以此姿态角作为其他对准结果比较的参考。

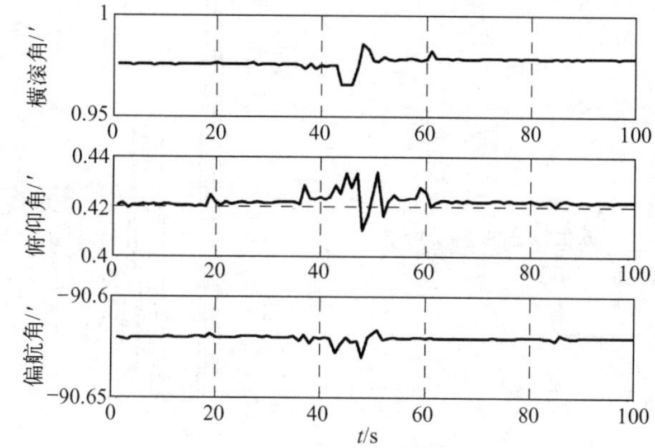

图 11-12　姿态跟踪所得姿态基准

利用 1300~1400s 的数据,进行 100s 晃动干扰条件下初始对准试验,试验结果姿态误差角如图 11-13 所示。

从图 11-13 我们可以很明显地看出两种积分方法(全积分方法和分段积分方法)不论是水平姿态角,还是航向角,都比微分方法收敛的更加平滑,且两种积分方法的收敛速度比较快。在 20s 的时候水平姿态误差收敛到了 0.01'以内,50s 的时候偏航角误差收敛到 20'以内。这进一步验证了在晃动干扰条件下积分策略比微分方法对准效果更优这一结论。表 11-2 给出了这 3 种方法的姿态误差最终对准精度的比较情况。

表 11-2　1300~1400s 内两种积分方法、微分方法姿态误差表

(单位:('))

姿态角误差	滚　转　角	俯　仰　角	偏　航　角
微分方法	-0.1611	-0.0948	6.7494
全积分方法	-0.1565	-0.0528	-3.4354
分段积分方法	-0.1672	-0.0604	-0.6458

比较表 11-1 和表 11-2 可得出以下结论:

(1) 在试验环境条件下,3 种方法实现初始对准方法的水平姿态角收敛快,并且具有

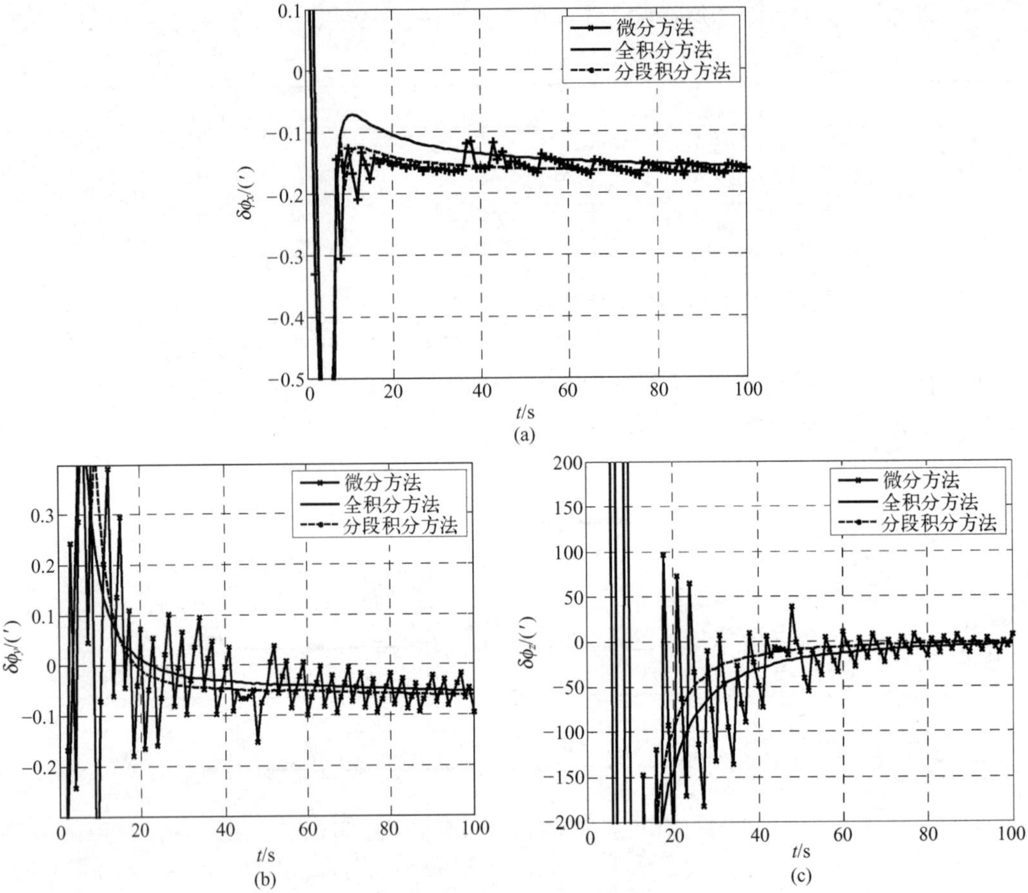

图 11-13　微分方法和两种积分方法误差曲线比较图

很好的晃动干扰跟踪能力,且具有较高的对准精度。正如理论分析的结果一样,算法用于纯摇摆状态是完全可行的,算法处理摇摆扰动是有效的。

(2) 不论是水平姿态角,还是航向角,两种积分方法(全积分方法和分段积分方法)的对准精度比微分方法的精度高。从原理分析可知,微分方法直接利用加速度矢量直接构造观测矢量,而重力加速度变化十分的缓慢,因此重力加速度的计算也要求有相应的精度。由于捷联惯导系统直接安装在车辆上,车辆在晃动时与车载存在相对运动而存在随机线运动的干扰,以及加速度测量有噪声的干扰,使得重力加速度的求取不可避免地存在误差。而采用积分的策略可以对加速度计的输出进行预滤波处理,能够有效抑制加速度计测量误差和随机线运动的干扰。

3. 运动条件下的初始对准验证

为了考察不同运动状态对初始对准的影响,分别选取了运动状态不同的时间段进行初始对准。

1) 当载体加速运动时开始对准

考察载体加速运动对初始对准的影响,为此选取了实验运动过程中 200~300s 内的数据进行初始对准验证。这段时间内的速度信息曲线如图 11-14 所示。从图中所给出的载体速度信息我们可以看到,对准起始时刻,载体开始做加速运动。取 200~300s 这段时间内的数据,利用组合导航进行导航解算得到姿态基准,如图 11-15 所示。它如实反映了载车姿态信息的变化,将以此姿态角作为其他对准结果比较的参考。

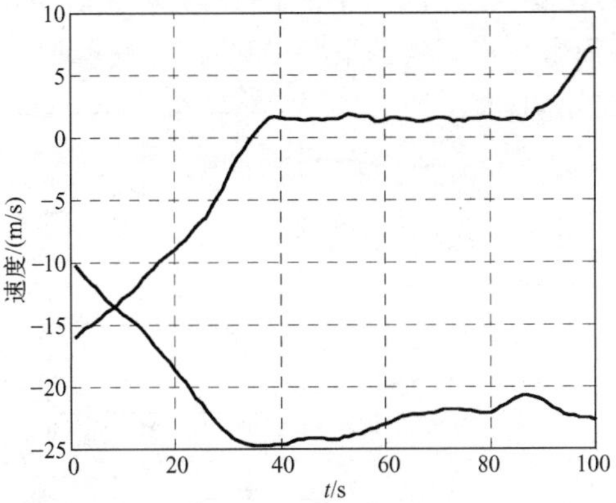

图 11-14　200~300s 载体的速度信息

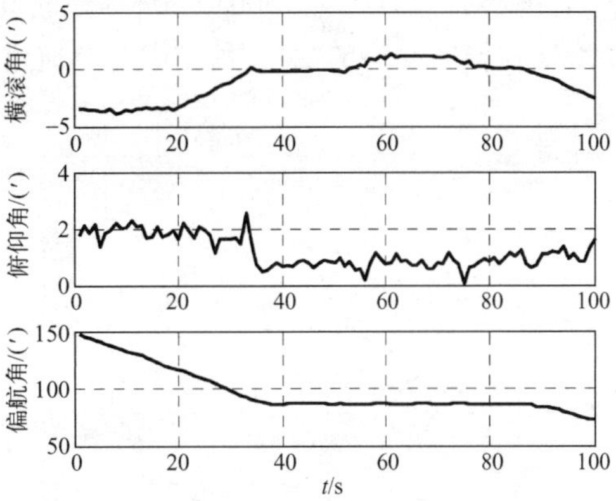

图 11-15　200~300s 载体的姿态信息

图 11-16 和图 11-17 分别给出了初始对准微分方法实现和两种积分方法实现的姿态误差曲线比较。当载体速度存在较大变化时(见图 11-16 中 35s 处),微分方法的姿态误差曲线出现了明显的波动。当载体运动较为平稳时(见图 11-16 中 70~80s),微分方法的姿态误差曲线则较为平稳。这是由于微分方法是通过速度差分获得加速度,放大了速度信息中的误差,因此对速度的变化较为敏感。与微分方法相比,两种积分方法整个对准过程中姿态误差曲线收敛得更为平稳,对载体速度的变化不敏感。全积分方法和分段积分方法精度相当,水平姿态角误差 42s 内均收敛到 1′以内,偏航角 50s 均收敛到 21′以内,且最终积分方法的水平姿态误差和偏航角误差分别可以控制在 0.4′和 19′以内。详细的姿态误差曲线比较情况如表 11-3 所列。

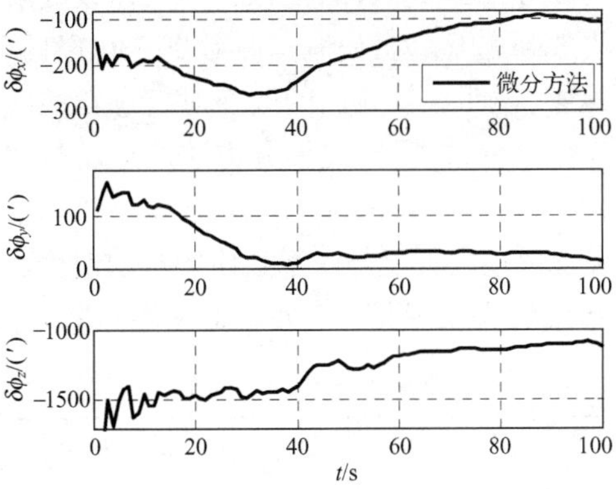

图 11-16　微分方法姿态误差曲线比较图

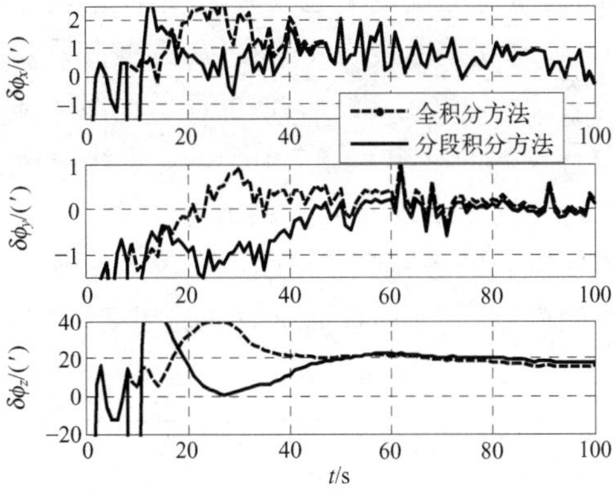

图 11-17　两种积分方法姿态误差曲线比较图

表 11-3　200~300s 内两种积分方法与微分方法姿态误差表　　　(单位:(′))

姿态角误差	滚 转 角	俯 仰 角	偏 航 角
微分方法	-108.2821	13.6510	-1130.4
全积分方法	-0.3239	0.1782	15.8120
分段积分方法	-0.2867	0.0987	18.0166

为了进一步验证速度变化对微分方法的影响，考虑速度方向的变化，即运动时间内存在转动角度较大的转弯对对准的影响，为此选取了实验运动过程中 500~600s 内的数据进行初始对准验证。取 500~600s 这段时间内的速度信息曲线如图 11-18 所示。取 500~600s 这段时间内的数据，利用组合导航进行导航解算得到姿态基准，如图 11-19 所示。

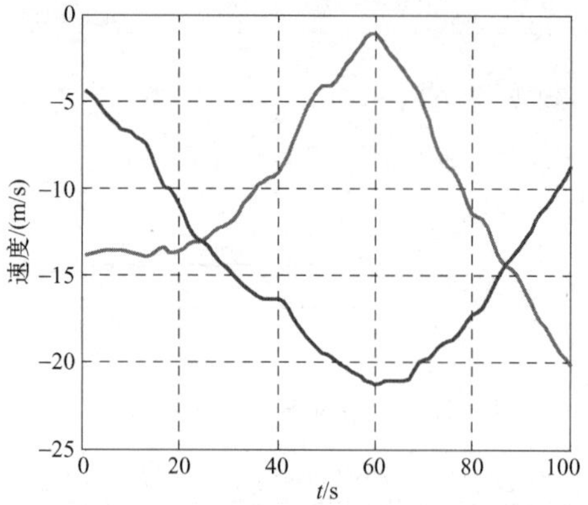

图 11-18　500~600s 内载体的速度图

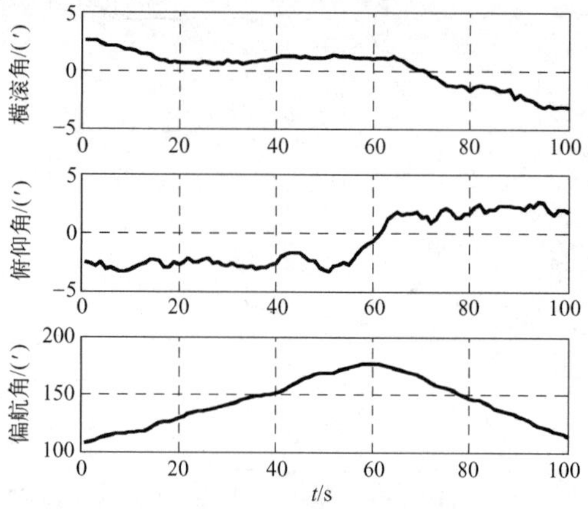

图 11-19　姿态跟踪所得姿态基准

从图 11-18 中所给出的载体速度信息我们可以看到，对准起始时刻，载体在东北方向做加速运动，在 60s 的时候东向方向和北向方向的速度发生改变。从图中 11-19 所给出的载体姿态角信息我们可以看到，在 60s 的时候偏航角的角度发生改变，即载体的运动方向发生改变。

利用 500~600s 的数据，进行 100s 运动条件下初始对准试验，试验验结果姿态误差角分别如图 11-20 和图 11-21 所示。从图 11-20 中我们可以看到，在速度加速过程中(0~60s)，微分方法的姿态误差出现了漂移现象，但是对准 60s 处载体转弯后，即载体改变航向，姿态误差曲线均开始收敛，最终水平姿态角收敛到 32′以内，偏航角收敛到 530′以内。与表 11-3 相比，微分方法的误差曲线明显有所改善，说明载体航向的改变对姿态角的收敛有较大的影响。但是由于微分方法对速度的变化十分敏感，因此微分方法在运动过程中还是无法实现对准。除此之外，与表 11-3 相比，两种积分方法的水平姿态误差角和偏航误差角的最终收敛精度也有较大的改善。这种现象很大可能是由于载体的机动使得可观测性增强，从而提高了对准的精度。3 种方法详细的收敛情况比较如表 11-4 所列。

表 11-4　500~600s 内两种积分方法与微分方法姿态误差表　(单位:(′))

姿态角误差	滚 转 角	俯 仰 角	偏 航 角
微分方法	-31.3816	-13.3646	-525.0161
全积分方法	0.0060	-0.3661	-0.2955
分段积分方法	0.0191	-0.4718	-1.6078

2) 当载体运动平稳时开始对准

选取载体速度变化不是很大的时间段 1240~1340s 数据，即载体较平稳运动。时间段内的速度信息和姿态基准信息分别如图 11-22 和图 11-23 所示。

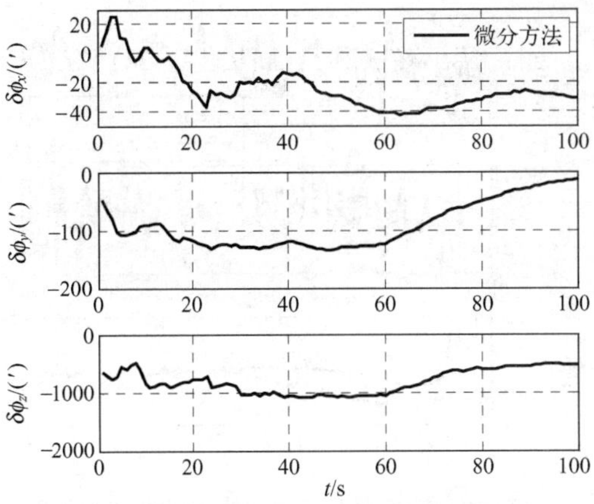

图 11-20　微分方法姿态误差曲线比较图

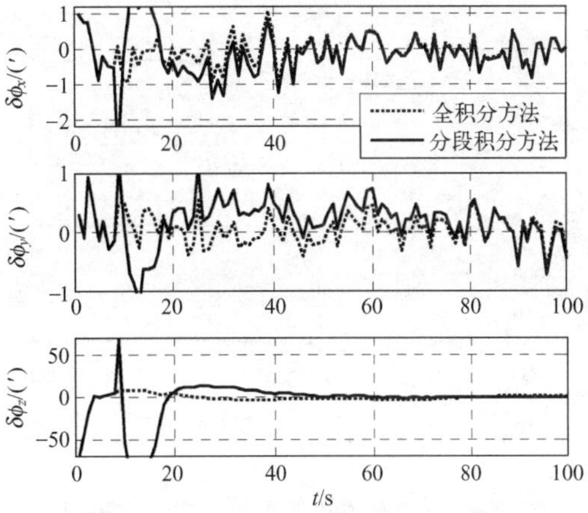

图 11-21　两种积分方法姿态误差曲线比较图

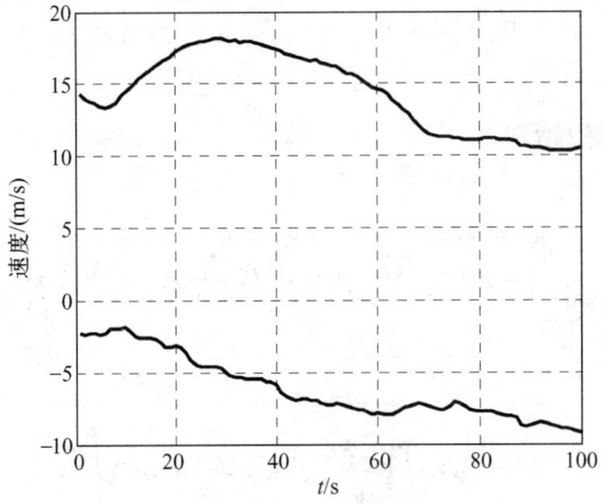

图 11-22　1240～1340s 内载体的速度图

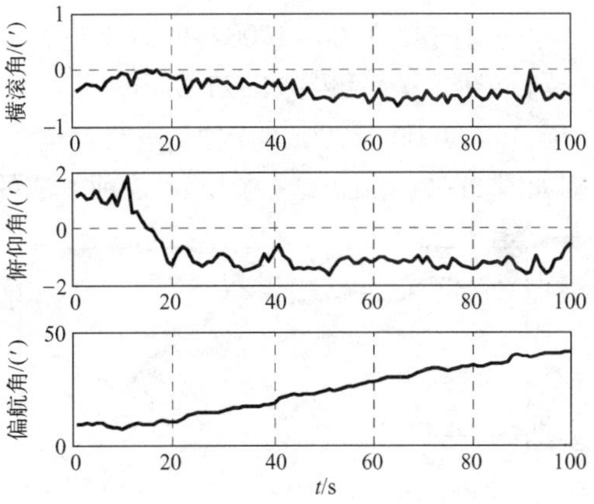

图 11-23　姿态基准信息

利用 1240～1340s 的数据，进行 100s 运动条件下初始对准试验，试验结果姿态误差角分别如图 11-24 和图 11-25 所示。图 11-24 和图 11-25 相比，从误差曲线的整体上看，积分方法比微分方法得到的结果更为平稳。与以上试验类似，该组结果在速度出现较大变化时，微分方法的姿态误差同时出现了较大的波动（见图 11-24 中 20s 处）。相比表 11-3，微分方法的水平姿态角和偏航角收敛精度虽然有略微改善，但是仍然无法实现初始对准。由此，说明微分方法不适用于高精度系统的运动对准。与微分方法相比，两种积分方法的姿态收敛效果较好，30s 内滚转角和俯仰角均收敛到了 0.35′，而偏航角误差在 40s 时收敛到了 6′以内。3 种方法的收敛的最终对准精度的详细比较情况如表 11-5 所列。

表 11-5　1240～1340s 内两种积分方法与微分方法姿态误差表　(单位:(′))

姿态角误差	滚转角	俯仰角	偏航角
微分方法	8.8038	−24.1780	−836.6338
全积分方法	−0.0792	0.2970	4.1337
分段积分方法	−0.1083	0.3511	3.8193

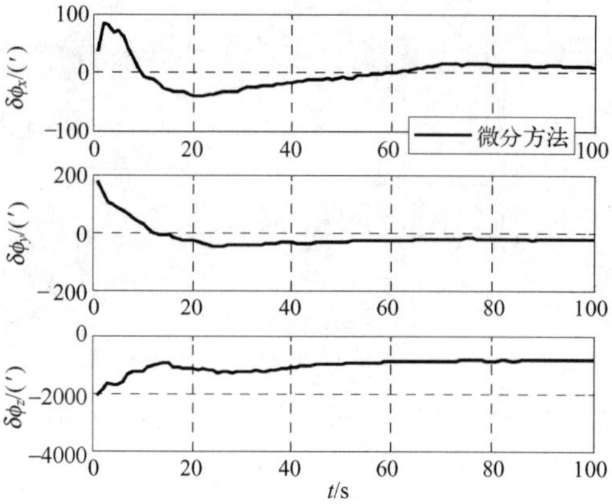

图 11-24　微分方法姿态误差曲线比较图

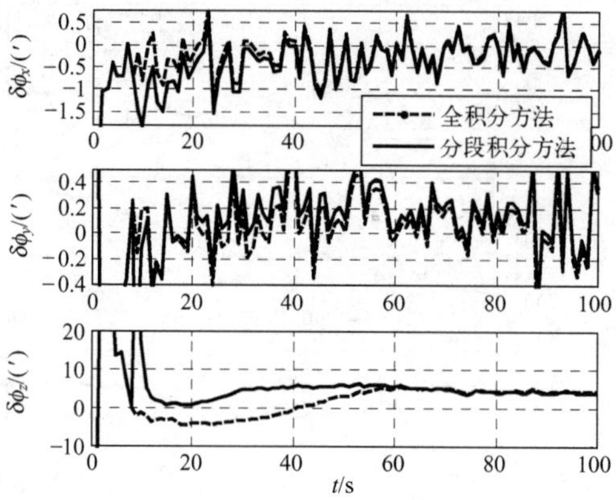

图 11-25　两种积分方法姿态误差曲线比较图

为了进一步验证速度的变化对微分方法和两种积分方法的影响,选取一段速度更为平稳的时间段(1600~1700s)的数据进行对准。其时间段内的速度信息和姿态基准信息分别如图 11-26 和图 11-27 所示。

利用 1600~1700s 的数据,进行运动条件下初始对准试验,试验验结果姿态误差角分别如图 11-26 和图 11-27 所示,3 种方法的详细收敛情况比较如表 11-6 所列。

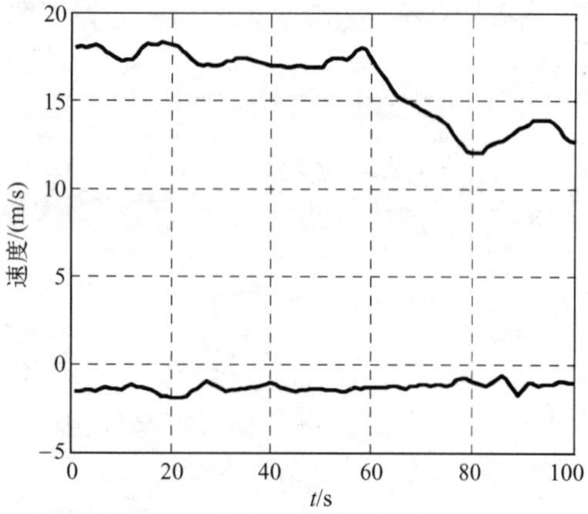

图 11-26　载体的速度信息图

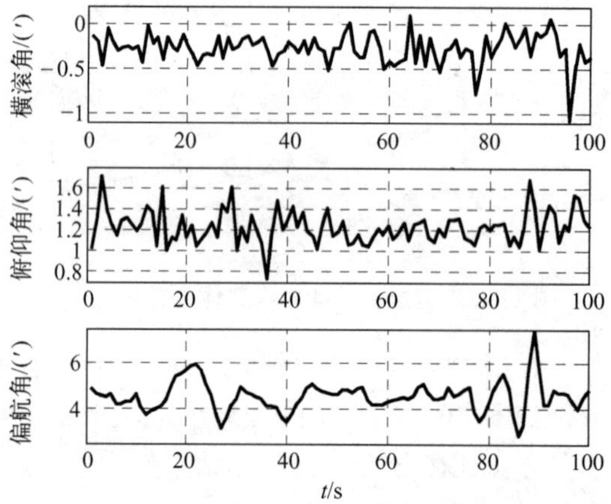

图 11-27　姿态跟踪所得姿态基准

从图 11-28 可知,微分方法的水平姿态角和偏航角收敛精度并没有因为载体运动平稳而有所改善,其最终的姿态角误差收敛精度与表 11-5 相当,无法完成初始对准的任务。与表 11-5 相比,全积分方法的水平姿态误差角和偏航误差角的最终收敛精度反而变差。这种现象进一步论证了载体的机动有利于改善积分方法的对准精度这一结论。

表 11-6　1600~1700s 内两种积分方法与微分方法姿态误差表　(单位:(′))

姿态角误差	滚转角	俯仰角	偏航角
微分方法	16.2155	13.1058	-822.7956
全积分方法	0.7091	-0.3242	6.6976
分段积分方法	0.5998	0.2981	1.1030

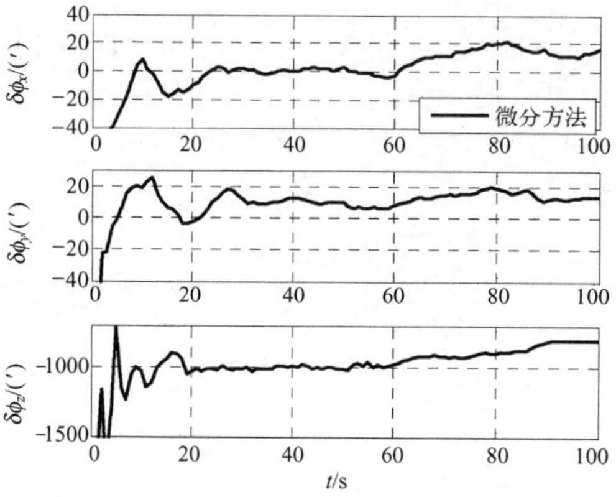

图 11-28　微分方法姿态误差曲线

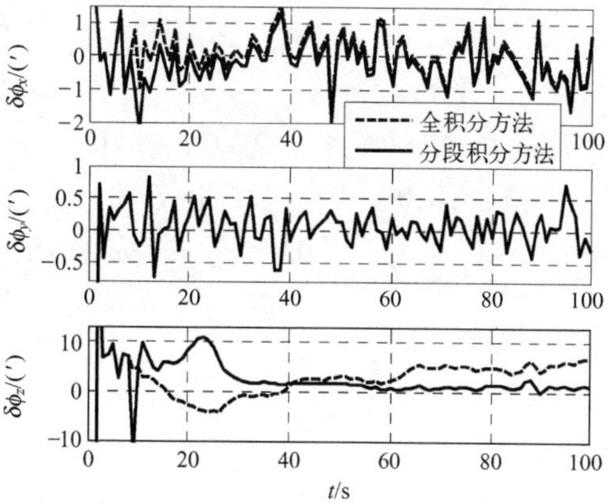

图 11-29　两种积分方法姿态误差曲线比较图

总结试验结果,可以得出以下结论:

(1) 在已知准确的地速信息 v^n 的情况下,运用 q-method 方法可以很好地解决车载高精度系统在运动情况下的初始对准问题;积分方法可以有效隔离载体速度大幅变化所带来的影响,保证对准过程中姿态收敛的平稳性,从而能够较好地完成高精度系统运动对准的任务。

(2) 载体机动(速度变化大)使得加速度的可观测性增强,有利于改善积分方法的对准精度。

(3) 由于微分方法需要差分得到加速度,放大了速度信息中的误差,因此微分方法对于速度的变化十分的敏感。在载体运动情况下,微分方法无法实现初始对准。不过让载体做大角度转弯有利于改善微分方法的姿态误差角的收敛精度。

4. 本节小结

本节根据 q-method 在晃动干扰情况下和运动情况下的微分方法、全积分方法及分段积分方法实现原理,通过车载试验,采用高精度系统验证载体在晃动干扰情况下和运动情况下 q-method 对准 3 种实现方法的可行性,并可以得出结论:在晃动干扰条件下,3 种方法实现初始对准方法的水平姿态角收敛快,并且具有很好的晃动干扰跟踪能力,且具有较高的对准精度。正如理论分析的结果一样,算法用于纯晃动状态是完全可行的。在运动情况下,微分方法由于对速度变化的敏感性,无法完成对准的任务。而两种积分方法在运动情况下能够较好地保证对准过程中姿态收敛的平稳性,且两者对准精度相当。

11.4　卡尔曼滤波在初始对准中的应用研究

11.4.1　卡尔曼滤波在初始对准中的应用

卡尔曼滤波器应用在初始对准中的思路就是将所需要的变量值看作为状态变量,建立系统的状态方程和观测方程,利用卡尔曼滤波,得到各个状态的最优估计值,这实际上是一种数字信号处理方法。在实际应用中,考虑到系统 IMU 的模型和滤波时间,将陀螺的误差模型近似为逐次启动漂移和快变漂移;将加速度计误差模型简化为常值零偏和白噪声。在进行卡尔曼滤波时,由于惯性器件偏置量的重复性误差对系统精度的影响最大,因此将陀螺和加速度计零偏的常数部分列为状态。所以,初始对准时,所用的误差方程为

$$\dot{\boldsymbol{x}}=\boldsymbol{A}\boldsymbol{x}+\boldsymbol{w}=\begin{bmatrix}\boldsymbol{F} & \boldsymbol{T}\\ \boldsymbol{0}_{5\times5} & \boldsymbol{0}_{5\times5}\end{bmatrix}\boldsymbol{x}+\boldsymbol{w} \tag{11-4-1}$$

其中，$\boldsymbol{x}=[\delta v_{\mathrm{E}},\delta v_{\mathrm{N}},\phi_{\mathrm{E}},\phi_{\mathrm{N}},\phi_{\mathrm{U}},\nabla_x,\nabla_y,\varepsilon_x,\varepsilon_y,\varepsilon_z]^{\mathrm{T}}$，$\boldsymbol{w}\sim N(\boldsymbol{0},\boldsymbol{Q})$，且 $\boldsymbol{w}=[w_{\delta v_{\mathrm{E}}},w_{\delta v_{\mathrm{N}}},w_{\phi_{\mathrm{E}}},w_{\phi_{\mathrm{N}}},w_{\phi_{\mathrm{U}}},0,0,0,0,0,]^{\mathrm{T}}$。$\boldsymbol{F}$ 和 $\boldsymbol{T}$ 的具体表达式如下：

$$\boldsymbol{F}=\left[\begin{array}{cc:ccc}0 & 2\omega_{\mathrm{ie}}\sin L & 0 & -g & 0\\ -2\omega_{\mathrm{ie}}\sin L & 0 & g & 0 & 0\\ \hdashline 0 & 0 & 0 & \omega_{\mathrm{ie}}\sin L & -\omega_{\mathrm{ie}}\cos L\\ 0 & 0 & -\omega_{\mathrm{ie}}\sin L & c_{22} & c_{23}\\ 0 & 0 & \omega_{\mathrm{ie}}\cos L & c_{32} & c_{33}\end{array}\right] \tag{11-4-2}$$

$$\boldsymbol{T}=\left[\begin{array}{cc:ccc}c_{11} & c_{12} & 0 & 0 & 0\\ c_{21} & c_{22} & 0 & 0 & 0\\ \hdashline 0 & 0 & -c_{11} & -c_{12} & -c_{13}\\ 0 & 0 & -c_{21} & -c_{22} & -c_{23}\\ 0 & 0 & -c_{31} & -c_{32} & -c_{33}\end{array}\right]=\begin{bmatrix}\widetilde{C}_{\mathrm{b}}^{\mathrm{n}} & \boldsymbol{0}_{2\times3}\\ \boldsymbol{0}_{3\times2} & -C_{\mathrm{b}}^{\mathrm{n}}\end{bmatrix} \tag{11-4-3}$$

式中：L 为当地纬度；ω_{ie}为地球自转角速率。

以捷联惯导系统速度误差作为观测量，而在静基座条件下，系统速度输出即为速度误差，所以量测方程为

$$z=\boldsymbol{H}\boldsymbol{x}+\boldsymbol{V} \tag{11-4-4}$$

其中，$\boldsymbol{V}\sim N(\boldsymbol{0},\boldsymbol{R})$，为观测噪声矢量，$z=[\delta v_{\mathrm{E}},\delta v_{\mathrm{N}}]^{\mathrm{T}}$，$\boldsymbol{H}=[I_{2\times2}\quad \boldsymbol{0}_{2\times8}]$。

11.4.2 初始对准中失准角对准精度分析

记陀螺和加速度计在导航坐标系内的等效漂移分别为 $\boldsymbol{\varepsilon}^n$ 和∇^n，则有

$$\begin{cases}\nabla_{\mathrm{E}}^{\mathrm{n}}=C_{11}\nabla_x+C_{12}\nabla_y\\ \nabla_{\mathrm{N}}^{\mathrm{n}}=C_{21}\nabla_x+C_{22}\nabla_y\\ \varepsilon_{\mathrm{E}}^{\mathrm{n}}=C_{11}\varepsilon_x+C_{12}\varepsilon_y+C_{13}\varepsilon_z\\ \varepsilon_{\mathrm{N}}^{\mathrm{n}}=C_{21}\varepsilon_x+C_{22}\varepsilon_y+C_{23}\varepsilon_z\\ \varepsilon_{\mathrm{U}}^{\mathrm{n}}=C_{31}\varepsilon_x+C_{32}\varepsilon_y+C_{33}\varepsilon_z\end{cases} \tag{11-4-5}$$

式中：ε_x、ε_y、ε_z 为陀螺 3 个轴向的常值漂移；∇_x、∇_y 为两水平加速度计常值漂移。

由式(11-4-1)可得

$$\phi_{\mathrm{E}}=\frac{1}{g}(\delta\dot{v}_{\mathrm{N}}+2\omega_{\mathrm{ie}}\sin L\delta v_{\mathrm{E}}-\nabla_{\mathrm{N}}^{\mathrm{n}}) \tag{11-4-6}$$

$$\phi_{\mathrm{N}}=\frac{1}{g}(-\delta\dot{v}_{\mathrm{N}}+2\omega_{\mathrm{ie}}\sin L\delta v_{\mathrm{N}}+\nabla_{\mathrm{N}}^{\mathrm{n}}) \tag{11-4-7}$$

$$\phi_{\mathrm{U}}=\frac{-1}{\omega_{\mathrm{ie}}\cos Lg}(\delta\ddot{v}_{\mathrm{N}}+3\omega_{\mathrm{ie}}\sin L\delta\dot{v}_{\mathrm{E}}+2\omega_{\mathrm{ie}}^2\sin^2 L\delta v_{\mathrm{N}}-\omega_{\mathrm{ie}}\sin L\,\nabla_{\mathrm{E}}^{\mathrm{n}})+\frac{\varepsilon_{\mathrm{E}}^{\mathrm{n}}}{\omega_{\mathrm{ie}}\cos L} \tag{11-4-8}$$

选择∇_{E}、∇_{N}、ε_{E} 为不可观测变量，将其置零，则可得上述 3 种状态变量估计的极限精度为

$$\hat{\phi}_E=\frac{1}{g}(\delta\dot{v}_N+2\omega_{ie}\sin L\delta v_E) \tag{11-4-9}$$

$$\hat{\phi}_N=\frac{1}{g}(-\delta\dot{v}_N+2\omega_{ie}\sin L\delta v_N) \tag{11-4-10}$$

$$\hat{\phi}_U=\frac{-1}{\omega_{ie}g\cos L}(\delta\ddot{v}_N+3\omega_{ie}\sin L\delta\dot{v}_E+2\omega_{ie}^2\sin^2 L\delta v_N) \tag{11-4-11}$$

同时,可得3个失准角估计误差:

$$\begin{bmatrix}\delta\phi_E\\ \delta\phi_N\\ \delta\phi_U\end{bmatrix}=\begin{bmatrix}\hat{\phi}_E-\phi_E\\ \hat{\phi}_N-\phi_N\\ \hat{\phi}_U-\phi_U\end{bmatrix}=\begin{bmatrix}\dfrac{-\nabla_N^n}{g}\\ \dfrac{\nabla_E^n}{g}\\ -\dfrac{\varepsilon_E^n}{\omega_{ie}\cos L}+\dfrac{\nabla_E^n}{g}\tan L\end{bmatrix} \tag{11-4-12}$$

另外,由于比力信息$f_E^{n'}$和$f_N^{n'}$都是可以直接测量的,因此可得两陀螺常值漂移的估计精度及其估计误差:

$$\hat{\varepsilon}_N^n=\frac{1}{g}(\dot{f}_E^{n'}-\omega_{ie}\sin Lf_N^{n'}) \tag{11-4-13}$$

$$\hat{\varepsilon}_U^n=\frac{1}{g\omega_{ie}\cos L}(\ddot{f}_N^{n'}+\omega_{ie}\sin L\dot{f}_E^{n'}+\omega_{ie}^2\cos^2 Lf_N^{n'}) \tag{11-4-14}$$

$$\begin{bmatrix}\delta\varepsilon_N^n\\ \delta\varepsilon_U^n\end{bmatrix}=\begin{bmatrix}\hat{\varepsilon}_N^n-\varepsilon_N^n\\ \hat{\varepsilon}_U^n-\varepsilon_U^n\end{bmatrix}=\begin{bmatrix}\dfrac{-\nabla_N^n}{g}\omega_{ie}\sin L\\ \dfrac{\nabla_N^n}{g}\omega_{ie}\cos L\end{bmatrix} \tag{11-4-15}$$

由式(11-4-12)和式(11-4-15)可以看出,两水平失准角的估计误差主要由两个水平加速度计的误差引起,而方位失准角估计误差则由东向陀螺和东向加速度计误差引起。两陀螺估计精度除了和加速度计的精度有关外,还与所处地理位置密切相关。

11.4.3 卡尔曼滤波初始对准仿真

静基座条件下,系统初始对准方程如式(11-4-1)和式(11-4-4)所示,将两式离散化后进行卡尔曼滤波。系统初始条件为:设系统所处位置为45°E,45°N,载体静止,3个陀螺常值漂移均为0.03°/h,随机白噪声标准差为0.01°/h,3个加速度计零偏均为0.05mg,随机白噪声标准差为0.02mg;初始姿态角为3°,4°,20°,初始失准角为5′,5′,20′;导航解算采用无阻尼指北系统,解算周期为0.1s。仿真结果如图11-30所示。

从图11-30中可以看出,两水平误差角的估计效果较好,收敛很快,而方位失准角收敛则相对较慢,大概70s后才进入稳态值精度方面,ϕ_E的稳态误差为12.25″,ϕ_N的稳态误差为11.43″,ϕ_U的稳态误差为5.61′。由仿真的器件误差可估算水平失准角的估计误差为10.31″,方位失准角理论估计误差为8.23′。可见两水平失准角估计精度较好,均接近理论误差,而方位误差角估计效果相对较差。从可观测性和观测度的角度来说,两水平失准角可观测性和可观测度相对较高，因此容易估计；而方位失准角这两个指标均较差，导致滤波前期偏离实际值很远，收敛过程较长，并且最后的对准精度也不高。

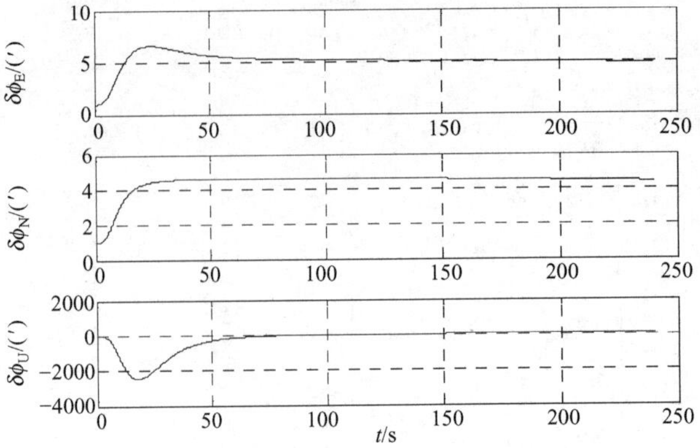

图 11-30　失准角估计值

思　考　题

（1）传统解析法粗对准基本原理是什么？

（2）传统罗经法对准基本原理是什么？

（3）惯性系初始对准基本原理是什么？

（4）卡尔曼滤波初始对准基本原理是什么？

（5）下图为捷联罗经水平对准北向通道的原理图，请根据图写出 δv_{Nk} 和 ω_{cxk} 的表达式。

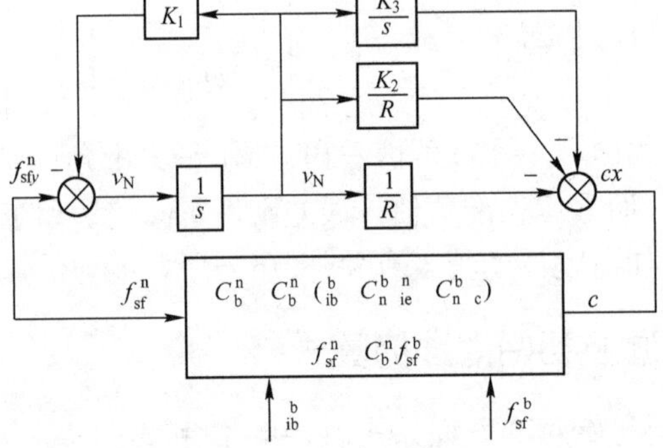

题 5 图　捷联罗经水平对准北向通道

（6）在动基座初始对准中，根据坐标系随时间 t 的变化关系，时变捷联姿态矩阵 $\boldsymbol{C}_{\mathrm{b}}^{\mathrm{n}}(t)$ 可拆写成如下三个矩阵相乘形式：

$$\boldsymbol{C}_{\mathrm{b}}^{\mathrm{n}}(t)=\boldsymbol{C}_{\mathrm{n}_0}^{\mathrm{n}}(t)\boldsymbol{C}_{\mathrm{b}0}^{\mathrm{n}_0}\boldsymbol{C}_{\mathrm{b}}^{\mathrm{b}_0}(t)$$

请详细阐述公式中每一项的物理含义。

（7）根据惯导系统的误差方程，写出在以位置误差为观测时，位置、速度、陀螺和加速度计误差为状态量条件下 $\boldsymbol{x}=[\delta L,\delta\lambda,\delta V_E,\delta V_N,\phi_E,\phi_N,\phi_U,\nabla_x,\nabla_y,\varepsilon_x,\varepsilon_y,\varepsilon_z]^{\mathrm{T}}$，惯导系统初始对转的卡尔曼滤波框架。

第十二章　惯性导航系统综合校正

惯性导航系统由于它工作的完全自主性，在航空、航天、航海和许多民用领域都得到了广泛的应用，成为目前各种航行体上应用的一种主要导航设备。其主要缺点是导航定位误差随时间增长，因而难以长时间地独立工作。解决这一问题的途径有两个：一是提高导航系统本身的精度；另一个是采用综合导航技术。第一种提高惯导系统的精度的方法，需要研制高精度的惯性器件，但受到当前科学技术发展的制约，难以很快地出成果；而且即使精度提高了，但是还是无法改变惯导误差积累的特性，所以随时间推移，其误差还是会慢慢变大，不能从根本上解决问题，而组合导航则主要是通过软件技术来提高导航精度。实践证明，这是一种很有效的方法，因而，综合导航技术是目前导航技术发展的主要方向。

与惯导系统相比，GPS 的显著优点是其高精度和低成本。尤其是利用 GPS 卫星信号的高精度载波相位观测量进行定位，在数千千米的距离上，其精度可达百分之一米，且误差不随时间而积累。但是 GPS 应用中却也存在诸多问题。

（1）动态环境中可靠性差。GPS 要求至少可以接收到 4 颗卫星的信号。动态环境中尤其是高机动飞行时，多颗卫星同时失锁是可能的，例如，海洋应用中舱体的翻滚运动可达 30°，此时接收机天线有几个 g 的动态范围，保持锁相是个难题。

（2）GPS 是非自主式，其应用受到美国政府的 GPS 政策和外界环境等多方面的限制。就外界环境而言，诸如桥梁、坑道、水下、林区、建筑物密集区等都会在一定程度上限制着 GPS 的应用。

（3）数据输出频率低是 GPS 动态应用的另一个主要问题。

（4）不同于 INS，GPS 是纯粹的几何定位方法，无法测定重力矢量，也不能直接测定航行姿态信息。

综上可知：GPS 与 INS 各有所长，并且具有互补性。如果将 INS 与 GPS 组合起来，构成组合系统，可以取各系统之长：高精度 GPS 信息，作为外部量测输入，在运动过程中频繁修正 INS，以控制其误差随时间的积累；而短时间内高精度的 INS 定位结果，可以很好地解决 GPS 动态环境中的信号失锁和周跳问题。不仅如此，INS 还可以辅助 GPS 接收机增强其抗干扰能力，提高捕获和跟踪卫星信号的能力。

12.1　利用非连续观测点进行误差校正

陀螺仪的常值漂移会随时间缓慢地变化，导致惯性导航系统长时间工作时的位置精度和方位精度严重下降，况且还有随机漂移的存在。因此，在使用中要设法不断地从外部获得舰船准确的位置和方位信息，对系统的输出进行重调，并估计陀螺漂移，进一步进行补偿，即综合校正，以提高惯导系统的精度。

系统的常值综合校正方法,可根据从外部获得信息的次数将其分为两点校、三点校和点点校等。

所谓两点校,是指在一定的时间间隔内,连续两次从外部获得准确的位置和方位信息进行重调,并估计陀螺漂移,进行校正的方法。若从外部只能获得位置信息,则要连续3次取得外部位置信息,才能进行校正,故称为三点校正法。点点校是三点校的推广,它可连续(除第一点外)对系统的位置和漂移分别进行重调和校正,比三点校更有实用意义。

1. Ψ方程

惯性导航系统的误差方程是一个具有6个未知数的方程组,求解很烦琐,应用不方便。如果用Ψ方程来建立综合校正中的计算公式,则比较简便。除使用前面已经建立过的3种坐标系,为了建立Ψ方程,更简捷地求解位置误差与陀螺常值漂移,再引进计算机坐标系$O_C X_C Y_C Z_C$,其坐标原点O_C在由计算机计算的经度λ_C和纬度φ_C所确定的地球表面上,3根坐标轴与λ_C和纬度φ_C的取向一致,显然原点O_C与地理系原点O不重合。

矢量角Ψ为计算机坐标系与平台坐标系之间的误差角,建立Ψ方程,就是确定该误差角与系统误差源陀螺漂移之间的关系,为系统常值综校提供简捷的解算公式。

在理想情况下,即系统没有位置误差、陀螺不存在漂移,以及在平台精确校准的情况下,地理、计算机、平台3组坐标系应重合,在惯性空间它们均以与地理坐标系相同的角速度ω旋转。这里不作Ψ方程的详细推导,仅给出结果,即

$$\begin{cases}\dot{\psi}_X+\omega_Y\psi_Z-\psi_Y\omega_Z=\varepsilon_X\\ \dot{\psi}_Y+\omega_Z\psi_X-\psi_Z\omega_X=\varepsilon_Y\\ \dot{\psi}_Z+\omega_X\psi_Y-\psi_X\omega_Y=\varepsilon_Z\end{cases}\tag{12-1-1}$$

式(12-1-1)称为Ψ方程,Ψ角称为平台漂移角,表示Ψ角与陀螺漂移ε在地理坐标系中关系式。

2. 惯导位置及航向误差与平台漂移角Ψ之间的关系

在惯性导航系统的工作过程中,如果能从外部获得两点的准确位置和航向,就可以利用这些信息对系统的位置和航向进行重调,还可以估算陀螺漂移,并给予补偿,即实现了惯性导航系统的综合校正。为了便于分析和计算,再引进一组新坐标系——$OEPQ$坐标系。

$OEPQ$坐标系原点O与地理坐标系的原点重合,OE轴与纬度圈相切,指向东,OP轴平行于地球极轴,OQ轴平行于地球赤道平面,与OE、OP构成右手直角坐标系,如图12-1所示。

$OEPQ$坐标系实质上是由地理坐标系$OXYZ$绕OX轴转过纬度φ角得到的,该坐标系的特点是地球自转角速度在OE、OQ轴上的分量均为零。通过坐标变换,$OEPQ$坐标系与地理坐标系之间的方向余弦矩阵为

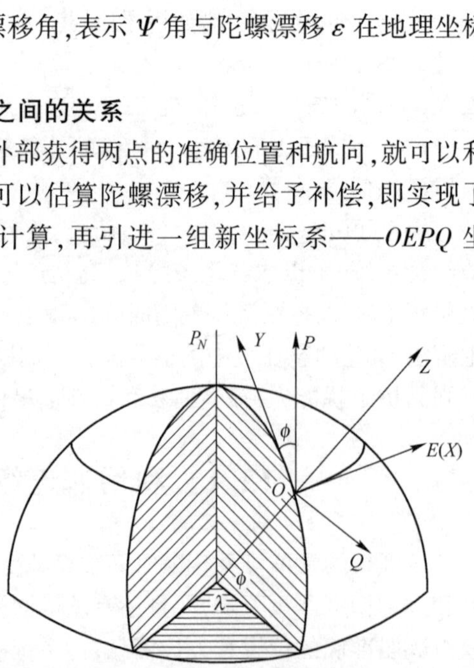

图12-1 $OEPQ$坐标系

$$\begin{bmatrix} X \\ Y \\ Z \end{bmatrix} = \begin{bmatrix} 1 & 0 & 0 \\ 0 & \cos\varphi & -\sin\varphi \\ 0 & \sin\varphi & \cos\varphi \end{bmatrix} \begin{bmatrix} E \\ P \\ Q \end{bmatrix} \tag{12-1-2}$$

根据平台坐标系和计算机坐标系之间的误差角 $\boldsymbol{\Psi}$,可求出舰船的位置误差及航向误差与平台漂移角 $\boldsymbol{\Psi}$ 之间的关系式,给出结果如下:

$$\begin{cases} \delta\phi = \psi_X \\ \delta\lambda = -\psi_Y \sec\phi \\ \delta C = -\psi_Y \tan\phi + \psi_Z \end{cases} \tag{12-1-3}$$

通过坐标变换,将式(12-1-3)式转换到 $OEPQ$ 坐标系内,求得位置误差、航向误差与平台漂移角 ψ 的关系为

$$\begin{bmatrix} \delta\phi \\ \delta\lambda \\ \delta C \end{bmatrix} = \begin{bmatrix} 1 & 0 & 0 \\ 0 & -\sec\phi & 0 \\ 0 & -\tan\phi & 1 \end{bmatrix} \begin{bmatrix} 1 & 0 & 0 \\ 0 & \cos\phi & -\sin\phi \\ 0 & \sin\phi & \cos\phi \end{bmatrix} \begin{bmatrix} \psi_E \\ \psi_P \\ \psi_Q \end{bmatrix} \tag{12-1-4}$$

用符号记为 $$\boldsymbol{P}(t) = \begin{bmatrix} \delta\phi(t) \\ \delta\lambda(t) \\ \delta C(t) \end{bmatrix}, \boldsymbol{\Psi}(t) = \begin{bmatrix} \psi_E(t) \\ \psi_P(t) \\ \psi_Q(t) \end{bmatrix}$$

和 $$\boldsymbol{M} = \begin{bmatrix} 1 & 0 & 0 \\ 0 & -\sec\phi & 0 \\ 0 & -\tan\phi & 1 \end{bmatrix} \begin{bmatrix} 1 & 0 & 0 \\ 0 & \cos\phi & -\sin\phi \\ 0 & \sin\phi & \cos\phi \end{bmatrix} = \begin{bmatrix} 1 & 0 & 0 \\ 0 & -1 & \tan\phi \\ 0 & 0 & \sec\phi \end{bmatrix}$$

则式(12-1-4)又可写成

$$\boldsymbol{P}(t) = M\boldsymbol{\Psi}(t) \tag{12-1-5}$$

式(12-1-4)为惯性导航系统的位置误差及航向误差与平台漂移角 $\boldsymbol{\Psi}$ 之间的关系式。如能从外界得到准确的位置和航向信息 $P(t)$,就可利用式(12-1-4)计算出平台漂移角 $\boldsymbol{\Psi}$ 值。

3. 平台漂移角 $\boldsymbol{\Psi}$ 与陀螺漂移 $\boldsymbol{\varepsilon}$ 的关系

下面再来确定平台漂移角 $\boldsymbol{\Psi}$ 与陀螺漂移 ε 之间的关系。由矢量相对微商定理,有

$$\dot{\Psi} + \omega \times \Psi = \varepsilon \tag{12-1-6}$$

由于舰船速度很低,$\frac{v}{R} \ll \Omega$,故 $\omega \approx \Omega$,即地理坐标系旋转角速度可近似等于地球自转角速度,则式(12-1-6)简化为

$$\dot{\Psi} + \Omega \times \Psi = \varepsilon \tag{12-1-7}$$

我们只考虑陀螺常值漂移量,即 ε 为常量,在 $OEPQ$ 坐标系内展开式(12-1-7)得方程为

$$\begin{cases} \dot{\psi}_E + \Omega\psi_Q = \varepsilon_E \\ \dot{\psi}_P = \varepsilon_P \\ \dot{\psi}_Q - \Omega\psi_E = \varepsilon_Q \end{cases} \tag{12-1-8}$$

要确定 $\boldsymbol{\Psi}$ 与 ε 的关系,需要对上微分方程求解。这里仅给出对式(12-1-8)通过拉

氏变换和拉氏反变换的求解结果。

设 t 是起始时间 $t_0=0$ 的时间间隔,若写成一般形式,$t=t_{N+1}-t_N$,则平台漂移角 $\boldsymbol{\Psi}$ 与陀螺漂移的关系以矩阵形式表示为

$$\begin{bmatrix}\psi_E(t_{N+1})\\ \psi_P(t_{N+1})\\ \psi_Q(t_{N+1})\end{bmatrix}=\begin{bmatrix}\cos a_N & 0 & -\sin a_N\\ 0 & 1 & 0\\ \sin a_N & 0 & \cos a_N\end{bmatrix}\begin{bmatrix}\psi_E(t_N)\\ \psi_P(t_N)\\ \psi_Q(t_N)\end{bmatrix}+\begin{bmatrix}\sin a_N & 0 & -(1-\cos a_N)\\ 0 & a_N & 0\\ 1-\cos a_N & 0 & \sin a_N\end{bmatrix}\begin{bmatrix}\varepsilon_E/\Omega\\ \varepsilon_P/\Omega\\ \varepsilon_Q/\Omega\end{bmatrix} \tag{12-1-9}$$

式中,$a_N=\Omega(t_{N+1}-t_N)$。

或写成

$$\boldsymbol{\Psi}(t_{N+1})=\boldsymbol{T}(t_{N+1},t_N)\boldsymbol{\Psi}(t_N)+\boldsymbol{U}(t_{N+1},t_N)\frac{\boldsymbol{\varepsilon}}{\Omega} \tag{12-1-10}$$

式中,$\boldsymbol{\Psi}(t_{N+1})=[\psi_E(t_{N+1})\quad \psi_P(t_{N+1})\quad \psi_Q(t_{N+1})]^{\mathrm{T}}$;

$$T(t_{N+1},t_N)=\begin{bmatrix}\cos a_N & 0 & -\sin a_N\\ 0 & 1 & 0\\ \sin a_N & 0 & \cos a_N\end{bmatrix};$$

$$U(t_{N+1},t_N)=\begin{bmatrix}\sin a_N & 0 & -(1-\cos a_N)\\ 0 & a_N & 0\\ 1-\cos a_N & 0 & \sin a_N\end{bmatrix}。$$

式(12-1-10)就是平台漂移角 $\boldsymbol{\Psi}$ 与 $\boldsymbol{\varepsilon}$ 的关系式。该式是惯导系统常值综合校正的基础。

4. 两点校

综合式(12-1-4)和式(12-1-10),可总结两点校的方法:先通过式(12-1-4),根据外测位置、航向误差 $\boldsymbol{P}(t)$,求出平台漂移角 $\boldsymbol{\Psi}$;然后再通过式(12-1-10),求出陀螺漂移 $\boldsymbol{\varepsilon}$。

由方程式(12-1-10)可看出,要求出陀螺漂移量,必须解出方程式(12-1-9)中的6个未知数,即3个初始条件和3个陀螺漂移分量。所以需要利用外部设备对舰船的位置和航向进行两次观测,即要在两次观测点上测出惯性导航系统的两组误差 $P(t_N)$、$P(t_{N+1})$共6个量,利用式(12-1-9)才能估计出陀螺漂移 ε,实现漂移补偿,这就是两点校原理。两点校过程可如下进行。

利用其他导航设备,在时间 $t=t_1$ 时刻,测得外部准确的位置和方位信息 $\varphi(t_1)$、$\lambda(t_1)$、$C(t_1)$,与惯导系统的输出信息 $\varphi_C(t_1)$、$\lambda_C(t_1)$、$C_C(t_1)$相比较,即

$$\boldsymbol{P}(t_1)=\begin{bmatrix}\delta\phi(t_1)\\ \delta\lambda(t_1)\\ \delta C(t_1)\end{bmatrix} \tag{12-1-11}$$

立即将 $\delta\varphi(t_1)$、$\delta\lambda(t_1)$量输给计算机,修正系统的纬度和经度值,同时迭代了方程中的初始条件而改用新初始值,实现了位置重调。同时把航向修正量 $\delta C(t_1)$通过计算机和施矩电路转换成电流信号,输给方位陀螺力矩器,陀螺仪进动,使平台转过 $-\delta C(t_1)$角,实现了方位重调。

用 t_1^+ 表示在 t_1 时已对系统进行重调的时刻,若重调准确,则 $P(t_1^+)=0$,使 $\boldsymbol{\Psi}(t_1^+)=0$,

这时式(12-1-4)变为

$$\boldsymbol{\Psi}(t_2)=U(t_2,t_1)\frac{\varepsilon}{\Omega} \tag{12-1-12}$$

在时间 $t=t_2$时,又测得一组信息,求得第二组误差:

$$\boldsymbol{P}(t_2)=\begin{bmatrix}\delta\phi(t_2)\\ \delta\lambda(t_2)\\ \delta C(t_2)\end{bmatrix} \tag{12-1-13}$$

对系统的位置和方位进一步重调,得

$$\boldsymbol{P}(t_2)=M(t_2)U(t_2,t_1)\frac{\varepsilon}{\Omega} \tag{12-1-14}$$

从而求得陀螺漂移的估计值:

$$\boldsymbol{\varepsilon}(t_2)=\Omega U^{-1}(t_2,t_1)M^{-1}(t_2)\boldsymbol{P}(t_2) \tag{12-1-15}$$

利用所求的 $\varepsilon(t_2)$,就可通过对陀螺施矩的方法进行漂移补偿;同时,对系统的位置和方位进行再次重调,就完成了一次两点校过程。以后只要条件允许,每隔一段时间,通过观测获得 $P(t_3)$,$P(t_4)$,…,均可对系统进行重调和校正。

将陀螺漂移写成一般形式。若在 t_{N-1}时刻进行了位置和方位重调,而在 t_N时刻又获得了新的参考信息 $P(t_N)$时,就有

$$\boldsymbol{\varepsilon}(t_N)=QU^{-1}(t_N,t_{N-1})M^{-1}(t_N)P(t_N) \tag{12-1-16}$$

得到 t_N时刻的陀螺漂移补偿量。可见每次求得的陀螺漂移估计值是经过前一次补偿后的剩余量,即整个补偿量为各次叠加的结果。

上述方程计算的 $\varepsilon(t_N)$值是沿 $OEPQ$ 坐标系各轴上的分量(ε_{E},ε_{P},ε_{Q}),因此,计算机还必须利用方向余弦矩阵将其变回到地理坐标系内来,即

$$\begin{bmatrix}\varepsilon_x(t_N)\\ \varepsilon_y(t_N)\\ \varepsilon_z(t_N)\end{bmatrix}=\begin{bmatrix}1 & 0 & 0\\ 0 & \cos\varphi & -\sin\varphi\\ 0 & \sin\varphi & \cos\varphi\end{bmatrix}\begin{bmatrix}\varepsilon_{\mathrm{E}}(t_N)\\ \varepsilon_{\mathrm{P}}(t_N)\\ \varepsilon_{\mathrm{Q}}(t_N)\end{bmatrix} \tag{12-1-17}$$

然后,在东向陀螺、北向陀螺、方位陀螺的漂移补偿值中加上式(12-1-17)所给出的值,系统才能获得正确的校正。用两点校方案对系统进行综合校正的原理简单,只需利用外部设备两次测得舰船位置和航向,第一次取得的信息对系统进行重调,第二次取得的信息除进一步重调外,就可进行陀螺漂移校正。以后的每次重调和校正均可进行迭代计算,即这一次的重调结果还可看成下一次两点校的第一次信息。两点校的缺点是对外部参考信息精度要求比较高,既要提供准确的位置信息,还要有准确的航向信息。

5. 三点校

在得不到准确的航向信息时,利用位置观测设备,经过 3 次观测所得到的位置测量信息,也能解得含有 6 个未知数的方程,实现系统的重调校正。在时间 $t=t_1$ 时刻,通过外部设备测得第一个观测点的位置信息,可得到位置误差 $\boldsymbol{P}(t_1)$,即

$$\begin{cases}\delta\phi(t_1)=\phi_C(t_1)-\phi(t_1)\\ \delta\lambda(t_1)=\lambda_C(t_1)-\lambda(t_1)\end{cases} \tag{12-1-18}$$

测得位置误差,对系统进行第一次重调后,有

$$\begin{cases}\delta\phi(t_1^+)=0\\ \delta\lambda(t_1^+)=0\end{cases}\tag{12-1-19}$$

式中：t_1^+ 为在 t_1 时，已对系统进行重调的时刻，即

$$\boldsymbol{P}(t_1^+)=\begin{bmatrix}0\\0\\\delta C(t_1)\end{bmatrix}\tag{12-1-20}$$

并有

$$\begin{bmatrix}\psi_E(t_1^+)\\\psi_P(t_1^+)\\\psi_Q(t_1^+)\end{bmatrix}=\begin{bmatrix}1&0&0\\0&-1&\sin\phi_1\\0&0&\cos\phi_1\end{bmatrix}\begin{bmatrix}0\\0\\\delta C(t_1)\end{bmatrix}=\begin{bmatrix}0\\\delta C(t_1)\sin\phi_1\\\delta C(t_1)\cos\phi_1\end{bmatrix}\tag{12-1-21}$$

由于得不到航向误差 $\delta C(t_1)$，故应将其从式(12-1-21)中消去。根据方程式(12-1-14)，有

$$\boldsymbol{P}(t_1^+)=\begin{bmatrix}1&0&0\\0&-1&\tan\phi_1\\0&0&\sec\phi_1\end{bmatrix}\begin{bmatrix}\psi_E(t_1^+)\\\psi_P(t_1^+)\\\psi_Q(t_1^+)\end{bmatrix}=\begin{bmatrix}\psi_E(t_1^+)\\\psi_Q(t_1^+)\tan\phi_1-\psi_P(t_1^+)\\\psi_Q(t_1^+)\sec\phi_1\end{bmatrix}\tag{12-1-22}$$

所以

$$\begin{bmatrix}\psi_E(t_1^+)\\\psi_P(t_1^+)\\\psi_Q(t_1^+)\end{bmatrix}=\begin{bmatrix}0\\\psi_Q(t_1^+)\tan\varphi_1\\\psi_Q(t_1^+)\end{bmatrix}\tag{12-1-23}$$

式中，$\Psi_Q(t_1^+)=\delta C(t_1)\cos\phi_1$，式(12-1-23)就成了 t_2时解式(12-1-10)的初始条件。在时间 $t=t_2$时，测得第二观测点的位置信息，得到 $\boldsymbol{P}(t_2)$，即 $\delta\phi(t_2)$、$\delta\lambda(t_2)$，则

$$\boldsymbol{P}(t_2)=\boldsymbol{M}\boldsymbol{\Psi}(t_2)\tag{12-1-24}$$

将式(12-1-10)的 $\boldsymbol{\Psi}(t_2)$ 代入式(12-1-24)，得

$$\begin{bmatrix}\delta\phi(t_2)\\\delta\lambda(t_2)\\\delta C(t_2)\end{bmatrix}=M\left\{T(t_2,t_1)\begin{bmatrix}0\\\tan\phi_1\psi_Q(t_1^+)\\\psi_Q(t_1^+)\end{bmatrix}+U(t_2,t_1)\begin{bmatrix}\varepsilon_E/\Omega\\\varepsilon_P/\Omega\\\varepsilon_Q/\Omega\end{bmatrix}\right\}$$

$$=\begin{bmatrix}1&0&0\\0&-1&\tan\phi_2\\0&0&\sec\phi_2\end{bmatrix}\begin{bmatrix}-\sin\alpha_1&\sin\alpha_1&0&\cos\alpha_1-1\\\tan\phi_1&0&\alpha_1&0\\\cos\alpha_1&1-\cos\alpha_1&0&\sin\alpha_1\end{bmatrix}\begin{bmatrix}\psi_Q(t_1^+)\\\varepsilon_E/\Omega\\\varepsilon_P/\Omega\\\varepsilon_Q/\Omega\end{bmatrix}$$

$$=\begin{bmatrix}-\sin\alpha_1&\sin\alpha_1&0&\cos\alpha_1-1\\-\tan\phi_1+\tan\phi_2\cos\alpha_1&\tan\phi_2(1-\cos\alpha_1)&-\alpha_1&\tan\phi_2\sin\alpha_1\\\sec\phi_2\cos\alpha_1&\sec\phi_2(1-\cos\alpha_1)&0&\sec\phi_2\sin\alpha_1\end{bmatrix}\cdot\begin{bmatrix}\psi_Q(t_1^+)\\\varepsilon_E/\Omega\\\varepsilon_P/\Omega\\\varepsilon_Q/\Omega\end{bmatrix}\tag{12-1-25}$$

式中有 4 个未知数 $\Psi_Q(t_1^+)$、ε_E/Ω、ε_P/Ω、ε_Q/Ω，而已知数只有 2 个 $\delta\varphi(t_2)$、$\delta\lambda(t_2)$，还不能求解。因此，还需要增加一个观测点，才能求得系统的陀螺漂移 ε 和航向误差角 δC。

在 t_2时刻，可对系统进行重调，$\delta\varphi(t_2^+)=\delta\lambda(t_2^+)=0$，可得

$$\begin{bmatrix}\psi_E(t_2^+)\\ \psi_P(t_2^+)\\ \psi_Q(t_2^+)\end{bmatrix}=\begin{bmatrix}0\\ \psi_Q(t_2^+)\tan\varphi_2\\ \psi_Q(t_2^+)\end{bmatrix}$$

其中 $\Psi_Q(t_2^+)=\delta C(t_2)\cos\phi_2$。在 $t=t_3$时，测得第三观测点的位置信息，得到 $P(t_3)$，即 $\delta\varphi(t_3)$、$\delta\lambda(t_3)$，同理可得

$$\begin{bmatrix}\delta\phi(t_3)\\ \delta\lambda(t_3)\\ \delta C(t_3)\end{bmatrix}=\begin{bmatrix}-\sin\alpha_2 & \sin\alpha_2 & 0 & \cos\alpha_2-1\\ -\tan\phi_2+\tan\phi_3\cos\alpha_2 & \tan\phi_3(1-\cos\alpha_2) & -\alpha_2 & \tan\phi_3\sin\alpha_2\\ \sec\phi_3\cos\alpha_2 & \sec v_3(1-\cos\alpha_2) & 0 & \sec\phi_3\sin\alpha_2\end{bmatrix}\cdot\begin{bmatrix}\psi_Q(t_2^+)\\ \varepsilon_E/\Omega\\ \varepsilon_P/\Omega\\ \varepsilon_Q/\Omega\end{bmatrix} \tag{12-1-26}$$

式中，$\alpha_2=\Omega(t_3-t_2)$。将 $\delta C(t_2)$代入 $\Psi_Q(t_2^+)=\delta C(t_2)\cos\phi_2$，得到

$$\psi_Q(t_2^+)=\cos\alpha_1\psi_Q(t_1^+)+(1-\cos\alpha_1)\frac{\varepsilon_E}{\Omega}+\sin\alpha_1\frac{\varepsilon_Q}{\Omega} \tag{12-1-27}$$

将其代入式(12-1-26)，得

$$\begin{bmatrix}\delta\phi(t_3)\\ \delta\lambda(t_3)\\ \delta C(t_3)\end{bmatrix}=\begin{bmatrix}-\sin\alpha_2\cos\alpha_1 & \sin\alpha_2\cos\alpha_1 & 0 & -\sin\alpha_1\sin\alpha_2+\cos\alpha_2-1\\ (-\tan\phi_2+\tan\phi_3\cos\alpha_2)\cos\alpha_1 & \tan\phi_3(1-\cos\alpha_1\cos\alpha_2)-\tan\phi_2(1-\cos\alpha_1) & -\alpha_2 & (-\tan\phi_2+\tan\phi_3\cos\alpha_2)\sin\alpha_1+\tan\phi_3\sin\alpha_2\\ \sec\phi_3\cos\alpha_2\cos\alpha_1 & \sec\phi_3(1-\cos\alpha_1\cos\alpha_2) & 0 & \sec\phi_3(\sin\alpha_1\cos\alpha_2+\sin\alpha_2)\end{bmatrix}\cdot\begin{bmatrix}\psi_Q(t_1^+)\\ \varepsilon_E/\Omega\\ \varepsilon_P/\Omega\\ \varepsilon_Q/\Omega\end{bmatrix} \tag{12-1-28}$$

将式(12-1-25)和式(12-1-28)联立，未知数为 $\Psi_Q(t_1^+)$、ε_E/Ω、ε_P/Ω、ε_Q/Ω 共 4 个，而已知数为第二、三两次观测得到的位置误差 $\delta\varphi(t_2)$、$\delta\lambda(t_2)$、$\delta\varphi(t_3)$、$\delta\lambda(t_3)$，也是 4 个，故可以解出陀螺常值漂移 ε_E、ε_P、ε_Q值。为此，将式(12-1-25)、式(12-1-28)两方程的前两行合在一起，组成一组新矩阵为

$$\begin{bmatrix}\delta\phi(t_2)\\ \delta\lambda(t_2)\\ \delta\phi(t_3)\\ \delta\lambda(t_3)\end{bmatrix}=\boldsymbol{W}\begin{bmatrix}\psi_Q(t_1^+)\\ \varepsilon_E/\Omega\\ \varepsilon_P/\Omega\\ \varepsilon_Q/\Omega\end{bmatrix} \tag{12-1-29}$$

其中：

$$\boldsymbol{W}=\begin{bmatrix}-\sin\alpha_1 & \sin\alpha_1\\ -\tan\phi_1+\tan\phi_2\cos\alpha_1 & \tan\phi_2(1-\cos\alpha_1)\\ -\sin\alpha_2\cos\alpha_1 & \sin\alpha_2\cos\alpha_1\\ (-\tan\phi_2+\tan\phi_3\cos\alpha_2)\cos\alpha_1 & \tan\phi_3(1-\cos\alpha_1\cos\alpha_2)-\tan\phi_2(1-\cos\alpha_1)\end{bmatrix}$$

$$
\begin{matrix}
0 & \cos\alpha_1-1 \\
-\alpha_1 & \tan\phi_2\sin\alpha_1 \\
0 & -\sin\alpha_1\sin\alpha_2+\cos\alpha_2-1 \\
-\alpha_2 & (-\tan\phi_2+\tan\phi_3\cos\alpha_2)\sin\alpha_1+\tan\phi_3\sin\alpha_2
\end{matrix}
\right]
$$

解得

$$
\begin{bmatrix} \psi_Q(t_1^+) \\ \varepsilon_E/\Omega \\ \varepsilon_P/\Omega \\ \varepsilon_Q/\Omega \end{bmatrix} = W^{-1} \begin{bmatrix} \delta\varphi(t_2) \\ \delta\lambda(t_2) \\ \delta\varphi(t_3) \\ \delta\lambda(t_3) \end{bmatrix} \tag{12-1-30}
$$

对式(12-1-30)求解，可得 $\Psi_Q(t_1^+)$ 以及 ε_E、ε_P、ε_Q 值，再坐标变换矩阵将其变换到地理坐标系内，求得 ε_X、ε_Y、ε_Z，就可实现对 3 个陀螺漂移的补偿；同时根据 $\delta\varphi(t_3)$、$\delta\lambda(t_3)$ 值可对系统进行第三次位置重调。

根据方程式(12-1-29)可求得 t_3 时刻的方位误差为

$$
\begin{aligned}
\delta C(t_3) = {} & \sec\phi_3\cos\alpha_1\cos\alpha_2\psi_Q(t_1^+) + \sec\phi_3(1-\cos\alpha_1\cos\alpha_2)\frac{\varepsilon_E}{\Omega} \\
& + \sec\phi_3(\sin\alpha_1\cos\alpha_2+\sin\alpha_2)\frac{\varepsilon_Q}{\Omega}
\end{aligned} \tag{12-1-31}
$$

根据所求得的 $\delta C(t_3)$，可对系统方位进行重调。

上述三点校正法只是一种理论上的分析，系数矩阵 $\boldsymbol{W}$ 是由一系列纬度 ϕ 和 $\alpha_N=(t_{N+1}-t_N)$ 组成的。由于舰船运动速度较低，三次观测的纬度 φ_1、φ_2、φ_3 值变化很小，况且还会在东西方向航行。当认为纬度近似相等的情况下，即 $\varphi_1=\varphi_2=\varphi_3=\varphi$，这时矩阵 W 的第一、第二列元素相等符号相反，不存在逆阵 $\boldsymbol{W}^{-1}$，从数学上讲使得方程式(12-1-30)没有唯一解。从物理意义上讲，这是由于 $\Psi_Q(t_1^+)$ 与 ε_E/Ω 以相同的规律来影响其位置误差，很难把它们分开考虑，只好将 $\Psi_Q(t_1^+)-\varepsilon_E/\Omega$ 合并在一起作为未知量，这样方程式(12-1-30)中的系数矩阵 $\boldsymbol{W}$ 变为

$$
\begin{bmatrix} \delta\varphi(t_2) \\ \delta\lambda(t_2) \\ \delta\varphi(t_3) \\ \delta\lambda(t_3) \end{bmatrix} = \begin{bmatrix} -\sin\alpha_1 & 0 & \cos\alpha_1-1 \\ \tan\varphi(\cos\alpha_1-1) & -\alpha_1 & \tan\varphi\sin\alpha_1 \\ -\sin\alpha_2\cos\alpha_1 & 0 & \cos\alpha_2-\sin\alpha_1\sin\alpha_2-1 \\ \tan\varphi\cos\alpha_1(\cos\alpha_2-1) & -\alpha_2 & \tan\varphi(\sin\alpha_1\cos\alpha_2+\sin\alpha_2-\sin\alpha_1) \end{bmatrix} \cdot \begin{bmatrix} \psi_Q(t_1^+)-\varepsilon_E/\Omega \\ \varepsilon_P/\Omega \\ \varepsilon_Q/\Omega \end{bmatrix} \tag{12-1-32}
$$

式(12-1-32)有 4 个方程，解 3 个未知数，因而其解不是唯一的，然而其解的存在性在物理上是无疑问的。我们可用加权法来求解该方程，为此将第二行方程经度误差乘以加权系数 ω，再加到第一行方程纬度误差中去，得

$$
\begin{bmatrix} \delta\varphi(t_2)+\omega\delta\lambda(t_2) \\ \delta\varphi(t_3) \\ \delta\lambda(t_3) \end{bmatrix} = \left[\begin{matrix} -\sin\alpha_1+\omega\tan\varphi(\cos\alpha_1-1) & -\omega\alpha_1 \\ -\sin\alpha_2\cos\alpha_1 & 0 \\ \tan\varphi\cos\alpha_1(\cos\alpha_2-1) & -\alpha_2 \end{matrix}\right.
$$

$$\left.\begin{matrix} \omega\tan\varphi\sin\alpha_1+\cos\alpha_1-1 \\ \cos\alpha_2-\sin\alpha_1\sin\alpha_2-1 \\ \tan\varphi(\sin\alpha_1\cos\alpha_2+\sin\alpha_2-\sin\alpha_1) \end{matrix}\right] \cdot \begin{bmatrix} \psi_Q(t_1^+)-\varepsilon_E/\Omega \\ \varepsilon_P/\Omega \\ \varepsilon_Q/\Omega \end{bmatrix} \tag{12-1-33}$$

在校正时间间隔相等的条件下，即 $\alpha_1=\alpha_2=\alpha$，用最小二乘法求得加权系数：

$$\omega=\frac{1-\cos\alpha}{\sin\alpha}\tan\varphi$$

由上式可以看出，校正时间间隔不能取 12h 的整数倍。

把求得的加权系数 ω 值代入式(12-1-33)中，可解得 ε_P/Ω、ε_Q/Ω，再利用变换矩阵求得 ε_Y、ε_Z，对陀螺漂移进行校正。显然，该方案不能补偿东向陀螺漂移 ε_X。

利用式(12-1-31)，用求得的 $\Psi_Q(t_1^+)-\varepsilon_E/\Omega$ 和 ε_Q/Ω 之值，可计算出系统在 t_3 时刻的方位误差：

$$\delta C'(t_3)=\sec\varphi_3\cos\alpha_1\cos\alpha_2\left[\psi_Q(t_1^+)-\frac{\varepsilon_E}{\Omega}\right]+\sec\varphi_3(\sin\alpha_1\cos\alpha_2+\sin\alpha_2)\frac{\varepsilon_Q}{\Omega} \tag{12-1-34}$$

将 $\delta C'(t_3)$ 作为方位修正量，经重调后，得方位剩余误差：

$$\delta C(t_3)-\delta C'(t_3)=\sec\varphi_3\frac{\varepsilon_E}{\Omega} \quad 或 \quad \gamma=\frac{\varepsilon_X}{\Omega\cos\varphi} \tag{12-1-35}$$

由此可见，当采用三点校方案进行惯导系统的综合校正时，东向陀螺漂移 $\varepsilon_X(\varepsilon_E)$ 还保留着，并没有得到补偿。而是将其作为方位校正量，使系统方位多校了一个 $\varepsilon_X/(\Omega\cos\varphi)$ 量值，即作为方位误差 γ 的形式而存在于系统中。然而经重调后，位置误差不复存在。

剩余方位误差 γ 角的物理意义并不难理解，由于东向陀螺漂移 ε_X 的存在，平台要绕 OX 轴漂移而不能保持稳定，因此必须偏离子午面一个方位稳态值 γ，以便利用地球自转速度水平分量 $\Omega\cos\varphi$ 产生一个视运动 $\gamma\Omega\cos\varphi$ 来平衡其漂移运动，即

$$\gamma=\frac{\varepsilon_X}{\Omega\cos\varphi} \tag{12-1-36}$$

显然，ε_X 越小，γ 角也越小。因此，就保证惯性导航系统的方位精度来讲，一定要选择精度最高的陀螺作为东向陀螺仪使用。

综上所述，当惯性导航系统的误差源主要表现为陀螺常值漂移时，可用常值综合校正方法来提高系统精度。如果能由其他设备提供准确的位置信息和方位信息，可采用两点校正法；如果只能提供位置信息，则用三点校法。校正时，必须注意系统应稳定并工作在水平阻尼状态，使水平误差角 α、β 趋于零。

采用两点校时，第一次测得的外部信息，可对系统进行位置(φ，λ)和方位重调；第二次测得的外部信息除对位置和方位重调外，可求得陀螺漂移 ε_X、ε_Y、ε_Z 的估计值，对陀螺进行漂移校正。

采用三点校时，第一次测得的信息对系统进行位置重调，第二次测得的信息，仍进行位置重调，到第三次测得信息后，才能估计出陀螺漂移 ε_X、ε_Z 和平台方位误差，进行重调整和校正。由于三点校在开始时必须经过三次定位测量才能开始对系统进行综合校正；而在第三次测量以后的各个观测点上均可对系统进行综合校正，校正信息能进行迭代运算，因此三点校正法又可扩展为点点校。

与三点校(点点校)相比,两点校可以有效地消除东向陀螺漂移的影响,且方位校正比较准确,故其校正方案要比三点校效果好,尤其是方位误差的校正更为明显。

在讨论上述问题时,没有考虑其他的误差源,如陀螺随机漂移、外部信息的准确程度及补偿后的剩余漂移量。在实际的惯性导航系统里,这些因素均不能忽略,尤其对长时间工作的系统影响更大。因此,常值综合校正限制了惯性导航系统精度的进一步提高。为了更好地克服陀螺随机漂移和外测信息中的随机噪声对系统的影响,就要采用新技术对系统进行综合校正,如应用卡尔曼滤波技术的随机综合校正等。同时,采用陀螺监控技术、组合导航等多传感器融合算法均能进一步提高惯性导航系统的精度。目前,对惯性导航系统综合校正技术的研究,仍是该领域的前沿技术课题。

12.2 利用卡尔曼滤波的组合导航技术

GPS 接收机和惯性导航系统的综合,根据不同的应用要求,可以有不同水平的综合,即综合的深度不同。按照综合深度,可以把综合系统大体分为两类:一类称为松散综合或称简易综合;另一类称为紧密综合。

12.2.1 组合导航的模式

12.2.1.1 松散综合

这是一种低水平的综合,其主要特点是 GPS 和惯导仍独立工作,综合作用仅表现在用 GPS 辅助惯导。属于这类综合的有两种。

1. 用 GPS 重调惯导

用 GPS 重调惯导是一种最简单的综合方式。可以有两种工作方式。

(1) 用 GPS 给出的位置、速度信息直接重调惯导系统的输出。实际上,就是在 GPS 工作期间,惯导显示的是 GPS 的位置和速度,GPS 停止工作时,惯导在原显示的基础上变化,即 GPS 停止工作瞬时的位置和速度作为惯导系统的初值。

(2) 把惯导和 GPS 输出的位置和速度信息进行加权平均,其原理框图如图 12-2 所示。在短时间工作的情况下,第二种工作方式精度较高。而长时间工作时,由于惯导误差随时间增长,因此惯导输出的加权随工作时间增长而减小,因而长时间工作时,性能和第一种工作方式基本相同。

2. 用位置、速度信息综合

用位置、速度信息综合是采用综合卡尔曼滤波器的一种综合模式,其原理框图如图 12-3 所示。用 GPS 和惯导输出的位置和速度信息的差值作为测量值,经综合卡尔曼滤波,估计惯导系统的误差,然后对惯导系统进行修正。

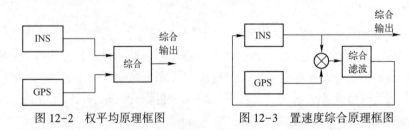

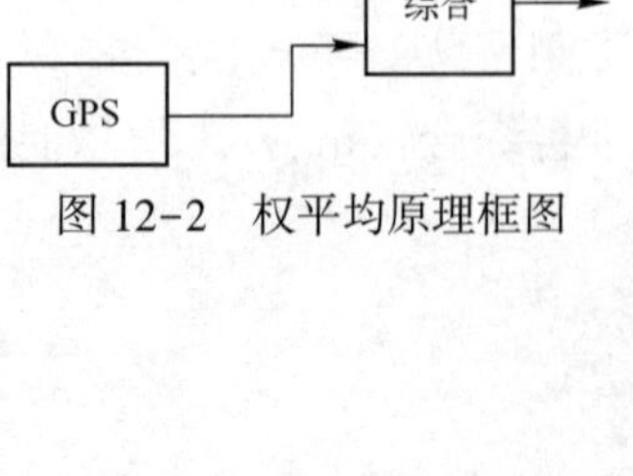

图 12-2 权平均原理框图

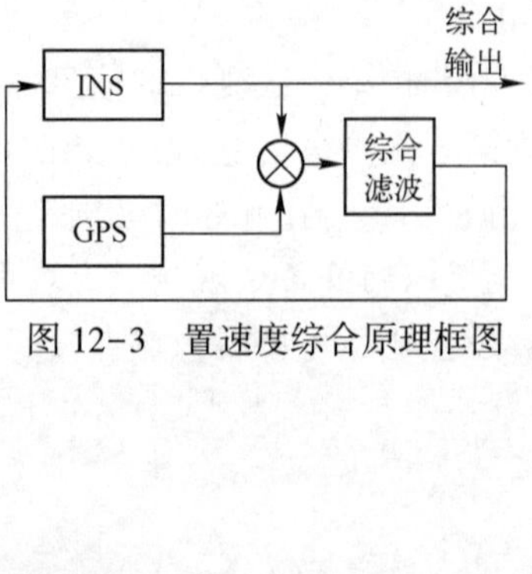

图 12-3 置速度综合原理框图

这种综合模式的优点是综合工作比较简单,便于工程实现,而且两个系统仍独立工作,使导航信息有一定余度。缺点是 GPS 的位置和速度误差通常是时间相关的,特别是 GPS 接收机应用卡尔曼滤波器时更是如此。卡尔曼滤波器在稳态时其作用相当于一个有一定时间常数的普通滤波器,其时间常数近似为

$$\tau=\sqrt{\frac{\mathrm{Trace}\,R}{\mathrm{Trace}\,Q}} \tag{12-2-1}$$

式中:R 为量测噪声协方差;Q 为系统噪声协方差。例如,LTN—700GPS 接收机其位置估计的时间常数约为 20s,而速度估计的时间常数约为 0.5s。采用这样的接收机和惯导综合时,则 GPS 滤波器和综合滤波器串联,即 GPS 滤波器的输出是综合滤波器的量测输入。按卡尔曼滤波器的要求,量测噪声应为白噪声。而 GPS 接收机输出中的位置和速度误差则是时间相关的。解决这个问题的方法有多种,常用的有以下几种:

(1) 加大综合滤波器的迭代周期,使迭代周期超过误差的相关时间,在这个周期内可把测量误差作白噪声处理。由于 GPS 的位置误差和速度误差相关时间长短不同,因此可把位置量测和速度测量分别处理,从而形成位置信息和速度信息交替使用的工作方式。这种方式比位置速度信息同时使用时精度有所降低,但计算工作量却大大减小,因而这种工作方式还是一种可取的工作方式。

(2) 把 GPS 滤波器和综合滤波器统一考虑,用分散滤波器理论进行设计。

12.2.1.2 紧密综合

紧密综合是指高水平的综合或深综合,其特点是 GPS 接收机和惯导相互辅助。为了更好地实现相互辅助的作用,最好是把 GPS 和惯导系统按综合的要求进行一体化设计。属于紧密综合的基本模式是伪距、伪距率的综合,以及在伪距、伪距率综合基础上再加上用惯导位置和速度对 GPS 接收机跟踪环进行辅助,也可以再增加对 GPS 接收机导航功能的辅助。用在高动态飞行器上的 GPS/惯性综合系统通常都是采用紧密综合模式。

1. 用伪距、伪距率综合

伪距、伪距率综合模式的原理框图如图 12-4 所示。用 GPS 给出的星历数据和 INS 给出的位置和速度计算相应于惯导位置和速度的伪距 ρ_{I} 和伪距率 $\dot{\rho}_{\mathrm{I}}$。把 ρ_{I} 和 $\dot{\rho}_{\mathrm{I}}$ 与 GPS 测量的 ρ_G 和 $\dot{\rho}_G$ 相比较作为量测值,通过综合卡尔曼滤波器估计惯导系统和 GPS 的误差量,然后对两个系统进行开环或反馈校正。由于 GPS 的测距误差容易建模,因而可以把它扩充为状态,通过综合滤波加以估计,然后对 GPS 接收机进行校正。因此,伪距、伪距率综合模式比位置、速度综合模式具有更高的综合导航精度。在这种综合模式中,GPS 接收机只提供星历数据和伪距、伪距率即可,GPS 接收机可以省去导航计算处理部分。当然,如果仍保留导航计算部分,作为备用导航信息,使导航信息具有余度,也是可取的一种方案。

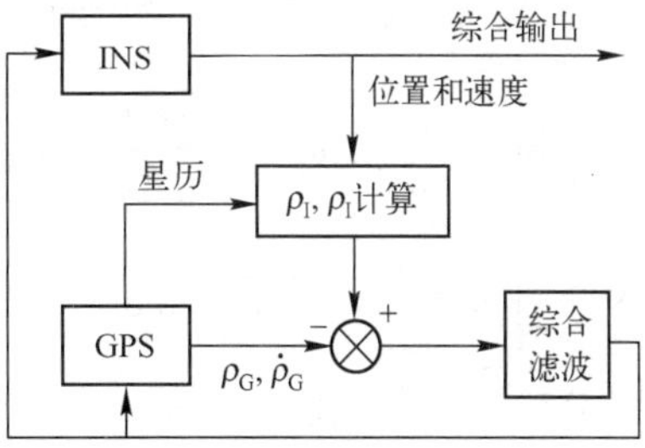

图 12-4　伪距、伪距率综合原理框图

2. 用惯性速度信息辅助 GPS 接收机环路

用惯性速度信息辅助 GPS 接收机环路,可以有效地提高环路的等效带宽,提高接收机的抗干扰性,减小动态误差,提高跟踪和捕获性能。通常,高动态用户接收机都采用惯性速度辅助。需要指出的是,GPS 接收机环路有了惯性速度辅助之后,环路的跟

踪误差和惯性速度误差相关;同时,由于有了惯性速度辅助,环路本身的带宽可以很窄,因而时间常数较大,从而使环路的跟踪误差又是时间相关的。

3. 用惯性位置和速度信息辅助 GPS 导航功能

GPS 接收机的导航功能有很多也采用卡尔曼滤波技术。对高动态接收机,其导航滤波器的状态为 3 个位置、3 个速度、3 个加速度、用户时钟误差和时钟频率误差共 11 个。而低动态接收机则去掉 3 个加速度状态,只有 8 个状态。如果把 GPS 接收机导航滤波器的位置、速度状态看作惯导系统简化的位置、速度误差状态,则用 GPS 滤波器的估计值校正惯导输出的位置和速度信息,即得到 GPS 的导航解。在这种情况下,就称 GPS 的导航功能是在惯性辅助下完成的。当采用这样的接收机再和惯导综合时,其综合卡尔曼滤波器的状态和 GPS 滤波器的估计误差相关。这种相关性也可能产生综合系统的不稳定,解决的方法是综合滤波器采用高阶模型,而 GPS 滤波器采用低阶模型。

12.2.2 基于位置和速度的组合导航

12.2.2.1 综合系统的数学模型

1. 系统的状态方程

当综合系统采用线性卡尔曼滤波器时,则取系统的误差作为状态。

1) 平台误差角方程

$$\begin{cases}\dot{\varphi}_E=-\dfrac{\delta v_N}{R_M+h}+\left(\omega_{ie}\sin L+\dfrac{v_E}{R_N+h}\tan L\right)\varphi_N-\left(\omega_{ie}\cos L+\dfrac{v_E}{R_N+h}\right)\varphi_U+\varepsilon_E\\ \dot{\varphi}_N=-\dfrac{\delta v_E}{R_N+h}-\omega_{ie}\sin L\delta L-\left(\omega_{ie}\sin L+\dfrac{v_E}{R_N+h}\tan L\right)\varphi_E-\dfrac{v_N}{R_M+h}\varphi_U+\varepsilon_N\\ \dot{\varphi}_U=\dfrac{\delta v_E}{R_N+h}\tan L+\left(\omega_{ie}\cos L+\dfrac{v_E}{R_N+h}\sec^2 L\right)\delta L+\left(\omega_{ie}\cos L+\dfrac{v_E}{R_N+h}\right)\varphi_E+\dfrac{v_N}{R_M+h}\varphi_N+\varepsilon_U\end{cases}\tag{12-2-2}$$

式中:E、N、U 代表东、北、天三个方向。

2) 速度误差方程

$$\begin{cases}\delta\dot{v}_E=f_N\varphi_U-f_U\varphi_N+\left(\dfrac{v_N}{R_M+h}\tan L-\dfrac{v_U}{R_M+h}\right)\delta v_E+\left(2\omega_{ie}\sin L+\dfrac{v_E}{R_N+h}\tan L\right)\delta v_N\\ \qquad+\left(2\omega_{ie}\cos Lv_N+\dfrac{v_Ev_N}{R_N+h}\sec^2 L+2\omega_{ie}\sin Lv_U\right)\delta L-\left(2\omega_{ie}\cos L+\dfrac{v_E}{R_N+h}\right)\delta v_U+\nabla_E\\ \delta\dot{v}_N=f_U\varphi_E-f_E\varphi_U-2\left(\omega_{ie}\sin L+\dfrac{v_E}{R_N+h}\tan L\right)\delta v_E-\dfrac{v_U}{R_M+h}\delta v_N-\dfrac{v_N}{R_M+h}\delta v_U\\ \qquad-\left(2\omega_{ie}\cos L+\dfrac{v_E}{R_N+h}\sec^2 L\right)v_E\delta L+\nabla_N\\ \delta\dot{v}_U=f_E\varphi_N-f_N\varphi_E+2\left(\omega_{ie}\cos L+\dfrac{v_E}{R_N+h}\right)\delta v_E+2\dfrac{v_N}{R_M+h}\delta v_N-2\omega_{ie}\sin Lv_E\delta L+\nabla_U\end{cases}\tag{12-2-3}$$

在不考虑高度通道时,则取 v_U、δv_U 为零。

3）位置误差方程

$$\begin{cases}\delta\dot{L}=\dfrac{\delta v_{\mathrm{N}}}{R_{\mathrm{M}}+h}\\ \delta\dot{\lambda}=\dfrac{\delta v_{\mathrm{E}}}{R_{\mathrm{N}}+h}\sec L+\dfrac{v_{\mathrm{E}}}{R_{\mathrm{N}}+h}\sec L\tan L\delta L\\ \delta\dot{h}=\delta v_{\mathrm{U}}\end{cases} \tag{12-2-4}$$

4）惯性仪表的误差

惯性仪表误差包括安装误差、刻度系数误差和随机误差。为了简单起见，这里只考虑随机误差。

（1）陀螺仪误差模型。

式 12-2-4 中的陀螺漂移，是沿“东、北、天”地理坐标系的陀螺漂移。而对捷联式惯导系统，则式（12-2-4）中的陀螺漂移为从机体系变换到地理系的等效陀螺漂移。

取陀螺漂移：

$$\boldsymbol{\varepsilon}^{\mathrm{b}}=\boldsymbol{\varepsilon}_{\mathrm{c}}+\boldsymbol{\varepsilon}_{\mathrm{m}}+\boldsymbol{w}_{\mathrm{g}} \tag{12-2-5}$$

式中：$\boldsymbol{\varepsilon}_{\mathrm{c}}$ 为随机常数；$\boldsymbol{\varepsilon}_{\mathrm{m}}$ 为一阶马尔柯夫过程；$\boldsymbol{w}_{\mathrm{g}}$ 为白噪声。

假定 3 个轴向的陀螺漂移误差模型相同，均为

$$\begin{cases}\dot{\boldsymbol{\varepsilon}}_{\mathrm{c}}=0\\ \dot{\boldsymbol{\varepsilon}}_{\mathrm{m}}=-\dfrac{1}{T_{\mathrm{m}}}\boldsymbol{\varepsilon}_{\mathrm{m}}+w_{\mathrm{m}}\end{cases} \tag{12-2-6}$$

式中：T_{m} 为相关时间。

（2）加速度计误差模型。

考虑为一阶马尔柯夫过程，且假定 3 个轴向加速度计的误差模型相同，均为

$$\dot{\nabla}_{\mathrm{a}}=-\frac{1}{T_{\mathrm{a}}}\nabla_{\mathrm{a}}+w_{\mathrm{a}} \tag{12-2-7}$$

式中：T_{a} 为相关时间。

5）GPS 的误差

GPS 接收机给出的位置和速度误差一般是时间相关的，在位置、速度综合模式中这些误差是测量噪声。由于是时间相关的，因此是有色噪声，而且建模比较困难，不能用状态扩充法加以处理。常用的处理方法是加大综合滤波器的迭代周期。当 GPS 接收机也采用卡尔曼滤波器时，也可采用分散滤波器理论来设计滤波器。这里只讨论采用第一种方法的情况。

6）系统方程的建立

综合以上公式，可以得到系统的状态方程为

$$\dot{X}_{\mathrm{I}}(t)=F_{\mathrm{I}}(t)X_{\mathrm{I}}(t)+G_{\mathrm{I}}(t)W_{\mathrm{I}}(t) \tag{12-2-8}$$

其中

$$\begin{aligned}\boldsymbol{X}=[&\varphi_{\mathrm{E}}\quad \varphi_{\mathrm{N}}\quad \varphi_{\mathrm{U}}\quad \delta v_{\mathrm{E}}\quad \delta v_{\mathrm{N}}\quad \delta v_{\mathrm{U}}\quad \delta L\quad \delta\lambda\quad \delta h\\ &\varepsilon_{cx}\quad \varepsilon_{cy}\quad \varepsilon_{cz}\quad \varepsilon_{mx}\quad \varepsilon_{my}\quad \varepsilon_{mz}\quad \nabla_{ax}\quad \nabla_{ay}\quad \nabla_{az}]^{\mathrm{T}}\end{aligned} \tag{12-2-9}$$

$$\boldsymbol{W}=[w_{gx}\quad w_{gy}\quad w_{gz}\quad w_{mx}\quad w_{my}\quad w_{mz}\quad w_{ax}\quad w_{ay}\quad w_{az}]^{\mathrm{T}} \tag{12-2-10}$$

$$
\boldsymbol{G}_{\mathrm{I}}=\begin{bmatrix} C_{\mathrm{b}}^{\mathrm{p}} & 0_{3\times3} & 0_{3\times3} \\ 0_{9\times3} & 0_{9\times3} & 0_{9\times3} \\ 0_{3\times3} & I_{3\times3} & 0_{3\times3} \\ 0_{3\times3} & 0_{3\times3} & I_{3\times3} \end{bmatrix} \tag{12-2-11}
$$

$$
\boldsymbol{F}_{\mathrm{I}}=\begin{bmatrix} \boldsymbol{F}_{\mathrm{N}} & \boldsymbol{F}_{\mathrm{S}} \\ 0_{9\times9} & \boldsymbol{F}_{\mathrm{M}} \end{bmatrix}_{18\times18} \tag{12-2-12}
$$

式中:$\boldsymbol{F}_{\mathrm{N}}$ 为对应 9 个基本导航参数的系统阵,其非零元素为

$$
\begin{cases}
F(1,2)=\omega_{\mathrm{ie}}\sin L+\dfrac{v_{\mathrm{E}}}{R_{\mathrm{N}}+h}\tan L \quad F(1,3)=-\left(\omega_{\mathrm{ie}}\cos L+\dfrac{v_{\mathrm{E}}}{R_{\mathrm{N}}+h}\right) \\
F(1,5)=-\dfrac{1}{R_{\mathrm{M}}+h} \quad F(2,1)=-\left(\omega_{\mathrm{ie}}\sin L+\dfrac{v_{\mathrm{E}}}{R_{\mathrm{N}}+h}\tan L\right) \\
F(2,3)=-\dfrac{v_{\mathrm{N}}}{R_{\mathrm{M}}+h} \quad F(2,4)=-\dfrac{1}{R_{\mathrm{N}}+h} \quad F(2,7)=-\omega_{\mathrm{ie}}\sin L \\
F(3,1)=\omega_{\mathrm{ie}}\cos L+\dfrac{v_{\mathrm{E}}}{R_{\mathrm{N}}+h} \quad F(3,2)=\dfrac{v_{\mathrm{N}}}{R_{\mathrm{M}}+h} \\
F(3,4)=\dfrac{1}{R_{\mathrm{N}}+h}\tan L \quad F(3,7)=\omega_{\mathrm{ie}}\cos L+\dfrac{v_{\mathrm{E}}}{R_{\mathrm{N}}+h}\sec^2 L \\
F(4,2)=-f_{\mathrm{U}} \quad F(4,3)=f \quad F(4,4)=\dfrac{v_{\mathrm{N}}}{R_{\mathrm{M}}+h}\tan L-\dfrac{v_{\mathrm{U}}}{R_{\mathrm{M}}+h} \\
F(4,5)=2\omega_{\mathrm{ie}}\sin L+\dfrac{v_{\mathrm{E}}}{R_{\mathrm{N}}+h}\tan L \quad F(4,6)=-2\omega_{\mathrm{ie}}\cos L+\dfrac{v_{\mathrm{E}}}{R_{\mathrm{N}}+h} \\
F(4,7)=2\omega_{\mathrm{ie}}\cos Lv_{\mathrm{N}}+\dfrac{v_{\mathrm{E}}v_{\mathrm{N}}}{R_{\mathrm{N}}+h}\sec^2 L+2\omega_{\mathrm{ie}}\sin Lv_{\mathrm{U}} \\
F(5,1)=f_{\mathrm{U}} \quad F(5,3)=-f_{\mathrm{E}} \quad F(5,4)=-2\left(\omega_{\mathrm{ie}}\sin L+\dfrac{v_{\mathrm{E}}}{R_{\mathrm{N}}+h}\tan L\right) \\
F(5,5)=-\dfrac{v_{\mathrm{U}}}{R_{\mathrm{M}}+h} \quad F(5,6)=-\dfrac{v_{\mathrm{N}}}{R_{\mathrm{M}}+h} \\
F(5,7)=-\left(2\omega_{\mathrm{ie}}\cos L+\dfrac{v_{\mathrm{E}}}{R_{\mathrm{N}}+h}\sec^2 L\right)v_{\mathrm{E}} \quad F(6,1)=-f_{\mathrm{N}}
\end{cases} \tag{12-2-13}
$$

$$
\begin{cases}
F(6,2)=f_{\mathrm{E}} \quad F(6,4)=2\left(\omega_{\mathrm{ie}}\cos L+\dfrac{v_{\mathrm{E}}}{R_{\mathrm{N}}+h}\right) \\
F(6,5)=2\dfrac{v_{\mathrm{N}}}{R_{\mathrm{M}}+h} \quad F(6,7)=-2\omega_{\mathrm{ie}}\sin Lv_{\mathrm{E}} \\
F(7,5)=\dfrac{1}{R_{\mathrm{M}}+h} \quad F(8,4)=\dfrac{\sec L}{R_{\mathrm{N}}+h} \\
F(8,7)=\dfrac{v_{\mathrm{E}}}{R_{\mathrm{N}}+h}\sec L\tan L \quad F(9,6)=1
\end{cases} \tag{12-2-14}
$$

F_{S} 和 F_{M} 分别为

$$\boldsymbol{F}_S=\begin{bmatrix} C_b^n & C_b^n & 0_{3\times3} \\ & 0_{6\times6} & C_b^n \\ & & 0_{3\times3} \end{bmatrix}_{9\times9} \tag{12-2-15}$$

$$\boldsymbol{F}_M=\mathrm{Diag}\begin{bmatrix} 0 & 0 & 0 & -\dfrac{1}{T_{mx}} & -\dfrac{1}{T_{my}} & -\dfrac{1}{T_{mz}} & -\dfrac{1}{T_{ax}} & -\dfrac{1}{T_{ay}} & -\dfrac{1}{T_{az}} \end{bmatrix} \tag{12-2-16}$$

2. 系统的测量方程

在位置、速度综合模式中,其测量值应有两组:一组为位置测量值,即惯导系统给出的经纬度、高度信息和 GPS 接收机给出的相应信息的差值为一组测量值,而两个系统给出的速度差值为另一组量测值。

表示惯导系统的位置信息为

$$\begin{cases} \lambda_I=\lambda_t+\delta\lambda \\ L_I=L_t+\delta L \\ h_I=h_t+\delta h \end{cases} \tag{12-2-17}$$

表示 GPS 接收机给出的位置信息为

$$\begin{cases} \lambda_G=\lambda_t+\dfrac{N_E}{R_N\cos L} \\ L_G=L_t+\dfrac{N_N}{R_M} \\ h_G=h_t+N_h \end{cases} \tag{12-2-18}$$

式中:λ_t、L_t、h_t 为真实值;N_E、N_N、N_h 为 GPS 接收机沿东、北、天方向的位置误差。

定义位置量测矢量为

$$\boldsymbol{Z}_P(t)=\begin{bmatrix} (L_I-L_G)R_M \\ (\lambda_I-\lambda_G)R_N\cos L \\ h_I-h_G \end{bmatrix}=\begin{bmatrix} R_M\delta L+N_N \\ R_N\cos L\delta\lambda+N_E \\ \delta h+N_h \end{bmatrix}\triangleq\boldsymbol{H}_p(t)\boldsymbol{X}_p(t)+\boldsymbol{V}_p(t) \tag{12-2-19}$$

其中

$$\boldsymbol{H}_p=[0_{3\times6}\quad \mathrm{Diag}[R_M\quad R_N\cos L\quad 1]\quad 0_{3\times9}]$$

$$\boldsymbol{V}_p=[N_N\quad N_E\quad N_h]^T \tag{12-2-20}$$

测量噪声作为白噪声处理,其方差分别为

$$\begin{cases} \sigma_{pN}=\sigma_p\cdot HDOP_N \\ \sigma_{pE}=\sigma_p\cdot HDOP_E \\ \sigma_{ph}=\sigma_p\cdot VDOP \end{cases} \tag{12-2-21}$$

同理,得到速度的测量方程

$$\boldsymbol{Z}_V(t)=\boldsymbol{H}_V(t)\boldsymbol{X}_V(t)+\boldsymbol{V}_V(t) \tag{12-2-22}$$

$$\boldsymbol{H}_V=[0_{3\times3}\quad \mathrm{Diag}[1\quad 1\quad 1]\quad 0_{3\times12}] \tag{12-2-23}$$

$$\boldsymbol{V}_V=[M_N\quad M_E\quad M_U]^T \tag{12-2-24}$$

$$\begin{cases}\sigma_{VN}=\sigma_p \cdot HDOP_y\\ \sigma_{VE}=\sigma_p \cdot HDOP_x\\ \sigma_{VU}=\sigma_p \cdot VDOP\end{cases} \tag{12-2-25}$$

式中：M_N、M_E、M_U 为 GPS 接收机测速误差；σ_p^2 为接收机伪距率测量误差；σ_{VN}、σ_{VE}、σ_{VU}为东、北、天方向的速度误差标准差。

把位置测量得到矢量和速度测量矢量合在一起，得

$$\boldsymbol{Z}(t)=\begin{bmatrix}Z_P(t)\\ Z_V(t)\end{bmatrix}=\begin{bmatrix}H_p(t)\\ H_V(t)\end{bmatrix}\boldsymbol{X}(t)+\begin{bmatrix}v_p(t)\\ v_V(t)\end{bmatrix} \tag{12-2-26}$$

即为位置、速度信息同时使用时综合系统的量测方程。

12.2.2.2 综合卡尔曼滤波器的设计

把状态方程式(12-2-8)和测量方程式(12-2-26)离散化，可得

$$\begin{aligned}X_k&=\Phi_{k,k-1}+\Gamma_{k-1}W_{k-1}\\ Z_k&=H_kX_k+v_k\end{aligned} \tag{12-2-27}$$

其中
$$\Phi_{k,k-1}=\sum_{n=0}^{\infty}\frac{T^n}{n!}F^n(t_k)$$

$$\Gamma_{k-1}=\left\{\sum_{n=1}^{\infty}\left[\frac{1}{n!}(F(t_k)T)^{n-1}\right\}G(t_k)T\right. \tag{12-2-28}$$

式中：T 为迭代周期。

综合卡尔曼滤波器是综合导航系统的核心。根据对系统校正方式的不同，卡尔曼滤波器有开环校正即输出校正和闭环校正即反馈校正之分。这里讨论开环校正。

开环卡尔曼滤波器的状态方程中没有控制项，用卡尔曼滤波器对惯导系统的校正采用开环方式即输出校正，如图 12-5 所示。惯导系统输出误差状态用 X 表示，卡尔曼滤波器的估计值用 $\hat{X}$ 表示，则开环校正后的综合系统误差为

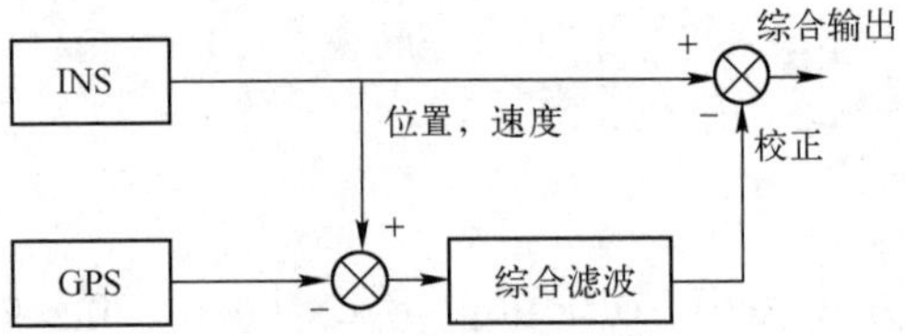

图 12-5　开环校正

$$\tilde{X}=X-\hat{X} \tag{12-2-29}$$

如果用滤波估计 $\hat{X}_k$ 进行开环校正，则校正后的系统误差为

$$\tilde{X}_k=X_k-\hat{X}_k \tag{12-2-30}$$

显然，$\tilde{X}_k$ 也是卡尔曼滤波器的滤波估计误差。即用滤波估计对系统进行开环校正，校正后的系统精度和卡尔曼滤波器的滤波估计精度相同。所以，可用卡尔曼滤波器的协方差来描述开环校正后的系统精度。这就是通常的协方差分析方法。

开环卡尔曼滤波方程为

$$
\begin{cases}
\hat{X}_{k|k-1}=\Phi_{k,k-1}\hat{X}_{k-1}+\Gamma_{k-1}W_{k-1} \\
\hat{X}_k=\hat{X}_{k|k-1}+K_k(Z_k-H_k\hat{X}_{k|k-1}) \\
K_k=P_{k|k-1}H_k^{\mathrm{T}}(H_kP_{k|k-1}H_k^{\mathrm{T}}+R_k)^{-1} \\
P_{k|k-1}=\Phi_{k,k-1}P_{k-1}\Phi_{k,k-1}^{\mathrm{T}}+\Gamma_{k-1}Q_k\Gamma_{k-1}^{\mathrm{T}} \\
P_k=(I-K_kH_k)P_{k|k-1}(I-K_kH_k)^{\mathrm{T}}+K_kR_kK_k^{\mathrm{T}}=(I-K_{k+1}H_k)P_{k|k-1}
\end{cases}
\tag{12-2-31}
$$

从 SINS 中得到位置和速度信息，同时又可以从 GPS 中得到速度和位置信息，用它们的差值，做为观测值，这样测量起来方便，而且计算量小，代入式(12-2-31)进行计算。

12.2.2.3 存在的问题及解决的办法

存在的问题：

(1) 模型误差。对组合系统而言，一种是对系统噪声和量测噪声了解不够，特别是量测噪声，在高动态环境下更是难以确定；另一种是系统噪声和量测噪声不是零均值的独立白噪声。如 GPS 位置结果作为滤波器的量测信息，诸如电离层折射误差等作为观测噪声就不是零均值白噪声；如果将 GPS 相位观测数据作为组合数据滤波器的量测输入信息，相位观测值中的周跳以及初始整周模糊度解算误差都会使量测方程产生系统性偏差项；陀螺漂移和加速度偏置的随机分量也是有色噪声。因此，不可避免地存在建模误差。另外，将非线性的微分方程离散化为线性误差方程，也会产生建模误差。对于这种情形，组合系统建模时一般采用误差状态矢量建立系统的状态方程和量测方程减小其误差。

(2) 实时性问题。GPS/SINS 组合系统在建立状态方程时，状态矢量的维数较高，对组合系统进行估计和控制所进行的运算，其运算量大，因此，对高阶系统的状态进行估计时往往会遇到计算方面的问题。

(3) 数字计算问题。卡尔曼滤波增益矩阵计算时，没有考虑到实际观测量，而计算时只是用一步预测信息，这样就可能存在误差不准确。另外，计算机字长有限，在计算时存在舍入误差，使协方差失去对称性，结果计算不稳定。

解决的办法：

(1) 对有色噪声的处理。直接完善模型。对动态噪声，利用成型滤波器对动态噪声建模，然后扩充状态矢量的维数及相应的状态方程，将问题转化为标准的卡尔曼滤波问题。对观测噪声，将观测矢量、观测噪声和观测方程作适当的变换，使原来的有色噪声下的线性系统变成白噪声作用下的一般线性系统，再利用滤波方程来导出有色观测噪声下的线性系统滤波方程；将与时间相关的量测序列进行差分组合，消去与时间相关的误差，使新的观测误差序列成为白噪声序列；加大组合滤波器的迭代周期，使迭代周期大大超过误差相关的时间，从而使得可以把量测误差作为白噪声处理。

间接方法。自适应滤波，目前有代表性的是 Sage-Husa 自适应滤波和强跟踪卡尔曼滤波以及在此基础上的一些改进方法。先利用观测数据对观测噪声进行估计，然后再用 Sage-Husa 算法对动态噪声进行估计的同时，实现状态滤波估计，不断地对未知的或不确切知道的模型参数以及噪声的统计性质进行估计和修正以减小模型误差；设计抗差滤波器，使状态估计在不确定噪声下性能最好。

(2) 实时性问题处理。运用分散滤波理论进行设计，将 GPS 滤波器与组合滤波器统一考虑。设计降阶滤波器,减少状态矢量的维数。

(3) 数字计算不稳定的解决方法。目前有平方根滤波、自适应滤波、固定增益滤波等,其中在平方根法与观测量序贯处理基础上提出的平方根 UDU^T 滤波算法效果较好。

12.2.3 组合导航仿真结果

设定仿真时间为 2h,通过观察:(1) X、Y、Z 3 个陀螺存在大小为 0.01°/h 常值漂移误差时;(2) X、Y、Z 3 个陀螺存在标准差为 0.01°/h 随机漂移误差时;(3) 纵摇角、横摇角误差为 15″,航向角误差为 40″时;(4) 综合以上(1)、(2)、(3)条件各自情况下的捷联惯导输出的位置、速度误差曲线进行对比分析。

(1) 设置 X、Y、Z 3 个陀螺存在大小为 0.01°/h 常值漂移误差时,捷联惯导输出的位置、速度误差曲线如图 12-6~图 12-9 所示。

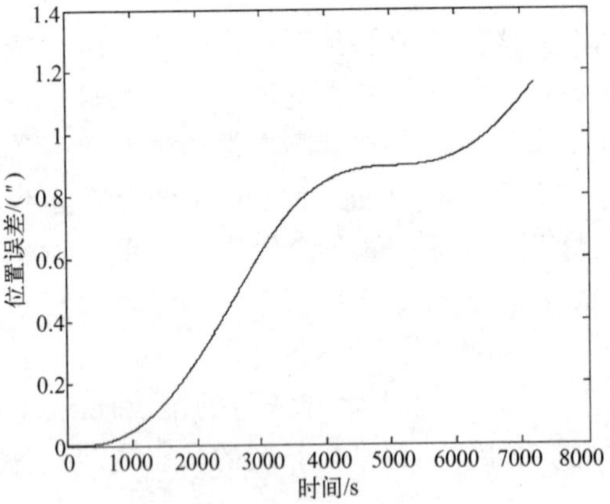

图 12-6 经度误差曲线

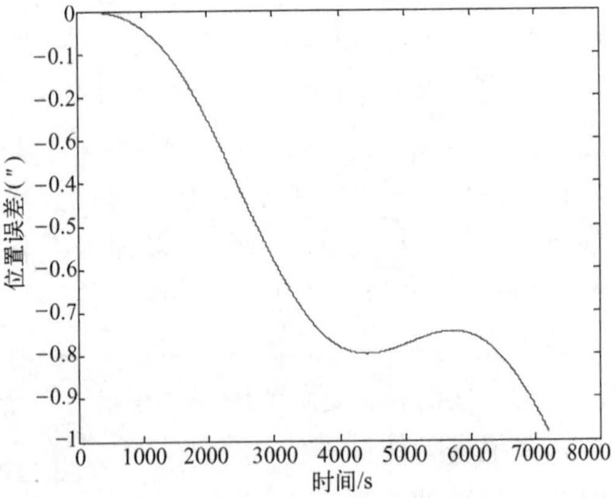

图 12-7 纬度误差曲线

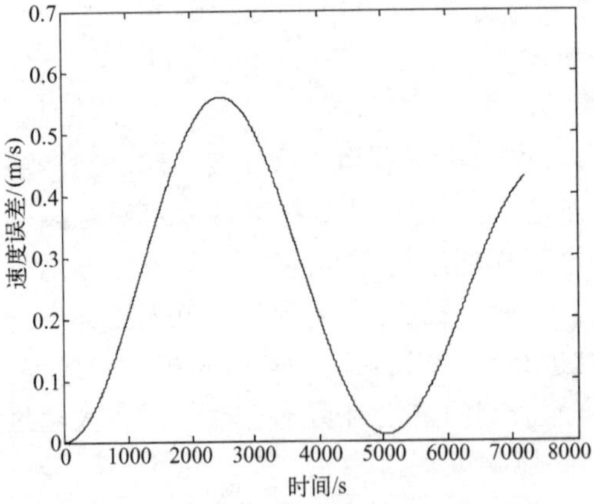

图 12-8 东速误差

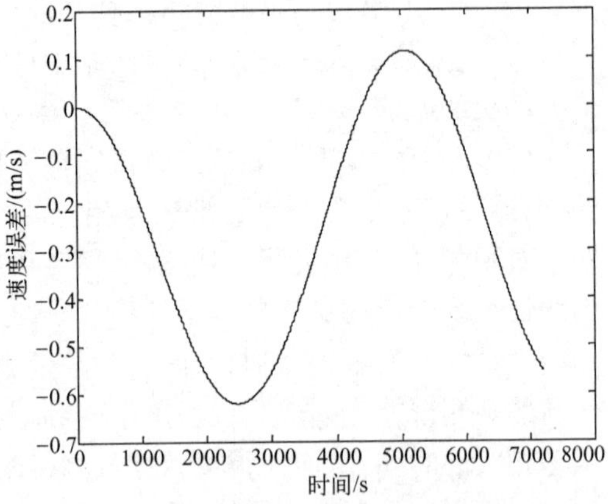

图 12-9 北速误差

(2) 设置 X、Y、Z 3 个陀螺存在标准差为 0.01°/h 随机漂移误差时,捷联惯导输出的位置、速度误差曲线如图 12-10~图 12-13 所示。

(3) 设置纵摇角、横摇角误差为 15″,航向角误差为 40″,捷联惯导输出的位置、速度误差曲线如图 12-14~图 12-17 所示。

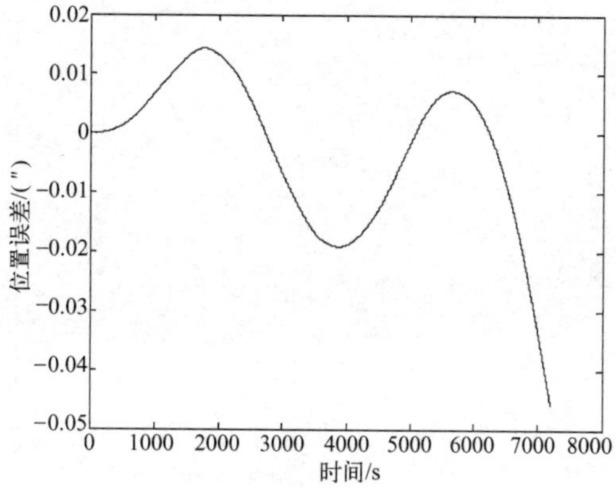

图 12-10　经度误差曲线

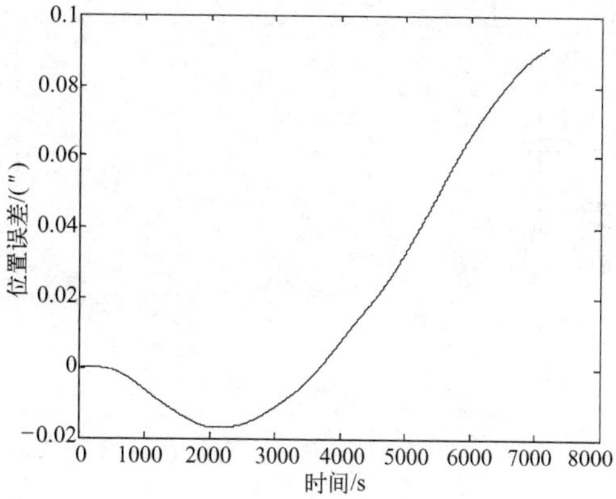

图 12-11　纬度误差曲线

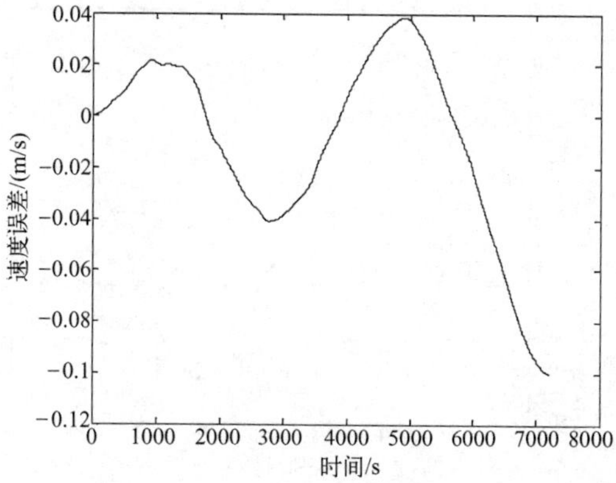

图 12-12　东速误差

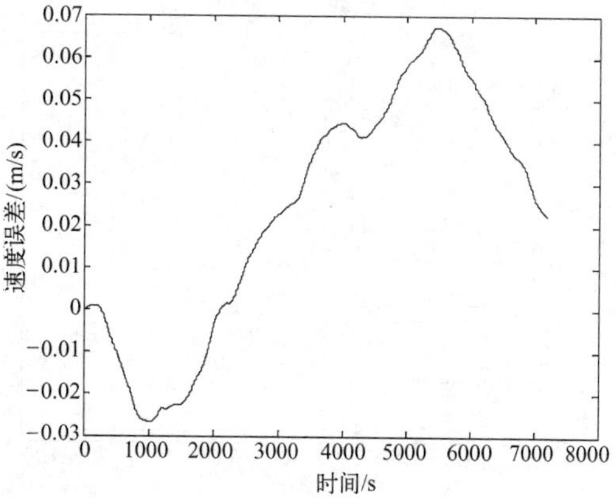

图 12-13　北速误差

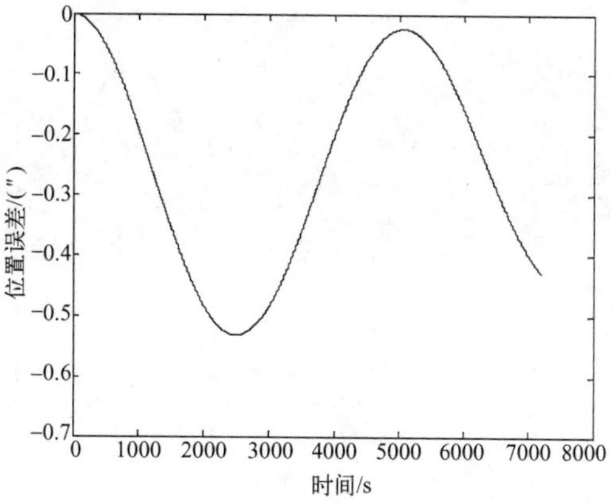

图 12-14　经度误差曲线

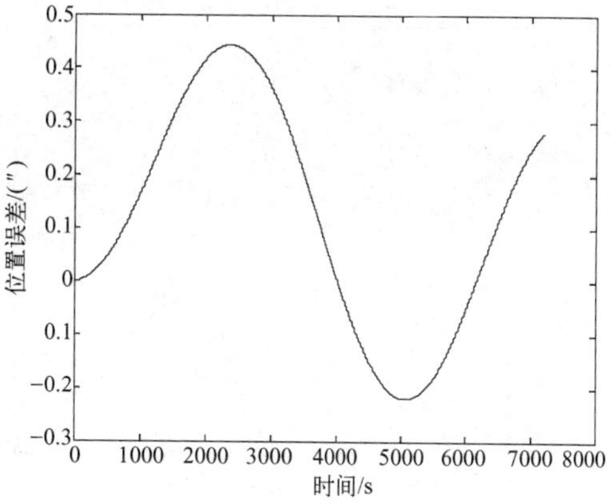

图 12-15　纬度误差曲线

综合以上(1)、(2)、(3)条件捷联惯导输出的位置、速度误差曲线如图 12-18～图 12-21 所示。

设定仿真时间为 2h,北斗随机位置误差标准差为 30m。通过观察(1)X、Y、Z 3 个陀螺存在大小为 0.01°/h 常值漂移误差时;(2)X、Y、Z 3 个陀螺存在标准差为 0.01°/h 随机漂移误差时;(3)纵摇角、横摇角误差为 15″,航向角误差为 40″时;(4)综合以上(1)、(2)、(3)条件各自情况下的北斗/捷联惯导组合输出的位置、速度误差曲线进行对比分析。

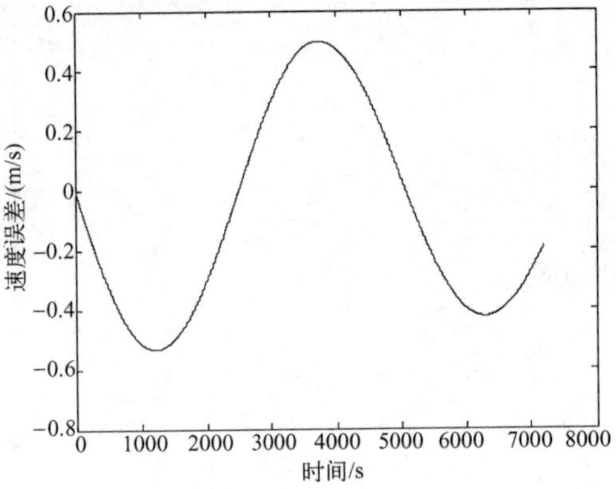

图 12-16　东速误差曲线

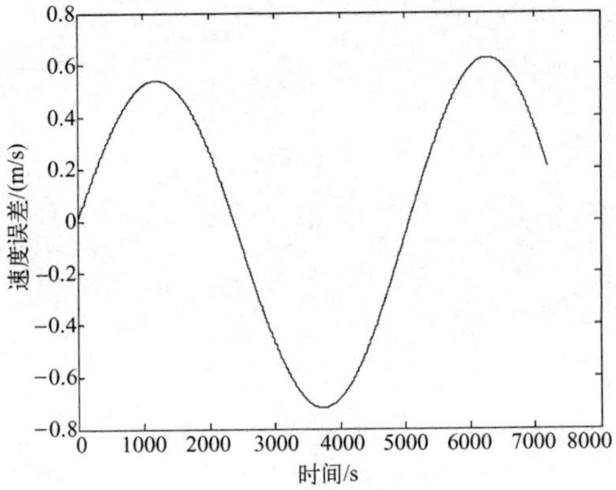

图 12-17　北速误差曲线

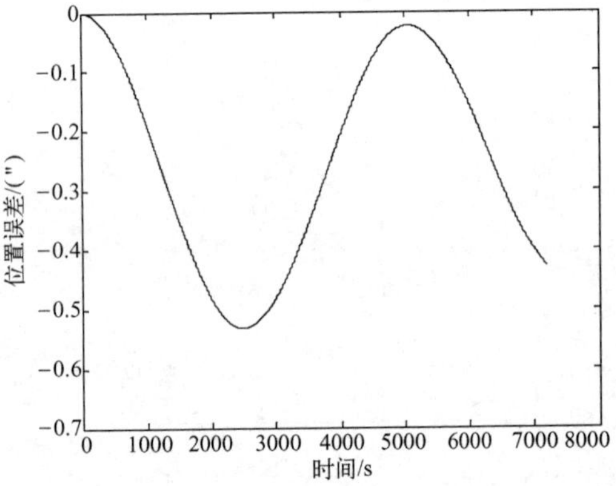

图 12-18　经度误差曲线

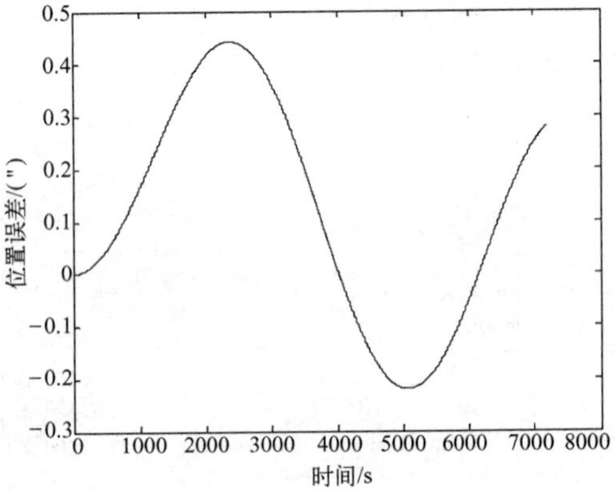

图 12-19　纬度误差曲线

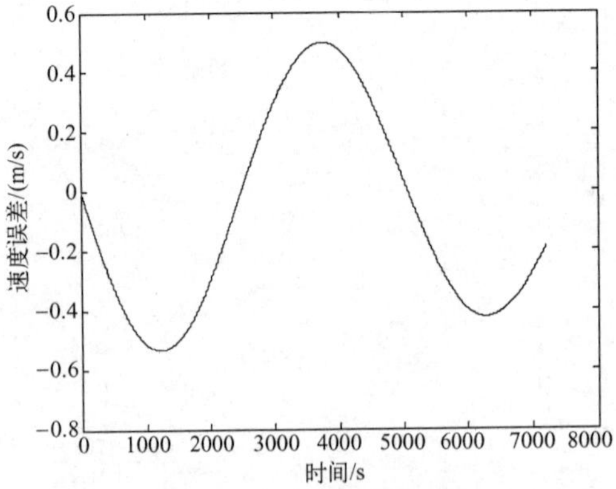

图 12-20　东速误差曲线

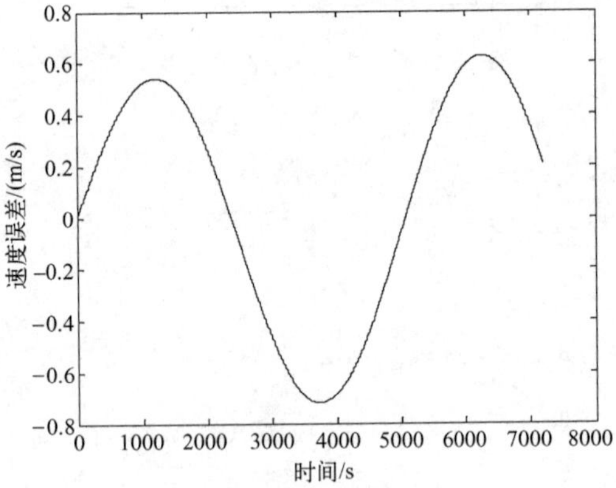

图 12-21　北速误差曲线

（1）设置 X、Y、Z 3 个陀螺存在大小为 0.01°/h 常值漂移误差时，北斗/捷联惯导组合输出的位置、速度误差曲线如图 12-22、图 12-23 所示。

（2）设置 X、Y、Z 3 个陀螺存在标准差为 0.01°/h 随机漂移误差时，北斗/捷联惯导组合输出的位置、速度误差曲线如图 12-24、图 12-25 所示。

（3）设置纵摇角、横摇角误差为 15″，航向角误差为 40″，北斗/捷联惯导组合输出的位置、速度误差曲线如图 12-26、图 12-27 所示。

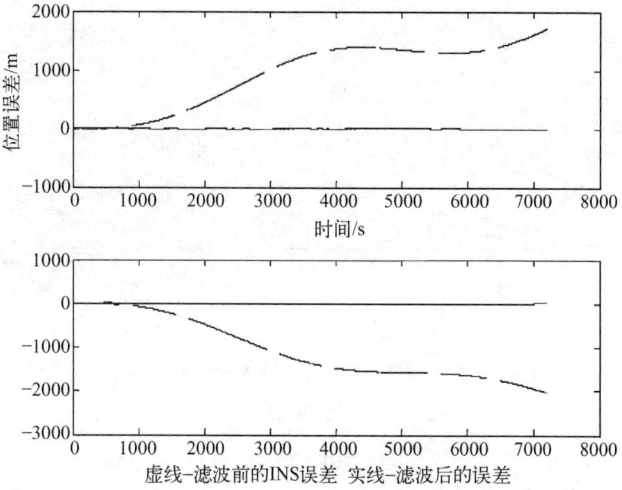

图 12-22 位置误差曲线

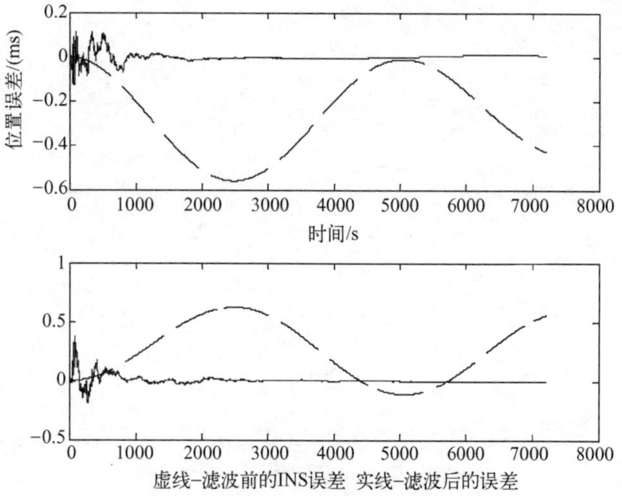

图 12-23 速度误差曲线

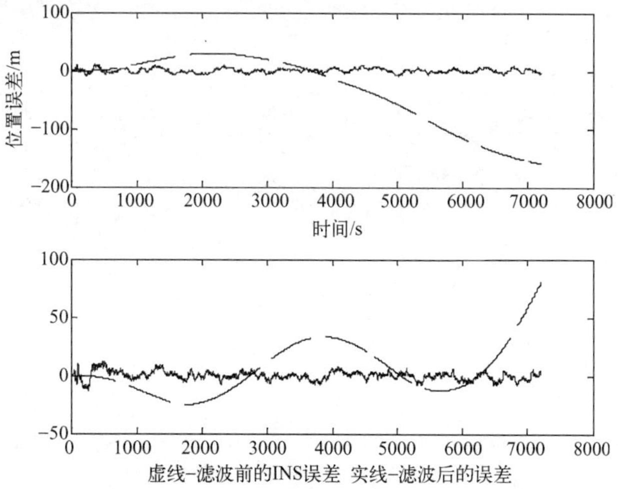

图 12-24 位置误差曲线

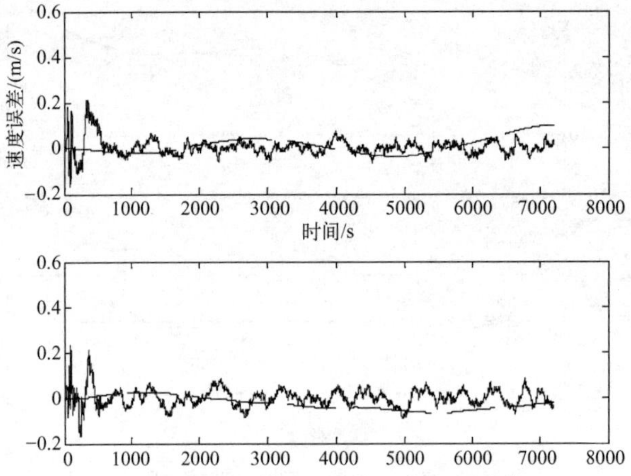

虚线–滤波前的INS误差 实线–滤波后的误差

图 12-25 速度误差曲线

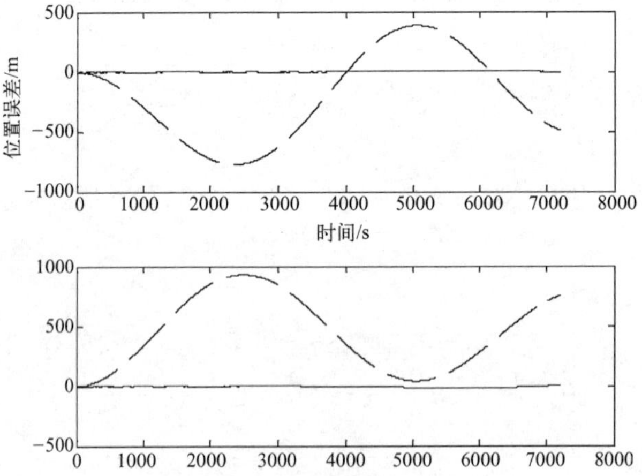

虚线–滤波前的INS误差 实线–滤波后的误差

图 12-26 位置误差曲线

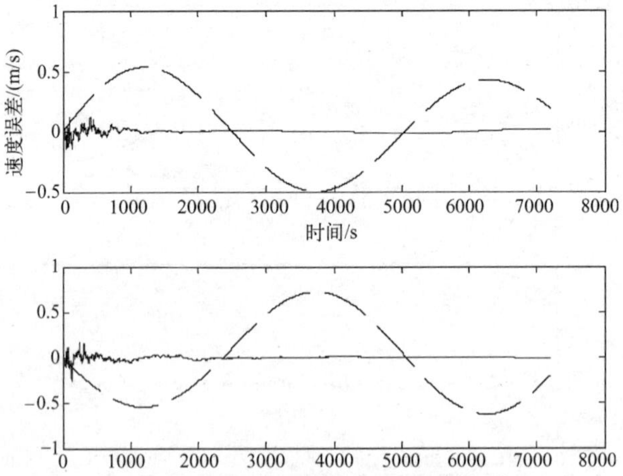

虚线–滤波前的INS误差 实线–滤波后的误差

图 12-27 速度误差曲线

综合以上(1)、(2)、(3)条件,北斗/捷联惯导组合输出的位置、速度误差曲线如图 12-28、图 12-29 所示。

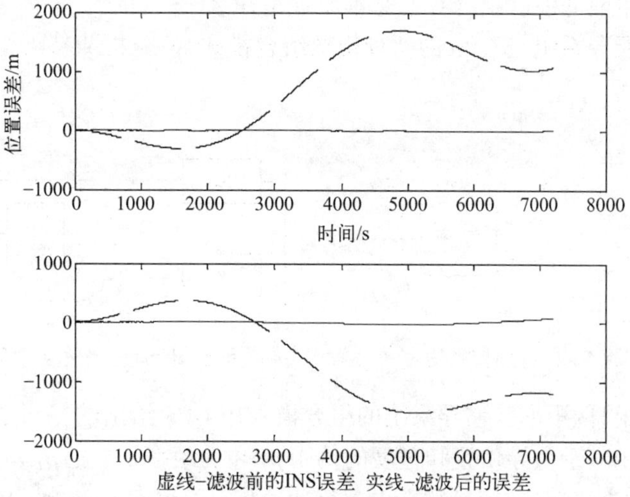

图 12-28 位置误差曲线

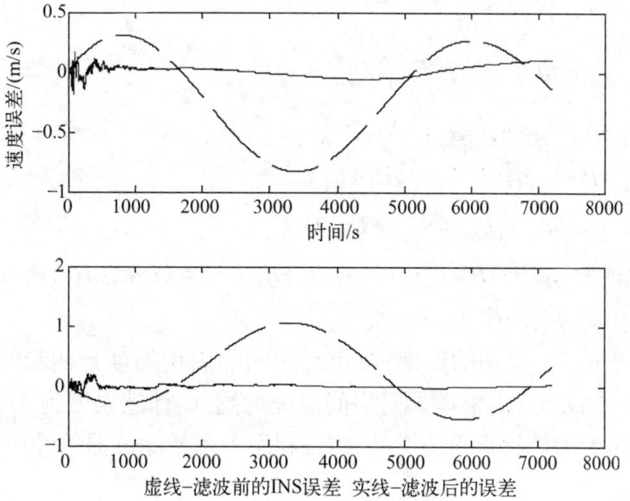

图 12-29 速度误差曲线

针对多种典型误差源条件下的仿真分析可知,纯惯性制导精度不同程度受到常值陀螺漂移、随机陀螺漂移、初始对准误差影响。相对而言,受常值陀螺漂移影响最大。组合制导中,研究可以发现,在综合误差情况下,即最接近实战的条件下 INS 导航系统中位置误差曲线逐渐扩大的,在 7200s 的时候误差达到最大为 1792m,通过 INS 与北斗卫星导航系统进行组合,位置误差只有 11.6m,大大提高了制导精度。

思 考 题

(1) 试推导平台漂移角 Ψ 与陀螺漂移 ε 的关系是什么?

（2）两点校基本原理是什么？

（3）三点校基本原理是什么？

（4）利用卡尔曼滤波的组合导航基本原理是什么？

（5）下图是惯导系统与 GPS 的两种松散组合模式，请分析两种组合模式的特点和主要区别。

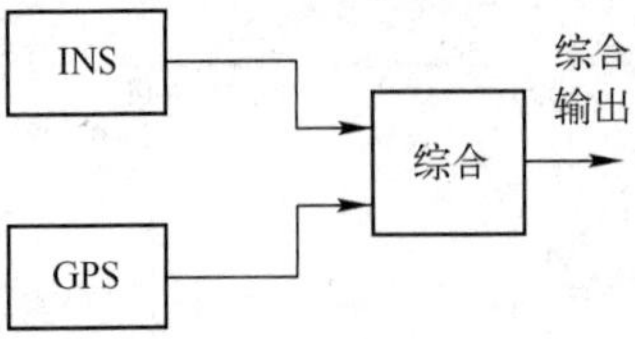

题 5 图（a）加权平均

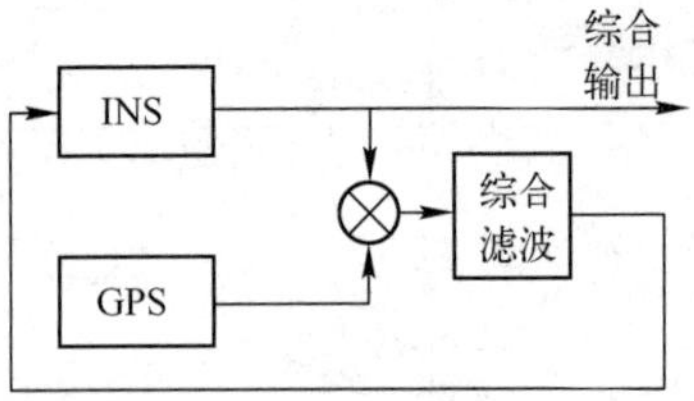

题 5 图（b）位置速度综合

（6）采用伪距、伪距率与惯导系统的组合模式用 GPS 给出的星历数据和 INS 给出的位置和速度计算相应于惯导位置和速度的伪距 ρ_I 和伪距率 $\dot{\rho}_I$。把 ρ_I 和 $\dot{\rho}_I$ 与 GPS 测量的 ρ_G 和 $\dot{\rho}_G$ 相比较作为量测值，通过综合卡尔曼滤波器估计惯导系统和 GPS 的误差量，然后对两个系统进行开环或反馈校正。请画出这种组合模式的基本原理框图。

（7）卡尔曼滤波方程如下：

$$\dot{X}_{k|k-1}=\boldsymbol{\Phi}_{k,k-1}\dot{X}_{k-1}+\boldsymbol{\Gamma}_{k-1}W_{k-1}$$

$$\dot{X}_k=\dot{X}_{k|k-1}+K_k(Z_k-H_k\dot{X}_{k|k-1})$$

$$K_k=P_{k|k-1}H_k^{\mathrm{T}}(H_kP_{k|k-1}H_k^{\mathrm{T}}+R_k)^{-1}$$

$$P_{k|k-1}=\boldsymbol{\Phi}_{k,k-1}P_{k-1}\boldsymbol{\Phi}_{k,k-1}^{\mathrm{T}}+\boldsymbol{\Gamma}_{k-1}Q_k\boldsymbol{\Gamma}_{k-1}^{\mathrm{T}}$$

$$P_k=(I-K_kH_k)P_{k|k-1}(I-K_kH_k)^{\mathrm{T}}+K_kR_kK_k^{\mathrm{T}}=(I-K_{k+1}H_k)P_{k|k-1}$$

请说明上述方程中 K_k、P_k 的作用。

（8）如果要测量一个房间的温度，在短时间间隔内用温度计测量三次房间的温度分别为 25℃，25.4℃，26.2℃，而根据人对房间温度的感知，体感温度为 27℃，已知温度计测量方差为 0.5℃，而人的体感温度方差为 2℃，利用卡尔曼滤波器估计房间的温度。

附录 A 常用函数的拉氏变换

原函数 $x(t)$	象函数 $X(s)$
$\delta(t)$	1
$l(t)$	$\frac{1}{s}$
e^{-at}	$\frac{1}{s+\alpha}$
t	$\frac{1}{s^2}$
t^n	$\frac{n!}{s^n+1}$
$\sin(\omega t)$	$\frac{\omega}{s^2+\omega^2}$
$\cos(\omega t)$	$\frac{s}{s^2+\omega^2}$
$\frac{1}{r-\alpha}(e^{-at}-e^{-rt})$	$\frac{1}{(s+\alpha)(s+r)}$
te^{-at}	$\frac{1}{(s+\alpha)^2}$
$\frac{1}{\alpha^2}(at-1+e^{-at})$	$\frac{1}{s^2(s+\alpha)}$
$\frac{1}{\alpha\beta}+\frac{\beta e^{-at}-\alpha e^{\beta t}}{\alpha\beta(\alpha-\beta)}$	$\frac{1}{s(s+\alpha)(s+\beta)}$
$\frac{1}{\alpha}(1-e^{-at})$	$\frac{1}{s(s+\alpha)}$
$\frac{\omega_n}{\sqrt{1-\zeta^2}}e^{-\zeta\omega_n t}\cdot\sin(\omega_n\sqrt{1-\zeta^2}t)$	$\frac{\omega_n^2}{s^2+2\zeta\omega_n s+\omega_n^2}\ (0<\zeta<1)$
$\frac{-1}{\sqrt{1-\zeta^2}}e^{-\zeta\omega_n t}\cdot\sin(\omega_n\sqrt{1-\zeta^2}t-\varphi)$ $\varphi=\arctan\frac{\sqrt{1-\zeta^2}}{\zeta}$	$\frac{s}{s^2+2\zeta\omega_n s+\omega_n^2}\ (0<\zeta<1)$
$1-\frac{1}{\sqrt{1-\zeta^2}}e^{-\zeta\omega_n t}\sin(\omega_n\sqrt{1-\zeta^2}+\varphi)$ $\varphi=\arctan\frac{\sqrt{1-\zeta^2}}{\zeta}$	$\frac{\omega_n^2}{s(s^2+2\zeta\omega_n s+\omega_n^2)}\ (0<\zeta<1)$

附录 B 卡尔曼滤波基础

B.1 基础理论

卡尔曼滤波与之前的滤波算法相比，适用于非平稳过程，且使用状态空间法在时域内设计滤波器，适用于多维随机过程；有连续型和离散型两种算法，可直接在计算机上实现。

设 t_k 时刻的状态方程及测量方程由下列方程描述：

$$\boldsymbol{X}_k=\boldsymbol{\Phi}_{k,k-1}\boldsymbol{X}_{k-1}+\boldsymbol{\Gamma}_{k-1}\boldsymbol{W}_{k-1} \tag{B-1-1}$$

$$\boldsymbol{Z}_k=\boldsymbol{H}_k\boldsymbol{X}_k+\boldsymbol{V}_k \tag{B-1-2}$$

式中：$\boldsymbol{X}_k$ 为被估计的状态变量；$\boldsymbol{\Phi}_{k,k-1}$ 为 t_k 时刻到 t_{k+1} 时刻的一步转移阵；$\boldsymbol{W}_k$ 系统噪声序列，该序列驱动状态变量；$\boldsymbol{\Gamma}_{k-1}$ 为系统噪声驱动阵；$\boldsymbol{H}_k$ 为测量阵；$\boldsymbol{V}_k$ 为测量噪声序列。

同时，$\boldsymbol{W}_k$ 和 $\boldsymbol{V}_k$ 满足：

$$\begin{cases}\boldsymbol{E}[\boldsymbol{W}_k]=\boldsymbol{0},\mathrm{Cov}[\boldsymbol{W}_k,\boldsymbol{W}_j]=E[\boldsymbol{W}_k\boldsymbol{W}_j^{\mathrm{T}}]=\boldsymbol{Q}_k\delta_{kj}\\ \boldsymbol{E}[\boldsymbol{V}_k]=\boldsymbol{0},\mathrm{Cov}[\boldsymbol{V}_k,\boldsymbol{V}_j]=E[\boldsymbol{V}_k\boldsymbol{V}_j^{T}]=\boldsymbol{R}_k\delta_{kj}\\ \mathrm{Cov}[\boldsymbol{W}_k,\boldsymbol{V}_j]=E[\boldsymbol{W}_k\boldsymbol{V}_j^{\mathrm{T}}]=\boldsymbol{0}\end{cases} \tag{B-1-3}$$

式中：$\boldsymbol{Q}_k$ 为系统噪声序列的方差阵，假设为非负定阵；$\boldsymbol{R}_k$ 为测量噪声序列的方差阵，假设为正定阵；δ_{kj} 为 Kronecker δ 函数，定义为

$$\delta_{kj}=\begin{cases}0, & k\neq j\\ 1, & k=j\end{cases}$$

如果被估计状态 $\boldsymbol{X}_k$ 满足(B-1-1)，对 $\boldsymbol{X}_k$ 的测量 $\boldsymbol{Z}_k$ 满足式(B-1-2)，系统噪声 $\boldsymbol{W}_k$ 和测量噪声 $\boldsymbol{V}_k$ 满足(B-1-3)，系统噪声方差阵 $\boldsymbol{Q}_k$ 非负定，测量噪声序列的方差阵 $\boldsymbol{R}_k$ 正定，则 $\boldsymbol{X}_k$ 的估计值 $\hat{\boldsymbol{X}}_k$ 可通过 k 时刻的测量值 $\boldsymbol{Z}_k$ 由以下方法求得

$$\begin{cases}\hat{X}_{k/k-1}=\boldsymbol{\Phi}_{k,k-1}\hat{X}_{k-1}\\ \hat{X}_k=\hat{X}_{k/k-1}+K_k(Z_k-H_k\hat{X}_{k/k-1})\\ K_k=P_k^-H_k^{\mathrm{T}}\,(H_kP_k^-H_k^{\mathrm{T}}+R_k)^{-1}\\ P_{k/k-1}=\boldsymbol{\Phi}_{k,k-1}P_{k-1}\boldsymbol{\Phi}_{k,k-1}^{\mathrm{T}}+\boldsymbol{\Gamma}_{k-1}Q_{k-1}\boldsymbol{\Gamma}_{k-1}^{\mathrm{T}}\\ P_k=(I-K_kH_k)P_{k/k-1}\end{cases} \tag{B-1-4}$$

式(B-1-4)即为离散卡尔曼滤波基本方程。只要给定初值 $\hat{X}_0$ 和 P_0，根据 t_k 时刻的量测值 Z_k，就可以递推计算 t_k 时刻的状态估计 $\hat{X}_k(k=1,2,\cdots)$。式中，$\hat{X}_{k/k-1}$ 为状态一步预测值，$P_{k/k-1}$ 为一步预测均方误差，P_k 为估计均方差，其他符号与前面意义一致。式(B-1-4)所述算法可用流程图 B-1 表示。

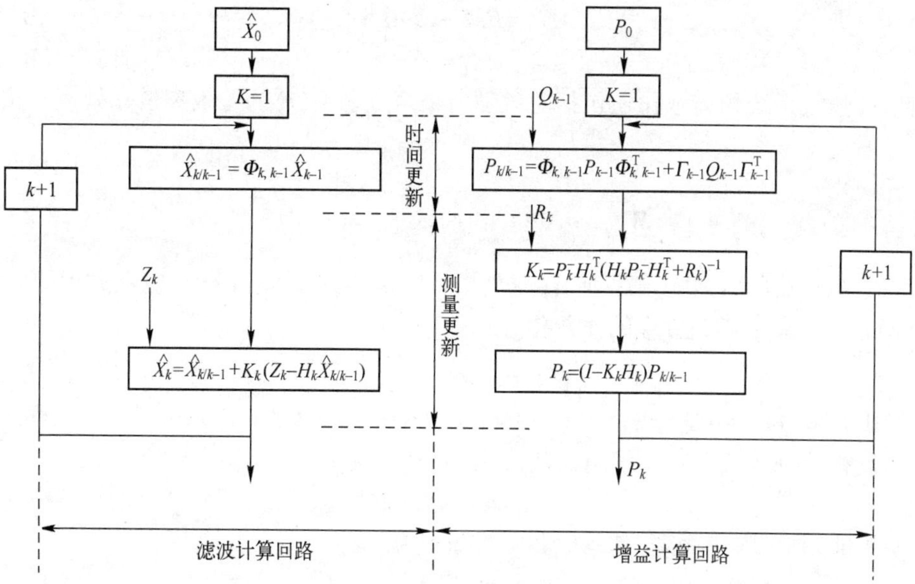

图 B-1 卡尔曼滤波算法

从不同的角度考查上述滤波算法,则滤波算法按不同思路可做不同划分。一种方法是划分为增益计算回路和滤波计算回路。其中前者是独立的计算回路,后者依赖前者。另一种方法是划分为预测步骤和更新步骤。前者根据前一时刻测量值预测系统状态变量,后者根据当前时刻测量值更新系统状态变量。

B.2 离散型卡尔曼滤波使用要点

1. 连续系统的离散化

通常情况下,列写出系统的误差方程是连续的。所以,在进行滤波之前,需要将连续时间的误差方程离散化。

设系统的连续状态方程为

$$\dot{\boldsymbol{X}}(t)=F(t)\boldsymbol{X}(t)+G(t)\boldsymbol{w}(t) \tag{B-2-1}$$

其中系统的驱动噪声 $\boldsymbol{w}(t)$ 为白噪声过程,$\boldsymbol{q}$ 为其方差强度阵。

则该连续系统离散化处理后,状态方程为

$$\boldsymbol{X}_k=\boldsymbol{\Phi}_{k,k-1}\boldsymbol{X}_{k-1}+\boldsymbol{W}_{k-1} \tag{B-2-2}$$

其中,

$$\boldsymbol{\Phi}=\sum_{i=0}T^i\frac{\boldsymbol{F}_k^i}{i!} \tag{B-2-3}$$

式中:T 为系统采样时间。

系统噪声等效方差阵按下列式计算:

$$\boldsymbol{Q}_k=\sum_{i=0}^{\infty}\boldsymbol{M}_i\frac{T^i}{i!} \tag{B-2-4}$$

$$\boldsymbol{M}_{i+1}=\boldsymbol{F}\boldsymbol{M}_i+(\boldsymbol{F}\boldsymbol{M}_i)^{\mathrm{T}} \tag{B-2-5}$$

$$\boldsymbol{M}_1=q \tag{B-2-6}$$

此外,连续系统的离散化还包括对激励白噪声过程 $\boldsymbol{w}(t)$ 的等效离散化处理。按下式进行:

$$\boldsymbol{W}_k=\int_{t_k}^{t_{k+1}}\boldsymbol{\Phi}(t_{k+1},\tau)\boldsymbol{G}(\tau)\boldsymbol{w}(\tau)\mathrm{d}\tau \tag{B-2-7}$$

可证,离散后的等效噪声序列 $\boldsymbol{W}_k$ 仍然为白噪声序列,满足卡尔曼滤波方程的要求。

例如,一阶马尔科夫过程的离散化。

$$\dot{N}(t)=-\alpha N(t)+w(t) \tag{B-2-8}$$

其中,$E[w(t)]=0, E[w(t),w(\tau)]=2\alpha R_N(0)\delta(t-\tau)$($R_N(0)$为马尔科夫过程的均方值,$\alpha$ 为反相关时间常数),用解析法离散化,可得

$$N_{k+1}=\mathrm{e}^{-\alpha T}N_k+W_k \tag{B-2-9}$$

其中,W_k 是白噪声序列,其均值和方差分别为

$$E[W_k]=0,\ E[W_kW_j]=R_N(0)(1-\mathrm{e}^{-2\alpha T})\delta_{kj} \tag{B-2-10}$$

如果使用数值解法,设白噪声离散化步长为 T,则由马尔科夫故随机微分方程可直接写出其差分递推格式为

$$N_{k+1}=N_k+T\cdot(-\alpha N_k+V_k) \tag{B-2-11}$$

其中,V_k 是白噪声序列,其均值和方差分别为

$$E[V_k]=0,\ E[V_kV_j]\approx 2\alpha R_N(0)/T\cdot\delta_{kj} \tag{B-2-12}$$

2. 滤波初值的选取

卡尔曼滤波是一种递推算法,启动时必须先给定初值 $\hat{\boldsymbol{X}}_0$ 和 P_0。

如果不了解初始状态的统计特性,常令 $\hat{\boldsymbol{X}}_0=\boldsymbol{0},\boldsymbol{P}_0=\alpha\boldsymbol{I}$ 或 $\hat{\boldsymbol{X}}_{0/-1}=\boldsymbol{0},\boldsymbol{P}_{0/-1}=\alpha\boldsymbol{I}$。

其中 α 是很大的正数,在此情况下,滤波器不能保证是无偏的。

3. 估计均方差阵的等价形式及选用

在实际应用中,均方误差阵的计算可根据具体情况选用不同形式的计算方法以达到所期望的效果,下面给出几种计算的方法,并分别介绍其优缺点和适用场合。

$\boldsymbol{P}_k=(\boldsymbol{I}-\boldsymbol{K}_k\boldsymbol{H}_k)\boldsymbol{P}_{k/k-1}(\boldsymbol{I}-\boldsymbol{K}_k\boldsymbol{H}_k)^{\mathrm{T}}+\boldsymbol{K}_k\boldsymbol{R}_k\boldsymbol{K}_k^{\mathrm{T}}$:实际使用中常使用该式。

$\boldsymbol{P}_k=(\boldsymbol{I}-\boldsymbol{K}_k\boldsymbol{H}_k)\boldsymbol{P}_{k/k-1}$:形式简单,但计算中的积累误差易使 P_k 失去非负定性甚至对称性。

$\boldsymbol{P}_k^{-1}=\boldsymbol{P}_{k/k-1}^{-1}+\boldsymbol{H}_k^{\mathrm{T}}\boldsymbol{R}_k^{-1}\boldsymbol{H}_k$:如果在滤波初始时刻不了解状态的统计特性,选取初始值盲目,相应地 P_0 选得十分巨大,计算 $P_{1/0}$ 和 K_1 就会困难,在此情况下,宜采用该式。此时,一步预测的均方差阵也用逆阵来表示。这种逆阵称为信息矩阵。

4. 卡尔曼滤波中的发散问题

在卡尔曼滤波计算中,常会出现估计值相对实际被估计值的偏差越来越大的情况,此时滤波器逐渐失去估计作用,这种线性称为滤波器的发散。

引起滤波器发散的主要原因有以下两点:

(1) 模型原因。系统模型和噪声模型的不准确,特别是将有色噪声近似成白噪声,无法真实地反映物理过程,使模型与获得的量测值不匹配,导致滤波器发散。

（2）数值计算原因。在递推计算过程中，随着滤波计算步数的增加，计算机舍入误差逐渐积累，使得均方差阵失去非负定性甚至失去对称性。

针对模型不准确原因造成的滤波发散问题可使用衰减记忆滤波或限定记忆法滤波，具体可参考相关文献；针对数值计算原因导致的发散问题，可使用平方根滤波相关算法，如更新时采用 Joseph-form 或 Cholesky factorisation 等算法，使滤波具有更好的数值计算稳定性。

附录 C 惯性导航快速入门问答

C.1 基 本 篇

1. 什么叫导航?

答:导航是指引导运载体从一个地方到达另一个地方的过程。

导航问题是一个与人类生产、生活密切相关的问题,其水平高低直接制约人类的活动范围大小。野外活动的人们利用指南针辨别方向才不至于迷路。在"弥漫无边,不识东西"的大海航行的航海家郑和、哥伦布,利用天文导航技术,才能够"望日月星宿而进",完成他们伟大的海上航行。

2. 什么叫惯性导航?

答:目前还没有文献对惯性导航做出准确定义,我们可以直观上认为,惯性导航是利用惯性元件(陀螺仪和加速度计)输出的信息进行导航解算的一种导航方式。惯性导航技术是众多导航技术中的一种。

我们可以从以下三个方面理解惯性导航:

(1) 惯性。

惯性是所有质量体的本质的、固有的属性,是指质量体在不受任何外力时有保持静止或匀速直线运动的能力。这就是牛顿第一运动定律(惯性定律)的基本内容。牛顿第二运动定律指出,当质量体受到外力 F 作用时,将沿外力方向做加速运动,加速度 a 与 F 成正比,与质量 m 成反比,即 $a=F/m$。

(2) 惯性空间。

惯性空间是牛顿运动定律成立的空间,在惯性导航里,我们可以把它抽象为一个绝对静止的空间。例如,我们平时看地球是静止的,但是地球相对于惯性空间是在做自转和公转运动(在惯性导航中,通常忽略地球绕太阳的公转,只考虑绕地球的自转运动)。

(3) 惯性元件。

惯性元件是指测量载体相对于惯性空间运动的元件。主要包括陀螺仪和加速度计。

简单地说,陀螺仪测量物体相对于惯性空间的角运动,加速度计测量物体相对于惯性空间的线运动。例如,我们站在地球上感觉地球并没有转动,但是它并非静止,而是相对于惯性空间在转动,这种转动用一般转速测量装置是无法测量出来的,但是使用惯性测量元件陀螺仪则可以测量出来。

3. 陀螺仪的作用是什么?

答:陀螺仪作用就是测量物体相对于惯性空间的角速度。

陀螺仪的英文名称叫 Gyroscope,在希腊文中为转动和观察的意思。对于转动测量的一个经典问题就是测量地球自转。1852 年傅科研制出陀螺仪后,在巴黎科学院进行了测量地球自转的验证实验。实验定性地观察到了地球自转，但限于当时的仪器精度，没能定量地测量出自转角速度大小。

4. 加速度计的作用是什么？

答：加速度计用于测量物体相对于惯性空间的线加速度。

由牛顿运动定律可知，加速度与物体所受的外力成正比，因此加速度的测量一般转化为对力的测量来实现，力的测量通常又可转化为弹簧伸缩位移等中间量的测量实现。

5. 惯性导航系统主要功能是什么？

答：惯性导航系统完成的主要功能是实时提供载体运动的导航参数，主要包括航向、姿态（横摇角、纵摇角）、速度（北向速度、东向速度）和位置（经度、纬度）等。因此，它可以提供地理北向基准、水平基准和位置参考等信息。

6. 惯性导航系统的基本原理是什么？

答：理解惯性导航系统工作原理最好是从二维平面导航出发。假设载体在平面内沿固定方向直线运动，北向加速度计和东向加速度计分别输出加速度信息，经一次积分后可得北向速度和东向速度，再经一次积分后得到北向位置和东向位置。

细心读者会发现，惯导工作怎么会与陀螺仪无关？前面所述惯导工作原理有个前提：载体在平面内直线运动，只有线运动，没有角运动，所以加速度计敏感的加速度信息仅与载体运动有关，与重力加速度等其他加速度无关。

更加普遍的情形是载体既有线运动又有角运动。

如果载体存在纵横摇等角运动，那么加速度计不再水平放置，因此敏感的信息中除包含运动相关外，还包含重力加速度等有害成分，不能直接进行积分运算。因此，需要加速度计保持水平。

如果载体存在航向转弯等，那么，此时东加速度计并不是一直敏感东向加速度；北加速度计并不一直敏感北向加速度。因此，需要加速度计保持指向固定。

这个时候就需要陀螺仪发挥作用了。由于陀螺仪是可以测量角运动的，载体的纵横摇和航向的角运动完全可以被陀螺仪测量出来，之后处理的方法主要有两种：①利用陀螺仪的测量信息建立一个反馈控制的稳定平台，平台不再受外部摇摆和航向运动影响，建立一个水平指北的稳定平台，加速度计安装平台上，直接将加速度信号经一次积分后可得速度信息，再经一次积分后可得位置信息。②加速度计直接固连于载体，当载体有摇摆、航向的角运动时，利用陀螺仪的测量信息，将加速度计输出信息投影到一个水平指北的平面内，投影后的等效加速度不再受摇摆、航向的角运动的影响，因此积分一次后可得速度信息，再经一次积分后可得位置信息。

由于方法①需要建立一个陀螺稳定平台，因此采用这种方式进行导航解算的惯导称为平台式惯导；方法②直接将加速度计、陀螺仪固连于载体，并没有一个物理的稳定平台，只有一个利用陀螺信息投影出来的一个虚拟的平台，采用这种方式进行导航解算的惯导称为捷联式惯导。

7. 惯性导航系统的主要优缺点？

答：惯性导航系统的主要优点包括：

（1）完全自主，不依赖外部信息进行导航，也不向外部发射信息。

GPS、无线电导航、天文导航等均需要接受外部信息，在受到干扰或某些无法接受外部信息的特殊应用场合,如水下导航,以上导航手段将无法正常工作甚至失效。水声导航系统虽然能应用于水下导航,但是由于需要向外部发射信息,容易在军事行动中暴露自身,降低隐蔽性和生存能力。

(2) 输出导航参数多,精度高。

惯性导航系统的输出导航参数中包含了载体航向、纵摇、横摇、速度、位置等信息。

在自主式导航手段中,电控罗经/陀螺罗经只能提供航向信息,平台罗经只能提供航向和纵横摇信息。惯性导航系统还能额外提供速度信息和位置信息,且导航精度高。

惯性导航的主要缺点包括:

(1) 系统误差随时间发散。由于系统解算存在积分运算,误差将随时间积累而放大,特别是经度误差随时间发散严重。

(2) 系统造价成本比较昂贵。由于惯性导航系统中需要高精度的惯性元件和复杂的控制逻辑关系,因此,惯性导航系统的造价成本比较高。

此外,对于采用非全固态陀螺仪(如液浮陀螺)的惯性导航系统,系统加温和启动时间长,需数小时甚至更长的准备时间,也是此类惯导的一个明显的缺点。

C.2 提　高　篇

8. 转子式陀螺仪的测角速度原理是什么?

答:(1) 陀螺仪的基本结构。

从广义角度来讲,任何绕定点高速旋转的刚体均可视为陀螺仪。图 C-1 是它的一种原理性结构。

其中,转子可以绕旋转轴高速旋转。转子由内、外环支承,通过内环轴和外环轴,使转子、内环和外环都可以转动。陀螺转子如图 C-2 所示。

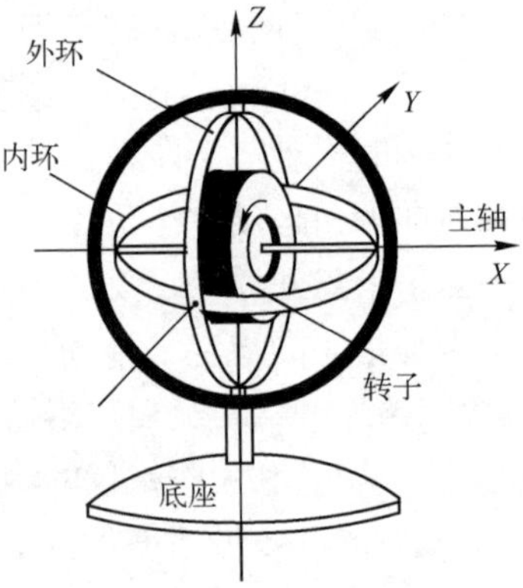

图 C-1　陀螺仪原理结构

陀螺仪的转子轴,规定有正负两个方向。它的正向称为陀螺仪主轴。主轴的方向,要根据转子的自转方向来确定。这可应用右手法则:右手四指顺着转子转动方向弯曲,张开拇指并伸直,拇指的方向即为主轴的方向,如图 C-3 所示。

若陀螺仪只能敏感一个方向角速度,称为单自由度陀螺仪;若陀螺仪能同时敏感两个方向的角速度,则称为二自由度陀螺仪。

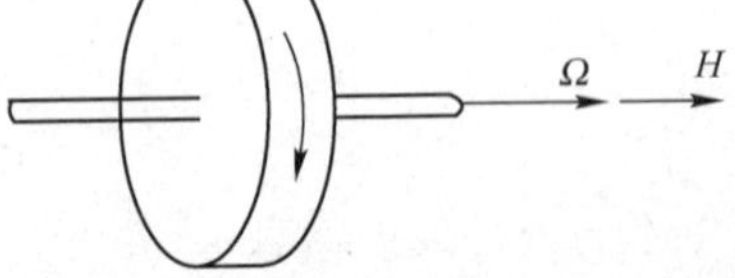

图 C-2　陀螺转子示意图

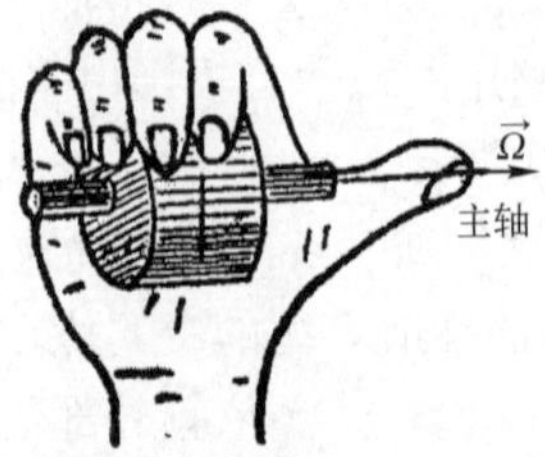

图 C-3　陀螺主轴方向

陀螺仪如何实现角速度的敏感呢？则需要了解陀螺仪的一个重要特性：进动性。

(2) 陀螺仪的进动特性。

若一个普通刚体，沿 Y 轴正向放置，若给刚体施加项一个指向 X 轴正向的力矩 Mx，则刚体必然顺势沿 X 轴正向转动，如图 C-4 所示。

若刚体沿 Y 轴做高速旋转，自转轴指向 Y 轴，此时普通刚体变成了一个陀螺转子。若再给刚体施加项一个指向 X 轴正向的力矩 Mx，则刚体不是像图 C-4 那样顺势沿 X 轴正向转动，而是沿 Z 轴负向转动，使自转轴 H 取最短路径靠近外力矩 Mx 的方向，如图 C-5 所示。

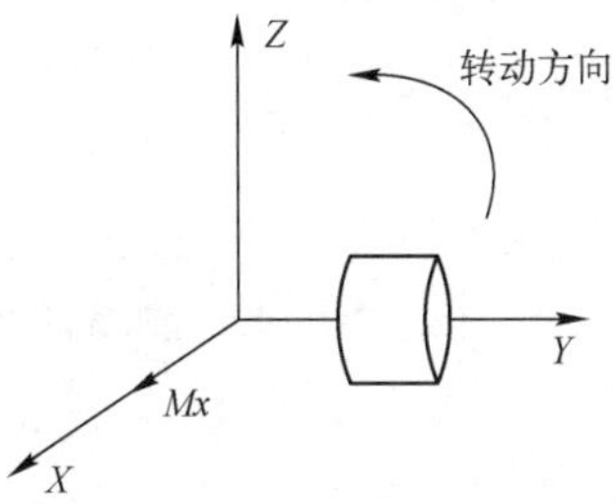

图 C-4 普通刚体受力矩转动

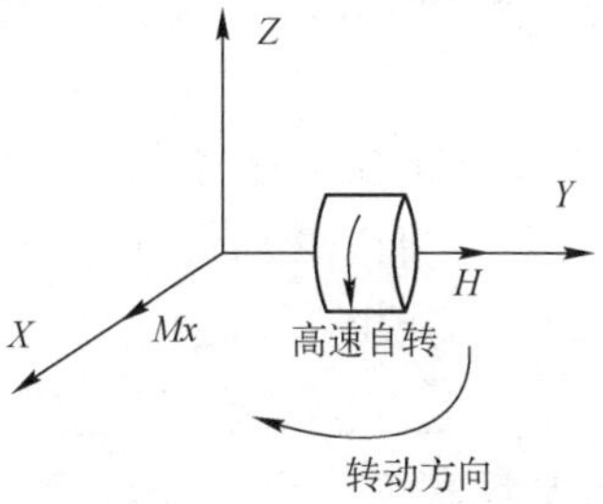

图 C-5 陀螺仪受力矩进动

这就是陀螺的进动特性，即在外力矩作用下，陀螺主轴转动方向与外力矩方向不一致，而是使主轴力图以最短路径向外力矩方向靠拢。下面的一个小实验直观地展现了陀螺进动特性。

如图 C-6 所示，在图中所示位置挂一个质量砝码 F，在重力作用下，砝码形成一个沿内环轴 OY 作用力矩 M_y。当陀螺转子不转时当作普通质量体对待，转子轴 H 在外力矩 M_y 作用下，沿 Y 轴正向旋转，形成 ω_y。当陀螺转子高速旋转时，陀螺转子不再是普通质量体。同样沿内环轴 OY 作用一力矩 M_y，则主轴绕外环轴 OZ 以角速度 ω_z 转动，使主轴 OX 力图以最短路径向外力矩 M_y 方向靠拢，表现出陀螺进动的奇妙特性。

陀螺仪的进动特性可以从动量距定理方面进行理论解释，读者可以参考陀螺原理相关文献。下面从陀螺进动特性出发，说明一下单自由度陀螺仪测量角速度的基本原理。

(3) 单自由度陀螺仪测量角速度的基本原理。

单自由度陀螺基本结构如图 C-7 所示。当载体沿 X 轴(输入轴)存在一个角速度 ω_x 时，由于框架连接关系，基座在陀螺转子的内环的连接处施加一个指向 X 轴的力矩 Mx。

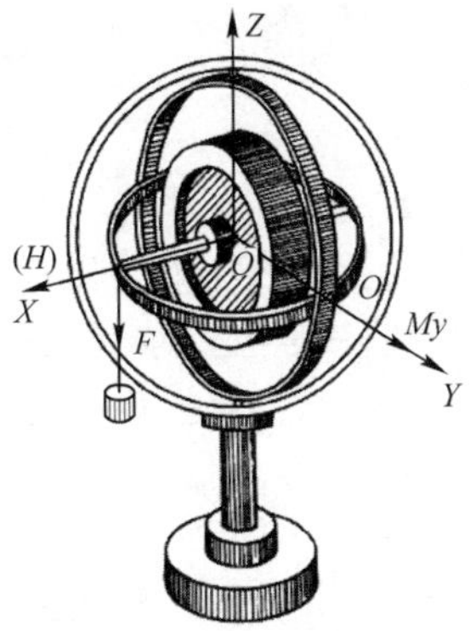

图 C-6 陀螺仪进动实验装置

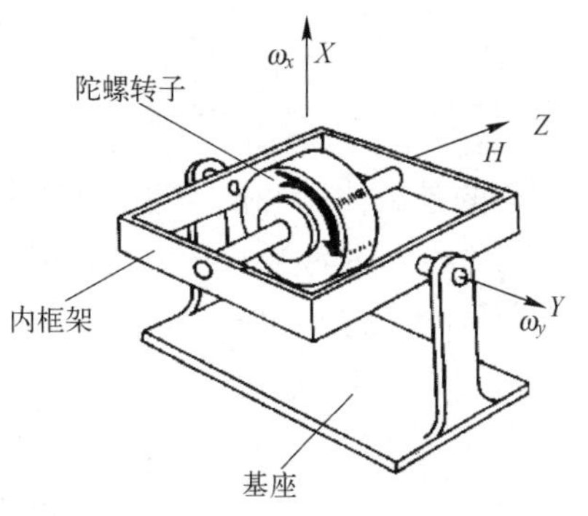

图 C-7 单自由度陀螺基本结构

由于陀螺的进动特性,陀螺转轴 H 将以最短路径向 X 轴正向靠拢,产生抬头运动,则在 Y 轴(输出轴)形成一个进动角速度 ω_y。如果在基座与陀螺仪内框架的连接处安装一个测量转角的信号器,通过对转角的检测即可实现对输入角速度 ω_x 的检测测量。

9. 陀螺漂移是什么?

答:陀螺漂移是一种陀螺输出误差,其定义是当陀螺仪输入角速度为零时,陀螺仪实际角速度输出。理想情况下,当陀螺仪输入轴转动角速度为零时,其输出必然为零。实际并非如此,由于结构和工艺等方面的限制,实际陀螺仪中总是不可避免地存在各种干扰力矩。在各种干扰力矩作用下,根据陀螺的进动性,陀螺主轴指向将发生变化,从而导致陀螺漂移。

10. 加速度计的工作原理是什么?

答:顾名思义,加速度计是用来测量运动物体加速度的。但严格地说,是通过测量比力而非加速度来实现的。加速度计的工作原理可以从比力概念和比力测量两个方面进行解释。

(1) 比力概念。

根据牛顿第二运动定律,对于一定质量 m 的物体,加速度 $\boldsymbol{a}$ 与所受外力 $\boldsymbol{F}$ 成正比,即 $\boldsymbol{a}=\boldsymbol{F}/m$。如果能测量跟随载体一起运动的任一物体的受力,也就可以间接地获知载体的加速度。加速度计是基于测力这一思路的,测量一个质量块的受力,不过并不是直接测量其全部受力,全部受力也是无法测量的,而是测量其中可测的一部分:比力。简单地说,在单位质量物体所有受力中减去各种天体的引力,剩下的那部分外作用力称为比力,也称非引力。

(2) 比力测量。

分析运动载体中任一物体的受力时,可以把任何物体的受力 $\boldsymbol{F}$ 分为两部分:

一是各种天体(如地球、太阳、月亮等)的引力 $\boldsymbol{F}_g$;

二是作用于该物体的其他力,统称为非引力 $\boldsymbol{f}_m$,即

$$\boldsymbol{F}=\boldsymbol{F}_g+\boldsymbol{f}_m \tag{C-1}$$

若载体相对惯性空间的运动加速度为 $\boldsymbol{a}_i$,载体内的固连物体相对惯性空间的运动加速度当然也为 $\boldsymbol{a}_i$,根据牛顿定律,应该有

$$\boldsymbol{F}=m\boldsymbol{a}_i \tag{C-2}$$

$$\boldsymbol{F}_g+\boldsymbol{f}_m=m\boldsymbol{a}_i \tag{C-3}$$

于是

$$\frac{\boldsymbol{F}_g}{m}+\frac{\boldsymbol{f}_m}{m}=\boldsymbol{a}_i \tag{C-4}$$

我们关心的是载体运动加速度 $\boldsymbol{a}_i$,若能测得引力 $\boldsymbol{F}_g$、非引力 $\boldsymbol{f}_m$,当然可以得到加速度 $\boldsymbol{a}_i$,但是,在运动的载体内测量一个物体受到的天体引力实际上是不方便的,而额外施加的非引力部分则能通过一定的办法测出。由于非引力可以测量,它又与加速度有密切的关系。记比力为 $\boldsymbol{f}$,于是有

$$\boldsymbol{f}=\frac{\boldsymbol{f}_m}{m}=\boldsymbol{a}_i-\frac{\boldsymbol{F}_g}{m}=\boldsymbol{a}_i-\boldsymbol{G} \tag{C-5}$$

式中:$\boldsymbol{a}_i$ 为绝对加速度,相对于惯性坐标系的;$\boldsymbol{G}$ 为单位质量物体所受到的引力,即

引力加速度。

式(C-5)表明,作用于单位质量物体的比力矢量等于该物体的绝对加速度矢量与引力加速度矢量之差。

一个电位计式加速度计的结构如图 C-8 左部所示。

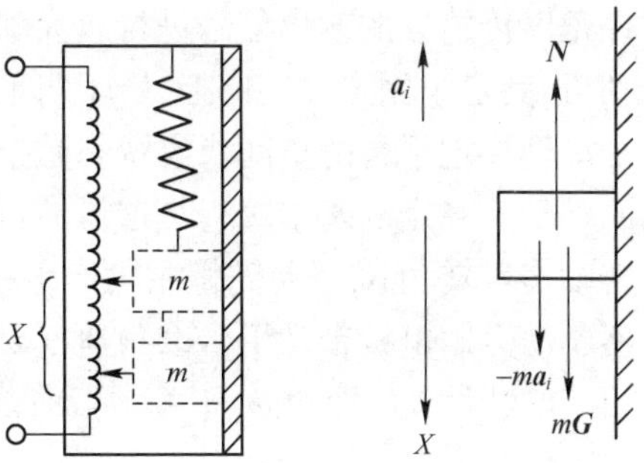

图 C-8　电位计式加速度计结构

壳体中有一检测质量块,检测质量块可以沿导轨在壳体内滑动,假定滑动是无摩擦的,当相对惯性空间有运动加速度 $\boldsymbol{a}_i$ 时,质量块受到弹簧拉力 $\boldsymbol{N}$、惯性力 $-m\boldsymbol{a}_i$ 与天体引力 $m\boldsymbol{G}$ 3 种力的共同作用,质量块会沿导轨方向产生位移 X。

由质量快受力分析可知:

$$\boldsymbol{N}+m\boldsymbol{G}-m\boldsymbol{a}_i=0 \tag{C-6}$$

即

$$\boldsymbol{N}=m(\boldsymbol{a}_i-\boldsymbol{G})$$

设弹簧弹性系数为 k,则

$$\boldsymbol{N}=-kX$$

根据比力的定义

$$\boldsymbol{f}=\boldsymbol{a}_i-\boldsymbol{G}=-k/mX$$

因此,通过电位计的输出电压可以检测到该位移量 X,从而可以实现比力的测量。

测量得到比力后,需要再加上引力加速度 $\boldsymbol{G}$(应该作为已知量处理,在地球表面附近,一般忽略其他天体影响,只考虑重力加速度的影响),才能获得载体真正加速度信息,即 $\boldsymbol{a}_i=\boldsymbol{f}+\boldsymbol{G}$。

11. 加速度计零偏是什么?

答:加速度计零偏是指当外部无加速度信息输入时,加速度计的零位输出误差。这点与陀螺仪漂移有类似之处。

12. 惯性稳定平台的工作原理?

答:惯性稳定平台是指根据陀螺信号建立的,相对于某一参考系(惯性空间或当地水平地理坐标系)指向稳定不变的平台。常见的惯性稳定平台主要有两种状态:一是相对惯性空间稳定,称为几何稳定状态;二是相对地理水平坐标系稳定,称为空间积分状态。

现在以相对惯性空间的单轴稳定平台为例,说明惯性稳定平台的工作原理。

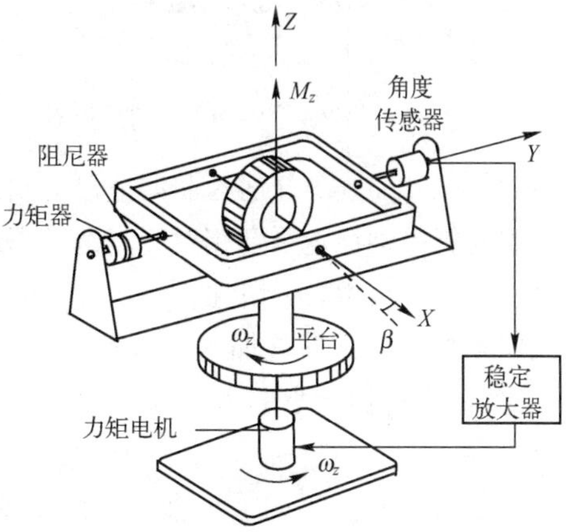

图 C-9　单轴稳定平台示意图

图 C-9 是单轴稳定平台的示意图,它由陀螺仪、平台、稳定放大器和力矩电机等组成。由陀螺的角度传感器和稳定放大器及其负载——力矩电机所组成的回路称为稳定回路。陀螺的壳体固定在平台上,平台的转轴与陀螺输入轴同向。稳定放大器的作用是将陀螺角度传感器的输出信号进行放大和变换,控制力矩电机转动。力矩电机是一个直流电动机,其定子固定在底座上,转子与平台转轴相固联,以带动平台转动。

单轴稳定平台的空间稳定状态是指平台相对于陀螺的输入轴保持稳定,没有绕输入轴的转动。稳定的基本过程是这样的:在图 C-9 中,若平台绕输入轴以角速度 ω_z 做逆时针转动产生转角 α,于是陀螺主轴产生相应的仰角 β,传感器输出相应电压信号,经稳定放大器驱动力矩电机带动平台以角速度 ω_z' 顺时针转动。如果稳定回路具有高灵敏度及快速跟踪的特性,ω_z' 即与 ω_z 平衡,从而保证平台对 z 轴稳定。基本过程如图 C-10 所示。

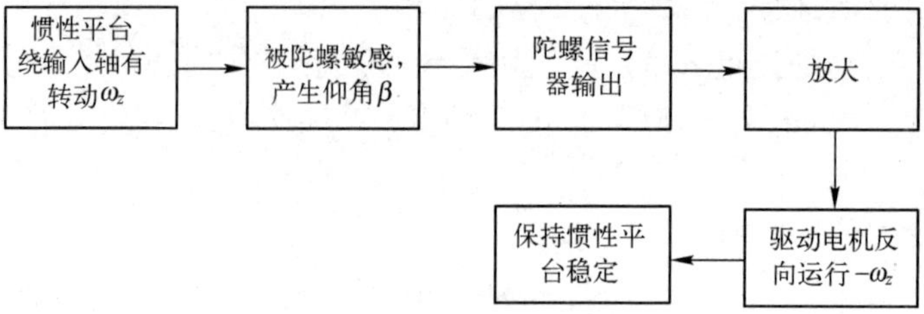

图 C-10　单轴稳定过程

以上便是单轴惯性稳定平台相对于惯性空间稳定的基本过程。

然而,在实际工作中,人们往往需要惯性平台相对于当地水平指北地理坐标系稳定,这种稳定平台能保持水平和指北,从而可以消除一些载体航向、纵横摇等运动干扰。

下面以单轴稳定平台相对于当地水平指北地理坐标系稳定为例说明其原理。

当地水平指北地理坐标系如图 C-11 所示,原点:取载体所在点;Z_t 轴:沿当地参考椭球的法线指向天顶;X_t 轴:沿当地等纬度圈切线方向指向正东;Y_t 轴:沿当地子午线指向正北。X_t 轴与 Y_t 轴均在当地水平面内。

如果把惯性坐标系称为“静系”,那么当地水平指北地理坐标系 $OX_tY_tZ_t$ 则为“动系”,它相对于惯性空间存在以下转动角速度。

$$\begin{cases} \omega_{itx}^{t} = -\dfrac{v_n}{R} \\ \omega_{ity}^{t} = \omega_{ie}\cos\varphi + \dfrac{v_e}{R} \\ \omega_{itz}^{t} = \omega_{ie}\sin\varphi + \dfrac{v_e}{R}\tan\varphi \end{cases} \tag{C-7}$$

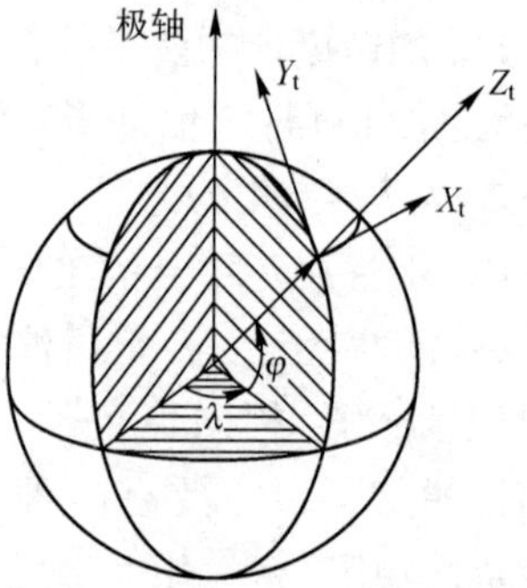

图 C-11　当地水平指北地理坐标系

式中:v_n、v_e、R、ω_{ie}、φ 分别为北向速度、东向速度、地球半径、地球自转速度、当地纬度。

如要想单轴稳定平台相对于当地水平地理坐标系 Z 轴稳定,只要施加一个修正角速度,控制该稳定平台相对于惯性空间以 $\omega_{itz}^{t} = \omega_{ie}\sin\varphi + v_e/R\tan\varphi$ 转速旋转即可,如图 C-12 所示。

如果陀螺力矩器施加一个合适大小的力矩,力矩的大小与输入力矩器的控制电流 I 成正比,设力矩器产生的力矩为 M,则

$$M = KI(K\text{ 为力矩器系数})$$

M 的方向在陀螺的输出轴 OY 上,在修正力矩器作用下,陀螺主轴绕 Y 轴向下进动,恰好产生 β 角。于是传感器输出相应电压信号,经稳定放大器驱动力矩电机带动平台以

角速度 ω_{itz}^{t} 逆时针转动，从而实现了单轴稳定平台相对当地地理坐标系稳定，即相对于惯性空间以 ω_{itz}^{t} 角速度转动。基本过程如图 C-13 所示。

一般地，阻止稳定平台相对于惯性空间转动，使之“静”，这一过程称为稳定。

控制稳定平台按照某特定规律相对于惯性空间转动，使之“动”，这一过程称为修正。

采用 3 个单自由度陀螺仪，稳定原理与单轴稳定平台类似，可建立一个三轴稳定平台，从而实现如图 C-11 所示的当地水平指北的三轴基准平台。

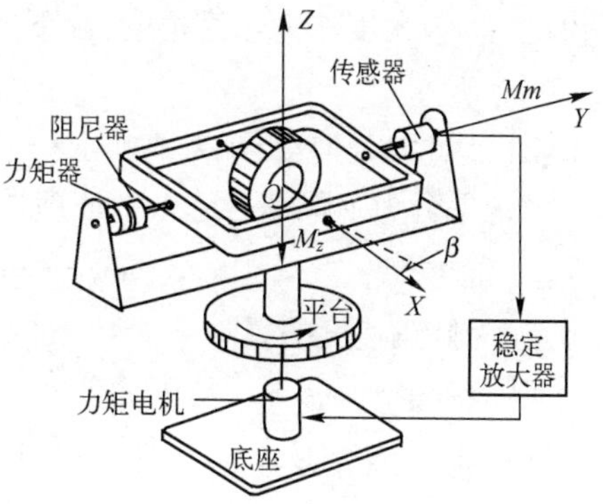

图 C-12　单轴修正示意图

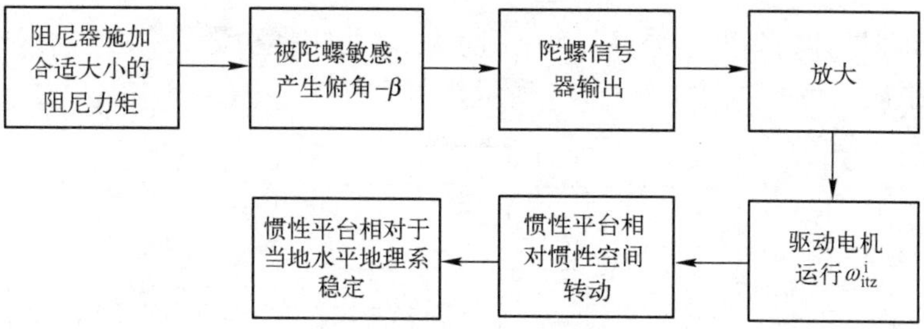

图 C-13　单轴修正过程

平台式惯导系统的稳定平台就是一种水平指北的三轴稳定平台，该平台不但可以提供纵横摇和航向的基准信息，输出纵横摇姿态信息和航向信息，还可以隔离纵横摇、航向等角运动对平台上加速度计的影响，经导航解算后输出位置信息。

13. 舒拉调谐是怎么回事？

答：在惯性导航系统工作时，一般需要惯性稳定平台模拟地理坐标系，为加速度计的测量提供基准。但舰船机动时产生的惯性力会使平台发生倾斜，从而导致系统产生测量误差。为了使平台不受加速度干扰，能使稳定平台在冲击加速度作用下仍保持台面保持水平，稳定平台的控制回路设计就必须要满足一定的条件，这个条件是德国教授舒拉于 1923 年首先提出来的，称为舒拉调谐条件，也称无干扰条件。

请注意一点差别，在稳定平台工作原理中，利用稳定回路可以抵消角速度干扰而使平台保持水平；舒拉调谐条件是为了抵消惯性力干扰（加速度干扰）而使平台保持水平的。

设地球是一个半径为 R 的圆球体，为了简化问题，假设它相对于惯性空间没有转动，运载体沿地球表面子午线方向（北向）运动。要保证平台上的加速度计进行精确测量，必须保证平台始终处于水平状态。

如图 C-14 所示，设在初始时刻 $t=0$ 时，平台已处于水平，且加速度计测量轴对准了运载体的运动方向。经过一段时间后，载体从 A 点运动到 B 点，当地水平地理坐标系相对于惯性空间转动

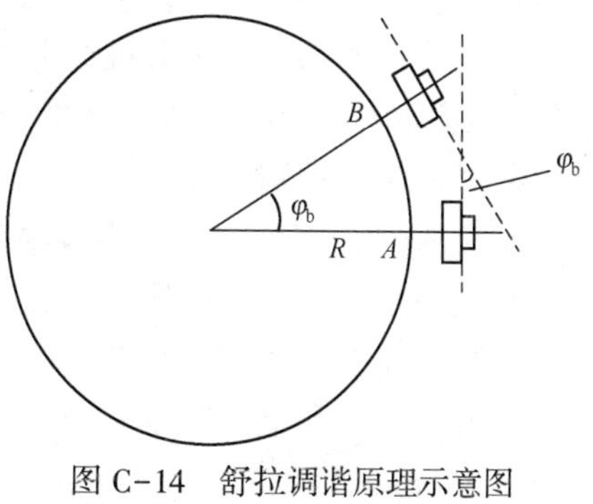

图 C-14　舒拉调谐原理示意图

了角度 ϕ_b，该角度作为理论角度，由下式确定：

$$\ddot{\varphi}_b=-\boldsymbol{a}_N/R \tag{C-8}$$

式中：$\boldsymbol{a}_N$ 为北向加速度；R 为地球半径。

稳定平台为了跟踪当地水平地理坐标系，实际转动角度 ϕ_a，由下式确定：

$$\ddot{\varphi}_a=-\dot{v}_y/R=-(\boldsymbol{a}_N+g\varphi_x)/R \tag{C-9}$$

式中：$\dot{v}_y$ 为修正速度的微分。

实际转动角度与理论角度之差 $\phi_x=\phi_a-\phi_b$ 表示水平误差角。

因为 $\boldsymbol{a}_N+g\varphi_x$ 可表示为北加速度计输出 f_y^p，将式(C-9)写为加速度计输出(比力)的表达形式为

$$\ddot{\varphi}_a=-\frac{K_cK_aK_u}{HR}f_y^p \tag{C-10}$$

式中：K_a 为加速度计的刻度系数；K_u 为比例系数；H 为陀螺动量矩。

形成水平误差角的框图如图 C-15 所示。

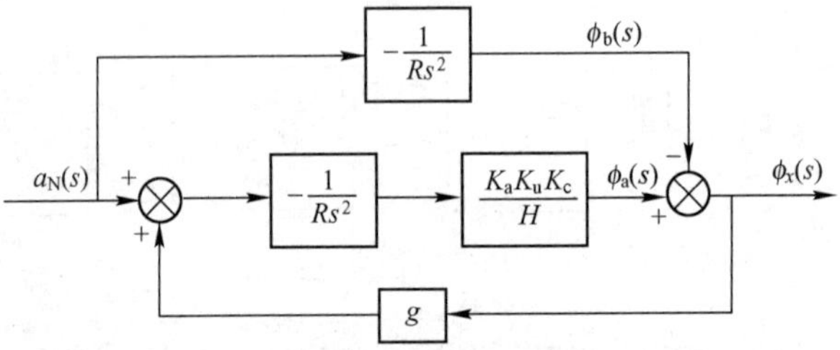

图 C-15 水平误差角形成框图

如图 C-15 中两个前向通道传递函数相等，则不管外加速度 $\boldsymbol{a}_N$ 为多大，ϕ_a、ϕ_b 始终相等，即满足：

$$\frac{K_aK_uK_c}{H}=1 \tag{C-11}$$

则水平误差角满足方程：

$$\ddot{\varphi}_x+\frac{g}{R}\varphi_x=0 \tag{C-12}$$

此时，ϕ_x 处于二阶无阻尼振荡运动状态，振荡角频率为 $\omega_s=\sqrt{g/R}$，振荡周期为 $T=84.4\text{min}$。若初始失准角 $\phi_{x0}=0$，则 $\phi_x\equiv 0$。

因此，当惯导系统满足舒拉调谐条件时，水平误差角不再受外干扰加速度的影响。若初始失准角为非零，水平误差角作以 84.4min 为周期(即舒拉周期)的振荡；若初始失准角为零，水平误差角则始终保持为零。当然，实际工作中，初始失准角一般为非零。

14. 无阻尼惯导的概念？惯导中为什么需要引入阻尼？

答：无阻尼惯导是指惯导系统是一种临界稳定系统，系统的误差(主要指东向速度误差、北向速度误差、3 个平台角误差、纬度误差 6 个误差量，不包括经度误差，因为经度误差是发散的)作等幅振荡。某平台误差角无阻尼等幅振荡如图 C-16 所示。

无阻尼惯导的系统误差作等幅振荡，但是并不发散，看起来似乎可以不管它们。其实

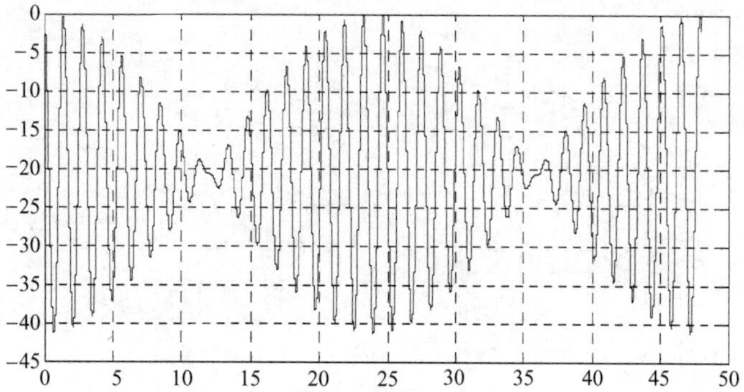

图 C-16　等幅振荡的平台误差角

不然。常值惯性元件的误差(常值陀螺漂移或常值加速度计零偏)导致的系统误差是等幅振荡的。但是随机性惯性元件的误差导致的系统误差却是随时间增长的,振荡的幅度会越来越大,对于系统精度影响更大。

在随机性误差作用下某平台误差角如图 C-17 所示。

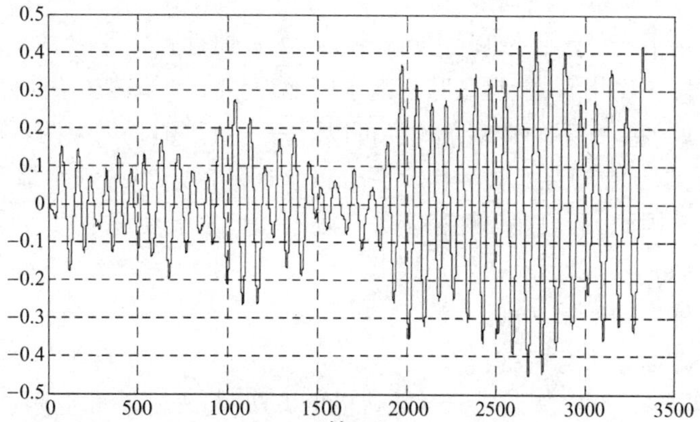

图 C-17　发散的平台误差角

因此需要采取一定的办法把误差的幅值衰减下来,这就需要在惯导系统中加入阻尼。从控制原理的角度,也就是在原系统中加入校正网络。因此,无阻尼惯导系统变成了有阻尼惯导。加入阻尼后某平台误差角如图 C-18 所示。

在水平修正回路加入的阻尼称为水平阻尼;在方位误差和纬度误差回路加入的阻尼称为方位阻尼。

15. 如何实现惯导初始对准?

答:下面从三个方面对这个问题予以说明。

(1) 什么叫初始对准。

所谓初始对准是指惯导系统进入导航解算之前,使惯性稳定平台与水平指北的当地水平地理坐标系的指向调整为一致。

初始对准的时机:在惯导系统工作的“初始”阶段,即惯导各系统回路已开始工作,但是还没有进入导航解算程序。

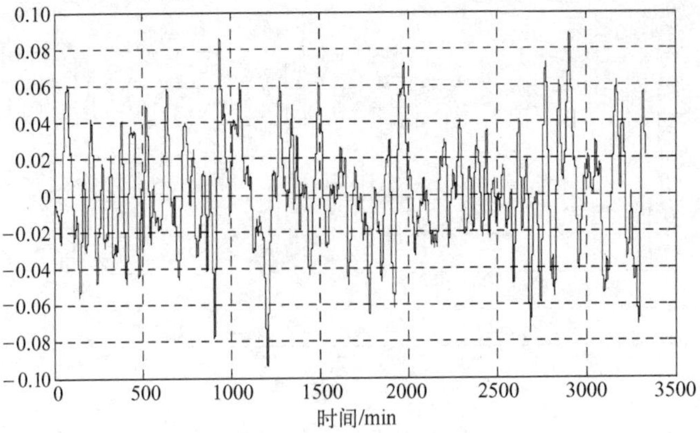

图 C-18　阻尼后的平台误差角

初始对准的被控对象：惯性稳定平台。

初始对准的目标：使惯性稳定平台与水平指北的当地水平地理坐标系的指向调整为一致。

（2）为什么需要惯导初始对准。

根据惯性稳定平台的工作原理（参阅附录 C“12. 惯性稳定平台的工作原理”部分），惯性稳定平台在修正作用下，能够跟踪当地水平地理坐标系的转动。简而言之，惯性稳定平台与当地水平地理坐标系的转动角速度可以取得一致。但是如果两者初始时刻差一个或几个初始角度，那么在跟踪时惯性稳定平台将永远落后于当地水平地理坐标系这一个或几个初始角度。因此，必须在惯性稳定平台跟踪当地水平地理坐标系转动之前，首先将两者的指向调整为一致，以消除初始角误差。

（3）如何实施惯导初始对准。

平台初始对准的方法有两种：

① 引入外部参考基准，如通过光学或机电的方法，将外部基准坐标系引入平台，使平台和外部基准坐标系重合。当然，这一外部基准坐标系必须是符合精度要求的。

② 利用惯导系统自身的惯性器件（加速度计、陀螺仪）能敏感地球重力加速度 g 和地球自转角速度 ω_{ie} 的特点，组成闭环回路，达到自动调平和寻北的目的。这种方法称为自主式对准。有时两种对准方法也可结合使用。

为使平台的对准既快捷又精度高，平台的初始对准过程分为粗对准和精对准两个阶段：

① 粗对准阶段，要求尽快将平台调整到某一精度范围，在这一阶段，快速性是主要目标（一般要求几分钟内完成粗对准）。

② 精对准阶段，在粗对准的基础上进行，在这一阶段，精度是主要目标（一般要求水平误差角小于 10″，方位误差角小于 2′～5′）。精对准结束时的平台精度就是系统进入导航状态的平台初始精度。

另外，由于系统中惯性元件误差（如陀螺仪漂移误差和加速度计误差）是惯导的主要误差源，其中陀螺漂移中的逐次启动常值分量以及陀螺仪中力矩器的力矩系数误差（后者对系统的影响相当于陀螺漂移）可以通过一定的方法进行测量。为补偿陀螺漂移，提高系统精度,有一种方案是在精对准过程中测定陀螺漂移并对陀螺仪力矩器的力矩系数进行标定。

在设计初始对准方案时,以往一般以经典控制理论为理论基础,采用频率法。近年来,运用卡尔曼滤波的状态空间法也在初始对准中获得应用。

16. 什么是惯性导航系统综合校正?

答:在惯性导航系统中,从角速度到角度、加速度到速度、速度到位置的解算,均存在积分运算,从而导致了其误差随时间累计的特性,其精度必然随时间增长而迅速下降。因此,在惯性导航系统的使用中,需要引入外部导航信息对惯性导航系统的误差源(如陀螺漂移)进行估计、修正和补偿,这就是综合校正。

惯性导航系统的综合校正可分为常值综合校正和随机综合校正。常值综合校正是指针对系统中常值误差(如陀螺仪的常值漂移)进行补偿,提高系统精度。随机综合校正通过随机状态估计方法(如卡尔曼滤波方法)对系统中随机误差(如陀螺仪的随机漂移)进行补偿。常值综合校正方法在各类惯性导航系统中应用广泛。随着随机状态估计理论发展和成熟,随机综合校正方法应用也日趋广泛。

参 考 文 献

[1] 郑辛,宋有山. 国外惯性技术发展趋势与展望,2005年惯性器件材料与工艺学术研讨暨技术交流会,2005.

[2] 秦永元. 惯性导航[M]. 北京:科学出版社,2006.

[3] 邓正隆. 惯性技术[M]. 哈尔滨:哈尔滨工业大学出版社,2006.

[4] 张云良. 惯性导航系统[M]. 北京:国防工业出版社,1992.

[5] 万德钧,房建成. 惯性导航初始对准[M]. 南京:东南大学出版社,1998.

[6] 以光衢,等. 惯性导航原理[M]. 北京:航空工业出版社,1987.

[7] 《惯性导航系统》编写小组. 惯性导航系统[M]. 北京:国防工业出版社,1983.

[8] 任思聪. 实用惯导系统原理[M]. 北京:宇航出版社,1988.

[9] 于波,陈云相,郭秀中. 惯性技术[M]. 北京:北京航空航天大学出版社,1994.

[10] 雷源超. 惯性导航系统[M]. 哈尔滨:哈尔滨船舶工程学院,1977.

[11] 黄得鸣,程禄. 惯性导航原理[M]. 北京:国防工业出版社,1986.

[12] 张树侠,孙静编. 捷联式惯性导航系统[M]. 北京:国防工业出版社,1992.

[13] 袁信,郑谔编. 捷联式惯性导航原理[M]. 北京:航空专业教材编审组出版,1985.

[14] 郭秀,中于波,陈云相. 陀螺仪理论及其应用[M]. 北京:航空工业出版社,1987.

[15] 陈永冰. 惯性导航原理[M]. 武汉:海军工程学院,1997.

[16] 翁维开. 陀螺稳定系统[M]. 武汉:海军工程学院,1991.

[17] 王承摇. 陀螺稳定系统[M]. 北京:国防工业出版社,1985.

[18] 袁信,俞济祥,陈哲. 导航系统[M]. 北京:航空工业出版社,1993.

[19] 李友善. 自动控制原理(修订版)[M]. 北京:国防工业出版社,1989.

[20] 俞济祥. 卡尔曼滤波及其在导航中的应用[M]. 北京:航空专业教材编审组出版,1984.

[21] 陈永冰. INS/GPS组合导航系统及其卡尔曼滤波器的设计[M]. 海军工程学院,1992.

[22] 陈永冰,陈绵云,谢纯乐. 基于Matlab和VisualC++的惯导误差仿真方法研究[J]. 中国惯性技术学报,2002,10(5):20-24.

[23] 陈永冰,边少锋,刘勇. 重力异常对平台式惯性导航系统误差的影响分析[J]. 中国惯性技术学报,2005,13(6):21-25.

[24] 刘为任,庄良杰. 惯性导航系统水平阻尼网络的自适应控制[J]. 天津大学学报(自然科学与工程技术版),2005,38(2):146-149.

[25] Lawrence A. Modern Inertial Technology: Navigation, Guidance and Control [M]. New York: Springer-Verlag, 1993.

[26] Lee J G, Park C G, Park H W. Mutiposition alignment of strapdown inertial navigation system[J]. IEEE Transactions on Aerospace and Electionic Systems, 1993, 29(4): 1323-1328.

[27] Schware K P, Wong R V C. Marine Positioning with a GPS-Aided Inertial Navigation System[J]. ION Proceedings national technique meeting, 1984.

[28] Nielson J T. GPS Aided Inertial Navigation[J]. NAECON, 1985.

[29] Rose E J. "A Cost/Performance Analysis of Hybrid Inertial/Externally Referenced Positioning/Orientation Systems", AD-A169685.

[30] 中国惯性技术学会. 惯性技术学科发展报告[M]. 北京:中国科学技术出版社,2010.

[31] 陈永冰,钟斌. 惯性导航原理[M]. 北京:国防工业出版社,2007.

[32] 陈锦德. 海军导航技术现状及发展趋势[M]. 天津:海军司令部航海保证部,2010.

[33] 丁衡高. 海陆空天显神威惯性技术纵横谈[M]. 广州:暨南大学出版社,2000.

[34] Barbour N. Inertial Components-Past, Present and Future[C]. 2001 AIAA Guidance Navigation and ControlConference. Montreal, 2001,8:1-11.
[35] 付梦印,邓志红,张继伟. Kalman 滤波理论及其在导航系统中的应用[M]. 北京:科学技术出版社,2003.
[36] 袁保伦. 四频激光陀螺旋转式惯导系统研究[D]. 长沙:国防科学技术大学,2007.
[37] King A D. Inertial Navigation-Forty Years of Evolution[J]. GEC Review, 1998,13(3): 140-149.
[38] 程建华,郝燕玲,孙枫,等. 自动补偿技术在平台式惯导系统综合校正中的应用研究[J]. 哈尔滨工程大学学报,2008,29(1):40-44.
[39] Grewal M S, Weill L R, Andrews A P. Global Positioning Systems, Inertial Navigation, and Integration[M]. New York: John Wiley & Sons, 2001.
[40] 邹向阳,孙谦,陈家斌,等. 连续旋转式寻北仪的寻北算法及信号处理[J]. 北京理工大学学报,2004,24(9):804-807.
[41] 汪滔,吴文启,曹聚亮,等. 基于转动的光纤陀螺捷联系统初始对准研究[J]. 压电与声光,2007,29(5):519-522.
[42] 孙枫,孙伟. 旋转自动补偿捷联惯导系统技术研究[J]. 系统工程与电子技术,2010,32(1):122-125.
[43] 孙枫,孙伟. 旋转捷联惯导系统精对准技术[J]. 系统工程与电子技术,2010,32(3):122-125.
[44] 翁海娜,陆全聪,黄昆,等. 旋转式光学陀螺捷联惯导系统的旋转方案设计[J]. 中国惯性技术学报,2009,17(1):8-14.
[45] 龙兴武,于旭东,张鹏飞,等. 激光陀螺单轴旋转惯性导航系统[J]. 中国惯性技术学报,2010,18(2):630-633.